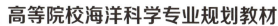

高等院校海洋科学专业规划教材

海洋油气地质学

Marine Petroleum Geology

万志峰　何家雄　夏斌◎编著

中山大学出版社
SUN YAT-SEN UNIVERSITY PRESS
·广州·

版权所有　翻印必究

图书在版编目（CIP）数据

海洋油气地质学/万志峰，何家雄，夏斌编著． ——广州：中山大学出版社，2025.1.
（高等院校海洋科学专业规划教材）． ——ISBN 978 – 7 – 306 – 08366 – 1

Ⅰ. P618.130.2

中国国家版本馆 CIP 数据核字第 2024S5H136 号

HAIYANG YOU QI DIZHI XUE

出　版　人：	王天琪
策划编辑：	李　文
责任编辑：	李　文
封面设计：	曾　斌
责任校对：	丘彩霞
责任技编：	靳晓虹
出版发行：	中山大学出版社
电　　话：	编辑部 020 – 84110776，84113349，84111997，84110779，84110283
	发行部 020 – 84111998，84111981，84111160
地　　址：	广州市新港西路 135 号
邮　　编：	510275　　传　真：020 – 84036565
网　　址：	http://www.zsup.com.cn　E-mail: zdcbs@mail.sysu.edu.cn
印　刷　者：	广州一龙印刷有限公司
规　　格：	787mm × 1092mm　1/16　30.125 印张　742 千字
版次印次：	2025 年 1 月第 1 版　2025 年 1 月第 1 次印刷
定　　价：	110.00 元

如发现本书因印装质量影响阅读，请与出版社发行部联系调换

《高等院校海洋科学专业规划教材》
编审委员会

主　　任　王东晓　李春荣　陈省平　赵　俊

委　　员　（以姓氏笔画排序）

万志峰　王天霖　王东晓　王江海
卢建国　刘　岚　刘维亮　苏　明
李　雁　李春荣　李朝政　来志刚
吴玉萍　吴加学　邱春华　邹世春
陈省平　陈保卫　易梅生　罗一鸣
赵　俊　胡　湛　贾坤同　郭长军
龚　骏　龚文平　谢　伟　翟　伟

总　序

　　海洋与国家安全和权益维护、人类生存和可持续发展、全球气候变化、油气和某些金属矿产等战略性资源保障等等休戚相关。贯彻落实"海洋强国"建设和"一带一路"倡议，不仅需要高端人才的持续汇集，实现关键技术的突破和超越，而且需要培养一大批了解海洋知识、掌握海洋科技、精通海洋事务的卓越拔尖人才。

　　海洋科学涉及的领域极为宽广，几乎涵盖了传统所熟知的"陆地学科"。当前，海洋科学更加强调整体观、系统观的研究思路，从单一学科向多学科交叉融合的发展趋势十分明显。海洋科学本科人才培养中，处理好"广博"与"专深"的关系，十分关键。基于此，我们本着"博学专长"的理念，按"243"思路来构建"学科大类→专业方向→综合提升"的专业课程体系。其中，学科大类板块设置了基础和核心两类课程，以拓宽学生知识面，助其掌握海洋科学理论基础和核心知识；专业方向板块从本科第四学期开始，按海洋生物、海洋地质、物理海洋和海洋化学四个方向将学生"四选一"进行分流，以帮助学生掌握扎实的专业知识；综合提升板块则设置选修课、实践课和毕业论文三个模块，以推动学生更自主、个性化、综合性地学习，养成专业素养。

　　相对于数学、物理学、化学、生物学、地质学等专业，海洋科学专业开设时间较短，教材积累相对欠缺，部分课程尚无正式教材，部分课程虽有教材但专业适用性不理想或知识内容较为陈旧。我们基于"243"课程体系，固化课程内容，从以下三个方面建设海洋科学专业系列教材：一是引进、翻译和出版Descriptive Physical Oceanography: An Introduction, 6ed（《物理海洋学·第6版》）、Chemical Oceanography, 4ed（《化学海洋学·第4版》）、Biological Oceanography, 2ed（《生物海洋学·第2版》）、Introduction to Satellite Oceanography（《卫星海洋学》）、Coastal Storms: Processes and Impacts（《海岸风暴：过程与作用》）、Marine Ecotoxicology（《海洋生态毒理学》）等原版教材；二是编著、出版《海洋植物学》《海洋仪器分析》《海岸动力地貌学》《海洋地图与测量学》《海洋污染与毒理》《海洋气象学》《海洋观测技术》

《海洋油气地质学》等理论课教材；三是编著、出版《海洋沉积动力学实验》《海洋化学实验》《海洋动物学实验》《海洋生态学实验》《海洋微生物学实验》《海洋科学专业实习》《海洋科学综合实习》等实验教材或实习指导书，预计最终将出版 40 多部系列性教材。

教材建设是高校的基本建设，对于实现人才培养目标起着重要作用。在教育部、广东省和中山大学等教学质量工程项目的支持下，我们以教师为主体、以学生为中心，及时地把本学科发展的新成果引入教材，使教学内容更具针对性和适用性。谨此对所有参与系列教材建设的教师和学生表示感谢。

系列教材建设是一项长期持续的工作，我们致力于突出前沿性、科学性和适用性，并强调内容的衔接，以形成完整的知识体系。

因时间仓促，教材中难免有不足和疏漏之处，敬请不吝指正。

《高等院校海洋科学专业规划教材》编审委员会

目 录

总 绪 ·· 1

第一编 油气地质基本理论 ·· 5

第一章 油气生成与烃源岩 ·· 6
　第一节　油气成因理论发展概况 ·· 6
　第二节　生成油气的物质基础 ·· 9
　第三节　油气生成的地质环境与物理化学条件 ·· 16
　第四节　有机质演化阶段及成烃模式 ··· 21
　第五节　石油组成及特征 ·· 28
　第六节　天然气组成及成因类型 ··· 41
　第七节　烃源岩研究与油源对比 ··· 53

第二章 含油气储集层和盖层 ·· 64
　第一节　岩石孔隙性和渗透性 ·· 64
　第二节　碎屑岩储集层 ··· 73
　第三节　碳酸盐岩储集层 ·· 85
　第四节　其他岩类储集层 ·· 95
　第五节　盖层（封盖层）类型及其封盖机制 ·· 98

第三章 圈闭和油气藏的类型 ·· 106
　第一节　圈闭与油气藏基本概念 ··· 106
　第二节　油气藏类型 ·· 112

第四章 石油和天然气运移 ··· 147
　第一节　与油气运移有关的基本概念 ··· 147
　第二节　石油和天然气初次运移 ··· 151
　第三节　石油和天然气二次运移 ··· 170
　第四节　地下流体势分析 ·· 182

第五章 油气聚集与油气藏形成 ··· 189
　第一节　油气聚集单元 ··· 189
　第二节　油气成藏要素 ··· 208
　第三节　油气聚集特征 ··· 221
　第四节　油气藏的再形成 ·· 229
　第五节　油气藏形成时间确定 ·· 230

第六章 不同类型盆地油气分布规律 ··· 239
　第一节　前陆盆地油气分布规律 ··· 239

第二节　裂谷盆地油气分布规律 …………………………………………………… 241
　　第三节　克拉通盆地油气分布规律 ………………………………………………… 244

第二编　全球海洋含油气盆地油气地质规律 ……………………………………… 249

第七章　全球海洋油气勘探概况 ……………………………………………………… 251
　　第一节　全球海洋油气勘探简史 …………………………………………………… 251
　　第二节　全球海洋油气分布规律 …………………………………………………… 253
　　第三节　全球海洋油气勘探开发发展趋势 ………………………………………… 255

第八章　欧洲海洋含油气盆地油气地质特征与分布规律 …………………………… 258
　　第一节　欧洲海洋油气勘探概况 …………………………………………………… 258
　　第二节　欧洲海洋含油气盆地油气地质特征 ……………………………………… 259
　　第三节　欧洲海洋含油气盆地油气分布规律 ……………………………………… 267

第九章　美洲海洋含油气盆地油气地质特征与分布规律 …………………………… 270
　　第一节　美洲海洋油气勘探概况 …………………………………………………… 270
　　第二节　美洲海洋含油气盆地油气地质特征 ……………………………………… 271
　　第三节　美洲海洋含油气盆地油气分布规律 ……………………………………… 275

第十章　非洲海洋含油气盆地油气地质特征与分布规律 …………………………… 280
　　第一节　非洲海洋油气勘探概况 …………………………………………………… 280
　　第二节　非洲海洋含油气盆地油气地质特征 ……………………………………… 281
　　第三节　非洲海洋含油气盆地油气分布规律 ……………………………………… 292

第十一章　亚太地区海洋含油气盆地油气地质特征与分布规律 …………………… 296
　　第一节　亚太地区海洋油气勘探概况 ……………………………………………… 296
　　第二节　亚太地区海洋含油气盆地油气地质特征 ………………………………… 299
　　第三节　亚太地区海洋含油气盆地油气分布规律 ………………………………… 306

第三编　我国海洋油气勘探实践 …………………………………………………… 309

第十二章　我国海洋油气勘探进展 …………………………………………………… 311
　　第一节　我国海洋油气勘探概况 …………………………………………………… 311
　　第二节　我国海洋油气分布富集规律及控制因素 ………………………………… 314
　　第三节　我国海洋油气勘探发展趋势 ……………………………………………… 333

第十三章　渤海盆地油气勘探实践 …………………………………………………… 335
　　第一节　渤海盆地油气勘探概况 …………………………………………………… 335
　　第二节　渤海盆地油气地质特征 …………………………………………………… 337
　　第三节　油气资源潜力及分布规律 ………………………………………………… 340

第十四章　北黄海盆地油气勘探实践 ………………………………………………… 342
　　第一节　北黄海盆地油气勘探概况 ………………………………………………… 342
　　第二节　北黄海盆地油气地质特征 ………………………………………………… 343
　　第三节　油气勘探进展及资源潜力 ………………………………………………… 344

第十五章　南黄海盆地油气勘探实践……………………………………………… 345
　　第一节　南黄海盆地油气勘探概况…………………………………………… 345
　　第二节　南黄海盆地油气地质特征…………………………………………… 347
　　第三节　油气勘探进展及资源潜力…………………………………………… 349
第十六章　东海盆地油气勘探实践………………………………………………… 351
　　第一节　东海盆地油气勘探概况……………………………………………… 351
　　第二节　东海盆地油气地质特征……………………………………………… 353
　　第三节　油气分布规律及资源潜力…………………………………………… 356
　　第四节　冲绳海槽盆地油气地质概况………………………………………… 357
第十七章　南海北部盆地油气勘探实践…………………………………………… 358
　　第一节　北部湾盆地油气勘探实践…………………………………………… 360
　　第二节　莺歌海盆地油气勘探实践…………………………………………… 371
　　第三节　琼东南盆地油气勘探实践…………………………………………… 384
　　第四节　珠江口盆地油气勘探实践…………………………………………… 399
　　第五节　台西及台西南盆地油气勘探实践…………………………………… 417
第十八章　南海中南部盆地油气勘探实践………………………………………… 426
　　第一节　油气资源潜力与勘探及研究进展…………………………………… 426
　　第二节　油气地质基本特征…………………………………………………… 429
　　第三节　构造沉积演化与油气成藏特点……………………………………… 435
　　第四节　南海中南部油气成藏条件及分布规律……………………………… 444

参考文献……………………………………………………………………………… 447

后记及简要说明……………………………………………………………………… 472

总　绪

一、海洋油气地质学研究的目的

海洋是蓝色国土，更是生命的摇篮，其构成了地球水圈的绝大部分（占地球总表面积的71%），而且，地球的生命亦起源于海洋。我国海洋面积广阔，海域面积约300万平方千米，相当于我国陆地面积的三分之一。浩瀚的海洋中蕴藏着丰富的矿产资源，从陆缘区海岸带到陆架陆坡直至大洋深海平原，均存在不同类型的海洋矿产资源，其中尤以陆架陆坡区及洋陆过渡带的油气资源（含天然气水合物）引人瞩目。众所周知，石油天然气资源是工业生产的血液，亦是国民经济运行的命脉。更是工业现代化和保障国家能源安全极其重要的战略物质，俗称"黑色金子"。石油天然气广泛应用于人类社会经济发展与人们物质文化生活的方方面面，既是基础性的自然资源，亦是战略性的经济资源，其与人类社会经济发展和人们物质文化生活的重大需求息息相关。因此，勘探开发海洋油气资源（尤其是在陆地油气资源勘探开发程度不断提高，陆域油气资源逐渐减少，愈来愈趋于枯竭的情况下）对于为国家勘探寻找和发掘更多的化石能源资源至关重要。

海洋油气地质学，是以研究海洋油气成藏地质条件及分布规律与勘探开发海洋油气资源的技术方法为目的的一门应用性极强的专业课程，其主要研究海洋油气矿产分布的基本地质规律、成因成藏机理及控制因素与勘探开发技术方法等，属于一门基础应用型科学。

海洋油气地质学亦是矿床学的一个重要分支，其是在海洋石油天然气勘探及开发开采的大量实践中总结出来的一门应用专业学科，亦是海洋石油天然气勘探开发的重要理论基础课及应用实践课。因此，海洋油气地质学的主要教学目标，就是要培养学生学会以辩证唯物主义思想为指导，综合运用地质、物理、化学及生物等学科的基础理论知识，深入分析研究海洋油气运聚成藏条件及分布富集规律、油气成因成藏机理及控制因素与先进的勘探开发技术方法和手段，并且能够在油气勘探开发的具体实践及实际工作中，能够全面地、综合地、辩证地分析不同区域具体的油气地质特征，综合剖析研究油气生成、运聚、储盖组合及圈闭富集成藏的时空耦合配置关系与分布规律及控制因素和主要的勘探评价技术方法，在此基础上，能够进一步搞清和阐明海洋油气运聚成藏条件与分布富集的地质规律，科学地评价、预测有利油气富集区带，进而加快和推进海洋油气资源的勘探开发进程，为国家及人类勘探寻找更多优质的化石能源资源。

二、海洋油气地质学研究的内容及编写宗旨

根据海洋油气地质学基本定义及研究目的，海洋油气地质学的主要研究内容及任务可总结和概括为：深入系统地分析研究海洋沉积盆地中油气生成及运聚与富集成藏的地质条件及其分布规律与主要控制因素；掌握和不断创新油气地质理论与勘探评价技术方法，在此基础上，阐明海洋油气运聚成藏与分布富集的地质规律，科学地评价、预测有利油气富集区带，指导和引领海洋油气勘探开发部署，进而勘探开发更多油气资源，为人类进步及经济社会可持续发展和国家能源安全提供雄厚的物质基础和可靠的物质

保障。

众所周知，在地质条件下，从烃源岩生成油气运聚到圈闭中形成油气聚集和油气藏，是一个客观事物不断发展和转化的过程。因此，油气地质研究亦应不断深入，循序渐进并追根溯源，由表及里不断推进和深化。首先，在石油和天然气生成阶段，必须要深入分析研究有机物质或无机物质能否向石油及天然气转化，尤其是要重点研究具备哪些油气地质条件方可生成大量石油及天然气；其次，在烃源岩油气生成之后，则要深入分析这些从烃源岩排出的分散状态的油气能否运聚富集形成油气藏，形成这种油气藏主要受哪些地质因素控制影响；在油气藏形成之后，其事物的发展并未完全结束，其后期可能由于某些地质条件发生改变而使油气藏遭受破坏。这些因油气藏遭受破坏而逸散出的油气，在遇到新的合适圈闭聚集条件时，仍然能够再集中而富集，重新形成新的油气藏（即次生油气藏）。如此螺旋式地不断变化前进，不断改变和发展演变，最终在相对稳定的地质条件下形成现今分布的油气矿产资源。因此，人们一般将石油和天然气生成、运移、聚集、破坏、再聚集成藏等等，均视为一个统一的事物客观发展的演变过程。亦即油气生成及运聚成藏与保存和破坏是一个庞大复杂的系统工程，或称之为含油气系统（或称石油系统），其中，烃源供给及油气源（烃源系统）是物质基础、油气运移通道（运聚输导系统）是重要纽带、油气聚集场所及保存条件（成藏汇聚系统）是油气藏形成的关键所在，而油气资源丰度及规模是油气富集的最终结果及归宿。总之，海洋油气地质学研究，就是要深入分析研究海洋沉积盆地中油气运聚成藏过程这个复杂含油气系统中的方方面面，综合剖析油气藏形成与破坏的运聚动平衡全过程及其控制影响因素，阐明海洋沉积盆地中油气分布、富集规律与主要成藏地质条件，评价、预测有利油气富集区带，进而指导海洋油气勘探开发部署与实施，促进和推动海洋油气资源勘探开发进程，为国家现代化建设及经济社会可持续发展勘探寻找和发掘更多海洋油气资源。

遵循以上宗旨，海洋油气地质学课程内容及篇幅设置，必须由表及里、由浅入深，全面正确反映海洋油气地质本身客观事物的发展规律，进而使学生从感性认识逐步发展和提升到理性认识，再从理性认识能动地推动和指导海洋油气勘探、开发、生产实践与油气地质科学研究。鉴于此，根据以上编撰宗旨和编写目的，本书的内容主要由三大部分组成。第一部分为基础理论编。本编主要以前人编著的《石油地质学》（张万选、张厚福主编，1981；潘钟祥主编，1986；西北大学地质系石油地质教研室主编，1980；张万选、张厚福主编，1989；张厚福、方朝亮、高先志、张枝焕、蒋有录主编，1999；蒋有录、查明主编，2006；柳广弟、张厚福主编，2010）及《天然气地质学》（陈荣书、袁炳存主编，1986；包茨主编，1988；陈荣书主编，1989；戴金星、戚厚发、郝石生主编，1990）为基础和蓝本，并进行了适当的修改、补充和增删编辑工作。本编的编写思路及目的与顺序为：首先，阐明什么是石油和天然气，其有哪些物理化学特征，从而使学生获得初步的感性认识；在此基础上系统地讲授石油和天然气现代成因理论与运移和聚集等油气成藏的基本原理，并分析油气藏形成过程的主要控制影响因素，随着认识过程的逐步深化，从感性认识发展到理性认识；在掌握了油气藏（油气聚集基本单元）形成机理的理性认识后，进一步深入剖析研究不同油气藏形成条件及分布特征，进而逐步扩大到油气田、油气聚集带、含油气区及含油气盆地等不同级别的油气聚集单元，并应用系统论将其构成一个复杂的整体，即含油气系统理论。其次，在此基础上，再回到实践中去改造世界、指导油气勘探生产和油气地质科学研究，引导学生在认识、掌握世界海洋油气分布规律，尤其是我国海洋油气资源分布特征与油气地质基本规律的基础上，综合应用海洋油气地质基本理论和其他地质基础知识，学会系统分析海洋典型含油气盆地油气成藏地质条件及油气运聚分布规律与控制因素，科学地评价、预测海洋沉积盆地含油气远景及有利油气富集区带与具体的勘探目标。第二部分为学习借鉴编。主要介绍和概述了世界海洋含油气盆地油气勘探开发成果及进展，以及典型盆地不同油气田/油气藏形成条件及分布富集规律与勘探开发简况。在此基础上，系统分析了其油气勘探开发历程及取得的主要油气勘探开发成果与认识。同时，对于全球海洋油气勘探开发动态及发展趋势进行了初步分析。第三部分为应用实践编。主要系统地阐述了我国海洋油气勘探实践与主要油气勘探开发成果及进展，重点探讨了我国海洋不同类型含油气盆地不同勘探区带，尤其是南海含油气盆地及有利勘探区带中典型油气田/油气藏形成条件及分布规律与控制因素，深入分析和评价、预测了有利油气富集区带及其资源潜力与油气勘探前景。

总之，本书根据油气地质学基础理论及勘探技术方法，跟踪和借鉴世界海洋油气勘探开发成果及研究发展趋势，密切结合我国海洋油气勘探开发生产实践与油气地质科学研究的需要，系统分析、总结了国内外海洋油气勘探开发成果及重要进展与海洋油气地质学研究的发展趋势及认识，并以此为核心和切入点完成了本书的撰写和编辑、总结工作。

第一编 油气地质基本理论

第一章 油气生成与烃源岩

油气地质学主要研究油气成因、油气藏形成与油气分布规律及控制因素三大课题，三者之间存在密切联系。地壳上生成的石油天然气是形成油气藏的物质基础，掌握了油气生成及其分布规律与控制因素，方可深刻认识油气藏形成条件及其富集规律与展布特点，才能较好地把握油气勘探方向，有效地部署实施油气勘探活动。同时，油气生成不能脱离周围的自然环境，无论是自然界的各种有机物和无机物，还是其所处的物理、化学、生物及地质等条件，均对油气生成起着重要作用。因此，油气成因问题不能脱离其他学科孤立地开展研究。

基于以上核心思想及宗旨，本章拟重点分析阐述油气生成的物质基础、地质环境和物理化学条件，阐明现代油气生成理论，总结油气成因的现代模式。此外亦对天然气成因类型及油气无机生成假说等做简略概括与阐述。

第一节 油气成因理论发展概况

一、早期油气成因理论及假说

石油和天然气成因问题历来是油气地质学界的主要研究内容之一，也是自然科学领域中争论最激烈的一个重大研究课题。解决该问题有助于提高人们对客观世界的正确认识。

由于石油天然气化学成分比较复杂，且均为流体矿藏，其与固体矿藏明显不同及差异巨大的是，现今勘探发现油气藏的地方往往不是油气生成的原始位置及区域——这是与固体矿藏最根本的区别，给研究油气成因问题带来了诸多复杂性。因此，长期以来，关于油气成因问题，在原始烃源物质与客观地质环境及转化条件等方面，均存在许多激烈的争论。

18 世纪 70 年代以来，对油气成因问题的认识，基本上可归纳为无机生成说和有机生成说两大派别。在石油工业发展早期，人们从纯化学角度出发，一般认为石油天然气是地下深处高温高压条件下由无机物通过化学反应形成的。因此，早期的油气无机成因理论归纳起来主要存在以下几种假说。

(1) 碳化物说。由俄国著名化学家 Д. И. 门捷列夫于 1876 年提出。他认为在地球内部，水与炽热的重金属碳化物相互作用即可产生碳氢化合物：

$$3Fe_mC_n + 4mH_2O \longrightarrow mFe_3O_4 + C_{3n}H_{8m}$$

碳氢化合物上升到地壳某些区域冷凝下来即可形成石油，并在孔隙性岩层中聚集形成油藏。

（2）宇宙说。由俄国学者 В. Д. 索可洛夫于 1889 年 10 月 3 日在莫斯科自然科学研究者协会年会上首次提出。宇宙说主张在地球呈熔融状态时，碳氢化合物即蕴藏在其气圈中；随着地球冷凝，碳氢化合物被冷凝岩浆吸收，最后凝结于地壳中而形成石油。宇宙说的基本观点为：① 由于天体中碳和氢的储量很大，因此同样可以假设这些元素在地球上也很丰富；② 由碳、氢合成的碳氢化合物形成于天体发展的早期阶段，例如在温度小于等于 1000 ℃ 时，甲烷即可按以下方式生成：$CO + 3H_2 \longrightarrow CH_4 + H_2O$ 或 $CO_2 + 4H_2 \longrightarrow CH_4 + 2H_2O$；③ 同其他天体一样，地球上形成的碳氢化合物后来为岩浆所吸收；④ 当岩浆进一步冷却和紧缩时，包含在其中的碳氢化合物即沿断裂或裂隙分离出来。

（3）岩浆说。苏联学者 Н. А. 库得梁采夫于 1949 年 10 月 3 日在宇宙说发表 60 周年纪念日的讲坛上，提出了石油起源岩浆说。他首先提到在许多天体上存在碳氢化合物、泥火山重复喷发、在所谓烃源岩之下的岩浆岩和变质岩中形成和存在油气藏等，都是油气无机生成说的证据。他指出石油生成同基性岩浆冷却时碳氢化合物的合成有关，这个过程是在高压条件下完成的，故可以促使不饱和碳氢化合物聚合而成饱和碳氢化合物。

（4）高温生成说。切卡留克（Э. Б. Чекалюк, 1971）根据合成金刚石的实验，将装满矿物混合物（方解石、石英、六水泻盐等）代替石墨反应器置于 6000～7000 MPa 高压和 1800 K 高温下，几分钟后，反应器中分离出易挥发组分，包括甲烷、乙烷、丙烷、丁烷、戊烷、己烷及少许庚烷。因此认为在深约 150 km 的上地幔古顿堡（Гутенберг）层内，当温度超过 1500 K、压力在 5000 MPa 下，由于有 FeO 及 Fe_3O_4 的参与，H_2O 与 CO_2 将还原形成烃类。在强烈褶皱作用时，深部石油进入地壳沉积岩，并由低分子烃转化为高分子烃及环状烃。

（5）蛇纹石化生油说。耶兰斯基（Н. Н. Еланский, 1966, 1971）根据某些油田被发现在蛇纹岩及强烈蛇纹岩化的橄榄岩中，例如苏联伏尔加—乌拉尔油区的巴依土冈和丘波夫油田，提出橄榄岩蛇纹石化作用可以产生烃类：

$$3(Fe,Mg)_2 \cdot SiO_4 + 7H_2O + SiO_2 + 3CO_2 =$$
$$2Mg_3(OH)_4 \cdot Si_2O_5 + 3Fe_2O_3 + C_3H_6 + Q(热)$$

耶兰斯基强调指出，橄榄岩蛇纹石化作用发生在埋深 22～40 km 的地壳玄武岩层底，而橄榄岩与 12～22 km 深处的深水圈层接触发生蛇纹石化的结果即可产生烃类。这种接触发生在地壳深坳陷，由于延伸扩张、裂开，水沿萌芽状态的断裂进入橄榄岩发育带，生成的烃类又沿着断裂而进入沉积岩。

但是，世界油气勘探及开采的大量生产实践和近代科学技术对生油气岩的研究，均证明绝大多数油气田都分布在沉积岩中；极少数岩浆岩和变质岩中赋存的油藏也与附近烃源岩有关，其是油气侧向和垂向运移聚集的结果。而且基性岩浆中只含有 0.5% 的碳，至今尚未证明其能否形成碳氢化合物。因此，能够富有成效地指导世界油气勘探实践的，仍然是现代石油有机生成学说。

（6）地幔脱气说。Gold（1993）等依据太阳系、地球形成演化模型，提出地球深部存在大量的甲烷和其他非烃资源。这些甲烷在地球形成时即大量存在，其在地球分异演化的早期从地球深部被加热而释放出来。随着地质历史时期的演变，这些甲烷向上运移，一部分在上地幔和地壳中聚集，一部分则释放到大气圈中。尚须强调指出，我国学者杜乐天（1988）提出的"幔汁说"与地幔脱气说类似，但其脱气范围则拓展到了整个岩石圈，且进一步补充完善和创新了地幔脱气说的理念，提出岩石圈及其地表产出的大量流体（油气水）均与地球脱气作用密切相关的新观念。

（7）费托地质合成说。前伦敦皇家学会主席、化学家 Robinson（1963，1966）指出，原油中的正构烷烃分布与费托合成"临氢重整"油中的相同，据此提出地球上原始的石油可能是 20 亿年前通过如下费托反应生成的：

$$CO_2 + H_2 \xrightarrow[300 \sim 400 \text{℃ 催化}]{} C_nH_m + 2H_2O + Q(\text{热})$$

二、油气有机成因学说

在油气有机生成学说中，存在着早期生油说与晚期生油说两种主要观点。前者主张沉积物所含原始有机质在成岩作用早期即已逐步转化为石油和天然气，并运移到邻近储集层中聚集；后者则认为沉积物必须埋藏达到一定的深度，即在成岩作用晚期或后生作用初期，沉积岩中不溶有机质（即干酪根）达到成熟（成熟生烃门槛），方可热降（裂）解生成大量液态石油和天然气，然后沿运聚通道运移到储集层及圈闭中聚集成藏。油气有机成因说的实验及证据与假说主要包括以下方面。

（1）18 世纪中叶，罗蒙诺索夫提出了石油蒸馏说，认为石油是煤在地下高温蒸馏的产物。

（2）20 世纪 20 年代初期，维尔纳茨的《地球化学概论》和《生物圈》专著，详细论述了石油有机组成和石油有机成因的主要依据，提出了石油碳循环模式。

（3）Treibs（1933）通过卟啉化合物的发现和证实，指出其是石油有机成因重要依据。

（4）1932 年古勃金提出"混成说"，即早期油气有机成因说。

（5）20 世纪 50 年代，美国 P. V. Smith 和苏联 B. B. 维尔别通过现代海洋沉积物中类原油烃类化合物的分离鉴定，提出了有机成因早生油说。

（6）Bray 等（1961）根据正烷烃的奇偶优势研究，提出了沉积有机质直接成油说。

（7）阿贝尔松（P. H. Abelson）（1963）提出了干酪根热解成油说（有机成因晚期成油说）。

（8）Phillippi 等（1965）提出了生油门限的概念。

（9）70 年代初，法国著名地球化学家 Tissot 等综合归纳前人的大量研究成果，建立了不溶有机质干酪根热降解生烃演化模式，提出并完善了干酪根晚期生烃学说，阐明了油气形成演化与分布规律，这些新进展进一步完善了油气有机生成学说。

（10）Pusey（1973）提出了"低温窗"和"液态窗"及"未－低成熟"油的概念。"未－低成熟"油系指所有非干酪根晚期热降解成因的各种低温早熟的非常规油气。包括在生物甲烷气生烃高峰之后，尤其是在埋藏升温达到干酪根晚期热降解大量生油之前（$R_o<0.7\%$），通过不同生烃机制的低温生物化学或低温化学反应生成并释放

出来的液态和气态烃。低熟油生成高峰阶段对应的烃源岩镜质体反射率（R_o）值在 0.3%~0.7%之间，相当于干酪根生烃模式中未成熟和低成熟阶段。

总之，原始有机质从沉积、埋藏到转化为石油和天然气，是一个逐渐演化生烃的过程，不能由于晚期生油说的卓越贡献而完全排斥早期生油的可能性。在干酪根晚期生烃理论广泛为国际石油界所接受的同时，在世界上许多国家的油气勘探实践中，也不断发现有"未-低成熟"石油的存在，即在根本不具备成熟烃源岩的地区发现了石油，甚至在这些"未-低成熟"烃源岩发育地区，已探明的石油储量超过成熟烃源岩的可能生油量。这就表明自然界中确实还存在相当数量的各类早期生成的非常规非传统的油气资源。

石油有机生成学说亦曾经长期受"唯海相生油论"控制。但是，自20世纪30年代以来，随着各国油气勘探事业的进展，尤其是我国陆相沉积盆地油气生成与油气藏形成及分布规律的科学研究与勘探实践，均充分证实了陆相地层同样能够生成大量石油和天然气，并总结提出了"陆相成油论"。早在1941年，我国石油地质学家潘钟祥即发表了有关陕西、四川等地陆相生油的重要论文，论证了这些盆地有石油来自陆相地层。在20世纪五六十年代，我国相继在西北和东部中、新生代陆相盆地中勘探发现了大量油田甚至大油田，如大庆油田等中国东部一系列油气田。事实充分表明陆相地层不仅可以生油，而且可以生成大量的石油。随后，国内外学者通过大量湖相沉积有机质的分析研究，证实湖相沉积物生油母质丰富，加之促使有机质向油气转化的热力学条件的配置油气形成，进而为陆相生油学说提供了有力的佐证和主要依据。

20世纪80年代以来，世界油气勘探实践过程中发现了许多新的油气地质现象，如"未-低成熟"石油、多旋回叠合改造型盆地中天然气的富集、超深层液态烃的存在等，这些现象使应用干酪根晚期成烃理论进行解释出现了困难和挑战。总之，只有不断发现、探索和探究新的油气地质现象，才能不断地完善对自然界的客观和科学的认识，进一步丰富和不断完善油气地质理论，方可指导和深化油气勘探实践，为人类及国家勘探发现更多油气资源，促进经济社会可持续发展，保障国家能源安全，最大限度地满足人们物质文化生活日益增长的对能源资源的重大需求。

第二节 生成油气的物质基础

一、生油气母质及化学组成

生成油气的沉积有机质主要由类脂化合物、蛋白质、碳水化合物及木质素等生物化学聚合物组成，它们都具有比较复杂的化学结构。以下简要分析阐述这些化合物组成及分布特征。

（1）脂类。又称类脂化合物，是生物体在维持其生命活动中不可缺少的物质之一。主要包括一些化学结构与油脂不同，但物态和物理性质与其相似的化合物，如磷脂、甾类和萜类等。它们尽管化学组成千差万别，但却具有共同的特性，即不溶于水而溶于低极性的有机溶剂。动植物中的油脂是最重要的脂类，油脂大量分布于动物皮下组织、植物的孢子、种子及果实中。细菌和藻类也含有丰富的脂类。此外，还有角质、孢粉质等，它们存在于高等植物中。

（2）蛋白质。蛋白质是生物体中一切组织的基本组成部分，是生物体赖以生存的物质基础。在生物体的细胞中，除水外，80%以上的物质为蛋白质。蛋白质约占动物干重的50%，同时它是生物体中含氮化合物的主要成分。据统计，地球表面每年合成的有机质中蛋白质占 1/4～1/3。但在沉积岩中却很少发现完整的蛋白质，这是由于蛋白质是一种性质不稳定的有机化合物，在酸、碱或酶的作用下，发生水解形成氨基酸而被破坏。

（3）碳水化合物。碳水化合物又称糖类，是自然界中分布极广的有机物质，也是一切生物体的重要组成之一。几乎所有的动物、植物、微生物体都含有碳水化合物，其中植物的含量最多。植物中的纤维素、淀粉、树胶，动物体内的糖原，昆虫的甲壳等都是由多糖构成。多糖中对沉积有机质最有意义的是纤维素。通常，纤维素、半纤维素和木质素总是同时存在于植物的细胞壁中，构成植物支撑组织的基础。在藻类、放射虫等低等水生生物中没有或很少有纤维素，但有类似的藻酸、果胶等。

（4）木质素和丹宁。木质素和丹宁都具有芳香结构的特征。木质素是植物细胞壁的主要成分，在高等植物中可由芳香醇脱水缩合而成。木质素的性质十分稳定，不易水解，但可被氧化成芳香酸和脂肪酸，在缺氧水体中，由于水和微生物的作用，木质素分解，可与其他化合物生成腐殖质。丹宁的组织和特征介于木质素与纤维素之间，主要出现在高等植物中。

此外，还有一系列酚类和芳香酸及其衍生物广泛分布在植物中。它们是沉积有机质中芳香结构的主要来源，也是成煤的重要有机组分。

二、沉积有机质

随无机质一起沉积并保存下来的那部分生物有机质，称为沉积有机质，又叫地质有机质。Welte 和 Tissot（1978）的研究表明，在海洋或湖盆沉积环境中，浮游生物是沉积物中有机质的主要来源，但在一些浅水地区，因为有足够的阳光，植物的光合作用充分，其有机质的主要来源是水底植物。在上述两种情况下，对死亡植物进行再改造的细菌，可被认为是沉积有机质的主要补充来源。在某些沉积物中，尤其是那些沉积在滨海、三角洲或湖泊的沉积物中，以孢子、花粉及其他植物碎片为代表的，由陆地搬运来的外来有机质，可能是沉积有机质的另一个重要来源。

来源于生物体的有机质在埋藏之前，多分布在沉积物上方的水体中。在地表条件下，有机质是不稳定的，必须在一定的条件下才能得以保存。第一，要求有缺氧的水体，其可以保护吸附在矿物颗粒表面的溶解有机质和微粒有机质而使其免受生物的消耗；第二，要求有机质在水体中滞留时间短，深度适中水体的有机质堆积条件优于很深的水体，此外，水体的分层作用也有利于有机质的保存；第三，在沉积作用下，沉积颗粒的沉积速度对有机质的保存起着关键性的作用。在有机质供应量一定的情况下，有机质在沉积物中的浓度与矿物颗粒的沉积速度成反比。当然，这种关系还受到其他许多因素的影响。有机质化学组成也是影响沉积有机质形成的重要因素。

总之，长期稳定下沉大地构造背景（坳陷/断陷）和温暖湿润、低能还原性岩相古地理环境，能够充分供给有机质，以及具有中等沉积速度的细矿物颗粒的沉积物中最有利于沉积有机质的形成和保存。

三、固体有机质——干酪根

早在古生代以前，地球上就出现了生物。大量动物、植物死亡后，多遭氧化破坏，因此对生成石油及天然气的原始物质而言，仍以沉积岩中的分散有机质为主。沉积物（岩）中的沉积有机质经历了复杂的生物化学及化学变化，其往往通过腐泥化及腐殖化过程形成干酪根，成为生成大量石油及天然气的生源母质。

（一）干酪根的定义及形成

1979年，亨特将干酪根定义为沉积岩中所有不溶于非氧化性酸、碱和非极性有机溶剂的分散有机质。这一概念已逐渐被石油地质界和地球化学界所接受。与其相对应，岩石中可溶于有机溶剂的部分，称为沥青（Bitumen）。常用的有机溶剂如氯仿、苯、甲醇-苯等皆为非极性化合物，并且是在温度80℃以下进行沥青抽提。

干酪根的形成，实际上在生物体衰老期间就已开始（图1.1），这时有机组织开始

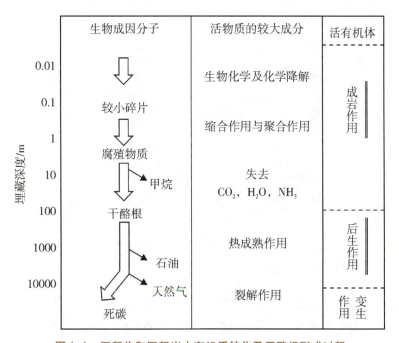

图1.1　沉积物和沉积岩中有机质转化及干酪根形成过程
（据Waples，1985修改）

发生化学及生物降解和转化，结构规则的大分子生物聚合物（如蛋白质、碳水化合物等）部分或完全被分解，形成一些单体分子。接着，它们或遭破坏，或构成新的地质聚合物，其是腐泥化或腐殖化作用的产物，是一些结构不规则的大分子。这些地质聚合物是干酪根的前驱，但还不是真正的干酪根。在沉积物的成岩作用过程中，地质聚合物变得更大、更复杂、结构欠规则，至埋藏到数十或数百米，具很大分子量的干酪根才真正开始发育起来。

成岩作用可使地质聚合物失去 H_2O、CO_2 和 NH_3。如果沉积物中发生缺氧硫酸盐还原，沉积物耗尽了重金属离子（常出现在碳酸盐沉积物中），大量硫会并入干酪根中，而原始有机质本身提供的硫是很少的。在这个阶段，碳碳双键活动性大，易转化为饱和或环状结构。在氧化环境内，许多小生物分子在形成地质聚合物前就会受到细菌的破坏；而在还原环境内，细菌活动减弱或停止，为地质聚合物保存提供了有利条件，有助于干酪根的形成。

（二）干酪根的成分和结构

干酪根是沉积有机质的主体，占总有机质的 80%～90%，Hnut 认为 80%～95% 的石油烃是由干酪根转化而成。Durand（1980）亦估计在沉积岩中，干酪根总量比化石燃料资源总量大 1000 倍（图 1.2），所以，人们日益认识到研究干酪根的重要性。

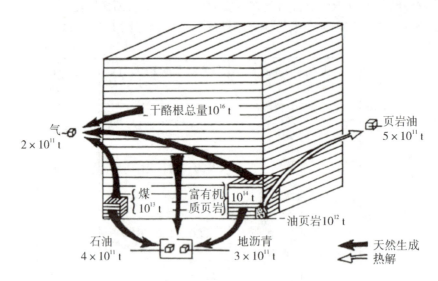

图 1.2　干酪根数量与化石燃料最大资源的比较

（据 Durand，1980）

干酪根的成分和结构复杂，它的不溶性和大分子复杂性，以及来源和经历的千差万别等，都给研究带来了困难。国内外研究表明，干酪根是一种高分子聚合物，没有固定的化学成分，主要由 C、H、O 和少量 S、N 组成，没有固定的分子式和结构模型。五种元素的相对分布、平均值及变化范围具以下特点：前三者 C（76.4%）、H（6.3%）、O（11.1%）占 93.8%，是干酪根的主要成分，其余的（S、N）则占有很少的比例。

干酪根的元素及化合物组成和结构变化很大，其类型和演化程度不同，则具有不同的结构模型，因此不可能存在单一结构模型的干酪根。20世纪80年代以来，人们通过对干酪根进行高温热解或低温降解，使其成为低分子量产物，揭示出它们含有活有机体中鉴定出来的全套有机结构，包括萜类、甾族、卟啉、氨基酸、糖、羧酸、酮、醇、烯烃和醚桥。干酪根由核和链桥交联而成。链桥一般为脂肪链、含硫或含氧官能键，核和链桥表面可有些官能团。核由2～4个基本砌块组成。基本砌块一般包含两层芳香族片状体，每个芳香族片状体中含少于10个的缩合芳香族环状化合物和少量的含N、S、O杂环化合物。片状体直径小于10 Å，两层片状体层间距为3.4～8 Å。

（三）干酪根类型及其演化

在不同沉积环境中，由不同来源有机质形成的干酪根，其性质和生油气潜能差别很大。前已述及，干酪根是沉积有机质的主体，因而干酪根类型基本上反映出沉积有机质的类型。

通常所有沉积有机质大致可以划分为腐泥型和腐殖型两大类：前者系指脂肪族有机质在缺氧条件下分解和聚合作用的产物，来自海洋或湖泊环境水下淤泥中的孢子及浮游类生物，它们可以形成石油、油页岩、藻煤和烛煤；后者系指泥炭形成的产物，主要来自有氧条件下沼泽环境的陆生高等植物，多形成天然气和腐殖煤，在一定条件下也可以生成液态石油。

为了判识干酪根类型及其特征，可用光学（透射光、反射光）与化学两种方法进行研究。

1. 干酪根类型的光学分类

煤岩学家在显微镜下用放大25～50倍的油浸物镜，在反射光下观测煤或干酪根显微组分，可分辨出腐泥组、壳质组、镜质组及惰质组四组成分。腐泥组包括无定形体和藻质体，其中无定形体为絮状或团块状、薄膜状；壳质组呈暗灰色，富含氢，由孢子、角质、树脂、蜡组成，包括孢粉体、角质体、树脂体、木栓质体等；镜质组呈灰白色，富含氧，具镜煤（Vitrain）特征，由与泥炭成因有关的腐殖质组成，包括结构镜质体和无结构镜质体；惰质组呈黄白色，富含碳，包括碎质体、菌质体、丝质体、半丝质体，在碳化过程中，属不活泼成分。以上四组成分的反射率依次增大，生油潜能则依次降低。

将干酪根放在镜下观察，也可测定其热演化程度。随埋深加大、温度升高，干酪根的透明度减弱、镜质体反射率增大、颜色变深。

2. 干酪根类型的化学分类

法国石油研究院根据不同来源的390个干酪根样品的C、H、O元素分析结果，利用范·克雷维伦（D. W. VanKrevelen）图解（俗称"鸡爪图"），将干酪根划分为三种主要类型。

（1）Ⅰ型干酪根。原始氢含量高而氧含量低，H/C原子比1.25～1.75，O/C原子比0.026～0.12。以含类脂化合物为主，直链烷烃很多，多环芳香烃及含氧官能团很少；它可以来自藻类堆积物，也可能是各种有机质被细菌强烈改造，留下原始物质的类脂化合物馏分和细菌的类脂化合物。其生油潜能大，可生相当于浅层未成熟样品重量

80%的产物。美国尤英塔盆地始新统绿河页岩、我国松辽盆地下白垩统青山口组一段、嫩江组一段，以及泌阳盆地古近系核桃园组等典型湖相沉积泥页岩的干酪根均属此类。

(2) Ⅱ型干酪根。原始氢含量较高，但稍低于Ⅰ型干酪根，H/C 原子比 0.65～1.25，O/C 原子比 0.04～0.13。属高度饱和的多环碳骨架，含中等长度直链烷烃和环烷烃甚多，也含多环芳香烃及杂原子官能团。多来源于海相浮游生物（以浮游植物为主）和微生物的混合有机质，生油潜能中等。例如，法国巴黎盆地侏罗系下托尔统页岩经热解后，产物约为有机质原始重量的 60%；北非志留系、中东白垩系、西加拿大泥盆系，以及我国东营凹陷古近系沙三段泥岩的干酪根均属此类。

(3) Ⅲ型干酪根。原始氢含量低而氧含量高，H/C 原子比 0.46～0.93，O/C 原子比 0.05～0.30，以含多环芳香烃及含氧官能团为主，饱和烃链很少，被联接在多环网格结构上。来源于陆地高等植物，含可鉴别的植物碎屑甚多，可被河流带入海、湖成三角洲地带或大陆边缘。热解时可产出 30%的产物，与Ⅰ、Ⅱ型干酪根相比，其生油能力较差，但生气潜力大，埋藏到足够深度，达到成熟-高熟甚至过熟时，其产气率极高，可提供充足的气源。喀麦隆杜阿拉盆地上白垩统洛格巴巴页岩及我国陕甘宁盆地下侏罗统延安组泥页岩干酪根即属此类。

从图 1.3 可以看出，以上三类干酪根原始化学成分结构存在显著区别：其中Ⅰ型干酪根轨迹起始点及其附近，含大量脂肪族烃结构；Ⅲ型干酪根起始点及其附近，大部分由带含氧官能团的多环芳香烃结构组成；而Ⅱ型干酪根则介于Ⅰ型、Ⅲ型之间，以具多环饱和烃结构为特征。这些区别充分说明其原始物质、沉积环境和地质经历的差异。

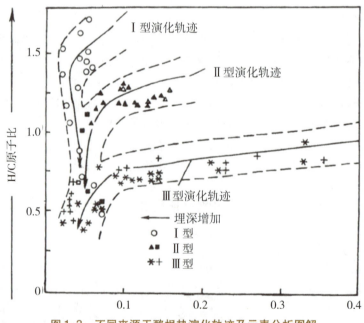

图1.3 不同来源干酪根热演化轨迹及元素分析图解

［Ⅰ型：○美国尤英塔盆地绿河页岩（B. P. Tissot 等，1978）；Ⅱ型：▲法国巴黎盆地下托尔页岩（Durand 等，1972），■德国里阿斯期波西多尼希费用（Durand）；Ⅲ型：＊喀麦隆杜阿拉盆地洛格巴巴页岩（Durand 等，1976），＋腐殖煤］

3. 干酪根类型的热解参数分类

岩石热解评价仪获取的热解参数不仅能评价其生烃潜力，亦可用于干酪根有机质类型判识与划分。应用热解评价仪可分析检测烃源岩中的游离烃（S_1）、热解烃（S_2）、CO_2 非烃（S_3）和最大热解峰温（T_{max}）等参数，这些参数不仅能够评价生烃潜力，亦可直接或间接地用于确定有机质类型。目前最常用的方法就是根据氢指数 I_H 和氧指数 I_O 的关系，划分确定干酪根有机质类型。其中 $I_H = S_2$/有机碳含量和 $I_O = S_3$/有机碳含量，这两个评价生烃潜力的重要参数即与干酪根元素组成存在密切的联系，且氢指数（I_H）与 H/C 原子比、氧指数 I_O 与 O/C 原子比之间存在相关性。

我国主要陆相含油气盆地泥质岩中，干酪根也可划分为上述三种类型（图 1.4），但以 II 型为主，王铁冠根据我国六个陆相盆地统计，指出 II 型干酪根占 48.5%，I 型、III 型分别为 22.9% 和 28.6%。

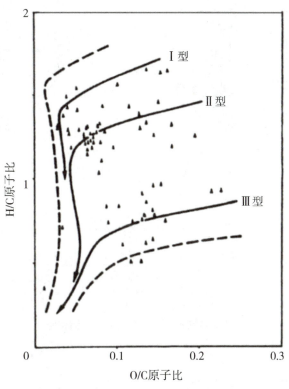

图 1.4　我国主要陆相含油气盆地干酪根元素分析

（据王铁冠等，1995）

随着埋藏深度的增加，以上三类干酪根都会沿着各自轨迹演化，O/C 和 H/C 先后相继减小，碳富集，都向碳极收敛（图 1.5）。这说明在埋藏过程中，当温度和压力增加时，沉积有机质是不稳定的，大多数含氧化合物不及饱含氢化合物稳定，所以氧首先形成气体逸出。

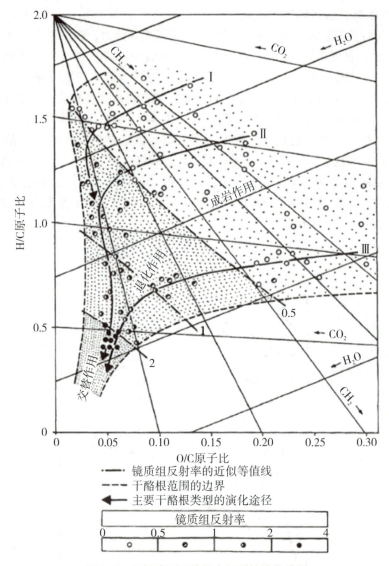

图 1.5　不同类型干酪根有机质热演化特征

(据 Tissot 等，1984)

第三节　油气生成的地质环境与物理化学条件

地壳上原始有机质数量很大、种类繁多、结构复杂。如果这些有机质转化为石油烃类，其堆积、保存和转化过程必须要处于适宜的地质环境——沉积盆地之中。正如表1.1 所示：沉积岩中有机质向石油转化必须要经历一个碳、氢元素不断增加而氧元素不断减少的过程，即为一个去氧、加氢、富集碳的转化过程。Zobell 研究了不同成岩阶段沉积有机质和石油的元素组成，结果表明随埋藏深度增加，沉积有机质中氧、氮、硫、磷元素逐渐减少，而碳、氢元素相对富集（表1.2）。因此，原始有机质的堆积、保存和转化过程，必须要在还原条件下进行，而还原环境的形成及其持续时间的长短，则受当时的地质环境及物理化学条件所制约。

表1.1 沉积岩中有机质与石油的元素组成对比

元素	沉积岩中的有机质/%	石油/%
碳	52～71	83～87
氢	7～10	11～15
氧	15～35	痕量～4
氮	4～6	痕量～4
硫	—	痕量～4

表1.2 不同深度不同层位沉积岩中有机质与石油的元素组成特征

深度	物质类型	碳/%	氢/%	氧/%	氮/%	硫/%
浅↓深	海洋腐质泥	52	6	30	11	0.8
	近代沉积	58	7	24	9	0.6
	古代沉积	73	9	14	0.3	0.3
	石油	85	13	0.5	0.4	0.1

（据 C. E. Zobell）

一、油气生成的地质环境

由于大气中存在大量的氧，有机质易被氧化破坏，因此原始有机质在陆地表面难以保存。但在那些比较广阔的、长期被水（海水或湖水）淹没的低洼地区，其沉积有机质往往能够保存下来。此时水体起到了隔绝空气氧化的作用。即使水体含有一定量氧气，可能有一部分有机质被氧化而消耗后，但其余大部分有机质仍然能够保存下来，且在一定的温压条件下向油气转化。尚须强调的是，这种有利于有机质堆积、保存和转化的地质环境，并不是普遍存在的，其一般受到区域大地构造背景和岩相古地理环境等地质条件的严格控制和影响。

（一）大地构造条件

板块构造学说认为地球表层是由若干个岩石圈板块拼合而成。这些岩石圈板块的水平运动中亦蕴含有垂直构造运动的性质，因而在地质历史上能够形成各种类型的沉积盆地，为油气生成、聚集提供了有利场所。

板块的边缘活动带，板块内部的裂谷、坳陷，以及造山带的前陆盆地、山间盆地等大地构造单位,是在地质历史上曾经发生长期持续下沉的区域,沉积物巨厚、沉积有机质丰富,是地壳上油气资源分布的主要沉积盆地类型。在这些沉积盆地中,沉降幅度迅速被沉积物沉积充填而接近补偿,因而在沉积盆地的各个沉降时期中,研究沉降速度(V_s)与沉积速度(V_d)之间的关系至为重要。若沉降速度远远超过沉积速度($V_s \gg V_d$),水体急剧变深,生物死亡后,在下沉过程中易遭巨厚水体所含氧气的氧化破坏;反之,若沉降速度显著低于沉积速度($V_s \ll V_d$),水体迅速变浅,乃至盆地上升为陆,沉积物暴露地表,有机质易受空气中的氧所氧化,也不利于有机质的堆积和保存。只有在长期持续下沉过程中伴随适当的升降,沉降速度与沉积速度相近或前者稍大时,才能持久保持长期的还原环境。在这种条件下,不仅可以长期保持适于生物大量繁殖和有机质免遭氧化的有利水体深度,保证丰富的原始有机质沉积保存下来,而且可以造成沉积厚度大、埋藏深度大、地温梯度高,生、储层频繁相间广泛接触,有助于原始有机质迅速向油气转化并广泛排烃的优越地质环境的形成。表1.3列举了我国主要大型陆相沉积盆地的面积、持续沉降时间及沉积岩最大厚度等相关参数,以说明盆地沉降与沉积充填特征及其展布规模。

表1.3　我国主要大型陆相沉积盆地沉积充填特征及相关参数

盆地名称	陆相盆地沉积充填的主要参数		
	面积/$\times 10^4$ km²	持续时间/Ma	最大厚度/m
塔里木	56.3	175 (J, K, R)	10000
陕甘宁	32.0	155 (T, J, K)	3600
渤海湾	21.3	133 (K, R, Q)	10000
松辽	26.1	175 (J, K, R)	5000
四川	23.0	120 (J, K)	
柴达木	12.1	18 (J, K, R, Q)	12000
准噶尔	13.1	265 (P, T, J, K, R)	10000

(据原石油工业部石油勘探开发研究院,1977)

(二)岩相古地理条件

世界油气勘探实践证明:无论海相或陆相,都具有适合于油气生成的岩相古地理条件。在海相环境中,一般认为浅海区及三角洲区是最有利于油气生成的古地理区域。在浅海大陆架范围内,水深一般不超过200 m,水体较宁静,阳光、温度适宜,生物繁盛,尤其各种浮游生物异常发育,死亡后不需经过太厚的水体即可堆积下来;在三角洲发育部位,陆源有机质源源不断搬运而来,加上原地繁殖的海相生物,导致沉积物中的有机质含量特别高,是极为有利的生油区域。

大陆深水-半深水湖泊是陆相烃源岩发育的区域。尤其在近海地带的深水湖盆更是最有利的生油坳陷,因为近海区域地势低洼、沉降较快,是陆表水的汇集地带,容易长期积水而形成深水湖泊,保持稳定安静的还原环境。这种地区气候温暖湿润,浮游生物及藻类繁盛,而且往往又是河流三角洲的发育地带,河水带来大量陆源有机质注入近海湖盆，有机质异常丰富，以Ⅰ型和Ⅲ型干酪根为主。而在浅水湖泊和沼泽区，水体动荡，大气中的氧易于进入水体，不利于有机质的保存。这里的生物以高等植物为主，有机质多属Ⅲ型干酪根。一般认为，Ⅲ型干酪根生油潜能差，多适于造煤和生成煤型气、沼气，为天然气的主要气源。不过，近年来油气勘探表明，一些煤系地层尤其是富氢的煤系有机质不仅可以生气，而且其中富氢显微组分也可以生油，如澳大利亚的吉普斯兰盆地、加拿大的斯科舍盆地、我国的吐哈盆地都在煤系地层找到了石油。

（三）古气候条件

古气候条件直接影响着生物发育与繁殖，年平均温度高、日照时间长、空气湿度大，都能显著增强生物的繁殖能力。所以，长期温暖湿润的气候条件有利于生物繁殖和发育，是油气生成的有利外界条件之一。

总之，上述各项条件都对形成适于有机质繁殖、堆积、保存的环境产生综合性的影响，相互之间存在密切联系。其中大地构造条件是根本的地质环境因素，它控制着岩相古地理及古气候的特征。所以，在研究任何区域的油气生成条件时，必须从区域大地构造特征入手。

二、物理化学条件

适宜的地质环境为有机质的大量繁殖、堆积和保存创造了有利的地质条件，但有机质向石油及天然气生成演化还必须具备适当的温度、时间、细菌、催化剂、放射性等物理、化学及生物化学条件。

（一）温度与时间

在沉积有机质降解形成石油及天然气的全过程中，温度自始至终都是一个极为活跃的控制因素。在地质环境里，地热是取之不尽、用之不竭的最佳能源，油气的生成、运移或破坏，都离不开温度的制约。其作用机理为：沉积有机质向油气形成转化的演化过程，同任何化学反应一样，温度是最有效和最持久的作用因素。在形成油气的反应过程中，温度不足可通过延长反应时间来弥补，亦即温度与时间对油气形成过程似乎是可以互为补偿，即高温短时作用与低温长时作用对于有机质转化生成为油气可以产生近乎同样的效果。人工模拟试验证明了实验室高温快速成烃模拟与自然界低温慢速成烃过程之效果是一致的，所取得的结果和演化规律都是吻合的。所以，在油气生成的全过程中，温度与时间是一对同时发挥作用的重要热力学因素。

随着沉积有机质埋藏深度加大，地温相应升高，生成烃类的数量一般能够有规律地按指数增长。换言之，在有机质向油气转化的过程中，温度不足需用延长反应时间来补偿。若沉积物埋藏太浅，地温太低，有机质热解生成烃类所需反应时间就很长，故难以生成大量的石油。随着埋藏深度的增大，当温度升高到一定数值，有机质才开始大量转化为石油，这个温度界限称为有机质成熟温度或生油门限/门槛温度，这个成熟温度所在的深度，即为生油门限深度。法国石油研究院 Albrecht（1969）研究了喀麦隆杜阿拉盆地上白垩统洛格巴巴页岩中烃类生成与地下温度、埋藏深度的关系（图1.6），表明在深达 1370 m 时，有机质开始大量转化为石油，成熟温度为 65 ℃，地层时代距今约 7000 万年；当深度达 2200 m 时，生油量达最高峰，即为主要生油期或生油窗，地温 90 ℃；至 3000 m 深后，生油作用趋于停止。

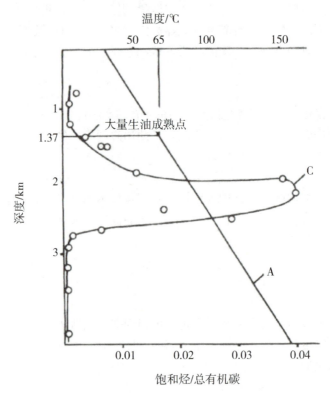

图 1.6　石油大量生成的成熟点确定

A－深度－温度关系曲线；C－石油生成百分率－深度关系曲线

（据 Albrecht，1969）

尚须强调指出：在不同地区不同层系中，由于地质条件的差异，成熟点的成熟温度也就会有所区别。一般说来，在地温梯度分别为 2 ℃/100m、3 ℃/100m、4 ℃/100 m 地区，其成熟点相应约在 3000 m、1800 m、1300 m 深处。可见，在地温梯度较高的地区，有机质不需埋藏太深即可成熟转化为石油。但有机质类型对成熟先后有影响，如前所述，树脂体和高硫Ⅱ型干酪根成熟较早。

综上所述，在温度与时间的综合作用下，有利于油气生成并保存在盆地中即年轻的热盆地（地温梯度高）和古老的冷盆地；否则，或未达成熟阶段，或已达破坏阶段，对油气生成保存及其油气勘探均不利。

（二）细菌活动

细菌是地球上分布最广、繁殖最快的一种微生物，按其生活习性可将细菌分为喜氧细菌、厌氧细菌和通性细菌三类。对油气生成而言，最有意义的是厌氧细菌，在缺乏游离氧的还原条件下，有机质可被厌氧细菌分解而产生甲烷、氢气、二氧化碳以及有机酸和其他碳氢化合物。细菌在油气生成过程中的作用实质是将有机质中的氧、硫、氮、磷等元素分离出来，使碳、氢，特别是氢富集起来，并且细菌作用时间愈长，这种作用进行得愈彻底。

Zobell 认为在没有游离氧的条件下，有机物因细菌发酵可析出大量氢气，同时在厌氧细菌的催化作用下，产生下列反应：

氢被活化与二氧化碳结合产生甲烷：$CO_2 + 4H_2 \rightarrow CH_4 + 2H_2O$

某些细菌使氢气将硫酸盐还原为硫化氢：$SO_4 + 5H_2 \rightarrow H_2S + 4H_2O$

同时细菌亦使不饱和有机化合物加氢形成饱和烃。因此，在海洋沉积中，容易见到甲烷、硫化氢、其他饱和烃类等还原产物，而看不到游离氢，这正是细菌活动的结果。

（三）催化作用

在自然界沉积有机质向油气转化的过程中，主要存在无机盐类和有机酵母两类催化剂。粘土矿物是自然界分布最广的无机盐类催化剂。在实验室用粘土作催化剂，在 150～250 ℃下，可以使酒精和酮脱水或使脂肪酸去羧基，都可产生类似石油的物质。粘土的催化能力同其吸附性质有关。催化剂表面吸附两种或两种以上物质的原子时，它们便会相互作用而形成新的化合物。蒙脱石粘土催化能力最强，高岭石粘土最弱。

有机酵母催化剂能加速有机质的分解。当有酵母存在时，有机质的分解比在细菌活动时还要快得多。实验证明，在过氧化物的破坏过程中，如以酵母代替胶体氢氧化铁，将使催化作用的活动性急剧增加很多倍。酵母的作用不决定于岩石的埋藏深度，而决定于岩石的成分。在富含有机质的岩石中，特别是在富含植物残余的岩石中，酵母的活动性最大。酵母分布很广，发酵作用几乎不需要外部能量来源，可以不受压力、温度、湿度及食物补给的影响。

（四）放射性作用

在粘土岩中富集大量放射性物质，沉积物所含水在 α 射线轰击下可产生大量游离氢，所以这些放射性物质的作用也可能是促使有机质向油气转化的能源之一。

在有机质向油气转化过程中，上述各种条件的作用强度不同。细菌和催化剂都是在特定阶段作用显著，加速有机质降解生油、生气；放射性作用则可不断提供游离氢；只有温度与时间在油气生成全过程中都有着重要作用。所以，有机质向油气的转化，是在适宜的地质环境里，多种物理化学因素与地质因素综合作用的结果。

第四节 有机质演化阶段及成烃模式

海相和湖相沉积盆地形成过程中，原始有机质伴随其他矿物质沉积后，随着埋藏深度逐渐加大，随着地温不断升高，在乏氧的还原环境下，有机质逐步向油气转化。由于在不同深度范围内，各种地质地球化学条件所产生的作用效果之差异，导致有机质转化反应的性质及主要产物均明显不同，表明原始有机质向石油和天然气转化过程亦具有明显的阶段性。本书参考综合前人的划分方案及标准，亦将有机质演化过程及成烃模式划分为四个主要演化阶段：生物化学作用生气阶段、热催化生油气阶段、热裂解生凝析气阶段及深部高温生气阶段（图1.7及表1.4），以下重点对这四个有机质演化阶段及其成烃特征进行分析阐述。

表1.4 有机质演化阶段及烃类形成模式基本特征判识与划分

条件	成岩阶段	煤阶	R_o/%	饱粉碳化程度	干酪根颜色	张厚福1981	普西1973	蒂索威尔特1984	傅家谟1975	黄第藩等，1991	潘钟祥，1986
<1.5km 10～60℃	成岩作用阶段	泥炭	0.5	黄色	黄-浅黄-褐色	生物化学生气阶段	成岩作用阶段	甲烷	油气形成期	低成熟	未成熟阶段	生物甲烷气阶段
1.5～4.0km 60～180℃	后生作用阶段	长焰煤／气煤／肥煤／焦煤	1.0	黄-暗褐色	暗褐色-深暗褐色	热催化生油气阶段		石油	液态窗	成熟	低熟／成熟／中成熟	重质油-轻质油阶段
4.0～7.0km 180～250℃		瘦煤	2.0		深暗褐色	热裂解生凝析气阶段	深成作用阶段		油气成熟期	高成熟	高成熟	凝析气-湿气阶段
7.0～10.0km 250～375℃	变生作用阶段	贫煤／半无烟煤／无烟煤	2.5 / 3.0	黑色	深暗褐色-黑色	深部高温生气阶段	后生作用阶段			最终甲烷气阶段	过成熟阶段	干气阶段

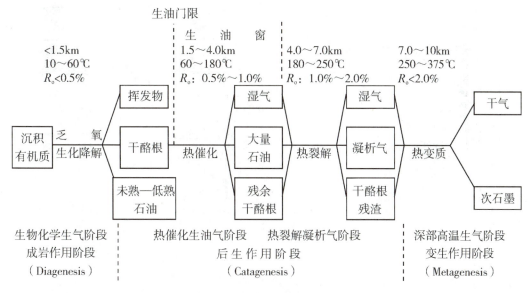

图 1.7　油气成因现代模式及其形成演化阶段划分
（据张厚福和张万选，1989）

一、生物化学生气阶段

当原始有机质堆积到盆底之后，即开始了生物化学生气阶段。该阶段的深度范围是从沉积界面到数百乃至 1500 m 深处，温度介于 10～60 ℃，以细菌活动为主，其与沉积物早成岩作用阶段基本相符，相当于煤层碳化作用的泥炭 - 褐煤阶段。在缺乏游离氧的还原环境之下，厌氧细菌非常活跃，生物起源的沉积有机质被选择性分解，转化为分子量更低的生物化学单体（如苯酚、氨基酸、单糖、脂肪酸等等），部分有机质被完全分解成 CO_2、CH_4、NH_3、H_2S 和 H_2O 等简单分子。这些新生产物会相互作用形成复杂结构的地质聚合物"腐泥质"和"腐殖质"。前者富含脂肪族结构，后者则由多缩合核、支承碳链和官能团（COOH、OCH_3、NH_2、OH 等等）组成，通过杂原子键或碳键连接在一起，其均是固体干酪根的前身；另外，可溶于酸、碱的物质消失，非烃、沥青质及少量液态烃等可溶于有机溶剂之馏分略有增加，矿物介质（如铁和硫酸盐）则被还原为低价化合物（菱铁矿、黄铁矿）。

在这个阶段，由于埋藏深度较浅，温度、压力较低，有机质除形成少量烃类和挥发性气体以及早期低熟石油外，大部分转化成干酪根保存在沉积岩中。由于细菌生物化学降解作用，产物以甲烷为主，缺乏轻质（C_4～C_8）低碳数正烷烃和芳香烃。直至本阶段后期，由于埋藏深度加大，温度接近 60 ℃，即开始生成少量液态石油。在特定的生源构成（如高含富氢树脂体）和适宜环境条件下可生成相当数量的未熟 - 低熟油。在干气阶段生成的高分子量正烷烃 C_{22}～C_{34} 范围内有明显奇数碳优势；环烷烃中 1～6 环均有，但四环分子显畸峰，此乃广泛存在甾醇衍生物所致；芳香烃则以高分子量化合物为主，显示萘和多核芳香烃双峰（图 1.8）。

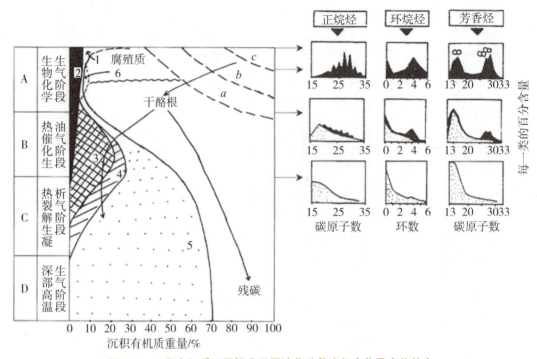

图 1.8 沉积有机质不同馏分不同演化阶段生烃变化及产物特点

a—腐殖酸；b—富非酸；c—碳水化合物＋氨基酸＋类脂化合物；1—生物化学甲烷；2—原有沥青、烃、非烃化合物；3—石油；4—湿气、凝析气；5—天然气；6—未低熟油

（据 Tissot 等，1974，1984，修改）

必须强调指出：在这个阶段生成的生物化学甲烷气，或称生物细菌气，其甲烷含量高达 98% 以上，属干气；甲烷稳定碳同位素值明显偏负，一般介于 $-85‰\sim-55‰$。如果具备较好的运聚成藏条件，则亦可形成大中型或特大型气藏，且其埋藏偏浅易于勘探开发，亦是经济效益较高的勘探开发目标。

二、热催化生油气阶段

随着沉积物埋藏深度超过 1500 m，进入后生作用阶段前期，有机质经受的地温升至 $60\sim180\ ℃$，相当于长焰煤-焦煤阶段，此时促使有机质转化的最活跃因素是热催化作用。随深度加大，岩石成岩作用增强，粘土矿物吸附力增大，按物质组分的吸附性能不断进行重新分布：分子结构复杂的脂肪酸、沥青质和非烃集中在吸附层内部，烃类集中在外部，依次为芳香烃、环烷烃及正烷烃。粘土矿物催化作用可以降低有机质成熟温度，促进石油生成。粘土矿物对干酪根热解烃的化学组成、产率都有很大的影响，由于粘土矿物的催化作用，不仅使长链烃裂解成小分子烃，还可造成烯烃含量相对减少，异构烷烃、环烷烃、芳香烃含量相对增多。其中蒙脱石对干酪根热解烃组成的影响最大，伊利石、高岭石的影响较弱。

上述研究成果表明，热解烃的化学组成、产率既与干酪根类型、受热历史有关，还与围岩矿物性质和含量有密切联系。粘土矿物有助于干酪根产生低分子液态和气态烃。

因此，在有粘土矿物催化作用下，地温不需太高，便可达到成熟门限，干酪根发生热降解，杂原子（O、N、S）的键破裂产生二氧化碳、水、氮、硫化氢等挥发性物质逸散，同时获得大量低分子液态烃和气态烃，这个过程多次发生。因此在热催化作用下，有机质能够大量转化为石油和湿气，成为主要的生油时期，一般常称为"生油窗"（图1.8）。

上述演化阶段产生的烃类已经成熟，在化学结构上显示出同原始有机质具有明显区别，而与石油却非常相似。正烷烃碳原子数及分子量递减，奇数碳优势消失，且环烷烃及芳香烃碳原子数也递减，多环及多芳核化合物显著减少。

必须指出，有机质成熟早晚及生烃能力的强弱，还要考虑有机质本身的性质。在其他地质地球化学条件相同的情况下，树脂体和高含硫的海相有机质往往成熟较早；藻质体生烃能力最强；腐殖型有机质同样可以成为生油气母质，只不过成熟较晚、生气较多而已（图1.9）。

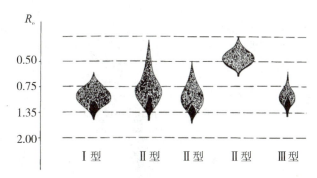

图 1.9　不同类型有机质不同成熟演化阶段生烃能力分布

（据 Waples，1985）

三、热裂解生凝析气阶段

当沉积物埋藏深度超过 4000 m，地温达到 180～250 ℃，则进入后生作用阶段晚期，相当于煤层碳化作用的瘦煤－贫煤阶段。此时地温超过了烃类物质的临界温度，除继续断开杂原子官能团和侧链，生成少量水、二氧化碳和氮外，其主要化学反应是大量 C－C 链断裂，包括环烷的开环和破裂，液态烃则急剧减少。C_{25} 以上高分子正烷烃含量渐趋于零，只存在少量低碳原子数的环烷烃和芳香烃。同时，低分子正烷烃剧增，主要是甲烷及其气态同系物，在地下深处呈气态，采至地面随温度、压力降低，则凝结为液态轻质石油，即凝析油并伴有大量湿气，此即进入了高成熟时期。

在该阶段烃类生成反应的性质，可分为石油热裂解与石油热焦化两种作用：石油热裂解是指在高温下脂肪族结构破裂为较小分子，变为甲烷及其气态同系物，并使石油所含芳香烃浓缩集中；而石油热焦化是指在高温下贫氢石油产生缩合反应，主要形成固态残渣，并使石油中脂肪族相对增加而杂原子减少。以上两种反应可以互相平行或覆盖（图1.10）。

图 1.11 所示为 (C_2-C_4) / (C_1-C_4) 比值（即湿气指数）随温度变化的模拟试验结果。由此可以看出，在生油晚期，温度超过 120 ℃ 后，随着石油不断裂解，湿气指数增加，至 195 ℃ 石油裂解成凝析气和湿气达极大值，然后热裂解使 C-C 链破裂，生成大量甲烷，湿气指数骤减；如果在缺乏石油裂解的情况下，石油焦化残渣热解生成甲烷为主，亦导致湿气指数减小。

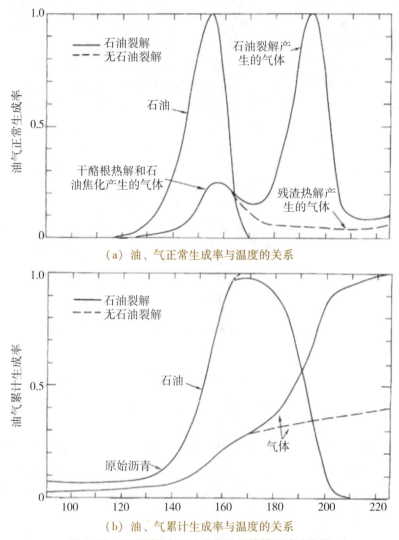

图 1.10　石油裂解与石油焦化作用的模拟试验结果

（据 Burnham 等，1986）

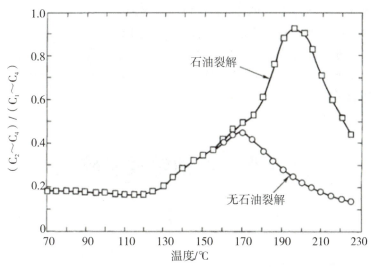

图1.11 湿气指数随温度变化的模拟试验

(据 Burnham 等,1986)

上述模拟试验充分表明:凝析气和湿气的大量生成,主要是与高温下石油裂解作用有关,而石油焦化及干酪根残渣热解生成的气体量则是有限的。

四、深部高温生气阶段

当深度超过6000 m,沉积物已进入变生作用阶段,达到有机质转化的末期,此即相当于半无烟煤-无烟煤的高度碳化阶段。温度超过了250 ℃,在高温高压条件下,已形成的液态烃和重质气态烃强烈裂解,变成热力学上最稳定的甲烷;干酪根残渣释出甲烷后则进一步缩聚,H/C 原子比降至 $0.45 \sim 0.3$,接近甲烷生成的最低限(Hunt,1979)。因此,该阶段出现了全部沉积有机质热演化的最终产物干气甲烷和碳沥青或石墨。这种现象在实验室、野外观察和深井钻探结果等都得到了证实:如中国科学院地球化学研究所对石油进行高温高压试验,发现当压力固定不变,石油随温度升高向两极明显分化,最后形成甲烷气体与固态沥青。演化过程是石油→油+气→油+气+固态沥青+液态沥青→甲烷气体+固态沥青。这种试验结果与野外观察现象吻合甚佳,如在四川盆地威远隆起震旦系白云岩中即见到石油热演化的最终产物甲烷和固态沥青,后者呈不规则浸染状或粒状分布于白云岩裂缝或洞穴中,成熟度极高,通常为碳沥青和焦沥青。国外近代大批超深井钻探结果,亦多见天然气和凝析油产出,而罕见液态石油,亦是重要的证据。

总之,将沉积有机质向油气转化的整个演化过程划分为四个主要阶段,亦仅仅反映了自然界油气形成演化的一般地质地球化学模式。但对不同的沉积盆地而言,由于其沉降沉积历史、热演化历史及原始有机质类型的差异,其有机质向油气转化的过程并不一定均经历了这四个演化阶段,有的可能只进入了前两个阶段,尚未达到第三阶段。而且,每个演化阶段的深度和温度界限(门槛)也存在差别。甚至在地质发展演化史较复杂的沉积盆地,如经历过数次升降地质剥蚀作用,烃源岩中有机质可能由于埋藏较浅尚未成熟即遭遇抬升，直到再度沉降埋藏到相当深度后，方可达到成熟生烃门槛温度，此时有机质仍然可以生成大量石油，即所谓"二次生油"。此外，由于烃源岩有机质显微组成的非均质性，不同显微组成的化学成分和结构的差别，即生源母质类型的不同，则决定了有机质不可能有完全统一的生烃界线，且不同热演化成烃阶段，亦具有不同的生烃机制及控制影响因素。

第五节　石油组成及特征

一、石油沥青类概述

1. 石油沥青类与可燃有机矿产

石油（含天然气）及其固态衍生物，统称为石油沥青类。它们同煤类、油页岩及一部分硫，都是自然界常见的可燃矿产。这些可燃矿产多由古代动物、植物遗体演变而来，属有机成因，且具能够燃烧，故总称为可燃有机矿产或可燃有机岩。

可燃有机岩是沉积岩的一部分。沉积岩是在地表陆地上和水域中，由原来的母岩（可能为岩浆岩、变质岩或原有的沉积岩）风化产物、有机物质和火山喷发物经过改造沉淀而形成的岩石。沉积岩按成因不同可分为碎屑沉积岩、化学沉积岩及生物（有机）沉积岩三类。有机沉积岩是由各种古代生物遗体和其他矿物质堆积而成。按其是否具有燃烧性能可以区分为可燃有机岩和非可燃有机岩。

2. 可燃有机矿产的元素组成

组成可燃有机矿产/岩的主要元素是碳和氢，还含少量的氧、硫、氮等杂质元素。几种常见可燃矿产的主要元素含量见表1.5。

表1.5　几种可燃矿产的主要元素含量组成特征

可燃矿产名称	C/%	H/%	O/%	C/H/（%）
无烟煤	92～97	2～4	2～4	～45
烟煤	82～92	2.5～5	5～8	16～20
褐煤	65～70	5～6	25～30	13～16
泥炭	55～60	5～6	25～30	12～15
石油	80～88	10～14	～1	5.9～8.5
沥青	78～89	8～12	7～8	6～10
琥珀	85～86	10～12	3～5	7.3～8.2
腐泥岩	44～61	5～8	20～25	7～9

从表1.5可以看出，石油与煤类在元素组成上的区别在于：煤类所含碳量比石油中

的多，而氢却比石油中的少；氧在石油中也较少；C/H 值以石油和沥青最小，煤类最大，并且随碳化作用的加剧而增加。

碳的热值为 8140 kcal/kg，氢的热值约为 34000 kcal/kg，即一个单位的氢所放出的热量相当于四倍的碳；氧则使可燃矿产的热值降低。故石油的热值比煤类大；煤类的含碳量越高，则煤质越好。

3. 可燃有机矿产分类

根据物理状态，可燃有机矿产分为气态、液态和固态三大类：①气态可燃矿产。包括纯气田的气体、油藏内与石油伴生的油田气，以及煤型气、泥火山气、沼气等。②液态可燃矿产。以石油为代表。③固态可燃矿产。包括地沥青、地蜡、石沥青等石油固体衍生物，还有各种煤、油页岩、硫磺等。

根据在有机溶剂中的选择性溶解特点，可将石油沥青类的组分分为油质、苯胶质、酒精-苯胶质、沥青质。用液相色谱亦可进一步分离为不同族分：饱和烃、芳香烃、非烃、沥青质。组分和族分是研究石油沥青类理化性质的基础。

二、石油组成及性质

石油主要是由各种碳氢化合物与少量杂质组成的液态可燃矿物，其中主要成分是液态烃，其主要元素、烃类和非烃组成特征如下。

（一）石油的元素组成

石油化学元素组成主要是碳、氢，其次为硫、氮、氧。从表 1.6 所示国内外一些石油的元素组成特征可以看出：石油中碳的含量占 84%～87%，氢含量为 11%～14%，两者在石油中以烃的形态出现，占石油成分的 97%～99%。剩下的硫、氮、氧及微量元素的总含量只有 1%～4%。但在个别情况下，主要是由于硫分增多，这个比例亦可高达 3%～7%。

表 1.6 国内外某些石油的主要元素组成特征

	原油产地	元素组成/%				
		C	H	S	N	O
中国	大庆（萨尔图混合油）	85.74	13.31	0.11	0.15	0.69
	胜利（101 混合油）	86.26	12.2	0.8	0.41	
	弧岛油田	84.24	11.74	2.2	0.47	
	大港油田	85.67	13.4	0.12	0.23	
	江汉油田（混合油）	83	12.81	2.09	0.47	1.63
	克拉玛依油田（混合油）	86.13	13.3	0.04	0.25	0.28

续表1.6

原油产地		元素组成/%				
		C	H	S	N	O
苏联	雅雷克苏	80.61	10.36	1.05		8.97
	乌克兰	84.6	14	0.14	1.25	1.25
	老格罗兹内	86.42	12.62	0.32		0.68
	卡拉—布拉克	87.77	12.37			0.46
美国	文图拉（加利福尼亚州）	84	12.7	0.4	1.7	1.2
	科林加（加利福尼亚州）	86.4	11.7	0.6		
	博芒特（得克萨斯州）	85.7	11	0.7	2.61	
	堪萨斯州	84.2	13	1.6	0.45	0.45

不同地区不同油田石油的含硫量变化很大。多数油田石油的含硫量均小于1%，例如我国任丘油田为0.33%～0.43%，克拉玛依油田为0.05%；但某些油田石油的含硫量异常，可高达4%～5%，如墨西哥地区石油就高达3.6%～5.3%。

石油中氮和氧的含量，很少超过1.5%。大多数石油的含氮量很少，只有万分之几到千分之几，但也有个别地区的石油如美国加利福尼亚第三系石油分离出许多含氮有机化合物，氮含量可达1.4%～2.2%。

除上述五种元素外，在石油中还发现其他微量元素，构成了石油的灰分。由于石油性质不同，灰分含量的变化很大，从十万分之几到万分之几，胶质和沥青质含量多的石油，灰分含量往往也多。

采用发射光谱法和中子活化分析法从石油灰分中发现了59种元素，按其含量多少和常见程度可列举出如下38种：C、H、S、N、O、Fe、Ca、Mg、(Si)、Al、V、Ni、Cu、Sb、Mn、Sr、Ba、B、Co、Zn、Mo、Pb、Sn、(Na)、K、P、Li、Cl、Bi、Be、Ge、Ag、As、Gd、Au、Ti、Cr、Cd（有括弧者，不是所有石油都含有的灰分元素）。

如松辽盆地原油中已鉴定出Sr、Ni、Cu、Cr、Ba、Ga、B、Pb、Mo、Sc、V、Co等12种微量元素，其中含量较高的有Ni、Cu、Pb、Sr、Ba等5种。

这些元素近似自然界有机物的元素组成，说明石油与原始有机质存在着明显的亲缘关系。尤其是钒(V)和镍(Ni)是分布普遍并具成因意义的两种微量元素，引起各国学者的注意。从美国、加拿大、委内瑞拉、苏联、澳大利亚及北非、西非、中东等国家和地区所取原油样品分析测定，原油中平均含钒63 ppm和镍18 ppm。委内瑞拉博斯卡原油含钒量高达1200 ppm，含镍量达150 ppm。我国任丘原油含钒量0.6～12.1 ppm，含镍量8.1～56.6 ppm。近几年来，石油灰分中的钒、镍含量及其比值(V/Ni)已被用来确定烃源岩有机相、油源对比，取得了可喜成果。所以，研究石油灰分的元素组成对解决石油成因和运移聚集问题，都有着重要意义。

由石油的元素组成可知，组成石油的化合物主要是烃类，其他非烃类则以含硫、含氮、含氧化合物的形态存在于胶质和沥青质中。

（二）石油的烃类组成

碳和氢两种主要元素组成的不同碳氢化合物存在于石油中。按本身结构的不同可分为三类。

1. 正烷烃

又名脂肪族烃，化学通式为 C_nH_{2n+2}，属饱和烃。在常温常压下，含 1～4 个碳原子（C_1～C_4）的烷烃呈气态；含 5～16 个碳原子（C_5～C_{16}）的直链烷烃呈液态；含 17 个碳原子（C_{17}）以上的高分子烷烃皆呈固态。烷烃的比重、熔点及沸点均随分子量增加而上升。所有烷烃的比重都小于 1，几乎不溶于水。

在石油中不同碳原子数正烷烃相对含量呈一条连续的分布曲线，称为正烷烃分布曲线，这说明石油中正烷烃同系物是一个连续系列。由于石油中正烷烃低分子比高分子多，因而在正烷烃系列的 C_{15} 以内有一个极大值。

在石油烷烃馏分中，最重要的异烷烃是异戊间二烯型烷烃。其特点是在直链上每四个碳原子有一个甲基支链，在结构上宛如由若干个异戊间二烯分子加氢缩合而成。实际上，石油中的异戊间二烯型烷烃可能是天然色素或萜烯类衍生的产物。它在石油中的含量可达 0.5%，现已发现 C_9 至 C_{25} 规则的异戊间二烯型烷烃。在沉积物和原油中，往往以植烷、姥鲛烷、降姥鲛烷、异十六烷及法呢烷的含量最高。

2. 环烷烃

这是一类性质与正烷烃相似，但在分子中含有碳环结构的饱和烃。它们由许多围成环的多个次甲基（$-CH_2-$）组成。组成环的碳原子数可以是 3、4……，相应称为三员环、四员环……按分子中所含碳环数目，可以分为单环烷烃（通式 C_nH_{2n}）、双环烷烃（通式 C_nH_{2n-2}）、三环烷烃（通式 C_nH_{2n-4}）和多环烷烃。石油中的环烷烃多为五员环或六员环。

由于碳原子所有的价已被饱和，所以环烷烃和正烷烃一样，都是比较稳定的。环烷烃的比重、熔点和沸点都比碳原子数相同的正烷烃为高，但比重仍小于 1。

3. 芳香烃

系指具有六个碳原子和六个氢原子组成的特殊碳环——苯环的化合物，其特征是分子中含有苯环结构，属不饱和烃。根据其结构不同可分为单环、多环、稠环三类芳香烃。

在石油的低沸点馏分中，芳香烃含量较少，且多为单环芳香烃，如苯、甲苯和二甲苯。随沸点升高，芳香烃含量亦增多，除单环芳香烃外，出现双环芳香烃，如联苯。在重质馏分中还可能出现稠环芳香烃，如萘和菲，蒽的含量较少。

单环芳香烃不溶于水，但溶于汽油、乙醇、乙醚等有机溶剂。它们具特殊气味，有毒，比重一般 0.86～0.9，比水轻。

（三）石油的非烃组成

石油所含的非烃化合物数量不少，尤其在重质馏分中含量更高。石油中的非烃化合物主要包括含硫、含氮、含氧化合物，它们对石油的质量鉴定和炼制加工有着重要影响。

1. 含硫化合物

硫是石油的重要组成元素之一。它在石油中的含量变化甚大，从万分之几（如我国克拉玛依石油含硫量只有 0.05%）到百分之几（如委内瑞拉石油含硫量高达 5.48%）。硫在石油中可以呈元素硫（S）、硫化氢（H_2S）、硫醇（RSH）、硫醚（RSR′）、环硫醚、二硫化物（RSSR′）、噻吩及其同系物等形态出现。

石油中所含的硫是一种有害的杂质，因为它容易产生硫化氢（H_2S）、硫化铁（FeS）、硫醇铁（$[RS]_2Fe$）、亚硫酸（H_2SO_3）或硫酸（H_2SO_4）等化合物，对机器、管道、油罐、炼塔等金属设备造成严重腐蚀，所以含硫量常作为评价石油质量的一项重要指标。

通常将含硫量大于 2% 的石油称为高硫石油；低于 0.5% 的称为低硫石油；介于 0.5%～2% 之间的称为含硫石油。一般含硫量较高的石油多产自碳酸盐岩系和膏盐岩系含油层，而产自砂岩的石油则含硫较少。

2. 含氮化合物

石油中的含氮量一般在万分之几至千分之几。我国大多数原油含氮量均低于千分之五，大庆原油含氮最少（0.15%），孤岛原油最多（0.47%）。

石油中的含氮化合物包括碱性和非碱性两类。现已从石油中鉴定出的碱性氮化物多为吡啶、喹啉、异喹啉和吖啶及其同系物，非碱性氮化物主要是吡咯、卟啉、吲哚和咔唑及其同系物。其中以金属卟啉化合物最为重要，它的分子中包含四个吡咯环，被四个 –CH 基团相间连结而成，因此也称为族化合物。在石油中钒、镍等重金属都与卟啉分子中的氮呈络合状态存在，形成钒卟啉和镍卟啉。金属卟啉化合物分子大多数存在于沥青质中，少数分布在渣油的油分和胶质中。卟啉化合物在石油中的含量变化较大。动物血红素和植物叶绿素都属族化合物（即卟啉化合物），前者为铁的络合物，后者是镁的络合物。它们同石油中这类化合物的结构相同，所以，在石油中发现卟啉化合物，对研究石油成因问题有重要意义。

3. 含氧化合物

石油中的含氧量一般只有千分之几，个别石油可高达 2%～3%。氧在石油中均以有机化合物状态存在，可分为酸性氧化物和中性氧化物两类。前者有环烷酸、脂肪酸及酚，总称为石油酸；后者有醛、酮等，含量极少。

在石油酸中，以环烷酸最重要，约占石油酸的 90%。它多属一元酸类，即有一个羧基，常为环戊烷的衍生物；但高分子环烷酸则有双环、多环环烷烃的衍生物。石油中的环烷酸含量因地而异，一般在 1% 以下，如克拉玛依原油环烷酸含量为 0.48%。环烷酸多集中在石油的 250～350 ℃ 中间馏分中，而在低沸馏分和高沸重馏分中都含量较低。

环烷酸在水中的溶解度很小，高分子环烷酸实际上不溶于水，但均易溶于石油烃中。环烷酸很容易生成各种盐类，上述石油的灰分元素多呈环烷酸盐的形态存在。其中碱金属的环烷酸盐能很好地溶解于水，在与石油接触的地下水中常含这种环烷酸盐，可作为找油的一种标志。

上述碳、氢、硫、氮、氧五种主要元素在石油中可以构成巨大数量的化合物。不论其数量如何多，但其化学性质都取决于这些元素构成的官能团；每一种官能团都具有特殊的化学特征，在其所连接的各种有机化合物中起着相同的作用。

（四）石油的物理性质

石油的物理性质，取决于它的化学组成。不同地区、不同层位，甚至同一层位在不同构造部位的石油，其物理性质也可能有明显的差别。

1. 原油颜色

石油的颜色变化范围很大，从白色、淡黄色、黄褐色、深褐色、黑绿色至黑色。我国四川黄瓜山和华北大港油田有的井产白色石油，克拉玛依石油呈褐至黑色，大庆、胜利、玉门石油均为黑色。

白色石油在美国加利福尼亚、苏联巴库、罗马尼亚、伊朗、印度尼西亚苏门答腊和特立尼达都有产出。白色石油的形成，可能同运移过程中，带色的胶质和沥青质被岩石吸附有关。但不同程度的深色石油占绝大多数，几乎遍布于世界各含油气盆地。石油的颜色与胶质-沥青质含量有关，含量越高，颜色越深。

2. 原油比重

石油的比重变化较大，20 ℃时，一般介于 0.75～1.00 之间。如大庆原油比重为 0.857～0.860，胜利原油 0.90～0.93，克拉玛依原油 0.86，大港原油 0.84～0.86（表1.7）。

表1.7 我国不同地区原油物理性质基本特征

原油名称	取样日期（年）	密度（20℃）/（kg/m³）		API	粘度（50℃）/（mm²/s）	凝点/℃	蜡含量/wt%	沥青质/wt%	胶质/wt%
		原油	>500 渣油						
大港枣园原油	1989	881.9	986.0	28.2	845.2	33	26.1	0.61	15.7
新疆吐哈胜金口原油	1961	813.0	—	—	2.11	3.0	9.4	0	1.88
中原文留原油	1983	832.1	929.8	37.7	7.27	33	25.1	0	5.4
辽河曙光原油	1977	884.9	963.4	27.7	52.3	31	—	26.3	
辽河高升原油	1980	944.1	994.3	17.3	2435	13	6.6	47.6	
华北任丘原油	1977	882.1		28.2	43.38	34	—	—	—
克拉玛依白碱滩原油	1976	857.0	944.5	32.8	15.05	10	6.8	17.2	
克拉玛依百口泉原油	1979	840.4		36.0	12.14	7	9.6	7.4	
克拉玛依九区稠油	1984	927.3	959.1	—	381.3	−18	7.4	0	13.7
新疆依奇克里原油	1965	814.0	945.0	41.4	2.37	(6)	8.8		
新疆柯克亚原油	1990	769.0	875.5	—	1.82	−2	8.5	0	1.85
大庆萨尔图原油	1962	861.5	—	32.0	23.79	(30)	28.7	0.98	15.9
冀东原油	1992	861.6	955.0		13.35	28	21.44	0	7.11
胜利孤岛原油	1971	946.0	—	17.5	498.0	−2	7.0		32.9

比重大于 1.0 和小于 0.75 的石油，在自然界也有发现。例如伊朗石油 1.016、美国加利福尼亚石油 1.01、墨西哥石油 1.06，我国孤岛馆陶组石油比重为 0.93～1.026。而苏联苏拉汉石油的比重只有 0.71。

石油比重与颜色有一定关系，一般淡色石油的比重小，深色石油的比重大。但归根到底，石油比重决定于其化学组成，即取决于胶质、沥青质的含量，石油组分的分子量，以及溶解气的数量。一般而言，比重小而颜色浅的石油常为石蜡性质的，含油质多，加工后能获得较多汽油和润滑油；比重大而颜色深的石油则富含高分子量的沥青质。

美国常用 API 度、西欧常用波美度表示和标定石油的比重，其与国际上通用的比重存在下列关系，即：

$$API = \frac{141.5}{15.5\ ℃\ 时的比重} - 131.5$$

$$波美度 = \frac{140}{15.5\ ℃\ 时的比重} - 130$$

因此，API 度、波美度都与国际通用的比重在数值上相反，API 度和波美度高的石油，实际上属于低比重的轻质石油。它们的换算关系见表 1.8 所示。

表 1.8　国际通用原油比重与 API 度、波美度的换算关系

比重（15.5 ℃时）	波美度	API 度	比重（15.5 ℃时）	波美度	API 度
1.0000	10.0	10.0	0.8485	35.0	35.3
0.9655	15.0	15.1	0.8325	40.0	40.3
0.9333	20.0	20.1	0.8000	45.0	45.4
0.9032	25.0	25.2	0.7778	50.0	50.4
0.8750	30.0	30.2			

3. 原油粘度

粘度是对流体流动性能的逆测定。流体粘度愈大，亦愈难流动。液体在外力作用下，阻止其质点相对移动的能力，即该液体的粘度。它可用绝对粘度来表示。在 CGS 制中，粘度的单位为 Pa·s。当 1 达因的切力作用于液体，使相距 1 cm、面积为 1 cm^2 的两液层发生相对恒速流动，如果流动的速度恰为 1 cm/s，则该液体的粘度为 1Pa·s。

在研究石油时，通常测定的不是绝对粘度而是相对粘度。液体的绝对粘度与同温条件下水的绝对粘度之比，称为该液体的相对粘度。通常用恩氏粘度计直接测定。

石油粘度的变化范围很大，变化受温度、压力和石油的化学成分所制约。随温度升高，石油粘度则降低，所以石油在地下深处比在地面粘度小，且易流动。压力加大，粘度也随之增加。环烷烃及芳香烃含量高、高分子碳氢化合物含量高的石油，粘度也较大；而原油中溶解气量的增加则会使粘度降低。总之，粘度大的石油往往呈暗色，比重也较大，因而轻质石油的粘度比重质石油的低。

石油粘度是一个很重要的物理特性，它直接影响石油流入井中及在输油管线中的流

动速度，所以在油田开发开采和石油储运方面都有重要意义。

4．荧光性

石油及其大部分产品，除轻汽油和石蜡外，无论其本身或溶于有机溶剂中，在紫外线照射下，均可发光，称为荧光。石油发荧光是一种冷发光现象。发光现象可以分为"荧光"和"磷光"，前者是当激发能停止后发光时间不超过 10^{-7}s；而后者是在激发能停止后，继续发光的时间超过 10^{-7}s。

石油的发光现象取决于其化学结构。石油中的多环芳香烃和非烃引起发光，而饱和烃则完全不发光。轻质油的荧光为浅蓝色，含胶质较多的石油呈绿和黄色，含沥青质多的石油或沥青质则为褐色荧光。所以，发光颜色随石油或沥青物质的性质而变，不受溶剂性质的影响。而发光强度，则与石油或沥青物质的浓度有关。

由于石油的发光现象非常灵敏，只要溶剂中含有十万分之一的石油或沥青物质，即可发光。因此，在油气勘探工作中，常用荧光分析来鉴定岩样中是否含油，并可粗略确定其组分和含量。这个方法简便快速，经济实用。

5．旋光性

旋光性是天然石油的一种重要特性。当偏光通过石油时，偏光面会旋转一定角度，这个角度叫旋光角。凡具有能使偏光面发生旋转的特性，称为旋光性。如偏光面向右转，是右旋物质；向左转，则为左旋物质。

引起石油旋光性的原因，在于其有机化合物分子结构中具有不对称的碳原子。不对称碳原子的存在造成不对称结构的分子，使化合物本身具有旋光的性能。石油中常有胆甾醇和植物性甾醇的不对称结构分子。而胆甾醇存在于动物的胆汁、鱼肝油和蛋黄中，植物性甾醇存在于植物油和脂肪中。所以石油的旋光性是石油有机成因的有力证据。

石油旋光角的大小介于 0.1°到几十分，但是石油加工的产品旋光角可超过 1°，例如重油可以右旋到 2.09°。天然石油多为右旋的，但也有例外，如印度尼西亚爪哇岛和加里曼丹岛的石油是左旋的。石油的旋光性可用旋光仪来测定。它有随含油地层年代的增长而减小的趋势（表 1.9）。

表 1.9　不同地质时代石油的旋光角平均值

地质时代	绝对年龄/百万年	资料数目	旋光角 +[a]D
第三纪	7～65	86	+0.63°
白垩纪	65～136	18	+0.28°
侏罗纪	136～190	20	+0.20°
二叠纪	225～280	3	+0.19°
石炭纪	280～345	28	+0.24°
泥盆纪	345～395	21	+0.18°
志留纪	395～440	14	+0.12°

（据 Г.А.AMOCOB 修改）

6. 溶解性

石油是各种碳氢化合物的混合物。由于烃类难溶于水，因此，石油在水中的溶解度很低。若以碳数相同的分子进行比较，正烷烃溶解度最小，芳香烃最大，环烷烃居中。除甲烷外，各族烃类在水中的溶解度均随分子量增大而减小。

外界条件对石油在水中的溶解度有不同影响：温度由 150 ℃ 降低到 25 ℃，石油的溶解度会降低 78%～95%；除烷烃中的气态馏分外，压力对烃类的溶解度影响甚微；水中无机组分含量和含盐量增加时，烃类的溶解度会降低；若水中有皂胶粒存在时，烃类的溶解度则会相应增加。

石油尽管难溶于水，但却易溶于许多有机溶剂，例如氯仿、四氯化碳、苯、石油醚、醇，等等。了解石油在有机溶剂中的溶解性，有助于鉴定岩石中的石油含量及性质。

三、重油成分及性质

重质油是石油烃类能源中的重要组成部分，蕴藏着比常规原油资源数倍的巨大潜力，广泛分布于世界各地，据统计全球有 1046 个重质油和特重油油藏，其地质储量达 15500 亿吨。我国重质油资源较为丰富，已在 15 个大中型含油气盆地和地区发现数量众多的重油油藏（图 1.12），规模大且成带分布，地质时代上从中元古界至古近系均有分布，该类资源将成为 21 世纪重要补充性资源。

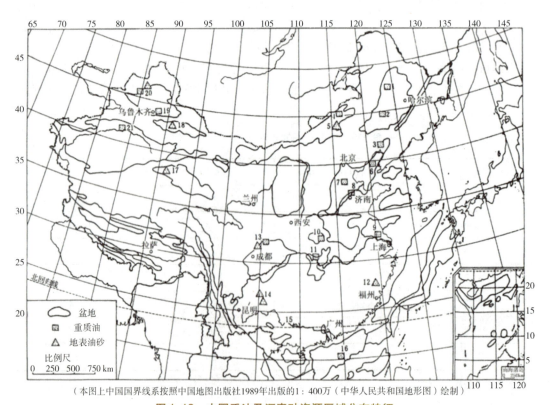

（本图上中国国界线系按照中国地图出版社1989年出版的1:400万《中华人民共和国地形图》绘制）

图 1.12 中国重油及沥青砂资源区域分布特征

(一)重油的概念

是指用常规原油开采技术难于开采的具有较大的粘度和比重的原油,第二届国际重质原油和沥青砂会议(1982年,委内瑞拉)上确认重油定义为:指在原始油层温度下脱气原油粘度为 100～1000 mPa·s 或者在 15.6 ℃ 及一个大气压下密度为 934～1000 kg/m^3 的原油。由于重油和常规油相比包含了数量较多的高分子烃和杂原子化合物,在物理性质上,具有比重大、粘度大、含胶量高、含蜡量低、凝固点低的特点。

(二)重油成分及性质

1. 重油元素组成特征

常规原油一般氧、硫和氮等元素含量低,硫元素含量一般小于0.4%,氮元素含量小于0.7%,而重质稠油一般是氧、硫、氮等元素含量高,硫元素含量0.4%以上,氮元素含量0.7%以上。与海相重质稠油相比,陆相重质稠油的含硫量偏低,而氮元素含量略高。重质稠油中硫和氮元素含量高是细菌生物降解作用的结果。

2. 重油微量元素组成

重油与常规原油相比,一般均富含微量元素,高于常规原油几倍至几十倍,而常规原油中未能检测出。

3. 重油族组成特征

原油族组成的差异是区分重质稠油与正常原油的显著标志之一。其差异主要是饱和烃、芳烃、非烃和沥青质等主要组分上的差异。我国陆相正常原油烃的组成(饱和烃和芳香烃)一般大于60%,最高可达95%,而重质稠油中烃的组成一般小于60%,在重油中非烃+沥青质含量高可达10%～30%,个别特重油可达50%。如克拉玛依重检1井重油中饱和烃含量为34.60%,芳烃含量15.9%,非烃+沥青质含量达50.5%。

四、固体沥青成分及性质

固体沥青是同石油有关的固态衍生物。多为深褐色至黑色的有机矿物,化学成分不甚稳定,也无一定晶形,彼此之间常呈过渡型式,因此鉴定比较困难。

现在,一般是根据化学成分、比重、硬度、稠度、熔点、溶解度、可燃性、燃烧火焰及地质产状等特征来研究和鉴定固体沥青。

与石油有关的固体沥青种类繁多,逾100种。根据它们的成因和物理化学特征,将固体沥青分为下列类型:①物理分异产物:地蜡、高氮沥青、贫胶地蜡;②风化产物:软沥青、地沥青、石沥青、硬沥青、脆沥青;③腐殖化产物:酸性碳质沥青、腐殖碳质沥青;④变质产物:碳质沥青、黑沥青、焦性沥青、碳沥青、次石墨。

由于固体沥青的化学成分变化较大,常呈过渡状态,成因复杂,至今研究较少,现将几种主要类型的物理化学性质列入下表(表1.10)。

表 1.10 不同类型固体沥青产出特点及物理化学基本特征

固体沥青名称	C/%	H/%	S/%	N/%	O/%	比重	硬度	熔点/℃	溶解性
地蜡	84～86	13～16	<15～20			0.90～0.94	固-半固态	65～85	易溶于各种有机溶剂
高氮沥青	43～67	4.6～8.6	1.2～4.9	1.6～2.4	34～37		土状		溶于水
地沥青	80～88	9～11	0.4～10.0	0.3～1.8	0～1.8	1.0～1.2	0.5～2.0	100	易溶于各种有机溶剂
石沥青	76～88	4.7～12.0	0.9～7.4	微量～5.3	0～11	1.006～2.000	0.5～3.0	80～320	选择性溶于部分有机溶剂
腐殖碳质沥青	50～60	3～4.0	11.17	1.8	32.46		土状		全溶于苏打水（1%）
碳质沥青	83～87	8～10	微量～16	0.3～3.1	2.0～6.9	1.075～1.360	2～3	不熔化	不溶于有机溶剂，但黑沥青在 CO_2 中可溶 2%～10%
碳沥青	>95							不熔化	不溶解
次石墨	～100					1.86～1.98	3.0～4.5	不熔化	不溶解

在上述固体沥青中，有些类型常与地下深处的石油宝藏有关，可以作为野外调查石油的标志，例如地蜡、软沥青、地沥青及石沥青等，常在地表露头中呈现为找油的直接油气显示，是评价区域含油气远景的有力证据。我国柴达木盆地的深褐色地蜡、老君庙油田的黑色地沥青、克拉玛依油田的黑色石沥青都是著名的。南美洲特立尼达湖、亚洲死海都是闻名世界的沥青湖，蕴藏量很大。

固体沥青的研究和鉴定是十分重要的，野外应着重研究固体沥青的产出状态，产出岩层的岩性、时代，以便于确定其属性和含油显示的价值；室内研究中常规鉴定主要是颜色、断口、硬度、可溶性、可燃性等，元素、红外光谱、反射率、碳、氢稳定同位素组成等现代仪器分析可以进一步确定其成因和油气分布的关系。

五、石油沥青类中C、H、S、O、N同位素

与油气物质有关的主要元素及其同位素特征详见表1.11所示，其分析检测多采用质谱仪进行。以下重点对石油沥青类中的C、H、S、O、N同位素特征进行进一步的分析阐述。

表1.11 石油沥青类主要元素的同位素特征及其相对丰度

Z	元素名称	元素符号	N	A	相对丰度/原子百分率	Z	元素名称	元素符号	N	A	相对丰度/原子百分率
1	氢	H^1	0	1	99.9844	16	硫	S	16	32	95.1
		H^2	1	2	0.0156				17	33	0.74
		H^3	2	3	—				18	34	4.2
2	氦	He	1	3	1.3×10^{-4}				20	36	0.016
			2	4	99.9999	54	氙	Xe	70	124	0.096
6	碳	C	6	12	98.892				72	126	0.090
			7	13	1.108				74	128	1.919
			8	14	—				75	129	26.44
7	氮		7	14	99.635				76	130	4.08
			8	15	0.365				77	131	21.18
8	氧	O	8	16	99.759				78	132	26.89
			9	17	0.0374				80	134	10.44
			10	18	0.2039				82	136	8.87
10	氖	Ne	10	20	90.92						
			11	21	0.257						
			12	22	8.82						

1. 碳同位素特征

碳有C^{12}、C^{13}、C^{14}三个同位素，前两者为稳定同位素，第三者是放射性同位素。

在大气圈中，同位素C^{14}是在热中子作用下，由稳定同位素N^{14}变成的。C^{14}的半衰期只有5568年。碳的放射性可用于考古学发现中确定绝对年龄，但是，由于C^{14}的半衰期太短，放射性碳不能用于第四纪以前的古代沉积，此法可以测定的最大年龄为30000～45000年。

碳的稳定同位素相对丰度平均为，C^{12}：98.892%，C^{13}：1.108%。沉积岩及其可燃矿产的碳同位素含量见表1.12。1935年首次确定了石油和沥青中碳的同位素成分。它

们的相对丰度可用 $\delta^{13}C$ 或 C^{12}/C^{13} 比值表示，$\delta^{13}C$ 可由下式计算：

$$\delta^{13}C = \frac{(C^{13}/C^{12})_{样品} - (C^{13}/C^{12})_{标准}}{(C^{13}/C^{12})_{标准}} \times 1000‰$$

表1.12 沉积岩及其矿产的碳同位素组成特征

地点	样品名称	地质时代	C^{12}/C^{13}
捷克斯洛伐克	石灰岩	上白垩统	89.3
美国纽约州	石灰岩	下泥盆统	89.2
德国	石灰岩	侏罗系	89.2
英国	白垩	白垩系	88.71
美国内华达州	含油页岩	新近系	92.6
美国伊利诺斯州	黑色页岩	宾夕法尼亚系	91.36
美国宾夕法尼亚州	含碳页岩	宾夕法尼亚系	90.52
澳大利亚	沥青页岩		91.7
美国堪萨斯州	石油和天然气	宾夕法尼亚系	93.0～95.2
美国怀俄明州	石油	密西西比系	94.1
美国俄克拉何马州	石油	宾夕法尼亚系	93.2
苏联苏拉罕油田	石油	第三系	91.4
苏联恩巴油区	石油		92.5

为便于对比，国际上趋于使用统一的标准，即美国南卡罗莱纳州白垩系箭石的碳同位素，简称 PDB 标准。

世界各地原油的碳同位素 $\delta^{13}C$ 值介于 -31‰～-24‰ 之间。我国四川陆相原油为 -30.4‰～-25.8‰，海相原油 -26.2‰～-23‰；大庆白垩系原油 -29.7‰～-26.9‰，平均值 -27.8‰。都比各种无机含碳物质高，却与生物体相似，这也是石油有机成因的重要证据。

2. 氢同位素特征

氢有 H^1、H^2、H^3 三个同位素，其中 H^3 是放射性的，半衰期只有 12.46 年。在放射性分解时，H^3 放出 β 质点，形成稳定同位素氦 He^3。

氢的稳定同位素（H^1、H^2）的相对丰度是，H^1：99.9844%，H^2：0.0156%。石油中的 H^2 含量比普通水高约 60%，在天然气中可达 79.39%。

与油气聚集伴生的水中 H^2 含量增高，由于石油与水的氢同位素交换，产生了富 H^2 的石油。在太古代、元古代水中 H^2 含量较多；在匈牙利的一个油田还发现水中的 H^2 含量随地层埋藏深度而有规律地增加。

3. 硫同位素特征

硫有 S^{32}、S^{33}、S^{34} 和 S^{36} 四个同位素，其相对丰度为，S^{32}：95.1%；S^{33}：0.74%；S^{34}：4.2%；S^{36}：0.016%。由于 S^{33} 和 S^{36} 数量很少，一般只测定 S^{32} 和 S^{34}。测定样品中

的硫同位素含量时，是以坎冈-迪阿布洛（CangonDiablo）陨石陨硫铁的硫作为标准，其 $S^{34}/S^{32}=0.045$，通过下式求出 $\delta^{34}S$：

$$\delta^{34}S = \frac{(S^{34}/S^{32})_{样品} - (S^{34}/S^{32})_{标准}}{(S^{34}/S^{32})_{标准}} \times 1000‰$$

也可以用 S^{32}/S^{34} 比值来表示硫同位素含量。沉积岩中的 $\delta^{34}S$ 值介于 $-4.14 \sim +4.55$ 之间，而 S^{32}/S^{34} 比值变化范围为 $21.280 \sim 23.212$。

在北美洲广大范围内，同时代地层中石油或天然气的 $\delta^{34}S$ 具有稳定值；而不同时代的石油，该值却变化较大。苏联伏尔加-乌拉尔油区石炭系和泥盆系天然气、石油及沥青样品中，该值却变化较大。其 S^{32}/S^{34} 比值的研究结果也有类似特点。所以，硫同位素研究为不同时代石油的油源对比，提供了一个新途径。

4. 氧同位素特征

地壳上存在三种稳定的氧同位素 O^{16}、O^{17}、O^{18}。

由于 O^{17} 分布很少，一般都研究 O^{16}/O^{18} 比值。对石油天然气及其伴生水，目前尚未开展氧同位素的研究。

在地质学上，目前只将碳酸盐中的氧同位素比值用来测定沉积盆地的古水温。由于在水和碳酸盐中的水与二氧化碳所含的氧之间存在同位素交换平衡，且这个平衡受环境温度控制，因此，可以利用碳酸盐中的 O^{16}/O^{18} 比值来测定古沉积盆地的温度。

5. 氮同位素特征

天然氮有两种稳定同位素，其相对丰度是 N^{14}：99.635%，N^{15}：0.365%。

由于在同一油气聚集过程中，氮同位素含量变化较大，规律性较差，因此，在石油地质学领域，对氮同位素的研究尚少。但是，当含氮天然气通过砂岩运移时，氮同位素存在分馏现象，却是值得注意的。另外，判识确定氮气成因及油气运聚方向氮同位素指标可以作为重要依据。

总之，对石油沥青类中主要元素的同位素研究的时间不太长，尚需进行更深入的科学研究和科学实验。可以肯定的是，随着油气类同位素研究的深入与基础科学实验的突破性进展，必将会对解决油气成因和油气藏形成等基础理论问题提供更多同位素证据和评价判识方法。

第六节　天然气组成及成因类型

天然气系指自然界一切天然（自然）生成的气体，其常为各种气体化合物或气态元素的混合物，且成因复杂、产状多样。沉积物中有机物质的生物化学降解及高温裂解、放射性元素蜕变及热核反应、岩石变质及岩浆活动、乃至宇宙及空气等作用，均可形成天然气。在自然界天然气产状变化多样：既可呈气藏气、气顶气、溶解气分布，也可以凝析气、矿井瓦斯、天然气水合物等形式产出，甚至还有大量气体广布于宇宙空间。但是，对于石油及天然气地质学界而言，其天然气系指与油田和气田有关的可燃气体，且成分以气态烃为主，多与生物有机质成因密切相关；当然，在特定条件下，亦可存在以非烃气为主的气藏，或者存在与烃类气伴生的非烃气气藏或混合气藏。因此，不论是烃类气气藏还是非烃气气藏，只要其有商业开发价值，均应加以深入研究。

一、天然气成分及物化性质

与油田和气田有关的天然气，其主要成分均为气态烃类及非烃，且以甲烷为主；非烃气多为 N_2、CO_2、CO、H_2S、H_2 及微量惰性气体。它们随产状不同，其含量变化甚大，以下拟按气藏气、气顶气、溶解气、凝析气等不同产状特点进行分述。

1. 气藏气

系指基本上不与石油伴生，单独聚集成纯气藏的天然气。甲烷含量在气藏气体成分中常占95%以上，重烃气含量极少，不超过4%，属于典型干气（贫气）。诚然，气藏气中亦有少量以非烃气为主的。其中，非烃气中以 N_2、CO_2 或 H_2S 为主，而伴生烃类气含量极少。А. Н. Воронов，В. В. Тихомировдидр（1976）曾总结出气藏气化学成分的主要特点：绝大多数气藏气以含气态烃为主，含烃量超过80%的气藏约占气藏气总数的85%以上；而以氮气为主的气藏气数量不到10%；以 CO_2 或 H_2S 等酸性气体为主的气藏气数量则更少，低于1%。

2. 气顶气

系指与石油共存于油气藏中呈游离气顶状态位于油气藏之上的游离天然气。其成因和分布上均与石油密切相关，重烃气含量可达百分之几至几十，仅次于甲烷，属于湿气（富气）。随着地层压力的增减，气顶气可溶于石油或析出。在油气藏中气顶体积的大小与其化学组成及地层压力有关。

3. 溶解气

天然气易溶于石油或地下水，因此，在地质条件下，可区分为油中溶解气和水中溶解气，其亦日益引起了人们的注意。

油中溶解气常见于饱和或过饱和油藏中，其主要特点是重烃气含量高，有时可达40%。其组成与原油性质及地质时代有关：轻质烷基石油溶解气中含20%～80%重烃气，一般以乙烷为主（6%～20%），其次为丙烷，更重烃类气及其异构物含量不等；而重质油溶解气几乎为纯甲烷。在地质时代上，发现一般古老地层的油中溶解气比年轻地层含重烃气更多；且随含油气层位时代变老，正丁烷、正戊烷与其异构物的比值增加。油中溶解气含量高时，采出后可收集回注油藏内以保持油层开发能量。

水中溶解气不仅可以在国民经济上综合利用，而且可以利用其某些特性来预测含油气性，因此显得愈益重要。据不完全统计及相关报道，沉积岩地下水中烃气资源总量可达 $n \times 10^{16} \sim 1.5 \times 10^{17} \ m^3$，比常规气藏气总储量（约 $2.4 \times 10^{14} \ m^3$）大数十至上百倍。水中溶解气包括低压水溶气和高压水溶气：前者含气量一般为数十至 5000 cm^3/l，少数可超过此限，这种水溶气可供综合利用；后者常出现在异常高压带以下的高压地热水中，含气量较高。开发这种高压水溶气与热水资源加以综合利用，具有很高的经济效益，亦引起了人们的高度重视。

在稳定的地台区含油气盆地中，水中溶解气的主要成分是甲烷和氮，重烃气和二氧化碳含量一般不超过10%；但在年轻褶皱区的含油气盆地中，水中溶解气的特点是含二氧化碳浓度较高，甚至在褶皱山系的山前发育二氧化碳气带。所以，根据水中溶解气的化学成分变化规律有助于指明勘探寻找油气藏的方向。

4. 凝析气

当地下温度、压力超过临界条件后，液态烃逆蒸发而形成的气体，称为凝析气。一旦采出后，由于地表压力、温度降低而逆凝结为轻质油，即凝析油。

凝析气在地下聚集成凝析气藏。它们通常埋藏深度较大，多分布在地下 3000～4000 m 或更深处。但是，由于流体性质和外界条件等多种因素都可以改变烃类物系临界条件，因此，即使在不太深的层段，也可能找到凝析气藏。

除以上四种不同产状的天然气在化学成分上各具特征外，在国内外某些油（气）田气的化学组成亦可出现反常现象：如有的重烃气含量高达 30%～50%，如苏联格罗兹尼、伊申巴、克拉斯诺卡姆等油（气）田气的重烃气含量都超过了甲烷（表1.13）。另外，有的天然气含非烃气体异常多，在我国华北冀中坳陷赵兰庄构造钻开古近系孔店组和沙河街组四段的井中，所喷出的高压天然气含硫化氢多达 92%，其与地层中富含石膏有关；而胜利油田平方王油田古近系储层所产天然气中二氧化碳含量异常高，可达 63%～66%，这可能与喜马拉雅旋回玄武岩与石灰岩接触的热分解密切相关。还有的一些天然气藏中含氮量很高，由表1.13 可以看出美国中部的海尔列、八月和本得隆起所产的天然气中，其氮的含量为 80%～90%。

尚须强调指出，稀有气体氦、氩、氖等惰性气体在天然气中含量一般较少，只有千分之几至百分之几，且以氦、氩最常见。它们主要与地壳中的放射性作用有关。天然气中的氦含量一般不到1%～2%，少数情况可达10%，但其含量及同位素特征具有重要的地质地球化学指示意义，是油气地质研究及其他科学研究的重要评价指标及依据。

表 1.13 国内外某些典型油（气）田气的化学成分组成特征（百分含量）

国家	油（气）田名称	生产层时代	CH_4	重烃气	CO_2	N_2	H_2S	H_2	O_2	H_e
中国	大庆油田	C_{r1}	83.82	13.0	0.11	2.58				
	大港油田	E_{S3}	75.21	23.22						
	圣灯山气田	Py	94.57	0.99	0.24	2.43		0.02		
	石油沟气田	T_C	97.80	0.40	0.20	1.10	0.1			
	盐湖气田	Q	95.50	0.50		3.5				
美国	莫特儿–道姆	J			12.2	79.7			0.92	7.18
	八月（堪萨斯）	C_2	10.5	1.6	0.1	85.6				2.13
	海尔列（犹他）	J	5.1	2.3	1.1	84.4				7.16
	本得隆起	P	0.1		0.8	89.9				8.6

续表1.13

国家	油（气）田名称	生产层时代	CH_4	重烃气	CO_2	N_2	H_2S	H_2	O_2	H_e
苏联	格罗兹尼	R	47.0	51.3	1.7					
	伊申巴	R	42.9	47.3	0.3	4.8	4.6			0.03
	杜依马兹	D	61.4	25.4	0.2	14.0				
	克拉斯诺卡姆		19.4	48.6	0.4	21.2	0.4			

氦多由放射性元素蜕变而成，鉴于放射性元素的蜕变速度同其产物氦的数量之间存在一定关系，可助计算其年龄。因此，可以根据天然气中氦的相对含量通过下式确定天然气的年龄：

$$\frac{He}{Ar} \times 7.71 \times 10^7 = 天然气的年龄$$

天然气物理性质一般具有以下特点，即一般均为无色，具有汽油味或硫化氢味且可燃。由于其化学组成变化大，故其物理性质及相关参数亦变化甚大。

1. 比重

系指在标准状况下，单位体积天然气与同体积空气的重量之比。天然气比重一般与分子量成正比。由于"湿气"含重烃气较多，因此，"湿气"的比重大于"干气"。

2. 粘度

天然气粘度与其化学组成及所处地质环境有关。一般天然气粘度在 0 ℃ 时为 $3.1 \times 10^{-6} Pa \cdot s$，20 ℃ 时为 $1.2 \times 10^{-4} Pa \cdot s$。天然气粘度，一般随分子量增加而减小，随温度和压力增高而增大；这主要是由于分子间的距离不能增加，而温度升高后会使气体分子运动加速，增加了分子间碰撞的次数，进而导致粘度加大。

3. 蒸气压力

将气体液化时所需施加的压力，称为该气体的饱和蒸气压力。蒸气压力随温度升高而增大。在同一温度条件下，碳氢化合物分子量越小，则其蒸气压力越大，因此甲烷比其同系物的蒸气压大得多，这也正是在天然气组成中往往甲烷等轻质碳氢化合物含量较多的原因。

随着油田开发，地层压力逐渐下降，天然气组成也会随之改变。一般在自喷阶段，轻分子的碳氢化合物是天然气的主要成分；随着地层压力下降，较重分子的碳氢化合物蒸气就随之进入天然气中，因此天然气比重也会随着油田开采期的延长而略有增加。

4. 溶解性

天然气溶于石油和水。在相同条件下，在石油中的溶解度远远大于在水中的溶解度，例如甲烷在石油中的溶解度比在水中的大十倍。当天然气中重烃增多，或者石油中的轻馏分较多，都可增加天然气在石油中的溶解度。另外，降低温度或增大压力，也可得到同样效果。在石油中溶有天然气时，可以降低石油的比重、粘度及表面张力。

5. 热值

每立方米天然气燃烧时所发出的热量，称为热值。单位为 $kcal/m^3$ 或 $kcal/kg$，前者较常用。

天然气的热值变化很大，氢可达 34000 kcal/m³，而甲烷为 8870 kcal/m³。天然气中湿气的热值较高，可达 20000 kcal/m³。而煤和石油的热值分别为 4000 kcal/kg 及 10000 kcal/kg。

二、天然气成因类型及特点

天然气成因及来源多种多样，一般可以分为无机成因气和有机成因气。

根据天然气成因及来源机制，其中，无机成因气可分为幔源气、变质作用气（壳源气）、放射作用气、无机盐类分解气和大气；有机成因气按热演化生烃阶段则可分生物化学气、热解气和热裂解气，而有机成因气依据其有机质类型尚可进一步划分为腐泥型和腐殖型。另外，亦可将腐泥型有机质形成的热解气和裂解气称为油型气；而将腐殖型有机质（分散性有机质和富集性有机质煤）的热解气和裂解气称为煤型气。同时，基于有机质在未熟阶段向成熟阶段演变过程中能够形成"生物－热催化过渡带气"的事实（徐永昌等，1996），亦可将此过渡演化阶段称为生物－热演化过渡阶段。总之，天然气形成具有广泛性、多源复合性和多阶混合性等复杂特点。以下将重点对不同成因类型天然气形成条件及分布特点进行分析阐述。

（一）生物化学气形成特点

1. 概述

在低温（小于 75 ℃）还原环境下，厌氧细菌对沉积物有机质进行生物化学降解作用所形成的富含甲烷气体称为生物化学气，或称为细菌气、沼气、生物气或生物成因气等。生物化学气可依被降解的有机质类型分腐泥型生物化学气和腐殖型生物化学气。

2. 形成条件

根据生物代谢类型的不同，可把微生物分为喜氧性、厌氧性和兼性微生物。现代沉积微生物学研究表明，在沉积物和孔隙水中存在着代谢类型不同的多种微生物群落。水－沉积物剖面可划分出喜氧的和厌氧的两种生物代谢环境、四个主要生物化学作用带即：光合作用带、喜氧带、硫酸盐还原带和碳酸盐还原带，不同生物化学作用带的微生物种属、代谢类型、溶解物和生物化学性质亦不同（图 1.13）。

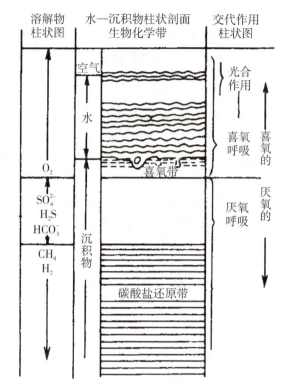

图 1.13　富含有机质的开阔海沉积物中微生物代谢作用生化环境剖面
（据 Rice 和 Claypool，1981）

在喜氧呼吸的代谢环境中，喜氧细菌繁殖；当游离氧完全消耗掉时，则进入厌氧环境，硫酸盐还原菌首先将硫酸盐还原为硫化物或元素硫；当硫酸盐几乎全部被还原后，进入了缺硫酸盐的碳酸盐还原带，产甲烷菌把 CO_2 还原成 CH_4。因此，只有到了碳酸盐还原带细菌甲烷气才能生成，它是在无游离氧和无硫酸盐存在的严格还原环境中形成。生物化学气（简称生物气）大量形成的地质地球化学条件可归纳如下。

（1）拥有丰富的原始有机质，特别是腐殖型和混合型有机质，这是细菌活动所需碳源的物质基础。

（2）严格的缺游离氧、缺硫酸盐环境，这是厌氧的甲烷菌群繁殖的必要条件。

（3）地温低于 75 ℃时，甲烷菌才能大量繁殖，且随温度升高甲烷产率提升；当温度超过 75 ℃时，甲烷菌大量死亡，不利于甲烷气的生成。

（4）最适合甲烷菌繁殖的酸碱度（pH）为 6.5～7.5。

在陆相淡水湖泊中，水介质含盐量低，缺乏硫酸盐类矿物，甲烷在浅处即可形成，但是埋藏太浅，甲烷易于逸散或遭氧化，难以形成商业价值的生物化学气气藏。在半咸水湖泊中，有利于有机质保存下来，并且可以抑制甲烷菌过早繁殖。直到埋藏到一定深度，有机质的分解使 pH 降至 6.5～7.5 时，甲烷菌大量繁殖，生成的甲烷易于保存聚集成生物气藏。

3. 组成特点

生物化学气的组成主要是甲烷，可高达 98% 以上，重烃气（C_{2+}）含量极低，一般小于 2%，干燥系数（C_1/C_{2+}）在数百以上，属于典型干气的组成特征。有时亦含有痕量的不饱和烃以及少量的 CO_2 和 N_2。

生物化学气的甲烷（简称生物甲烷）以富集轻的碳同位素 ^{12}C 为特征。其甲烷的碳同位素含量 $\delta^{13}C_1$ 的范围从 $-100‰ \sim -55‰$，多数在 $-80‰ \sim -60‰$ 之间。在有热解气混入以及发生厌氧氧化作用时，可使碳同位素变重。

（二）油型气形成特点

1. 概述

油型气系指腐泥型干酪根进入成熟阶段以后所形成的天然气，它包括伴随生油过程形成的湿气，以及高成熟和过成熟阶段由干酪根和液态烃裂解形成的凝析油伴生气和裂解干气。因此油型气可进一步分为成熟阶段的石油伴生气（油田气）、高熟阶段的凝析油伴生气（湿气）及过成熟阶段的裂解干气。

2. 形成过程

在前述的油气生成模式中，已概述了各种油型气的形成过程。它包括两个演化途径：一是干酪根高温热解/裂解直接生成气态烃；另一为干酪根热降解为石油，在地温继续增加的条件下，石油进一步裂解为气态烃。干酪根在热演化过程中，同时存在放氢的芳香烃缩合作用与加氢的正烷烃歧化作用。

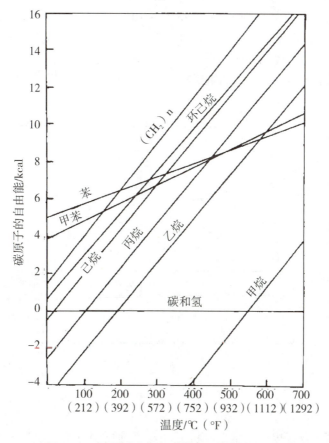

图 1.14　随温度升高不同类型烃类的热稳定性

（据 Hunt，1979）

在地质条件下，石油及天然气生成后，一直处于地温加热状态下，这种温度使烃类缓慢而持续地向稳定状态改变其分子结构。烃类分子最稳定的异构体是那些带有最低自由能的分子。图1.14表示在1个大气压下，随温度的升高，按自由能（千卡/碳原子）表示的各种烃类的热稳定性。零线代表元素碳和氢的自由能；正烷烃的自由能随碳数增加而增大，甲烷的自由能最低，因而最稳定；碳数相同的烃类自由能，烯烃＞环烷烃＞正烷烃，烯烃最不稳定；芳香烃在低中温（小于300 ℃）时，自由能超过环烷烃和正烷烃，而在高温条件下则相反，所以，在极高温条件下，芳香烃高度缩合，是最稳定的。在较大的压力下，各种烃类自由能的相对差别基本相同，只有绝对值略有变化而已。由于油气藏一般是处在低温条件下，其中油气的演化应该服从上述低中温状态下的规律，即碳数相同的烃类自由能，芳香烃＞环烷烃＞正烷烃；换言之，正烷烃稳定，环烷烃次之，芳香烃最差。所以，随着热演化程度的增高，干酪根降解为石油，所生成的油型气的演化方向是石油伴生气→凝析油伴生气→裂解干气；另外还剩下高度碳化的石墨。

3. 组成特点

不同成熟阶段的油型气在干酪根不同热演化阶段的化学成分亦不同。石油伴生气和凝析油伴生气的共同特点是重烃气含量高，一般超过5%，有时可达20%～50%，其中，iC_4/nC_4比值明显小于1，在生油窗阶段即Ro为0.7%～0.8%（据Y. Héroux等，1979），甲烷碳同位素含量介于－55‰～－40‰之间。其中石油伴生气偏轻，为－55‰～－45‰；凝析油伴生气偏重，为－50‰～－40‰。过成熟裂解干气阶段的油型气，则以甲烷为主，重烃气极少，小于1%～2%，甲烷碳同位素含量介于－40‰～－35‰。我国不同地区若干油型气的组成特点及甲烷碳同位素特征见表1.14。

表1.14 我国若干油型气组成特点及碳同位素特征

油田或油区	数值	天然气组成主要参数分析				稳定碳同位素
		$CH_4/\%$	重烃/%	C_1/C_2^+	$C_1/\sum C$	$\delta^{13}C_1$ (‰, PDB)
大庆油田（石油伴生气）	变化范围	53.9～95.61	2.64～38.51	1.40～36.22	0.58～0.975	－37.72～－49.97
东濮凹陷（凝析油伴生气）	变化范围	71.04～87.43	10.63～26.91	3.21～20.3	0.75～0.96	－38.9～－45.1
板桥凝析气田		82.88	16.29	5.42	0.844	
川东相国寺气田（热裂解干气）	(P_1)	98.15	0.89	110.3	0.991	－33.55

（三）煤型气形成特点

1. 概述

煤系有机质（包括煤层富集型有机质和煤系地层中分散有机质）热演化不同阶段形成的天然气，都称为煤型气或煤系气。煤型气、煤成气和煤层气之差异主要在于：煤成气即指煤层在煤化过程中所生成的天然气，属煤型气的一种，也是最重要的一种煤型气，煤型气与煤成气概念及涵义基本相同。煤层气则指以吸附状态存在于煤层中的煤成气，即煤层吸附气，是描述煤成气产状的术语，主要为煤田瓦斯气及一切吸附于煤层表面及内部的吸附气，属于非常规天然气的主要成因类型。

2. 煤化过程及煤气发生率

煤型气的原始有机质，主要来自不同门类的植物遗体，以陆生高等植物为主，低等植物占次要地位。其有机组成主要是碳水化合物及木质素。这些植物遗体，如果是在沼泽、内陆浅水湖盆及海盆边缘大量堆积，几乎没有矿物质参加，其在氧气有限进入的条件下，随着埋深的增加，经历泥炭化及煤化作用，即可演变成不同煤阶的煤；如果这些植物遗体呈分散状态伴随矿物质一起沉积下来，随着埋深的增加，则经成岩作用可形成腐殖型（Ⅲ型）干酪根。

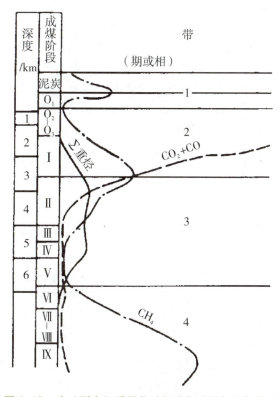

图 1.15　腐殖型有机质煤化过程演化阶段与成气模式

煤成烃形成油气过程与前述的油气生成过程基本类似，其主要差别在于煤层或腐殖型干酪根在化学成分及结构上均以含带许多烷基侧链和含氧官能团的缩合多核芳香烃为主，所以，在有机质热演化过程中以产气态烃为主。煤系有机质热演化亦可分四个主要阶段（图 1.15）：泥炭－褐煤早期演化阶段（带 1：泥炭－O_1 煤阶），镜质体反射率 Ro < 0.4%，地温小于 75 ℃，相当于生物化学生气阶段；褐煤中期－长焰煤演化阶段（带 2：O_2－O_3－Ⅰ 煤阶），形成的天然气主要为 CO_2 和 CH_4，含少量的重烃，属于成岩作用及热解成熟阶段；气煤－瘦煤阶段（带 3：Ⅱ－Ⅴ 煤阶），属于成熟－高熟阶段，

主要形成煤型湿气和煤型油，有时重烃气含量超过甲烷；贫煤-无烟煤阶段（带4：Ⅵ-Ⅸ煤阶），属于过成熟裂解阶段，形成以甲烷为主的煤型干气。因此，煤型气依据成熟度可分为煤型热解湿气（气煤-瘦煤阶段及其以前）和煤型裂解干气两种类型。

评价煤型气潜力大小即煤型气产率大小，常用煤气发生率或视煤气发生率表示。所谓煤气发生率即指从泥炭阶段到某一煤阶，每吨煤所生成的烃类气体总量（体积）；视煤气发生率即指从褐煤到某一煤阶，每吨煤所生成的烃类气体总量（体积）。煤气发生率一般均通过实验室热模拟方法获得，不同作者因实验条件和计算方法不同，其获得的煤气发生率有很大差别。

3. 组成特点

煤化过程演化的不同阶段，形成的产物组成有所不同。从国内外已知的煤型气藏的组成特征看（表1.15），煤型气尽管可能含有一定量的非烃气，如 N_2、CO_2 等，但其含量很少达到20%，超过20%（如库珀盆地的 CO_2）大多为外来气体成分的加入。尚须强调指出，尽管煤型热解气重烃含量比煤型裂解气高，但煤型气重烃含量也很少超过20%，其烃类气成分仍然以甲烷为主。煤型气甲烷碳同位素在 -42‰～-25‰ 之间。由于煤系有机母质之故，与煤型气伴生的凝析油中，常含有较高的苯、甲苯以及甲基环己烷和二甲基环戊烷。另外由于腐殖质易吸附自然界的汞，因此煤型气中汞蒸气含量高，一般均超过 700 $\mu mg/m^3$，多数大于 1000 $\mu mg/m^3$，如中欧盆地的煤系气中含汞量可高达 180000～400000 $\mu mg/m^3$（戴金星等，1985）。

表 1.15 国内外若干煤型气气源岩时代及气组成与碳同位素特点

气田名称	产层时代	气源层时代	天然气组成/%				$\delta^{13}C$ (‰, PDB)	资料来源
			C_1	C_2^+	N_2	CO_2		
格罗宁根	P_1	C_2	81.2	3.48	14.4	0.87	-36.6	据 Stahl, 1977
拉策尔	P_1	C_2	89.9	6.10			-29.2	
达卢姆	P_1	C_2	86.06	0.44			-22.0～-25.4	
圣胡安	K	K					-42.0	转引自 Stahl, 1983
库珀盆地（澳）	P_1	P_1					-28.8	据 Rigby, 1981
木姆巴9号井	P_1	P_1	66.02	0.67		33.27	-36.3	
图拉奇9号井			71.76	11.62		14.40		
东濮文留22井	E_2	C-P	96.35	2.35			-27.9	据朱家蔚等，1983
陕甘宁刘庆1井	P_{1x}	C-P	95.0	0.64	4.13	0.01	-30.47	据王少昌，1983
任4井	P_{1x}		92.52	6.97	0.49			
四川中坝4井	T_3x		90.8	8.20	0.17	0.40	-34.8	有*者为中坝7井邻近数据，据陈文正，1982
中坝7井	T_3x		87.33	12.23	0.41	0.03	-35.9～-36.0*	

(四) 无机成因气概述

无机成因气系指不涉及有机物质反应的一切无机作用和过程所形成的烃类气。主要包括地球深部岩浆活动、变质作用、无机矿物分解作用、放射作用以及宇宙空间所产生的气体。

很多化学家很早就在实验室通过无机化学反应获得了甲烷；人们亦早就发现了太阳系外侧行星的大气圈中含有气态甲烷；在陨石固体中以及在地壳岩石内与岩浆活动有关的多种金属和金刚石矿中也有数量不等的甲烷气；尤其是近年来在东太平洋洋隆热液喷口处，观测到喷出的大量气体中含有较高的甲烷气含量（Welham 等，1979），以及油气勘探中陆续发现了一些无机烃类气藏等等。均充分表明和证实无机作用形成的天然气也是地壳中天然气的重要来源。

目前大多数无机成因者认为，最有可能被捕集于地壳岩层中的无机成因气主要是来自幔源的岩浆以及变质作用和由此引起的无机矿物热分解作用所形成，可能亦有由地表水渗入地壳深处而形成的大气成因气。无机成因气分布一般与深大断裂活动有关，构造活动单元及强烈的岩浆活动区，特别是古老地层更有可能存在无机成因气及其分布。

通常无机成因气往往含有较多的非烃气体，包括 CO_2、CO、N_2、H_2 以及 He、Ar 和 Ne 等惰性气体。来自幔源的气体，其氦同位素丰度 $^3He/^4He$ 相当于 $8R_A$（R_A 为空气中的 $^3He/^4He$ 比值，约为 1.4×10^{-6}），即富含幔源氦。以 CO_2 为主的天然气，常与碳酸盐岩无机盐类热分解或岩浆成因有关，无机成因的 CO_2 的碳同位素一般在 $-8‰ \sim 0‰$，最高可达 $+27‰$。无机成因的烃类气体中，甲烷为主，C_{2+} 很少，甲烷的碳同位素丰度 $\delta^{13}C_1 \geq -20‰$。

(五) 不同成因类型天然气识别

地壳中的天然气，绝大部分是气体化合物与气体元素的混合物，只有个别特殊情况下方为单一气体组成。因此，判识确定天然气成因类型，应该是对天然气中不同组分的成因都进行识别，但这样要花费大量的时间和财力，因此，一般只鉴别天然气中主要组分的成因类型。再者，理论上可以根据不同成因天然气地球化学特征的差异，采用适用于不同地区的地球化学指标及其判识标准，综合判识确定天然气成因类型。以下重点简介几种有代表性的判别方法。

1. Гуцало 的 $\delta^{13}C_1 - \delta^{13}C_{CO_2}$ 分类图版

Гуцало 从 CH_4 与 CO_2 共生体系碳同位素热平衡原理出发，以世界上已有 CH_4 与 CO_2 共生体系中测得的 $\delta^{13}C_1$ 和 $\delta^{13}C_{CO_2}$ 为依据，将自然界不同成因类型的 CH_4 与 CO_2 共生体系划分为三个区，如图 1.16 所示。图中所标温度是天然气形成温度，其是作者按 Craig（1953）提出的 CH_4 与 CO_2 碳同位素热平衡原理的近似方程计算值。

（1）I 区为无机成因气区。该区的 $\delta^{13}C$ 由 $-41‰ \sim -7‰$，$\delta^{13}C_{CO_2}$ 由 $-7‰ \sim +27‰$（在 0‰ 附近特别集中）。洋脊喷出气、温泉气、火山气和各种岩浆岩和宇宙物质包裹体中的气体均落于此区。

（2）II 区为生物化学气区。该区的 $\delta^{13}C_1$ 由 $-92‰ \sim -54‰$，$\delta^{13}C_{CO_2}$ 由 $-36‰ \sim$

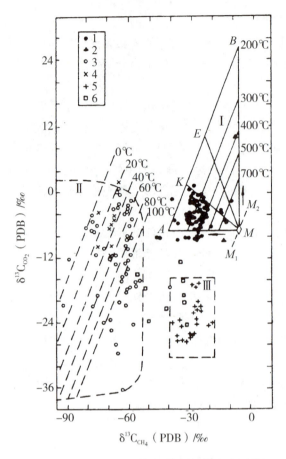

图 1.16 自然界 CH_4 与 CO_2 共生体系的 $\delta^{13}C_1$ 和 $\delta^{13}C_{co2}$ 分布

(据 ГуцаЛо,1981)

+1‰。世界上浅层生物成因气、现代沉积物中所有的 CH_4 与 CO_2 共存的天然气,都落于此区。

(3)Ⅲ区为有机质热裂解气区。该区的 $\delta^{13}C_1$ 由 -40‰~-19‰,$\delta^{13}C_{co2}$ 由 -30‰~-16‰。沉积岩中的分散有机质、泥炭、煤和石油热裂解气均落于此区。

2. Stahl 的 $\delta^{13}C_1 - R_o$ 的分类图版

Stahl(1974)根据对世界各地大量天然气样的 $\delta^{13}C_1$ 及其母岩 R_o 的测定,发现两者具有良好的相关性。这种相关性与母岩的有机质类型有关,Stahl 分别建立了腐殖型和腐泥型源岩的 R_o 与其形成大然气的 $\delta^{13}C_1$ 关系曲线(图 1.17)和相关公式:

腐殖型:$\delta^{13}C_1 = 14\log R_o - 28$

腐泥型:$\delta^{13}C_1 = 17\log R_o - 42$

从中可见,天然气的 $\delta^{13}C_1$ 与其母岩 R_o 呈半对数关系,这表明各种有机质随热演化所形成的天然气甲烷同位素含量而变化;腐殖型有机质源岩形成的天然气与相同演化程度的腐泥型有机质源岩所形成的天然气相比,具有更高(偏重)的甲烷碳同位素含量。

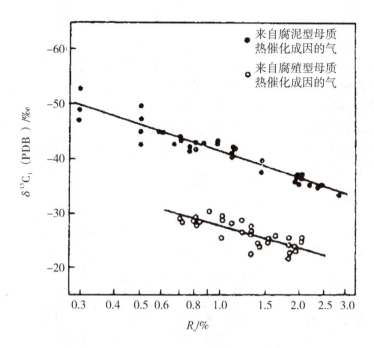

图 1.17　不同母质形成的天然气 $\delta^{13}C_1$ 与其母岩 R_o 关系

(据 Stahl，1974)

根据测定的 $\delta^{13}C_1$，依据 Stahl 的分类图版能够区分有机成因气的不同母质类型，这对鉴别煤型气与油型气具有重要参考价值。

我国天然气地球化学专家戴金星等（1985）在研究我国许多煤型气和油型气 $\delta^{13}C_1$ 与其源岩 R_o 的相关性后，即提出了适用于我国天然气成因类型的类似关系：

煤型气：$\delta^{13}C_1 = 14.1254 \lg R_o - 34.3922$

油型气：$\delta^{13}C_1 = 15.8015 \lg R_o - 42.2061$

第七节　烃源岩研究与油源对比

分析研究盆地油气生成条件尤其是油气成藏条件，首先必须要深入分析研究烃源岩及烃源供给条件，判识确定所在区域是否存在烃源岩，重点对是否能够提供油气供给的烃源岩进行综合评价，尤其是要深入分析研究烃源岩的有机质丰度及生源母质类型、有机质成熟度和烃源岩生排烃效率并计算生油气量等。

一、烃源岩研究

烃源岩即指所有具有潜在生烃能力的岩石。但从石油地质勘探角度，则系指已经生成并排出足以形成商业性油气聚集的烃类的岩石（亦称之为有效烃源岩）。由烃源岩组成的地层即为烃源岩层。在进行油气地质研究的初期，尚未确定研究对象是否有大量烃类的生成和排出时，可称之为可能烃源岩。在相同的地质背景和一定的地史阶段内，所形成的具有相近岩性岩相特征的若干烃源岩与非烃源岩的组合，则称烃源岩系。其中夹有储集岩并含有油气的烃源岩系，亦称含油岩系。

（一）烃源岩地质特征

岩性特征是研究生油层的最直观标志。虽然岩性并不是决定某地层能否生成石油和天然气的本质因素，但是它与生成油气的基本条件，即原始有机质和还原环境有一定的成因联系。通常烃源岩一般是粒细、色暗、富含有机质和微体生物化石、常含原生分散状黄铁矿、偶见原生油苗。常见的生油层主要包括粘土岩类和碳酸盐岩类。有利于烃源岩发育的地质条件主要包括：①大地构造条件。长期稳定下沉、补偿性沉积区——利于沉积物堆积和沉积有机质的保存。②古气候环境。温暖湿润适于生物生长环境——提供丰富的生物有机质。③古地理环境。低能静水还原性较强沉积环境——利于有机质堆积和保存。④水介质环境。pH 大于 7 的弱碱性环境。

总之，形成烃源岩最有利的沉积环境主要为封闭性浅海环境、前三角洲环境、深水–半深水湖泊环境等。

浅海相的碳酸盐岩类和粘土岩类都具备很好的生油条件。它们多处于广海大陆架和潮下带的局限海，属持续低能环境，盆底长期稳定沉降，气候温暖湿润，生物繁盛，水体安静，氧化–还原电位呈负值，水介质属弱碱性，长期的还原环境使丰富的有机质得以长期堆积、保存并向油气大量转化。

三角洲相多年来引起了国内外石油地质学家的广泛关注。在海岸线以外的前三角洲带属于长期快速沉降地区，以富含有机质的暗色页岩沉积为主，由河流搬运来的细粒粘土悬浮物质和胶体物质沉积而成，既含海相生物化石，也含陆源有机质，它们都被迅速埋藏并保存下来。这种快速沉积的前三角洲页岩具有隔绝导热能力，可以造成异常高的温度和压力，有利于大范围有机质转化为烃类。

我国油气勘探实践证明：深水–半深水湖相是陆相生油层系发育的有利环境，这里有机质含量丰富，加上水流弱、波浪小、静水沉积、水底还原等良好生油条件，尤其是在主要生油层系沉积时期处于近海地带的深水湖盆更为有利。

总之，在陆相盆地中，深水湖相是最有利的烃源岩相，其中又以近海地带深水湖盆的泥岩型剖面生油条件更佳。在空间上生油最有利的地区是湖盆中央的深水地区，在时间上生油最有利的时期是沉积旋回中的持续沉降充填阶段。

生油层厚度及其与储集层的组合关系，对生油层的排烃效率有着重要影响。根据世界许多产油区的经验，粘土岩类生油层与砂岩储集层呈旋回式或侧变式组合，导致二者的接触面积较大，生油层排烃效率较高，有利于油气生成与大量储集。

(二) 烃源岩地球化学研究

地球科学的不断发展和油气地球化学理论的快速进展及方法手段的提高,为判识鉴别烃源岩提供了充分的科学依据和较好的技术手段。以下拟重点分析阐述判识确定烃源岩的主要地球化学指标。

1. 有机质丰度

岩石中是否存在足够数量的有机质是形成油气的物质基础,亦是决定岩石生烃能力的主要因素。通常采用有机质丰度来代表和表征岩石中所含有机质的相对含量,衡量和评价岩石生烃潜力大小。目前常用的有机质丰度指标主要包括有机碳含量(TOC)、岩石热解参数(生烃潜量,S_1+S_2)、可溶有机质氯仿沥青"A"和总烃(HC)含量等。

(1) 有机碳含量(TOC)。有机碳含量是国内外普遍采用的有机质丰度指标。有机碳系指岩石中除去碳酸盐及石墨中的无机碳以外的碳数量。因为生油气层中油气生成排出/逸出后,岩石中残留下来的有机质中的碳含量,就是在实验室所测定的碳含量数值,故常常称为剩余有机碳含量,且以单位重量岩石中有机碳的重量百分数表示。由于生油层内只有很少一部分有机质转化成油气离去,大部分仍残留在生油层中,并且碳又是在有机质中所占比例最大、最稳定的元素,所以剩余有机碳含量能够近似地表示烃源岩中有机质丰富程度。

岩石中剩余有机碳与剩余有机质含量之间存在着一定的比例关系,一般将剩余有机碳含量乘以 1.22(或 1.33)即为岩石中所含剩余有机质的重量百分数。Tiso 等(1978)认为不同类型干酪根在不同演化阶段该值是不同的。

据 Gehmen(1962)研究,世界 60 多个沉积盆地寒武系至第三系 1066 个页岩和 346 个碳酸盐岩样品的有机碳分析测定结果表明,页岩比碳酸盐岩的有机质含量高一个数量级,几何平均值前者为 1.14%,后者为 0.24%(图 1.18)。Hunt(1961)测定 791 个页岩和 397 个碳酸盐岩样品的几何平均值亦分别为 1.2% 和 0.17%。所以适于生油的

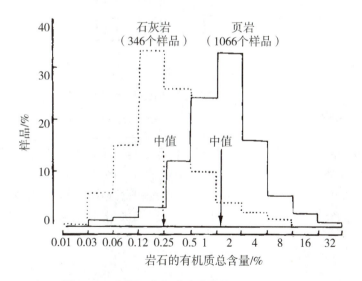

图 1.18 古代页岩和碳酸盐岩的有机质总含量

(据 Gehmen,1962)

碳酸盐岩有机碳含量应大于 0.1%。造成粘土岩类比碳酸盐岩类烃源岩剩余有机碳含量高的原因，可能与两类岩石对有机质的吸附能力不同，以及碳酸盐岩的晶析作用和各种成岩作用导致有机质大量丢失有关。由于泥质岩和碳酸盐岩生油特征的差别，可采用不同的评价标准（表 1.16）。

表 1.16　根据有机碳含量划分泥质岩和碳酸盐岩烃源岩级别（陈建平等，1996）

烃源岩级别	泥质岩/%	碳酸盐岩/%
差	<0.5	<0.12
中等	0.5～1.0	0.12～0.25
好	1.0～2.0	0.25～0.50
非常好	2.0～4.0	0.50～1.00
极好	4.0～>8.0	1.00～2.00

（2）氯仿沥青"A"和总烃（HC）含量。氯仿沥青"A"是指岩石中可抽提可溶有机质含量，总烃即沥青"A"中饱和烃和芳香烃组份含量的总和。氯仿沥青"A"和总烃含量是最常用的有机质丰度指标之一。中国陆相淡水–半咸水沉积中，主力烃源岩氯仿沥青"A"的含量均在 0.1% 以上，平均值为 0.1%～0.3%。图 1.19 为我国主要含油气盆地中氯仿沥青"A"含量分布频率图，其众数为 0.1% 左右，一般好的烃源岩为 0.1%～0.2%，非烃源岩氯仿沥青"A"值低于 0.01% 以下。

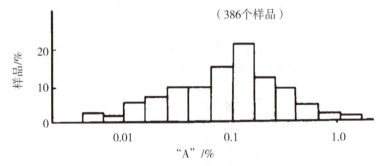

图 1.19　我国主要含油气盆地泥页岩氯仿沥青"A"含量分布特征
（据尚慧芸等，1982）

目前，国内外许多石油公司都建立了不同类型烃源岩总烃含量界线的标准（表 1.17），中国陆相淡水–半咸水沉积中，主力烃源岩总烃含量均在 410 ppm 以上，平均值介于 550～1800 ppm 之间。在我国中新生代沉积盆地中，好的烃源岩总烃含量一般 1000 ppm，较好烃源岩一般不低于 500 ppm，低于 100 ppm 则为非烃源岩。

表 1.17　不同级别烃源岩总烃含量评价标准（ppm）

作者	烃源岩级别				
	很差	差	良好	好	很好
菲利皮	0～50	50～150	150～500	500～1500	1500～5000
尼克松		<200	200～500	500～1000	>1000
贝克		<50	50～1000	1000～6000	
挪威大陆架研究所		<100	100～250	250～500	>500
美国大陆石油公司		<50	50～150	150～350	>350
北京石油勘探开发研究院		100～200	200～500	>500	

此外，岩石热解分析也是一项快速获得有机质丰度信息的有效方法，在有机质丰度评价中最常用的热解参数是生烃潜量，即（S_1+S_2）。

2. 有机质类型

不同类型的有机质（干酪根）具有不同的生烃潜力，可形成不同的烃类产物，这种差异与有机质的化学组成和结构有关。我国中新生界陆相沉积的泥页岩中含有比较丰富的有机质，但是能否生成油气主要取决于有机质类型及其热力作用的影响，因此，准确地判识确定有机质类型是烃源岩研究的又一关键问题。目前，用于判识确定干酪根类型的方法很多，第 2 节已经简介过根据干酪根显微组成、干酪根元素组成以及岩石热解参数划分判识干酪根类型的基本方法，此处不予赘述。

此外，还可以根据烃源岩可溶组分组成特征、生物标志物特征研究有机质类型。烃源岩中可抽提物（饱和烃、芳香烃、非烃和沥青质）的相对含量是烃源岩有机母质性质和演化经历的反映，因此烃源岩中可溶抽提物族组成特征对划分有机质类型具有重要参考意义，尤其是低熟烃源岩，其应用效果较好。其中，甾烷和萜烷化合物以及异戊间二烯型烷烃组成特征能够较好地反映有机生源母质类型的特点。

3. 有机质成熟度

成熟度是表示沉积有机质向石油转化的热演化程度。由于在沉积岩成岩后生演化过程中，烃源岩中有机质的许多物理性质、化学性质都发生相应的变化，并且这一过程是不可逆的，因而可以应用有机质某些物理性质和化学组成的变化特点来判断有机质热演化程度，划分有机质演化阶段。为了判断有机质是否达到成熟阶段，是否开始大量转化为石油，国内外石油地质学家和地球化学家纷纷提出了衡量有机质成熟作用的标准。目前用于评价烃源岩有机质成熟度的常规地球化学方法除前述 TTI 方法外，应用较广的有镜质体反射率、孢粉碳化程度、热变指数、岩石热解参数、可溶抽提物的化学组成特征等等。此外，对饱和烃的成分（碳优势指数 CPI 及环烷烃指标）、自由基含量、干酪根颜色及 H/C - O/C 原子比关系，以及生物标志物特征参数等最新研究成果，都可以用来判别确定有机质热演化程度。以下重点对有机质成熟演化特征及成熟度判识参数等进行分析阐述。

1）不溶有机质干酪根热演化特征（详见本章第 2 节）。

2）可溶有机质抽提物热演化特征。

（1）正烷烃分布特征及奇偶优势比。由于有机质成熟转化成烃是一个加氢裂解的过程，随着热演化作用加强，氧、硫、氮等杂元素含量会显著减少，碳链破裂，正烷烃低碳组分含量迅速增高，在正烷烃分布曲线上显示特征为主峰碳碳数小、曲线平滑、尖峰特征明显，代表和表征其成熟度明显增高。

在近代沉积物有机质中，奇数正烷烃有明显优势，因为生物体内最丰富的正烷烃一般是 C_{27}、C_{29}、C_{31} 和 C_{33}，所以生物体中的正烷烃必然存在明显的奇碳优势；而原油中正烷烃属于经过有机质热演化形成的产物，故只有微弱的奇碳优势。研究还发现，脂肪酸的偶碳优势随着沉积物年龄和深度增加而减弱，而在油层水中脂肪酸则平滑分布（图 1.20），亦即 $C_{27} \sim C_{37}$ 正烷烃奇碳优势随着沉积物年龄和深度增加而减弱；在石油中正烷烃分布亦具平滑分布特点（图 1.21）。其脂肪酸偶碳优势消失与正烷烃奇碳优势消失两者之间并行，暗示沉积物中形成正烷烃过程与脂肪酸演变有关。这个过程可能与去羧基、加氢和降解等作用有关。在岩石有机抽提物中，正烷烃奇偶优势比小于 1.2，即奇数正烷烃略占优势，代表岩石中有机质向石油转化程度高，可判识确定为烃源岩。这项指标在判识确定粘土岩类烃源岩时效果较好，但对碳酸盐岩烃源岩判识的效果较差。

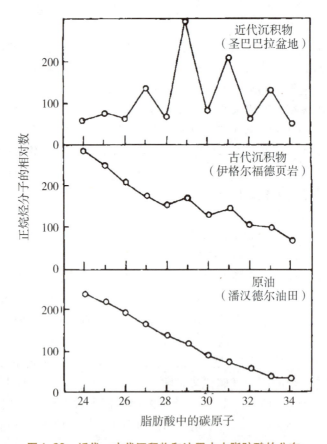

图 1.20　近代、古代沉积物和油层水中脂肪酸的分布
（据 Cooper 和 Bray，1963）

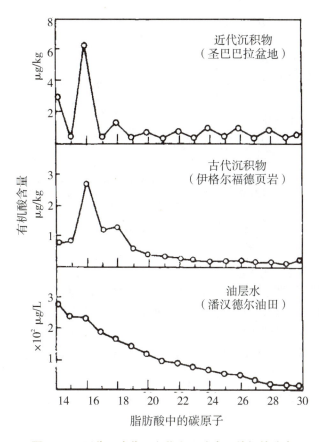

图1.21　近代、古代沉积物和石油中正烷烃的分布
(据Coper和Bray，1962)

(2) 甾萜烷异构化比值参数。甾、萜烷生物标志化合物随热演化程度的加深，低稳定的生物构型（αα型、R型）向热力学较稳定的地质构型（ββ、20S、22S）转化，地质稳定构型与生物低稳定构型的比值随烃源岩有机质热演化程度增加而出现规律性变化，如萜烷 $C_{31}22S/(22S+22R)$ 和甾烷 $C_{29}20S/(20S+20R)$ 值的增加与有机质成熟度（镜质体反射率 R_o）的增大呈明显的正相关性，因此其变化可作为有机质成熟度标尺。例如，C_{29}甾烷 $ββ/(αα+ββ)$ 对 $20S/(20R+20S)$ 的曲线在描述源岩或原油成熟度方面特别有效。该曲线可用于成熟度参数与其他参数的互检（图1.22）。

(3) 氯仿沥青"A"剖面上组成特征及含量变化。烃源岩有机质抽提获得的氯仿沥青"A"，在地质条件下的有机质热演化剖面上，其含量变化具有以下特点：即低→高→低，在热催化生油气阶段达最高值。而氯仿沥青"A"的族组分组成在剖面上的变化则具有以下特征：即低成熟阶段——胶质、沥青质含量较高，总烃含量低；而高成熟阶段——总烃含量较高，尤其是饱和烃含量丰富，胶质及沥青质含量较低。其中，沥青转化率和烃类转化率分别为：

沥青转化率：氯仿沥青"A"/有机碳；烃转化率：总烃/有机碳——即随烃源岩埋藏热演化所发生的规律性变化。

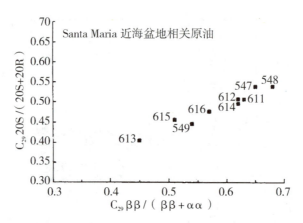

图 1.22　加利福尼亚 SantaMaria 近海盆地油样中 C_{29} 甾烷异构化成熟度参数变化特征
（据 Peters 和 Moldowan，1993）

3）时间－温度指数（*TTI*）。*TTI* 是指地质时期内不同类型干酪根在不同埋藏时间－温度条件下的成熟度。*TTI* 是早期油气勘探评价探井较少、油气地质资料短缺时，应用比较广泛的一种烃源岩成熟度评价指标，*TTI* 指数计算是以化学动力学中的阿伦纽斯方程为基础，把干酪根热降解过程近似看成化学动力学中的一级反应，因此

$$K = A \cdot e^{\frac{E}{RT}}$$

其中，K 为反应速率常数，即降解率；A 为频率因子。

由此得到：

$$\Delta TTI = \int_0^t \left(A \cdot e^{-\frac{E}{RT}} \right) \cdot dt = \sum_{i=1}^{i=n} \left(A \cdot e^{-\frac{E}{RT}} \right) \Delta t_i$$

以上计算表明：其有机质成熟度（M）增加与温度（T）呈指数关系，与时间（t）呈线性关系。

但本方法本身存在严重缺陷，即：① 温度因子取值是固定的。其对不同类型有机质在不同温度下的生烃反应是不适合的。② 应用中很难准确确定埋藏时间和古地温值这两个关键参数。③ 划分油气生成不同阶段的 *TTI* 值为经验数据。但不同盆地及不同烃源岩层该值是不同的，不能一概而论。

（三）烃源岩生烃量计算

烃源岩生烃量计算方法较多，目前主要由成因体积法、类比法、盆地模拟法及热解生烃法等，但以成因体积法应用最广泛和最普遍。以下重点对其进行分析与阐述。成因体积法是国内外常用于计算含油气盆地油（气）生成量的一种最基本的方法，尤其适用于盆地勘探早期，在油气地质资料较少的情况下有效地估算及评价油气资源。成因体积法主要是通过研究有效烃源岩有机质丰度、类型、成熟度和发育展布程度等参数，计算盆地中烃源岩体积及其生烃量。其计算公式为：

$$Q_{生} = S \times H \times D \times C \times C_K \times R_{油}(R_{气}) \times 10^{-7}$$

式中，$Q_{生}$ 为原始生烃量，10^8 t；S 为烃源岩面积，km²；H 为烃源岩厚度，m；D 为烃

源岩密度，g/cm^3；C 为有机碳含量，%；C_K 为有机碳复原系数；$R_{油}$（$R_{气}$）为烃源岩中有机质的油（气）降解率（产烃率），mg/g；10^{-7} 为单位换算常数。

以上诸参数均由实测或统计获得，可以是概率分布或是常数，计算过程采用蒙特卡洛法随机抽样。

二、油源/烃源对比

油源对比主要是根据油气地质和地球化学证据，分析与判识确定石油与烃源岩间是否具有成因联系的研究工作。主要包括两方面：油（气）与源岩之间的对比和不同储层中油气之间的对比。其主要目的是追索和综合判识油气来源、判断油气运移方向和距离以及油气的次生变化，搞清油气与源岩之间的成因联系，分析圈定可靠的油（气）源供给区，优选确定油气勘探区带及钻探目标，进而指导油气勘探部署及油气田开发生成工作。

通常烃源岩中干酪根生成的油气除了一部分运移到储层中形成油气藏外，其余部分尚残留在源岩中，因此，烃源岩与来源于该层系的油气具有密切的亲缘关系，其地质地球化学特征必然存在某种程度的相似性。来自同一烃源岩的油气在化学组成上及其一系列地球化学特征均具有明显的相似性，反之，不同烃源岩即不具亲缘关系的烃源岩，其生成的油气则表现出较大的差异。因此，在进行油源对比时，关键是要选择好烃源对比指标，深入分析其运聚成藏的地质条件。油气源对比研究中通常把原油与其烃源岩共同含有的并不受运移、热变质作用影响或影响较小的化合物，称为"油源对比指标"。油源对比指标选择一般应遵循以下原则：即原油与其生油岩共同含有的、受运移、热变质作用影响较小、性质相对稳定的化合物。根据以上原则，通常可溶有机质正构烷烃碳数分布特征、生物标志物组成特征、稳定碳同位素组成分析等，均可作为比较好的烃源对比指标参数和方法。

1. 正构烷烃分布特征

正构烷烃组成和分布特征受母质类型、有机质演化程度等多种因素的影响，一般认为，如果原油与烃源岩具有亲缘关系，那么它们的正构烷烃分布特征（气相色谱指纹）应具有相似性。将原油与烃源岩正烷烃分布曲线进行比较，分析对比曲线特征的相似性，即可判断原油与烃源岩的亲缘关系。

我国酒泉盆地产自古近系与产自白垩系或变质的志留系的原油，在正烷烃和异烷烃分布上虽有一些差异，但形态上基本相似。正烷烃 OEP 值（奇偶优势）第三系原油为1.06，白垩系和志留系原油为1.10，表明其正烷烃分布基本相似，即不同层位原油基本类似；另外，绝大部分原油和白垩系烃源岩样品，主峰碳数均为 C_{21} 且原油孢粉中还有白垩纪属种。这些特征均充分表明上述不同层位原油具有同源性质，且都来自下白垩统新民堡群烃源岩（图1.23）。

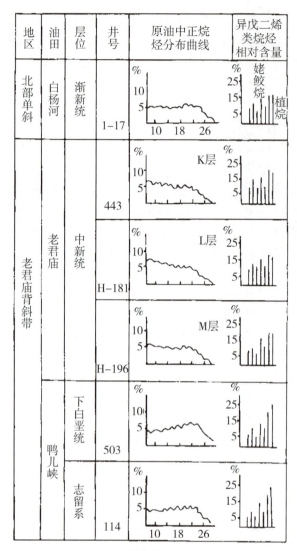

图 1.23 酒泉盆地原油对比

(据玉门油矿石油勘探开发研究院,1978)

总之,正构烷烃在原油中均具有很高的浓度,它们控制着相应的气相色谱的总面貌,但当受生物降解作用、成熟作用和运移作用等次生变化的影响较大时,亦给烃源对比带来困难。

2. 生物标志物多因素综合对比

生物标志化合物(Biomarker)是沉积物中有机质及原油、油页岩和煤中的那些来源于活的生物体之化合物,且在有机质演化过程中具有一定稳定性,没有或很少发生变化,基本保存了原始生化组分的碳骨架,记载了原始生物母质特殊分子结构信息的有机化合物,也称为分子化石。

(1)异戊间二烯型烷烃。这是一组由叶绿素的侧链植醇或类脂化合物衍生的异构烷烃化合物,在结构上有规则地每隔三个次甲基出现一个甲基侧链,很象是由若干个异戊间二烯分子加氢缩合而成，故称异戊间二烯型烷烃。

利用姥鲛烷/植烷、非姥鲛烷/姥鲛烷、姥鲛烷/正十七烷、植烷/正十八烷、（姥鲛烷＋植烷）／（正十七烷＋正十八烷）等五种比值可以追溯原油与烃源岩的亲缘关系。通过计算机可以获得各样品的平均值和标准偏差，原油与烃源岩的偏差在 ±0.5 范围内，属于好的对比值；偏差在 ±1.0 范围内，定为较好对比值；否则，都划为无对比价值。将异戊间二烯型烷烃结合其他地质特征，还有助于区别沉积环境。

（2）甾、萜化合物特征。甾、萜烷烃的相对含量和立体构型特征主要受有机质母源输入条件、沉积环境和有机质热演化程度的共同控制。对于具有亲缘关系的烃源岩与原油，其中甾烷、萜烷的相对含量、组合特征应该是相似的，因此可以根据甾、萜烷系列化合物的分布规律来进行对比。

C_{27} - C_{29} 规则甾烷系列：C_{28}/C_{29}，C_{27}/C_{29}、C_{29} 甾烷 20S／（20S + 20R）、C_{29} 甾烷 ββ／（αα + ββ）。

萜烷系列：Tm/Ts、伽马蜡烷/C_{30} 藿烷、伽马蜡烷/C_{31} 藿烷、伽马蜡烷/C_{30}（藿烷＋莫烷）、（C_{29} + C_{30}）莫烷/藿烷、C_{32} 藿烷 22S/20（S + R）。

如果烃源岩与原油具有亲缘关系，那么二者在母源性质、沉积环境、成熟度上都应是高度一致的。因此在选择参数时必须同时考虑上述三个因素，如反映母源的参数有 ααα（20R）甾烷 C_{27}/C_{29}、ααα（20R）甾烷 C_{28}/C_{29}、（藿烷＋莫烷）C_{29}/C_{30}；反映沉积环境的参数有伽玛蜡烷/C_{30}（莫烷＋藿烷）；反映成熟度的参数有 αααC_{29} 甾烷 S／（S + R）、C_{32} 藿烷 S/R、C_{29} 甾烷 ββ／（αα + ββ）、C_{29} 藿烷/莫烷及 C_{31} 藿烷 22S／（22R + 22S）等。

此外，在烃源岩与原油对比中，常常把母源参数与成熟度参数结合起来应用，如可用 αααC_{29} 甾烷 20S／（20S + 20R）—ααα（20R）C_{29} + C_{28}/C_{27}、C_{29} 甾烷（ββ/αα + ββ）—ααα（20R）C_{29} + C_{28}/C_{27} 等关系图版进行油源对比，其效果较好。

3. 稳定碳同位素组成

稳定碳同位素 ^{13}C 在油源对比中得到广泛应用。石油碳同位素组成取决于原始有机质性质、生成环境和热演化程度。不同成因的石油碳同位素组成存在较大差异。如柴达木盆地第三系正常原油碳同位素的 ^{13}C 值为 -27.0‰～-25.4‰，凝析油为 -25.0‰～-24.0‰；冷湖侏罗系原油（湖沼相）的 ^{13}C 值为 -32.6‰～-30.4‰；而鱼卡侏罗系原油（淡水湖相）的 ^{13}C 值更低（-33.0‰）。可见，该区第三系和侏罗系原油来自于沉积环境截然不同的烃源岩，而第三系烃源岩成熟干酪根的 ^{13}C 值为 -24.8‰，非常接近第三系原油碳同位素值，则表明二者具有成因联系。

总之，随着油气有机地球化学不断发展与进步，上述各项常规地球化学指标及方法和即将产生的新指标及方法等，均被广泛地应用于油气勘探与油气地质研究之中。虽然目前地球化学方法及指标，尚存在一些问题需要深入分析研究，但如果将其有效地配合使用，并结合具体的油气地质条件分析，即可综合判识确定烃源岩，分析圈定有效烃源供给区。必须强调指出，随着油气勘探及油气地质研究的不断深入，现代油气地质学及油气有机成因理论亦将不断完善、创新和进一步拓展，充分发挥其在油气勘探部署及油气地质综合研究中的作用。

第二章 含油气储集层和盖层

储集层是油气聚集成藏所必需的基本要素。大量油气勘探及开发实践,已证实地下不存在什么"油湖""油河",油气是储存在那些具有互相连通的孔隙、裂隙及裂缝和缝洞的岩层之中,好像水充满于海绵里一样。这些能够储存和渗滤流体的不同类型的岩层,即称为储集层。总之,具有一定储集空间,能够储存和渗滤流体的岩石则称为储集岩。由储集岩所构成的地层称为储集层。储集层(岩)中含有工业价值油(气)流称为油(气)层,已投入开发开采的油(气)层称为产层。

储集层能够储集油气,是由于其具备相对高的孔隙度和渗透率。目前已知分布最广、最重要的储集层主要是不同类型的砂岩、砾岩、石灰岩、白云岩、礁灰岩,此外,还有少量的具有储集空间(溶蚀孔洞、裂缝裂隙)的火山岩、变质岩、裂缝性泥岩等。

根据研究目的及油田勘探生产实践的实际需要,对储集层类型划分有不同分类方案。一般按岩类性质可划分为:碎屑岩储层、碳酸盐岩储层、特殊岩类储层(包括岩浆岩、变质岩、裂缝性泥质岩等)。按储层储集空间类型则可分为:孔隙型储层、裂缝型储层、孔缝型储层、缝洞型储层、孔洞型储层、孔缝洞复合型储层。按渗透率大小则可分为:高渗储层、中渗储层、低渗储层。按孔渗性优劣划分,则可进一步划分为:高孔高渗、高孔中渗、高孔低渗、中孔高渗、中孔中渗、中孔低渗、低孔低渗等。

储集层的层位、类型、发育展布特征、内部结构、分布范围以及物性变化规律等,是控制影响地下油气分布状况、油层产能及油气储量大小的重要因素。同时在油气田开发过程中,对油气储集层进行改造,变低产油气层为高产油气层,进一步提高油气采收率,也必须要深入分析研究和深刻认识油气储集层特征及其变化规律。因此,掌握油气储集层展布特征及其储集物性变化特点至关重要。

第一节 岩石孔隙性和渗透性

地壳上不同类型岩石都具有大小不等的孔隙和渗透性能。孔隙性好坏直接决定了岩层储存油气数量,渗透性好坏则控制了储集层内流体的流动,即所含油气的产能,因此,岩石的孔渗性是反映岩石储存流体和输送流体能力的重要参数,亦是石油地质学家研究的重要课题,通常将其称为储层的储集物性研究。

一、孔隙性

（一）岩石中的孔隙

广义的孔隙是指岩石中未被固体物质所充填的空间，亦称之为空隙，包括狭义的孔隙、洞穴和裂缝。其中，狭义的孔隙则是指岩石中颗粒（晶粒）间、颗粒（晶粒）内和充填物内的空隙。岩石中的孔隙，有的是原生的，有的为次生；有的是相互连通的，有的是孤立不连通的。不同岩石孔隙，在大小、形状及发育程度等方面都极不相同。

1. 孔隙结构

岩石中所有孔隙在流体储存和流动过程中所起的作用是不完全相同的。其中某些孔隙在流体储存中起着较大的作用，如象一些较大的孔洞；而另一些虽然在扩大孔隙容积中所起的作用不大，但在沟通孔隙形成通道中却起着关键性作用，如象碎屑岩孔隙与孔隙间的狭窄通道部分，人们将这部分孔隙称为孔隙喉道（图2.1）。孔隙结构就是指孔隙和喉道的几何形状、大小、分布及其相互连通的关系。实际上喉道的粗、细特征严重地影响着岩石的渗透率。喉道与孔隙的不同配置关系，可以使储集层呈现不同的性质。例如，以喉道较粗和孔隙直径较大为特征的储集层，一般表现为孔隙度大，渗透率高；以喉道较粗，孔隙较上类偏小为特征的储集层，一般表现为低－中等孔隙度，渗透率偏低－中等；以喉道较上两类细小，孔隙粗大为特征的储集层，一般表现为孔隙度中等，渗透率低；以喉道细小，孔隙亦细小为特征的储集层，一般表现为孔隙度及渗透率均低。

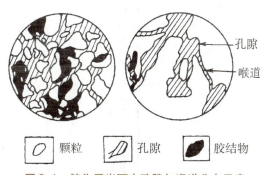

图 2.1　储集层岩石中孔隙与喉道分布示意

实验室中经常采用压汞曲线来分析研究岩石的孔隙结构。压汞曲线又称毛管压力曲线，其是根据实测水银注入压力与相应的岩样含水银体积，并经计算求得水银饱和度值和孔隙喉道半径之后，所绘制的毛管压力、孔隙喉道半径与水银饱和度的关系曲线。不同储集层毛细管曲线形态反映了不同孔隙大小和分布特点（图2.2）。

根据以上毛细管压力曲线可以获取以下重要参数（图2.3及图2.4）：

排驱压力（P_d）：润湿相流体被非润湿相流体排替所需要的最小压力。

孔隙等效半径（r）：利用 $P_c = 2\dfrac{\sigma \cos\theta}{r}$ ——按一定范围计算 r 百分含量，并作孔

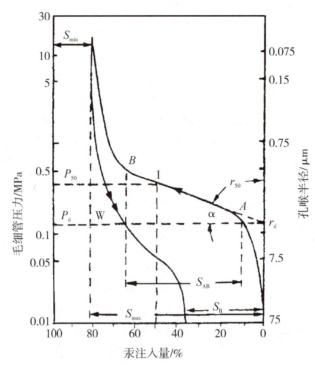

图2.2 压汞曲线及其与孔隙分布的关系

A 压汞曲线及有关特征量；B 孔隙大小与压汞曲线形态

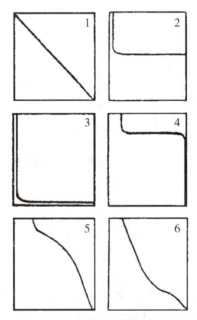

图2.3 毛管压力曲线与孔隙喉道分布直方图

不同分选和歪度下的毛细管压力曲线：1－未分选；2－分选好；3－分选好，粗歪度；4－分选好，细歪度；5－分选不好，略细歪度；6－分选不好，略粗歪度

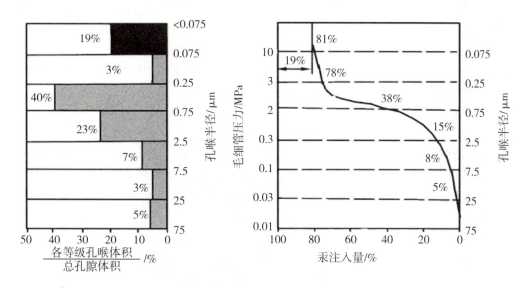

图2.4　毛细管压力曲线与孔隙喉道分布

喉等效半径分布图。r 越集中越大，孔隙结构越好。

饱和度中值压力（P_c50）：汞饱和度50%时的 P_c。

平均喉道半径：P_c50 对应的孔喉半径。

随着现代定量立体学方法，特别是空隙铸体电子扫描观察方法的发展，人们可直接观察到孔隙的三维空间结构。

2. 孔隙的分类

岩石中不同大小的孔隙对流体的储存和流动所起的作用完全不同，根据岩石中孔隙大小及其对流体作用的不同，可将孔隙划分为三种类型。

（1）超毛细管孔隙。管形孔隙直径 > 0.5 mm（500 μm），裂缝宽度 > 0.25 mm（250 μm）。在自然条件下，流体在其中可以自由流动，服从静水力学的一般规律。岩石中一些大的裂缝、溶洞及未胶结或胶结疏松的砂层孔隙大部分属于此种类型。

（2）毛细管孔隙。管形孔隙直径介于 0.5～0.0002 mm（500～0.2μm）之间，裂缝宽度介于 0.25～0.0001 mm（250～0.1μm）之间。流体在这种孔隙中，由于受毛细管力的作用，已不能自由流动，只有在外力大于毛细管阻力的情况下，流体才能在其中流动。微裂缝和一般砂岩中的孔隙多属于这种类型。

（3）微毛细管孔隙。管形孔隙直径 < 0.0002 mm（0.2 μm），裂缝宽度 < 0.0001 mm（0.1 μm）。在这种孔隙中，由于流体与周围介质分子之间的巨大引力，在通常温度和压力条件下，流体在其中不能流动，又称束缚孔隙。增加温度和压力，也只能引起流体呈分子或分子团状态扩散。粘土、致密页岩中的一些孔隙即属此类。

（二）孔隙度

1. 总孔隙度

为了衡量岩石中孔隙总体积的大小，以表示岩石孔隙的发育程度，提出了孔隙度

（率）的概念。其定义可表述为岩样中所有孔隙空间体积之和与该岩样总体积的比值，即称为该岩石的总孔隙度（率），多以百分数表示：

$$P\phi t = \left[\left(\sum V_p \right) / V_t \right] \times 100\%$$

式中，$P\phi t$ 为孔隙度（率）；$\sum V_p$ 为岩样中所有孔隙体积之和；V_t 为岩样总体积。储集岩总孔隙度越大，说明岩石中孔隙空间越大。

2. 有效孔隙度（率）

从实用出发，只有那些互相连通的孔隙对于油气储集及产出才具有实际意义，因为它们不仅能储存油气，而且可以允许油气在其中渗滤流动（图2.5）。而那些孤立的互不连通的孔隙和微毛细管孔隙，即使其中储存有油和气，在现代油气生产工艺条件下，也不能开采出来，所以这些孔隙对于油气产出没有实际意义。因此，在油气勘探及开发生产实践中，又提出了有效孔隙度（率）的概念。

有效孔隙度（率）系指岩石中相互连通的，且在一定压力差下，可以允许流体在其中流动的孔隙体积（有效孔隙体积）与岩石总体积的比值，亦以百分数表示：

$$P\phi e = \left[\left(\sum V_e \right) / V_t \right] \times 100\%$$

式中，$P\phi e$ 为有效孔隙度（率）；$\sum V_e$ 为岩样中彼此连通、流体能够通过的孔隙体积之和；Vt 为岩样总体积。

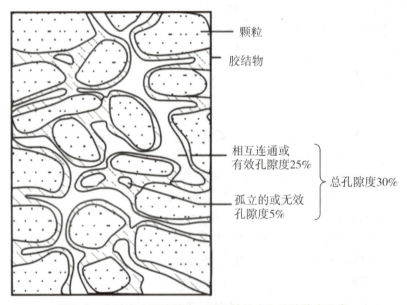

图2.5 净砂岩连通孔隙度、孤立孔隙度和总孔隙度示意

显然，同一岩石有效孔隙度小于其总孔隙度，对于未胶结的砂层和胶结不甚致密的砂岩，二者相差不大，而对于胶结致密的砂岩或碳酸盐岩，二者可有很大差别。目前在油气勘探生产单位所说的孔隙度（率），都是指有效孔隙度，但在习惯上常简称为孔隙度（率）。

二、渗透性

1. 岩石渗透性

岩石渗透性,是指在一定压力差下,岩石允许流体通过其连通孔隙的性质。严格地讲,自然界的一切岩石在足够大的压力差下都具有一定的渗透性。通常我们所称的渗透性岩石与非渗透性岩石,即指在地层压力条件下流体能否通过岩石而言。因此,从绝对意义讲,渗透性岩石与非渗透性岩石之间没有明显的界限,是一个相对的概念。就沉积岩而言,一般情况下,砂岩、砾岩、多孔的石灰岩、白云岩等储集层为渗透性岩层,而泥岩、石膏、硬石膏、泥灰岩等为非渗透性岩层。

岩石渗透性,只能说明流体在其中流动的能力,对于储层而言,它仅仅反映了油气被采出的难易程度,并不反映岩石内流体含量,对某些渗透性差的岩石如油页岩和页岩等,虽然在其微毛细管孔隙中含有大量的呈分散状态石油,但在地层压力条件下,油气流体通过它流动十分困难,甚至完全不能流动。因此,渗透性只表示岩石中流体流动的难易程度,而与其中流体的实际含量无关。

岩石渗透性好坏,均以渗透率数值大小来表示。一般有三种表示岩石渗透性的方式及参数即:绝对渗透率、有效渗透率及相对渗透率。

2. 绝对渗透率

当单相流体通过孔隙介质呈层状流动时,服从于达西直线渗滤定律:即单位时间内通过岩石截面积的液体流量与压力差和截面积的大小成正比,而与液体通过岩石的长度以及液体的粘度成反比:

$$Q = K \cdot [(P_1 - P_2) \cdot F]/[\mu \cdot L]$$

式中,Q 为单位时间内流体通过岩石的流量,m^3/s;F 为液体通过岩石的截面积,m^2;μ 为液体的粘度,厘泊;L 为岩石的长度,m;$(P_1 - P_2)$ 为液体通过岩石前后的压差,大气压;比例系数 K 为岩石渗透率,单位为达西,国际标准计量单位为 μm^2,1 达西 = 0.987 μm^2。因此,渗透率表示了在一定压差下,液体通过岩石的能力:

$$K = [Q \cdot \mu \cdot L]/[(P_1 - P_2) \cdot F]$$

对于气体来说,由于它与液体性质不同,受压力影响十分明显,当气体沿岩石由 P_1(高压力)流向 P_2(低压力)时,气体体积要发生膨胀,其体积流量通过各处截面积时都是变数,故达西公式中的体积流量应是通过岩石的平均流量(见图 2.6)。因此气体渗透率公式可写成:

$$K = 2(P_2 \cdot Q_2 \cdot \mu_g \cdot L)/(F \cdot (P_1^2 - P_2^2))$$

式中,μ_g 为气体的粘度;Q_2 为通过岩石后,在出口压力(P_2)下,气体的体积流量。

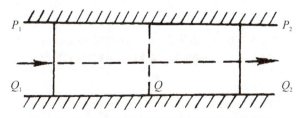

图 2.6　气体通过孔隙介质时压力与体积的变化

从达西定律可知：当 P_1、P_2、F、L、μ 均为常数时，流量与渗透率 K 成正比，即流体通过的量取决于岩石本身使流体通过的能力。

岩石渗透率与岩石组构有关。对于砂岩而言，其颗粒大小和分选程度对渗透率影响较大。如图 2.7 所示，当分选系数一定时，渗透率对数值与粒度中值成线性关系；当粒度中值一定时，渗透率对数值与分选系数成近似直线关系。分选好至中等时斜率较大，分选变差时，斜率变小。一般来说，孔隙直径小的比直径大的渗透率低，孔隙形状复杂的比形状简单的渗透率低。这是因为孔隙直径越小，形状越复杂，单位面积孔隙空间的表面面积（一般称为孔隙空间的比面）越大，则对流体的吸附力、毛细管阻力和流动摩擦阻力也越大。另外，孔隙孔道的复杂程度和弯曲程度，也影响着岩石渗透性，主要是其可以导致流体在流动过程中产生局部的方向变化和速度变异，致使其消耗流体的动能。

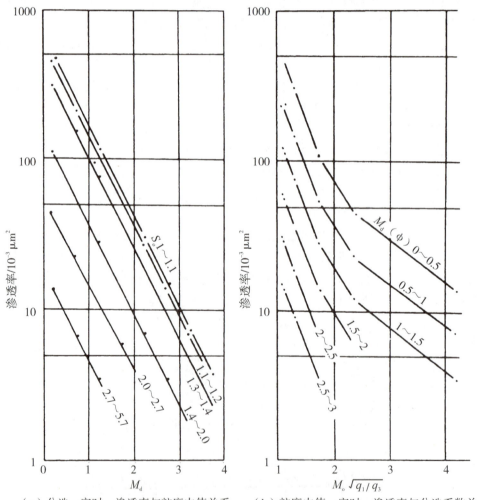

（a）分选一定时，渗透率与粒度中值关系　　（b）粒度中值一定时，渗透率与分选系数关系

图 2.7　砂岩分选系数和粒度中值与渗透率关系

3. 有效渗透率（相渗透率）

如果岩石孔隙中只有一种流体（单相）存在，而且这种流体不与岩石起任何物理和化学反应，在这种条件下所反映的渗透率为岩石绝对渗透率。在自然界分布的油田之实际油层内，孔隙中流体往往不是单相，而是呈油、水两相或油、气、水三相并存。此时流体渗透情况要更加复杂些。在这种情况下，不同相之间彼此干扰互相影响，岩石对其中每种相的渗滤作用将与单相流有很大差别。为了与岩石绝对渗透率区别开来，在多相流体存在时，岩石对其中每种相流动的渗透率称为相渗透率或有效渗透率，并分别用符号 k_o、k_g、k_w 来表示油、气、水的相渗透率。

4. 相对渗透率

有效渗透率不仅与岩石性质有关，也与其中流体性质和它们的数量比例有关。在实际应用上常采用有效渗透率与绝对渗透率之比值，称相对渗透率：

$$相对渗透率 = 有效渗透率 / 绝对渗透率$$

若用符号表示，则油、气、水的相对渗透率分别为 k_o/k、k_g/k、k_w/k，一般而言岩石对任何一种相的有效渗透率总是小于该岩石绝对渗透率。

试验证明：某种相的有效渗透率随该相流体在岩石孔隙中含量的增高而加大，直到该相流体在岩石孔隙中含量达到百分之百时，该相流体的有效渗透率等于绝对渗透率。相反，随着该相流体在岩石孔隙中的含量逐渐减少，有效渗透率则逐渐降低，直到某一极限含量，该相流体停止流动。图 2.8 和图 2.9 分别是在实验室内用疏松的砂子求出的相对渗透率与油-气、油-水饱和度之间的关系曲线。

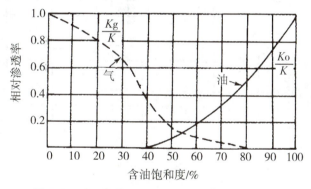

图 2.8　油-气饱和度与相对渗透率的关系曲线

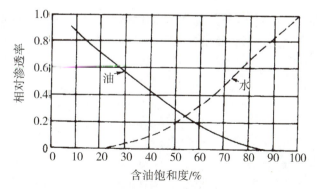

图 2.9　油-水饱和度与相对渗透率的关系曲线

尚须强调指出,自然界流体在岩石中的实际渗滤情况比我们目前所能掌握的要复杂得多,因为在渗滤过程中,往往常伴随有流体与岩石颗粒间以及流体与流体间的一系列复杂的物理化学变化,因此许多问题尚有待进一步深入研究和探索。

三、岩石孔隙度与渗透率关系

岩石孔隙度与渗透率之间存在一定的内在联系,但通常没有严格的函数关系,因为影响它们的因素很多,岩石渗透率除受孔隙度的影响外,还受孔道截面大小、形状、连通性以及流体性能的影响。例如一些粘土岩绝对孔隙度很大,可达30%~40%,但其孔道太小致使渗透性很低;再如,一些裂缝发育的致密石灰岩,裂缝要比孔隙对渗透率的影响大得多,因为裂缝是良好的通道,所以,虽然一些裂缝性石灰岩在实验室分析的孔隙度很低,只有5%~6%,但由于裂缝发育,其渗透率却很高,常常能够成为高产油气层。

尽管孔隙度与渗透率之间没有严格的函数关系,但它们之间还是有一定的内在联系,因为岩石孔隙度与渗透率一般皆取决于岩石本身的结构与组成。凡具渗透性的岩石均具一定的孔隙度,特别是有效孔隙度与渗透率的关系更为密切。对于碎屑岩储集层,一般是有效孔隙度越大,其渗透率越高,渗透率随着有效孔隙度的增加而有规律地增加,如图2.10所示。

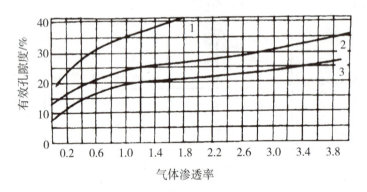

图2.10 砂岩有效孔隙度与气体渗透率的关系
1—粉砂岩;2—细砂岩;3—粗-中粒砂岩

同时,孔隙和喉道的配置特点,也影响储层性质。在有效孔隙度相同的条件下,其孔径大、喉道粗、孔隙大且形状简单者,则绝对渗透率亦大。

第二节 碎屑岩储集层

碎屑岩储集层主要包括各种砂岩、砂砾岩、砾岩、粉砂岩等碎屑沉积岩。这些碎屑岩储层是世界油气田的主要储集层类型之一，也是我国大多数油气田最重要的储集层类型。如我国的大庆、胜利、大港、克拉玛依及塔里木地区的油气田和我国近海海域的油气田，国外的科威特布尔干、荷兰的格罗宁根、美国的普鲁德霍湾，以及苏联的萨莫特洛尔等著名油气田的生产层均属于碎屑岩储集层。因此，研究碎屑岩储集层形成条件、储集性质及分布特征等，具有非常重要的地质意义与现实的油气勘探生产意义。

碎屑岩储层储集性质（储集物性）的好坏，是由碎屑岩沉积条件与成岩环境所决定的。

一、碎屑岩储层储集空间

碎屑岩储层孔隙主要为原生粒间孔隙及粒内孔隙，其次为溶蚀孔隙。

1. 碎屑岩原生孔隙

碎屑岩（砂岩）储层原生孔隙主要为原生粒间孔隙及粒内孔隙，其次为溶蚀孔隙（图2.11），这些孔隙相互连通即构成了较好的储集空间。

（a）正常粒间孔隙

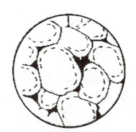
（b）残余粒间孔隙

（c）粒内孔隙和矿物解理缝

（d）杂基内微孔隙

图2.11 碎屑岩原生孔隙类型及特点

2. 碎屑岩（砂岩）次生孔隙

20世纪70年代以前，大多数人认为砂岩孔隙主要是原生的，现在人们已认识到次生孔隙在砂岩孔隙中占有较大比例。Schmidit（1980）指出，砂岩所有孔隙至少有1/3是次生的。次生孔隙未被认识的主要原因是在结构上次生孔隙与原生孔隙很相似，常常易错将次生孔隙当成原生的。

砂岩次生孔隙主要是由于非硅酸盐组分（以碳酸盐矿物为主）发生溶解所形成。当然，岩石组分破裂和收缩亦可产生砂岩次生孔隙，只不过一般在数量上均居于次要地位（表2.1）。

表2.1 砂岩产生次生孔隙的成岩作用类型及其发生概率

成岩作用		形成的次生孔隙
岩石破裂作用		较少
颗粒破裂作用		较少
收缩作用		较少
溶解作用	方解石的	较多
	白云石的	较多
	菱铁矿的	较多
	硫酸盐的	较少
	其他蒸发岩的	较少
	硅酸盐的	很少
	其他非硅酸盐的	很少

几乎在任何成岩后生环境中，都可以发生砂岩次生孔隙的形成、保存、变化和破坏。不同成岩后生作用阶段所形成的次生孔隙，在数量上亦很不一样。一般后生作用阶段的中期可以形成大量次生孔隙，后生阶段作用早期和晚期则形成的次生孔隙较少。后生阶段作用晚期主要形成裂缝。中期则主要为溶蚀孔隙，其中溶蚀所需大量酸性水介质主要来自有机质热成熟作用产生的二氧化碳和水，以及粘土矿物转化生成的水；在某些情况下，深成侵入带来的二氧化碳也能形成碳酸水。表生作用阶段也是次生孔隙形成的重要阶段，在这一环境中，风化剥蚀作用和大气渗水的淋滤作用均可形成区域性分布的风化壳次生孔隙发育带。

在大多数情况下，可以利用薄片在显微镜下的一些岩石学标志来鉴别砂岩孔隙的次生性。最重要的岩石学标志有下列8种（图2.12），即：①部分溶解作用；②印模；③排列不均一性；④特大孔隙；⑤伸长状孔隙；⑥溶蚀的颗粒边缘；⑦组分内孔隙；⑧破裂的颗粒。

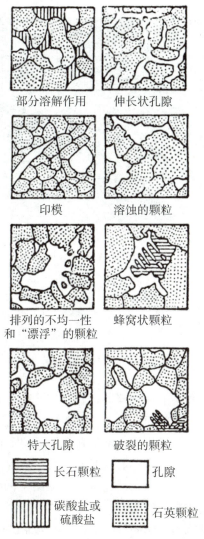

图 2.12　鉴别砂岩次生孔隙的岩石学标志

（据 Schmidit 等，1980）

具次生孔隙的砂岩，由于次生孔隙性质的不同，其渗透性可以高于也可以低于具相同原生孔隙体积砂岩的渗透率。当次生孔隙的喉道较大，形状更适于增进孔隙的连通性时，渗透性则较高；相反，若次生孔隙主要是像颗粒印模和原来基质团块印模等孤立的孔隙，则渗透性较低。

二、碎屑岩储层喉道类型

碎屑岩储集层喉道类型一般具有如图 2.13 所示的几种基本类型：孔隙剧烈缩小部分之喉道、可变断面收缩部分之喉道、片状喉道、弯片状喉道、管状喉道。

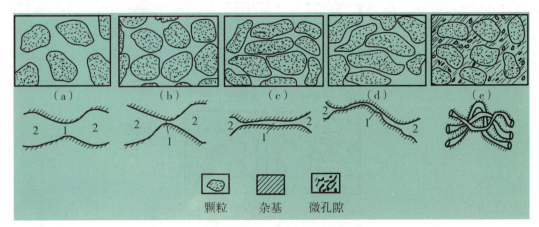

图 2.13　碎屑岩孔隙喉道基本类型
(a) 喉道是孔隙的缩小部分；(b) 喉道是可变断面收缩部分；(c) 片状喉道；(d) 弯片状喉道；(e) 管状喉道。1—喉道；2—孔隙
(据罗蛰潭，1996)

三、碎屑岩储层储集物性影响因素

碎屑岩储集层是由成分复杂的矿物碎屑、岩石碎屑和一定数量的胶结物所组成。其储集空间主要是碎屑颗粒之间的粒间孔隙，它是在沉积和成岩过程中逐渐形成的，属于原生孔隙。此外，在一些细、粉砂岩中，常常发育层间裂隙和成岩裂缝，都是在成岩过程中形成的，也应属于原生孔隙。在碎屑岩成岩以后，受后期构造运动的作用，可以形成一些裂缝、节理，则属于次生孔隙，其在碎屑岩储集空间类型中居次要地位。但是，在特定条件下，如某些胶结致密的碎屑岩，粒间孔隙不发育，孔隙小且连通性差，这种碎屑岩中裂缝的发育程度即成为影响储集性质的主要因素。由于粒间孔隙是碎屑岩储集层的主要储集空间类型，因而这类储集层的储集性质好坏主要取决于下列因素的影响。

(一) 物源和沉积环境对储层孔隙发育和物性的影响

1. 碎屑颗粒的矿物成分

碎屑岩矿物成分对储集岩孔隙度和渗透率的影响，主要表现在两方面：①矿物颗粒的耐风化性，即性质坚硬程度和遇水溶解及膨胀程度；②矿物颗粒与流体的吸附力大小，即憎油性和憎水性。性质坚硬、遇水不溶解不膨胀、遇油不吸附的碎屑颗粒组成的砂岩，储油物性好；反之则差。碎屑岩颗粒最常见的矿物有石英、长石、云母及重矿物，还有一些岩屑。其中，前二者在碎屑岩中占95%以上，因此，石英和长石的含量多少对砂岩储集性质的影响最显著。石英砂岩比长石砂岩储油物性好。不过，亦要结合具体地质条件进行具体分析。我国中、新生代盆地许多陆相沉积碎屑岩，多为长石-石英砂岩或长石砂岩，储集物性相当好。这种类型砂岩长石颗粒多呈柱状晶体，在显微镜下可清晰见到节理，说明未经较深风化，这也是长石砂岩储集物性较好的主要原因。导致这种长石砂岩储集物性好的地质因素,主要归因于我国陆相碎屑岩具体的沉积条件:①我国陆相盆地处于四面环山之中,碎屑物质只需经过很短的山间河流就进入湖底;②湖底结构复杂,湖底地形起伏显著,波浪作用小,处于波浪氧化带的时间较短,能够迅速沉积下来免遭氧化,所以造成其风化程度低。

2. 碎屑颗粒粒度和分选程度

碎屑颗粒是组成碎屑岩的主要成分。如果有一种岩石是由均等小球体颗粒组成,且呈立方体排列,这时每个小球体周围的孔隙体积,等于包围这个小球体的立方体体积减去小球体体积。当岩石由均等小球体颗粒组成时,其孔隙度与颗粒大小无关。但自然界不可能存在这种理想情况,实际上组成岩石的颗粒往往大小不等,且大颗粒之间构成的大孔隙就会被小颗粒所充填,使孔隙体积变小、孔隙直径变小,原来彼此连通的孔隙亦变成互不连通,从而降低了岩石孔隙性和渗透性。在一般情况下(图2.14):①粒度越大,ϕe、K越大;分选程度越好,ϕe、K越大;粒度一定时,分选越好,孔隙度和渗透率也越大。②分选一定时,K与粒度中值成正比。

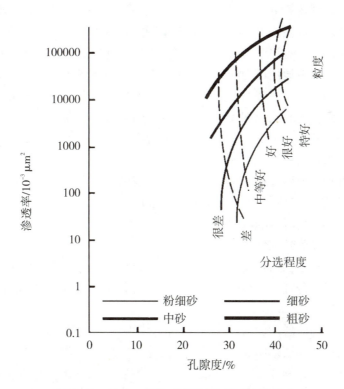

图 2.14 粒度、分选对孔隙度和渗透率的影响

(据 Brayshaw,1996)

3. 碎屑颗粒排列方式和圆球度

碎屑岩中碎屑颗粒的排列方式很复杂,假设颗粒为均等小球体,则可排列成三种理想的形式(图2.15)。

(a) 最密排列型　　(b) 中等密度排列型　　(c) 最不密排列型

图 2.15　岩石球体颗粒排列的理想型

由图 2.15 看出：(c) 表示立方体排列，堆积最疏松，孔隙度最大，理论孔隙度为 47.6%；孔隙半径大，连通性好，渗透率也大。(a)、(b) 代表斜方体排列，(a) 型排列最紧密，孔隙度最小，理论孔隙度为 25.9%；(b) 型排列的紧密程度介于 (a) 与 (c) 之间，其孔隙度介于 25.9%～47.6%。所以，(a)、(b) 型排列的孔隙半径都较小，连通性也较差，渗透率较低。

岩石碎屑颗粒的排列方式，主要取决于沉积条件。若沉积时水介质较平静，如在闭塞的湖盆边缘斜坡带和浅海大陆架，颗粒多呈近立方体排列；若水介质活动性较大，如在河流、山麓滨湖区、近岸浅海区，颗粒多呈斜方体堆积。另外，也与沉积物在成岩作用结束前所承受的上覆地层压力的大小有关。在实际的自然条件下，组成岩石的碎屑颗粒不可能是理想的球体，往往凹凸不平，形状极不规则，常发生镶嵌现象，相互填充孔隙空间，致使孔隙体积和孔隙直径减小，孔隙之间的连通性变差，结果使孔隙度、渗透率降低，一般颗粒圆球度愈好，其孔隙度、渗透率愈大。

尚须强调指出，研究颗粒的圆球度对储集性质的影响，应与排列方式密切联系起来，若在快速堆积、成岩过程中所受压力较小的情况下，棱角状颗粒未能相互镶嵌，而是彼此支架支撑起来，这样反而会使岩石储集性质变佳。

4. 杂基含量对砂体原始孔渗性影响

杂基含量多，孔渗性较低。

总的来说，岩石颗粒的粒度适中、分选好、圆球度较高，且杂基含量低，则孔渗性较好。而颗粒粒径、分选、圆球度和杂基含量等均受控于沉积环境和沉积作用。

5. 沉积构造

碎屑岩岩层层面、层理面的发育程度，也会影响碎屑岩储集层物性，但其重要性一般远比上述因素差。如层理明显的砂岩，往往是砂、泥交互成层的薄层，其泥质含量较高，颗粒也较细，储集物性较差。一般而言，水平层理、波状层理的细砂岩和粉砂岩，储集性质不好，而且渗透性具明显的方向性，平行于层面的水平渗透率较大，垂直于层面的垂直渗透率较小（油气勘探储层评价中，一般采用的渗透率均指水平渗透率）；斜层理砂岩，一般平行于斜层层面方向的渗透率最大，而垂直方向的渗透率最小；平行层理砂岩的储集物性一般好。当然，砂岩中若含有泥质条带也会影响储集性质，尤其会导致垂直渗透率变小，其所起作用与泥质夹层相似。尽管岩层层面及层理构造对储集性质的影响难以提供具体的数据，但其却给我们提供了对油层储集物性宏观的、较全面的感性认识；而且层理构造是沉积环境的良好标志，因此从层理构造类型尚可推断油层在垂向上和平面上分布及其储集性质的变化趋势。

(二) 造成储层储集物性变化的成岩作用

造成碎屑岩储层储集物性变化、孔隙减小而致密的因素主要存在以下四种作用。

(1) 压实作用→导致岩石密集，储集物性变差。
(2) 溶解作用→形成次生溶蚀孔隙，储集物性变好。
(3) 胶结作用→导致岩石密集，储集物性变差。
(4) 成岩作用→导致孔隙变化及储集物性变化。

胶结作用导致岩石密集，储集物性变差的主要因素有如下几点。

(1) 胶结物成分、含量及胶结类型对储集性质影响较大。我国油田碎屑岩储集层的胶结物成分，以泥质为主，而钙质较少，至于硅质、铁质、沸石、石膏等则更少。比较起来，泥质胶结的砂岩较为疏松，渗透性较好；而钙质、硅质、铁质胶结则较差。

(2) 胶结物数量。胶结物多少对储集性质也有明显影响。胶结物含量高，粒间孔隙多被它们充填，孔隙体积和孔隙半径都会变小，孔隙之间的连通性变差，导致储集性质变坏。

(3) 胶结物类型。根据胶结物含量多少及其在颗粒之间分布的状况，并结合颗粒的接触型式，可将碎屑岩胶结类型区分为四种：基底式胶结、孔隙式胶结、接触式胶结、杂乱式胶结，见图 2.16 所示。我国华北盆地古近系碎屑岩储集层孔隙度与胶结类型之间的关系可见表 2.2。

成岩作用亦导致孔隙及储集物性变化（表 2.3），可增加和保持孔隙度，亦可破坏和降低孔隙度。

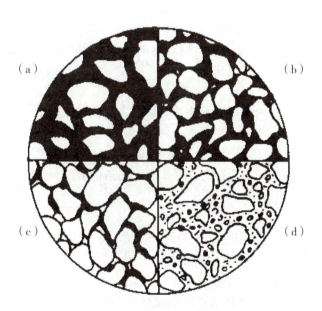

(a) 基底式胶结；(b) 孔隙式胶结；(c) 接触式胶结；(d) 杂乱式胶结

图 2.16　碎屑岩储层主要胶结类型

表 2.2　华北盆地下第三系砂岩胶结类型与孔隙度的关系

胶结类型	接触式	孔隙–接触式	孔隙式	孔隙–胶结式	基底式
孔隙度/%	29～34	25～30	24～28	19	<5

表 2.3　成岩作用带对碎屑岩储层储集物性的影响

成岩作用带	温度/℃	主要成岩作用过程	
		保存或增加孔隙度	破坏孔隙度
浅部	<80	颗粒薄膜作用（抑制后期石英加大）；碳酸盐胶结物不普遍，可能被后期溶蚀	粘土充填作用；碳酸盐或硅质胶结物（在某些情况是不可逆的）；自生高岭石；塑性颗粒压实作用
中部	80～140	碳酸盐胶结物溶蚀；长石颗粒溶蚀	长石溶蚀引起的高岭石、绿泥石、伊利石沉淀；铁碳酸盐岩和石英胶结物
深部	>140	长石、碳酸盐岩和碳酸盐矿物溶蚀	石英胶结物（主要破坏作用）；高岭石沉淀；长石溶蚀形成伊利石、绿泥石；黄铁矿沉淀

（据 Surdam 等，1989）

（三）其他因素

1. 地温

包括：①影响矿物溶解度；②影响矿物的转化；③影响孔隙流体和岩石的反应；④控制有机质成熟生烃及成岩演化。

2. 异常高地层压力

在分析异常地层压力对储层储集物性的影响之前，首先简介一下有关地层压力的相关概念。

（1）地静压力（S）。地层剖面中，某层沉积物受到的由上覆岩层重力负荷引起的压力，又称上覆岩层压力或积土压力。在地质封闭条件下，S 由两部分组成，其相互关系见下式（图 2.18）：

$$S = \sigma + P_f = gH\rho_r$$

其中，σ 为沉积物骨架支撑的压力；S 为静岩压力；g 为重力加速度；H 为上覆沉积物的厚度；ρ_r 为上覆沉积物的平均总体密度；P_f 为岩层中孔隙流体压力，又称地层压力，亦是油气地质研究所要密切关注的（异常）地层压力。

（2）静水压力。是由静水柱重量所造成的压力。即由连通在地层孔隙中的水柱所产生的压力，如下式：

$$P_w = H \cdot \rho_w \cdot g$$

式中：P_w 为静水压力；H 为上覆水柱的高度；ρ_w 为水的密度；g 为重力加速度。

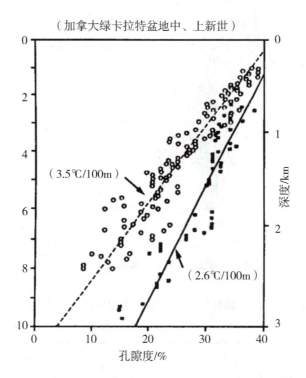

图 2.17 地温梯度对孔隙度的影响

（据 Wilson，1994）

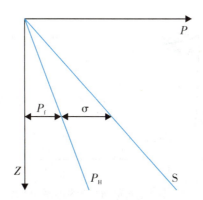

图 2.18 地质条件下地静压力（S）与地层压力（P_f）相互关系

（3）地层压力。是指作用于地层孔隙空间中流体上的压力，又称孔隙流体压力或孔隙压力。

（4）异常孔隙压力。高于或低于静水压力值的地层压力。P_f（流体孔隙压力）> P_H（静水压力）：属于异常高压或超压；$P_f < P_H$：属于异常低压。

异常高地层压力或超压对储层储集物性的影响主要表现在以下几个方面。

（1）超压通过减缓压实作用，能够有效保护已形成的孔隙（图 2.19）。

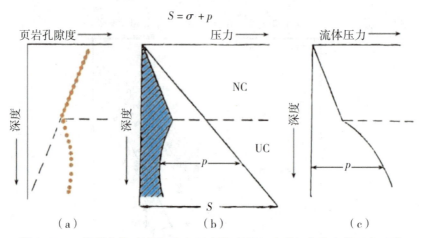

图2.19 正常压实带（NC）和欠压实带（UC）上伏沉积物负荷压力（S）与流体压力（p）及颗粒支撑有效应力（σ）的关系

（2）超压可以延缓或抑制石英加大等胶结作用的进行（图2.20）。

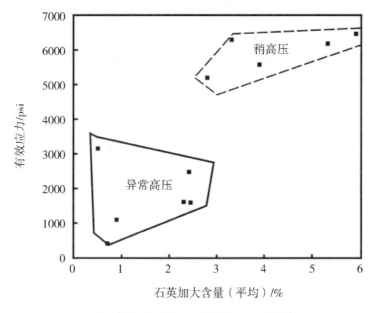

图2.20 流体压力与石英加大的关系

（据Osborne等，1999）

（3）超压可导致产生超压裂缝，并维持已有裂缝，进而为烃类聚集提供良好渗流通道及储集空间（图2.21）。

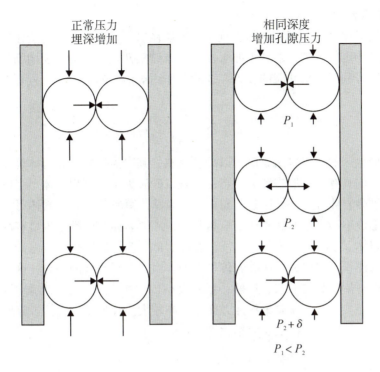

图 2.21　孔隙流体压力与压实作用及其裂缝的关系

3. 埋藏时代及埋藏史

（1）年代效应——砂岩孔隙度随地质年代损失（图 2.22）。

（2）地层埋藏史对储层性质亦有影响。

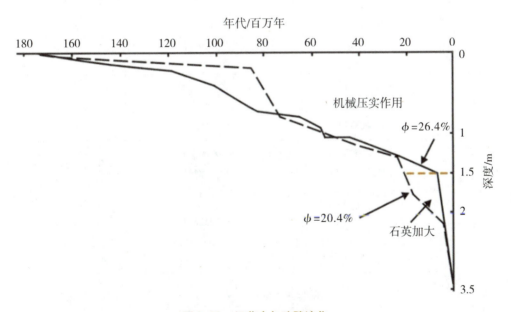

图 2.22　埋藏史与孔隙演化

（据 Bloch，1994）

4. 构造因素

构造作用对储集层储集物性的影响主要表现在以下三方面：①构造作用对沉积环境和成岩作用有一定的影响，宏观上亦可控制岩石储集性能。②构造变动剧烈地区易产生裂缝及裂隙，有利于储集性能的改善。③断裂作用对储层的储集性有重要的影响。

四、碎屑岩储集体类型及沉积环境

全球不同地区的碎屑岩储集层，以砂岩为主，其次为砾岩。砂岩体是在某特定的沉积环境下形成的具有一定形态和分布特征，且以砂质为主的沉积岩体。多以平面形态为主要依据开展砂岩体分类，如席状、树枝状、带状、豆荚状等。砂岩体可于多种不同环境中发育，形成不同类型的储集体。概括起来，碎屑岩储集体类型主要有冲积扇砂砾岩体、河流砂岩体、三角洲砂岩体、滨浅湖相砂岩体、滨海砂岩体、浅海砂岩体、深水扇砂岩体、深水浊积砂岩体和风成砂岩体等类型。由于沉积条件的差异，这些不同环境下形成的不同砂岩体，其在形态、规模、颗粒大小、矿物成分、分选和磨圆程度等方面，均存在较大差异。因此，在储集物性方面差异亦较大。表 2.4 中概括了碎屑岩主要形成环境中的不同砂岩体基本特征及储集物性特点。

表 2.4 砂岩储集体形成环境与基本特征

沉积体系	砂体类型及特点	油田实例
冲积扇	砂砾岩体平面上呈扇形，纵剖面呈楔状，横剖面呈透镜状；面上凸；分选磨圆差；孔隙直径变化范围大；扇根和扇中储集性好；主槽、侧缘槽、辫流线和辫流岛渗透率较高	克拉玛依－乌尔禾油田三叠系
河流	包括河床、心滩、边滩、决口岸等砂体，剖面呈透镜状。河床砂体呈狭长不规则状，可分叉，剖面上平下凹，近河心厚度大；结构、粒度变化大，分选差；非均质性严重；孔渗性变化大	长庆油田侏罗系延安组、阿拉斯加普鲁霍湾油田二叠、三叠系
三角洲	包括河道砂、分支河道砂、河口砂坝、前缘席状砂。三角洲前缘相带砂体发育。在不同动力作用下可呈鸟足状、朵状和弧形席状。砂质纯净、分选好，储集物性好	大庆油田白垩系、西西伯利亚乌连戈伊气田白垩系
滨海（湖）	包括超覆与退覆砂岩体、滨海砂堤、潮道砂、走向谷砂体。成分和结构成熟度高，分选和磨圆好，储集物性好。滨海（湖）砂堤狭长，平行海岸线，剖面透镜状，底平顶凸，分选好，储集物性好	东得克萨斯油田、圣胡安盆地 Bisti 油田、北海的 Piper 油田
深水浊流	主水道、辫状水道砂体发育。成分和结构成熟度差、分选差。储集物性变化大	文图拉盆地和洛杉矶盆地
风成砂	砂质纯净、分选好、磨圆好。区域性渗透性稳定	北海格罗宁根气田赤底统砂岩

我国主要含油气盆地碎屑岩储集层多为陆相，绝大部分属浅湖相、滨湖相及河流三角洲相沉积（表 2.5）。近年来，在渤海湾盆地也不断发现半深湖 – 深湖相浊流沉积储层。

表 2.5 我国主要含油气盆地碎屑岩储集层的沉积相特征

盆地名称	主要碎屑岩储集层时代	沉积相特征
松辽盆地	下白垩统	浅湖相、三角洲相
济阳坳陷	下第三系沙河街组	浅湖相、三角洲相
黄骅坳陷	下第三系沙河街组	沿岸砂堤、三角洲相
四川盆地	中侏罗统自流群凉高山组	浅湖相
陕甘宁盆地	下侏罗统延安组	河流三角洲相、滨湖相
准噶尔盆地	上三叠统下克拉玛依组； 中侏罗统西山窑组、三间房组	冲积扇； 河流三角洲
吐哈盆地	中侏罗统西山窑组、三间房组	辫状河三角洲相、冲积扇
酒泉盆地	第三系白杨河群间泉子组	滨浅湖相
柴达木盆地	中新统 – 上新统	三角洲相、河流相
塔里木盆地	石炭系、三叠系 侏罗系	滨海相、潮滩、三角洲 河流相、滨湖相

总之，自然界碎屑岩储层之砂岩体分布很广、类型繁多，不同类型砂岩体相互之间存在较密切的联系。在陆相沉积中，湖成砂岩体往往与河床砂岩体、三角洲砂岩体、冲积扇砂岩体、风成砂岩体混在一起；不同时期、不同成因的砂岩体有时连成一片，形成一个不同时代及成因的层状砂岩体。在滨海 – 浅海区域也有类似情况。这就要求我们对砂岩体岩性、岩相、厚度、几何形态及古地理位置进行详细的综合分析，才可能正确判断其成因类型，进而为分析研究砂岩油气田的储层形成及分布特征等奠定基础。

第三节　碳酸盐岩储集层

碳酸盐岩储层在世界油气藏的储层类型中占有重要地位。碳酸盐岩储集层构成的油气田一般均储量大、产量高，容易形成大型油气田。全球目前勘探发现的 7 口日产量达到万吨以上产量的油井，主要产层都是碳酸盐岩储集层。波斯湾盆地、利比亚的锡尔特盆地、墨西哥、俄罗斯地台上的伏尔加 – 乌拉尔含油气区、美国北美地台区的密执安盆地、伊利诺斯盆地、二叠盆地、西内部盆地和辛辛那堤隆起、加拿大的阿尔伯塔地区等世界重要产油气区的储集层都是以碳酸盐岩为主的。我国四川盆地、鄂尔多斯盆地以及塔里木盆地在碳酸盐岩层系中也发现了一批大中型气田。

一、储集空间和渗滤通道

碳酸盐岩储集空间，通常分为原生孔隙、溶洞和裂缝三类，其中孔隙（包括溶洞孔径大于 5 mm 的）是主要储集空间，裂缝是主要渗滤通道。据此可把碳酸盐岩储集层划分为孔隙型、溶蚀型、裂缝型以及复合型。与砂岩储集层相比，碳酸盐岩储集层储集空间类型多（图 2.23）、次生变化大，具有复杂性和多样性。

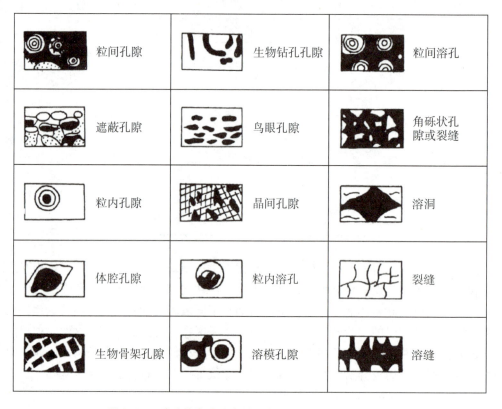

图 2.23　碳酸盐岩孔隙类型示意（黑影部分代表孔隙）

（一）储集空间类型

1. 原生孔隙

碳酸盐岩原生孔隙类型包括粒间孔隙、粒内孔隙（生物体腔孔隙）、生物骨架孔隙、鸟眼孔隙和晶间孔隙等类型。原生孔隙发育主要受岩石结构和沉积构造控制。

粒间孔隙是指各种碳酸盐颗粒之间的孔隙。其孔隙度大小与颗粒大小、分选程度、灰泥基质含量和亮晶胶结物含量密切相关，其是鲕粒灰岩、生物碎屑灰岩和内碎屑灰岩等颗粒石灰岩常具有的孔隙。世界上有相当多的碳酸盐岩油气储集层均属于这种粒间孔隙类型。

粒内孔隙（生物体腔孔隙）是指碳酸盐颗粒内部的孔隙，生物灰岩常具有这种孔隙，故又称为生物体腔孔隙，如腹足类介壳的体腔孔隙。个别鲕粒内部也有这类孔隙。这种孔隙的绝对孔隙度可以很高，但有效孔隙度不一定大，必须有粒间或其他孔隙与它连通，使得体内孔隙彼此相通才有效。

生物骨架孔隙是由原地生长的造礁生物如群体珊瑚、层孔虫群、海绵等在生长时形成的坚固骨架，在骨架之间所留下的孔隙，孔隙形状随生物生长方式而异，在骨架之间构成疏松多孔的结构，如各种生物礁灰岩，常具有高的孔隙度和渗透率。

生物钻孔孔隙是由某些生物的钻孔所形成的孔隙，较为少见，孔隙常被完全充填。

鸟眼孔隙是一种透镜状或不规则状孔隙，常成群出现，平行于纹层或层面分布。鸟眼构造留下的孔隙，常比粒间孔隙直径大，多发育在潮上或潮间带，在成岩后期，由于气泡、干缩或藻席溶解而成，是网格状或窗孔状孔隙的一种类型。

晶间孔隙是指碳酸盐岩矿物晶体之间的孔隙。如砂糖状白云岩具有这种孔隙。颗粒细小的灰泥灰岩，虽然也有晶间孔隙，孔隙数量很多，绝对孔隙度也可以很大，但与粘土岩相似，由于孔径太小，故有效孔隙度很低。晶间孔隙可以是沉积时期形成的，但更多的是在成岩后生阶段由于重结晶作用、白云岩作用等形成的。晶间孔隙虽有较高的绝对孔隙度，但若无其他孔隙连通时，其有效孔隙度很低。

碳酸盐岩中原生孔隙发育与原来岩石的岩性有密切关系。如最常见的粒间孔隙，发育在各种颗粒石灰岩中，与砂岩相似，其孔隙度和渗透率的大小，与颗粒大小、分选程度关系密切，与灰泥基质含量成反比关系；晶间孔隙大小与晶粒大小及均匀性关系密切；各种生物孔隙大小与生物个体大小和排列状况有关。

岩性是受沉积环境控制的，碳酸盐沉积物中，原生孔隙网络主要决定于沉积环境中动能高低。因此在碳酸盐岩发育区，储集层的分布在垂向地层剖面上有一定的层位，在平面分布上有一定部位。孔隙发育的碳酸盐岩，多是一些粗结构的石灰岩，如粗粒屑石灰岩、粗晶石灰岩、生物灰岩。在沉积相带上均属于高能环境，例如，滨海、浅海大陆架的浅滩、堤岛环境，还有坳陷边缘斜坡和局部隆起。礁滩沉积在沉积旋回上属于海退阶段的沉积，因此在垂向剖面上，储集层处于两次海进之间的海退层序。

2. 次生孔隙

碳酸盐岩次生孔隙包括溶蚀孔隙和溶洞、重结晶孔隙、白云岩化孔隙等，其中以溶蚀孔隙和溶洞为主。溶蚀孔隙，又称溶孔，是碳酸盐矿物或伴生的其他易溶矿物被地下水、地表水溶解后形成的孔隙。溶孔的特点是形状不规则，有的承袭了被溶蚀颗粒的原来形状；边缘圆滑，有时在边壁上见有不溶物残余。溶解作用产生的孔隙既可发生于后生阶段，如不整合面下的岩溶带，也可发生在成岩晚期和成岩早期（准同生阶段），后者一般多见于近岸浅水地带沉积物暴露水面的时期。溶蚀孔隙类型包括粒内溶孔、溶模孔隙、粒间溶孔和溶洞。溶洞是指溶解作用超出了原来颗粒的范围，不再受原来组构的控制，形成一些大小不等、形状不规则的洞穴。在溶孔或溶洞的内壁上，常沉淀有晶簇状的方解石或其他矿物的晶体，因此又称为晶洞孔隙。

3. 裂缝

裂缝亦为重要的碳酸盐岩储集空间类型。其以构造裂缝为主，其次还有成岩裂缝、沉积-构造裂缝、压溶裂缝及溶蚀裂缝等。

（二）储集空间组合及储层类型

根据储集空间及其组合类型，碳酸盐岩储层大体上可分为以下五种基本类型：孔隙型储层、裂缝型储层、裂缝－孔隙型储层、裂缝－溶洞型储层、孔洞缝复合型储层。另外，碳酸盐岩储层孔隙及与不同喉道类型的组合接触关系亦较复杂（图 2.24）。

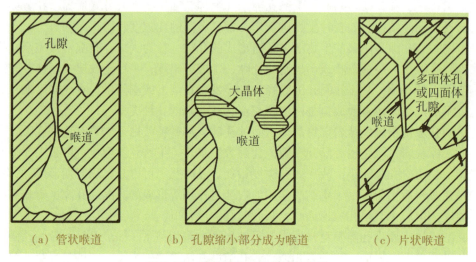

图 2.24　碳酸盐岩储层的喉道类型

二、碳酸盐岩储层储集物性影响因素

（一）孔隙（洞）发育的主要影响因素

1. 原生孔隙

不同沉积条件（环境）决定了岩性特征。岩性受主要沉积环境控制，且主要受控于沉积环境水动力强弱，进而影响原生孔隙的形成。

2. 次生孔隙

主要受成岩后生作用影响控制（图 2.25）。①使孔渗性能降低的成岩作用对次生孔隙的影响：胶结作用、压实作用、压溶作用和充填作用。②有利于次生孔隙形成的成岩作用：白云石化作用、溶解作用。③高压异常有利于原生孔隙的保存，对次生孔隙影响作用不明显。④压实作用对颗粒灰岩、白云岩影响较小，而对泥灰岩等细粒岩石的影响大（图 2.26）。

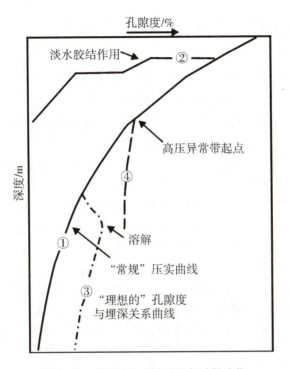

图 2.25 碳酸盐岩成岩作用与孔隙演化

（据马永生，1999）

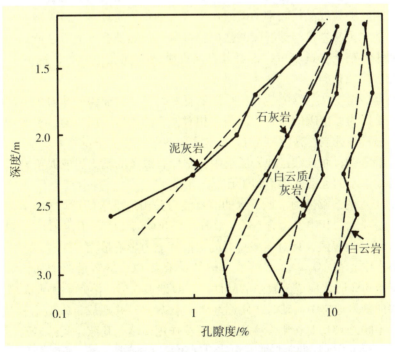

图 2.26 半对数图解上孔隙度变化趋势

（据 Brown，1997）

(二) 其他成岩后生作用的影响

1. 溶蚀作用

在碳酸盐岩孔洞形成过程中，地下水溶解作用具有重要意义。溶孔和溶洞发育程度，主要决定于岩石本身的溶解度和地下水的溶解能力。

(1) 碳酸盐岩的溶解度。碳酸盐岩溶解度与其成分的 Ca/Mg 比值、其中所含粘土的数量、颗粒大小、白云岩化程度、重结晶程度等因素有关。

碳酸盐岩溶解度大小与其 Ca/Mg 比值有密切关系。在地下水富含 CO_2 的一般情况下，溶解度与 Ca/Mg 比值成正比关系，即石灰岩比白云岩易溶。我国西南地区室内试验表明，若以纯石灰岩的溶解度为 1，则白云岩的溶解度介于 0.4～0.7。因此，在通常情况下，石灰岩比白云岩更容易产生溶蚀孔洞。但是，在某些特殊情况下，地下水中富含硫酸根离子时，白云石的溶解度会大于方解石。在这种地区，白云岩中的溶蚀孔洞比石灰岩中更为发育。

碳酸盐岩中不溶残余物（主要是粘土）的含量对溶解度有很大影响，二者成反比关系，即质纯者易溶解，碳酸盐岩溶解度随粘土含量的增加而减小。如四川乐山震旦系白云岩，孔洞发育的层位，其不溶残余物含量小于1%；当含量超过10%时，很少见有大溶孔。

根据上述岩石成分及水介质的两方面影响，碳酸盐岩溶解度即可按下列顺序递减：石灰岩→白云质灰岩→灰质白云岩→白云岩→含泥石灰岩→泥灰岩。

岩石组构和构造对碳酸盐岩的溶解度也有影响。一般说来，随着颗粒变小，溶解度降低。这是由于颗粒或晶粒较细的碳酸盐岩含有粘土物质较多，包裹着方解石或白云石颗粒，使地下水不易直接与这些碳酸盐矿物接触，自然被溶解的机会就减少。粗粒结构的碳酸盐岩中，粘土含量较少，再者其粒间孔隙或晶间孔隙较大，地下水比较容易通过，易于产生溶蚀孔洞。

一般在厚层至中层状碳酸盐岩中孔洞发育好，薄层与非碳酸盐岩相组合的地层孔洞发育差。这是因为厚层碳酸盐岩一般是在相对稳定的环境下沉积的，不溶残余物含量较少，质纯，易产生孔洞。薄层碳酸盐岩一般为不稳定环境下的沉积，含不溶残余物较多，降低了溶解度；而且在这种岩层组中，常伴有致密的粘土岩或泥灰岩与之成互层或夹层，妨碍地下水的运动，也不利于孔洞的形成。

(2) 地下水的溶解能力。地下水的溶解能力是由地下水的性质和运动状态决定的。地下水并不是纯水，其中经常含有 CO_2、H_2S、HCO_3^-、SO_3^-、O_2、Ca^{2+}、Mg^{2+} 等溶质，其中以 CO_2 成分最普遍，且对碳酸盐岩的被溶解能力影响最大。

当地下水中含有 CO_2 时，水溶液呈酸性：随着 CO_2 溶解量的增加，溶液的 pH 降低，当其降至 3.2 时，便成为较强的酸性水，对碳酸盐岩的溶解能力大大增强。当这种地下水在碳酸盐岩地层中流动时，便逐渐将岩石溶解，并形成重碳酸盐被地下水带走。反之，当水中缺乏 CO_2 时，则发生碳酸盐沉淀作用，堵塞孔隙，胶结岩石。

另外，岩石的溶蚀程度还与地下水的温度和压力有密切关系。碳酸盐岩样品淋溶试验结果表明，温度升高，淋溶物质数量增大。因此，地下水对碳酸盐岩的溶蚀能力，与地温条件也有密切关系，一般认为，地温每升高10℃，溶蚀程度可能增加两倍（表2.6）。

表 2.6　温度对碳酸盐岩淋溶作用的影响

温度/℃	淋溶时间	每小时内 1g 样品淋溶数量/mg		
		$MgCO_3$	$CaCO_3$	$CaMg(CO_3)_2$
25	5 时 45 分	0.20	0.42	0.62
50	4 时 30 分	0.22	0.69	0.91

（三）地貌、气候和构造的影响

地下水运动是造成溶蚀作用发育的重要原因，而地下水的运动又与地貌、气候和构造等因素有关。

在地貌上，溶蚀带多在河谷和海、湖岸附近地区较为发育。因为这些地区是泄水区和汇水区，地下水浸泡溶蚀时间长，在这些地区的碳酸盐岩层内部往往发育有很大的暗河。

在气候上，温暖潮湿的地区，溶蚀作用最为活跃。

从构造角度观察，在不整合古风化壳地带，由于长期沉积间断，岩石露出地表遭受风化剥蚀，地表水沿断层、裂缝渗入地下深部，产生大量溶孔、溶洞、溶缝、溶道，形成规模巨大、错综复杂的溶蚀空间，称为岩溶带。如果构造运动使该区长期、不匀速上升；在上升快的时期，岩溶发育较差；上升缓慢时期，岩溶发育较好，这样好坏交替，就会形成多层岩溶带，在垂向上形成的厚度和深度可以持续很大。如果该区经历了多次沉积间断，有若干个不整合面，则相应可形成数个岩溶发育带。当然，在张性断层发育的地区，张性裂缝多，岩体破碎，有利于地下水进出更易形成岩溶带。从现代岩溶调查看，岩溶带紧随断层分布，岩溶与断层的关系比河流与断层的关系更为密切。对于褶皱而言，背斜、向斜的不同部位，岩溶发育程度也不同，一般情况下，向斜轴部岩溶最发育，褶皱轴部比翼部岩溶发育，但是在背斜倾末端、向斜翘起端，尤其是各类褶皱构造的交汇部位，岩溶最发育。另外，地层产状是水平、倾斜或直立，岩层的组合方式（如透水层与不透水层的组合形式）等，亦对溶洞的延伸方向、排列和规模等都有一定影响。如有多层透水层与非透水层间互组合时，可形成多层岩溶带，各岩溶带厚度受上、下不透水层限制。

总之，碳酸盐岩岩溶带发育和分布受多种因素控制，既要综合考虑亦要结合不同地区地质情况具体分析。

岩溶带发育的深度视不同地区和不同地质时代而异。根据我国东部岩溶分布特征看，现代岩溶带深度 100～200 m，甚至更浅些；第三系、第四系埋藏的洞穴可达到千米左右深度，地质时代更老的岩溶带可达两三千米之深。岩溶带厚度变化也很大，要视区域构造运动活动次数及强烈程度、古地貌、古水文地质情况以及岩层性质和组合情况而定，少者几米至几十米，多者数百米甚至上千米不等。

华北地区奥陶系沉积以后，整体上升，经过长期沉积间断，古岩溶发育良好，岩溶涉及层位较多，厚度较大。只要邻近地层有油源供给，加之其他运聚成藏条件配置较好，即可形成岩溶性油气藏。华北冀中坳陷、黄骅坳陷及济阳坳陷和我国近海盆地一些大中型古潜山油气田即是其典型实例。

2. 白云岩化作用

一般说来，石灰岩被白云岩化作用以后，晶粒增大，岩性变疏松，孔隙度和渗透率大为增加。其原因有多种假说。过去曾认为白云石交代方解石是分子交换，白云石晶体体积要比方解石晶体缩小12%～13%，因此石灰岩发生白云岩化后，孔隙体积会增加12%～13%。后来有人反对上述假说，认为白云石交代方解石，是等体积交换。近来亦有人反对上述两种假说，主张溶解学说，即当下伏岩层中有富镁岩石时，地下水经过会从中带走较多的镁离子，往上运动到达上覆石灰岩地层时，溶解方解石，沉淀出白云石。在这白云石交代方解石过程中，溶解作用大于沉淀作用，产生溶蚀孔隙，并且由于晶粒增大，晶间孔径变大，均导致白云岩化石灰岩的孔隙度和渗透率增加（图2.27）。

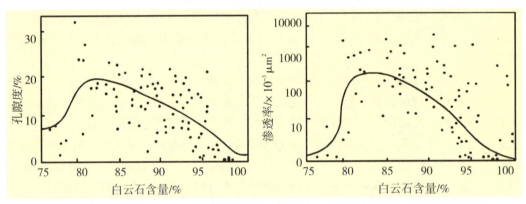

图2.27 白云石含量大于75%的碳酸盐岩储层孔隙度、渗透率与白云石百分含量的关系（据 Power，1962）

3. 重结晶作用

碳酸盐岩在成岩后生作用阶段，因温度和压力不断增加，均会发生重结晶作用，其结果导致晶体变粗，孔径增大，使晶间孔隙变大，有利于形成溶蚀孔隙。重结晶作用首先从文石部分开始，因此，由文石组成的生物骨架、鲕粒和灰泥基质部分最容易发生重结晶。

4. 去白云石化作用

当含硫酸钙的地下水经过白云岩发育地区时，将交代白云石，产生次生方解石，形成去白云岩化的次生石灰岩。其中方解石晶粒变粗，孔隙度增大，但分布比较局限，常呈树枝状或透镜状出现于白云岩中。

（四）成岩阶段对储层特征的影响

碳酸盐岩储层在成岩阶段受多种地质作用的影响，储集物性亦会产生变化（图2.28）。

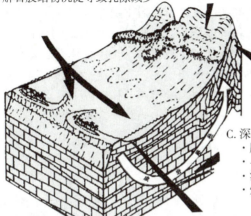

A. 表生成岩作用
· 孔隙产生于生物钻孔、沉积物收缩和有机物分解过程中气演化引起的沉积物膨胀
· 由于 Mg 方解石胶结物沉淀导致孔隙减少

E. 晚期浅部成岩作用
· 大气水溶蚀形成孔隙
· 溶蚀产生的内部沉积物沉淀使得孔隙减少

D. 裂缝作用
· 由构造应力和/或负载作用引起

C. 深部成岩作用
· 胶结作用是影响孔隙度的主要因素
· 与 CO_2 和硫释放有关的少量溶蚀作用
· 深部压溶作用
· 烃类侵位使孔隙得以保存

B. 浅部成岩作用
· 由于胶结作用使孔隙大量减少
· 淡水对文石矿物的溶蚀形成少量孔隙
· 白云石化作用形成孔隙

图 2.28　成岩阶段对碳酸盐岩储层特征的影响

三、碳酸盐岩的裂缝

裂缝是碳酸盐岩中储集空间的一种重要类型，我国西南地区一些碳酸盐岩油气田的形成往往与裂缝型储层密切相关。中东伊朗著名的阿斯马利石灰岩油气储集层，也是裂缝型的，其油气产量有 3 口井高达万吨以上。

(一) 裂缝成因类型及特征

根据碳酸盐岩裂缝成因，一般可将其分为：构造裂缝、成岩裂缝、沉积－构造裂缝、压溶裂缝、溶蚀裂缝。

构造裂缝系指碳酸盐岩受构造应力作用，超过其弹性限度后破裂而成的裂缝。它是裂缝中最主要的类型。构造裂缝的特点是边缘平直，延伸较远，具有一定的方向和组系。构造裂缝还可以进一步按构造力学性质分为压性裂缝、张性裂缝、扭性裂缝、压扭性裂缝和张扭性裂缝。

成岩裂缝系指在成岩阶段，由于上覆岩层的压力和本身的失水收缩、干裂或重结晶等作用形成的裂缝，也可称为原生的非构造裂缝。成岩裂缝的特点是分布受层理限制，不穿层，多平行层面，缝面弯曲，形状不规则，有时有分枝现象。

沉积－构造裂缝系指在层理和成岩裂缝的基础上，再经构造力作用形成的裂缝，如层间缝、层间脱空、顺层平面等。

压溶裂缝系由于成分不太均匀的石灰岩，在上覆地层静压力下，富含 CO_2 的地下水沿裂缝或层理流动，发生选择性溶解而成，如缝合线。

溶蚀裂缝系由于地下水的溶蚀作用，已扩大并改变了原有裂缝的面貌，难于判断原有裂缝的成因类型者，统归入溶蚀裂缝，又可简称为溶缝或溶道。溶缝为可辨认原来裂缝的形状和分布，溶道为溶缝的进一步发展，已辨不出原来裂缝了。溶蚀裂缝在古风化壳上最为发育，由于长期的淋滤和溶蚀作用，可形成多种形式的溶蚀裂缝，其特点是：形状奇特，可呈漏斗状、蛇曲状、肠状、树枝状等。其中往往有陆源砂泥或围岩岩块等充填物。大的溶缝溶道往往是和大的溶洞相连的，二者结合，形成很大的储集空间。

裂缝成因类型不同，分布规律和控制因素也不一样，以下重点分析阐述构造裂缝和沉积-构造裂缝发育的控制因素和分布规律，因为其常常是碳酸盐岩中油气运移的主要通道。

（二）裂缝发育的岩性因素

裂缝发育的内因主要取决于岩石脆性。岩性不同，脆性不一样，裂缝发育程度也不一样。脆性大的岩层裂缝发育。岩石脆性一般受岩石成分、结构、层厚及其组合、成岩后生变化等因素的影响。

不同碳酸盐岩和化学岩的脆性由大到小的顺序为：白云岩或泥质白云岩→石灰岩、白云质灰岩→泥灰岩→盐岩→石膏。碳酸盐岩中泥质含量增加时，会降低岩石的脆性，减弱裂缝的发育。相反，硅质含量增加时，会增加岩石的脆性，有利于裂缝的发育。

质纯粒粗的碳酸盐岩脆性大，易产生裂缝，并且开缝较多。如生物灰岩中，介壳含量较高、排列又整齐者，裂缝密度较大；结晶灰岩中，结晶粗的脆性比结晶细的大。

薄层状碳酸盐岩中裂缝密度较大；但裂缝规模较小，容易产生层间缝和层间脱空，特别是夹于厚层中的薄层更易如此；厚层状碳酸盐岩中裂缝密度较小，但裂缝规模较大，且以立缝和高角度斜裂缝为主。白云岩岩化作用使石灰岩变为白云岩，晶粒由细变粗，会增加岩石脆性，使裂缝易于发生。

（三）裂缝发育的构造因素

控制裂缝的构造因素，主要是构造作用力的强弱、性质、受力次数、变形环境和变形阶段等。一般情况是受构造力强、张力大、受力次数多的构造部位裂缝发育好，相反则差；同一碳酸盐岩中，在常温常压的构造应力环境下裂缝发育好，在高温高压环境下则发育较差；在一次受力变形的后期阶段，裂缝的密度大、组系多，前期阶段则相应的较小或少。这些条件的时空配合，控制着裂缝的分布规律。

1. 背斜构造上裂缝分布

背斜构造上裂缝分布，视褶皱的类型而异。

在狭长形长轴背斜构造上，裂缝沿长轴成带分布，在高点最发育，裂缝以张性纵缝（裂缝走向平行于褶皱轴线）为主，高点部位尚有张性横缝（裂缝走向垂直褶皱轴线）和层间脱空；两翼不对称者，张性横缝偏于缓翼，轴线扭曲处的外侧，张性横缝发育。

在短轴背斜上，裂缝沿轴部分布，在高点最发育。裂缝的组系和发育程度与褶皱强度有关。平缓的低丘状，以一对共轭的斜裂缝为主，裂缝发育程度相对较差；高丘状者，既有斜裂缝，又有张性纵缝和横缝，发育程度也较高。这类背斜在被断层复杂化时，裂缝分布也随之而变化。

在箱状背斜上，裂缝在肩部最发育，其次在顶部。在肩部既有张性纵缝，又有扭性缝，还有层间脱空；在平缓的顶部，以两级斜裂缝为主，如弯曲增大时，则发育纵缝和横缝。

在穹窿状背斜上，裂缝发育区集中在顶部；裂缝组系以一对斜交缝为主，并有纵缝和横缝发育，组成放射状，向顶部集中。

总之，背斜高点、长轴、扭曲和断层带等部位，都是裂缝最发育的地方。因此，搞清地下构造形态特征，是提高钻探成功率的关键。

2. 向斜地带裂缝分布

向斜地带裂缝发育程度与褶皱强度有关，这是与背斜地带的相似处。但是，背斜与向斜中应力分布不一样，裂缝类型和性质也不同。例如，从剖面上看，背斜上部张扭性裂缝发育，下部压扭性裂缝发育；向斜则与之相反，上部压扭性裂缝发育，下部张扭性裂缝发育。所以，在向斜地带储集层下部裂缝很发育，在向斜部位钻探时，要尽可能钻穿储集层底部，揭开张扭性裂缝带。

3. 断层带上裂缝分布

从广义上说，断层也是断裂的一种类型，不过断层两侧的岩块已发生显著位移而与裂缝相区别。在断层发育过程中，由于位移滑动引起的应力，会促使老裂缝进一步发育，并形成一些新裂缝。断层带上裂缝的发育和分布具有如下规律：低角度断层引起的裂缝比高角度断层的更为发育；断层组引起的裂缝比单一断层引起的裂缝发育；断层牵引褶皱的拱曲部位裂缝最发育；断层消失部位，由于应力释放而引起的裂缝也很发育；紧靠断层面附近，为角砾缝带，缝大小视断层的性质而异，张性断层比压扭性断层的大。羽状裂缝发育于角砾缝外侧，张性裂缝和扭性裂缝均有。

第四节　其他岩类储集层

其他岩类储集层是指除碎屑岩和碳酸盐岩外的其他岩类储集层，如岩浆岩、变质岩、泥页岩等。这类储集层的岩石类型尽管很多，但在世界油气总储量中只占很小的比例，故其意义远不如碎屑岩和碳酸盐岩储集层。尚须强调指出，迄今为止在国内外，均勘探发现了这种以非碎屑岩及碳酸盐岩储集层为油气产层的油气藏及其大中型油气田。这些特殊的含油气储层类型的存在为人们勘探开发不同类型油气田拓展和拓宽了油气勘探开发领域。目前人们已在火山岩、结晶基岩及变质岩与泥页岩中获得了工业性油气流，勘探发现了一些大中型油气田及油气藏。以下简要分析阐述这些特殊类型储集层的基本特征。

一、火成岩储集层

火成岩储集层包括喷发岩储集层即火山岩储集层与侵入岩储集层即花岗岩储集层及各种基性及超基性侵入岩储集层。其中，火山岩储集层主要是指火山喷发岩形成的储集层，常见的有玄武岩、安山岩、粗面岩、流纹岩，此外，还有火山碎屑岩（包括各种成分的集块岩、火山角砾岩、凝灰岩）。由于后者的成因及分布均与火山喷发岩密切相关，故从油气勘探的角度往往把火山喷发岩和火山碎屑岩形成的储集层统称为火山岩储集层。

以火山碎屑岩为储集层的油田比较常见，而以火山喷发岩做储集层的油田为数不多。比较典型的如日本新舄县在海相新近系中发现了一系列与火山岩有关的小型油气田。地层为一套暗色泥岩与凝灰岩、砂岩互层，且夹数层火山碎屑岩（层位不稳定），储集层主要是凝灰质砂岩，其次火山碎屑岩和火山岩。该区有 11 个油气田的油气均储集在凝灰质砂岩中（在凝灰角砾岩中 4 个、火山集块岩中 5 个，另有 2 个在火山喷发岩中）。日本吉井气田即为另外一例，该气田系一狭长背斜构造，天然气产自中新统七谷层下部凝灰岩中（图 2.29）。在气田中心部分是水中喷发熔岩岩流——即石英粗面岩，其周围是略为疏松的石英粗面质凝灰岩。气田靠近其背斜轴部喷发中心井的天然气产量较高（$>10^4 \text{ m}^3/\text{d}$），中等产量的井 [$(3\sim4)\times10^4 \text{ m}^3/\text{d}$] 则多产自凝灰岩中的火山岩夹层，而低产井（$<10^4 \text{ m}^3/\text{d}$）和干井，一般未钻遇火山岩。总之，气井产量与火山岩厚度有关，火山岩越厚，产气量越高，其火山岩孔隙度一般为 10%～20%，凝灰岩孔隙度可达 15%～25%。

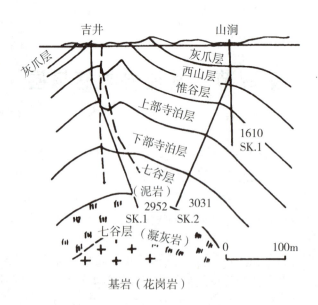

图 2.29 日本吉井气田地质剖面

我国下辽河坳陷在古近系沙河街组三段（盆地主要生油层系）下部的火山岩里也

获得了工业油流，产层岩性为凝灰岩、粗面岩。初产量可达 14t/d（6 mm 油嘴），酸化后可增至数十吨。此外，还在玄武岩、安山岩、流纹岩、辉绿岩、火山角砾岩的岩芯裂缝、孔隙中见到油气显示，根据岩芯测定裂隙率达 2%～3%，其储集物性参数较好（孔隙度 17%～25%，渗透率 <10^4 um^2）。

酸性及基性与超基性侵入岩储集层，以花岗岩溶蚀缝洞型储集层偏多，安山岩及辉长岩等缝洞型储集层相对较少。在中国东部陆相断陷盆地及近海盆地中均勘探发现具有这种特殊储集层的油气田及油气藏。

综上所述，通过火成岩储集层油气藏的勘探实践，可以认识到火成岩储层含油性即能否成为好的油气储集层，主要取决于以下两个因素：第一，形成及分布于生油层系之中或其邻近的火成岩，由于具备了充足的油源供给，能够成为较好的含油气储层。如下辽河坳陷的古近系沙河街组三段为厚 600～1000 m 的深灰色泥岩及油页岩，属于盆地主要生油层系，而位于其中的火成岩系储层能够储集大量油气故其含油性最好。再如，日本新潟县油气区第三系暗色泥岩为生油层（七谷层上部为厚达数百米的暗色泥岩），而处在其下部的凝灰岩储层则成为了主要的油气产层；第二，火山岩、火山碎屑岩储油物性好坏是决定火山岩的含油程度的基本条件。火山岩在冷凝过程中所含的气体逸出产生气孔，同时由于体积收缩形成一些微裂缝，这些气孔、裂缝被地下水中溶解的碳酸钙和后期的热液产物沸石充填，连通性差，但这些岩石性脆，因此在构造力作用下产生的构造裂缝对其储油物性的影响较大。火山碎屑岩的储集空间多为粒间孔隙，胶结物为火山灰或熔岩，且其含量差别很大，物性变化较大，因此这种火山岩形成时的构造裂缝发育情况亦是影响其储集物性的重要因素。

二、变质岩储集层

变质岩储集层是由变质岩类构成，并由其中的表生风化或构造破裂形成的裂缝作为主要的储集空间和渗流通道，多发育在不整合带。这些变质岩由于受到长期而强烈的风化，在其表层常出现一个风化孔隙带，使岩石的孔隙性和渗透性大大增加，成为油气储集的良好场所，因而这类储集层多分布在基岩侵蚀面上，进而形成基岩油气藏或古潜山油气藏。

我国酒泉西部盆地鸭儿峡油田基岩油藏，其产油层即为志留系变质岩基底，由板岩、千枚岩及变质砂岩组成，其上为下白垩统泥砾岩与砂质泥岩不整合覆盖，下白垩统为盆地主要生油层系。根据岩芯分析测定，基岩孔隙在 2.5% 以下，渗透率接近于零，但裂隙发育，平均裂缝密度大于 40 条/m，这些裂隙提供了油气储集空间，高产井主要沿断裂分布，井间有干扰现象，断层附近裂隙率高、连通性好。

变质岩类储集层的储集空间，主要是风化孔隙、裂隙，以及构造裂缝，故这类储集层多发育在不整合带，在盆地边缘斜坡以及盆地内古地形凸起上，出露位置较高，风化孔隙发育。同时构造动力条件使裂隙在该区域发育进一步加强，形成有一定方向性和连通性的裂隙密集带，进而提供了油气储集的良好场所。

表 2.7 变质岩储集体储层中常见的储集空间

类　　型	储集空间类型
变晶成因	变晶间孔隙、变余粒间孔隙、解理缝隙
构造成因	构造裂隙、破碎粒间孔隙
物理风化成因	风化裂隙、风化破碎粒间孔隙
化学淋溶成因	溶蚀孔隙、溶蚀缝隙

三、泥质岩（泥页岩）储集层

泥质岩即泥岩和页岩的统称，其与碎屑岩在沉积剖面中往往呈间互层出现，其分布较广泛。但由于泥页岩孔隙很小，属微毛细管孔隙，渗透能力极差，流体在地层压力条件下尚不能在其中流动，由于泥页岩排替压力往往大于地层压力，只有那些比较致密性脆的泥质岩，如泥岩中的砂岩、粉砂岩条带，页岩、钙质泥岩等在构造力作用下产生了较密集的裂缝，或泥质岩中含有易溶成分如石膏、盐岩等，通过地下水溶蚀形成溶孔、溶洞时，才能形成储集层，而且其局限性很大，储集条件亦较差。按照储集空间对泥质岩类储层分类：裂缝型、孔隙型和孔－缝复合型，裂缝型储集层是最主要的泥岩储集层类型。

如我国青海省柴达木盆地油泉子油田第三系钙质泥岩，因发育有密集的裂缝而使油储集于其中，形成了商业性油气产能。另外，江汉盆地含石膏泥岩裂隙、晶洞中也见到商业性油流。

由此可见，这种非常致密具有纳米孔隙的泥质岩石能够在一定条件下成为油气储集层，主要是由于次生作用（风化、溶蚀、构造运动等）形成一系裂缝洞系统的结果，但由于岩性致密，则储集空间的形成条件较复杂，因而储油物性的变化规律不易掌握。故勘探初期不宜专门布探井寻找这种特殊储层类型的油气藏，而应有计划地结合其他油气储集层类型的油气藏勘探，重点在那些泥页岩脆性矿物含量高且处在构造受力较集中部位和古风化壳发育区域，勘探寻找这种裂缝发育的泥页岩储层之油气藏。

第五节　盖层（封盖层）类型及其封盖机制

覆盖在储集层之上能够阻止油气向上运动的细粒、致密岩层称为盖层。本节主要简述盖层类型及其封堵油气的机制。盖层类型、分布范围对油气聚集和保存具有重要控制作用。因此，储集层和盖层分析研究是油气勘探开发工作中非常重要的课题。覆盖在储集层之上能够阻止油气向上运动的细粒、致密岩层一般称为盖层，其之所以能够封盖下伏在储层之中的油气，是由于其具备相对低的孔隙度和渗透率。最重要的油气盖层是蒸发岩类、泥页岩类等。

一、盖层类型

任何一个盆地中，要形成油气藏只具有生油层和储集层是不够的，要使生油层中生成的油、气，运移至储集层中形成油气藏而不致逸散，还必须具备不渗透的盖层（封盖层）。盖层是指位于储集层之上能够封隔储集层使其中的油气免于向上逸散的保护层。与储集层作用相反，盖层的作用是阻碍油气的逸散。油气藏盖层的好坏，将直接影响着油气在储集层中的油气聚集效率和保存时间。盖层发育层位和分布范围直接影响油气田分布的层位和区域。因此盖层研究是油气勘探评价的重要内容。不同的研究者从不同的角度将盖层分为不同的类型。

（一）根据盖层岩性分类

（1）膏盐类盖层。膏盐类是一类最佳的封盖层。维索茨基（1979）认为，世界上天然气储量约35%与膏盐类盖层有关。膏盐类盖层包括石膏、硬石膏和岩盐。

（2）泥质岩类（含页岩）盖层。是油气田中最常见的一种封盖层。泥质类封盖层分布最广、数量最多，可形成于大多数沉积环境。世界上绝大多数油气田封盖层均属此类。

（3）致密灰岩类盖层。主要以碳酸盐岩为主或碳酸盐岩参半，或完全由碳酸盐岩组成的一类非渗透性岩层。其主要包括含泥灰岩、泥质灰岩、硫酸化灰岩和致密灰岩等。尚须强调指出，由于碳酸盐岩易被水淋滤、溶蚀形成缝洞，因此关于碳酸盐岩盖层质量及可靠程度，一直存在争议。

另外，地质条件下，尚存在一些特殊封盖层。如饱水细砂岩盖层、冰冻土层盖层和固体天然气水合物盖层等等。

（二）依据盖层分布及接触关系分类

（1）区域性盖层。遍布在含油气盆地或坳陷大部分地区，且厚度大、分布稳定、可以区域对比的封盖层。区域性盖层对盆地或坳陷油气聚集及分布规律具有重要的控制作用。

（2）局部性盖层。分布在一个或数个油气保存单元内，或在某些局部构造或局部构造某些部位上的盖层。局部盖层仅仅对一个地区或区块的油气局部聚集起到控制作用。

（三）根据盖层与油气藏位置关系分类

（1）直接盖层。指紧邻含油气储层之上的封闭岩层（盖层）。直接盖层是单一型的盖层，其可以是局部性盖层，也可以是区域性盖层。

（2）上覆盖层。指在储集岩以上覆盖直接盖层之上的所有非渗透性岩层。直接盖层与上覆盖层常组成叠加复合型盖层。上覆盖层一般是指区域性盖层，对区域性的油气聚集和保存起重要作用。

（四）特殊盖层

（1）水合物盖层。甲烷气体在高压低温环境下与水作用在高压低温稳定带形成的冰状固体化合物即天然气水合物。在地质条件下，该冰状固体化合物（天然气水合物）对于其下伏油气聚集及油气藏可以起到非常好的封盖作用，故属于一种特殊的封盖层。

（2）沥青盖层。早期油气藏被破坏后，导致储层中轻质油气逸散，而最终重质沥青滞留在储层中对后期聚集的油气起到盖层作用。

二、盖层封闭油气机理

根据盖层阻止油气运移的方式可将盖层封闭油气机理分为物性封闭、异常高压封闭和烃浓度封闭三种类型，以下分别进行分析阐述。

1. 物性封闭

物性封闭是指依靠盖层岩石毛细管力对油气运移起到阻止作用之封闭作用。因此，也可称之为毛细管力封闭，亦有称为薄膜封闭（Watts，1988）。岩石封闭层之所以能作为封闭盖层，主要是由于其粒细、致密、孔渗性差而毛细管阻力（P_c）大。从排替压力角度看，亦即其排替压力（P_d）高。毛细管力也称毛细管压力，它与其孔喉半径、烃类性质和介质温压条件有关：

$$P_c = 2\sigma\cos\theta/r$$

式中，P_c 为毛细管压力；r 为岩石孔喉半径；θ 为固液相接触角；σ 为两相界面张力，其与烃类性质和介质温压条件有关。不同烃类具有不同的表面张力，气态烃类较液态烃类有更大的表面张力，并且不同温压条件下气-水与油-水界面张力也有变化（表2.8）。

表2.8 不同温压条件下气-水及油-水界面张力

埋深及温压条件			界面张力/（N/m）			气-水界面张力
埋深/m	压力/bar	温度/℃	气-水	油-水	差值	油-水界面张力
0	1	20	0.07	0.025	0.045	2.8
500	50	35	0.063	0.022	0.041	2.8
1000	100	50	0.055	0.0195	0.0355	2.8
1500	150	65	0.0475	0.017	0.0305	2.8
2000	200	80	0.038	0.0145	0.0235	2.6
2500	250	95	0.033	0.012	0.021	2.75
3000	300	110	0.03	0.009	0.021	3.3
4000	400	140	0.025	0.0035	0.0215	7.1

（引自包茨，1988）

油气要通过盖层进行运移，必须首先排替其中的水，克服毛细管压力的阻力，才能进入其中。如果驱使油气运移的浮力未能克服该毛细管压力的阻力，则油气就被遮挡于盖层之下。

由此可见，岩石越致密，孔喉半径越小，岩石所具有的毛细管压力（阻力）越大，封堵油气能力越大，这也就不难理解为什么盖层多是细粒岩性的岩层。

在评价毛细管压力封闭能力时常引用排替压力的概念。所谓排替压力就是岩样中非湿润相流体排驱湿润相流体所需的最小压力，也即非湿润相开始注入岩样中最大喉道的毛细管力，它在毛细管压力曲线上为压力最小的拐点，因此，排替压力也称入口压力。为了便于统一比较，许多人把非润湿相流体饱和度达到10%时所对应的毛细管压力规定为排替压力。排替压力可以通过实验室直接驱替实验求取。在特制的仪器中，通过压缩空气直接驱替岩芯柱中的煤油直至气体从岩芯柱的另一端逸出，记录不同的驱替压力（称贯穿压力或突破压力）下的气体贯穿岩心柱的时间（称贯穿时间或突破时间），可以得到突破压力与突破时间关系曲线，当突破时间无限大时，其突破压力趋于稳定的极值，即为排替压力。

Hubbert曾经于1953年计算过不同粒级沉积物中，水排替石油所需的压力值（表2.9）。尽管该数据表是水排替油的压力值，但仍反映了不同粒级岩石与排替压力之间的关系。

表2.9 不同粒级沉积物中水排替油的压力

沉积物	颗粒直径/mm	排替压力/MPa
极细粘土	4～10	4
粘土	<1/256	>0.1
粉砂	1/256～1/16	1/160～1/100
砂	1/16～2	1/5000～1/160
砾	2～4	1/10000～1/5000

排替压力是评价盖层性能最常用的评价参数，排替压力与岩石孔隙度、渗透率、岩石密度、颗粒中值半径以及比表面积等因素有关，因此，也可以用这些参数取代排替压力来间接评价盖层的物性封闭能力。

由于不同地区、不同埋深盖层的岩石结构和性质有别，因此，难以确定出统一的盖层评价标准。

对于泥质岩来说，由于压实作用，岩石孔喉半径、孔隙度和渗透率都会随埋深增加而变小，因此，排替压力一般情况是随深度增加而增加的，盖层的封闭能力也随着增加，但当盖层上覆净负荷压力超过岩石的抗张强度时，泥岩会产生微裂缝，这时，盖层的封闭性将受到一定的破坏。

毛细管压力（阻力）封闭机理是盖层封油气最普遍的机理。一般情况下，它只能阻止游离相油气的进一步运移，难以封堵水溶相及扩散方式运移的油气。但当渗透率非常小，其排替压力之高以致于除非发生构造变动使之产生裂缝才能破坏盖层的封闭性时，则不仅能阻止游离相，也能阻止水溶相油气的运移，例如致密的泥岩、各种蒸发岩、冰盖岩、天然气水合物和永久冻土等盖层。

2. 异常高压封闭（超压封闭）

油气勘探实践表明，一些含油气盆地油气藏分布与异常高压力（超压）封盖层展布密切相关。所谓异常高流体压力即指地层孔隙流体压力比其对应（相同深度）的静水压力高。这种依靠盖层异常高孔隙压力封闭油气藏的机理称之为流体异常压力封闭，或称超压封闭。

超压盖层实际上是一种流体高势层，它能阻止包括油气水在内的任何流体的体积流动，因此，它不仅能阻止游离相的油气运移，也能阻止溶有油气的水（水溶油气）流动，从这个角度看，超压盖层是一种更有效的盖层。超压盖层的封盖能力取决于超压的大小，超压越高，其封盖能力越高。

引起泥岩超压的因素很多，其中最重要的是泥岩欠压实作用、泥岩中有机质生烃作用及粘土矿物脱水作用和孔隙流体热增压作用。

一旦超压盖层因某种原因而恢复到正常的静水压力状态，超压封闭作用即被毛细管压力封闭作用所取代。

3. 烃浓度封闭（烃浓度差封闭）

烃浓度封闭指具有一定生烃能力的地层，以较高的烃浓度阻滞下伏油气向上扩散运移所起到的封闭作用。这种封闭主要是对以扩散方式向上运移的油气起到封闭作用。

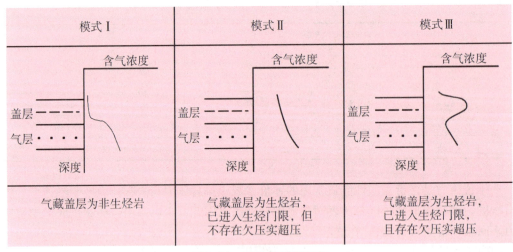

图 2.30 烃浓度封闭示意

（据郝石生等，1995）

油气扩散的原因是浓度差，即由高浓度处向低浓度处扩散，以求达到浓度平衡。如果岩层具有一定的生烃能力，则岩层出现油气的高浓度，它们也会向上、下扩散，向下扩散的油气会阻滞下伏储层油气的向上扩散作用，从而起到一定的封闭作用（图2.30）。显然，盖层的烃浓度越高，其封闭扩散的能力越强。

能起烃浓度封闭的盖层，实际上就是烃源岩，它同样具有毛细管压力的封闭作用。随生烃量增加，有时也会产生地层异常高压，这样也会表现出流体压力封闭作用。因此烃源岩作为盖层时，则会具有更好的封闭效果。

三、影响盖层有效性因素

影响盖层有效性的因素主要是岩性、韧性、厚度、连续性、流体性质、构造活动、埋深及成岩程度。

1. 盖层的岩性

理论上讲任何一种岩性的岩层均可作为盖层，只要其排替压力及/或其孔隙过剩压力大于下伏储油气层的。但是大量油气田勘探结果表明，最常见的盖层是页岩、泥岩、盐岩、石膏和无水石膏等类型。页岩、泥岩盖层常与碎屑岩储集层并存，质纯者质优，含蒙脱石多者质优；盐岩、石膏盖层则多发育在碳酸盐岩剖面中，为最优质盖层；在构造变动微弱的地区，裂缝不发育，致密的泥灰岩及石灰岩也可充当盖层。Klemme (1977) 统计了世界上 334 个大油气田的盖层，以页岩、泥岩为盖层的大油气田占总数的 65%，盖层为盐岩、石膏的占 33%，致密灰岩充当盖层仅占 2%。Grunau (1987) 统计了世界上 25 个最大油田和 25 个最大气田的盖层岩性，亦均属于泥页岩和蒸发岩。我国松辽、渤海湾等盆地大多数油气田封盖层也多以粘土岩为盖层；四川、江汉等盆地的油气田则多以蒸发岩为盖层。

尚须强调指出，盖层泥质含量对盖层封闭性有很大影响。泥质含量的影响主要表现在对盖层渗透率和孔隙结构的影响。泥质含量增加会降低岩层的渗透率，降低岩层优势孔隙半径大小分布，从而增加岩石的排替压力，亦即增加了阻止油气运聚的孔隙压力。

2. 韧性

韧性岩石构成的盖层，与脆性岩石相比不易产生断裂和裂缝。在构造变形过程中，脆性盖层易出现裂缝，特别是在褶皱带和推覆带中，盖层的韧性对油气封存尤其重要。

不同的岩石具有不同的韧性，在通常地质条件下，韧性的顺序是：盐岩 > 硬石膏 > 富含有机质页岩 > 页岩 > 粉砂质页岩 > 钙质页岩 > 燧石岩。蒸发岩的韧性最大，因此，蒸发岩发育的含油气盆地中油气封盖条件好，能够形成大型油气田。

影响泥岩韧性的主要因素是粘土矿物种类和含量。常见粘土矿物的韧性顺序是：蒙脱石 > 高岭石 > 伊利石 > 绿泥石。粘土矿物含量越高，韧性越好。

韧性也是温度和压力的函数。蒸发岩在浅层部位可以是塑性的，在深度大于 1000 m 时韧性很大。泥岩在一定深度范围内（一般在 3000 m）随深度增加韧性变好。超过该深度范围，随深度再增加，泥岩韧性又逐渐变差。这主要与粘土矿物的转化脱水有关。泥岩韧性的减小，容易产生微裂缝，微裂缝形成会使渗透率增加，从而降低封闭性。从这个角度看，泥岩盖层应该存在一个有利封闭深度区间。当然，不同的盆地该有利封闭区间有差异。

3. 盖层厚度

油气勘探实践证实，实际盖层厚度一般可从几米到几百米。例如科威特布尔干油田，厚 30 m 的阿赫马迪页岩封闭了 740 亿 bbl 桶油。我国南海北部崖 13-1 大气田顶部直接盖层中中新统梅二段异常高压的钙质及粉砂质泥岩单层厚度仅 4 m（崖 13-1-1 井），亦能够封盖其下伏的常压高产气藏。理论上讲，盖层厚度对封闭能力没有直接影响。Hubbert (1983) 计算过，几英寸厚的粘土岩，估计具有大约 4.14 MPa 的排替压力,即可封盖 915 m 的油柱,形成油气藏。

如果当其盖层排替压力及/或剩余压力不够大时,则加大盖层厚度可以弥补这一不足。苏联学者依诺泽姆采夫研究古比雪夫地区油气性质与盖层厚度发现,石油密度和石油中溶解气含量,在盖层厚度小于 25 m 时,随盖层厚度增加而呈线性变化(图 2.31),盖层厚度超过 25 m 以后,石油性质基本保持不变。据此,他提出了盖层厚度的有效下限标准为 25 m。

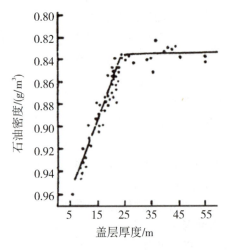

图 2.31　盖层厚度与油气性质的关系

诚然,不同地区不同岩性,因地质条件的差异,盖层厚度也不同。据我国松辽盆地的经验,泥岩厚度小于 20 m 者,一般不能作为盖层;川南三叠系气藏的石膏盖层厚度 20 m 左右,但在长垣坝和高木顶两气田则有 6～10 m 厚的石膏盖层即可封隔独立的商业气藏。所以膏盐地层比粘土岩的封隔性更好。

从保存油气的角度,盖层越厚越有利。另外,厚度大,不易被小断层错断,不易形成连通的微裂缝;厚度大的泥岩,其中的流体不易排出,从而可形成异常压力,使得封闭能力增加。

4．连续性

盖层大范围连续稳定分布对于油气聚集及其分布具有十分重要的意义。展布规模大有利油气富集区至少有一套连续稳定的区域性封盖层。一般而言富集高产储量规模大的油气田及区域展布规模大的油气富集区,其有效封闭盖层亦分布稳定连续且面积大,亦是形成大油气田及大型油气富集区的有利条件和重要控制因素。

5．流体性质

流体密度低的油气藏,流动性强,运聚成藏过程中容易散失,因此油气藏对其封盖层的要求越高。

6．构造活动

地层抬升剥蚀对油气藏保存乃至破坏均存在较大影响。地层抬升剥蚀后油气藏的盖层残留厚度越小,则对油气藏封闭性越差。

断裂作用对油气藏盖层封闭性会产生直接的影响。深入分析断裂作用对油气藏封盖层的破坏程度，即可判识确定油气藏封盖层的完整性及封闭性与可靠性。

岩浆或者岩体（不同类型底辟）等的侵入作用，亦可使盖层拱张破裂，进而对油气藏封盖层产生重大影响。

7. 埋深及成岩程度

（1）浅层（泥岩埋深小于 1500 m）。成岩程度低，泥岩孔隙度大，油气易渗滤、扩散。泥岩盖层以毛细管压力封闭为主，封闭能力较弱，其次为烃浓度封闭。

（2）中层（泥岩埋深 1500～3200 m）。该深度范围已达正常成岩阶段，泥岩封盖层封闭性最好，除毛细管压力封闭外，亦存在异常高压封闭和烃浓度封闭。

（3）深层（泥岩埋深大于 3200 m）。成岩程度高，岩层脆性高，随地层压力升高易产生裂隙，封盖层封闭能力有所下降。

总之，由于油气是无孔不入易于散失非常活跃的流体，故其封盖层对油气聚集及油气藏保存等均具有非常重要的控制影响作用。尚须强调指出，地质条件下，很多地质因素均会直接影响到油气封盖层的有效性。研究表明，盖层岩性及组构特点是控制盖层封闭能力的基础，而成岩后生作用及构造变动强度也是影响盖层封闭有效性的重要因素。因此，油气勘探中封盖层分析评价及其展布特征的精细分析研究等，对于勘探寻找大型油气富集区及大中型油气田等，具有重要意义。

第三章 圈闭和油气藏的类型

第一节 圈闭与油气藏基本概念

一、圈闭的基本概念

烃源岩区生成的油气经运移到适宜的场所聚集起来形成油气藏,成为油气勘探的直接目标。

1. 圈闭的概念

把适合于油气聚集、形成油气藏的场所,称为圈闭。圈闭是由三部分组成:①储集层;②盖层;③阻止油气继续运移,造成油气聚集的遮挡物。它可以是盖层本身的弯曲变形,如背斜;也可以是另外的遮挡物,如断层、岩性变化等。总之,圈闭是具备捕获分散烃类形成油气聚集的有效空间,具备储藏油气的能力,但圈闭中不一定都有油气,一旦有足够数量的油气进入圈闭,充满圈闭或占据圈闭的一部分,便可形成油气藏。

石油和天然气在运移过程中,如果遇到阻止其继续运移的遮挡物,则停止继续运移并在遮挡物附近聚集,形成油气藏。所以,遮挡物的存在是造成油气聚集、形成油气藏的基本条件之一。

2. 圈闭的度量

圈闭的大小和规模往往决定着油气藏的储量大小,其大小是由圈闭的最大有效容积来度量。圈闭的最大有效容积表示该圈闭能容纳油气的最大体积。因此,它是评价圈闭的重要参数之一。

(1)溢出点。流体充满圈闭后,开始溢出的点,称圈闭的溢出点(图3.1)。

(2)闭合高度。从圈闭的最高点到溢出点之间的海拔高差,称该圈闭的闭合高度。闭合高度愈大,圈闭的最大有效容积也愈大。

(3)闭合面积。通过溢出点的构造等高线所圈出的面积,称该圈闭的闭合面积。闭合面积愈大,圈闭的有效容积也愈大。圈闭面积一般由目的层顶面构造图量取。

必须注意,构造闭合高度与构造起伏幅度是两个完全不同的概念。闭合高度的测量,是以溢出点的海拔平面为基准。而构造幅度的测量,则是以区域倾斜面为基准。同样大小构造起伏幅度的背斜,当区域倾斜不同时,可以具有完全不同的闭合高度,如图3.2所示。

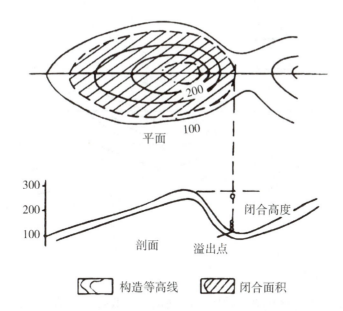

图 3.1　背斜圈闭中度量最大有效容积的有关参数

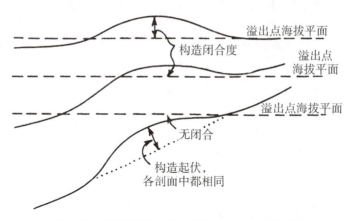

图 3.2　表示相同构造起伏，因区域倾斜不同，则闭合高度不同

断层圈闭的闭合面积，一般情况下按断层线与储集层顶面等高线相闭合时所圈定的面积计算。如图 3.3 所示，C 点为溢出点，则等高线 CD 与断层线 BD 和 AC 所圈定的面积为其闭合面积。C 点与闭合面积内最高点的高差为其闭合高度。但是，若根据资料说明断层两侧系渗透性岩层相遇，A 点为溢出点，此时断层圈闭的闭合高度和闭合面积就都相应变小了。假如断层面本身不封闭，不可能形成圈闭，其他参数也就不存在了。

其他类型的圈闭，其溢出点、闭合高度和闭合面积的确定方法，原则上与上述两类基本相似。

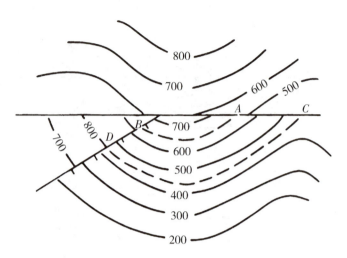

图 3.3　断层圈闭的溢出点、闭合高度和闭合面积示意

（4）有效孔隙度和储集层有效厚度的确定。有效孔隙度值主要根据实验室岩心测定、测井解释资料统计分析求得，做出圈闭范围内的等值线图。储集层有效厚度则是根据有效储集层的岩电、物性标准，扣除其中的非渗透性夹层而剩余的厚度。

（5）圈闭最大有效容积的确定。圈闭的最大有效容积，决定于圈闭的闭合面积、储集层的有效厚度及有效孔隙度等有关参数。其具体确定方法，可用下列公式表示：

$$V = F \cdot H \cdot P$$

式中，V 为圈闭最大有效容积，m^3；F 为圈闭的闭合面积，m^2；H 为储集层的有效厚度，m；P 为储集层的有效孔隙度，%。

二、油气藏基本概念

1. 油气藏的概念

油气藏是地壳上油气聚集的基本单元，是油气在单一圈闭中的聚集。具有统一的压力系统和油水界面。更具体的说，就是一定数量的运移着的油气，由于遮挡物阻止了它们继续运移，而在储集层的这部分富集起来，就形成了油气藏。如果在圈闭中只聚集了石油，则称油藏；只聚集了天然气，则称气藏；二者同时聚集，则称为油气藏。

若油气聚集的数量足够大，具有开采价值，则称为商业油气藏。如果油气聚集的数量不够大，没有开采价值，就称为非商业性油气藏。究竟聚集多少数量的油气才有开采价值，这决定于政治、技术、经济等各方面的条件。过去认为没有开采价值的非商业性油气藏，由于开采技术及工业条件的发展，或者由于对石油的特别需要，可以成为有开采价值的商业性油气藏。所以，商业性油气藏的概念，可以认为是随时间、条件的改变而变化的。

油气藏的重要特点是在"单一圈闭中"，所谓"单一"的含意，主要是指受单一要素所控制，在单一的储集层中，具有统一的压力系统，统一的油、气、水边界。如图 3.4 所示，同一背斜中有三个储集层，分别组成三个圈闭，三个不同的压力系统，不同的油、气、水边界,就应该认为是三个油气藏。

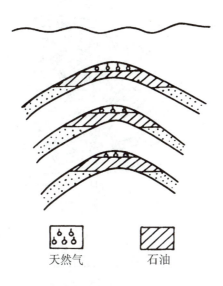

图 3.4　三个储集层组成的三个油气藏

2. 油气藏的度量

油气藏大小通常用储量来表示,在此仅介绍度量油气藏大小的常用术语。

(1) 含油边界和含油面积。在油气藏中,由于重力分异的结果,油、气、水的分布常有一定的规律:气在上,油居中,水在下;形成油 - 气分界面、油 - 水分界面。在一般情况下,这些分界是近于水平的。有时也有倾斜的。在未被破坏的背斜油气藏中,油 - 气分界面及油 - 水分界面常近似于水平,并且油、气、水分界线的水平投影线,往往与构造等高线大致平行,如图 3.5 所示。

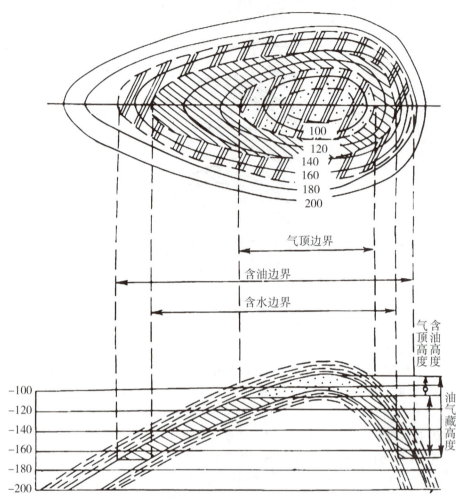

图 3.5 背斜油气藏中油、气、水分布示意

含油边界通常是指油（气）水界面与储层（油层）顶、底面的交线，其中油（气）水界面与油层顶面的交线叫做外含油（气）边界，又叫含油边缘（有时叫含油外边缘）；油（气）水界面与储层（油层）底面的交线称内含油（气）边界，又叫含水边界。

（2）底、边水。如果油气藏高度小于油层厚度，内含油、气边缘就不存在了。如果油层厚度不大，或构造倾角较陡，这时油气充满圈闭的高部位，水围绕在油气藏的四周，即在内含油气边缘以外，这种水称为边水。但是，如果油层厚度大，倾角小，油气藏的下部全为水，这种水称为底水。如图 3.6 所示。

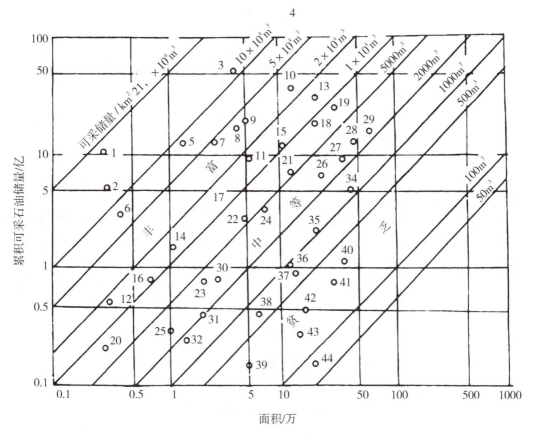

图 3.6　油田水与油气藏分布关系示意

在地层较平缓的构造中，油-水接触面较宽广；在地层倾斜较陡的构造中，油-水接触面较狭窄。

（3）油气柱高度。是指油气藏油（气）水界面至油气藏高点的垂直距离，是表示油气藏大小的重要参数。

（4）气顶和油环。油气藏中油气按比重分异，气位于圈闭的最高部位，形成气顶，油位居中部，水在最下面，油在平面上呈环带状分布，称油环。

（5）充满系数。含油高度与闭合高度的比值定义为充满系数，一般情况下在富含油气区，该系数高；在贫含油气区，充满系数低。

第二节 油气藏类型

一、概述

目前世界上发现的油气藏数量众多、类型各异。为了认识各类油气藏的形成和分布特点，更有效地指导油气勘探工作，多年来，国内外石油地质学家们从不同的研究和使用角度出发，提出了上百种油气藏分类方案。但对油气勘探有重要意义的分类主要是依据圈闭成因、油气藏形态、遮挡类型、储集层类型、储量及产量的大小、烃类相态及流体性质等的分类。其中影响较大的分类有以下两种：①圈闭成因分类法。以美国石油地质学家 A. I. Levorsen 为代表，将油气藏分为构造、地层、混合三大类型。②按油气藏形态分类。以苏联学者 O. БРОД 为代表，将油气藏分为层状、块状、不规则状等类型。

（一）油气藏分类基本原则

油气藏分类的主要依据，应该是圈闭的成因。圈闭是决定油气藏形成的基本条件；在不同的构造、地层及岩性条件下，圈闭的成因不同，油气藏的特点不同，油气藏的类型也就当然不同。因此，只有根据圈闭成因对油气藏进行分类，才能够充分反映各种不同类型油气藏的形成条件，充分反映各种类型油气藏之间的区别和联系。科学地预测一个新地区可能出现的油气藏类型，对不同类型的油气藏采用不同的勘探方法及不同的勘探开发部署方案。因此，划分油气藏类型时，应该遵循以下两条最基本的原则。

1. 分类的科学性

分类应能充分反映圈闭的成因，反映各种不同类型油气藏之间的区别和联系。

2. 分类的实用性

分类应能有效地指导油气藏的勘探及开发工作，并且比较简便实用。这就要求分类不能任意过细，过于繁琐；更不能随意命名，引起混乱，难于鉴别。而是要求分类必须有高度的、科学的概括性。

（二）油气藏分类方案

根据上述两条基本原则和关于油气藏的概念，宜将油气藏分为构造、地层、岩性、水动力、复合等五大类，再进一步细分为若干类型。

构造油气藏系指地壳运动使地层发生变形或变位而形成的构造圈闭中的油气聚集。构造运动可以形成各种各样的构造圈闭，因此，所形成的油气藏也就不同。但其共同特点是圈闭的成因均为构造运动的结果。地层油气藏是指油气在地层圈闭中的聚集。这里地层圈闭的概念是狭义的，是指因储集层纵向沉积连续性中断而形成的圈闭，即与地层不整合有关。根据地层不整合与储层的相互关系，可将其进一步划分亚类。岩性油气藏是指由于储集层的岩性横向变化而形成的圈闭。由于沉积条件的变化或成岩作用，使储集层在纵横向上渐变成不渗透性岩层。水动力圈闭是近些年来受到石油地质家们重视的一类油气圈闭，其圈闭形成条件与构造、地层、岩性圈闭不同，是靠水动力封闭而成。或者确切地说，水动力圈闭是由水动力与非渗透岩层联合封闭，使通常静水条件下不能形成油气聚集的地方形成油气藏。虽然这类油气藏目前发现数量尚少，但因其形成条件特殊，具有重要的理论意义，故单独列出一大类。

在自然界中，许多现象往往并不是非此即彼，多数情况是在两极或多极之间存在许多过渡型，油气藏类型也是如此。各种地质因素结合形成圈闭的可能性是千变万化的，既可形成单一地质因素所控制的构造、地层、岩性圈闭，又可在很多情况下是两种或两种以上的因素相结合，形成复合圈闭。在油气勘探过程中，复合油气藏的勘探方法与构造或地层油气藏有很大不同。因此，划分出复合油气藏有其实际意义。

二、构造油气藏

由于地壳运动使地层发生变形或变位而形成的圈闭，称为构造圈闭。在构造圈闭中的油气聚集，称为构造油气藏。这种油气藏，过去和现在都是最重要的一种类型。构造运动可以形成各种各样的构造圈闭，形成的油气藏也就各种各样，其中比较重要的有背斜油气藏、断层油气藏、裂缝油气藏以及岩体刺穿构造油气藏等。

（一）背斜油气藏

1. 背斜油气藏主要特点

在构造运动作用下，地层发生弯曲变形，形成向周围倾伏的背斜，称背斜圈闭。油气在背斜圈闭中聚集形成的油气藏，称为背斜油气藏。这类油气藏在世界油气勘探史上一直占最重要的位置，也是石油地质学家们最早认识的一种油气藏类型。19世纪中后期美国地质学家 I. C. White 提出的"背斜学说"，在油气勘探史上起了重要的推动作用。直到目前为止，在世界石油和天然气的产量及储量中，背斜油气藏仍居首位。Moody 等（1972）统计了世界上最终可采储量在 7100 万吨（5 亿桶）以上的 189 个大油田，其中背斜油藏占总数的 75% 以上。

据 1975 年统计，10 个特大背斜型油田的总储量超过 350 亿吨，占当年世界石油总储量的 45% 以上；10 个特大背斜型气田的总储量为 202295 亿 m^3，占当年世界天然气总储量的 33.3%。这充分说明它们在世界油气储量中所占的极其重要的地位。因此，对石油地质工作者而言，研究背斜油气藏具有非常重要的意义。

背斜圈闭的形成条件和形态较简单，主要是储集层顶面拱起，上方被非渗透性盖层所封闭，而底面和下倾方向被高油气势面和非渗透性岩层联合封闭而形成的闭合低油气势区。

背斜油气藏的油气分布局限于闭合空间内，油气水按重力分异，气油、油水或气水界面与储层顶面的交线同构造等高线平行，且呈闭合的圆形或椭圆形，具体形态取决于背斜的形态。烃柱高度等于或小于闭合度。

2. 背斜油气藏类型

背斜圈闭的存在，是形成背斜油气藏的基本条件。从形态上看，背斜圈闭有很多种，如长轴背斜、短轴背斜、箱状背斜、伏卧背斜等等。在自然界存在的与油气聚集有关的背斜圈闭及背斜油气藏，从成因上看，主要有以下五种类型。

(1) 挤压背斜油气藏。系指在由侧压应力挤压为主的褶皱作用而形成的背斜圈闭中的油气聚集。常见于褶皱区，两翼地层倾角陡，常呈不对称状；闭合高度较大，闭合面积较小。由于地层变形比较剧烈，与背斜圈闭形成的同时，经常伴生有断裂。我国酒泉盆地老君庙油田的 L 层油气藏可作为一个典型实例，如图 3.7 所示。它是一个不对称的背斜圈闭，南翼倾角 20°～30°，北翼倾角 60°～80°；长轴与短轴之比为 3：1，并被逆掩断层及横断层所切割。

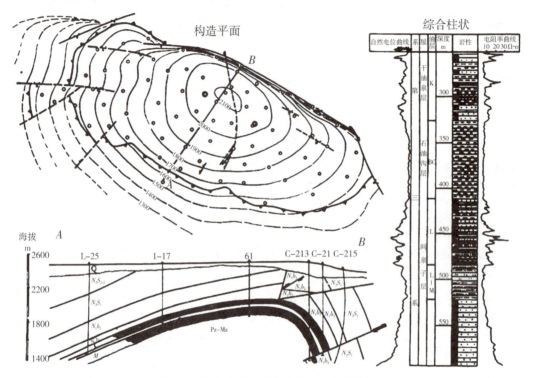

图 3.7 酒泉盆地老君庙背斜油藏地质特征

（据玉门石油管理局）

从区域上看，这种背斜分布在褶皱区的山前坳陷及山间坳陷等构造单位内，常成排成带出现。这种背斜油气藏也广泛分布在我国褶皱挤压的其他含油气地区。如四川盆地川东地区的高陡背斜气藏就是典型代表。在国外的褶皱区内，也分布有很多著名的这种背斜油气藏。例如在波斯湾盆地的扎格洛斯山前坳陷、美国的阿巴拉契亚山前坳陷以及苏联的高加索山前坳陷等等，都有很多挤压背斜油气藏。

(2) 基底升降背斜油气藏。即在沉积过程中，由于基底的差异沉降作用而形成的平缓、巨大的背斜构造。一般在地台区常见这种以基底活动为主形成的背斜圈闭。基底活动使沉积盖层发生变形，形成背斜圈闭。其主要特点是：两翼地层倾角平缓，闭合高度较小，闭合面积较大（与褶皱区比较）。从区域上看，在地台内部坳陷和边缘坳陷中，这些背斜圈闭常成组成带出现，组成长垣或大隆起。特别是坳陷中心早期的潜伏隆起带，在油气生成、运移过程与背斜圈闭形成过程相吻合的情况下，这些隆起和长垣就成为油气聚集的最好场所，形成一系列这种类型的油气藏。我国大庆长垣萨尔图等油田中的油气藏，即属于这种类型。

在国外的一些地台区，这类油气藏也相当普遍，其中包括很多著名的特大油气田。例如波斯湾盆地中产量和储量都居世界第一位的加瓦尔油田，西西伯利亚盆地的萨莫特洛尔大油田和乌连戈伊大气田，它们的油气藏主要是属于与基底活动有关的背斜油气藏。

(3) 塑性拱张背斜油气藏。这种圈闭的成因是地下塑性物质活动的结果。坳陷内堆积的巨厚盐岩、石膏和泥岩等可塑性地层，在上覆不均衡重力负荷及侧向水平应力作用下，塑性层蠕动抬升，使上覆地层变形形成底辟拱升背斜圈闭。大多数与油气聚集有关的底辟拱升背斜形成物质是盐岩，或者盐岩与石膏、泥岩组成的混合层，尤以盐丘占主要地位。这种背斜的轴部往往发育堑式或放射状断裂系统，顶部陷落，断层将其复杂化。甚至有的在宏观上呈背斜形态，但具体到油气聚集的基本单元往往已没有完整的背斜圈闭，而是被断层分割成众多的半背斜和断块圈闭。

我国江汉盆地的王场油田的油藏可作为此类的典型代表。该油田为一长轴背斜，走向北西，两翼近对称，隆起幅度高达 800 m。在剖面上，地层倾角上缓下陡，上部仅 20°，下部达 60°～70°。地下核部为盐岩隆起。根据地震资料，在 6000～7000 m 深处，构造已全部消失。如图 3.8 所示。

江汉盆地潜江凹陷的潜江组为一套富含膏盐的盐湖相泥质岩系，厚 3500 m 以上。其中盐岩层最多可达 153 层，累计厚度占总厚度的 50%，尤以潜四段下部最发育。

渤海湾盆地东营凹陷下第三系下部也发育一套厚逾 1000 m，由盐岩、石膏及泥质岩组成的柔性地层，这套混合塑性层在凹陷中央上拱是中央隆起带形成的主要机制。在该构造带上的东辛油田，其构造背景就是典型的塑性拱升背斜。该构造由东营穹隆背斜和辛镇长轴背斜组成，呈东西向展布，轴部发育的堑式断裂系统将其切割成堑式背斜，油气藏的分布受背斜构造宏观控制，但单个油气藏多数为断层遮挡油气藏。

在国外，有很多著名的这类油气藏。例如中东地区科威特的最大油田——布尔干油田，主要含油层为中白垩统瓦拉砂岩及布尔干砂岩，两者之间的隔层为马杜德灰岩。瓦拉砂岩为细－粉砂岩与暗色粘土岩互层，厚 60 m；布尔干砂岩为中－粗石英砂岩和厚度不等的暗灰色粘土岩互层，厚 335 m，为三角洲相沉积。孔隙度 25%～30%，单井平均日产油量达 1350 吨，油田可采储量为 90 亿吨，是世界第二大油田。布尔干油田背斜构造圈闭的成因，是由于侏罗系泻湖相巨厚的柔性盐层长期活动的结果。

此外，在北美的墨西哥湾、俄罗斯的恩巴地区以及西非的部分地区的许多背斜油气藏，也都属于这种类型。

(4) 披覆背斜油气藏。这类背斜的形成与地形突起和差异压实作用有关。在沉积基底上常存在有各种地形突起，由结晶基岩、坚硬致密的沉积岩或生物礁块等组成。当其上有新的沉积物堆积后，这些突起部分的上覆沉积物常较薄，而其周围的沉积物则较厚，因而在成岩过程中，由于沉积物的厚度和自身重量不同，所受到的压缩也是不均衡的，周围较厚的沉积物压缩程度较大，结果便在地形突起（潜山）的部位，上覆地层呈隆起形态，形成背斜圈闭。常呈穹窿状，顶平翼稍陡，幅度下大上小。对塑性较大的

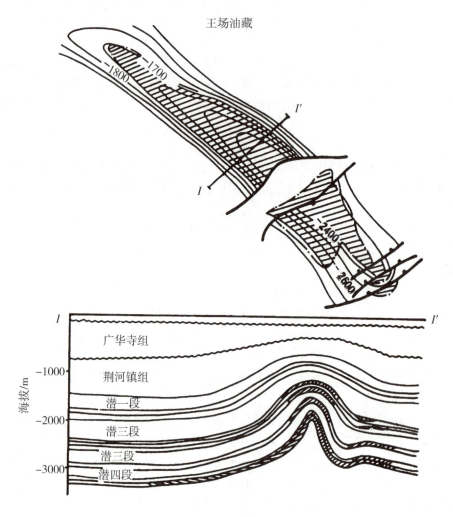

图 3.8 江汉盆地王场构造油气藏平面及剖面

（据胡见义等）

泥质岩所形成的背斜较明显，倾角稍大些；而对较硬的砂岩及石灰岩所形成的背斜常不如前者明显，倾角较平缓。潜山上部的背斜，常反映下伏潜山的形状，但其闭合度总是比潜山高度小，并向上递减，倾角也是向上减小。这种背斜构造，也有人称为披盖构造或差异压实背斜。如渤海湾盆地济阳坳陷的孤岛油田和孤东油田，都是以这类油藏为主。它们的"基底"主要是由奥陶系石灰岩或白云岩组成的剥蚀突起（潜山），其翼部超覆沉积有下第三系，顶部则被上第三系馆陶组及明化镇组覆盖，形成较大规模的披盖构造。特别是馆陶组拥有典型的与剥蚀及差异压实作用有关的背斜油气藏。

国外不少含油气盆地中也有这种类型的油气藏。例如，北美地台二叠盆地中的希莫尔油田，其中的宾夕法尼亚系油藏就属此类，如图 3.9 所示。宾夕法尼亚系之下，是一个珊瑚礁组成的突起—宾夕法尼亚系背斜反映了下伏突起的形态。此外，在北非地台、俄罗斯地台等也都有这类油气藏分布。

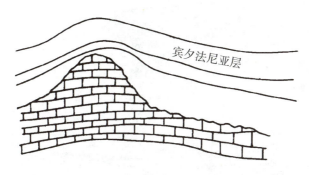

图3.9 二叠盆地希莫尔油田横剖面地质

（5）滚动背斜油气藏。在世界各地中新生代碎屑岩沉积盆地中，发现许多与同生断层有关的滚动背斜圈闭及其油气藏。多分布在三角洲地区，其主要特点是背斜都很平缓，成因主要是由于沉积过程中同生断层作用的结果。在断块活动及重力滑动作用下，堆积在同生断层下降盘上的砂泥岩地层沿断层面下滑，使地层产生逆牵引，形成了这种特殊的"滚动背斜"圈闭。同生断层及滚动背斜的形成与三角洲的成长发育有关，而与任何造山运动无关。这些滚动背斜位于向坳陷倾斜的同生断层下降盘，多为小型宽缓不对称的短轴背斜，近断层一翼稍陡，远断层一翼平缓。轴向近于平行断层线，常沿断层成串珠状成带分布。构造幅度中部较大，深浅层较小。背斜高点距离断层较近，且高点向深部逐渐偏移，其偏移的轨迹大体与断层面平行。这些滚动背斜一般具有良好的油气聚集条件，因为它们距油源区近，面向生油坳陷，发育在大型三角洲沉积中，储集砂体厚度大、物性好，并形成良好的生储盖组合，加之构造属于同沉积构造，同生断层可作为油气运移的通道，因此，这类背斜常可形成富集高产的油气藏。

渤海湾盆地已发现有相当数量这类油气藏。东营坳陷中一些受同生断层控制的构造带上的油田，如胜坨油田、永安镇油田皆属之。惠民坳陷的临盘油田、歧口坳陷的港东油田，都是受同生断层控制形成的滚动背斜构造。它们的主要含油层系为渐新世的沙河街组，含油气十分丰富。由于同生断层长期活动，涵盖了油气大规模运移聚集时期，致使在纵向上多层系含油气。其中最著名的是坨庄－胜利村油田，如图3.10所示。

胜坨油田的背斜构造是受胜北同生断层所控制的滚动背斜。其主要含油层沙河街组的油藏属于滚动背斜油气藏。背斜走向近东－西，大致平行胜北大断层。虽然该背斜油气藏被若干断层所切割，但仍可明显看出是受背斜控制，含油气十分丰富。

在国外也有很多这类油气藏，且常高产。例如尼日利亚的尼日尔河三角洲地区就有近200个这种类型油气藏。如尼日利亚第一个海上油气田——奥坎油田，它的油气藏就是典型的滚动背斜型油气藏。此外，在美国墨西哥湾等地区也发现相当多的这种类型油气藏。

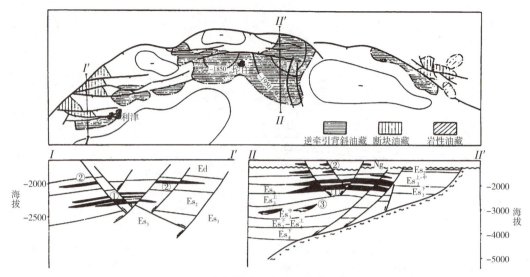

图 3.10 济阳坳陷胜坨油田构造及横剖面

（据胜利石油管理局）

（二）断层油气藏

断层圈闭是指沿储集层上倾方向受断层遮挡所形成的圈闭；在断层圈闭中的油气聚集，称为断层油气藏。油气勘探的实践表明，这类油气藏是世界各含油气盆地中广泛分布的一种类型。我国的油气勘探实践也证明，无论是在西北古生代褶皱区，还是在东部地台区，断层油气藏的分布都很广泛。尤其在东部地台区，中生代以来块断运动比较活跃，形成很多断陷盆地，同时在盆地的斜坡带以及背斜带上，也产生了大量断层，形成了为数众多的断层油气藏。例如在渤海湾盆地，大量油气藏都是属于这种类型。因此，研究断层油气藏的形成条件和特点，对我国油气勘探工作有重要的实际意义。

1. 断层在油气藏形成中的作用

断层破坏了岩层的连续性。断层的性质、断层的破碎和紧结程度，以及断层面两侧岩性组合间的接触关系等，与油气运移、聚集和破坏都有密切关系。有时同一断层，在深部和浅部所起的作用不同。在历史发展过程中，在不同时期内，也可能起着封闭或破坏两种相反的作用。因此，断层对油气藏形成的作用，应从多方面考虑，特别是要深入地分析断层的发展历史与聚油期之间的关系，分析断层两侧的地层组合关系，分析断层面的封闭性和开启性，这样才能正确认识断层的作用，找出断层与油气聚集的规律。从油气运移和聚集来看，断层对油气藏的形成，有以下两方面的作用：

1）封闭作用。所谓封闭作用，是指由于断层的存在，使油气在纵、横向上都被密封而不致逸散，最后聚集成油气藏。

断层的封闭机理：①对置封闭。储层上倾方向与非渗透层对接，"砂岩不见面"。储集层沿上倾方向与断层另一盘的非渗透性层接触，或两侧储层对置时，上倾地层的排替压力大。②泥岩涂抹封闭。塑性泥岩层沿断裂带涂抹，使断裂带本身具有高排替压力，导致封闭。③颗粒碎裂封闭。碎裂作用使断裂带中颗粒粒级和渗透率降低，如砂质颗粒破碎形成细粒的断层泥。④成岩封闭。胶结作用使断裂带渗透性降低。

（1）在纵向上，断层的封闭作用决定于断层带的紧密程度，主要取决于以下几个因素：①断层的性质及产状。由于所受外力不同，产生不同性质的断层。受压扭力作用产生的断层，断裂带表现为紧密性的，常使断层面具封闭性质。而张性断层的断裂带常不紧密，易起通道作用。但这并不是说张性断层的封闭性一定比压扭性断层的差。渤海湾盆地中新生代地层中的断层几乎都是张性正断层，但都具有良好的封闭性能。断层的产状也影响其封闭性能。断面陡，封闭性差；断面缓，封闭性好。②断层岩性。在塑性较强的地层中（如泥岩）产生断层，沿断层面常形成致密的断层泥，可起封闭作用。一般来说，断开地层中泥岩的厚度越大，其封闭性越好。③断层带内流体活动。断层带内，由于地下水中溶解物质（如碳酸钙）沉淀，将破碎带胶结起来，形成所谓断层墙，而起封闭作用。油气沿开启的断裂带运移过程中，由于原油的氧化作用，形成固体沥青等物质，堵塞了运移通道，也可起封闭作用。

（2）在横向上封闭与否，取决于断距的大小，断层两侧岩性组合及配置关系。由于断层的断距在横向上和纵向上都有变化，在沉积盆地内岩性组合也变化多端。因此，断层能否起封闭作用，也是变化不一的。但是，其最基本的条件是断层两侧的渗透性岩层不直接接触，俗称"砂岩不见面"，就可起封闭作用。反之，如果断层两侧的渗透性岩层直接接触，则不能起封闭作用。如图3.11所示。一般情况下，对于由大段泥岩夹砂岩组成的剖面，断距小于泥岩厚度时，封闭条件较好；在大段泥岩层内的单层砂岩，受断距的影响也较小。形成断层圈闭的另一个基本条件是断层位于储集层的上倾方向。因此，在研究断层封闭时，必须注意断层面倾向与地层倾向间的组合关系；正确地判断出究竟是上升盘封闭，还是下降盘封闭。当断层两侧的地层向相反方向倾斜时，则上下盘都可能形成良好的圈闭条件。

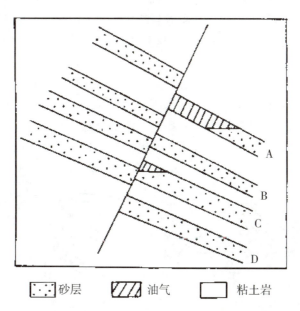

图3.11 **断层两侧岩性接触情况对断层圈闭封闭性的影响**
A层为完全封闭；B层为不封闭；C层为部分封闭；D层为不封闭

(3) 断距小于泥岩厚度：封闭条件较好；大段泥岩层内的单层砂岩，受断距影响小。

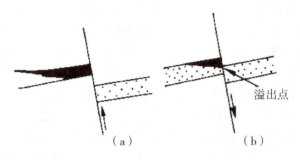

图 3.12　断层圈闭的大小与断距及断层两侧岩层接触情况的关系

(4) 断层圈闭的闭合高度及闭合面积，取决于断距的大小及其与盖层、储集层厚度的关系。若断距使盖层将储集层全部遮挡，如图 3.12（a）所示，则所形成圈闭的闭合高度大、闭合面积也大，圈闭面积等于溢出点（断层线与储集层顶面构造等高线的最低切点）等高线和断层线所圈闭的面积；若盖层只封闭住储集层的上部，则储集层上部的封闭部分亦可形成圈闭，但其闭合高度小于储集层的厚度，如图 3.12（b），其圈闭面积也小。

从本质上来说，断层的封闭能力取决于断层面两侧对置岩层的排替压力差。通常泥岩与断层另一盘上倾方向的砂岩相对置而形成断层圈闭，原因是封堵泥岩具有较高的排替压力，可阻止油气横向运移，故可用烃柱高度来表示封堵能力。

2）通道和破坏作用。由于断裂活动开启程度高，常常破坏了原生油气藏的平衡状态，断层就成为油气运移的通道。如果遇到断层断至上部某一地层中而消失，且其上部有良好的盖层，则可形成次生油气藏。这种次生油气藏的层位往往与断层的部位相吻合。

断层是沟通深部原生油藏与浅部次生油藏的重要通道。但是，也有的断层断至地面，油气可以完全逸散而破坏了油气藏，例如柴达木盆地的油砂山油田，本来为一完整的背斜油藏，后因垂直构造轴线发生一条大断距的断层，将东侧油层抬高暴露于地面，油藏则全部遭到破坏，如图 3.13 所示。西侧油层下降，被断层封闭仍保留了商业性油藏。

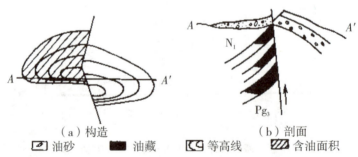

图 3.13　油砂山油田构造及剖面

（据青海石油勘探局）

2. 断层油气藏主要类型

断层圈闭的型式是多种多样的，可从不同角度进行分类。根据断层性质可将断层油气藏分为正断层遮挡油气藏和逆断层遮挡油气藏。在我国东部中新生界裂谷盆地中的油气藏均为正断层遮挡油气藏。根据断层倾向与储层倾向之间的关系，可将其分为同向正断层遮挡油气藏和反向正断层遮挡油气藏，前者断层与储层倾向一致，通常断距大于储层厚度方能形成圈闭；后者断层与储层的倾向相反，断层与储层构成屋脊形式，所形成的油气藏又称为屋脊断块油气藏。屋脊断块圈闭比同向正断层圈闭易于形成，故在断层遮挡油气藏中，大多数为屋脊式油气藏。如渤海湾盆地东辛油田中的断层油气藏，屋脊断块油藏约占90%以上。

各类断层油气藏在成因上有着内在的联系，其最基本的共同点，就是它们都是在地层的上倾方向为断层所封闭。通常根据断层线与储层构造等高线的组合关系，可分为下列几种型式。

（1）断鼻构造油气藏。它是由断层与鼻状构造组成的圈闭及其油气藏。在区域倾斜的背景上，鼻状构造的上倾方向被断层所封闭，形成断层圈闭。渤海湾盆地大量分布这类油气藏，如永安镇油气田永12断块沙二下油气藏。该油气藏储层为沙二下块状砂岩，呈一向北抬起的鼻状构造，被近东西向延伸的北掉断层切割，形成断鼻油气藏。由于油气源充足，储层物性好，断层封堵能力强，因而含油气层厚度很大，最厚可达70 m（图3.14）。

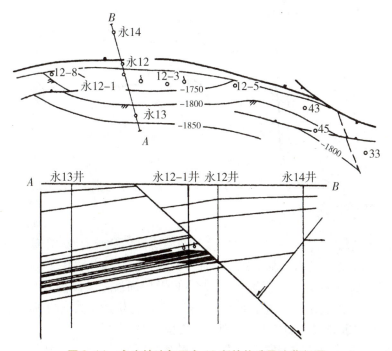

图 3.14 永安镇油气田永 12 断块构造及油藏剖面

（据王秉海等）

（2）弧形断层断块油气藏。在倾斜储集层的上倾方向，为一向上倾凸出的弯曲断层（弧形断层）面所包围；在构造图上表现为较平直的构造等高线与弯曲断层线相交，形成圈闭条件（图3.15）。

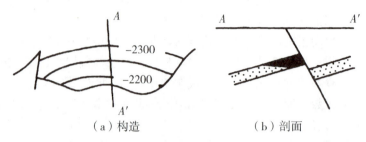

图3.15 胜坨油田某一断层油气藏构造及剖面

（3）交叉断层断块油气藏。在倾斜储集层的上倾方向，为两条相交叉的断层所包围；在构造图上表现为较平直的构造等高线与交叉断层相交。青海柴达木盆地冷湖油田某断层油藏可以作为这类油气藏的典型实例（图3.16）。渤海湾盆地也分布有大量这种类型的油气藏。

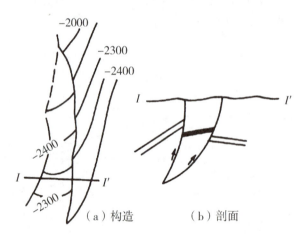

图3.16 柴达木盆地冷湖油田某断层油藏构造及剖面
（据青海石油勘探局）

（4）多断层复杂断块油气藏。在许多复杂断块区，往往有多组断层的交叉切割与地层产状相结合，组成各种几何形态的含油气断块，遮挡的断层往往是多条，形成复杂断块圈闭，许多成为封闭断块。在储层上倾方向及侧向被三条或更多的断层切割封闭，形成半封闭或封闭形断块，构造图上表现为多条断层与构造等高线构成闭合区。如东辛油田的营13断块区油藏（图3.17），即为其典型实例。

（5）逆断层断块油气藏。这类油气藏出现在挤压盆地的边缘地区，由盆地边缘多组逆断层或逆掩断层与储集层结合而形成的各种形态的含油气断块。在逆掩断层上盘，形成了逆掩断块油气藏，在逆掩断层下盘，常常形成隐藏性掩覆断块油气藏。如克拉玛依油田北缘断块的一些油气藏。

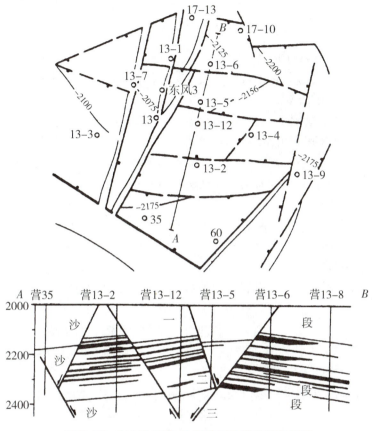

图 3.17 东辛油田营 13 断块区油藏平面及剖面

以上五种断层油气藏的圈闭形式均具有一个共同点，就是必须形成一个圈闭的空间。从构造图上看，在断层本身是封闭性的前提下，形成断层圈闭的必要条件是：断层线与构造等高线或与岩性尖灭线必须是闭合的。反之，如果不具备上述条件，断层就不能形成圈闭。

我国不同含油气地区，尤其是渤海湾盆地，断层与储集层形成各式各样的圈闭组合形式，即形成大小、形态都不一样的断块，许多学者将这类断层油气藏称为断块油气藏，在实际工作中断块油气藏这一名称也广为使用。在不同地区，为了区分不同类型的断块油气藏，又根据断块的形态分为扇形、梯形、三角形、菱形等断块油气藏。

总之，断层油气藏与断块油气藏不宜作为同义语，后者应是前者的一部分。断块油气藏泛指那些靠封闭断层与不具构造形态的倾斜储集层组成的圈闭油气藏，常常是由多条断层将储层分割成各式各样的断块，或者是由单一弯曲断层与倾斜储集层构成圈闭。单个圈闭小而破碎；而将断层与具有一定构造形态的鼻状构造组成的断层遮挡圈闭油气藏称为断鼻油气藏，这类油气藏含油面积往往较规则，储层上倾方向为断层遮挡，含油范围常呈半背斜状。

断层油气藏有其自己的特点，特别是其复杂性和多样性，并且是随着各个时期构造运动的性质和强弱的变化而变化。因此，石油地质工作者就必须在复杂多变的情况下，分析研究其变化规律，才能使油气勘探工作更有成效。

（三）岩体刺穿油气藏

1. 岩体刺穿油气藏的概念

由于刺穿岩体接触遮挡而形成的圈闭，称岩体刺穿圈闭；岩体刺穿油气藏则是指油气在岩体刺穿圈闭中的聚集。

按刺穿岩体性质的不同，可以分为盐体刺穿、泥火山刺穿及岩浆岩柱刺穿等。目前世界上在这三种岩体刺穿圈闭中都已经发现了油气藏。但是，从分布的广泛性来看，盐丘刺穿更为重要。如在罗马尼亚、德国、美国和俄罗斯等国，都发现有相当数量的盐体刺穿油气藏。而与泥火山刺穿有关的油气藏及与岩浆岩柱刺穿有关的油气藏，则仅在个别地区有所发现。

与刺穿构造有关的圈闭，除岩体刺穿圈闭外，还可形成背斜圈闭、断层圈闭等。后两类油气藏前已阐述，不再重复。

2. 形成机理和分布

地下岩体（包括盐岩、泥膏岩、软泥以及各种侵入岩浆岩）侵入沉积岩层，使储集层上方发生变形，其上倾方向被侵入岩体封闭而形成刺穿（接触）圈闭。与刺穿体有关的储层上倾变形、变位（断裂）相应可形成背斜圈闭和断层圈闭。

刺穿油气藏的基本特点是油气在上倾方向一侧被刺穿岩体所限，其下倾方向油（气）水边界仍与规则等高线保持平行。

关于盐岩和泥火山活动，以及与其有关的底辟和刺穿构造的形成，国内外许多学者做了大量的研究工作，多数认为，膏盐和软泥常饱含大量的原生水，比其他沉积岩层的密度低，在上覆密度大的沉积层的不均衡重压下（静压或动压），使可塑性的膏岩或软泥发生流动，由高压区流向低压区；在流动过程中，遇到沉积岩层的薄弱带，如活动的同生断层或压差较大的低压区等，这些可塑性的膏盐流或软泥流就向上侵入或拱起，造成刺穿和底辟构造。因此，膏盐和软泥的刺穿或底辟常与同生断层密切联系在一起。

根据上述机理可知，形成刺穿或底辟构造的基本条件是地下深处存在相当厚度的膏盐或软泥层，厚度愈大，形成这种构造的可能性也就愈大；其次是上覆岩层存在压差变化比较显著的薄弱带。

上述两个基本条件，控制了刺穿接触圈闭及岩体刺穿油气藏的形成和分布。

3. 岩体刺穿油气藏的实例

（1）盐体刺穿油气藏。地下深处的盐体，侵入并刺穿上覆的沉积岩层，形成盐体刺穿圈闭，其中聚集了油气，则称为盐体刺穿油气藏。例如罗马尼亚喀尔巴阡山前带的莫连尼油田的油藏，就属这类油气藏。该油田是盐体侵入并刺穿了上覆第三系渐新统和上新统的砂岩储集层，形成了盐体刺穿圈闭及其油气藏（图3.18）。

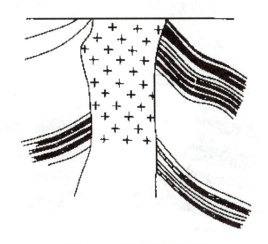

图 3.18 莫连尼油田横剖面

此外,在美国墨西哥湾地区、俄罗斯恩巴地区、德国北德意志盆地、西欧北海盆地、西非加蓬等地区都广泛分布有这种类型的油气藏。

(2) 泥火山岩体刺穿油气藏。这是由于泥火山刺穿作用,形成圈闭条件,聚集了油气所形成的油气藏。例如俄罗斯阿普歇伦半岛的洛克巴丹油气田中的油气藏,就属此类。该油田为一背斜构造,构造顶部为泥火山所刺穿,第三系上新统储集层沿上倾方向与泥火山刺穿体接触,形成圈闭条件,聚集了油气,就形成了这类油气藏,如图 3.19 所示即为其典型实例。

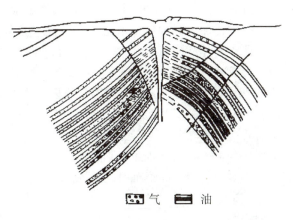

图 3.19 洛克巴丹油气田剖面

(据 Брод,1950)

我国西北部新疆准噶尔盆地独山子油田,以及南海北部大陆边缘盆地等区域均有泥火山活动。此外,国外在俄罗斯的里海、尼日尔河三角洲、缅甸的阿拉康海岸,以及特立尼达岛等地,也都有泥火山活动,且均形成了与泥底辟/泥火山有关的大量油气藏。

(3) 岩浆岩体刺穿油气藏。地下深处的岩浆侵入并刺穿上覆沉积岩层,形成岩浆岩体刺穿圈闭,后来油气在其中聚集,就形成这类油气藏。例如在墨西哥曾发现过这样一个油田,如图 3.20 所示。其中的油气藏是属于岩浆岩体刺穿油气藏。这类油气藏比较少见。

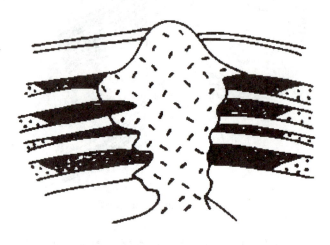

图 3.20　墨西哥的岩浆岩体刺穿油田横剖面

(据 Брод,1950)

(四) 裂缝性油气藏

1. 概述

所谓裂缝性油气藏,是指油气储集空间和渗滤通道主要靠裂缝或溶孔(溶洞)的油气藏。在各种致密、性脆的岩层中,原来的孔隙度和渗透率都很低,不具备储集油气的条件;但是,由于构造作用,加上其他后期改造作用,使其在局部地区的一定范围内,产生了裂隙和溶洞,具备了储集空间和渗滤通道的条件,与其他因素(如盖层、遮挡物等)相结合,则可形成裂缝性圈闭。油气在其中聚集,则形成裂缝性油气藏。

岩层的裂隙可以是多种因素造成的,但构造作用最重要,岩层裂隙的产生和发展,在绝大多数情况下,都是与褶皱和断裂联系在一起的。因此,将裂缝性油气藏归入构造油气藏类。裂缝性油气藏虽然常常与背斜油气藏、断层油气藏有密切关系,又有它自己的特殊性,与勘探和开发背斜油气藏、断层油气藏有很大区别。所以把它单独列为一种油气藏类型,并说明它与背斜油气藏、断层油气藏在成因上既有密切联系,又有重要区别。

2. 裂缝性油气藏的特点

与其他类型的油气藏比较,裂缝性油气藏常有如下特点。

(1) 油气藏常呈块状。虽然裂缝性油气藏储集层的储集空间类型很复杂,而构造裂缝的发育,常可把各种类型的孔隙、裂隙联系起来,形成统一的孔隙-裂隙体系,把原来互相隔绝的裂隙、孔隙、晶洞、溶洞等储集空间沟通起来,形成一个统一的储集空间网络,其中聚集油气后所形成的油气藏也呈块状,具有共同的油-水界面、统一的压力系统。

(2) 钻井过程中的特殊现象。在裂缝性油气藏的钻井过程中,经常发生钻具放空、泥浆漏失和井喷现象。据我国四川盆地二叠系、三叠系裂缝性气藏 44 口主要产气井的不完全统计，发生放空、漏失和井喷的约有 37 口，占总井数的 84%，放空和漏失的井段和层位，多半是生产层所在的井段和层位。如自流井气田的自 2 井，钻至井深 2260.55 m 时，钻具放空 4.45 m，随之发生井漏，并造成强烈井喷。这个井段和层位恰恰就是该井的主要产气井段和层位。而且产量的大小，常和漏失程度有密切关系。所以，在现场工作的地质人员，常可根据钻具放空和漏失情况来初定产油气井段及层位，并估计其产量大小。

（3）实验室测定的油层岩芯渗透率与试井测得的油层实际渗透率相差悬殊。一般裂缝油气藏储集层在实验室根据岩芯测定的渗透率很低，而试井实际测得的渗透率却很高，相差悬殊。这是由于构造裂缝沟通了储集层的各种储集空间，形成一个畅通的渗流系统。例如波斯湾地区一些著名的裂缝性大油气田，它们原始的粒间孔隙度及渗透率都很低，而实际的渗透率却是很高，油井产量也很高，油层压力稳定，且能保持长期高产。如伊朗的麦斯日德－依－苏莱曼油田，储集层的粒间孔隙度平均只有 5.6%，但其累积产油量却已超过 1.5 亿吨。其原始渗透率很低，但产量却很高。这都是由于构造裂缝大大增加了储集层孔隙度和渗透率的结果。

（4）同一个油气藏，不同油气井之间产量相差悬殊。由于裂缝性储集层的孔隙性、渗透性分布不均，同一储集层的不同部位，储集性能可以相差悬殊。因此，造成不同油井之间的产量差别甚大。高产井群中伴有低产井和干井，低产井群中伴有高产井。例如四川盆地的自流井气田中三叠统气藏，在郭家坳高产区中却存在有干井。对碳酸盐岩储集层来说，除各种原生孔隙是受沉积条件控制外，其他各种类型的裂隙、溶洞等多受构造运动及地下水活动等因素的直接影响，这是造成其分布不均匀的重要原因。

总之，裂缝性油气藏是一种比较复杂的油气藏类型，在勘探这种类型的油气藏时，最重要的是分析和认识裂缝带的分布规律，因为正是这些次生裂缝带的分布及发育情况，控制了油气的富集程度。

3. 裂缝性油气藏实例

目前裂缝性油气藏在世界石油和天然气产量、储量中占很重要的地位。中东波斯湾盆地和美国、俄罗斯、墨西哥等国家都在碳酸盐岩中找到了巨大的裂缝性油气藏，为这些国家石油及天然气储量、产量的增加起了重要作用。我国四川盆地也发现了相当数量的碳酸盐岩裂缝性油气藏，特别是裂缝性气藏具有悠久的历史，对我国石油及天然气工业的发展有重要意义。

（1）石油沟气田的三叠系气藏。石油沟气田位于四川盆地东南部的含气区。为轴向近南－北的不对称长轴背斜，西翼陡，倾角达 45°～50°；东翼缓，倾角为 15°～30°；南北长约 40 km，东西宽 8～9 km；闭合度为 1100 m。如图 3.21 所示。

石油沟气田的生产层主要是三叠系嘉陵江统石灰岩和白云岩，其上部为硬石膏层作为盖层。石油沟气田发育的裂缝有四组，走向裂缝最发育。这组裂缝构成了轴部附近裂缝发育带的主体，裂缝的延伸长度大、宽度大、密度也大。因此，轴部形成气藏的高产区。在翼部，裂缝发育程度较低，含气情况也较差。

裂缝发育程度与岩性也有一定联系，一般情况下，薄层比厚层岩层裂缝发育，质纯的碳酸盐岩比泥质含量高的岩层裂缝发育。

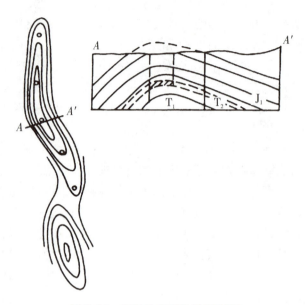

图 3.21　石油沟气田构造及剖面

（据四川石油管理局）

油气藏主要沿轴部裂缝带分布，开采过程中，沿轴向附近的相邻气井有明显的干扰，而垂直轴向的相邻各井间，干扰则不明显。

（2）柴达木盆地油泉子油田中新统裂缝性油藏。油泉子油田位于柴达木盆地中央平缓背斜带，是一个不对称的似箱形背斜。北翼陡，倾角为 60°～80°；南翼平缓，倾角约 25°。储集层为中新统底部的裂缝性泥岩夹薄层石灰岩、泥灰岩和砂岩透镜体。石油主要聚集在一定深度范围的泥岩的垂直裂缝和水平裂缝带内，与层位没有明显关系。单井产量相差悬殊，一般单井日产量为 0.5～4 吨；但少数高产井日产量可达数百吨。这主要与裂隙带的发育情况有密切关系。一般在裂缝发育带，形成油气富集带，产量也高；反之，裂隙不发育处，油气就不富集，产量也低，如图 3.22 所示。

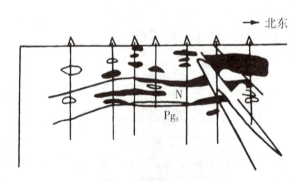

图 3.22　油泉子油田剖面图

（据青海石油勘探局）

我国陕北延长油田的三叠系延长统油藏，是属于裂缝性砂岩油藏。在美国的加利福尼亚州圣马利诺盆地、得克萨斯州米德兰盆地也分布有这种裂缝性泥岩、粉砂岩储集层的裂缝性油气藏。

构造油气藏，过去和现在都是最重要的一种油气藏类型。其中又以背斜油气藏及断层油气藏更为重要，因为它们在世界上分布最广泛。而岩体刺穿遮挡油气藏及裂缝性油气藏，实质上是比较特殊的油气藏类型，它们的形成条件和勘探方法都具有特殊性。

三、地层油气藏

地层圈闭是指储集层由于纵向沉积连续性中断而形成的圈闭，即与地层不整合有关的圈闭。在地层圈闭中的油气聚集，称为地层油气藏。显然，这里所指的地层圈闭是狭义的，是指储集层上倾方向直接与不整合面相切被封闭所形成的圈闭，不包括由于沉积条件的改变或成岩作用而形成的岩性圈闭。

地层圈闭与前述构造圈闭不同：构造圈闭是由于地层变形或变位而形成；而地层圈闭则主要是由于储集层上、下不整合接触的结果，储集层遭风化剥蚀后，又被不渗透地层所超覆，形成不整合接触。

地层圈闭既是一种地层现象，又是一种构造现象。不整合对地层圈闭起主导作用，但通常必须与其他构造因素或岩性因素结合在一起，由不整合面和储集层顶面的构造等高线构成封闭区。根据储集层与不整合面的关系，地层油气藏大致可以分为三大类：即位于不整合面之下的地层不整合遮挡油气藏和位于不整合面之上的地层超覆不整合油气藏，还有生物礁块油气藏也应归入地层油气藏中。而那些储集层在不整合面之上和之下未与不整合直接接触，由其他因素形成的油气藏，均不属于地层油气藏。如图 3.23 所示，B、C 是位于不整合面之上的地层超覆油气藏，而 D、E 为不整合面之下的地层不整合遮挡油气藏；A、F 则分别为岩性尖灭和背斜油气藏（图 3.23）。

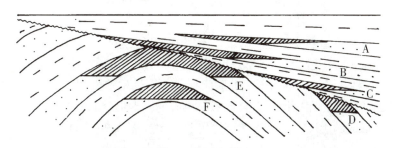

图 3.23　地层油气藏及其与非地层油气藏之间的区别示意

（一）地层不整合遮挡油气藏

世界油气勘探经验证明，不整合面的上下常常可成为油气聚集的有利地带。这里所指的不整合是广义的，既包括角度不整合，也包括平行不整合（假整合）。地层不整合遮挡油气藏主要是与潜伏剥蚀突起及潜伏剥蚀构造有关。剥蚀突起或剥蚀构造被后来沉积的不渗透地层所覆盖，就形成地层不整合遮挡圈闭，油气在其中聚集就形成地层不整合遮挡油气藏。随着地球物理勘探方法的日益发展，以及深井钻井技术的日益提高，在世界各地发现的与地层不整合有关的潜伏剥蚀突起油气藏及潜伏剥蚀构造油气藏愈来愈多，其中不少是属于世界性的大油气田，在石油与天然气工业的发展中日益显得重要。我国塔里木和华南地台古生代及三叠纪的碳酸盐岩地层甚为发育，华北地台中、上元古界和下古生界的碳酸盐岩地层也甚为发育，而且存在着长期的沉积间断或不整合接触关系，潜伏剥蚀突起或潜伏剥蚀构造广泛分布，寻找这种地层不整合遮挡油气藏的远景是很大的。

1. 地层不整合遮挡圈闭的形成机理

地层不整合遮挡圈闭的形成，与区域性的沉积间断及剥蚀作用有关。在地质历史的某一时期，地壳运动使一个区域上升，受到强烈风化、剥蚀的破坏。坚硬致密的岩层抵抗风化的能力强，在古地形上呈现为大的突起；而抵抗风化能力较弱的岩层，则形成古地形中的凹地。因而显示出了高山、丘陵、平原、沟谷、河湖等古地貌的景观。后来，在该区域尚未被剥蚀成为平原时，又重新下降，同时又被新的沉积物所掩埋覆盖，这样就在原来古地形的基础上，形成了一系列的潜伏剥蚀突起或潜伏剥蚀构造。有人也称为"古潜山"。这种古地形的突起，由于遭受多种地质营力的长期风化、剥蚀，常形成破碎带、溶蚀带，具备良好的储集空间，当其上为不渗透性地层所覆盖时，则形成了地层不整合遮挡圈闭，成为油气聚集的有利场所（图3.24）。

 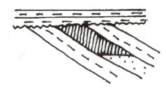

（a）潜伏剥蚀突起圈闭　　（b）潜伏剥蚀背斜构造圈闭　　（c）潜伏剥蚀单斜构造圈闭

图3.24　地层不整合遮挡圈闭示意

古地形突起与构造的关系是多样的。有时古地形突起与古构造隆起一致，形成所谓的古正地形。这种古构造隆起，可以是背斜［图3.24（b）］，也可以是单斜构造［图3.24（c）］，这种古正地形突起形成的圈闭称潜伏剥蚀构造圈闭。有时古地形突起是形成于古构造的凹陷处，即所谓的古负地形；也有的古地形突起是在古块断隆起的基础上形成的，这时形成的圈闭可称为潜伏剥蚀突起圈闭［图3.24（a）］。

组成古地形突起的岩石，可以是石灰岩、白云岩、砂岩、火山岩、岩浆岩及变质岩等，它们的共同特点是，坚硬突出，经过长期的风化、剥蚀和地下水的循环作用后，都具有良好的储集性质，为油气储集创造了良好条件。

2. 地层不整合遮挡油气藏形成条件

地层不整合遮挡油气藏在地台区及褶皱区都有分布。但是，根据目前已发现的这类油气藏的分布情况来看，在地台区较多。这可能是由于地台升降运动较频繁，沉积岩系之间沉积间断较多，容易在下伏构造层遭到风化剥蚀后，再度下降被新沉积物所覆盖；并且地台区的基底隆起和基底断裂发育，容易形成一系列的剥蚀突起和剥蚀构造，当它们被上覆不渗透地层所覆盖时，就形成了良好的圈闭条件，当然在褶皱区的沉积盆地中，褶皱、断裂作用显著，特别是在盆地边缘，不整合现象普遍，同样会发育这种类型的圈闭条件。

地层不整合遮挡圈闭中聚集的油气，主要是来源于其上覆沉积的生油坳陷，它们的运移通道以不整合面或有关的断层为主。因此，地层不整合遮挡油气藏中的油气储集层时代，常比生油岩的时代老，即所谓的"新生、古储"。当然也有的油气藏储集层时代与生油岩时代相同或生油岩时代老于储集层的时代。对于这种类型的油气藏，我们将通过对一些著名油气藏实例的介绍，进一步阐明其特点。

3. 地层不整合遮挡油气藏实例

目前世界上已经发现的地层不整合遮挡油气藏数量甚多，潜山油气藏是地层不整合遮挡油气藏的主体。按潜山储层的岩性，可分为碳酸盐岩潜山油气藏、碎屑岩潜山油气藏、结晶岩潜山油气藏（如花岗岩、变质岩）等，也可为多种岩石组成，不同岩性潜山油气藏的形成特点不尽相同。根据潜山的成因及形态，可分为潜伏剥蚀突起油气藏和潜伏剥蚀构造油气藏两类。

（1）潜伏剥蚀凸起油气藏。这类油气藏是指古地形突起（没有明显的构造形态）被上覆不渗透地层所覆盖形成圈闭条件，油气聚集其中而形成的油气藏。

美国西内部盆地的尼马哈潜山带、维启塔－阿马利罗潜山带、中央堪萨斯隆起等地区，都是潜伏剥蚀突起油气藏集中分布的地方。例如潘汉得尔油气田就是位于维启塔－阿马利罗潜山带上的一个特大油气田，如图3.25所示。

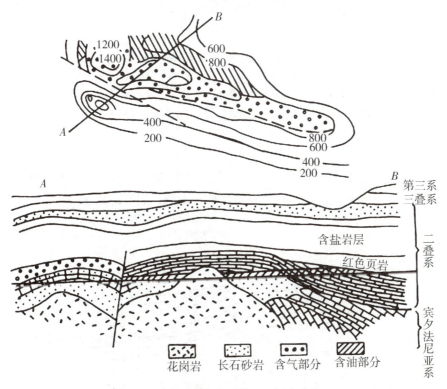

图3.25 美国潘汉得尔油气田构造及剖面

潘汉得尔油气田的含油气面积达 6000 km²。该剥蚀突起是由前寒武纪花岗岩、长石砂岩及上古生界碳酸盐岩共同组成一个巨厚的块状储集层。其上为二叠系所覆盖，特别是二叠系盐岩成为良好的盖层，形成一个巨大的块状油气藏，具有统一的油水界面。含油气高度达 400 m，含油部分主要位于潜伏剥蚀突起北侧。

(2) 潜伏剥蚀构造油气藏。这类油气藏是原来的古构造（如背斜等）被剥蚀掉一部分，后来又被新的沉积岩层不整合覆盖，形成圈闭条件，油气聚集其中而成的。根据构造形态，可分为两类：潜伏剥蚀背斜油气藏和潜伏剥蚀单斜油气藏。

美国阿拉斯加的普鲁德霍湾油田可以作为潜伏剥蚀单斜构造油气藏的典型例子。该油田位于阿拉斯加北极的巴罗隆起上，是世界上最北的油田，在北极圈以北 425 km，也是北美最大的油田，位居世界第七特大油田。该油田东西长 64 km，南北宽 32 km，面积约 2000 km²，为一向西南倾伏的鼻状构造，北部被断层所切，东部被不整合削蚀，其上被下白垩统海相页岩不整合封闭。主要储集层为二叠系、三叠系和侏罗系砂岩。如图 3.26 所示。

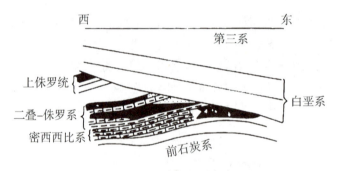

图 3.26　普鲁德霍湾油田横剖面

储集层孔隙度为 23%～25%；原油粘度低，有气顶。生产层深度为 2000～3000 m。该油田发现于 1968 年，第一口探井日产油量为 330 吨。

（二）地层超覆油气藏

地壳的升降运动及其差异性，常可引起海水或湖水的进退。这种水体进退的结果，在地层剖面上就表现为"超覆"和"退覆"两种现象，如图 3.27 所示。

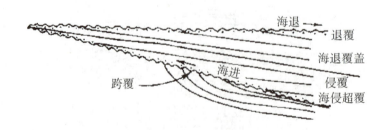

图 3.27　地层系统超覆与退覆示意

地层超覆是指当水体渐进时，沉积范围逐渐扩大，较新沉积层覆盖了较老沉积层，并向陆地扩展，与更老的地层侵蚀面成不整合接触。从剖面上看，超覆表现为上覆层系中每一地层都相继延伸到下伏较老地层边缘之外，并且在同一柱状剖面中，由下向上沉积物愈来愈细；地层退覆是在水体渐退时发生的，较新沉积层的范围愈来愈小。在实际的地质环境里，单纯的水进岩系层位迁移和单纯的水退岩系层位迁移都是少见的，多数见到的却是水进与水退交替出现，在剖面上则表现为超覆不整合面与退覆削蚀面相交，如图 3.27 所示。岩石结构上则是由下向上颗粒由粗变细再变粗，构成一个完整的沉积旋回。由于地壳运动的方向、速度及幅度不断变化，海水或湖水的进退也就变化多端，在地层剖面上反映出超覆与退覆的交替情况也多种多样。所有这些变化都可以形成各式各样的地层圈闭。因此，在各沉积盆地中，详细分析地质历史上水陆变迁情况和各个地质时期的古地理状况，对寻找地层超覆油气藏有着重要意义。

1. 地层超覆圈闭及油气藏形成特点

水体渐进时，水盆逐渐扩大，沿着沉积坳陷边缘部分的侵蚀面沉积了孔隙性砂岩，分选较好，储集性质也好；随着水盆继续扩大，水体加深，在砂层之上超覆沉积了不渗透泥岩，其结果形成地层超覆圈闭，油气聚集其中就形成地层超覆油气藏。

这种地层超覆圈闭，都是在水陆交替地带形成的，特别是在水进的阶段，这里盆底是以稳定下降为主，伴随轻微振荡，常与浅海大陆架或大而深的湖泊的还原环境有联系。因此，在砂层上下及向深处侧变成泥质沉积，往往富含有机质，是良好的生油层，同时又是良好的盖层。形成旋回式和侧变式的生、储、盖组合。油气生成后，就近运移至地层超覆圈闭中聚集起来，形成地层超覆油气藏。这种类型的油气藏都集中分布在地质历史上的水陆交替地带，在海相沉积盆地的滨海区、大而深的湖相沉积盆地的浅湖区，都可找到地层超覆油气藏。

2. 地层超覆油气藏实例

目前世界上已发现很多这类油气藏，其中比较著名的有美国东得克萨斯油田的油气藏。如图 3.28 所示。

东得克萨斯油田位于墨西哥湾盆地西部萨滨隆起的西侧，上白垩统乌德宾组砂岩超覆沉积在下白垩统不整合面上，向东的上倾方向又被其上不整合接触的奥斯汀群所超覆覆盖，砂岩顶、底两个不整合面在上倾方向相交，油气聚集其中，形成地层超覆油气藏。这个油田的总可采储量为 7.3 亿吨，累计产油量已超过 5 亿吨，是美国最大的油田之一。

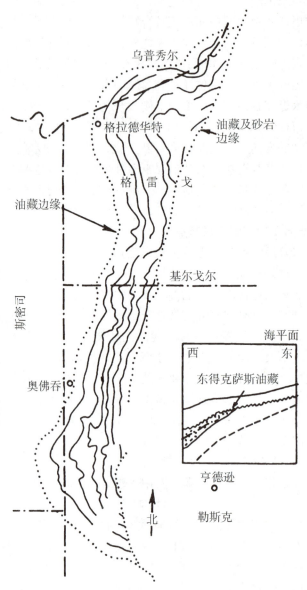

图 3.28 东得克萨斯油田乌德宾（白垩系）产油层顶部构造及横剖面

（据 Levorson）

（三）生物礁油气藏

1. 生物礁油气藏形成特点

生物礁是指由珊瑚、层孔虫、苔藓虫、藻类、古杯类等造礁生物组成的、原地埋藏的碳酸盐岩建造。生物礁中除造礁生物外，尚掺有海百合、有孔虫等喜礁生物。不同地质时代有不同的造礁生物。

世界各地都发现古代的生物礁，特别是古生代及中生代沉积层系中的生物礁更发育些。这种生物礁有大有小，小的只有几英尺厚和几平方英尺的面积，大的可达几百英尺厚和几百英里长。最初，古代生物礁只是在地面露头看到，后来可以在地下利用地球物理勘探方法和钻井方法去辨认它们，发现它们。

古代生物礁与现代生物礁在成因上是相似的，生物礁各部分及其岩相分布情况等都可与现代生物礁相对比。图3.29表示古代生物礁各部位及其岩相特征：生物礁后面潟湖沉积的岩相A，包括白云岩、石灰岩、砂岩、红页岩及硬石膏等蒸发岩的互层，总称后礁相；从后礁相过渡为生物礁的主体B；生物礁前面向海一侧，紧靠生物礁的岩相为石灰岩及砂岩和生物礁碎屑，称前礁相C；再向前向海方向则过渡为包括灰色到黑色页岩和石灰岩的岩相，称盆地相D。

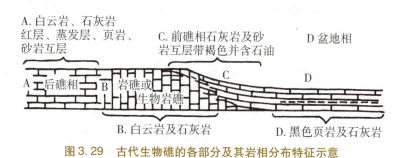

图3.29　古代生物礁的各部分及其岩相分布特征示意

（据Levorsen）

有些地区，在一个厚的岩系之内的不同高度及不同层位上，常同时发现古生物礁，形成一个复合生物礁体。这种情况是由于在这些适于造礁的地区海进与海退交替造成的。

只要造礁生物发育，无论在海进或海退的条件下，都能造成生物礁，只是在海退时，随着海水退却，合适的造礁条件向海盆中心转移，生物礁向海盆中心方向发育；海进时，随着海水加深，合适的造礁条件向海岸方向转移，生物礁块向着海岸方向发展。

生物礁圈闭是指礁组合中具有良好孔渗透性的储集岩体被周围非渗透性岩层和下伏水体联合封闭而形成的圈闭。生物礁圈闭的形态与礁组合中储集体的形态有关。

从油气藏形成的条件分析，以生物礁块主体和前礁相最为有利。首先是这两个带具有丰富的油气来源，除其本身具有良好的生油条件外，大量的油气可以从其相邻的盆地相中运移来。其次是这两个带的储集条件好，生物礁本身原生孔隙和次生溶洞都很发育，前礁相也同样具备这个条件。勘探实践也证明，油气主要都是集中在这两个岩相带中。

2. 生物礁油气藏实例

在世界各地不同地质时代的生物礁中，发现了丰富的油气资源。根据目前已有的资料，自古生代志留纪至新生代中新世，都发现有生物礁油气藏，其中以志留纪、泥盆纪、二叠纪、白垩纪和第三纪的生物礁油气藏更为重要。从分布的地区看，生物礁油气藏分布的重要地区有加拿大西部阿尔伯塔盆地、美国二叠盆地、俄罗斯乌拉尔山前坳陷、墨西哥湾盆地（包括墨西哥及美国两部分，其中以墨西哥部分更重要）、中东波斯湾盆地、利比亚锡尔特盆地以及印度尼西亚萨拉瓦蒂盆地等。在这些盆地中，生物礁油气藏常成带分布,形成丰富的产油气区。

生物礁油气藏在世界石油储量中占很重要的地位,据 Halbouty 等统计,世界上生物礁型大油田的总储量达 43.4 亿吨。

加拿大的油气产量约有 60% 产自生物礁油气藏,墨西哥全国石油产量 70% 产自生物礁油气藏。随石油勘探方法和技术的发展,发现生物礁油气藏日渐增多,它们的重要性也将日益增大。下面简要介绍几个比较重要的生物礁油气藏,以便进一步了解这种类型油气藏的形成条件及其特点。

(1) 黄金巷环礁带油田群。位于墨西哥坦皮科湾,该环礁带分三部分:圣伊西德罗以北称老黄金巷、其东南陆上部分称新黄金巷、海上部分称海上黄金巷。

整个黄金巷环礁带呈椭圆形,长轴为北西–南东向,长约 150 km,宽约 70 km;陆上分支向西凸出呈弓背状,长约 180 km,礁的宽度一般为 2 km。该油田以拥有三口万吨高产油井而闻名,其中一口名为赛罗·阿泽尔 4 号井初产量达 3.7 吨/d,为世界单井日产量最高的油井。从 50 年代中期开始,到 1968 年为止,陆上已发现 50 多个生物礁油田,海上发现 20 多个油气田。

黄金巷带产油的生物礁为中白垩统的埃尔·阿布拉礁,最大厚度为 1467 m。是以厚壳蛤类骨骼为主的生物灰岩,并混有瓣鳃类、腹足类、珊瑚等化石,由碳酸盐胶结而成。前礁相为礁麓角砾岩组成,含大量厚壳蛤和瓣鳃类化石;后礁相为泻湖相沉积,由厚壳蛤灰岩及夹有块状石灰岩的硬石膏组成。从前礁相向西则变为半深水盆地相的碳酸盐岩沉积。如图 3.30 所示。

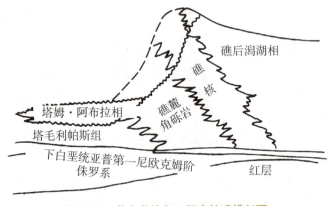

图 3.30　黄金巷埃尔·阿布拉礁横剖面

(据 Levorsen)

环礁带陆上部分的油气,一般产于礁的顶部,由于孔隙、溶洞极发育,所以储集性质很好,礁上部为第三系泥质岩所覆盖。油藏高度 500 m 以上,产油能力很高;产油层的埋藏深度在西北部为 500～800 m。埃尔·阿布拉礁直接为渐新统泥岩所覆盖,向东南方向埋藏深度增达 2250～2500 m。石油的比重也随埋藏深度增加而减轻,在北部的赛罗·阿泽尔油田石油比重为 0.92,而东南海上的阿统油田石油比重只有 0.816,含气量也相应增加。海相侏罗系、环礁东南方向盆地相的白垩系以及下第三系都具有良好的生油条件。

(2)斯奈德生物礁油气藏。位于美国得克萨斯州西部斯库瑞-斯奈德生物礁区,该生物礁是由在同一地方生长、死亡和埋藏起来的生物的坚硬部分构成的。礁体本身是介壳碎屑、灰质泥及灰质砂等混合物,并由方解石胶结起来。孔隙的大部分为溶孔。该生物礁油藏的典型横剖面如图 3.31 所示。生物礁属上石炭统,生长在宾夕法尼亚系施特劳恩灰岩底盘上。生物礁上部的砂层略显背斜形态,这可能由于压实作用不均衡造成的,而到更接近地面的浅处,则见不到任何显示。该生物礁油藏含油面积约 295 km²。

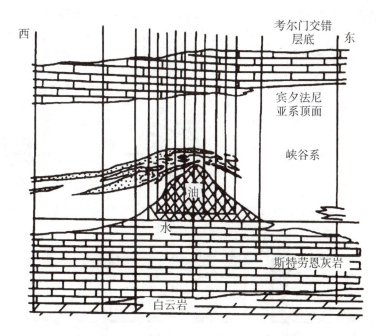

图 3.31　得克萨斯州西部斯库瑞-斯奈德生物礁区北斯奈德油藏剖面
(据 Levorsen)

四、岩性油气藏

(一)岩性圈闭形成机理

岩性圈闭是指储集层岩性变化所形成的圈闭,其中聚集了油气,就成为岩性油气藏。储集层岩性的纵横向变化可以在沉积作用过程中形成,也可以在成岩作用过程中形成。但大多数岩性圈闭是沉积环境的直接产物。由于沉积环境不同,导致沉积物岩性发生变化,形成岩性上倾尖灭体及透镜体圈闭。

在岩性变化大的砂、泥岩沉积剖面中,常见许多薄层砂岩互相参差交错。有的层状砂岩体顶底均为不渗透泥岩所限,在横向上亦渐变为不渗透泥岩,砂岩体呈楔状尖灭于泥岩中,这就是砂岩上倾尖灭圈闭,如图 3.32 中(a)所示。有的砂岩体呈透镜状,周围均被不渗透层所限,则为砂岩透镜体圈闭,如图 3.32 中(b)所示。这两种砂岩体(或砾岩体)常常伴生于同一剖面中,因为它们的成因相似,是在同一盆地内由于沉积环境不同，不同性质的物质同时沉积下来，遂在沉积物的横向上出现岩性变化的结果；或为砂岩渐变为泥岩，或为泥岩渐变为砂岩，或为砂岩的渗透性变化不均匀。因而在砂岩尖灭体的尖灭端部和透镜体的两端，往往泥质含量增多，渗透性变差；而向砂岩体主体，泥质减少，渗透性变好，形成透镜体或岩性尖灭圈闭。除砂岩相变形成岩性圈闭外，碳酸盐岩（如粒屑灰岩）也可由于岩性改变而形成岩性圈闭。

岩石在成岩和后生作用期间，由于次生作用可使原生的岩性圈闭发生改变，可使储层的一部分变为非渗透性岩层，或使非渗透性岩层中的一部分变为渗透性岩层，形成岩性圈闭。如在厚层砂岩中，由于渗透性不均，也可见到低渗透砂岩中出现局部高渗透带。如图3.32中（c）所示。在碳酸盐岩地区，由于易于发生溶蚀和次生作用，故容易在成岩阶段形成岩性圈闭。

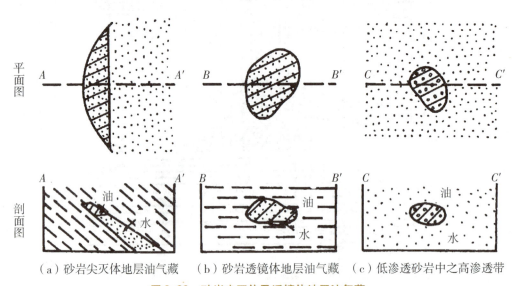

(a) 砂岩尖灭体地层油气藏　　(b) 砂岩透镜体地层油气藏　　(c) 低渗透砂岩中之高渗透带

图3.32　砂岩尖灭体及透镜体地层油气藏

在古海岸线附近的海岸砂洲、古河道与古三角洲的河道砂层，以及沿单面山古地形陡崖或断层陡坎走向分布的走向谷砂层等，当它们上覆不渗透泥岩时，也可形成砂岩体岩性圈闭。它们在横剖面上呈透镜状，在平面上则呈不规则的条带状延伸。

在陆相沉积盆地中，岩性、岩相变化频繁，储集岩体类型众多，不同类型的储集岩体相互迭置，有利于形成多种类型岩性圈闭。"相势控藏"理论，认为断陷盆地隐蔽油气藏的形成均受"相-势"控制。无论哪种储集体类型，只有当其"相-势"耦合时，才能成藏。流体势与沉积相带（物性下限）呈负相关关系，势能大小与沉积相带的耦合决定储层的含油性。

岩性油藏的"四元控藏"机理可以描述为：岩性圈闭的成藏主要受四种条件（源岩条件、运移条件、接受条件和保存条件）的共同控制。

（1）烃源岩的生排烃条件是成藏的基础，主要包括烃源岩的生排烃强度、排出原油的物理化学性质等。

（2）岩性圈闭的接受条件是决定性因素，主要受圈闭的几何特征（几何形态、闭合高度、闭合面积和最大有效容积)、地质特征(岩石性质及组合特征、孔隙裂隙结构特征和岩石孔渗特征)以及流体动力学特征(流体物性及相态分布、流体运动样式及强度和流体驱动力)的控制。

(3) 油气的运移条件是主要控制因素,主要包括砂体距油源的远近,压力场、流体势、油气运聚范围、通道形式及其连通性等影响因素。

(4) 油气藏的保存条件,主要指盖层条件,成藏后期有无岩浆体侵入、断层活动破坏等作用。

(二) 岩性尖灭油气藏及透镜体油气藏实例

目前世界上已经发现很多这种类型的油气藏,我国也发现了相当数量。现介绍几个比较典型的实例。

1. 岩性尖灭油气藏

这类油气藏是由于储集层沿上倾方向尖灭或渗透性变差而造成圈闭条件,油气聚集其中而形成的。在陆相湖盆中各种类型砂岩体的前缘带与大型隆起或局部构造圈闭相配合,使砂岩上倾尖灭线与储层顶面等高线相交,形成上倾尖灭圈闭。这类油气藏的分布和规模大小决定于砂岩体的不同部位与不同级别的构造相互配置关系。由多个韵律层组合而成的复合砂岩体与凹陷斜坡带或大型隆起带相结合,使多个砂层组上倾尖灭线与构造等高线相切,形成大中型岩性上倾尖灭油藏,具有含油面积大、含油层组多、油气富集程度高等特点。

在国外,岩性尖灭类型的油气藏也很多。例如俄罗斯北高加索迈科普油区卡杜辛油田中的第三系砂岩尖灭油气藏也是典型实例,如图 3.33 所示。

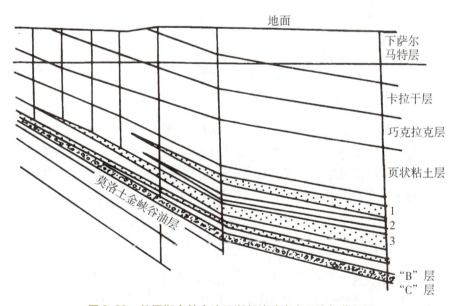

图 3.33 俄罗斯卡杜辛油田渐新统砂岩尖灭油气藏剖面

(据 Levorsen)

2. 透镜体油气藏

这类油气藏是由透镜状或其他不规则状储集层，周围被不渗透性地层所限，组成圈闭条件而形成的油气聚集。最常见的是泥岩层中的砂岩透镜体。透镜体油气藏的规模一般都不大。它可以是泥岩中的砂岩透镜体，也可以是低渗透性岩层中的高渗透带。其特点是：油气分布受砂体四周不渗透层控制，自成独立油气水系统，有时有底水；油质轻；透镜状，不规则。

透镜体岩性油气藏的另一种情况是在低渗透岩层中的高渗透带透镜体油气藏，在这种类型的储集层中渗透性变化很大，油气聚集在渗透性好的部分，而透渗性不好的部分则为水所充满。这种油气藏在形状和分布方面都是很不规则的。美国阿巴拉契亚含油气盆地下石炭统"百尺砂岩"中的油气藏可作为典型实例，如图 3.34 所示。

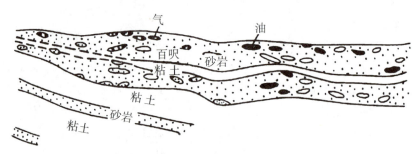

图 3.34　阿巴拉契亚盆地下石炭统的"百尺砂岩"油藏剖面

（据 БРОД）

在我国的一些含油气盆地中也常见到这种低渗透岩层中的高渗透带油气藏。如陕甘宁盆地的三叠系、侏罗系都有这类油气藏。

五、水动力油气藏

（一）水动力油气藏概念和形成机制

由水动力，或和非渗透性岩层联合封闭，使静水条件下不存在圈闭的地方形成聚油气圈闭，称为水动力圈闭，其中聚集了商业规模的油气后，称为水动力油气藏。这类油气藏易形成于地层产状发生轻度变化的构造鼻和挠曲带，单斜储集层岩性不均一和厚度变化带以及地层不整合附近。在这些部位，当渗流地下水的动水压力与油气运移的浮力方向相反、大小大致相等时，可阻挡和聚集油气，形成水动力油气藏。

（二）水动力油气藏主要类型

水动力油气藏最重要的特征，从剖面上看是油水（或气水）界面是倾斜或弯曲的，呈悬挂式；其油水边界在平面上与构造等高线相交，为低油气势区。

根据水动力封闭的特征及目前已有勘探成果，可将水动力油气藏分为：构造鼻或阶地型与单斜型两种基本类型。有时，水动力因素与地层、岩性、断层等其他因素配合而形成复合型圈闭油气藏（图 3.35）。

1. 背斜型水动力油气藏

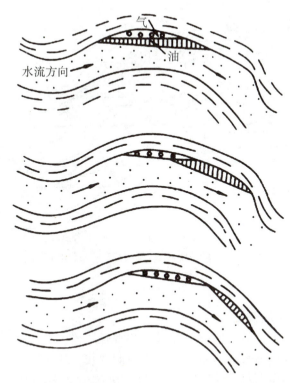

图 3.35　在水动力作用下平缓背斜内油气分布特征

2. 构造鼻或阶地型水动力油气藏

这种构造在静水条件下不闭合，不能形成圈闭。但在向储集层下倾方向的流水作用下，油水（或气水）界面发生顺水流方向倾斜或弯曲，且满足 $\alpha_1 < \theta_{Hc/w} < \alpha_2$ 时，即会在构造鼻或阶地的倾角变化处（α_1 为低倾角、α_2 为高倾角）形成闭合的油气低势区及其圈闭（图 3.36）。图中：

$$h_o = u_o - v_o ; \quad u_o = \frac{\rho_w}{\rho_o} h_w ; \quad v_o = \frac{\rho_w - \rho_o}{\rho_w \cdot z}$$

鼻状构造型水动力圈闭油气藏的典型实例即是索可洛夫气田。该气田阿比尔气层顶面等高线图表现为一北东东向鼻状构造，水压降落方向近南北向，自南向北降落。在鼻状构造轴线偏北的部位形成水动力圈闭。该气藏的水头降落方向与储集层下倾方向并不一致，而且有较大的夹角，仍能形成闭合区。如果两者一致，则可能形成较大的圈闭和气藏。

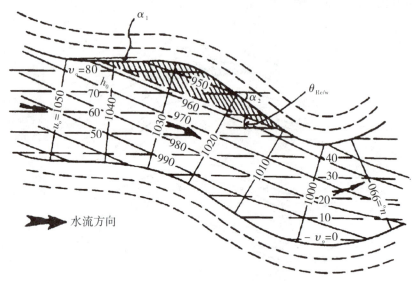

图 3.36 鼻状构造型水动力圈闭形成机理示意

（据 Hubbert，1953）

3. 单斜型水动力油气藏

对于单斜岩层来说，沿倾斜方向的渗透性常有变化。水沿储集层向下倾方向流动时，通过渗透性不同的地段，流速会发生相应的变化，从而使等势面的倾斜度发生改变。在渗透性差的地段，水流速加快（在单位时间通过流量不变的情况下），等势面的倾斜度变陡；而在渗透性较好的地段，流速慢，等势面倾斜度缓。这样在渗透性较低、等势面变陡的地段，可以在储集层顶部造成闭合的油气低势区，即构成水动力圈闭（图 3.37）。

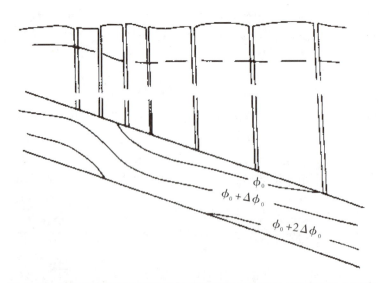

图 3.37 油气等势面因储层物性变差而变陡在单斜层中构成水动力圈闭

（据 Hubbert，1953）

从上述水动力油气藏的特点可以看出：地下水向储集层下倾方向流动时，使得油、气等势面发生倾斜或弯曲是造成水动力圈闭的主要营力和原因。但在不同类型油气藏中，它们所起的作用和具体方式存在差别。水动力圈闭没有固定的位置，圈闭的具体位置取决于水头梯度的变化。

六、复合油气藏

（一）复合油气藏基本概念

储油气圈闭往往受多种因素的控制。当某种单一因素起绝对主导作用时，可用单一因素归类油气藏；但当多种因素共同起大体相同的作用时，就成为复合圈闭。即如果储集层上方和上倾方向是由构造、地层、岩性和水动力等因素中两种或两种以上因素共同封闭而形成的圈闭，可称之为复合圈闭。在其中形成的油气藏称为复合油气藏。

在实际地质情况中，既存在受单一因素控制形成的油气藏，又存在大量由构造、地层、岩性等因素形成的复合圈闭油气藏，它们的成因和油气勘探方法不尽相同。由于特点有别于单一因素形成的圈闭油气藏，因此划分出复合油气藏，把复合油气藏作为独立的一大类，对油气勘探有一定的实用价值。

（二）复合油气藏主要类型

按照构造、地层、岩性、水动力等油气藏分类的四个主要因素所构成的组合，可形成各式各样的复合油气藏类型，但从勘探实践来看，大量出现的主要是构造–地层、构造–岩性等复合油气藏。特殊情况下也形成地层或岩性–水动力油气藏。

1. 构造–地层复合油气藏

凡是储集层上方和上倾方向由任一种构造和地层因素联合封闭所形成的油气藏称为构造–地层复合油气藏。其中最常见的有背斜–地层不整合油气藏、地层不整合–断层油气藏。美国得克萨斯州卡尔塞吉大气田、美国路易斯安那州罗得沙油田，都是该类油气田的典型实例。

2. 构造–岩性复合油气藏

受构造和岩性双重因素控制形成的圈闭即为构造–岩性圈闭，其中聚集的油气即为构造–岩性油气藏。常见的有背斜–岩性油气藏、断层–岩性油气藏等类型，如济阳坳陷的梁家楼油田沙三段构造–岩性气藏。沙三段浊积砂体被断层切割，形成一系列断层–岩性圈闭（图 3.38）。

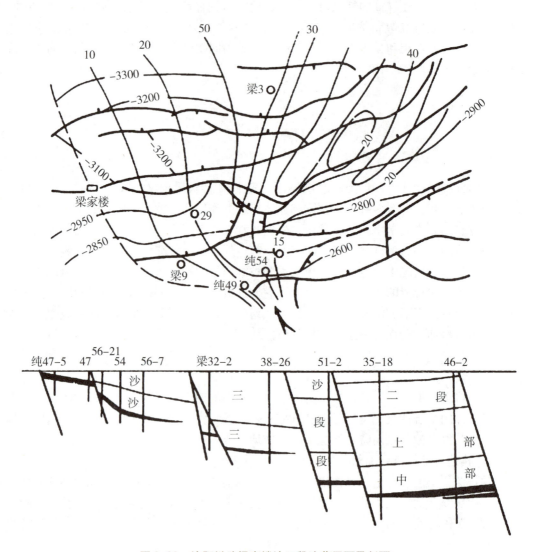

图 3.38 济阳坳陷梁家楼沙三段油藏平面及剖面

3. 岩性-水动力复合油藏

在国外一些大型盆地中,如美国的圣胡安盆地、加拿大的阿尔伯达盆地,相继发现一些"气水倒置"的气藏,即所谓深盆气藏(Deep Basin Gas Pools)或水封型向斜气藏。它是在特殊地质条件下形成,具有特殊圈闭机理和分布规律的非常规天然气藏。根据其圈闭机理,可将这类气藏归为岩性-水动力复合油气藏。

深盆气藏的主要特点是:①主要分布于前陆盆地深坳陷或向斜盆地轴部。②含气层出现气水倒置现象,天然气储集在下倾较低部位,而上倾较高部位是水,二者之间不存在通常意义上的封堵或遮挡条件,也没有明显的气水界面,而是存在一定宽度的气水过渡带。③这种气藏是一种致密砂岩气藏,天然气储集在低孔低渗储层中,向上倾方向,地层渗透率增大,气藏内储气层倾角平缓,气藏边界不受构造等高线控制,其含气范围形态不规则,如岩性气藏一样。④这种气藏的形成首先是储气层下伏有生气活跃的气源岩，有源源不断的气供给储层。因此，深盆气藏是一种动态圈闭气藏，这种圈闭实际上不存在十分严密的封堵或遮挡条件，一方面下倾方向气源岩源源不断地向致密砂岩注入天然气，另一方面天然气不断向上倾方向渗漏、散失，气藏的形成是天然气持续不断地供给和散失达到某种平衡的结果。

美国圣胡安盆地下白垩统砂岩中的向斜底部的气藏可作为这一类型的代表。该气藏是由水动力和非渗透岩层联合封闭而形成的气藏（图3.39）。

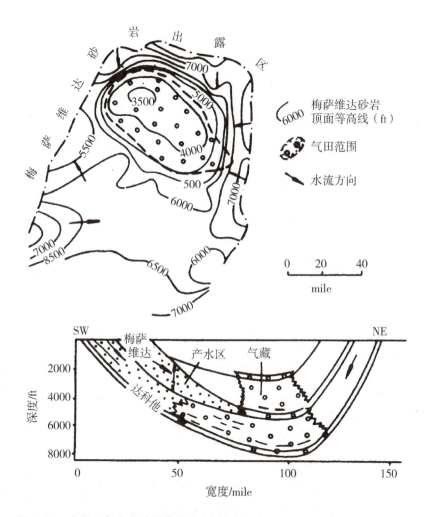

图3.39 美国圣胡安盆地梅萨维达水封向斜型气藏（深盆气藏）平面及剖面

总之，以上仅仅根据圈闭成因特点，系统地阐述了主要的油气藏类型及其油气地质特征。除此之外，近年来国内外尚勘探发现了大量的非常规储层油气藏，如火成岩油气藏（花岗岩、玄武岩、安山岩、辉绿岩等）、变质岩油气藏及泥岩油气藏等。在渤海湾盆地，火成岩油藏分布广泛，已成为一种重要的油气藏类型。另外，最近在南海北部大陆边缘琼东南盆地东南部松南低凸起还勘探发现了花岗岩裂缝性古潜山高产气藏，但从圈闭成因角度来分析，这些特殊储层中形成的油气藏均可归为构造、地层、岩性等油气藏类型之列。这些特殊储层油气藏均具有特定的成藏条件及油气藏特征，但具有储渗及运聚条件的特殊储层与邻近烃源岩供给区是形成这种特殊油气藏的首要条件。如济阳坳陷沾化坳陷义 13 井、义 99 井是一由浅成侵入岩——辉绿岩透镜体构成的火成岩岩性油藏，暗色泥岩烃源岩直接包裹着火山岩体储集层。再如滨南油田滨 338 块玄武岩油藏，其实际是受断层控制的断块型玄武岩油藏。

第四章 石油和天然气运移

烃类有机成因理论认为，油气是在富含有机质的细粒烃源岩层中生成的，而生成的油气则主要赋存在多孔的渗透性储集层之中，油气如何从源岩层"跑"到储集层中聚集起来呢？这即是本章所要重点分析阐述的核心问题及关键所在。实际上，油气从生油层到储集层中的运聚过程是一个漫长的地质过程，并不是像在输水管道中那样畅通无阻地流动，而是要受到地层岩性及组构，特别是孔隙结构等种种地质因素的限制和阻扰，并通过渗透性地层及各种运载层（断层裂隙、构造脊砂体、生物礁体、泥底辟及气烟囱等）不断地向优势运聚低势区圈闭运移聚集并最终形成油气藏。一般将油气在地层条件下的移动过程称为油气运移。

油气运移从其生成即开始了。油气可以从烃源岩运移到储集层（或输导层），再从输导层运移到圈闭的储盖组合中形成油气藏；但油气也可以由于地质条件改变而从已经聚集的圈闭之中沿输导层运移到别的储层或其他圈闭之中，或者通过断层或封闭性差的盖层向浅层运移直至到达地表乃至散失。总之，油气运移贯穿于油气藏形成、调整和破坏的整个地质过程及环节之中。研究油气运移过程不仅具有科学理论意义，而且具有重要的油气勘探意义。搞清油气运移规律及特点，特别是其运移途径、运聚方向和运聚时期，对油气勘探部署及油气地质综合研究等至关重要，尤其是对于有利油气富集区带评价及钻探目标优选等具有重要的指导意义。因此，油气运移研究是油气地质学中关键核心问题之一。

第一节 与油气运移有关的基本概念

一、初次运移和二次运移

根据油气自生成以后在不同环境、不同阶段的运移过程及特点，一般将油气在烃源岩层中的运移和从烃源岩层向储集层的运移，称为初次运移，而将油气进入储集层以后的一切运移过程统称为二次运移（图4.1），油气二次运移包括油气在输导体及储集层中的所有运移过程及环节，也包括油气聚集成藏后，由于地质条件改变导致油气藏遭受破坏，而发生油气再运聚的过程。

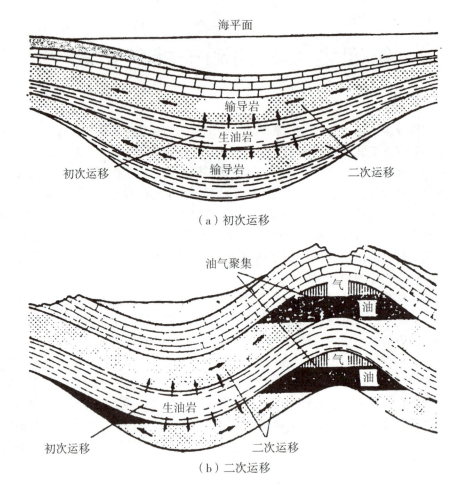

图4.1 沉积盆地中油气初次运移与二次运移过程基本特征
(据Tissot, 1987)

二、油气运移基本方式

渗滤与扩散是油气运移的两种基本方式。但两者的条件和效率不同。

渗滤是一种机械运动方式，流体在渗滤过程中遵守能量守恒定律，其总是由机械能高的地方（高势区）向机械能低的区域（低势区）流动。渗滤是一种整体流动方式，在流动中表现出一定的相态，在达到吸附平衡以后各种组份的浓度基本不改变。油气渗滤可以用达西渗流定律描述和表达，即单位时间内流体通过岩石的流量（Q）与通过岩石的截面积（S）、岩石的渗透率（K）及流体压力差（$P_2 - P_1$）成正比，而与流体粘度（μ）和流体通过岩石的长度（L）成反比：

$$Q = [K \cdot S \cdot (P_2 - P_1)]/(L \cdot \mu)$$

扩散则是分子布朗运动产生的传递过程。这种运动可引起流体（气体、液体）分子不断进行再分配，但这一过程在固体中进行的速率非常低，扩散的结果是导致浓度梯度达到均衡。流体中的扩散传递速率与浓度梯度有关，服从费克（Fick）第一定律：

$$J = -D \text{grad} C$$

式中，J 为扩散速率，质量/单位面积/单位时间；D 为扩散系数，长度的平方/单位时间。由上式可以看出，当物质存在浓度差时，扩散方向总是从高浓度向低浓度进行扩散。扩散系数与分子大小有关，也与扩散介质条件有关。表 4.1 和 4.2 分别表示了不同分子在水和烃源岩中的扩散系数。

表 4.1　气体在水中的扩散系数

分子类型	H_2	CO_2	CH_4	C_2H_6	C_3H_8	C_4H_{10}
扩散系数（$10^{-7}\ cm^2 \cdot s^{-1}$）	500	192	149	120	97	89

（据 T. K. 修伍德，1988）

表 4.2　生油岩中轻烃的有效扩散系数

分子类型	CH_4	C_2H_6	C_3H_8	iC_4H_{10}	nC_4H_{10}	C_5H_{12}	C_6H_{14}	C_7H_{16}	$C_{10}H_{22}$
扩散系数（$10^{-7}\ cm^2 \cdot s^{-1}$）	21.2	11.1	5.77	3.75	3.01	1.57	0.82	0.431	0.608

（据 Leythaeuser，1980）

从以上表中可见，分子越小，扩散能力越强，轻烃具有明显的扩散作用。因此，在研究油气运移时，对于轻烃，特别是气态烃，不能忽视分子扩散方式在其物质传递过程中的重要作用。

三、岩石润湿性

润湿性是指流体附着固体的性质，是一种吸附作用。不同流体与不同岩石会表现出不同的润湿性。易吸附在岩石上的流体称润湿流体，不易吸附在岩石上的流体称非润湿流体。在多种互不混溶的流体共存于岩石孔隙中时，润湿流体又称润湿相，非润湿流体又称非润湿相。例如，在油水两相共存的孔隙中，如果水易（吸）附着在岩石上，这时我们称水为润湿相，油为非润湿相，岩石具亲水性；反之，如果油易（吸）附着在岩石上，这时我们称油为润湿相，水为非湿润相，岩石具亲油性。

岩石润湿性与岩石矿物组成及流体性质有关。一般认为，由于沉积岩大多在水体中形成，水又是极性分子，因此，岩石颗粒多数为水润湿，能够在颗粒表面上形成吸附水膜。但是，对于烃源岩而言，由于本身含有许多亲油的有机质颗粒，且在一定地质条件下能够生成烃类，因此可以认为其属于部分亲水、部分亲油的中间润湿。

岩石润湿性也具有非均匀性，例如，有时出现强亲水岩石有一些内表面亲油，而强亲油岩石出现一些内表面亲水。有时还出现混合润湿性，例如，一些大孔隙亲油，小孔隙亲水的现象。

岩石湿润性影响着油气在其中的运移难易程度，不同的润湿性造成油、水两相在孔隙中的流动方式、残留形式和数量不同。在亲水岩石中，孔壁及颗粒表面为水所润湿，水会在颗粒间形成液环，而油相不能以薄膜形式残留在孔壁上，而是被挤到孔隙中心部位。当油相饱和度很小时就会形成孤立的油珠［图4.2（b）］。这种油珠可以堵塞孔隙喉道阻碍流体运移，除非有相当大的推力使油珠变形，否则这种"贾敏效应"很难克服。在亲油岩石中，油以薄膜形式附着在孔壁上，成为不能移动的残余油。可见，亲水介质中残留油的数量要比亲油介质中少，但油相在亲水介质中的流动却比在亲油介质中难。

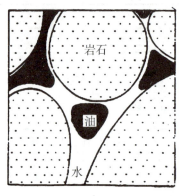 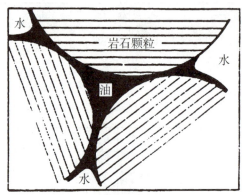

（a）亲油孔隙介质　　　　　　　（b）亲水孔隙介质

图4.2　岩石孔隙介质中油水分布形式及特点

四、油气运移临界饱和度

本书第三章已述及，当岩石中存在多相流体时，由于不同流体之间以及流体与岩石之间相互作用，不同流体会表现出不同的相对渗透率。相对渗透率除与岩石绝对渗透率有关外，还与流体性质和含量有关。对于具有一定渗透性的岩石，存在最低含水饱和度、含油饱和度或含气饱和度，各种流体饱和度低于该值时，其相对渗透率为0，即不发生流动。典型实例如Levorsen（1954）对亲水砂岩中进行油水两相吸排水的实验，其实验结果表明，油相饱和度低于10%时，油相不能流动。诚然，在泥岩中测定油相的临界饱和度难度很大，目前国内外尚无正式发表的资料。Dickey（1975）认为，在烃源岩中由于大部分颗粒内表面已被油所润湿，油相运移的临界饱和度可小于10%，甚至可降到1%。因此，将油（气）水同时存在时，油（气）相运移所需的最小饱和度称为油（气）运移的临界饱和度。

五、地层压力、折算压力和测压面

地下多孔介质中流体压力称为地层压力，亦称为地层流体压力或孔隙流体压力。单位为大气压（atm）或帕斯卡（Pa）（1 atm = 101 kPa）。

为直观反映和表征地层压力的大小，工程上常使用水压头的概念。水压头相当于地

层压力所能促使地层水上升的高度,表达式为

$$h = P/(\rho_w g)$$

式中,P 为地层压力,h 为水压头,ρ_w 为水的密度,g 为重力加速度。由于水的密度为 1,因此,1 个大气压的地层压力约相当于 10 m 高的水柱重量。

同一层位各点水压头顶面的连线称为该层的测压面,测压面是一个假像的界面,用来反映横向上水压头的变化。一般情况下,在静水条件下,测压面是水平的;在动水条件下,测压面是倾斜的。

折算压力是指测点相对于某一基准面的压力,在数值上等于由测压面到折算基准面的水柱高度所产生的压力。

例如,测点相对于某基准面的高程为 Z(基准面位于测点之上 Z 取负号,之下取正号),其地层压力为 P,则该测点的折算压力 P' 为

$$P' = Z\rho_w g + P = (Z + h)\rho_w g$$

折算压力大小除与地层实际压力有关外,还与相对基准面位置有关,相对于不同的基准面,有不同的折算压力。但是测压面的空间位置是相同的。即测压面是唯一的。

图 4.3 所示为一个静水盆地地质剖面,其中,剖面中单一储集层向下弯曲呈盆状,四周出露地表,露头点的高程基本相同,因而均接受地表水的供给(供水区),而无泄水区。在这种情况下,该孔隙性地层 C 和 D 点的静水压力分别相当于 h_1 和 h_2 段的水柱重量,即 $P_c = h_1 \cdot \rho_w g$ 和 $P_d = h_2 \cdot \rho_w g$,其水压头则分别为 h_1 和 h_2。任一点的水压头都应等于该点与该层供水区高点之间的海拔高差。当钻井钻穿该孔隙性地层时,各井中的液面都应上升至与 A 点和 B 点相当的高度。此时各井液面联接成一水平面 AB,即为该层的静水压力面。

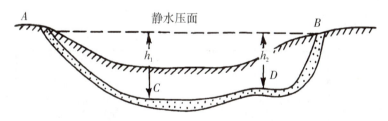

图 4.3 沉积盆地单一储集层内的静水压力面特征

第二节 石油和天然气初次运移

前已述及,油气自烃源岩层向储集层运移以及在烃源岩之中的运移称为油气初次运移。

烃源岩层生成油气,最初是呈分散状态存在于烃源岩层之中的。要形成有商业价值的油气藏(常规油气藏,以下均同),必须经过运移和聚集过程(页岩油气除外),而初次运移则是形成油气藏的首要环节及过程。

一、油气初次运移相态

对于石油初次运移,迄今为止尚存在水溶相与游离相运移之争,但普遍认为石油游离相运移占主导地位,水溶相运移居次要地位。对于天然气初次运移相态,目前争论不多,一般认为主要呈水溶相和游离相运移,但以游离相为主。另外,在某些特殊地质条件下,油可溶于气体中而气亦可溶于油中进行初次运移。

1. 油气水溶相运移

水溶相运移指油气被水溶解成分子溶液,水作为油气运移载体进行运移。

从运动力学角度,水溶相是最理想的运移状态,水溶液沿细小的孔隙喉道运移,基本不存在毛细管阻力。20 世纪 60 年代以前有不少著名专家学者,从不同角度支持石油是水溶液状态运移这一论点。60 年代末,由于晚期生油说的形成与创立,即对水溶相运移的重要性产生了很多质疑。

水溶相运移存在的问题,是由于液态烃类(石油)大量溶解于水中是比较困难的,亦即石油在水中溶解度非常低。虽然随着温度升高,液态烃在水中溶解度会增加,如图 4.4 所示,但在目前公认的有机质成熟生油温度 60 ~150 ℃ 区间内,石油在水中溶解度也不过几 ppm 到几十 ppm,最高也不超过 100 ppm。从石油在水中溶解度曲线上可以看出,法默斯原油在 160 ℃ 时的溶解度大约是 150 ppm。很多学者根据物质平衡原理计算过,根据生油岩可利用的一切水(如原生水、粘土矿物转化水等)的数量所形成的如此低石油溶解度,要形成目前已知的商业性油气藏之石油储量是远远不够的。换言之,根据生油岩有机质成熟生油高峰之生油量,若以水溶相初次运移,则在水中石油溶解度至少在 8000 ~ 15000 ppm。显然,在生油有效温度范围内,如此大量石油溶解在水中是不可能的。

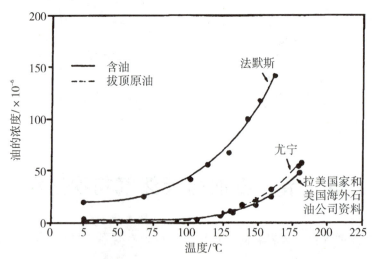

图 4.4 原油在水中溶解度随温度变化的基本特征

(据 Price,1976)

烃类化合物在水中溶解度与其分子大小有关。McAuliffe（1966）的分析实验研究表明，正构烷烃在水中的溶解性在碳原子为 10 左右出现转折（图 4.5），这表明碳原子数大于 10 以上的烃类在水中溶解度变化不大，且溶解度普遍很低。

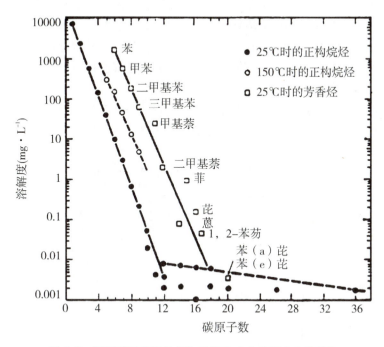

图 4.5　不同碳数正构烷烃与芳烃在水中溶解度变化特征
（据 McAuliffe，1966）

诚然，亦有学者提出了石油在水中可以呈胶束溶液运移（Baker，1959，1967，Cordell，1973），指出在有机质向油气转化的过程中伴生许多杂原子化合物，如有机酸成分，其分子一端有亲油的烃链，另一端为亲水的极性键，能够起到表面活性物质的增溶作用。这些表面活性物质在水溶液中达到一定浓度时，会形成分子聚集体，即胶束。但目前多数人不赞成石油以胶束初次运移的观点，其理由是表面活性物质数量少。此外，即使存在胶束形式，也会产生由于胶束直径过大很难通过泥岩细小孔隙喉道进行运移，以及烃类如何从胶束上释放等问题。

总之，石油水溶相运移迄今为止尚存在许多无法解释的基础理论问题，因此，坚持这种石油水相运移观点的人非常少。但是，对于天然气而言，天然气在水中溶解度较大，例如，据 Bonham（1978）测定，在 70 bar 压力下，温度 37.8 ℃ 时，天然气在地下水溶解度可达 900 ppm，且天然气在水中溶解度随压力增加而增加。因此，在地质条件下，天然气水溶相运移是存在的。只要富含地层水在一定的温压条件下，达到天然气运移的溶解度门槛，天然气水相运移即可进行。

2. 油气游离相运移

油气游离相即游离油相和游离气相的统称，其游离相形式包括分散状和连续状油（气）相。

迄今为止，大多数专家学者们的分析研究认为，游离相是石油初次运移最重要的相态。其主要证据有：①对生油岩进行显微观察时，发现有游离相石油存在于烃源岩孔隙或裂隙中，这种现象是油气游离相运移的最直接证据；②在厚层烃源岩剖面中，可以分析测定出烃源岩对石油初次运移的色层效应，即随离烃源层与储层接触界面距离的减少，烃源岩中氯仿抽提物含量有减少趋势（图4.6），这种现象有力地支持了游离相运移观点。因为只有游离相运移才能出现色层效应。换言之，只有这种游离运移相态才能解释烃源岩生成大量油气的排出，进而解决了水溶相运移假说所存在的种种难以解释的现象。

天然气游离相运移比较普遍，特别是当烃源岩处在有机质高熟－过成熟裂解生气阶段，形成大量生气而缺少地层水或很少地层水的情况下，天然气游离相运移至关重要。

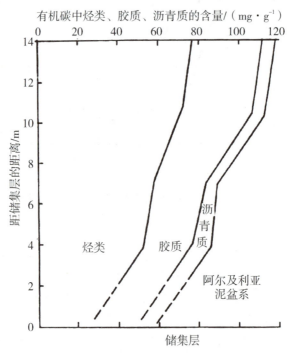

图4.6　阿尔及利亚储集层上覆页岩生油层中烃类、胶质及沥青质含量变化
（据 Tissot，1978）

3. 油溶气相和气溶油相运移

众所周知，石油与烃类气体有互溶性，亦即天然气可以溶解于石油中而石油也可溶于天然气中。因此天然气可溶解于石油中以油相形式运移，而石油亦可溶于天然气中以气相方式运移。且都是以游离相形式进行。许多油田所含的伴生气多是溶于石油中的天然气，由于晚期地质条件变化而脱气的结果。同样，许多气田含凝析油也是油反溶于气中的很好例证。

4. 油气初次运移相态演化

油气在地下究竟以何种相态进行初次运移，取决于烃源层岩石类型和组构特点、地层温度和压力、埋藏深度、孔隙度大小及孔隙水多少、有机质类型及其生烃量和生烃性质等多种因素。因此，不同区域不同岩性及不同深度的地质条件下，油气运移相态是不同的。

随着埋藏深度不断增加，页岩类沉积物各种物理参数也不断发生变化（图4.7）。因此，对于泥质烃源岩而言，在低成熟阶段，埋深较浅孔隙度较大，地层水较多，生烃量较少且胶质、沥青质含量高，此时油气初次运移以水溶相运移最有可能，水则作为运移载体。在某些适合大量形成生物化学气的环境中，即有机质未熟-低熟的生物化学作用带，其所形成的生物甲烷气即可呈水溶相方式运移，也可以游离相进行运移。随着埋深增加，进入有机质成熟门槛后达到生油高峰阶段，则由于油气大量生成，孔隙水不足以溶解所生油气，即油气溶解度极低，此时油气则主要以游离相运移，其中所生成的气体多溶于油中，呈油溶气相运移；当达到生凝析气阶段时则主要以气溶油相运移，气作为石油的运移载体；烃源岩达到过成熟裂解阶段，则烃源岩形成大量过成熟裂解气即干气（不含重烃），此时天然气即以游离气相运移。油气初次运移过程中随着烃源岩有机质热演化程度增加，其油气初次运移相态变化特征详见图4.8所示。

尚须强调指出，碳酸盐岩由于其易胶结成岩特点，岩石中缺少水来源，压实作用很弱，因此，其所生油气多是在具备排烃动力后方以游离相运移形式排出。

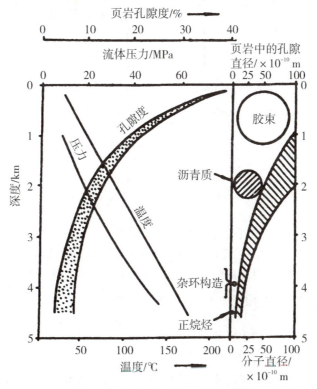

图4.7　页岩类沉积物随深度增加各种物理参数变化特征

（据Tissot，1978）

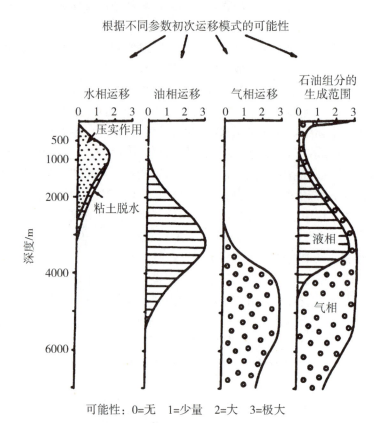

图4.8 油气初次运移过程中可能相态变化特征

(据 Tissot,1978)

二、油气初次运移动力及运移方向

油气在烃源岩中生成并进行初次运移，必须要有一定的驱动力。目前大多数专家学者认为，烃类从其烃源岩层中排出原因及动力主要是由于烃源岩存在剩余压力。剩余压力即指岩层实际压力超过对应的静水柱压力的部分。由于烃源岩中不同点的剩余压力不同，从而驱动其孔隙流体（包括油、气、水）沿剩余压力变小的方向运移，即发生初次运移。

烃源岩形成剩余压力的主要原因，可以总结为以下几个方面。

1. 压实作用

压实作用是沉积物最重要的成岩作用之一。压实导致孔隙水排出，孔隙度减少，岩石体密度增加而变得致密。不同岩性的压实特征不同，碳酸盐岩容易发生胶结作用，压实作用影响较小。另外压实早期对泥岩的影响比对砂岩的更显重要，从图4.9所示可以看出，埋深在 0~2000 m 范围内，页岩孔隙度随深度变化的速率很快，而砂岩则基本稳定。

压实作用如何排出孔隙流体？对于同一套地层，当其中的流体压力为静水压力时，一般称之为压实平衡，如果在这种已达到压实平衡的层序地层之上又新增加沉积了一套体密度为 ρ_{b0}、厚度为 l_0 的薄沉积层，新沉积物的负荷会使下伏地层进一步压实，此时沉积物颗粒要重新紧缩排列，孔隙体积明显缩小。在这种变化的瞬间，下伏地层孔隙流体必须要承受部分上覆负荷压力，其结果则导致孔隙流体产生了超过静水压力的剩余压力。正是在这种剩余压力作用下，孔隙流体得以向外排出，当孔隙流体排出一定量之后，孔隙流体压力则又恢复为静水压力。随着上覆地层的不断增加，孔隙流体压力持续出现瞬间剩余压力与正常压力的交替变化，进而导致不断将孔隙中流体排出和孔隙体积的不断减小。

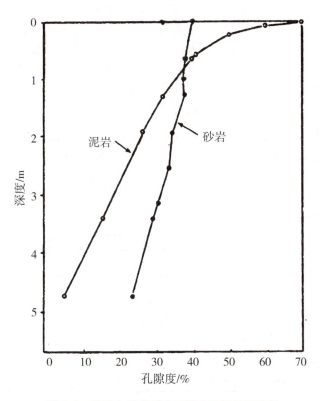

图 4.9 泥岩与砂岩压实过程中孔隙特征比较

（据 Stuart，1970）

剩余流体压力大小表征及量化等于上覆新沉积物负荷与地层孔隙水静水压力之差：
$$dP_l = (\rho_{b0} - \rho_w)g \cdot l_0$$
式中，dP_l 为剩余流体压力；ρ_{b0} 为新沉积的 l_0 沉积层密度；ρ_w 为地层水密度；l_0 为新沉积的沉积层厚度；g 为重力加速度。

对于新沉积物横向厚度均等时，横向剩余压力相等，可表示为
$$dP_l = (\rho_{b0} - \rho_w)gl_0$$
如果不存在横向剩余流体压力，只存在垂向剩余压力梯度：
$$dP_l/dH = [(\rho_{b0} - \rho_w)gl_0]/l_0 = (\rho_{b0} - \rho_w)g$$
在这种情况下，压实流体流动方向为垂直向上。当新沉积层横向厚度有变化时，则

剩余压力横向上也有变化，例如楔状沉积物，如图 4.10 所示，其厚度 l_0 与厚度 h_0 两点垂向剩余压力梯度均为 $(\rho_{b0} - \rho_w)g$，同时，两点间亦存在横向压力梯度：

$$dP/dX = [dP_l - dP_h]/X$$
$$= [(\rho_{b0} - \rho_w) \cdot g \cdot l_0 - (\rho_{b0} - \rho_w) \cdot g \cdot h_0]/X$$
$$= (\rho_{b0} - \rho_w) \cdot g \cdot (l_0 - h_0)/X$$

在上述情况下，压实流体不仅在垂向上由深部向浅部运移，同时在横向上也发生从比较厚的点向比较薄的点运移。这种厚度变化现象常发生在由盆地中心向盆地边缘的过渡带。因此，常常产生压实流体从盆地中心向盆地边缘运移的现象。

在砂泥岩互层剖面中，由于压实使泥岩孔隙度减小得比砂岩快得多，即在相同上覆地层负荷下泥岩比砂岩排出流体多，此时泥岩孔隙流体所产生的瞬间剩余压力比砂岩大，因此，孔隙流体运移方向即从页岩向砂岩中流动。虽然砂岩同样被上覆地层所压实，但由于其所产生的瞬间剩余压力远比相邻的上下泥岩小，故其压实流体不能进入泥岩，只能在砂岩层中做侧向运移（图 4.11）。当然，正如图 4.10 所示，如果泥岩存在较大厚度差异，其压实流体也可做侧向运移。

综上所述，对于一个碎屑岩沉积盆地，从微观上看，压实流体剖面上总是由泥岩向砂岩运移；而从宏观上看，则压实流体剖面上总是由深部向浅部、从盆地中心向盆地边缘运移。

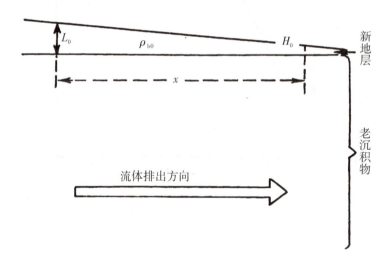

图 4.10 在上覆楔状沉积物负荷下压实流体排出方向

（据 Magara，1977）

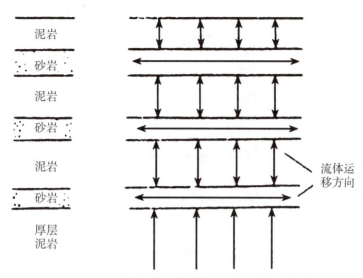

图 4.11　地质条件下砂泥岩互层剖面中压实流体运移方向

2. 欠压实作用

泥质岩类在压实过程中由于压实流体排出受阻或来不及排出,即压实与流体排出不均衡,其孔隙体积不能随上覆地层负荷增加而减小,导致其孔隙流体承受了部分上覆沉积负荷,进而出现孔隙流体压力高于其相应静水压力的现象,此即欠压实现象。

由于欠压实泥岩孔隙中存在剩余压力,它具有驱动孔隙流体向低剩余压力方向运移的潜势(趋势),特别是当欠压实程度进一步强化,孔隙流体压力大大超过泥岩的承受强度(破裂强度),则会导致泥岩破裂。其结果最终是超压流体通过泥岩微裂缝涌出,进而达到排液目的,其后随着流体排出,孔隙中超压流体被释放排出,泥岩则回到正常压实状态。

在泥页岩欠压实带,上覆地层沉积物负荷压力是由岩石颗粒和孔隙流体共同承担的,因此颗粒有效支撑应力与孔隙流体压力呈消长关系。欠压实带孔隙度变化与孔隙流体压力和颗粒有效支撑应力的关系可用图 4.12 表示和量化。

欠压实带中异常高压驱动油气水的排出方向,一般从欠压实带中心向上下排出。图 4.13 表示了欠压实段中剩余孔隙流体压力及孔隙度垂向分布特征。图中的 $\triangle P_a$ 表示剩余流体压力值,$\triangle P_{max}$ 表示最大剩余压力值。流体排出方向均由最大剩余压力点向上下运移。

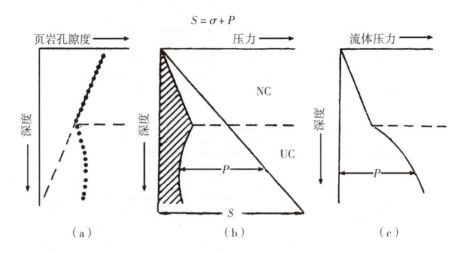

图 4.12　正常压实带（NC）和欠压实带（UC），上覆沉积物负荷压力（S）、
孔隙流体压力（P）和颗粒支撑的有效用力（σ）关系

（据 Magara，1978）

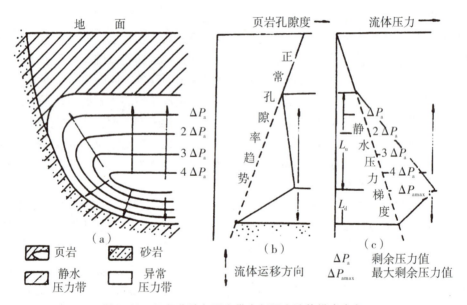

图 4.13　沉积盆地欠压实带中剖面上流体排出方向

（据 Magara，1968）

3. 蒙脱石脱水作用

蒙脱石是一种膨胀性粘土，结构水较多，一般含有四个或四个以上的水分子层，这些水份按体积计算可占整个矿物的 50%，按重量计可占 22%。这种粘土矿物的结构水在压实和热力作用下会有部分甚至全部转化成为孔隙水。很显然，这些新增的流体必然要排挤孔隙中原有的流体，从而起到排烃作用。

在蒙脱石脱水过程中，其矿物性质也随着改变，最终蒙脱石会转变成伊利石。这一过程与温压条件有关。图 4.14 表示了墨西哥湾沿岸一口井中膨胀型粘土（大部分是蒙脱石）随埋藏深度增加其含量不断减少。该区蒙脱石矿物转化率增加较快的深度大约是 3200 m，在这个深度下的地层温度约为 93.3 ℃。

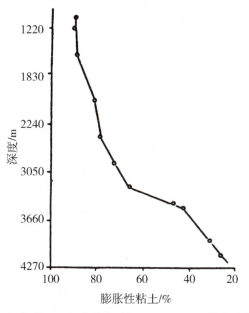

图 4.14　膨胀型粘土（蒙脱石）向非膨胀型粘土（伊利石）转化数量随深度增加的曲线
（据 Schmidt，1978）

一般在泥岩排液困难情况下，蒙脱石脱水作用很容易产生孔隙异常高压。Bruce（1984）的研究成果证明了蒙脱石脱水有利于流体异常压力的形成。图 4.15 表示的是 A、B 两口井地层压力突变带都位于蒙脱石转化带内，阴影区表示了蒙脱石大量转化区间。

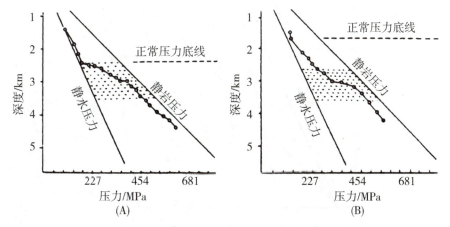

图 4.15　蒙脱石脱水与流体异常压力的关系
（据 Bruce，1984）

4. 有机质生烃作用

生油岩中干酪根成熟后能形成大量油气（包括水）。干酪根所形成的油气（包括水）体积大大超过原干酪根本身的体积，这些不断新生的流体进入孔隙中，必然不断排挤孔隙中已存在的流体，驱替原有流体向外排出。当流体不能及时排出时，则会导致孔隙流体压力增大，出现异常压力排烃作用，即所谓的生烃增压排烃作用。Harwood（1977）计算过，有机碳含量为1%的烃源岩，其生成流体的净增体积相当于孔隙度为10%的页岩总孔隙体积的4.5%～5%。可见，由此将引起孔隙流体压力大幅度增加。因此，烃源岩成熟生烃演化过程也孕育了排烃运移的动力，据此推断和判识石油生成与运移是一个必然的长期连续过程。

5. 流体热增压作用（水热增压作用）

油气水物理性质表明，温度增加时其体积会膨胀，即具有热增容效应。理想气体膨胀系数为4000 ppm 单位体积/℃，原油为1000 ppm 单位体积/℃，盐水为400 ppm 单位体积/℃，淡水则为200 ppm 单位体积/℃（李明诚，1989）。

图4.16所示为水的压力–温度–密度图。图中纵坐标代表压力，横坐标代表温度

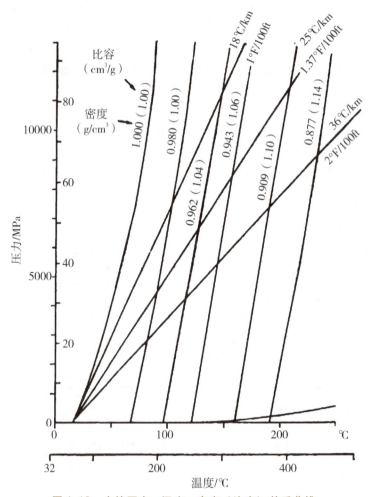

图4.16 水的压力–温度–密度（比容）关系曲线

（据 Baker，1978）

（摄氏或华氏）。水的密度值用等密度线表示，与三个地温梯度线相交叉重叠在图上。地温梯度线与等密度线相交，交点的密度值由于压力增加（或埋藏深度增加）而减小（比容增大）。即水随温度增加而膨胀，其膨胀数量可以根据该图推算出来。例如，地温梯度为 25 ℃/km 时，水的比容，从 0 kg/cm² 压力时的 1 cm³/g，增加到 815.48 kg/cm² 压力时的 1.1 cm³/g，后一个压力相当于 7708 m 的埋藏深度。换言之，当埋藏到 7708 m 深时，水的体积膨胀增加了 10%，这是一个很大的水体积增加值。

不同地区，地温梯度不同、水的膨胀情况也不同，可用图 4.17 表示。从该图可以看出，在三个不同地温梯度下水的膨胀情况，其纵坐标代表水的比容，横坐标表示深度。例如，在 6096 m 的深度，地温梯度为 18 ℃/km 时，水发生的膨胀约为 3%；当地温梯度为 25 ℃/km 时，水膨胀约为 7%；而地温梯度为 36 ℃/km 时，水膨胀约为 15%。

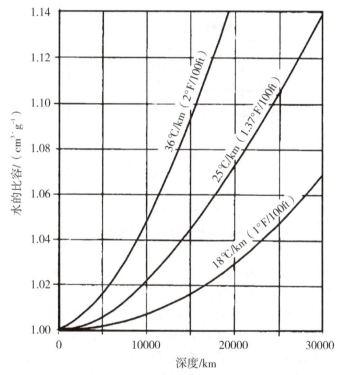

图 4.17 正常压力带不同地温梯度（36 ℃/km、25 ℃/km、18 ℃/km）下水比容与深度关系
（据 Magara，1978）

上述不同地温条件下水比容变化表明：随着地温梯度增加，水的比容增大，而地温梯度大小与埋藏深度成正比。因此，随埋藏深度增加地温增高，其水的比容也增大，而水的这种膨胀将促使流体（包括烃类）在地下深处发生运移。

在深埋的砂泥岩剖面中，砂、泥岩孔隙中流体亦会发生热增容（压）效应，但是由于砂岩渗透性好，本身是一个相对开放的子系统，因此砂岩内往往不会导致压力异常升高，而泥岩则不同，其中流体往往排泄不畅，容易产生异常高压，因此，泥岩中流体总是向砂岩中运移。从宏观上看，水热增压作用促使流体的运动方向，一般是从地温高地区向地温低的地区运动，即从深处向浅处，从沉积盆地中心向盆地边缘运移。这种流体运移方向与由于沉积物压实作用引起的流体运移方向是一致的。

当烃源岩层处于欠压实状态时，由于欠压实段存在异常高孔隙度及孔隙水含量，不利于地下深处的热流向上传导，因为水热导率较低，结果导致欠压实地层往往具有异常高的地温。这种异常高地温及异常大的水体积，必然表现出更大的热膨胀体积，因此，欠压实段的热增压现象较正常压实段更明显。同样，烃源岩在热演化过程中伴有新生流体形成（如粘土矿物脱水、有机质生烃）并进入孔隙，其导致的这种热增压现象会更为突出。

6. 渗析作用

渗析作用是在渗透压差作用下流体会通过半透膜从盐度低方向向盐度高方向运移，直到浓度差消失为止（图4.18），渗析作用的方向与扩散作用方向刚好相反。

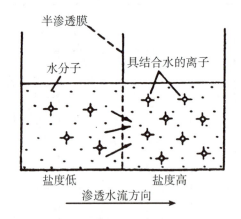

图 4.18　含盐流体渗析作用特征示意

流体含盐量差别越大，产生的渗透压差也越大。Jones（1967）计算表明，页岩与砂岩地层水盐度相差 50000 ppm 时，即可产生 42.5bar 的渗透压差，如果两者相差 150000 ppm，则可产生 227 bar 的渗透压差，此亦是流体运移的动力。

在压实沉积盆地中，地层水含盐量随深度增加和压实作用增强而增加。由于地层水盐离子易被页岩吸附过滤，页岩孔隙水盐度常比砂岩孔隙水高。图4.19（a）、（b）、（c）表示了含盐量-泥页岩孔隙度-流体压力之间的关系。从图中可以看出，页（泥）岩中地层水含盐量与孔隙度成反比关系，即地层水含盐量增加，则孔隙度减小。因此，地层水含盐量从每层页（泥）岩中间部分向两侧边部增高。地层水含盐量与渗透压力之间也是成反比关系，即地层水含盐量高则渗透压力低；反之，地层水含盐量低则渗透压力高。因此，渗透流体运动方向，往往是从地层水含盐量低的部分流向含盐量高的部分，如图4.19（c）箭头所指的方向。因此渗析作用能够促进烃类从页（泥）岩向砂岩中运移，其亦是烃类初次运移的动力之一。

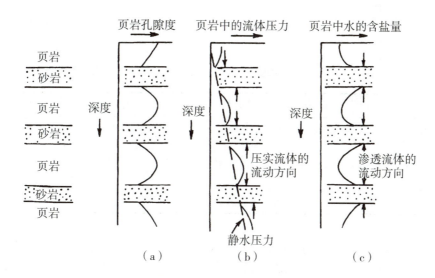

图 4.19 砂泥岩间互层层组中泥岩孔隙度、流体压力和孔隙水含盐量分布特征
(据 Magara，1978)

7. 其他作用

油气初次运移动力除了以上列举的，还有构造应力作用、毛细管压力、扩散作用、碳酸盐岩胶结和重结晶作用等。

构造应力作用能导致岩石产生微裂缝系统，其有利于岩石和有机质吸附烃的解吸作用发生（索洛维耶夫和阿穆而斯基，1983），特别是对于岩性致密的烃源岩以及煤系烃源岩的排烃运移具有重要作用。另一方面，侧向构造挤压力在导致地层变形过程中，亦有应力传递到孔隙流体，从而促使流体运移。

毛细管压力一般都表现为阻力，仅在烃源岩层与储集层（运载层）界面处方表现为动力。由于烃源岩孔喉较小，储集层（运载层）孔喉较大，两者间存在毛细管压力差，其合力方向则指向孔喉较大的一侧，即储集层（运载层）方向，从而推动油气向储集层（运载层）排出。

胶结和重结晶作用是碳酸盐岩烃源岩排烃运移的重要动力。胶结和重结晶作用能使碳酸盐岩孔隙变小，促使已存在于孔隙中的油气压力增加，最终导致岩石破裂，油气被排出。

扩散作用在岩性致密和高压地层中对水溶性天然气运移有重要作用。在致密岩层或异常高压地层中，流体渗滤运移比较困难，但天然气可在浓度梯度的驱动下进行分子扩散运移。

8. 烃源岩排烃动力演变

通过上述分析阐述可知，能够促使油气初次运移的动力多种多样，但需要强调的是在烃源岩有机质热演化生烃过程中的不同阶段，其主要排烃动力亦即起关键性主导作用的排烃动力存在明显差异，即上述诸作用力的作用阶段、作用时间及作用大小是不同的。总体而言，在中－浅层深度地层系统，正常压实作用为主要排烃动力，中－深层地层系统则以欠压实异常压力为主要排烃动力。由于油气大量生成主要发生在中－深层地层系统，因此，异常压力显得尤其重要。以下将以泥质烃源岩层为例，进一步分析排烃动力演变特征（表 4.3）。

表 4.3　泥质烃源岩有机质在不同成熟演化阶段的主要排烃运移动力

埋藏深度/m	温度/℃	有机质热演化阶段	油气初次运移动力
0～1500	10～60	未熟 – 低熟	正常压实、渗析作用、扩散作用
1500～4000	60～150	早成熟 – 晚成熟	正常压实 – 欠压实、蒙脱石脱水、有机质生烃、流体热增压、渗析、扩散
4000～7000	150～250	高成熟 – 过成熟	过成熟成烃生气、气体热增压、扩散

在烃源岩处在成岩作用阶段时，其孔隙度较高，原生孔隙水较多，烃源岩有机质处于低熟 – 成熟阶段，受控于"源热"条件，主要形成一些低熟 – 未熟石油。该阶段烃源岩处在以压实作用为主的地质环境下，因此其生成的油气主要在压实水作用下被排挤出烃源岩层；当烃源岩处在成熟作用初期时，由于大量原生孔隙水被排出后，泥岩孔喉和渗透率变小，流体渗流受阻，此时烃源岩有机质开始大量生烃，粘土矿物蒙脱石开始大量脱水，进而产生欠压实作用、加之有机质生烃作用和蒙脱石脱水作用以及受温度影响的油气水热增压作用等同时互动联动，促使油气水等流体大量排出烃源岩层；在烃源岩处在成熟作用中期即有机质进入生油高峰时期，同时也是粘土矿物脱水的第二个阶段，此时大量新生流体（油、气、水）不断进入孔隙，导致孔隙压力快速不断增加形成强大的异常孔隙压力，当其压力超过烃源岩骨架强度时，则会产生微裂缝，在烃源岩内部异常高压潜能的推动下，油气水不断被排出烃源岩层；当烃源岩处在高成熟 – 过成熟期，烃源岩有机质达到成烃生气高峰，这一时期烃源岩层成岩程度及有机质热演化程度高且较致密，油气等流体排出主要是由于高熟 – 过熟裂解天然气大量形成及其热膨胀作用导致产生异常高温超压潜能的驱替之结果。

三、初次运移的途径

油气从烃源岩层向储集层中运移的途径主要有孔隙、微层理面和微裂缝。

在烃源岩有机质的未成熟 – 低成熟演化阶段，其运移途径主要是烃源岩的孔隙和微层理面，而在烃源岩有机质处在成熟 – 过成熟阶段时，油气运移途径则主要是微裂缝和裂隙。

异常高孔隙流体压力能够导致烃源岩形成微裂缝的观点已被人们普遍接受。Snarsky 认为当流体压力超过静水压力的 1.42～2.4 倍时，岩石即产生裂隙。Momper 则认为在松软地层中孔隙流体压力只要达到上覆静岩压力的 80%，即能打开原有近水平的脆弱面（如层理、裂隙等），并形成新的垂直微裂缝。这种微裂缝具有周期性开启与闭合特点。Rouchet 亦指出，当裂隙周围介质的孔隙压力等于裂隙中的孔隙压力时，裂隙可长时期保持开启，而当周围介质孔隙流体压力低于裂隙中的初始压力，则这种裂隙会由于其流体渗流到周围的孔隙中而迅速闭合。Ungerer 等的研究结果也表明，在微裂缝张开之后,原先封闭的流体即沿裂缝排出,随后在上覆地层负荷作用下裂缝会闭合。此后又可建立和产生新的异常高压,又重复开始上述过程(图4.20)。

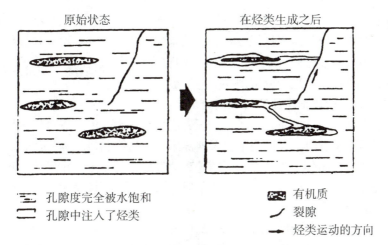

图4.20 干酪根生成烃类过程中微裂缝形成与烃类注入特点

(据 Ungerer 等,1983)

Tissot 等(1971)曾对含有固定有机组分的粘土岩进行加热加压模拟微裂缝形成实验(图4.21)。该图中实线表示压力变化,虚线表示排气量。开始的机械压力为440 kg/cm², 加热时可驱出的 N_2 量甚微,直到压力增加到 540 kg/cm² 时,粘土岩开始破裂,产生微裂缝,相应地驱排出的 N_2 量急剧增加,同时,压力开始释放。

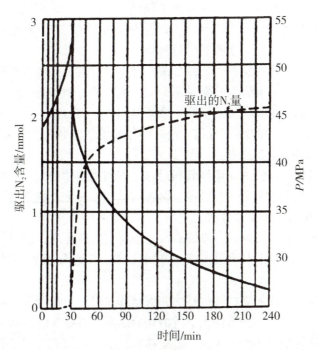

图4.21 含有机质粘土形成微裂缝影响油气运移的加压模拟实验

(据 Tissot 等,1971)

四、油气初次运移模式

根据以上分析阐述及前人的研究成果，油气初次运移可以归纳总结为三种模式，即正常压实排烃模式、异常超压排烃模式和扩散排烃模式。三种初次运移排烃模式在运移相态、运移动力及运移途径（通道）等方面均存在差异，以下分别对不同演化阶段烃源岩排烃特点及排烃模式进行分析阐述。

1. 未熟－低熟阶段正常压实排烃模式

在有机质未熟－低熟热演化阶段，烃源岩层埋深不大，处在成岩作用早期阶段，有机质生成油气的数量有限，烃源岩中富含孔隙水，渗透率相对较高，部分油气可以溶解在水中呈水溶状态，部分油气可呈分散的游离油气滴，其在压实作用下，随压实水流的流动，通过烃源岩孔隙运移到运载层或储集层之中。这种排烃模式是基于压实作用对烃源岩排液的影响而提出的。

2. 成熟－过成熟阶段异常超压排烃模式

在有机质成熟－过成熟热演化阶段，烃源岩层已被压实且致密，烃源岩中孔隙水较少，渗透率较低，烃源岩排液不畅，加之有机质大量生成油气，孔隙水不足以完全溶解所有油气，故大量油气多呈游离状态。同时，此时烃源岩欠压实作用、蒙脱石脱水作用、有机质生烃作用以及热增压作用等各种因素，均导致孔隙流体压力不断增加形成流体异常超压，而成为该阶段排烃主要动力。

该阶段烃源岩异常压力（超压）排烃存在两个相互联系和转化的过程（阶段），即当生油岩孔隙网络内部产生的压力增高还不足以引起岩石产生微裂缝时，如果孔隙喉道不太窄，或因为存在着连续的有机相和有干酪根三维网络而使得毛细管力并不太大的条件下，则油气即可从生油岩中慢慢排驱出，而不需要裂缝存在，在这种情况下，油气在异常压力作用下被驱动应是一个连续的过程。

当烃源岩孔隙流体压力很高，导致烃源岩产生微裂缝，这些微裂缝与孔隙连接，形成微裂缝－孔隙系统，在异常高压驱动下，油气水则通过微裂缝－孔隙系统向烃源岩外大量涌出，当排出部分流体后压力下降，微裂缝闭合。其后待压力恢复升高和微裂缝重新开启时，则又发生新的涌流。因此，这一阶段是油气水以一种间歇式、脉冲式（不连续）方式进行的混相涌流过程。

上述低孔渗条件下的慢速连续油气相运移过程和快速脉冲式不连续混相运移过程属于异常压力增高过程中的两个排烃阶段，两者可以相互转化，周期性发生。

3. 轻烃扩散辅助排烃运移模式

烃类化合物中的轻烃特别是气态烃，具有较强的扩散能力，由于扩散作用是一种气体分子运移行为，因此其与体积流相比，效率较低，但在烃源岩中的轻烃扩散具有普遍性。

许多学者认为，气体依靠扩散进行的初次运移，只发生在烃源岩层内部比较短的距离之中。气体通过短距离的扩散进入最近的输导层面、裂缝系统、断层和所夹的粉砂岩透镜体中后，即可转变为其他方式进一步运移到储层中。因此，轻烃的扩散运移可以作为一种辅助排烃运移模式。但是，对于深层储层非常致密，或者处于流体异常高压状态的地层，流体的渗流几乎不可能进行，此时天然气扩散排烃作用及其运移效果则显得更为重要。

五、烃源岩有效排烃厚度

烃源岩生成的大量油气，由于受到各种因素的影响制约（例如源岩厚度很大、渗透率很小、排烃动力不足等）并不是全部都能从烃源岩中排出并运移到储层之中。例如前面已提及的图 4.7 所示，在阿尔及利亚地区的储集层上覆泥盆系页岩生油岩中，存在烃类、胶质、沥青质含量随远离储集层而逐渐增加现象。从该图中亦可看出，只有与储集层相接触的一定距离内生油层中的烃类才能排出来。这段距离的厚度就是生油层排烃的有效厚度，在该实例中生油层有效排烃厚度约为 28 m（上、下距储集层各 14 m）。

诚然，不同地区烃源岩有效排烃厚度有所不同。我国渤海湾盆地黄骅坳陷板桥生油凹陷中，属三角洲体系中的生、储、盖组合系统，以侧变式和旋回式生储盖组合为主要形式，生油层连续厚度小，一般为 100 m，比较有利于油气的初次运移。因此，在泥岩生油层中未发现活跃的、大数量的油气显示，表明生油岩中生成的油气大部分经初次运移已排出生油层而进入到储集层，残留在烃源岩中的数量有限。但是，通过对岩芯含沥青化学资料的分析，仍发现生油层中总烃/有机碳、氯仿沥青"A"/有机碳、饱和烃/芳香烃等参数的变化，越接近储集层其含量越低（图 4.22）。这表明烃源岩中仍然存在少量烃类残留及其排烃效应和有效排烃厚度等问题。

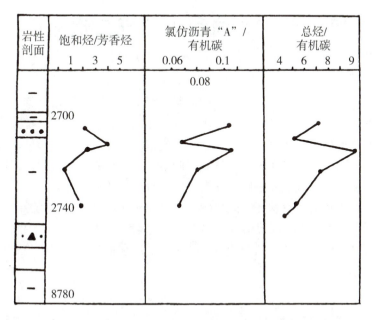

图 4.22　黄骅坳陷板 870 井生油岩沥青化学指标随距储集层距离变化曲线
（据大港油田）

沧东凹陷古新统孔店组上部生油层情况则与板桥地区不同。孔店组上部为厚约

500 m 的暗色泥岩夹薄层石膏，录井中油气显示井段长达 100 m 以上，油气均分散在泥岩与石膏层的层理面上。岐口凹陷周清庄地区古近系沙河街组第一段下部至东营组第二段为厚约 700 m 的暗色泥岩，是良好的生油层。该区录井中在泥岩层见活跃的气测异常，气测值比背景值高出十倍以上。以上这些情况均说明，由于生油层连续厚度太大，远离储集层，油气初次运移输导条件差，导致生油层中生成的油气没有通过初次运移充分排出，故仍保留在原有的生油岩之中。目前人们正在勘探开发的非常规天然气——页岩气即是保留或残留在厚层页岩之中的烃类——天然气。总之，烃源岩之中生成的烃类在任何地质条件下均不可能完全彻底地排出干净，总有一部分被残留吸附在烃源岩之内。因此，在评价生油岩时，可根据排烃效果，一般可分为有效生油岩层和死生油岩层。前者指生油岩不仅已经产生油气，而且排出了有工业价值的大部分油气；后者则指尽管生油岩已经形成油气，但由于各种原因，所生油气没有排驱到储集层中，油气大部分仍残留在源岩层之中。

综上所述，可以看出油气运聚成藏的最佳生储组合类型，乃是生油层与储集层呈互层关系大面积紧密接触，而那些过厚的块状泥岩生油层且与储集层相距太远，则对于烃类排出及油气运移不利，这种厚层烃源岩中有相当一部分厚度对初次运移排油是无效的，即其所生成的烃类排不出来而残留其中。因此，建立生油层排烃有效厚度的概念，可以更切合实际地评价生烃潜力，综合分析判识油气初次运移机理，为油气地质基础理论研究提供重要依据。

第三节　石油和天然气二次运移

石油和天然气进入储集层之后的一切运移过程，均称之为二次运移。它包括油气在储集层内部的运移，以及油气沿断层、构造脊砂体或不整合面、泥底辟及气烟囱等运聚通道及载体所进行的一切运移，也包括已经形成的油气藏由于圈闭条件的改变，油气藏遭受破坏，引起油气再运移而导致油气藏的调整和再聚集成藏的过程。二次运移是初次运移的继续，而且两者可能几乎同时发生，并没有严格的界限。

二次运移环境较初次运移环境改变较大，但储集层往往具有比烃源岩层更大的孔隙空间及储集场所。由于储集层具有孔隙度和渗透率较大，自由水多，毛细管阻力较小，温度压力和盐度相对储集层较低等特点，故往往导致和造成其油气运移过程及特点明显不同于初次运移活动。

一、油气二次运移相态

无论油气初次运移相态如何，目前普遍认为石油二次运移相态主要呈游离相，天然气则以游离相和水溶相形式运移。

二次运移不同时期游离相石油的相态亦有所差异，在运移初期，油粒较小，显微的和亚显微的油粒比较多。随着运移过程发展，这些分散的小油粒逐渐相连，最终形成连续的油珠或油条进行运移。

油气在二次运移过程中由于温压条件的改变，也会发生相态变化，例如溶解在石油或水中的天然气，从深层运移至浅层或地壳运动导致地层抬升后，由于温压剧烈降低会从石油或水中出溶释出，成为独立的游离气相；深层以气溶相运移的石油，运移至浅层温压降低也会发生凝析作用而转变为油相。

二、油气二次运移主要动力

大量的分析研究表明，促使油气二次运移的因素和动力较多，但总体上可归结为如下三个方面。

1. 浮力

石油和天然气密度比水小，因此游离相的油气在水中存在浮力，其浮力大小与油气密度和体积相关。油相的浮力可表示为

$$F_{浮力} = V(\rho_w - \rho_o)g$$

式中，V 为油相体积；g 为重力加速度；ρ_w 为水的密度；ρ_o 为石油的密度。

浮力方向竖直向上。在水平地层条件下，油气垂直向上运移至储盖层界面；在地层倾斜条件下，油气则沿地层上倾方向运移。

油气在运移过程中必须首先克服储层中的毛细管阻力。如图 4.23 所示，毛细管阻力与浮力相对抗，直到变形的油珠曲率半径在上端与下端相等，方可在浮力作用下向上运移。

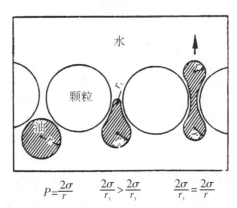

图 4.23　一滴油珠在水湿润地下环境中通过孔隙喉道运移，毛管压力与浮力相对抗直到变形油珠内部曲率半径上下端相等方可发生运移

（据 Berg，1975，引自 Tissot，1987）

在这一油气运聚过程中，浮力必须大于毛细管阻力其中的油气才能移动。可用下式表示：

$$V(\rho_w - \rho_o)g > 2\sigma(1/r_t - 1/r_p)$$

式中，V 为油相体积；σ 为油水界面张力；r_t 为孔隙的喉道半径；r_p 为孔隙的半径；g

为重力加速度；ρ_w 为水的密度；ρ_o 为油气的密度。

对于以上浮力与毛管阻力相互作用问题，通过美国学者奇尔曼·A·希尔所做的简单实验可以得到充分的证实。图 4.24 所示为一个长方形盒子的前视图，该盒子长约 1.83 m，厚约 10 cm，宽约 30 cm，内装满浸水的砂子，正面为透明玻璃，用以观察浮力的作用。图（a）为第一阶段：将三滴油注入水浸砂中，每滴油大小约 10 cm，各据一方，互不连结，此时由于油滴体积不大，浮力不足，阻力阻止了油滴向上浮起，停滞不动。图（b）为第二阶段：又加入了一些油，使三滴油互相连接汇合，此时可见，其上部有指状油流开始向上浮起，此乃油滴体积增大，浮力随之增大，足以克服阻力，而上浮运移。图（c）为第三阶段：几小时后，整个油滴都上浮运移到盒子的顶部聚集，在下部只残留了很少很小的油滴，其直径只相当几个孔隙大小。

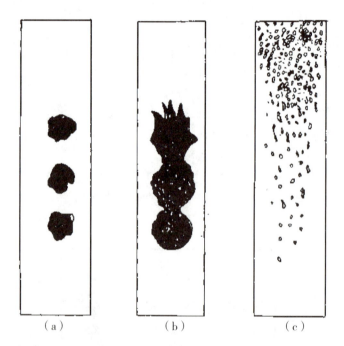

图 4.24 奇尔曼·A·希尔实验的三个连续阶段，说明浮力作用与油滴数量的关系
（据 Levorsen）

通过以上实验，如果把石油体积 V 变换成单位面积的高，这样可得到石油运移的临界高度（Z_o）：

$$Z_o = [2\sigma(1/r_t - 1/r_p)]/[(\rho_w - \rho_o)g]$$

换言之，石油在储集层中的聚集高度必须大于上述石油运移的临界高度之后，才能开始运移。Magara 根据上述公式，计算了等大小球形颗粒的不同岩性对应的石油运移临界油柱高度（图 4.25），该图中纵坐标表示油柱临界高度，横坐标表示颗粒直径大小；$\Delta \rho$ 为油水之间的密度差。例如，当油水之间的密度差为 0.2 $g \cdot cm^{-3}$，储集层颗粒直径为 0.2 mm 时，则油柱的临界高度为 1.524 m，亦即油柱高度超过 1.524 m 时，石油将在储集层内向上运移；假如储集层颗粒变细，石油为了向上运移就需要一个更高的油柱。

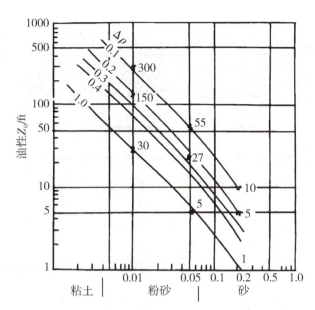

图 4.25　在相同球形颗粒呈菱形堆积储集层中其油柱临界高度与储层参数之相关性
（据 Magara，1978）

尚须强调指出，浮力大小与油气相态和密度有关，不但油相和气相浮力不同，不同深度（温压不同）油相和气相浮力亦差异明显，因此，油气运移所需要的临界高度亦不同。

2. 水动力

通常情况下，储层内是充满水的，油气进入储层后要受水压作用。

储集层中水流动方向视其水来源而异。储集层内所含水的来源有三种：一是沉积物沉积时，存留于其中的原始地层水；二是随着压实作用，从泥质岩层中挤压出的水流进入孔隙性储集层中（压实水）；三是储集层出露地表，地表水渗入其中。从盆地规模及展布格局看，压实水流的流动方向是从盆地中心向盆地边缘，而地表渗水是从盆地边缘露头区向盆地内部流动。但在局部地区或局部构造，水的流动可以沿水平地层作水平运动，也可以沿倾斜地层向下倾或沿上倾方向运动。因此，水动力在油气运移过程中的作用是动力还阻力作用也要看其水流动方向与油气浮力方向是否一致而定。

在水平地层情况下，水动力与浮力垂直，油（气）体上浮至输导层顶部被盖层所封闭后，如果水动力大于毛细管阻力时，油气则沿水动力方向运移（图 4.26）。

Poulet（1968）计算了在水平储层中水动力的驱动能力。假设颗粒半径中值一定（0.5 mm），油（0.875 g·cm³）和水（1.07 g·cm³）的密度差一定，界面张力一定（40 ℃ 时 40 dyn/cm），$0.5\ \text{dyn·cm}^{-2}\cdot\text{m}^{-1}$ 的压力梯度即可促使 140 m 的油条发生运动。如果储集层渗透率为 1D，孔隙度为 25%，则 $0.5\ \text{dyn·cm}^{-2}\cdot\text{m}^{-1}$ 的水压梯度即可使粘度为 1CP 的水每年流动 60 cm。

在地层倾斜情况下，存在水动力方向沿地层下倾方向和沿地层上倾方向两种情况，其作用也表现为阻力和动力两种结果，这种情况可用图 4.27 所示背斜构造中水动力方

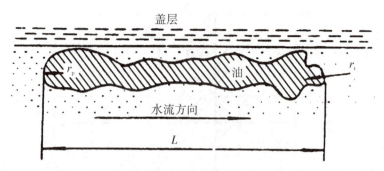

图4.26 水平地层中油气在水动力推动下的运移特征

向与油气运移方向示意图加以说明。在地层上倾方向与水流方向相同的背斜一翼，水动力方向和浮力方向是一致的，即水力起动力作用；而在背斜的另一翼，水动力方向和浮力方向是相反的，即水动力方向向下，浮力方向向上，水力起阻力作用。

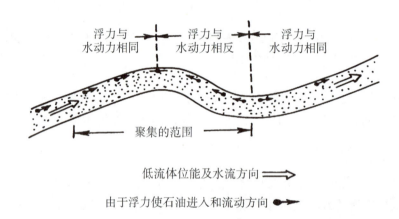

图4.27 背斜地层圈闭中水动力与浮力配合情况及油气运移方向

总之，无论各点的绝对地层压力如何，水流动方向总是从折算压力高向折算压力低的方向流动。图4.28 表示了储集层供、泄水区的海拔高程不同，测压面呈倾斜状，因而折算压力都沿测压面倾斜方向有规律地递减，水则从供水区向泄水区流动，而不管其地层压力如何，如该图中 A、B 两点的绝对地层压力为

$$P_A = h_a/(\rho_w g)$$
$$P_B = h_b/(\rho_w g)$$
$$\because h_a < h_b$$
$$\therefore P_A < P_B$$

而两点的折算力为

$$P'_A = (h_a + h_1)/(\rho_w g)$$
$$P'_B = (h_b + h_2)/(\rho_w g)$$
$$\because (h_b + h_2) < (h_a + h_1)$$
$$\therefore P'_A > P'_B$$

因此，尽管 A 点的地层压力小于 B 点，但由于 A 点折算压力大于 B 点，故水从 A 点流向 B 点。又如 C、D 两点，尽管两点地层压力相等，但两点的折算压力不同。

$$P_C = (h_c)/(\rho_w g)$$
$$P_D = (h_d)/(\rho_w g)$$
$$\because h_c = h_d$$
$$\therefore P_C = P_D$$
$$P'_C = (h_c + h_3)/(\rho_w g)$$
$$P'_D = (h_d + h_4)/(\rho_w g)$$
$$\because h_d + h_4 < h_c + h_3$$
$$\therefore P'_C > P'_D$$

由此可见，尽管 C、D 两点的地层压力相等，但水仍在折算压差的作用下从 C 点流向 D 点。

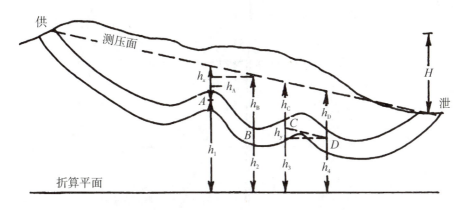

图 4.28　地层压力与折算压力及水流方向示意

对于有两套以上的储集层同时存在的情况，由于每套储层的供水区海拔高度不同，各层的静水压面位置就有高低之别，这样，若有通道，就可能发生流体向上、下储集层的垂向运移（图 4.29）。若取海平面为折算平面（基准面），则对 I 层而言，1、2 号井的静液面至海平面的高度相等，折算压头均为 h'_I，因此 1、2 井间液体不能流动；对 I、II 两层而言，在 1 号井内的静液面至海平面的高度不同，折算压头分别为 h'_I 和 h'_{II}，折算压头差 $h'_I - h'_{II} = h_B$，即在折算压差 $h_B/(\rho_w g)$ 的作用下，液体从 I 层向下流往 II 层。

当有三套储集层同时存在时，若三者水压面高度不同，同样具高水压面层中的流体向低水压面层中流动（图 4.30）。其中 B 层水压面最高为 h_B，A 层水压面次之为 h_A，C 层水压面最低为 h_C，即 $h_B > h_A > h_C$，则在有通路的情况下，B 层的流体将向 A 层、C 层中流动，如图中箭头所示。

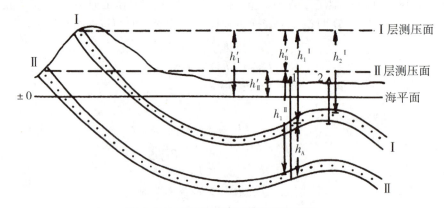

图 4.29　两套储层情况下的水流方向

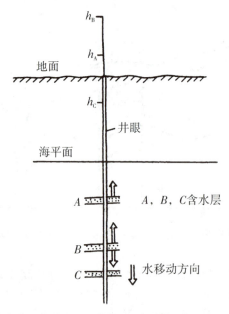

图 4.30　一口井中三套含流体储集层，具不同测压水面高度 A，B，C 时，流体流动方向（据 Levorson）

总之，储集层内流体流动方向，并不决定于该储集层的绝对地层压力，而是受其折算压力所控制。

3. 构造运动力

在地壳运动过程中，无论是挤压运动或升降运动，都会在岩层内部表现出大小和方向各异的应力活动，在不同的地质条件下，它可能表现为挤压应力、拉张应力或剪切应力等各种应力；当它们超过了岩石的一定强度，就会促使岩层变形或变位，造成各种褶皱和断裂，并驱使沉积物中所含流体发生运移。这种由地壳运动造成的各种地质构造应力，即是构造运动力。由于地壳各部分的岩石性质不同，地壳运动方式、强度亦差异明显，可形成各种性质的地质构造。其中有水平挤压而成的较剧烈的褶皱，有反映基底活动的大型隆起或穹窿，以及在各种不同部位产生的压性断裂、张性断裂和剪性断裂等等。这些由地壳运动形成的各种褶皱和断裂分布也是有规律的，它们常受周围古老褶皱山系或巨大坚硬地块的影响或控制。

因此，在沉积盆地里，构造运动力可以形成褶皱、断裂以及各种不整合。在一些背斜、向斜相间，地层发生倾斜，即可形成供水区和泄水区。油气一般沿倾斜的地层发生运移，从油源区运移至聚集区，从一个构造运移到另一个构造，等等；构造运动形成的断层裂隙和裂缝则可将岩层中各种原生孔隙、次生孔隙连通，形成运移通道。同时，不整合面形成的风化带或地下水溶蚀带，亦是油气二次运移的良好通道。综上所述，构造运动力给油气二次运移创造了极为有利的油气运聚条件。

再者，构造运动力也能直接促使油气运移。构造运动力导致岩石发生应变，其应变涉及岩石颗粒变形和孔隙变形，而这一变形过程必然会将作用力传递到其中所含的流体，进而驱使油气向受力减弱方向运移。

综上所述，浮力和水动力是油气二次运移的直接动力，但亦受构造背景的控制影响。因此，地壳运动是促进油气运移的根本条件和源动力。

三、油气二次运移通道

石油和天然气二次运移中的主要通道有储集层孔隙、裂缝、断层及裂隙、构造脊砂体和不整合面与泥底辟/泥火山及气烟囱。

储集层孔隙和裂缝是油气二次运移在储集层中的基本通道，正是由于储集层具有孔隙空间和裂缝空间，油气才能进入其中储集，并通过它们而运移，至于油气运移数量和速度，则取决于孔隙、裂缝的大小和连通情况。

断层裂隙是油气长距离二次运移的主要通道。由于断层裂隙不像孔隙那样大小不一，迂回曲折，因此，油气沿断裂通道运移比在岩石孔隙中运移更容易、更快速。许多垂向上远离深部烃源供给的浅层油气藏的形成，以及远离烃源区侧向上油气长距离运聚成藏等，均与断层裂隙运聚通道密切相关，例如柴达木盆地北缘第三系油气藏，其油气主要是通过断层从侏罗系源岩运移上来并聚集成藏；再如，南海北部大陆边缘盆地一些构造－地层及构造－断裂复合型油气藏等，均与断层裂隙运聚通道作为"沟源"桥梁连通烃源岩与储集层及圈闭密切相关。另外，周期性活动断层，亦会导致油气多次运移，形成一些次生油气藏进而改变早期的油气分布格局。

地层不整合面也是油气二次运移的重要通道。地层不整合代表着地层曾经历过区域性风化剥蚀作用，因此往往可形成区域性稳定分布的高孔高渗古风化壳或古岩溶带，这对油气长距离运移或形成大油气田非常有利。世界上很多潜山类型的大型油气田，其油气常常是通过不整合面运移通道运聚输送至古潜山中聚集成藏。典型实例如我国华北冀中坳陷的任丘古潜山油田。

泥底辟/泥火山及气烟囱作为油气运聚通道在南海北部大陆边缘盆地中不乏其例。莺歌海盆地中央泥底辟带浅层气藏及中深层高温超压气藏形成与分布和琼东南盆地南部深水区深水油气运聚成藏等，均与该区泥底辟及气烟囱形成演化以及所提供的运聚通道息息相关，亦即泥底辟及气烟囱发育演化与展布特点控制了油气运聚成藏及其分布规律。

四、油气二次运移时期

油气二次运移是初次运移的继续，初次运移和二次运移常常是连续发生的过程，亦即油气生排烃时期与二次运移时期几乎是同时发生同时进行。但在一般情况下，大规模的油气二次运移时期，应该是在烃源岩主要生油期之后或同时所发生的第一次构造运动之时期。因为这次构造活动导致原始地层发生倾斜，甚至形成褶皱和断裂，破坏了油气运聚时原有的动平衡格局。在这种情况下，进入储集层中的油气，在浮力、水动力及构造运动力作用下，向压力梯度变小的低势区方向发生较大规模的运移，并在局部受力平衡处即低势区（如圈闭内）聚集成藏。假如在油气聚集成藏以后，该区又发生二三次，甚至更多次的构造活动，则每一次构造活动对油气运移和聚集都会产生较大影响和作用。其影响及作用大小，取决于构造活动对原有构造及圈闭的破坏改造程度。若对原有构造及圈闭破坏影响不大，或只是促使其继承性发展，则在一般情况下，尚不会引起油气大规模区域性运移和逸散。只有在构造活动对原有构造及圈闭条件产生重大改造或全部破坏时，油气才会再次发生新的区域性运移和散失，同时亦会形成次生油气藏及大量油气苗等。因此，在分析研究主要油气运移时期（大规模运移时期）时，必须深入分析烃源岩主要生油时期及所在区域的主要构造活动演化历史。

中国东部渤海湾盆地，油气二次运移主要时期是在古近纪渐新世东营组末期，此时亦是烃源岩大规模生成油气的主要时期。更重要的是该区在渐新世东营组末期，曾发生一次区域性的构造运动，此次构造运动主要以块断活动为其重要特征，且产生了大量的断层裂隙，形成一些重要的新的二级构造断裂带，进而为油气二次运移及富集成藏等奠定了较好的基础。渤海湾地区的一些主要的大中型油田，如济阳坳陷胜坨油田、冀中坳陷任丘油田、黄骅坳陷大港油田、辽河坳陷兴隆台油田等，都主要是在这个时期形成的。在这次大规模的油气运移聚集时期之后，大约在新近纪上新世明化镇组末，又发生了一次较强的块断活动，亦产生了一些新的断层裂隙，导致部分已经形成的油气藏圈闭条件遭受不同程度的破坏，促使油气发生再次运移，形成了相当数量的新近系次生油气藏。

总之，油气运移主要时期，亦是油气大量运移聚集和油气藏形成的主要时期，因此，深入分析研究油气二次运移主要时期，对油气田勘探及有利油气富集区带评价预测等，均具有非常重要的意义。近年来，随着油藏地球化学的发展，人们也在深入探索直接分析测试油气主要运移时期，如应用钾氩及氩氩同位素定年和油气稳定碳同位素、油气包裹等技术开展油气运移时期研究，已经取得了一些研究成果，即可应用于油气运移方面的研究之中。

五、油气二次运移主要方向和距离

油气二次运移主要方向与距离，一方面取决于渗透性地层产状及展布特点，即受运移通道类型和性质所限制，另一方面取决于地层水动力和浮力大小及方向。显然，这些因素是由区域构造背景所决定的。

从盆地整体上看，油气二次运移主要方向，总体上其总是从盆地中心向盆地边缘运移。这主要是因为在一般情况下烃源岩均位于盆地中心且埋深较大，其是烃源岩的主要油气供给区。Pratsch（1986）根据盆地结构和形状，全面系统地总结了不同沉积盆地油气二次运移的优势方向，如图 4.31 所示。从这些不同类型盆地油气二次运移优势方向可以看出，不同类型不同形状盆地其烃源岩发育展布特征与有效供烃区域及范围等均存在明显差异，其与盆地边缘运聚通道及圈闭聚集条件配置亦不同，故其油气二次运移主要方向（优势方向）亦完全不同或存在明显差异。

我国油气田勘探实践表明，一些含油气丰富的大中型油气田，大多是处在生油凹陷附近，即有效供烃区范围之内的主要油气运移的优势方向上。例如，我国东部大庆油田就是处于主要生油区古龙凹陷油气运移的优势方向上。据计算，约有 87% 的生油量沿该主要的优势运聚方向运移至大庆长垣构造圈闭带中聚集成藏，形成了我国最大的陆上油田——大庆油田。又如渤海湾盆地东营凹陷中的一些大中型油气田：如坨-胜油田、东-辛油田、永安镇油田、郝-现油田、滨南油田、纯化镇油田、王家岗油田、广利油田等等，也都是分布在主要生油凹陷有效供烃区范围，且集中在油气二次运移的主要优势方向上。

总之，地壳中石油和天然气，总是沿着盆地流体流动阻力最小的优势方向运移，这是地质条件下油气在储集层中运移的基本地质规律。油气运移主要方向受多种地质因素的控制，其中最重要的是区域构造地质背景，即盆地中凹陷区与凸起区的相对位置及其发育演化历史。一般情况下，位于生油凹陷附近的凸起带及斜坡带，往往是油气运移的主要指向，特别是那些长期继承性发育的凸起带最为有利，其是油气二次运移的主要优势区。诚然，油气二次运移主要方向亦受储集层岩性岩相变化、地层不整合、断层分布及性质、泥底辟及气烟囱分布和所处水动力条件等多种地质因素的影响。因此，在判断油气二次运移主要方向时，必须深入分析、综合考虑以上各种条件，方可获得比较符合客观地质实际的可靠结论。

同样，在研究和分析讨论油气二次运移距离问题时，也必须从具体的客观地质条件出发，开展具体的分析。如区域构造地质条件、岩性岩相变化条件，以及促使油气运移各种动力因素，等等。在岩性岩相变化较大的地区，同时又缺乏其他合适的油气运移通道，则油气运移比较困难，不可能进行远距离大规模运移。例如位于不渗透的泥岩生油层中的砂岩透镜体油气藏，以及周围被不渗透性地层所包围的生物礁块油气藏等，其油气主要是由附近相邻生油岩中运移聚集在其中，不可能也不需要经过远距离的油气运移。与此同时，也应看到和关注，当储集层性质变化较小，连通性比较好，或具有其他合适的运移通道，如不整合面或断裂带或泥底辟及气烟囱等，同时又具有促使油气运移的有利动力条件，则其油气进行较远距离的运移也是可能的。

从我国勘探发现的油气田情况看，绝大部分油气田均处在邻近盆地某地质时期沉积中心之生油凹陷的有效烃源供给区，油气分布富集及大中型油气田分布均严格受控于生烃凹陷及烃源供给区的展布，即严格遵循所谓"源控论"。因此，可以认为油气二次运移距离对于我国陆相断陷盆地而言，一般不会很大。表 4.4 所示我国陆上几个主要含油气盆地中，油气二次运移距离的统计结果，均雄辩地证实了这一点。

圆型对称盆地运移原理
不分优越次序

圆型不对称盆地运移原理
运移优越性 集中：B超过A 面积：A超过B

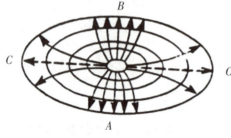

长形对称盆地运移原理
运移优越性：A等于B 超过C

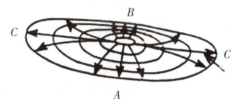

长形不对称盆地运移原理
运移优越性：A超过B 超过C

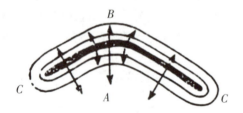

长形弯曲对称盆地运移原理
运移优越性：A超过B 超过C

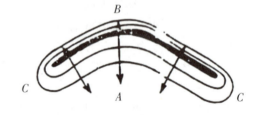

长形弯曲不对称盆地运移原理
运移优越性：A超过B 超过C

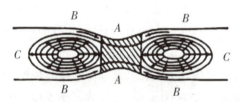

线形对称复合盆地运移原理
运移优越性：A超过B 超过C

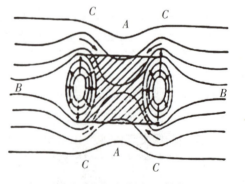

平形对称复合盆地运移原理
运移优越性：A超过B 超过C

图 4.31　不同形状盆地油气二次运移特征及主要运移方向基本模式
（据 Pratsch，1983）

表 4.4　我国陆上部分含油气盆地油气运移距离

盆地名称	运移距离/km	
	一般	最大
松辽盆地	小于40	
鄂尔多斯盆地	小于40	60
渤海湾盆地	小于20	30
江汉盆地	小于10	15
南襄盆地	小于10	20
酒泉盆地	5～20	30
准噶尔盆地	30～50	80

从该表中可以看出，油气运移距离一般都在 50 km 以内，最大的是新疆准噶尔盆地克拉玛依油田，其油气运移距离也只有 80 km。总之，陆相地层中油气运移距离比较短，可能与岩性不稳定、横向相变较大有关，同时亦与断层发育、水动力条件差有关系。

石油在运移过程中，存在被矿物颗粒选择性吸附的现象，其结果与实验室内色层分析极为相似。因此，可以根据石油化学成分的改变，以及由此引起的物理性质的变化等，去分析追索石油运移的主要方向。

在实际油气勘探工作中，常常会发现沿着油气运移主要优势方向，其油气化学成分和物理性质亦会产生规律性变化。其中芳香烃、卟啉，以及沥青质、胶质和重金属（V、Ni、Ca）等的含量沿油气运移路径及通道均相应减小，这是由于石油中非烃化合物（含氧、硫、氮有机质），最易吸附于矿物表面或溶解于水中，且芳香烃比正烷烃和环烷烃的极性强，在水中溶解度也大，所以随着石油运移，其非烃和芳香烃族分会逐渐减少。而且某些生物标记化合物在油气运移过程中也有变化，如甾烷化合物中，5α，14β，17β 异构体比 5α，14α，17α 构型运移得快，重排甾烷 13α，17β 构型比规则甾烷 15α，14α，17α 构型跑得快，因此其比值由小到大亦可指示油气运移方向。有人亦测得石油中 $^{13}C/^{12}C$ 碳同位素比值也随油气运移距离渐远而逐渐降低，这主要是芳香烃中 $^{13}C/^{12}C$ 比值高于烷烃和环烷烃，随着在油气运移方向上芳香烃减少，就必然会导致 $^{13}C/^{12}C$ 比值减少；也有人认为，重同位素 ^{13}C 比轻同位素 ^{12}C 吸附能力强，^{12}C 相对运移快，故在运移前方，导致 ^{12}C 含量相对较高，致使 $^{13}C/^{12}C$ 比值沿油气运移距离增加而减小，同时亦指示了油气运移方向。总之，随着石油和天然气在运移过程中，化学成分有规律的变化，必然导致其物理性质的变化，因此沿着油气运移方向，其油气比重和粘度一般亦会减小。典型实例如玉门油田从鸭儿峡向老君庙、石油沟方向，其原油正烷烃主峰值、OEP 值均逐渐降低；原油 C_{22} 以上与 C_{23} 以下比值亦沿油气运移方向逐渐增加，原油比重、粘度、含蜡量及凝固点则逐渐变小、变低，规律性非常明显。这些物理化学性质的变化特点，充分指示了油气二次运移方向及特点。

尚须强调指出，上述原油性质变化，只是当沿油气运移方向其层析作用起主导作用时方可发生。如果在油气二次运移过程中，构造断裂活跃，其氧化作用占主导地位，则上述油气物理化学性质的规律性变化不存在，而且会出现相反的变化规律，即原油性质从生烃凹陷内部向边缘区构造带运聚时由轻变重，沿油气运移主要方向，其原油比重、粘度有规律地增大，其他参数也呈规律性变化。总之，在分析研究综合判识油气二次运移主要方向时，一定要对各种客观地质条件进行深入分析研究，方可获得比较正确的结论。

第四节　地下流体势分析

地下流体渗流是一个机械运动过程，流体总是自发地由机械能高的地方流向低的地方。Hubbert（1940，1953）最早把流体势概念引入石油地质学中，用来分析刻画地下流体能量变化和流体运移规律，其后 Dahlberg（1982）则比较系统地分析论述了应用这一方法研究油气运移和聚集的方向和位置，进而引起了全球油气勘探者的广泛重视。因此，地质条件下流体势分析，已成为油气地质勘探研究中必不可少的油气地质研究工作。

一、流体势概念

Hubbert 将地下单位质量流体具有机械能的总和定义为流体势（φ），并用下式表示：

$$\varphi = gZ + \int_0^P \mathrm{d}P/\rho + q^2/2$$

式中，Z 为测点高程；g 为重力加速度；P 为测点压力；ρ 为流体密度；q 为流速。

上式等号右端第一项表示重力引起的位能，可理解为将单位质量流体从基准面（海拔 =0）移动到高程 Z 为克服重力变化所做的功；第二项表示流体的压能（或弹性能），可理解为单位质量流体由基准面到高程 Z 因压力变化所做的功；第三项表示动能，可理解为单位质量流体由静止状态加速到流速 q 时所做的功。

基准面可以选择任意高程，这时，Z 为相对于基准面的高程。在基准面之上的测点，Z 为正；基准面以下的测点，Z 取负值，P 为相对于基准面处压力的变化幅度。

在静水环境或流体流动很缓慢（小于 1 cm/s）的条件下，$q^2/2$ 可忽略不计，这样，在地层条件下可简单理解为单位质量流体的位能和压能之和：

$$\Phi = gZ + \int_0^P \mathrm{d}P/\rho$$

一般情况下可认为油和水是不可压缩的，即其密度不随压力变化。在压力变化不大的范围内，气密度也可视为常数，这样，水势、油势和气势则可分别表示为

$$\Phi_\mathrm{w} = gZ + P/\rho_\mathrm{w}$$
$$\Phi_\mathrm{o} = gZ + P/\rho_\mathrm{o}$$

$$\varPhi_g = gZ + P/\rho_g$$

水势 $\varPhi_w$ 可以用测压水头 h_w 来表示。因为测压水头为测点的高程与测点的压力水头（$P/g\rho_w$）之和：

$$h_w = Z + P/g\rho_w$$

因此，水势 $\varPhi_w$ 可改写为

$$\varPhi_w = gZ + P/\rho_w$$
$$= g(h_w - P/g\rho_w) + P/\rho_w = gh_w$$

同样可以改写出油头与油势、气头与气势的相互关系：

$$\varPhi_o = gZ + P/\rho_o = gh_o$$
$$\varPhi_g = gZ + P/\rho_g = gh_g$$

在表征和反映剖面上流体势变化特征时，常使用测势面概念，其与测压面相似，所谓测势面是指同一储层中各点的流体势连接起来所构成的一个反映该储层不同部位势变化状况的假想面。

二、势梯度与流体运移方向

把单位质量流体所受力定义为力场强度，用 $\boldsymbol{E}$ 表示：

$$\boldsymbol{E} = -\mathrm{grad}\varPhi$$

式中，$\mathrm{grad}\varPhi$ 表示 $\varPhi$ 的梯度。力场强度是一个向量。

由上式可分别得到水、油和气在同一点的力场强度：

$$\boldsymbol{E}_w = g - \mathrm{grad}P/\rho_w$$
$$\boldsymbol{E}_o = g - \mathrm{grad}P/\rho_o$$
$$\boldsymbol{E}_g = g - \mathrm{grad}P/\rho_g$$

上述等式右边的第一项为单位质量流体的重力，在数值上等于重力加速度 g；第二项表示单位质量流体体积上的压力，力场强度是两者的向量和。由此可见，因油、气、水三者密度不同，在同样的压力环境下，油、气、水三者的力场强度不同（图 4.32）。

在静水环境下，水的力场强度为 0，而油和气的力场强度不为 0，两者力场强度方向均向上，但因气密度比油小，因此气的力场强度比油大：

$$\boldsymbol{E}_w = g - \mathrm{grad}P/\rho_w = g - g\rho_w/\rho_w = 0$$
$$\boldsymbol{E}_o = g - \mathrm{grad}P/\rho_o = g - g\rho_w/\rho_o = -(\rho_w - \rho_o)g/\rho_o$$
$$\boldsymbol{E}_g = g - \mathrm{grad}P/\rho_g = g - g\rho_w/\rho_g = -(\rho_w - \rho_g)g/\rho_g$$

在动水环境中，作用于单位质量油、气上的力，与静水环境相比，不仅受向下的重力 g 和向上的浮力 $-\mathrm{grad}P/\rho$ 影响，还多了一个反映流动条件的水动力 F_w，这时水、油和气的力场强度分别为

$$E_w = g - \mathrm{grad}P/\rho_w + F_w$$
$$E_o = g - \mathrm{grad}P/\rho_o + (\rho_w/\rho_o)F_w$$
$$E_g = g - \mathrm{grad}P/\rho_g + (\rho_w/\rho_g)F_w$$

上述油和气的力场强度表达式中的水动力 F_w 项前分别有一个系数 ρ_w/ρ_o 和 ρ_w/ρ_g，表示单位质量油和气所受水动力是单位质量水的 ρ_w/ρ_o 倍和 ρ_w/ρ_g 倍。

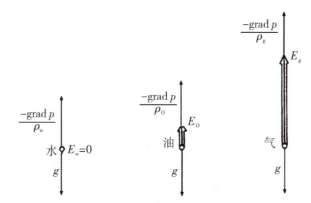

图 4.32　静水环境中作用于单位质量水、油和气上力场强度
（据 Dahlberg，1982）

因此，在水动力作用下，由于水、油和气密度不同导致它们的力场强度大小和方向不同。三者分别按照自己的方向流动。水动力大小不同其运移方向也不同，图 4.33 表示了水动力大小不同的两种情况下，水、油、气的受力合成图解。

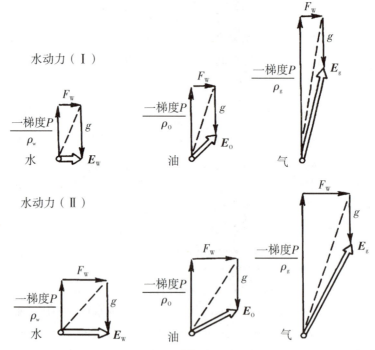

图 4.33　在不同水动力条件下作用于单位质量水、油和气上各种力向量分布及力场方向
（据 Dahlberg，1982）

图 4.34 表示一个均质单斜输导层中，在水动力作用下所发生的油气分离和运移方向。由此可以看出，水沿单斜下倾方向流动，但油气浮力和水动力合成的结果则导致气沿单斜上倾方向运移，而油沿单斜下倾方向运移。

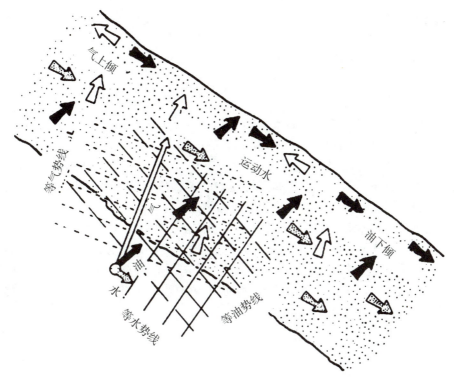

图 4.34 在下倾水流条件下单斜输导层中油与气的运移方向
（据 Hubbert，1953）

三、相对流体势与油气运移和聚集

Dahlberg（1982，1995）在流体势概念的基础上，提出了相对流体势概念，并用来分析油气运移和聚集方向以及具体位置，即所谓的 UVZ 方法。以下以油为例，简要分析 UVZ 的表达式。

众所周知，由水势可得出地层压力下列表达式，即

$$P = \rho_w(\Phi_w - gZ)$$

将 P 表达式代入油势中，则有下式

$$\Phi_o = gZ + [\rho_w(\Phi_w - gZ)]/\rho_o$$
$$= (\rho_w/\rho_o)\Phi_w - [(\rho_w - \rho_o)/\rho_o]gZ$$

将水头与水势、油头与油势的关系代入上式，则有

$$h_o g = (\rho_w/\rho_o)h_w g - [(\rho_w - \rho_o)/\rho_o]gZ$$

变换上式，将高程 Z 独立出来，则有

$$[\rho_o/(\rho_w - \rho_o)]h_o = [\rho_w/(\rho_w - \rho_o)]h_w - Z$$

令

$$U_o = [\rho_o/(\rho_w - \rho_o)]h_o$$

$$V_o = [\rho_w/(\rho_w - \rho_o)]h_w$$

则上式变换为

$$U_o = V_o - Z$$

对于天然气而言，同样可以经过变换得到

$$U_g = V_g - Z$$

这就是所谓的 UVZ 公式。

在某一确定的储层条件下，油气水密度都是常数，因此，上式中的 U、V 与油气头、水头只差一个由密度比值构成的常数系数，故用 U 和 V 仍可有效反映油气势及水势的分布。由于 Z 可通过构造图获得，故这种方法可以用 V 值图与构造图套合，两者相减即可获得 U 值图，简便易行。如果将 U 看作是油气相对于水的势，V 看作是水相对于油气的势，那么 UVZ 法也可称为相对流体势方法。

以下通过一个具体实例介绍相对流体势分析方法。如图 4.35 所示，（a）是等 Z 平面图，等高距为 100 m，向东南倾伏的鼻状构造图；（b）是水势面倾角为 10^{-2} 的等水势平面图，并叠加在构造图之上；（c）是 $\rho_w = 1$；$\rho_o = 0.8$；$\rho_w/(\rho_w - \rho_o) = 5$ 的等 V_o 平面图；（d）是由 $U_o = V_o - Z$ 得出的 U_o 平面图。根据（d）图可以判断石油运移方向和可能有石油聚集的圈闭位置。

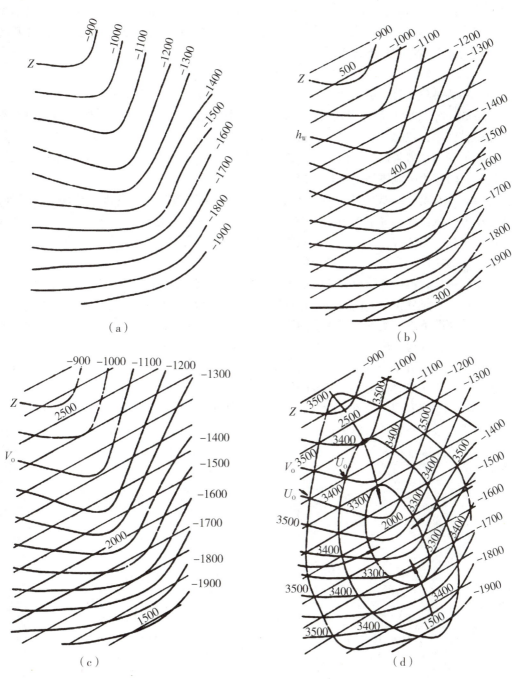

图 4.39　某鼻状构造的 U_o、V_o、Z 平面图实现过程

（据 Chanpman，1983）

四、存在问题与注意事项

（1）油气在地层中运移一定会受到毛细管力的影响，而在上述流体势表达式中忽

略了这一因素。为此,England(1987)对流体势做了新的定义,不像 Hubbert 以单位质量作为研究单位,而是采用单位体积作为研究单位,其将油气势定义为把单位体积的流体从基准面运输到地下某点所需做的功,即:

$$\Phi_p = P - \rho_p gz + 2\sigma/r$$

式中,ρ_p 为油气密度,σ 为油气与水的界面张力,r 为岩石孔隙半径。

England(1987)流体势定义在研究地层岩性岩相变化带中孔隙流体流动方向有积极作用,例如,在储层尖灭处,因为孔隙半径变小,油气继续流动需要作更多的功,那么,在不变的动力条件下,油气不会继续运移,结果形成油气聚集。这对理解岩性圈闭和盖层封闭作用中流体动力学是有帮助的。

(2)流体势表达式中的压力是实测地层压力,除在连通性好的静水地层系统以外,地层压力多数情况不等于上覆静水柱压力,因此在计算过程中,不能把地层压力 P 用上覆静水柱压力代替,而应用实测地层压力,因为实测地层压力包含着各种实际地质因素对流体的作用,反映了实际的能量大小。

由此可见,流体势分析方法需要知道地层条件下油气水密度和实测压力数据。这些数据在不同点是变化的,同时也是很难取准的,只有在油气勘探程度较高、钻井测试资料较多的情况下方可实现。尽管目前许多学者探求用地球物理方法预测探井较少地区地层压力的变化规律,但由于影响因素较多,实际效果并不理想。

(3)运用流体势分析时,必须要在同一个储层压力系统中进行,在不同地层压力系统中进行流体势分析会导致错误的结论。

(4)油气运移是一个非常复杂的问题,要正确判识确定油气运移方向,必须结合具体地质背景,特别是构造演化历史,搞清古构造、古地貌、古水动力及古压力的变化特点,才能正确分析和判识油气运移过程及其演变历史。但是目前这些方面均处在探索之中。

第五章 油气聚集与油气藏形成

第一节 油气聚集单元

地壳上油气分布，常常受到区域地质构造及岩性岩相、烃源供给及运聚系统等地质条件的控制而成群、成带、成区出现，且具有一定的分布规律及特点。油气藏是地壳上油气聚集的最小单元。在受单一局部构造控制的同一面积内若干个油气藏可组成一个油气田，油气田也不是孤立存在的，常受一定地质条件限制成群、成带出现构成油气聚集带。有些油气聚集带往往具有相同的油气来源，处在同一含油气区内，发生了油气生成和聚集过程。有时，一个或若干个含油气区具有统一的地质发展历史，进而构成一个含油气盆地。

长期以来在研究油气形成与分布富集的过程中，常常发现在油气聚集带与含油气盆地（或含油气区）之间尚存在一个油气地质单元即"含油气系统"，其控制了油气生成、运移、聚集及保存等全过程的系统变化及展布特征。因此，对油气地质勘探工作而言，其研究任务目标并非只为寻找某个单独的油气藏或油气田，而是要从板块构造及其发展史的高度，以其区域构造地质背景为基础，划分出不同类型含油气盆地及其中可能包括的含油气区，再应用含油气系统基本理论，开展多学科结合、多专业相互渗透的综合研究，分析探索和综合判识确定油气分布富集规律，评价预测有利油气聚集带及油气田与具体的勘探目标。鉴此，在分析了油气生成及油气藏形成等各种问题后，以下将重点分析研究地壳上不同级次的油气聚集单元及其分布规律。

一、油气田及其类型

（一）油气田的涵义

油气田系指受单一局部构造单元所控制的同一面积内的油藏、气藏、油气藏的总和。如果在这个局部构造范围内只有油藏，称为油田；只有气藏，则称为气田。

石油和天然气均属流体，不可能原封不动地固定在其原来生成的地方。只有大部分固体矿藏才能分布在其原来生成的地方且基本上固定不变。例如与石英脉有关的脉金矿床，即位于其生成的地方且后期变化不大。油田（或石油矿床）和气田（或天然气矿床）属于流体矿藏，完全不同于固体矿藏，因此，其油气聚集场所（油气藏所在位置）一般不是它们生成的地方，而且需要经过运移聚集过程方可在具备油气聚集条件的局部区域形成油气田（油气藏）。石油和天然气之所以能够聚集起来，是由于所在区域受局部构造单元控制，形成了各种圈闭。这些局部构造类型可以是穹窿、背斜、单斜、刺穿构造等等，且在其所控制的范围内形成了相应的圈闭类型，在具备烃源供给条件下形成多种类型油气藏，而这些受同一局部构造因素控制的同一面积内油藏、气藏的总称，即为一个油气田。因此，对"油气田"的理解和定义，应该包括下列含义。

（1）油气田是指石油和天然气现在聚集的场所，而不论它们原来生成的地方在何处。

（2）一个油气田仅受单一局部构造单元因素所控制。这个"局部构造"是广义的，它可以是穹窿、背斜、单斜、盐丘或泥火山刺穿构造等构造类型，也可以是指受生物礁、古潜山、古河道、古砂洲等控制的非构造类型。在这些"局部构造"控制范围内各种油气藏的总和，即可称为油气田。

（3）一个油气田具有一定面积，在地理上包括一定范围。另外，油气田面积大小相差悬殊，小者只有几平方千米，大者可达上千平方千米，不论油气田面积大小如何，但其总是受单一局部构造单元因素所控制。

（4）一个油气田范围内可以包括一个或若干个油藏或气藏。

总之，形成任何一个油气田，单一的"局部构造单元"是最重要的地质因素，它不仅决定油气田面积大小，更重要的是它直接控制着该范围内各种油气藏的形成。

（二）油气田的分类

1. 以"局部构造单元"的成因条件分类

在进行油气田分类时，以"局部构造单元"的成因条件作为基础，可以将油气田类型进行如下划分与分类。

（1）与构造运动有关的油气田。包括：①背斜油气田。又分与基底活动有关的背斜油气田与褶皱作用有关的背斜油气田。②单斜油气田。③向斜油气田。

（2）与底辟活动有关的油气田。包括盐丘底辟油气田、泥火山刺穿油气田、岩浆柱底辟油气田。

（3）与生物礁活动有关的油气田。

（4）与剥蚀凸起有关的油气田。

虽然上述分类基本上反映了油气田形成的主要地质因素，但国内外油气勘探开发的新进展与生产实践均表明，在碎屑岩与碳酸盐岩两大不同岩类的发育区域，其油气生成、运移、储集条件均差异明显，油气藏及油气田类型有相同之处，而更为重要的是具有许多不同的特点，故其在油气勘探开发等生产实践及油气地质研究中均存在明显差别。为了能够充分反映油气地质学领域的这些新进展及特点，更方便和适应于油气勘探开发生产实践，对于油气田分类首先应该考虑区分砂岩（包括其他碎屑岩）油气田和碳酸盐岩油气田两大类，在此基础上再根据其单一局部构造单元的成因特点进行详细分类。这种分类方法既反映了它们的共性，又突出了其个性。对于石油地质理论研究和油气勘探开发生产实践等均具有重要意义。

2. 根据岩性与构造两大关键地质因素分类

（1）背斜型砂岩油气田。分与褶皱作用有关的砂岩油气田、与基底活动有关的砂岩油气田、与同生断层有关的砂岩油气田。

（2）单斜型砂岩油气田。与断裂作用有关的砂岩油气田与沉积作用有关的砂岩油气田。

（3）刺穿构造型砂岩油气田。分盐丘型砂岩油气田、底辟/泥火山型砂岩油气田、岩浆底辟/岩浆柱型砂岩油气田。

（4）不规则带状砂岩油气田。分滨岸砂洲油气田、古河道砂岩油气田。

（5）碳酸盐岩古潜山/生物礁油气田。分大型隆起碳酸盐岩油气田、裂隙-缝洞型碳酸盐岩古潜山油气田、生物礁型碳酸盐岩油气田、裂缝型碳酸盐岩古潜山油气田。

尚须说明的是，以上分类仅仅概括了油气田主要类型，尚未包括一些特殊的油气田类型。如岩浆岩-变质岩储层油气田、裂隙型泥页岩油气田等。但这些特殊油气田在数量上较少，在世界油气田储量及产量上占比不大，故没有在油气田分类中单独列出。

二、油气聚集带及含油气区

油气勘探实践表明，油气田在地壳上不是孤立存在的，人们在发现某个油气田后，经常在其毗邻构造带及局部构造中尚可找到新的油气田，或在钻井过程中钻遇油气显示。这种现象充分说明油气运移具有区域性及规律性特点，亦即油气运移主要指向，或者说油气分布富集往往受二级构造带所控制。当这些二级构造带与烃源供给区连通较好或相距较近时，随着油气源源不断供给，整个二级构造带各局部构造的一系列圈闭都可能形成油气藏，进而导致油气田成群成带分布，构成有利油气聚集带。由此可见，油气田形成与分布，与二级构造带具有一定的成因联系。一般二级构造带上分布的所有油气田都受到同一构造单元的活动所控制，且具有相似的地质特征和油气聚集条件。因此，油气聚集带可以理解为在同一个二级构造带中，彼此具有成因联系且油气聚集条件相似的一系列油气田的总和。

油气聚集带形成是二级构造带与烃源供给区和储集岩相带时空耦合配合的结果。沉积盆地中烃源供给区生成的石油和天然气，首先向上下及周围相邻储集岩相带发育区运移充注，处在其附近的二级构造带低势区，往往是油气运移主要指向而成为有利油气聚集区带。如在沉积盆地的地堑或半地堑洼陷区，由于生油层与储集层间互成层、彼此穿插，烃源供给区亦是储集区。在该区分布的二级构造带则具有"近水楼台先得月"之优势，往往能够成为最有利的油气聚集带，形成一些大中型或特大型油气田。

在地壳上不同大地构造单元的沉积盆地中，由于区域地质构造条件的差异，往往可以形成各种不同类型的二级构造带，因此，油气聚集带亦随所处大地构造位置不同而形成各种类型油气聚集带。

在地壳相对稳定区域，基底埋藏较浅，沉积盖层较薄。由于基底断裂或基岩隆起的活动特点，反映在沉积盖层的构造形态上一般为较平缓的大型长垣或隆起，进而形成背斜型的油气聚集带，其中各个背斜或穹窿即为一系列相邻的背斜油气田。这些背斜油气田群在成因上相同，均与其基底活动有关。

在地壳相对活动区域，受侧压应力作用常可形成较强烈的背斜褶皱，两翼倾角较大且不对称，陡翼常发育逆断层或逆掩断层，缓翼常伴生垂直于轴向的横断层。这些区域的背斜构造多呈线状或雁行状排列，形成与褶皱作用有关的若干背斜油气田，构成成群成带的背斜型油气聚集带。

在沉积盆地边缘地带则常常可见单斜油气田，其地层倾向基本一致，构造等高线近于平行，有时在单斜层上被一些鼻状隆起或断层所复杂化。盆地边缘的单斜带，经常是湖（海）陆交替的场所，容易形成地层超覆、不整合及岩性尖灭带等类油气藏。这类单斜油气田在盆地边缘往往连片分布，形成沿边缘延伸的大单斜油气聚集带。

在被动大陆边缘沉积盆地中，处在陆架浅水区，由于气候温暖水体较浅适于生物生长繁殖，造礁生物异常发育，可以形成生物礁块沿海岸线成带分布的生物礁群，构成生物礁油气藏有利油气聚集带；处于陆坡深水区及洋陆过渡带区域的深水盆地，沉积充填规模大，具有陆源与海相多种生源物质供给，在深水海底高压低温环境下易于形成天然气水合物矿藏，而在其深部高温超压条件下则能够形成富集高产的深水油气藏及其有利油气富集区带。

古潜山油气聚集带多分布在地台区，在古地形剥蚀凸起带和古构造剥蚀断块山带，只要其被年青的生油层系所覆盖和侧向直接接触，即通过多种形式与烃源供给区相沟通，都可能形成古潜山油气聚集带。

此外，盐丘和泥火山及气烟囱等刺穿构造油气聚集带，多分布在膏盐相沉积、巨厚快速沉积的泥页岩发育区和断裂发育区，当受到不均衡的压实作用时，压实与流体排出不均衡的结果，直接导致了可塑性物质沿着褶皱和断裂向上刺穿，形成刺穿伴生构造（泥底辟/泥火山）油气聚集带。

尚须强调指出，我国东部地台区，中生代燕山运动影响较剧烈，断裂活动显著，其后喜山运动又继承了这一活动特点。因此，在中新生界地层中常可形成受断层与鼻状隆起组合，进而构成断层与滚动背斜带组合以及大单斜层被多组断层复杂化的油气聚集带，其亦是重要的有利油气聚集带。

总之，油气田分布受油气聚集带控制，这种有规律的分布特点，从勘探寻找石油和天然气资源的角度来看，具有重要意义。因为在明确了油气聚集带分布规律及其特点后，即可根据其分布规律找寻和追索适于储集油气的局部构造。而这些局部构造含油气性如何，则应在深入分析研究油气聚集带的基础上，根据构造形成时间早晚、圈闭条件好坏、距烃源供给区远近及后期保存条件等方面进行综合分析评价，以便优中选优地选择含油气远景最佳构造圈闭目标优先部署勘探。尚须强调的是，在某一油气聚集带上的构造，并不一定全都含油气，它们有的可能成为商业油气田，有的可能条件较差而未形成油气田。

综上所述，从区域地质背景与油气成藏地质条件及主控因素分析，盆地中有利油气聚集带主要集中在以下这些区域：

（1）沉积盆地烃源供给区及附近长期继承性古隆起，易于形成背斜型油气聚集带。该带离油源区近、储集岩相带发育、构造圈闭形成早，在隆起过程中，已生成的油气即可就近聚集成藏。

（2）在地质历史发展过程中，一般形成较早的二级构造带含油气较为有利。但也要具体分析。有的后期形成的构造带，隆起幅度较高，当油气藏破坏，油气重新分布或大规模油气运聚时间较晚，则可捕获油气形成油气藏。

（3）沉积盆地边缘大单斜带，往往是有利的储集岩相带发育区，且易形成各种地层和断层圈闭，在区域性油气运移过程中，是油气运聚的低势区，有利于形成大单斜油气聚集带。

（4）生物礁、盐丘、古潜山及滨海砂洲发育地带，在具备烃源供给及较好的运聚通道时即可形成各种特殊类型的油气聚集带。

总之，有利油气聚集带多位于沉积盆地洼陷/断陷区域。洼陷/断陷不断沉降，伴随着较长期的沉积作用，容易导致石油和天然气生成与聚集过程发生。但是，产生洼陷的原因，主要与区域大地构造性质有密切关系。这种适于油气生成和聚集的洼陷，在地壳上多分布在地台区的内部坳陷和边缘坳陷，褶皱区山前坳陷、山间坳陷和中间地块。在每一个沉积坳陷中，地质发展历史和沉积岩系发育特征具有统一性，油气生成和聚集过程也有共同的规律性。因此，在石油地质工作中，可将上述属于同一大地构造单元，有统一的地质发展历史和油气生成及聚集条件的沉积坳陷，称为含油气区。诸如地台内部坳陷含油气区、地台边缘坳陷含油气区、山前坳陷含油气区、山间坳陷含油气区及中间地块含油气区等。

地台内部坳陷含油气区主要是指地台区的台向斜坳陷和台背斜上的内部断陷等区域。在古老结晶基底之上发育较厚的沉积岩系，构成了多套含油层系。其时代可以是中、上元古代和古生代，也可以是中、新生代的。目前世界上很多特大油气田都分布在这种含油气区中，且其在石油和天然气储量、产量上均占有重要地位。

地台边缘坳陷含油气区是指与褶皱区相邻的地台斜坡部分。相对于内部坳陷而言这里活动性较大，沉积岩系厚度也更大，且倾没深，又具斜坡状，具备油气生成和聚集的有利条件，同时受褶皱区的影响，常产生多种多样的油气聚集条件，可以形成资源丰富的含油气地区。

山前坳陷含油气区是指地槽褶皱回返以后，在靠稳定地带边缘处，重新下沉所形成的褶皱山系前缘的新坳陷。该区沉积岩系厚度大，活动性比地台区强烈，其与地台或中间地块相邻接，随着向地台或中间地块过渡，地层厚度随之减小，所以坳陷常呈不对称状。受侧压应力形成的背斜油气田常平行于褶皱山系分布，呈线状或雁行状排列的特点。

山间坳陷含油气区是褶皱带内部的坳陷，四周均为褶皱山系所环绕，活动性强烈，沉降幅度大，沉积岩厚度大，且常以坳陷中央部分厚度最大。坳陷中心常为有利的生油区，油气生成后向坳陷四周呈放射状运移，形成有利油气聚集带。因此山间坳陷中的油气田分布除呈线状或雁行状排列外，还可能出现环状分布的特点。

中间地块含油气区是一种比较特殊的类型。它位于褶皱区内，但其本身又属稳定性的地块。在基底之上有比较厚的沉积盖层和近似地台型的平缓构造。在整个地质发展过程中，四周的褶皱山系对它有一定影响，并且在油气生成和聚集的特点上也有所反映。但其总的特点仍与地台区相似，它常与山前坳陷紧密联系在一起。

后三种类型含油气区，在我国西北古生代褶皱区内有广泛分布。

三、含油气盆地及其类型

地壳表面起伏不平,且在漫长地质历史期间曾经不断下降接受沉积充填似盆状的洼陷区域,即可称为沉积盆地。沉积盆地大小不一,面积从几十平方千米到上万平方千米。由于沉积盆地发育地质历史长短不同,下降幅度和沉积速度也有差异,导致其中充填堆积的沉积物厚度相差悬殊,少则几十至几百米,多则可达数千乃至上万米。盆地基底时代和性质可以是均一的,也可以是复杂的。沉积盆地中汇集了在江、河、湖、海水体中生长的各种生物遗体,各种地质营力亦可将其附近的陆生生物遗体及残骸带到盆地中沉积。随着盆地不断下降,不同成分和粒度的沉积物堆积愈来愈厚,形成不同类型的沉积岩,其中既发育有能够生烃的烃源岩,亦存在能够储集油气的储层。因此,地壳上那些地史上曾经长期处于下降阶段,接受了巨厚沉积岩系的古代沉积盆地,往往是油气生成和聚集的有利区域。

在漫长的地质历史演化过程上,地球曾经历了多次地壳运动,在地史上显示出阶段性发育的特征。因而,在同一区域,不同地质历史时期,沉积盆地发生、发展、消亡,也都会表现出不同的阶段性特点。换言之,地质时代、环境、大小都不同的沉积盆地均可重叠发育在同一区域,这就为油气勘探部署指明了不同油气勘探方向。因此,可以根据不同时期沉积盆地特点及其油气地质条件,制定勘探方略及决策,有的放矢实施油气勘探,取得最佳油气勘探效果。

在沉积盆地中,如果发现了具有工业意义的油气田,那么,这种沉积盆地即可视为含油气盆地。因此,含油气盆地首先必须是一个沉积盆地,且在漫长的地质历史期间,曾不断下降接受沉积,具备油气生成和聚集有利条件,形成了油气田。总之,凡是地壳上具有统一的地质发展历史,发育着良好的生、储、盖组合及圈闭条件,并已发现油气田的沉积盆地,即称含油气盆地。

含油气盆地基底和周缘地质特征,对盆地形态、沉积岩系及地质构造发育等均具有控制作用。盆地基底最老者为前震旦纪(国外多为前寒武纪)且属结晶变质基底,性坚硬,是地台基底的一部分;盆地面积较大,属坳陷型者常呈近圆-椭圆形,属断陷型者则近长方形或菱形,周缘受大断裂控制;盆地内沉积岩系以古生界为主,亦发育有中、新生界,厚度一般较小,2000~4000 m(不同地区差异较大),若地台后期活化显著时,最厚可达上万米。盆地构造活动性一般较小,盖层构造多受基底活动控制,褶皱平缓,小型正断层发育。另一类盆地基底属年轻基底,包括加里东期、海西期或中生代褶皱基底,多属地槽回返后,在褶皱带前缘或内部形成的沉积坳陷,故多呈长条形,坳陷内的沉积特征和构造特征多受毗邻的褶皱带控制,沉积岩系厚度大,6000~7000 m,最厚超过 10000 m。褶皱及各种断裂均较剧烈。还有一类更年轻的盆地基底是新生代基底,其在被动大陆边缘区较普遍,如中国东部大部分近海盆地尤其是南海北部大陆边缘盆地,其前新生代基底主要由中生代和晚古生代花岗岩及变质岩所构成,新生代沉积盖层一般均沉积充填巨厚,最厚超过万米,最薄 9000 m 左右。

由于沉积盆地基底和盖层性质不同,含油气盆地构造特征也较复杂。在沉积盆地中,基底起伏形成的隆起与坳陷属一级构造单元。隆起以相对上升占优势,沉积盖层较薄且往往发育不全，沉积间断较多，在毗邻坳陷的翼部容易出现地层超覆和岩性尖灭带，有利于油气聚集；坳陷是盆地内基底埋藏最深的区域，沉积盖层发育完全，厚度大、岩性岩相稳定，是有利于油气生成的区域，一般为含油气盆地的烃源供给区。至于盆地边缘斜坡区，也属于一级构造单元，同毗邻坳陷的隆起翼部相似，也是有利油气聚集区。盆地中最低一级构造单元为背斜、单斜和向斜，俗称三级构造（或局部构造），是形成油气田的基本构造单元。由它们组成的构造带即为二级构造单元（二级构造带），控制了油气聚集带的形成。对一般含油气盆地而言，多包括上述三级构造单元。但是，在某些地质构造较复杂的大型含油气盆地内，在隆起与坳陷一级构造单元之中，尚可进一步划分出次一级构造单元——凸起与凹陷，常常称之为次一级构造单元。因此，沉积盆地构造单元构成与划分可以明确地分为不同级别及层次，即：一级构造单元——隆起与坳陷；次一级构造单元——凸起与凹陷；二级构造单元——大型构造及断裂构造带；三级构造单元——局部构造（背斜、向斜及单斜和断块）。

（一）含油气盆地历史地质学分类

前已论及，沉积盆地基底构成可以是单一（均一）的或性质复杂的，因此含油气盆地在区域构造性质上可以是单一型的，也可以是复合型的。再者，沉积盆地在地质发展历史上具有阶段性发育特征，亦导致含油气盆地在沉积发育史上，形成了少时代单相生油层系组合和多时代多相生油层系组合的两种不同类型。如酒泉盆地只有中、新生代陆相生油层系组合，而在渤海湾盆地冀中坳陷不仅具有新生代陆相生油层系组合，而且其下尚伏有下古生代海相生油层系组合，甚至在中、上元古代还可能存在海相生油层系组合。为了有助于油气勘探工作，深入分析研究沉积盆地形成演化特征及成盆机制，有必要根据区域构造性质及沉积发育史特征，张厚福教授（1979）将含油气盆地划分为下列不同类型（图5.1），并重点对不同类型含油气盆地划分依据及主要特征进行分析阐述（表5.1）。

表5.1 含油气盆地历史地质学特征及分类

区域构造性质			沉积发育史	
			少时代单相生油层系组合	多时代多相生油层系组合
单一型含油气盆地	地台内部坳陷	台向斜		松辽、四川、陕甘宁、密执安、伊利诺斯、西西伯利亚
		断陷 单断坳陷		济阳、冀中、黄骅
		断陷 双断坳陷（地堑）		下辽河、临清、莱茵、红海、德聂伯-顿涅茨
	山前坳陷		酒泉、阿巴拉契亚、东喀尔巴阡	
	山间坳陷		吐鲁番、民和、洛杉矶、文图拉、费尔干、西欧北海	

续表 5.1

区域构造性质		沉积发育史	
		少时代单相生油层系组合	多时代多相生油层系组合
复合型含油气盆地	山前坳陷－地台边缘斜坡		西台湾及东南沿海大陆架、波斯湾、墨西哥湾、西加拿大、撒哈拉、伏尔加－乌拉尔
	山前坳陷－中间地块		塔里木、准噶尔、柴达木、马拉开波、潘农、南里海

（据张厚福，1979）

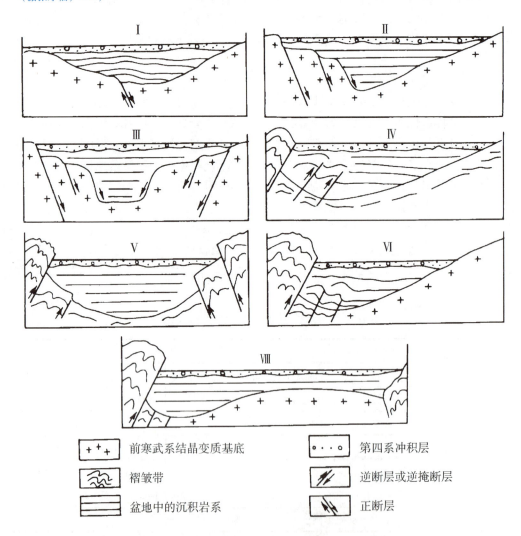

图 5.1 含油气盆地主要类型及成盆模式基本特征

Ⅰ－台向斜型含油气盆地；Ⅱ－单断坳陷型含油气盆地；Ⅲ－双断坳陷型含油气盆地；Ⅳ－山前坳陷型含油气盆地；Ⅴ－山间坳陷型含油气盆地；Ⅵ－山前坳陷－地台边缘斜坡型含油气盆地；Ⅶ－山前坳陷－中间地块型含油气盆地

（据张厚福，1979）

（二）含油气盆地板块构造学分类

20世纪60年代后期板块构造理论提出后，极大地促进了含油气盆地的深入研究。哈尔布蒂和克莱姆、麦克罗森、贝利、鲍特、迪肯森等相继发表了很多重要论著，对含油气盆地形成机理、类型及其与油气聚集的关系，进行了科学分析与归纳总结。我国著名石油地质学家朱夏教授长期开展含油气盆地研究，他在1980年精辟地提出了要注意将形成油气基本地质要素（四个M）、控制条件（四个S）及影响因素（三个T）之间的错综复杂关系联系起来，加以综合分析。四个M是指生油物质（Material）、成熟度（Maturity）、运移（Migration）、保持（Maintenance）；四个S即沉陷（Subsidence）、沉积作用（Sedimentation）、应力场（Stressfield）、型式（Style）；三个T则包括构造位置（Tectonic Setting）、时间（Time）、热条件（Thermal Condition）。不难看出，上述这些概念囊括了含油气盆地沉积史、构造史、地热史，以及油气生成、运移、聚集、保存等全部的成藏地质要素。如果将其数字化输入电子计算机进行模拟，则可获得关于含油气盆地油气聚集条件和资源量的比较完整的概念及思路。

迪肯森（1976）从板块构造观点将盆地分为两大类：裂谷环境盆地和造山环境盆地。并指出在时间顺序上，某一盆地在不同时期可以形成在不同类型的地质环境中，也可以出现逐渐过渡的情况。根据板块构造理论，可将沉积盆地划分为以下不同类型盆地。

1）Ⅰ裂谷环境盆地。以离散板块运动和地壳张裂作用为主，地壳变薄引起强烈下沉作用而形成。根据区域构造地质特征及性质与地球动力学条件，可将其进一步划分为8种类型。

（1）I_1 内克拉通盆地（Infracratonic Basin）。大陆内部的裂谷盆地，盆地基底变薄。

（2）I_2 边缘坳拉谷（Marginal Aulacogen）。大陆边缘凹入部分向大陆内部延伸的夭折裂谷，基底为洋壳或过渡壳。

（3）I_3 原始大洋裂谷（Protoceanic Rift）。在两个大陆陆块之间开始形成的狭长洋壳，沉积作用仍受两侧大陆的影响。

（4）I_4 冒地斜沉积棱柱体（Miogeoclinal Prism）。沿大陆与海洋过渡带的陆阶、陆坡及陆隆上发育的沉积复合体，覆盖了张裂的大陆边缘。

（5）I_5 陆堤（Continental Embankment）。在张裂大陆边缘外沿，形成逐渐向海洋推进的沉积物。

（6）I_6 新生大洋盆地（Nascent Ocean Basin）。在大洋中脊与大陆陆块之间，大洋岩石圈增长和下沉形成的新生盆地，浊积岩组成的深海平原发育在洋壳之上。

（7）I_7 扭张性盆地（Transtensional Basin）。沿着复杂的转换断层系，在地壳局部变薄的部位，发育的拉张盆地或楔形断陷盆地。

（8）I_8 弧间盆地（Interarc Basin）。由于岩浆弧裂开，在不活动的残留弧与继续活动的前弧之间洋壳下降形成的小洋盆。

2）Ⅱ造山环境盆地。以挤压板块运动和造山形变作用为主。根据其构造地质特征及性质与地球动力学环境，可以将其进一步划分为以下8种类型盆地。

（1）II_1 海沟（Oceanic Trench）。在板块俯冲的消减带形成的深海槽。

(2) Ⅱ₂ 斜坡盆地（Slope Basin）。在海沟轴与海沟斜坡折点之间的断陷盆地，其沉积物与上述海沟沉积物一起合并到消减杂岩体中。

(3) Ⅱ₃ 弧前盆地（Forearc Basin）。在海沟斜坡折点与岩浆岛弧之间间隙中的盆地。

(4) Ⅱ₄ 周缘前陆盆地（Peripheral Foreland Basin）。在大陆陆块周缘，与碰撞造山缝合线带相接处形成的盆地，造山带倒向盆地，蛇绿岩缝合线带比岩基岩浆带、火山岩带更靠近盆地。

(5) Ⅱ₅ 弧后前陆盆地（Retroarc Foreland Basin）。在大陆陆块边缘岩浆弧后面，与岛弧造山带相邻的前陆盆地，蛇绿岩消减杂岩体比岩基岩浆带、火山岩带更远离盆地。

(6) Ⅱ₆ 破裂前陆盆地（Broken Foreland Basin）。造山带的前陆盆地，无论周缘环境或弧后环境，由于基底变形和块断所形成的构造凹地。

(7) Ⅱ₇ 扭压性盆地（Transpressional Basin）。沿着复杂的转换断层系，可以形成扭动褶皱和断坳盆地。

(8) Ⅱ₈ 残余海洋盆地（Remnant Ocean Basin）。沿着岛弧—海沟系一侧，由于老岩石圈的消减而产生的收缩海洋盆地。

（三）含油气盆地地球动力学分类

刘和甫（1983）从地球动力学观点，强调指出地球旋转惯性力和重力两种主导作用力控制了含油气盆地形成环境，因而可以依据不同构造环境及动力学条件，将其划分为张裂环境、挤压环境、剪切环境及重力环境四大类盆地（表5.2）。

表5.2 以地球动力学为基础的含油气盆地分类

张裂环境	1. 大陆裂谷盆地	如北海盆地
	2. 陆间裂谷盆地	如红海盆地
	3. 大陆边缘盆地	如尼日尔盆地
	4. 边缘海盆地	如日本海盆地
挤压环境	5. 山前盆地	如酒泉盆地
	6. 山间盆地	如准噶尔盆地
	7. 弧前盆地	如库克湾盆地
	8. 弧后盆地	如台湾西部盆地
剪切环境	9. 张扭性盆地	如死海盆地
	10. 压扭性盆地	如圣华金盆地
重力环境	11. 克拉通内部盆地	如密执安盆地
	12. 克拉通边缘盆地	如北里海盆地

（据刘和甫，1983）

总之，地壳上含油气盆地600多个，其中只有160个盆地通过详细油气勘探产出了工业石油（Halbouty，1978）。虽然这些盆地地质特点及构造样式各异，但亦可从不同角度提出含油气盆地的各种划分分类方案。只要掌握了含油气盆地的区域构造性质和沉积发育史，以及基本的油气地质条件，即可对其含油气远景作出初步评价。从国内外油气勘探程度较高的地区看，油气形成及分布与油气资源赋存均离不开沉积岩发育的盆地，即在具备了生烃物质基础的沉积充填后之沉积盆地，均可找到大小不等的油气田。重要的问题是，人们必须对不同类型盆地区域构造性质和沉积发育史及油气成藏地质条件，开展全面深入系统的综合分析研究，方可提出科学的油气勘探部署，正确指导油气勘探工作，获得油气勘探的突破与重大发现。

四、含油气系统构成及应用

（一）含油气系统概念及划分

含油气系统定义是：一个包含着有效烃源岩、与该源岩有关的油气以及油气聚集成藏所必须的一切地质要素和作用的天然系统（Magoon 等，1994）。然而，在多旋回构造运动区盆地，后期运动的改造已使烃源岩在油气系统中的作用相对降低，多期成藏、晚期成藏、纵向混源等特点，亦导致含油气系统概念难以适用。因此，有必要将其定义修正为：含油气系统是在任一含油气盆地（凹陷）内，与一个或一系列烃源岩生成油气相关，在地质历史时期中经历了相似演化史，包含油气成藏所必不可少的一切地质要素和作用在时间、空间上良好配置的物理－化学动态系统。其顶界受区域盖层及上覆岩系所限，底部为底层烃源岩所覆盖的储集层。这个定义不仅可用于只发育某一时代烃源岩的地史简单的中、新生代盆地，更适用于经多旋回构造运动改造过的古生代含油气盆地。

含油气系统研究的关键在于将盆地中的有效烃源岩系、储集层、盖层、上覆岩系等基本地质要素与圈闭形成、油气生成、运移、聚集和保存等成藏作用纳入在统一的时间、空间范围内，并开展静态与动态紧密结合的综合研究，科学地阐明了油气藏形成、油气藏类型及分布特征与主要控制因素。

任一含油气系统都具有系统、层次、功能及动态等特点。不同地质要素之间、各作用之间及其与所处时空环境之间都存在着千丝万缕的相互联系和相互制约，进而构成了不同层次的若干子系统。随着地质历史发展演化，由量变到质变、由低级到高级，其最终产物不是诸地质要素和作用的线性叠加，而是出现质的飞跃，具有崭新性质或特定功能。即在各个油气系统中形成有规律分布的不同类型油气藏组合，呈现某种相对平衡的动态地质结构，且可成为快速、高效、低风险的油气勘探对象。

含油气系统与含油气盆地、含油气区、油气聚集带等不同级别的油气富集单元之间密切相关，而又彼此有所区别。因此在实际应用中切忌将任何二者等同看待，否则就失去了含油气系统研究的真谛。

含油气系统是介于含油气盆地（或含油气区）与油气聚集带（或成藏组合）之间的一个油气地质单元。在一个含油气盆地或含油气区内，可有若干个含油气系统重叠分布；在平面上，不同时代、不同类型的含油气系统，可分布在一个或若干个油气聚集带中。含油气系统的研究重点是烃源岩与油气藏之间的成因关系，即查明盆内或区内烃源岩有机质在何时以何方式转化为烃类，油气在何时以何方式进行运移，何时何地能够聚集成藏，油气藏类型及分布规律如何。

含油气系统的命名法尚在探索中，Magoon 等（1994）认为含油气系统的名称应该包括烃源岩层系名称、主要储集层名称及表征可靠性等级的符号，即：

（!）已知含油气系统：油气藏与烃源岩有良好的地球化学匹配关系，烃源关系明确；

（·）假想含油气系统：利用地球化学资料可以确定烃源岩存在，但烃源岩与油气藏之间缺乏可靠的对比依据；

（?）推测含油气系统：根据地质及地球物理证据等资料分析推测所确定。

例1 Deer‐Boar（·），表示一个以 Deer 页岩为烃源岩、Boar 砂岩为主要储集层的假想含油气系统。

例2 鄂尔多斯盆地宏观上可以划分为下古生界海相、上古生界海陆过渡相、中生界陆相三大油气系统。其中上古生界含油气系统命名：太原组+山西组—山西组+下石盒组（!）已知含气系统。

（二）含油气系统组成及特征

在具备基本地质要素与油气成藏作用过程的前提下，研究油气系统组成时，必须分析含油气盆地或含油气区内，是否具有能够满足有效含油气系统存在的定量基础，即：①在圈闭形成过程中或形成后，烃源岩能够提供足够数量的油气；②具有有利油气运移排出的运聚通道，保证油气能呈汇聚式地运移到圈闭中而不逸散；③存在容积足够大的系列圈闭，能够保存从最初注入至现在继续充注聚集的油气。

因此，根据不同含油气盆地或含油气区油气地质特征，分析研究油气系统组成时，可以提出不同含油气系统划分方案，但至少应包括两个子系统。

1. 油气生成子系统（Generative Subsystem）

在某一时间段内能提供一定数量油气生成量。它受一些物理化学作用控制，即：从死亡有机体→干酪根的演化过程，此属生物化学降解作用；从干酪根→石油和天然气的演化过程，一般属热化学动力学反应。

在构造应力作用下，受到塑性变形作用的有机质成熟转化为油气，则属力学化学反应过程。因此，在生成子系统中，需定量研究区域充注量及圈闭油气充注量两参数。①区域充注量（Regional Charge）：区域性生烃凹陷中可加以捕集的总油气量，等于区域性生烃凹陷中生成油气量减去排烃与运移中的散失量；②圈闭充注量（Trap Charge）：圈闭能够捕集的烃类数量，等于圈闭集烃范围内捕集的油气生成量减去运移过程中的散失量。上述两个参数都涉及油气生成量：

油气生成量=烃源岩生烃潜量×成熟源岩体积×源岩密度×转化系数

式中，烃源岩生烃潜量系指源岩热解求得的 S_1+S_2，单位是 kg 烃/t 岩石；转化系数可根据模拟实验求得。

计算区域充注量和圈闭充注量时，排烃与运移中的散失量则难以精确计算与测定，因为排烃效率受烃源岩厚度、沉积组构、矿物基质、干酪根丰度及类型、成熟度、压力状况等制约。运移损失则随运移通道倾角、油（气）水密度差、界面张力、润湿性、岩石不均质性等而变化。由于上述变量太多，且所处地质环境而异，难以获取准确数据。

为了回避上述计算中的困难，简化统计方法，有专家学者提出了烃源岩潜量指数（SPI）评价烃源岩生烃潜力。

烃源岩潜量指数也可称累积生烃潜量，系指面积为 1 m² 的烃源岩柱的最大生烃量，即 t 烃量/m²。其是衡量累积生油气潜力的尺度。但其不能区分生油能力与生气能力，除非烃源岩层系在埋藏过程中已完全成熟，否则不能获得总生烃量。

烃源岩潜量指数将源岩厚度与丰度结合成单一参数：

$$SPI = \frac{H(S_1 + S_2)\rho}{1000}$$

式中，H 为源岩厚度，单位 m，应排除缺乏有效源岩潜力的夹层，求出累积厚度，有效烃源岩下限为 2 kg 烃/t 岩石，特定情况可降至 1 kg 烃/t 岩石，烃源岩厚度需进行井斜、地层倾角及其他构造复杂性校正；$\overline{(S_1 + S_2)}$ 为平均生烃潜量，单位 kg 烃/t 岩石，可由 Rock-Eval 求得，约每 10 m 取样，作出样品深度与生烃潜量交会图；源岩平均生烃潜量＝一系列矩形面积之和/未校正的源岩总厚度；ρ 为源岩密度，单位 t/m³，常简化规定 ρ 为 2.5 或 2.3 t/m³。

在计算 SPI 时，应注意下列事项：①只有在已确认的热成熟生烃区才适于对源岩进行 SPI 计算。②取样时以位于未成熟至成熟早期最佳，其计算的 SPI 可信；成熟达生油窗中部或高成熟源岩 SPI 会明显降低，因已大量排烃，获得的 SPI 不甚准确。③某烃源岩层系成熟前的 SPI 理论值可用盆地不太成熟区中具相同有机相、相当层的平均生烃潜量来计算。④根据 SPI 理论值与现今残留 SPI 值之差可粗略计算 1 m² 源岩柱的排烃量（t 烃/m²）。

迄今 SPI 在油气勘探中的应用具体有以下几点：①烃源岩有机质丰度用 $\overline{(S_1 + S_2)}$，而不用 $\overline{TOC}$，因后者未考虑干酪根类型的变化。用 $\overline{(S_1 + S_2)}$ 可对不同类型干酪根的源岩生油气潜量进行分析评价比较。例如，将含Ⅲ型干酪根而具较大厚度的贫源岩（尼日尔三角洲第三系）与含Ⅰ、Ⅱ型干酪根而厚度较小的富源岩（北海或西西伯利亚上侏罗统）生烃潜力进行对比。甚至可编制某一源岩层系 SPI 区域变化趋势图。②SPI 分级评价方案及特点。源岩评价必须结合控制油气运移方式的总体构造与地层格局，区别垂向排烃系统与侧向排烃系统在供给油气来源及特点上的显著差别，如表 5.3 所示。

表5.3　重向排烃系统与侧向排烃系统的主要参数

主要参数	垂向排烃系统	侧向排烃系统
成熟烃源岩面积	小	大
成熟源岩横向分布	差	发育
油气生成区	小	大
圈闭集油范围	小	大

正是由于上述差别,两种排烃系统在 SPI 分级的数值界限上亦明显不同,如表 5.4 所示。

表 5.4 重向排烃系统与侧向排烃系统 SPI 分析

SPI 分析	垂向排烃系统	侧向排烃系统
低(欠充注)	<5	<2
中(正常充注)	5～15	2～7
高(过充注)	≥15	≥7

总之,无论垂向排烃系统或是侧向排烃系统,只要 SPI 达到高级(过充注)阶段,即可勘探发现巨型以上油气田。例如欧洲北海上侏罗统、渤海湾古近系等裂谷盆地均属前者;而西西伯利亚上侏罗统、准噶尔盆地上三叠统等前陆盆地斜坡部位均属后者。

编制综合 SPI 图及成熟度图。在含油气盆地或含油气区内,编制有效烃源岩层系的 SPI 等值线图,圈出具最高油气充注能力的区段(内插、外推),即可早期预测可能发现巨型以上油气田的有利区带,进而指导油气勘探部署。

2. 油气运移-捕集子系统(Migration-Entrapment Subsystem)

从成熟烃源岩汇集与分配油气,形成商业油气藏或逸散。它受物理作用控制,即:油气在地层水中的浮力、孔隙介质中的流体渗流、毛管压力、构造应力、压力-温度-组分关系等。

根据含油气盆地或含油气区总体构造-地层等区域地质背景,分析生储盖组合及有效圈闭:其中生储盖组合主要包括旋回式、侧变式或间隔式;有效圈闭即要搞清圈闭位置与烃源区的关系、圈闭形成时间与油气运移时间的关系、水压梯度与油气聚集的关系以及温度压力与封盖系统的关系。

在上述生储盖组合及有效圈闭等条件的基础上,进一步分析确定运移排烃方式和聚集方式,其中,运移排烃方式主要包括垂向运移旋回式、间隔式(断层)和侧向运移侧变式、间隔式(不整合)两种主要排烃方式;而聚集方式则包括高阻(过充注、正常充注,盖层封闭好,属区域盖层,厚且突破压力大)和低阻(正常充注、欠充注,盖层封闭差,为局部盖层,薄且突破压力小)两种主要聚集方式。

1)运移排烃方式。受区域地质特征控制,上述运移排烃方式,可根据盆地的主要构造及地层组构来预测。以下重点对上述两种主要排烃油气系统进行分析阐述。

(1)侧向排烃运聚油气系统。要求有横向连续稳定的区域盖层覆盖在广泛发育的渗透性储层单元之上(即盖-储"双层"结构)、弱-中等挤压构造变形或完整的单斜坡道。典型实例如一些前陆盆地(阿拉斯加北坡、安第斯山边缘盆地、准噶尔盆地)和内克拉通坳陷(威利斯顿盆地、撒哈拉东部三叠纪含油区、鄂尔多斯盆地)。

侧向排烃运聚系统具有如下特点:①油藏一般出现在远离烃源区的未成熟沉积地层中,在海相沉积盆地中,长距离运移的油藏占该系统聚油体积的 50% 以上,运移距离可逾 160 km;而在湖相盆地中,一般在 50 km 以内,个别可达 80 km。②分布于有效区域盖层之下同时代的单一储层系统中,储集有该系统聚集的绝大多数油气。③在有效区域盖层中，断裂作用较小或不明显。④在过充注侧向排烃运聚系统中，近盆地边缘较浅未成熟地层区域常见大型重油藏。

（2）垂向排烃运聚油气系统。油气汇聚式垂向排出与中－高等构造变形、变位有关。张性、扭性及冲断构造可产生断层－裂隙系统，成为汇聚式油气垂向运移通道。典型实例如一些裂谷盆地（北海、吉普斯兰、渤海湾等盆地）、盐盆地（罗马尼亚、下刚果、墨西哥湾等盆地）、第三纪三角洲盆地（尼日尔、墨西哥湾沿岸等拉张同生断层发育区即滚动背斜发育区）、张扭性盆地（洛杉矶、文吐拉等盆地）及冲断层带（受控于有效顶部盖层的扎格洛斯、怀俄明、喀尔巴阡等）。

垂向排烃运聚系统具有如下特点：①几乎所有油气藏均出现在区域生油窗之上及其毗邻地区，侧向运移距离短，往往小于 30 km。②常发育叠置的多层油气藏，混源特征明显，有时时代差异大但却含相同成因类型的原油，垂向上各层原油常见层析现象。③断裂作用仍保持活动性，直到最后有效区域盖层沉积时为止。④在过充注垂向排烃系统中，若断裂作用至今仍具活动性，地表常见许多油气苗。

对于油气聚集方式根据其充注程度及特点尚可分为以下两种类型，即：①高阻过充注、正常充注，盖层封闭好（区域盖层厚、突破压力大）；②低阻正常充注、欠充注，盖层封闭差（局部盖层薄、突破压力小）。

2）油气聚集方式。一般上凸构造圈闭的顶部盖层同时也是侧向封堵层，对油气聚集保存最有效，因此世界上大部分常规石油储量都分布于四面闭合的构造中。若某一构造圈闭主要依赖于断层封闭，可能会存在一定的封盖风险。

三面构造闭合且与储层尖灭或地层不整合结合的构造－地层复合型圈闭，已被世界若干超巨型油藏证实了其有效性。没有任何构造作用控制的单纯地层圈闭，常常封闭不完善且规模较小。因此，构造变形程度和盖层完整性是确定油气聚集方式的关键因素，其控制着防止油气散失的阻抗作用。鉴此，盆地中油气聚集方式一般可更为明确地分为高阻和低阻两大类。①高阻油气聚集系统。以侧向稳定连续盖层与中－高等程度构造变形相结合为特征。流体具有过充注或正常充注特点，油气聚集规模大，油气储量及油气丰度大。②低阻油气聚集系统。以缺乏有效区域盖层、有高－低构造变形为特征，或以区域盖层连续、低度构造变形为特征。流体具有正常充注或欠充注特点，油气聚集规模小，油气储量小。若为过充注，则常形成重质或极重质油。

（三）含油气系统分类

Demaison 和 Huizinga（1994）根据含油气系统三方面的综合限定因素，提出了成因分类法。这些因素具体有以下几点。

1. 充注因素（Charge Factor）：过充注、正常充注、欠充注

根据成熟烃源岩有机质丰度和容积来估算油气源岩潜量指数（SPI），将油气源岩的有机质丰度与厚度综合成单一参数，用来比较不同类型干酪根的烃源岩生油气潜量，这是快速估算区域性充注能力的捷径。

2. 运移排烃方式（Migration Drainage Style）：垂向排烃还是侧向排烃

根据盆地区域构造和地层格架确定其运移排烃方式为：

垂向运移排烃方式：出现在盖层被断裂系统破坏的盆地或地区。

侧向运移排烃方式：出现在地层连续、盖层－储层"双层"结构大面积展布的构造稳定区。

3. 捕集聚集方式（Entrapment Style）：高阻聚集、低阻聚集

取决于大地构造格架及盖层存在与有效性，说明用以阻止已充注油气散失的阻力（阻抗）程度。

根据上述因素的不同组合可将含油气系统划分为 12 种类型，进而分析预测其含油气远景。例如：过充注垂向运移高阻含油气系统，油气远景大，如洛杉矶、北海、渤海湾等盆地；过充注侧向运移高阻含油气系统，油气远景大，如西西伯利亚、中央阿拉伯、准噶尔等盆地；正常充注垂向运移高阻含油气系统，油气远景较大，如尼日尔三角洲；欠充注侧向运移低阻含油气系统，油气远景小，如丹佛盆地。

总之，这种含油气系统的成因分类法对地质历史简单的盆地是很适用的，但在构造复杂的多旋回构造运动区则难以应用，为此，根据中国区域地质构造特征，拟定了一套（含）油气系统的历史－成因分类方案（图5.2）。

该分类方案的分类原则是：①从成因角度划分原型盆地的（含）油气系统类型；②从历史演化角度分析油气系统形成后的动态变化；③根据实际区域地质特点划分可操作的油气系统类型。

据以上原则即可将海相原型盆地从成因角度划分出原生型油气系统；而经构造变动改造后的残留盆地则从历史演化角度划分出残存型、次生型和破坏型三类可操作的油气系统类型，即：

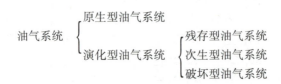

各类油气系统之间的历史－成因关系可见以下分类法图解（图5.2）。

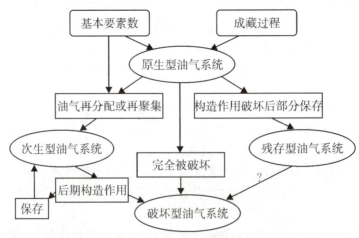

图5.2　油气系统的历史－成因分类法图解

（据张厚福，1997）

以下简要对各类（含）油气系统进行分析阐述。

（1）原生型（含）油气系统。系指在地史沉积-成岩期间，油气从烃源岩到圈闭聚集演化全过程的系统。而在构造活动较剧烈的古老地区，它可能在强烈构造变动之前已经形成、后期经历了显著变化成为残存型、次生型或破坏型等与原生型对应的演化型油气系统。在经历了多期复杂构造变动改造的我国南方中、古生代海相地层发育区，原生型油气系统多已面目全非，可能只具有理论与历史意义。这些地区相对较高的烃源岩有机质成熟度使天然气藏成为这类油气系统中主要的勘探目标。

（2）残存型（含）油气系统。在原生型油气系统形成之后，多期构造运动使其遭到破坏。如在造山带地区几乎完全破坏、剥蚀，仅在其边缘尚可能有部分油气藏幸存；在坳陷区基本地质要素可被完好地保存下来，烃源岩在继续埋藏过程中尚可二次或多次生烃，并在相关的有效圈闭中聚集成藏，亦属于残存型油气系统。

（3）次生型（含）油气系统。原生型油气系统中的油气藏，在后期构造运动中遭到破坏，油气重新分配，沿断层或不整合发生再运移，再聚集成次生油气藏即属于此类次生型含油气系统。中、下扬子区古生界海相地层、乃至中-新生界陆相地层中的油气藏，可能有一部分与此类油气系统有关；另外，烃源岩先期成熟，排出的液态烃弥散在储层中尚未成藏，后经历了高-过成熟阶段转化为气态烃并溶于地层水中，后期由于构造抬升，呈水溶状态的气态烃在适宜条件下析出并进入有效圈闭而形成气藏，也应属于次生型油气系统。由上可知，次生型油气系统具有明显的多期成藏、晚期成藏特点，更需采用精细的油气源对比等现代化地球化学分析技术来寻找次生型油气系统中的油气藏。

（4）破坏型（含）油气系统。以出露地表的古油藏为典型代表。在破坏型油气系统中，处在凹陷内的成藏基本地质要素并不一定完全破坏，尚可能存在与已破坏古油藏有成因联系的油气藏，仍然具有勘探价值。而且，现代科技发展正在使焦油砂等潜在资源的再生与利用逐渐成为可能，因此根据我国南方及西北等海相沉积区的实际情况，划分出破坏型油气系统，不论从现实，还是从发展角度看，都有十分重要的意义。

（四）关键技术与必要图件

在含油气系统划分与研究中，需要密切配合多学科的基础研究，涉及下列关键技术。

（1）烃源对比追踪技术。包括油-源、气-源对比追踪，目前常选用甾萜烷化合物、异戊间二烯型烷烃、正烷烃分布、稳定碳同位素及稀有气体同位素和热模拟生烃对比等技术。

（2）烃源岩生烃潜量指数（SPI）。前已论及，这是一项在油气勘探早期能预测发现大型油气田分布区域的半定量技术，值得推广应用。

（3）油气圈闭成因及有效性研究技术。前已论及，这是在任何含油气盆地油气勘探全过程中，均需要不断进行研究的常规圈闭优选评价技术。

（4）油气运移-聚集机制研究技术。在第四、五章已详细讨论了油气运移、聚集机理，需结合不同含油气盆地（凹陷）区域地质及石油地质特征，深入分析研究油气运移-聚集相态、动力、方向、时期、类型、规模、分布及演化等特征，方可正确评价各个油气系统。

(5) 油气系统模拟研究技术。综合上述各项技术研究成果，应用计算机模拟含油气系统形成、演化及模式。

总之，开展含油气系统研究，必须要将基本地质要素与成藏作用过程纳入统一的时间–空间范围内开展综合分析，为此，首先要对每一个含油气盆地（区）至少应该编制一幅生储盖基干剖面，作为含油气系统研究的基础。它包括地层层组划分、岩性柱状剖面、厚度、岩性描述、升降曲线、沉积相类型、烃源层系（有机质丰度、类型、成熟度）、储集层（孔隙度、渗透率、次生孔隙发育段）、盖层（区域盖层或局部盖层、突破压力与突破时间、厚度）、生储盖组合（划分、类型）、上覆岩系、地壳运动、圈闭（形成时间、类型）、含油气系统（划分、类型）、剖面位置……图上研究内容项目的设置，可因时因地而异，力求简明适用。

根据生储盖基干剖面及其他有关资料，对每一个含油气系统尚须编制下列基础图件：①埋藏历史图。包括地质时代与绝对年龄、岩性柱子、岩层层组名称、深度、烃源岩、储集岩、盖层、上覆岩系等；在埋藏史曲线上标注生油窗顶、生气窗顶及油气系统的关键时刻。②含油气系统关键时刻平面分布图。包含烃源岩分布、生油窗范围、生气窗范围、储集层分布、储集层尖灭线、边界断层线、次级断层线、倾伏背斜、倾伏向斜、油气运移方向、已知油气藏及其类型、地表油气苗、埋藏史图井位、横剖面图位置、含油气系统的分布范围。③含油气系统关键时刻地质横剖面图。除一般地质横剖面图应有的基底、上覆沉积岩系层组、边界断层带、次级断层、构造起伏等内容外，尚应标明烃源岩、储集层、盖层、上覆岩系、生油窗顶、生气窗顶、油气藏、埋藏史井位、油气系统的地理范围及地层范围。④含油气系统事件综合图。横坐标为地质时代及绝对年龄，纵坐标包含烃源岩、储集层、盖层、上覆岩系、圈闭形成、油气生成–运移–聚集、保存时间、关键时刻。将上述基本地质要素和成藏作用过程，用时间坐标串联起来，凸现其时–空配置关系。

除上述必要图件外，根据不同盆地油气地质特征及研究程度，尚可自行编制相关图表，使含油气系统能够更科学地表达和展示出来。

（五）在油气勘探中的应用

含油气系统涵盖了岩石圈地壳中油–气流体系统的动力学演化及其富集成藏过程，分析该系统随时间的变化规律，可以预测未发现的油气聚集区域。含油气系统在油气勘探中应用具有如下理论和实际意义。

(1) 含油气系统主要强调和注重从烃源供给到圈闭中运聚成藏的过程，据此可以追踪和评价预测有利油气勘探目标和靶区，提高油气勘探成功率。

(2) 含油气系统概念在油气勘探中与原有的含油气大区、含油气盆地、油气聚集带、勘探对象等概念既有区别又有联系，它作为区域勘探的研究评价单元十分合适。

(3) 正如层序地层学能提供地层预测框架一样，含油气系统可以提供油气生成、运移到聚集的全面预测模型。

(4) 含油气系统概念将影响油气形成与分布的基本地质要素与成藏作用过程有机地联系起来，能够可视化地表示这些单独事件及其相互关系的动态演化历史。

(5) 由于含油气系统是一个确定油气生成、运移和聚集过程的历史－成因单元，因而特别适用于旨在减小勘探风险的油气成藏因素综合分析研究。

(6) 利用含油气系统概念能够增加多学科研究队伍的合作力度，提高工作效率。

(7) 随着油气勘探难度的不断增加，含油气系统概念还可用来解决重新评估成熟勘探区、重新确定含油气系统范围、详细估算油气资源量等实际问题。

以下以我国中扬子区海相含油气系统为例，简要介绍其实际应用情况。

中扬子区由黄陵隆起、当阳坳陷、乐乡关隆起及沉湖－土地堂坳陷等单元凸凹相间排列组成。该区经历了桐湾、加里东、海西、印支、燕山、喜山等多期地壳运动的改造。在海相地层露头区发现油苗 28 处、沥青 15 处、气苗 4 处，在沉积覆盖区钻遇海相地层的 88 口井中，有 17 口见油气显示。利用正、异构烷烃及甾、萜烷生物标志物追踪对比了油源关系，证实发育 Z、O、S_1、P、T_1 等多套海相烃源岩系，且多处于高－过熟阶段，但其中 S_1、P 烃源岩有机质丰度高、类型好、原始生烃潜力大。其后用四川地区恢复原始有机质全岩热模拟"TSS"成烃模型，重点计算了 S_1 和 P 的生烃强度，表明下志留统是中扬子区古生界的最佳烃源岩。根据烃源岩发育及多旋回构造运动特征，可将中扬子区海相层系划分为 Z－O、S－C、P－T 三个原生型含油气系统。若以生烃强度最大的 S－C 油气系统为例，则其形成演化特征具有如下特点：通过编制生储盖基干剖面、埋藏史图及油气源对比分析后，编制了中扬子区 S－C 油气系统演化史综合图（图 5.3），图中在列举基本地质要素的演化特征同时，可分析其成藏演化过程。

从图 5.3 所示可以看出，印支－早燕山期挤压变形阶段是 S－C 原生型油气系统形成的关键时刻（A），有机质热演化达生油窗，在早期古隆起、早燕山期挤压背斜、地层不整合及岩性型等类圈闭中油气聚集成藏。晚燕山－喜山期表现为张性断陷阶段，块断活动导致不均一沉降，上覆 K_2－E 沉积厚度差异显著，S－C 原生型油气系统被改造为残存型与次生型：在 K_2－E 覆盖区的良好圈闭中，部分遭破坏油气藏再分配的油气和地史时期成熟而未成藏的水溶气，沿断裂上升聚集形成了次生型油气系统；在坳陷区及斜坡带尚可保存断裂体系未触及到的深部石炭系背斜气藏及岩性型油气藏等组成的残存型油气系统。这两类演化型含油气系统形成的关键时刻是在早－晚燕山运动区域应力场性质的转换时期（B），即白垩纪初期。

总之，中扬子区残存型含油气系统一般分布于各套烃源岩系生烃中心附近，即当阳和沉湖－土地堂两坳陷的中、南部；次生型油气系统以晚期成藏为特征的次生油气藏可分布在上覆上古生界及中、新生界层系中。

尚须强调指出，Oil System，概念虽在 1972 年就由 Dow 提出，但是含油气系统（Petroleum System）这个概念到 90 年代才被国外石油地质界基本认可，且至今仍处于探索发展阶段，许多问题尚待深入研究，相信在今后的广泛应用中，会得到进一步充实和完善。

总之，油气聚集单元类型及其划分，是随着油气勘探及石油地质综合研究的深入而不断进步和发展的。从油气藏、油气田、油气聚集带、含油气区到含油气盆地，都是油气勘探中的基本术语，而含油气系统是 20 世纪 90 年代兴起的新概念，其是介于含油气盆地（或含油气区）与油气聚集带（或称区带，Play）之间的一个地质单元。地壳上的油气聚集单元，宏观上还可划分为含油气大区（Petroliferous Superprovince）、含油气

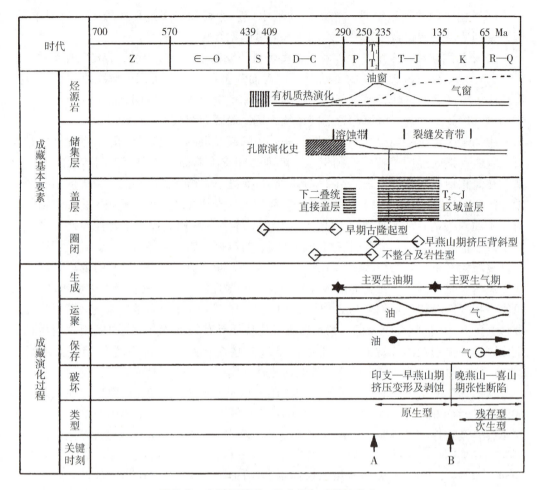

图 5.3 中扬子区 S-C 含油气系统演化史

域（Petroliferous Domain）。其中在中国可划分西部挤压型、东部拉张型、中部过渡型三个含油气大区，而全球则可划分北方、特提斯、南冈瓦纳、太平洋四个含油气域（Kl-emmeetal，1991）。

第二节 油气成藏要素

  油气藏是地壳上油气聚集的基本单元，是油气勘探的对象。油气藏形成，是石油地质研究的核心问题。阐明和掌握油气藏形成的基本原理，不仅具有科学理论意义，而且对油气资源的勘探与开发更具有重要的实际意义。油气藏形成过程，就是在各种成藏要素的有效匹配下，油气从分散到集中的转化过程。能否有丰富的油气聚集，形成储量丰富的油气藏，并且被保存下来，主要决定于是否具备生油层、储集层、盖层、运移、圈闭和保存等成藏要素及其优劣程度。由于在一个能形成油藏的圈闭中，其前提就必然包括盖层、储集层和保存等条件。因此，对于研究油气藏形成基本条件而言，充足的油气来源及供给和有效圈闭将成为两个最重要的方面。

一、油气成藏主要要素

油气藏形成和分布是生、储、盖、运、圈、保多种地质要素时空耦合及综合作用的结果。那么油气运聚成藏最主要的关键地质要素则为以下六个方面。

1. 生油气烃源岩

生油气烃源岩是油气藏形成的物质基础。烃源岩分析评价应与盆地沉降埋藏史、热史和古气候分析相结合。盆地持续沉降是沉积物充填的前提。盆地只有持续下沉，才能保持相对稳定的还原环境形成巨厚沉积物，并有利于烃源岩形成和向油气转化。盆地热史决定了烃源岩成熟程度。高地温场有利于源岩有机质成熟，但成熟度是温度、时间共同作用的结果。古气候对沉积盆地中水体介质条件和有机质丰度有重要影响。一般在潮湿-半潮湿气候下，生物十分繁盛，大气降水充沛，海（湖）盆水体稳定，有利于烃源岩形成。

2. 含油气储集层

储集层发育与盆地沉积体系和沉积相展布密切相关，后者又与盆地的古地形及古气候有关。储层研究要与沉积体系、沉积相及古气候研究结合起来。评价储层储集油气潜力的参数，主要是孔隙度和渗透率。孔隙度大小，决定了储层能够储集油气的数量；渗透率高低，则决定了油气在其中运移效率和油气最终产能。

储集层主要有碎屑岩和碳酸盐岩两大类，如各种砂岩、砾岩、石灰岩、白云岩、礁灰岩等。此外，还有少量具有原生孔隙的火成岩和具有裂隙溶洞的变质岩和泥岩、泥灰岩等，其中以与古风化壳有关的裂缝储集层最为重要。

3. 油气封盖层

盖层的好坏直接影响油气的聚集和保存条件。

常见的盖层类型有页岩、泥岩和盐岩、石膏等，其中页岩、泥岩盖层常与碎屑岩储集层相伴生，出现于沉积盆地的海（湖）进层序中；蒸发岩盖层常常与碳酸盐岩共存，形成于海（湖）退层序中。

盖层的形成与盆地的埋藏史和沉积体成岩后生作用历史有关。在油气成藏条件分析中，要区分和确定直接盖层和区域盖层，尤其是区域盖层，常常决定油气运聚的分布范围。

4. 油气运移

油气运移分析是确定油气聚集和分布的主要依据。油气运移包括初次运移（排烃）和二次运移。油气运移分析应与油源对比相结合，查明油气源岩与已聚集油气之间的运移联系，是确定油气成藏的重要依据。

油气的二次运移聚集，同盆地的构造活动、断裂及不整合的分布、水动力条件等，具有十分密切的关系。因此，要十分重视盆地的构造运动及古水文地质条件的研究。成藏系统中，最后一次构造运动对油气的分布和保存，具有决定性的作用。要研究油气藏的形成、调整及其破坏的整个地质过程。

盆地类型及其构造样式，对油气的运移和分布具有控制作用。例如在裂陷型含油气盆地中，由于剖面上断裂十分发育，油气往往以垂直运移为主，油气多分布于纵向上与断裂有关的圈闭中，形成断块或断鼻油气藏。在克拉通含油气盆地中，由于构造比较平缓和单一，断裂不发育，因此，油气以侧向顺层运移为主，主要分布于地层不整合及有关的构造、地层圈闭中。

5. 含油气圈闭

圈闭是油气聚集的场所，圈闭的大小、规模决定着油气的富集程度，从而决定着盆地的油气勘探远景。

圈闭类型有多种，构造圈闭，尤其是背斜构造圈闭，常常是最有利的圈闭。世界上迄今已发现的特大型油气田，多为背斜圈闭。然而，随着油气勘探的深入和发展，非构造圈闭也可形成特大型油气田。地层圈闭和岩性圈闭的研究，应与盆地的构造运动史古地理，变迁及沉积成岩作用研究紧密结合起来。圈闭的形成、调整及破坏作用，是圈闭研究的重要内容。

6. 油气藏保存条件

油气藏保存条件研究就是研究已经形成的油气藏，在漫长的地质历史时期中，含油气圈闭条件是否改变，以及圈闭中油气是否发生重新分配。

二、油气富集成藏条件

（一）充足的烃源供给条件

1. 国外典型含油气盆地烃源条件与油气分布

烃源条件是一个沉积盆地中油气藏形成的物质基础。油气源的丰富程度，取决于盆地内烃源岩系的发育程度及其有机物质的丰度、类型和热演化程度。地壳运动的多周期性和沉积的多旋回性，控制了烃源岩系的发育，形成了多套生油层系。衡量油气来源丰富程度的具体标志，是生烃凹陷面积的大小及凹陷持续时间的长短。生油气凹陷的面积大、持续时间长、可以形成巨厚的多旋回性的生油层系及多生油期，具备丰富的油气来源。这是形成储量丰富的大油气藏的物质基础。世界上61个特大油气田分布在12个大型含油气盆地中，拥有世界石油及天然气一半以上储量，这些盆地都是继承性稳定下沉的沉积盆地，发育巨大体积的沉积岩系，具有面积大、持续时间长的生油气凹陷，具备充足的油气来源（表5.5）。

表 5.5 世界 12 个大含油气盆地中 61 个特大油气田油气地质基本特征

盆地名称	盆地面积/km²	沉积岩系发育概况			生油岩发育概况		油气可采储量及特大油气田数
		时代	厚度	体积/km³	时代	岩性及厚度	
波斯湾	240 万	古生代、中、新生代，以 J、K、E、N 为主	5000～12000 m，平均 3000 m	704.1 万，其中 J 以上 417 万	J_3、K_2、E 为主	碳酸盐岩为主，最厚 4000 m，主要生油层厚 1000～1500 m	油 541 亿吨，28 个
西西伯利亚	230 万	中、新生代，以 J、K 为主	最厚 4000～8000 m，平均 2600 m	600 万	J_2～K，以 J_3、K_1 为主	泥岩（前三角洲）500～1000 m	油 60 亿吨，8 个
美国墨西哥湾	110 万	中、新生代	最厚 12000 m，平均 4000 m	545 万	J_3～N_1，以 K_3、N_1 为主	泥岩为主、部分为碳酸盐岩 1000～2000 m	油 53.4 亿，1 个
马拉开波	8.5 万	中、新生代（K～N）	最厚 10000 m，平均 4600 m	395.7 万	K～N，以始新世为主	K 为石灰岩、粘土岩，厚 150～200 m E 为泥岩 2000 m	油 73 亿吨，2 个
伏尔加乌拉尔	65 万	以上古生代为主	一般小于 2000 m，在乌拉尔山前可达 8000 m，平均 3100 m	218.2 万	中泥盆世～早二叠世	以泥岩为主，总厚 200～500 m	油 42.7 亿吨，2 个
利比亚锡尔特	35 万	古～中、新生代，以 K、E、N 为主	古生界 1500 m，K 以上最厚 5000 m，平均 2500 m	80 万	K～E，以 K_2、E 为主	以石灰岩、泥灰岩为主，部分为泥岩 1000～2000 m	油 40 亿吨，气 7790 亿 m³，4 个
阿尔及利亚东戈壁	41 万	古生代～中生代	4000～5000 m	160 万	志留纪	页岩 200 m	油 9.9 亿吨，气 29940 亿 m³，3 个
北海	62 万	二迭～第三系	总厚 8000 m，第三系 3000 m	300 万	侏罗纪和第三纪，部分晚石炭世	泥岩	油 34 亿吨，气 184080 亿 m³，4 个

续表 5.5

盆地名称	盆地面积/km²	沉积岩系发育概况			生油岩发育概况		油气可采储量及特大油气田数
		时代	厚度	体积/km³	时代	岩性及厚度	
尼日尔河三角洲	6万	新生代	一般 4000～6000 m，最大 12000 m	30万	早第三纪	泥岩 1000～2000 m	油 27 亿吨，气 11200 亿 m³，大油气田 6 个
美国西内部	60.2万	古生代、中生代	9000 m	85万	∈、C、P	泥岩为主，200～400 m	1 个（气）
松辽	22.6万	K～N	最厚 6000 m，平均 3000 m	77.5万	K	泥岩 500～1000 m	1 个
华北	25万	震旦～中生代新生代	新生代最厚可达 6000 m，其中 E 4500 m	125万	E 为主	泥岩大于 500 m 最厚 1000～1500 m	1 个

上述统计资料表明：拥有丰富油气资源的含油气盆地，其面积绝大多数在 10 万 km³ 以上，沉积岩体积多在 50 万 km³ 以上，烃源岩岩系的总厚度最小是 200 m，一般在 500 m 以上，最厚的可达 1000 m 以上。

尚须强调指出的是有些盆地面积虽然较小，但沉积岩厚度大，圈闭的有效容积大，生油层总厚度大，油源丰富，也可形成丰富的油气聚集。在油源区及其附近，砂岩储集层发育，储集层与生油层互层或指状交错，还有断层连通。十分有利于油气运移。且发育有一系列背斜构造，圈闭条件好，圈闭面积及高度也较大。因此，形成数目众多的油气田，且含油厚度特别大，一般可达 1000 m 以上。

2. 我国含油气盆地烃源条件与油气分布

我国油气资源分布表明盆地面积大、沉积岩厚度大、沉积岩分布广泛是油气生成和聚集的有利场所与基本地质条件（表 5.6）。

表 5.6 我国油气资源分布的基本特点

盆地面积/万 km²	个数	面积/km²	石油		天然气	
			资源量/亿吨	占总量的百分比/%	资源量/亿吨	占总量的百分比/%
≥10	14	272.7	693	73.7	29.06	76.39
10～1	45	133.3	216	23	7.63	20.06
1～0.1	58	22.7	26	2.77	1.32	3.47
<0.1	33	1.8	4.6	0.49	0.03	0.08
合计	150	430	940	1.00	38.04	1.00

陆相沉积盆地油气勘探实践亦表明，生油中心控制着陆盆油气分布。根据中国陆相含油气盆地统计，能够形成商业油气流的生烃强度下限值有两个衡量指标，一个是最大生烃强度必须大于 1 Mt/km^2；另一个是平均生烃强度必须大于 0.5 Mt/km^2。研究表明，一个含油气盆地生烃强度的大小与该湖盆生油层系的累计厚度、源岩的有机质丰度和母质类型密切相关。

东营凹陷生油中心的生烃强度高值区（>3.61 Mt/km^2）分布于垦利-滨州-博兴之间。油气藏主要也分布于该生油中心周缘的有利构造圈闭及有利储集相带，明显凸现出生油中心控制着油气分布的特点（图5.4）。

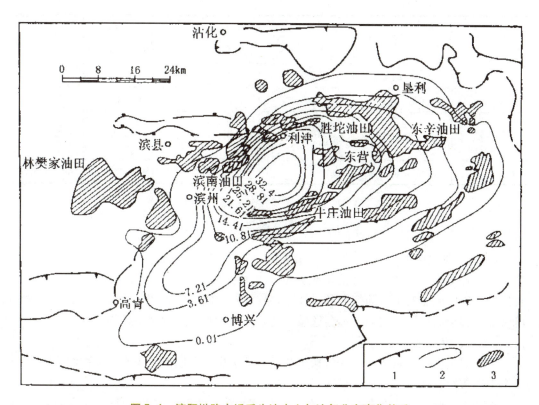

图5.4 济阳坳陷古近系生油中心与油气分布富集关系
（东营凹陷部分）
1—地层剥失线；2—生烃强度等值线（Mt/km^2）；3—油田

烃源供给中心制约油气分布的实例，在渤海湾盆地的辽河断陷、黄骅坳陷、冀中坳陷和东濮凹陷均是如此。中国中、新生代40多个陆相含油气盆地的研究表明，无论是松辽、鄂尔多斯、塔里木这样的克拉通盆地，还是中国东部的小断块盆地，其油气分布都明显受生油中心的控制，这实际上已经成为陆相油气形成分布的一条基本规律和原则。

从表5.2看出，14个面积大于10万 km^2 的盆地拥有693亿吨石油资源量，占石油总资源的近80%；9个主要盆地拥有天然气资源量30万亿 m^3，占天然气总资源的80%，亦充分说明了烃源供给区控制了油气运聚成藏及其分布富集规律。

烃源的丰富程度除与生油岩的体积有关外，还与生油层的埋藏深度，以及生油岩与储集层的接触关系、配合情况等有密切关系。换言之，油源丰富程度决定于生油岩的体积、有机质数量、类型和成熟度，以及生油岩排烃能力等综合因素。

我国大中型油气田分布都是以具有优质的、充足的油气来源的烃源区为基础，烃源供给区根据有机质丰度、类型、生烃量及岩相古地理条件可分为五类（表5.7），我国大中型油气田主要与第一、第二类烃源区有关。如大庆、辽河、胜利、任丘、大港、泌阳和克拉玛依等油田。

表5.7 烃源（油源）供给区主要类型及其生油潜量

类型	名称	沉积相		有机质含量/%	干酪根烃产率/(mg$_烃$/g$_{有机碳}$)	生油量/(kg/t$_{岩石}$)
第一类	腐泥型油源区	深湖相		2~3	400~500	8~15
第二类	亚腐泥型油源区	深湖相		1.5~2.5	350~450	5~12
第三类	中间型油源区	半深湖-浅湖相	盐湖相	1.0~2.0	250~350	3~7
第四、五类	腐殖型油源区	湖沼相		0.4~1.5	150~250	0.5~3.0

（二）有利生、储、盖组合配置关系

油气田勘探实践证明，生油层、储集层、盖层的有效匹配，是形成丰富的油气聚集，特别是形成巨型油气田（油气藏）必不可少的条件之一。有利的生、储、盖组合意指生油层中生成的丰富油气能及时地运移到良好储集层中，同时盖层的质量和厚度又能保证运移至储集层中的油气不会逸散。这是形成大油气藏的必备条件。

1. 生、储、盖组合类型

在地层剖面中，紧密相邻的包括生油层、储集层、盖层的一个有规律的组合，称为一个生储盖组合。

根据生、储、盖三者在时间上的相互配置关系，可将生储盖组合划分为四种类型（图5.5）。

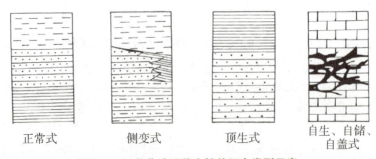

图5.5 沉积盆地四种生储盖组合类型示意

(1) 正常式生储盖组合。指在地层剖面上生油层位于组合下部，储集层位于中部，盖层位于上部。这种组合类型又根据时间上的连续或间断细分为连续式和间断式两种。油气从生油层向储集层以垂向运移为主。正常式生储盖组合是我国许多油田最主要的组合方式。

(2) 侧变式生储盖组合。是由于岩性、岩相在空间上的变化导致生、储、盖层在横向上。这种组合多发育在生油凹陷斜坡带或古隆起斜坡上，由于岩性、岩相横向发生变化，使生油层和储集层同属一层为主要特征，二者以岩性的横向变化方式相接触，油气以侧向同层运移为主。

(3) 顶生式生储盖组合。生油层与盖层同属一层，而储集层位于其下的组合类型。例如华北任丘油田属之，下第三系沙河街组泥岩既是生油层又做盖层，直接覆盖具有孔隙、溶洞、裂缝的中、上元古界白云岩储集层。

(4) 自生、自储、自盖式生储盖组合。石灰岩中局部裂缝发育段储油、泥岩中的砂岩透镜体储油和一些泥岩中的裂缝发育段储油都属于这种组合类型，最大特点是生油层、储集层和盖层都属同一层。

根据生油层与储集层时代关系，尚可将生储盖组合划分为新生古储、古生新储和自生自储三种型式。较新地层中生成的油气储集在相对较老的地层中，为新生古储；较老地层中生成的油气运移到较新地层中聚集，属古生新储；而自生自储乃指生油层与储集层都属于同一层位。以上三种型式的盖层都比储集层新。

根据生储盖组合之间的连续性尚可将其分为两大类。即连续沉积的生、储、盖组合和被不整合面所分隔的不连续生、储、盖组合。

2. 生储盖组合评价

在粘土岩-碎屑岩类构成的生储盖组合中，砂岩储集岩与泥岩生油层的组合关系对油气聚集能力有着重要意义。据 Magara（1978）研究，美国 7241 个砂岩油藏的砂岩平均厚度与总可采石油量之间的关系结果表明：砂岩体与其周围生油气层的接触面积是控制石油储量的最重要因素。

因此在一些砂岩、泥岩互层剖面发育的地区，利用地层等厚图和砂-泥比率图来寻找油田能够获得较好的效果。

从不同学者在世界若干产油地区研究砂-泥岩厚度比率和剖面中的砂岩厚度百分率的统计结果（表 5.8）可以看出，对石油聚集最有利的砂岩厚度百分率为 20%～60%，中值为 30%～40%。

表 5.8 世界若干地区石油聚集的最佳砂岩百分率

产油地区及层系	砂岩-泥岩厚度比率	砂岩厚度百分率/%	研究人
美国落基山区上白垩统	0.25～1.00	20～50	Krumbein 和 Nagel（1953）
秘鲁帕里纳斯砂岩油藏	0.60	37	Young quist（1958）
美国怀俄明州盐溪区白垩系费朗提尔组	0.23～0.41	19～29	Dickey 和 Rohn（1958）
美国俄克拉何马州宾夕法尼亚系阿托卡组	0.50～2.00	33～67	

综上所述，可以看出单纯块状砂岩发育或单纯块状页岩发育的地区，对石油聚集都不利。只有在砂岩厚度百分率为20%～60%，即砂岩储集层单层厚10～15 m、页岩生油层单层厚30～40 m，二者呈略等厚互层的地区，砂-页岩接触面积最大，最有利于石油聚集。

不同的自生、自储、自盖组合，具有不同的输送油气的通道和不同的输导能力，油气富集条件亦不同。如生油层与储集层为互层状的组合类型，由于生油层与储集层直接接触的面积大，储集层上、下生油层中生成的大量油气，可以及时地向储集层中输送，其对油气生成和富集均非常有利。当储集层呈背斜形态存在时，则油气可从四周向背斜中运聚富集，形成一定规模的油气藏，详见图5.6所示。

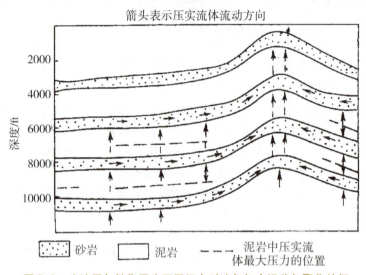

图5.6　生油层与储集层为互层组合时油气初次运移与聚集特征

（据 Cordell）

当生油层与储集层为指状交叉组合型式时，由于生油层与储集层的接触仅局限于指状交叉部位/地带，在这一地带的输导条件，指状交叉处与生油层和储层互层接触类型相似。在面向盆地远离交叉带的一侧，由于其附近缺乏储集层，油气输导能力受到一定限制；而在另一侧，则只有储集层，缺乏生油层（油源），油气来源也受到一定限制。故其油气输导条件和油气富集条件都比互层差（图5.7）。

当生油层中存在砂岩透镜体时，从接触关系来看，其油气输导条件最为有利（图5.8）。但是，在这种情况下，油气输导的机理，至今还没有弄清楚。因为在油气生成的主要阶段之前，砂岩透镜体早已被水所充满，要使油气进入透镜体，必须同时有等量的水被排出。J.K.罗伯特认为，生油层中的油气是从砂岩透镜体的底下进入透镜体的，而透镜体内原有的水从上部排出，如图5.8所示。

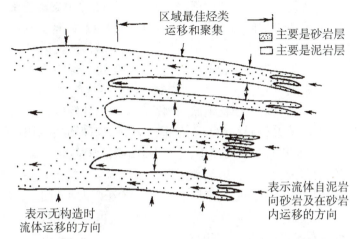

图5.7　生油层与储集层为指状交叉组合型式时油气初次运移与聚集特征
（据 Cordell）

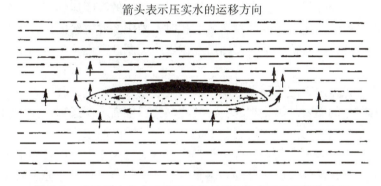

图5.8　生油层中存在砂岩透镜体时油气初次运移和聚集特征
（据 Cordell）

以上三种自生、自储、自盖组合类型与油气初次运移和富集的关系，充分说明了生、储、盖组合型式对油气运聚成藏的影响。

（三）有效含油气圈闭

大量油气勘探实践及研究表明，在具有油气来源的前提下，并非所有圈闭都聚集有油气，而是有的圈闭聚集油气，有的圈闭只含水，属于所谓"空"圈闭，这表明它实际上对油气聚集而言是无效的。圈闭有效性就是指在具有油气来源的前提下圈闭聚集油气的实际能力。影响圈闭有效性的主要地质因素有以下几点。

1. 圈闭形成时间与油气区域性运移时间关系

石油和天然气在圈闭形成后方可在其中聚集起来。在沉积盆地中，如果含油气圈闭是在盆地最后一次区域性油气运移以后形成，则圈闭形成时，大量油气早已运移走了，这种圈闭对油气聚集成藏显然无效。只有那些在盆地油气区域性运移以前或与其同时形成的圈闭，对油气聚集成藏才是有效的。

油气发生初次运移时，在生油层内部之岩性、地层圈闭中聚集起来形成的油气藏，对该生油层而言，是形成最早的油气藏。在生油层成岩以后，地壳运动形成许多背斜、断层及地层不整合圈闭，该阶段亦是盆地中最重要的区域性油气运移时间，也是形成油气藏的关键时期。但如果盆地经过若干次构造运动，则决定影响盆地内地质构造现状的最后一次构造运动（即最新的构造活动），控制了最后一次区域性油气运移时间。在此可能会产生4种结果：①它可能使盆地原有构造面貌继承性发展，促使原有的多数圈闭进一步发育定型，对油气聚集最有利；②在这次运动中新形成的圈闭（构造活动后期形成），由于油气多已聚集在早期圈闭中，这些新圈闭常常成为"空"的，对油气聚集无效；③如果其圈闭与最后一次构造运动同期形成，则也可能形成油气聚集或油气藏；④地壳运动比较强烈，改变了盆地原来构造面貌，破坏了早期圈闭，打破了原来油气聚集的平衡状态，再次发生区域性运移，油气重新分布，可能形成次生油气藏。

2. 圈闭所处位置与烃源供给区匹配关系

国内外勘探实践证明沉积盆地中生油坳陷/凹陷控制油气分布，一般长期继承性发育的深凹陷是盆地内最有利的生油区。油气生成后，首先运移至烃源区内及其附近的圈闭中，聚集起来形成油气藏。多余的油气则依次向较远的圈闭运移聚集。如果烃源供给有限，不能满足盆地内所有圈闭的总有效容积时，则距烃源供给区比较远的圈闭通常成为无效圈闭。因此，一般情况下，圈闭所在位置距烃源区愈近，愈有利于油气聚集，圈闭有效性愈高。

陆相断陷沉积盆地中储集层在纵向、横向上变化大，油气运移距离较短。因此，在生油区内及其附近的圈闭是最有利的，油气藏富集程度高。而远离生油区的圈闭油气富集程度低或往往是无效的。如在松辽盆地的中央深凹陷油源丰富，而大庆长垣带位于深凹陷烃源区，其油气生成后就近直接聚集其中，形成特大油田；而远离中央深凹陷烃源区的若干构造，其含油气情况明显变差甚至没有油气分布。这就充分表明在陆相断陷沉积盆地内，有利的生油区控制了油气分布范围，油气勘探中查明圈闭所在位置与烃源供给区的相应关系，对指导油气勘探部署尽快获得油气勘探突破具有重要的实际意义。

在海相地层发育的沉积盆地中，一般储集层岩性较稳定，连通性也较好，油气能较长距离地运移。因此，圈闭所在位置与烃源供给区的相应关系，仍然是控制影响油气分布富集的主要因素，但其烃源供给区及其控制影响的范围要比陆相地层发育的沉积盆地大得多。

从圈闭所在位置与烃源供给区的相应关系研究圈闭有效性时，必须注意两个重要因素。一是烃源供给是否充足。即烃源供给区所供给输送油气的数量能否满足盆地内所有圈闭总有效容积的需要，假如油气供给能够充满盆地内所有圈闭，则圈闭都是有效的。如果油气供给有限，则圈闭所在位置与烃源供给区的相应关系，就显得非常重要，此时距油源区愈近愈好。二是储集层岩性变化和受断裂分割程度的影响。如果储集层岩性变化大，物性不稳定，孔隙连通性差，乃至有的互相隔绝，再加上封闭性断层发育，将同一储集层分割成若干互不连通的断块。那么，即使烃源供给充足，油气也很难进行较长距离的区域性运移。此时油气只能在生油区内及其附近的圈闭中聚集。在这种情况下，离生油区较远的圈闭，难以捕集油气形成油气藏。相反，若储集层岩性变化小，连通性好，又无断层分隔，则在油气供给充足的情况下，其烃源供给有效区之圈闭即可捕集油气形成油气藏。

3. 水压梯度和流体性质对圈闭有效性影响

在静水压力条件下,测压面是水平的,同一储集层内海拔高度相同的各点,都具有同样大小的压力。此时圈闭内的油-水(或气-水)界面呈水平状态。如果在水动力条件下,测压面是倾斜的,在水压梯度的作用下,储集层中所含的地层水,沿测压面倾斜的方向,从供水区流向泄水区,圈闭内的油-水(或气-水)界面也顺水流方向倾斜,其倾角的大小决定于水压梯度和流体的密度差,如图5.9所示。

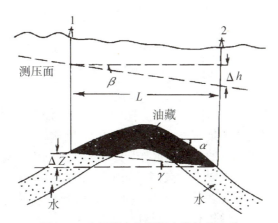

图5.9 水压梯度与圈闭有效性的关系

上图中,$\Delta x - 1$为2号井间的距离;$\Delta h - 1$为2号井间测压面高差;$\Delta Z - 1$为2号井间油(气)水界面高差;α为储集层向水流方向一翼的倾角;β为测压面的倾角;γ可以通过计算而获得。

总之,在水压梯度和流体密度差的作用下,圈闭对油聚集的有效性与对气聚集的有效性是不同的(图5.10)。如果设水压梯度不变,则流体密度直接影响圈闭的有效性。在相同的水动力条件下,对同一圈闭而言,气-水界面倾角可能小于圈闭水流方向一翼的岩层倾角($\gamma_g < \alpha$),天然气能聚集而成气藏,该圈闭对气体的聚集是有效的。而油-水界面的倾角则可能等于或大于圈闭水流方向一翼的岩层倾角($\gamma_o \geq \alpha$),石油就会被水冲走,结果该圈闭被水充满,对石油聚集无效,油藏被完全破坏。

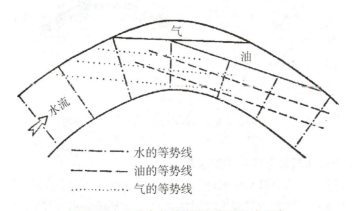

图5.10 水动力条件下油水界面分布示意

由于各地区的地质构造面貌千变万化，导致水压梯度也变化甚大。可以根据公式计算水压梯度对圈闭有效性的影响。假设流体的密度分别为 $\rho_g = 0.001$，$\rho_o = 0.8$，$\rho_w = 1$，则可求出在不同水压梯度下，圈闭聚集油、气所要求的岩层倾角最小值（表5.9）。

表5.9 含油气圈闭中聚集油、气所要求的岩层倾角最小值

水压梯度	岩层倾角最小值	
	天然气	石油
0.0001	0°00′18″	0°01′30″
0.001	0°03′	0°15′
0.01	0°30′	2°30′
0.1	6°	30°

由表5.7可看出，在同一水压梯度下，圈闭中聚集石油和天然气所要求的岩层倾角最小值，差别很大。对气体聚集而言，气-水界面倾角 γ_g 常常很小，所要求的岩层倾角也就很小，即在自然界常见的水压梯度作用下，几乎任何圈闭对天然气聚集都是有效的；而对石油聚集而言，条件要求就较高，如水压梯度为 0.005～0.01 时，则在岩层倾角小于1°的平缓圈闭中，石油会被水流冲走而难以聚集。所以，从水动力学观点来看，同一圈闭往往对天然气聚集有效，而对石油聚集可能无效。

（四）必要的保存条件

在地质历史中已经形成的油气藏能否存在，主要取决于油气藏形成后是否遭受过破坏改造作用。因此，油气藏的保存条件，是油气藏存在的重要前提。

我国克拉玛依油田著名的黑油山沥青丘及其油藏就是油气藏经抬升后遭受破坏，封闭条件变差，轻烃散失，最后残存的稠油被沥青本身封闭形成了沥青封闭油藏（图5.11）。

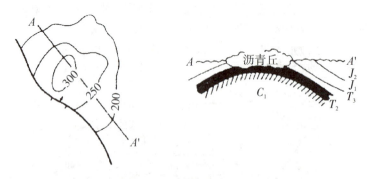

图5.11 克拉玛依油田黑油山沥青封闭油藏平面剖面

1. 地壳运动对油气藏保存条件的影响

地壳运动可以导致油气藏完全破坏。如地壳运动破坏了含油气圈闭条件，储集层遭到剥蚀风化，油气大量散失，造成大规模的地面油气显露，破坏了原有的油气藏。如柴

达木盆地的油砂山就是由于地壳运动使原有的油气藏遭严重破坏，第三系储油层出露地表，遭到剥蚀风化；塔里木盆地志留系沥青砂也是地壳运动使古油藏遭受破坏的结果；酒泉西部盆地的石油沟油田，其第三系白杨河组油气藏，受喜马拉雅造山运动的强烈影响，导致油气藏遭到严重破坏，大量原油流失地面；等等。

地壳运动产生一系列的断层，也会破坏圈闭完整性，油气沿断层流失，油气藏遭受破坏。如果断层早期是开启性的，后期是封闭性的，则早期断层起通道作用，油气散失；而后期形成遮挡，重新聚集油气，形成次生油气藏或残余油气藏。

地壳运动也可以使原有油气藏圈闭溢出点抬高，甚至使地层倾斜方向发生改变，其结果亦可造成原有油气藏及其圈闭完整性破坏，油气重新分配，或油气藏的再形成。

因此，在研究油气藏保存条件时，首先要研究盆地地壳运动发展历史及其与油气聚集的关系。

2. 岩浆活动对油气藏保存条件的影响

岩浆活动对油气藏的保存表现在两个方面，当高温岩浆侵入油气藏，会将油气烧掉，破坏含油气圈闭，在这种情况下，大规模岩浆岩活动对油气藏保存是不利的，最终导致油气藏完全破坏。当岩浆活动发生在油气藏形成以前时，岩浆的破坏作用只产生在其活动的当时，而在冷凝之后，不仅失去了破坏作用，反而在其他有利条件配合下，它本身也可成为良好的储集体或遮挡条件。在研究岩浆活动对油气藏保存条件影响时，必须深入细致地研究岩浆活动时期、方式及范围，以及它们与油气藏形成时间和位置之间的关系。

3. 水动力对油气藏保存条件的影响

水动力环境对油气藏保存条件有重要影响。活跃的水动力环境可以把油气从圈闭中冲走，导致油气藏破坏。因此，一个相对稳定的水动力环境，是油气藏保存的重要条件之一。

由于淋滤水在古风化壳中运动方向与沉积水运动方向相反，其间存在一个压力平衡带，水动力环境稳定性好，具有良好的保存条件，是油气藏形成和分布的有利地区。相反，在水动力环境活跃区，油气藏保存条件差，油气被水冲走，油气藏遭到破坏。在该区外侧与补给区相连，水流活跃，水质淡化。因此渤海湾盆地一些坳陷的边缘山区或凸起区水动力活跃，对油气藏保存不利，含油气远景也差。

综上所述，油气藏形成的最基本条件，就是必须具有充足烃源供给，有利生、储、盖组合与有效圈闭以及必要的保存条件等四个方面，只有具备了这四个条件，油气藏才得以形成与保存。

第三节 油气聚集特征

油气在圈闭中积聚形成油气藏的过程称为油气聚集。油、气、水由于比重不同，在圈闭中往往会产生重力分异。当油气在盆地中生成以后，即沿上倾方向向周围高处圈闭区（低势区）运移，由于油、气、水比重不同，尤其是天然气的比重最小，粘度也小，故其在孔隙介质中最易流动，所以运移结果，最终天然气必然占据盆地中心周围的最高位置的构造环，而石油则占据其下倾方向位置较低的构造，比较接近盆地的中心。世界上很多含油气盆地均具有这样的油气分布特点。诚然，也发现了很多相反的情况，即在低处构造圈闭中充满着天然气，而在高处构造圈闭中却充满着石油，这种是由于油气差异聚集的结果。1953年加拿大石油地质学家 W. C. Gussow 系统研究了这种现象，并提出了油气差异聚集的基本原理。

一、在单一圈闭内油气聚集

从图5.12可以看出，在静水压力条件下，油气源源不断从凹陷向上倾运移时，油气在单个圈闭中的聚集可分成三个阶段。第Ⅰ阶段，圈闭中聚集了油气，原来占据着圈闭的水，被排出一部分，由于重力分异，气体占据圈闭的顶部，油在中部，油气并未充满整个圈闭，其下部为水。第Ⅱ阶段，油气数量继续增加，油水界面一直降到溢出点，但油气数量还在继续增多，一部分石油便从溢出点沿上倾方向溢出。第Ⅲ阶段，油气继续进入圈闭，天然气向圈闭上部聚集，把石油推向溢出点，石油不断地被排出，当天然气的数量显然足够占据整个圈闭时，石油便不可能再进入圈闭，而是沿溢出点向上倾方向溢去。在这种情况下，这个圈闭就完全被天然气所充满了。

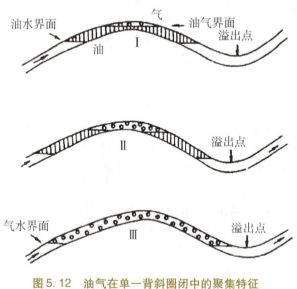

图5.12　油气在单一背斜圈闭中的聚集特征

二、油气差异聚集原理

1. 油气差异聚集原理

假如在静水压力条件下，同一渗透层相连圈闭的溢出点海拔依次递增，而且没有局部支流运移和溶解气体的影响,就会出现如图 5.13 所示的油气差异聚集情况。

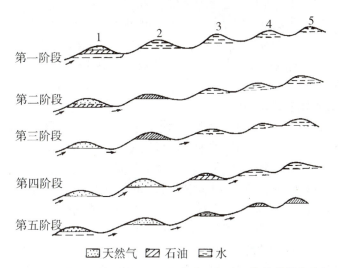

图 5.13　在相互连通的一系列圈闭中油气差异聚集的基本特征

第一阶段,油气从盆地中油气源区沿区域性上倾方向运移,首先进入圈闭 1,这时圈闭 1 尚未装满;第二阶段,此时油气继续供应,圈闭 1 中之油水界面下降至溢出点,石油开始从圈闭 1 中溢出而进入圈闭 2,但天然气仍在圈闭 1 中形成气顶;第三阶段,油气仍在继续供给,使圈闭 1 完全充满天然气,油气则通过溢出点向圈闭 2 运移,此时在圈闭 1 中已形成纯气藏;圈闭 2 则形成有气顶的油藏;如此继续聚集,如果油气供给比较充足,则通过第四、第五阶段,最终的结果可能是圈闭 1 为纯气藏,圈闭 2 为带气顶的油气藏,圈闭 3、4、5 可能为纯油藏。当油气供应来源特别充足或者不充足的时候,则油气在五个圈闭中的聚集情况会有所变化,但所遵循的原理是不变的。

尚须强调指出的是溢出点的高度,是控制油气是否继续向上倾方向运移的控制点,而构造圈闭的顶点并不起控制作用,如图 5.14 所示。

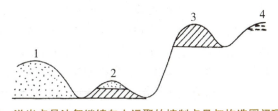

图 5.14　溢出点是油气继续向上运聚的控制点且与构造圈闭顶点无关

溢出点最低的圈闭 1 中将充满天然气,而溢出点稍高的圈闭 2 中则油气并存(虽然圈闭 1 的构造顶点高于圈闭 2 的构造顶点);溢出点更高的圈闭 3 中则为没有气顶的油藏。总之,油气差异聚集原理获得了以下 4 点重要结论与认识。

(1) 在离供油气区最近、溢出点最低的圈闭中,在气源充足的前提下,形成纯气藏;相离稍远的、溢出点较高的圈闭中,可能形成油气藏或纯油藏;在溢出点更高、距油源区更远的圈闭中,可能只含水。

（2）一个充满了石油的圈闭，仍然可以作为有效的聚集天然气的圈闭。但是，一个充满了天然气的圈闭，则不再是一个聚集石油的有效圈闭了。

（3）若油气按比重分异比较完善，则离供油区较近，溢出点较低的圈闭中，聚集的石油或天然气的比重应小于距油源区较远、溢出点较高的圈闭中的油或气的比重。

（4）所形成的纯气藏、油气藏、纯油藏的数目，取决于油气来源供应的充分程度，及圈闭的大小和数目。

2. 油气差异聚集的特定条件

天然气占据最高构造环，和天然气占据最低构造环，其本质都是油气按比重分异的原理，但最终却得到两种完全相反的结果。起决定作用的是具体的地质条件，这些条件是：①具有区域性较长距离运移的条件，要求具区域性的倾斜；储集层岩相岩性稳定，渗透性好；区域运移通道的连通性好。②相联系的一系列圈闭，它们的溢出点海拔依次增高。③油气源供应区位于盆地中心带，有足够数量的油气补给。④储集层中充满水并处于静水压力条件下，石油和游离气是同时一起运移的。

3. 影响油气差异聚集的地质因素

具备上述这些条件，油气差异聚集过程就可以进行得比较充分。反之，当有些干扰因素存在时，差异聚集过程就会不完善，表现不典型。这些干扰因素主要有：①当在运移道路上有另外的支流油气供给来源时，则会打乱原来应有的油气分布规律。②气体在石油中的溶解作用，随物理条件（温度、压力）的改变而变化。它可以造成次生气顶，也可以导致原生气顶的消失，因而影响油气的分布规律。③后期地壳运动造成圈闭条件的改变，必然造成油气的重新分配。④区域水动力条件，水压梯度的大小及水运动的方向，直接影响油气的分布规律。

三、油气聚集模式

（一）油气聚集机理

圈闭是具有一定的储集空间和封闭条件，形成油气藏的场所。圈闭系统的油气运移和聚集过程主要受圈闭几何特征（几何形态、闭合高度、闭合面积和最大有效面积）、储层地质特征（岩石性质及组合特征、孔隙裂隙结构特征和岩石孔渗特征）以及流体动力学特征（流体物性及相态分布、流体运动样式及强度和流体驱动力）的影响。在二次运移过程中，运移方向、通道、距离、速率以及聚集速率、部位和聚集量不断发生变化，并最终在圈闭中合适的部位发生聚集。关于圈闭中油气聚集机理主要存在以下4种观点。

1. 渗滤作用

Cordell（1977）、Roberts（1980）等认为含烃的水或随水运移的油气进入圈闭以后，因为一般亲水的、毛细管封闭的盖层对水不起封闭作用，水可以通过盖层而继续运移；对烃类则产生毛细管封闭，结果把油气过滤下来在圈闭中聚集。在水动力和浮力的作用下，水和烃可以源源不断地补充并最终导致在圈闭中形成油气藏（图5.15）。

2. 排替作用

Chapman（1982）认为泥质盖层中的流体压力一般比相邻砂岩层中的大，因此圈闭

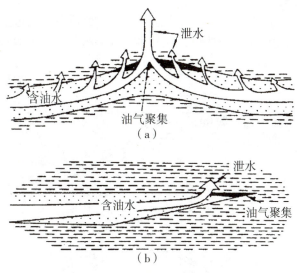

图 5.15 圈闭中油气的聚集机理

中的水是难以通过盖层的。另外油气进入圈闭后首先在底部聚集,随着烃类的增多逐渐形成具有一定高度的连续烃相,在油水界面上油水的压力相等,而在油水界面以上任一高度上,由于密度差,油的压力都比水的压力高(图5.16)。因此产生了一个向下的流体势梯度,使油在圈闭中向上运移同时把水向下排替直到束缚水饱和度为止。

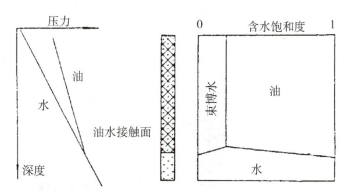

图 5.16 圈闭中油、水的压力及含水饱和度的垂向分布

3. 渗滤作用和排替作用共同作用

当上覆盖层只有毛细管封闭时,在油气聚集过程中上述两种作用都可能存在。因为任何储集层都是非均质的,被油气占据的连续空间可能发生排替作用,而被水占据的连续空间可能发生渗滤作用。根据两相运移的原理,当储集层中或在其底部含油饱和度达到70%以上,则水的渗流停止或被阻止;因此,在油气聚集的初期,水是可以通过上覆亲水盖层而发生渗流;当油气聚集到一定程度之后,水就很难通过上覆盖层而主要是被油气排替到圈闭的下方。如果盖层是异常高压封闭,则无论是什么情况水都不能通过上覆盖层发生渗流,只能发生向下的排替作用。

4. 油气充注方式

England 和 Fleet（1987）认为，一个油藏将以一种顺序方式充注，石油将首先进入具有最低孔隙排替压力的最佳渗透层，并且接着以一组向前推进的石油波阵面方式充注聚集而形成油藏（图 5.17）。

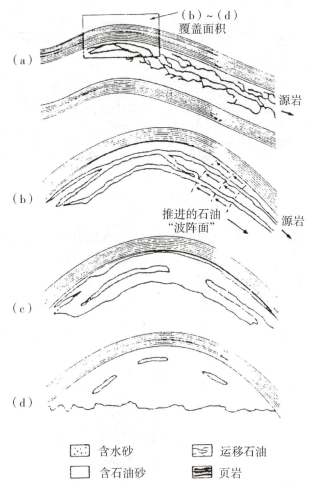

图 5.17 一个油藏概略的充注聚集过程及程序特点

（二）油气聚集模式

由于各种圈闭的几何特征、地质特征及流体动力学特征的差异，导致各种圈闭中油气的运移和聚集会有不同的模式。CORDELL（1977）提出了碎屑岩中不同圈闭里油气聚集的可能模式。

1. 背斜圈闭中油气聚集模式

从生油层进入储集层的压实流体，沿着背斜的翼部向顶部运移。在圈闭中，水很可能通过上覆泥岩盖层，这是由于背斜构造的张力或其他原因所产生的微裂隙使水继续向上流动，而把烃类和一些无机盐类渗留下来在圈闭中聚集（图 5.18）；并使圈闭中流体的含盐度增大，pH 降低，这又有利于烃类的进一步聚集。表示的是储集层与生油层在大面积上互层接触，而又未遭构造破环的最佳情况。

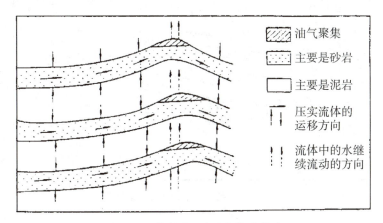

图 5.18　背斜圈闭中油气聚集模式

（据 Cordell，1977）

2. 地层圈闭中油气聚集模式

从上、下生油岩进入砂岩储集层的压实流体，沿上倾方向进行二次运移，由于地层尖灭或不整合造成地层圈闭，流体中的水可以通过圈闭的上方继续运移，而烃类则渗留在圈闭中聚集，同时圈闭中流体的含盐量增加，pH 降低，有利于油气的进一步聚集。图 5.19 中所表示的是储集层夹于上下两层生油岩中，有大面积的接触，而圈闭本身未遭破环。

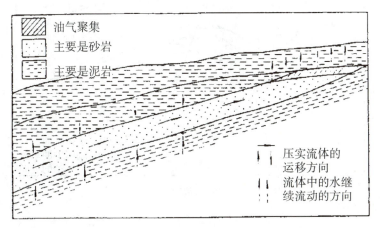

图 5.19　地层圈闭中油气聚集模式

（据 Cordell，1977）

3. 岩性圈闭中油气聚集模式

压实流体从周围的生油泥岩进入被泥岩包围的透镜状或扁豆状砂岩体，并从其下倾部分往上凸部分进行二次运移，在砂岩体上倾的低势部位形成聚集，流体中的水可以通过泥岩的层理面或微裂隙继续向上流动，而油气则渗留下来在圈闭中聚集（图 5.20）。

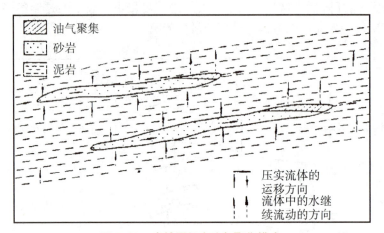

图 5.20　岩性圈闭中油气聚集模式

（据 Cordell，1977）

4．断层圈闭中油气聚集模式

压实流体从生油泥岩进入砂岩体，开始了二次运移，在运移的上倾方向由于断层的遮挡形成圈闭，流体中的水可以通过遮挡面沿断层或砂岩层继续向上运移，油气则在圈闭处聚集。图 5.21 中所表示的是油气在三角洲沉积中的运移和聚集情况。

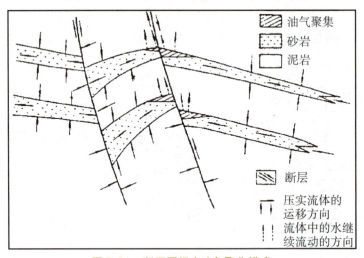

图 5.21　断层圈闭中油气聚集模式

（据 Cordell，1977）

第四节 油气藏的再形成

油气成藏是一个运聚动态平衡过程,已经形成的油气藏,在地壳中一般处于相对平衡状态。但油气成藏以后发生的构造运动可以破坏这种处在平衡状态的油气藏,导致油气重新进行分配,达到新的相对平衡。当原有油气藏遭到破坏,其分散状态的油气遇到新的圈闭条件则可重新聚集,形成新的油气藏,即次生油气藏。次生油气藏形成可以概括以下两种情况。

(1) 由于地壳运动破坏了含油气圈闭的完整性,使其丧失或减弱了对油气聚集的能力,因而油气发生再运移。这种情况往往是由于断层作用所造成的,如图 5.22 所示。可以看出,原来为一个完整的背斜油气藏(下部),由于后期地壳运动产生的纵向断层,破坏了下部油气藏圈闭的完整性,导致油气沿断层向上运移,当遇到上部合适的圈闭则又重新聚集起来,形成上部新的油气藏。

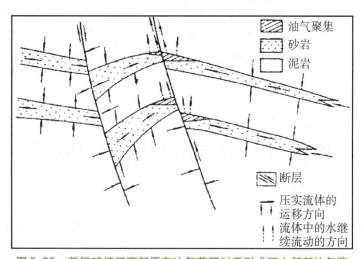

图 5.22　断层破坏了下部原有油气藏同时又形成了上部新油气藏

(2) 地壳运动未破坏圈闭的完整性,但破坏了油气在原有圈闭内相对稳定的动平衡状态,导致圈闭的有效性发生变化,即原来圈闭对油气聚集的有效性参数,如溢出点及圈闭幅度等均有所改变,故导致油气的一部分或全部即从这个圈闭中运移出去,到新的圈闭中聚集,最终形成新的油气藏,如图 5.23 所示。

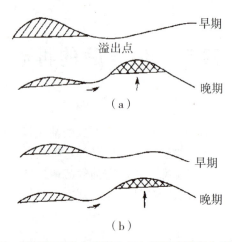

图 5.23　原圈闭溢出点抬高油气向新形成圈闭中聚集过程

总之，后期的地壳运动产生了新的圈闭，同时也使原来圈闭的溢出点抬高，而新产生圈闭的幅度又比较大，则在水动力的作用下，原有油气藏中的油气将从溢出点逸出，并在新圈闭中重新聚集，形成新的油气藏，即油气藏的再形成。在油气运聚再成藏的过程中，原有油气藏中的油气可能一部分逸出，也可能全部逸出，这决定于原有圈闭溢出点抬高的程度以及水动力作用的强弱。如果后期地壳运动可以使大单斜地层的倾斜方向发生变化，此时油气在圈闭内部将重新分布和聚集，形成产状特征明显不同的新油气藏。

第五节　油气藏形成时间确定

油气运聚成藏期是油气成藏研究的一个难点，确定油气藏形成的时间，对研究油气藏的形成及分布，不仅有重要的理论意义，而且对指导油气田勘探具有重要的实践意义。近几年发展起来一种流体历史分析的方法，通过借助油藏地球化学、储层有机岩石学及粘土矿物演变史（或成岩矿物的同位素分析）等手段，开展流体历史系统分析，能够综合判识与确定油气藏的形成期，为油气藏演化史分析提供充分的证据。

一、根据盆地三史确定油气藏形成时间

（一）盆地沉降史及圈闭发育史决定了油气藏形成时间

油气藏的形成是油气在圈闭中聚集的结果，只有形成了圈闭，油气才能聚集；换言之，油气藏形成时间，绝不会早于圈闭的形成时间；所以，我们可以根据圈闭形成的时间确定油气藏形成的最早时间。一个圈闭的形成，可以是在储集层形成以后不久，也可

能是在储集层形成以后很久;它可以是在某一个地壳运动末形成的,也可能是在漫长的地质历史期间断断续续形成;并且一个圈闭也可能经过多次改造。

1. 沉积埋藏史和构造及圈闭发展史

盆地的沉积埋藏史和构造发展史模拟主要是基于沉积地层的压实原理实现的,其概念模型的建立考虑了以下几方面。

(1) 沉积地层厚度及其变化,既反映了上覆沉积对下伏地层的压力效应,又反映了不同岩石因受压实程度不同所引起的孔隙度非均匀变化,因此根据压实原理,用现今地层厚度和孔隙度可以恢复地层的原始厚度。

(2) 地层被抬升、剥蚀是盆地发展过程中的重要事件,抬升时间和剥蚀量则是恢复盆地发展演化史的两个重要参数,用适当方法确定这两个地质变量,并将其与原始地层厚度一起考虑进行地史模拟,可以恢复盆地的沉积埋藏史和古构造发展史。

(3) 地层欠压实作用(超压带的存在)是较为普遍的地质现象,此时因孔隙度的变化不再遵循 Athy 定律,恢复的地层厚度与真正的原始厚度有差异,概念模型必须考虑这一因素。

正演法就是由古至今模拟地史上的沉降、沉积过程,逐层恢复各沉积地层的原始厚度(包括剥蚀),然后用沉积压实理论计算各层段在不同地史时期的厚度变化,最后恢复盆地的演化过程。回剥法是从已知盆地的现状出发,计算各层的"骨架"厚度,反推各层在不同地史阶段的原始沉积厚度,从而恢复盆地的原貌。①正演法。正演模型的最大特点是可以模拟岩层中超压发育过程,因此对模拟我国中、新生代盆地(发育异常高压)尤为适用。②反演法。反演法采用回剥技术,根据地层骨架不变的原则,由今至古剥去各沉积层以便恢复盆地发育历史。反演法模拟地史的关键是依据孔隙度 – 深度的关系曲线。③正反演结合法。既能对超压层进行模拟,又可提高模拟结果的精度和灵活性。其主要思路是:从已知的盆地现状出发,先采用回剥技术,由今溯古重建各地层的地史,对于其中可能出现的超压层段,采用超压技术从古到今修正回剥技术所得到的地史。

2. 构造发展史对油气藏形成的作用

这里主要讨论背斜圈闭的构造发展史与油气藏形成的关系。一般认为,长期继承性的隆起对油气聚集是有利的。在生油岩沉积的时候,该隆起若已形成,则在隆起上的沉积物就可能比邻区减薄变粗。如图 5.24 所示。

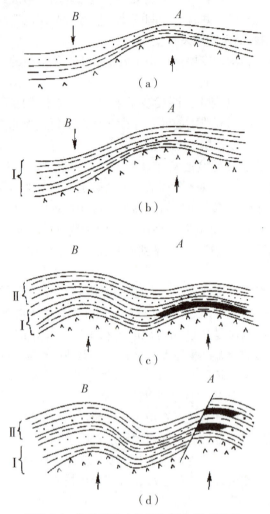

图 5.24 构造发育史与油气聚集关系示意

沉积时 A 点为隆起区，B 点为凹陷。A 点的沉积厚度减薄，且沉积物变粗，对生油不利，但对储油有利；B 点生成的大量油气，沿上倾方向进入 A 点，使 A 点处于有利地位；B 点则起了供油的作用。图 5.24（a）、（b）表示了这种情况。若后来由于地壳的差异升降，B 点的隆起幅度超过了 A 点，也形成一个隆起，但是，由于（a）期的沉积物中的油气已在 A 中聚集，因而在构造 B 之 I 层中，往往没有油气聚集。如图 5.24（c）、（d）所示。

那么，对于形成 II 层中的次生油气藏来说，B 点是否更有利些呢？这要取决于很多因素，其中包括构造隆起的幅度、构造的高度、断裂破坏的情况、垂直运移的通道情况、水压梯度的大小和方向，以及油气的数量等因素。但是，一般说来，作为继承性构造的 A 点，还是更为有利些。A 点 I 层中的石油，经由断层或其他途径作垂向运移，将首先充满上部的 II 层，因为 II 层沉积后，A 点仍然是一隆起构造，油气首先聚集到构造 A 的 II 层圈闭中。有多余的油气才外溢至构造 B 中；假如没有多余的油气，则构造 B 将为空构造。如图 5.24（d）。假如构造 A 的 II 层圈闭不佳，或由于其他因素的影响，构造 B 也可能成为有利的圈闭。

对于在生油层系以外，由侧向运移聚集的油气藏来说，构造发展史也是极为重要的：在油气进行区域性侧向运移过程中，遇到良好的圈闭便形成油气藏。在此以后形成的构造，往往是没有油气聚集的空构造。如图 5.25 所示。在第（a）时期，构造 B、C 已经形成，这时正是油气区域运移时期，构造 A 仍未形成，因而油气越过构造 A 所在的位置（当时为一单斜），而在构造 B 和 C 中聚集起来；到第（b）时期，构造 A 开始形成，虽然它的隆起幅度大于构造 B 及 C，但由于油气早已聚集在 B 和 C 中，所以，构造 A 只能是一个"空"构造。

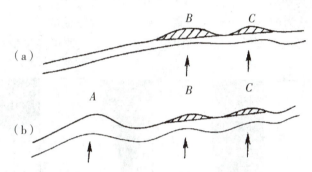

图 5.25　构造圈闭形成时间与油气聚集关系

总而言之，从构造发展史的观点来看，与油气生成同时形成的构造圈闭，与油气初次运移同时形成的圈闭，长期继承性的构造圈闭，以及在油气区域性二次运移以前形成的构造圈闭，是最有利于油气聚集的构造圈闭。

图 5.26 表示圈闭形成的相对时间。在泥岩沉积时期 a，其下伏砂岩的上倾尖灭形成了圈闭，它是这里最早形成的圈闭；圈闭 2 是在断层发生后，即在 b 时期形成的；后

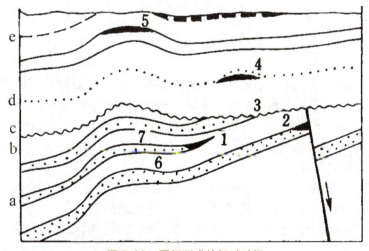

图 5.26　圈闭形成的相对时间

1～7：圈闭的编号；a～e：地层时代序号

（据 Levorsen）

来由于风化、剥蚀作用，造成次生孔隙带；在不整合面以上的泥岩沉积时，即在 c 时期形成圈闭 3；d 时期在一个被泥岩覆盖的透镜状砂岩体或砂洲中形成圈闭 4；圈闭 5、6、7 都是在 e 层沉积后，经过褶皱形成的。它们形成的绝对时间，则需根据古构造、岩相古地理和绝对年龄的测定等方面的综合研究结果才能确定。

图 5.27（a）表示在储集层沉积之后，原生地层圈闭（如透镜状砂层、海岸砂洲、河床砂层等等）就可形成，油气可以开始聚集。（b）表示储集层沉积后，经过多次地壳运动，圈闭是断断续续地、逐渐形成和发展的，随着圈闭容积的不断扩大，油气聚集数量愈来愈多。因此，可以根据油气现在聚集的数量（油气藏高度或体积），与不同地质历史时期圈闭的闭合高度或容积相比较，就可确定油气聚集结束的最早时间。例如，假设现在油藏高度为 50 m，圈闭的闭合高度在（a）时为 25 m，（b）时为 50 m，（c）时为 100 m；则可认为油气聚集最早可能是在（b）时完成的。（c）表示储集层沉积后，经过一次褶皱形成的圈闭，只有圈闭形成以后，油气才可能聚集。

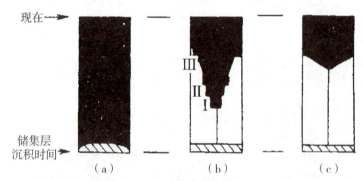

图 5.27　圈闭形成与油气聚集的时间关系

垂直距离 – 从储集层开始沉积到现在的时间间隔；
空白部分 – 储集层沉积后到形成圈闭以前的时间间隔；
黑色宽度 – 从储集层沉积后，任何时间内形成圈闭的百分率
（据 Levorsen）

（二）烃源岩主要排烃期决定了油气藏形成时间

油气藏的形成是油气生成、运移、聚集的结果，没有油气生成，并从生油层中排到储集层中，就不可能有油气藏的形成。生油岩中油气生成并排出的主要时期，则是油气藏形成时间的下限，因此科学地分析油气生排史对于综合分析油气藏的成藏过程是至关重要的。

1. 生排史研究方法

古热流史和古地温史（热史）模拟是通过建立热史模型来恢复盆地各地质演化阶段的大地古热流和古地温，它是模拟盆地生烃、排烃史的关键。

（1）盆地沉积物的热能主要来自地球内部（软流圈）的热传导和热对流（称大地热流）。

（2）沉积岩中的镜质体反射率随地温的升高和时间的延长而增大，且具有不可逆性。

成熟度是计算生烃量的依据之一,在勘探程度较高、地化资料丰富的地区,主要是根据烃产率曲线(即成熟度 R_o-产烃率关系)或产率图版计算盆地的生烃量。

建立成熟史概念模型的主要依据是,有机质的成熟度与温度、时间之间存在着一定的函数关系。随着埋藏深度增大和地温升高,沉积物中的有机质开始热成熟、生烃;热成熟度的变化规律是:与温度呈指数关系增长、与时间呈线性关系增长,且在一定温度范围内,时间对温度具有补偿效应。因此,根据这一原理,在地史和古温度史模拟成果的基础上,可设计不同形式的数学模型,求得 TTI 值,对于连续沉积盆地 R_o 与 TTI 值具有对数相关性,从而由 TTI 值可计算出 R_o 值。

生烃史模拟是根据干酪根成烃机理模拟盆地中有机质的生烃过程、历史和生烃量,主要有烃产率曲线法和化学动力学法两种。

二、根据饱和压力确定油气藏形成时间

由于地壳上所有油藏多少都含有天然气,以及很多油藏都气体饱和或接近饱和,所以有人认为在油气运移和聚集过程中,天然气是呈溶解状态饱含在石油中的;饱和天然气的石油沿储集层运移过程中,遇到适宜的圈闭条件,便可聚集起来而形成油气藏。这时油藏的地层压力与饱和压力相等;因此,与饱和压力相当的地层埋藏深度,其对应的地质时代,即为该油藏的形成时间。

如图 5.28 所表示,某地 A 层油藏的饱和压力为 200 atm,按静水压力近似计算,其相当的地层埋藏深度 H(设水的比重为 1):

$$H = \frac{10P}{r} = 2000 \text{ m}$$

从油藏顶面上推 2000 m 恰到 B 层,则可认为 A 层油藏是在 B 层开始沉积时形成的。

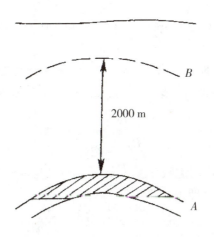

图 5.28　计算油藏形成时间示意

由于圈闭形成只意味着油气聚集可能开始的最早时间,而油藏饱和压力至少可代表圈闭中油气聚集过程的时间。因此,饱和压力法比圈闭形成时间法计算的结果更接近于

油藏形成的真正时间。

目前勘探发现的油气藏曾经历了许多地质变化。很多因素均会使油气藏内部的压力、温度、及流体相态发生变化，造成计算结果出现较大误差。因此，在应用此方法时，还必须结合实际情况具体分析。

(1) 原生气体。在过饱和状态下，有原生气体与石油一起进入圈闭形成油气藏。后来油气藏随地壳下沉而下沉，地层压力增大，溶解于石油中的天然气不只有溶解气，还有原生气体，这时油藏所具有的饱和压力大于原始饱和压力。在用饱和压力法计算这种油气藏形成时间时，必须消除进入油藏的原生气体的影响。但是，目前还无法计算这种原生气体的数量。因此，用饱和压力法所计算的油气藏形成时间，比原始聚集的时间要晚，即油气聚集时间最迟不会晚于这个时间，可称为油气聚集时间的上限。圈闭中原生气体的数量愈少，所计算的时间愈准确可靠。

(2) 地壳运动。在地质历史中，有些地区地壳运动甚为显著，使油气藏形成后，其上覆地层遭受剥蚀，或又重新接受沉积，引起油气藏内的温度、压力发生变化，从而改变饱和压力的大小，这样在利用饱和压力计算油气藏形成时间时，就必然会出现一定误差。若在上覆地层剖面中有较长期的沉积间断，则误差更大。因此，在计算时必须仔细研究区域地质发展史，尽量设法消除这个影响。

此法是将饱和压力换算为静水压力所相当的深度，这种换算过程本身也存在误差，因为油气藏形成时，上覆沉积物的重量与其同深度的静水柱重量并不一定相等，这样也会造成误差。

所以，在利用饱和压力法计算油气藏形成时间时，必须充分考虑各种不利因素的影响，与圈闭形成时间、生油岩最大排油期等配合使用，就可得出较为准确的结果。

三、气藏形成时间的确定

根据波义尔定律，在温度一定时，气体的体积与压力成反比。

$$P_0 V_0 = P_1 V_1$$

式中，P_0 为气藏形成时的地层压力，atm；V_0 为气藏形成时的气体体积，常以圈闭的容积代替，m^3；P_1 为气藏内的现时地层压力，atm；V_1 为气藏内现时气体体积，m^3。

因为

$$P_0 = \frac{H \cdot \gamma}{10}$$

式中，H 为气藏形成时的圈闭埋藏深度，m；γ 为气藏形成时的地层水比重，设为 1。

联立上述两式，简化即得

$$H = \frac{10 P_1 V_1}{V_0}$$

因此，只要知道气藏现时地层压力、现时气体体积和圈闭容积，便可由上式计算出气藏形成时圈闭的埋藏深度，沿剖面上推，就可求出气藏形成的时间。

尚须强调指出，波义尔定律是理想气体定律，与真实气体仍有差别。在高压条件下误差很大（如在 500 atm 下，误差达 600%），为了更准确计算，可按范德华方程式

（当压力为几十大气压的中等压力下）或对比状态方程式（当高压时）修正校核。

四、流体历史分析方法

在油气成藏研究方法上，我国目前仍主要从生、储、盖、运、圈、保各项参数有效配置，根据构造演化史、圈闭形成史与烃源岩生排烃史来大致推测或确定油气成藏条件、成藏期次和过程，而对油气成藏过程的直接化石记录则很少研究。油气成藏是历史的动态过程，采用什么方法、以及如何反演这一地质过程是目前石油地质领域没有解决好的重要问题，这在多旋回复杂含油气盆地表现尤其突出。我们认为研究地质历史过程必然要尽可能分析其化石记录，因为它们是地质历史过程的最直接标志，储层成岩矿物及其中流体包裹体直接记录了沉积盆地油气成藏条件和过程，作为化石记录它们可用于重塑油气藏形成和演化史。

20世纪90年代以来，"成岩矿物作为油气成藏记录"这一学术思想在国外受到重视，相应的理论和分析方法用于油气成藏期和成藏演化史研究，主要分为4个方面。

（1）储层成岩作用与烃类流体运聚关系。成岩作用，特别是胶结物和自生矿物形成是水/岩石作用的结果，烃类流体注入储层，随着含油气饱和度增加，孔隙水流体与矿物之间的反应受抑制（如储层中石英次生加大等）或中止（自生伊利石、钾长石的钠长石化等）。从油藏中油气层至水层的系列样品分析，根据成岩作用，特别是胶结物和自生矿物形成特征的差异可估计油气充填储层的时间。

（2）成岩矿物同位素地球化学。成岩矿物同位素年代学分析提供了成岩矿物的形成时间，而成岩矿物稳定同位素分析提供了成岩矿物的形成物理化学条件。利用储层中自生矿物（主要是伊利石）同位素年代学分析烃类进入储集层的时间是国际上八十年代后期逐步发展起来的新技术，并成功地应用于分析北海油田等地区烃类成藏时间。这一方法的学术思想与矿床学中利用成矿同时而又适合年龄测定的岩石或矿物的同位素地质年代学分析确定成矿年龄相似。其基本原理在于：当烃类充填到储集层，储层中自生矿物形成作用便终止了。储层中自生伊利石仅在流动的富钾水介质环境下形成，油气进入储层后伊利石形成过程便会停止。因此，可利用砂岩储层中自生伊利石的同位素年龄来判断油气藏的形成时间，即烃类充填储层的时间应略晚于自生伊利石的同位素年龄。根据平面上和剖面上自生伊利石的同位素年龄分布可以判断成藏的速度（快速或缓慢）以及烃类运移的方向。

（3）流体包裹体。流体包裹体记录了烃类流体和孔隙水的性质、组分、物化条件及地球动力学条件，在一定地区水平和垂直方向上有规律取样，对储集岩成岩矿物中流体包裹体进行期次、类型、丰度、成分等对比研究，结合储层埋藏史和热演化史定量分析，可确定烃类运移聚集的时间、深度、相态、方向和通道。近年来这方面主要研究方向：一是储层流体包裹体均一化温度，结合埋藏史和热演化史特征，确定油气运移－成藏期次和时间；二是包裹体中化石烃类成分与油气藏中烃类成分对比分析，确定各期次烃类流体的成藏贡献；三是储层含油流体包裹体丰度作为古含油饱和度标志，识别古油层，确定油水界面（OWC）的变迁史；四是从包裹体均一化温度、相态、成分认识化石流体性质，特别是识别古代热流体的存在与活动时间。

(4) 储层固体沥青。储层固体沥青可视作一类特殊的"成岩矿物",它是油藏中石油蚀变的产物,记录了油藏被改造、破坏的信息。固体沥青反射率反映了烃类流体转变为固体沥青后所经历的热历史,从储层固体沥青反射率、沥青反射率化学反应动力学,结合储层埋藏史和热演化史定量分析,可确定油藏破坏时间。

流体历史分析是一套应用前景很大尚待发展完善的新方法,此外,尚可根据天然气所含氦、氩比值,及地层区域倾斜发生时间等因素去考虑油气聚集的时间。总之,油气藏形成时间的确定方法尚处在探索过程中,在具体应用时,必须综合利用各种方法进行计算,互相校核,才可能得出比较正确的结论。

第六章 不同类型盆地油气分布规律

第一节 前陆盆地油气分布规律

一、区域构造地质特点概述

前陆盆地即位于褶皱山系与毗邻克拉通之间的沉积盆地，其包括从山前坳陷到克拉通边缘斜坡的过渡区。通常说的前渊盆地、山前坳陷、山前坳陷-地台边缘坳陷、山前坳陷-地台斜坡等概念均属于前陆盆地范畴。

前陆盆地形成于挤压构造动力环境，其与 A 型俯冲和 B 型俯冲作用密切相关。大多数前陆盆地演化都要经历由伸展动力环境向聚敛动力环境过渡的过程，也可以叠加在克拉通边缘盆地、裂陷槽或大陆内裂谷-坳陷之上。盆地沉积空间主要由冲断负荷诱发的挠曲作用所形成。亦有专家学者将大陆内挤压挠曲作用形成的盆地划归为前陆盆地。

前陆盆地其盆地结构不对称，靠近造山带一侧较陡，在其演化过程中遭受变形作用；盆地近克拉通一侧较宽缓，与地台层序逐渐合并。由造山带向克拉通方向，前陆盆地可划分为3个部分：①褶皱-冲断带；②深凹（坳）带；③稳定前陆斜坡和前缘隆起。褶皱-冲断带由褶皱推覆体、叠瓦推覆体等类型组成，下部常见双重构造；前缘隆起部位常发生挠曲应力产生张性或张扭性断裂；盆内构造样式以台阶状逆断层及相关褶皱为特征，冲断方向自造山带指向克拉通。被动大陆边缘层序中的正断层在前陆盆地阶段可能反转。

前陆盆地一般存在一套或几套由细变粗的反旋回沉积物及特点。若后期变形作用强烈，可显示地层旋回的不完整性。前陆盆地早、中、晚期地层层序间常为不整合面，前缘隆起、冲断带上的不整合较为发育。前陆盆地沉积物来源一般是单向的，在发育早期，冲断体位于海平面之下，物源主要来自克拉通方向；当冲断体向前陆推进出露海平面之上，来自冲断体的削蚀组份占主要。

由于冲断-褶皱带沉积重荷是变动的，古老的前陆盆地本身也可被卷入逆冲变形之中并且抬升，在变形带前方又形成新的前陆盆地。因此，沉降中心及沉积中心和边缘尖灭线不断迁移是前陆盆地沉积充填的基本特征。

二、油气地质特征及分布特点

前陆盆地是世界上油气资源最丰富的一种盆地类型，不管是油气储量还是油气产量，这类盆地都很高甚至极高。世界上已在 21 个前陆盆地中发现石油可采储量大于 7000 万吨的大油气田，国外许多著名的含油气盆地，如西加拿大盆地、波斯湾盆地、落基山盆地、东委内瑞拉盆地、阿拉斯加北斜坡盆地、阿巴拉契亚盆地等都是前陆盆地。我国川西北、酒西、库车、塔西南等盆地亦具有前陆盆地特征。

前陆盆地具有两类主要烃源岩层系，即被动大陆边缘沉积型和前陆坳陷型烃源岩层系。沉积岩类型主要为海相碳酸盐岩、页岩和陆相泥页岩。如落基山前陆盆地，其烃源岩层系既有下伏广泛分布的台地相石灰岩和页岩，亦有弧后前陆期的白垩系湖相地层。再如美国的阿科马前陆盆地，其不仅发育有寒武系至密西西比系三套地台层序的海相页岩和碳酸盐岩烃源岩，亦发育有宾夕法尼亚系前渊的陆相含煤碎屑岩烃源岩层系。总之，无论是大陆边缘型烃源岩还是前陆坳陷型烃源岩，其成熟生油气中心总是靠近深坳带一侧，受造山期间的挤压以及地层负荷的作用，深坳陷部位的油气均沿断层、不整合面或渗透储层向上或向克拉通一侧进行运移。

前陆盆地的储集岩层体总体上也可分为两大体系，即下部以台地相碳酸盐岩为主体的储集体系与上部以陆相碎屑岩为主体的储集体系。例如，乌拉尔前陆盆地带从泥盆纪到三叠纪共发育五套储集岩，其沉积环境均经历了由海相到陆相的变迁过程，既有大陆边缘沉积，又有造山过程的复理石–磨拉石沉积。

背斜构造圈闭、断层圈闭和地层圈闭是前陆盆地内最为普遍也最为重要的圈闭类型。背斜构造圈闭主要为一些逆冲断层相关褶皱，分布在靠近盆地逆掩冲断带一侧。断层圈闭，既有裂陷阶段形成的由正断层构成的断块圈闭，亦有后期受造山运动影响在逆掩冲断作用下形成的由冲断层构成的断层圈闭以及早期正断层反转形成的断块或在前缘隆起轴部张扭性断裂形成的圈闭等。与逆冲断层有关的断层圈闭主要发育在受冲断作用比较强烈的山前地带；与正断层活动有关的断层圈闭，一是发育于早期的裂谷盆地内，二是发育在靠近地台一侧。前陆盆地的地层圈闭主要发育在靠近地台一侧，多期构造升降会形成多个不整合面。另外前陆盆地地层总是向克拉通方向逐渐超覆，因此，不整合地层圈闭是前陆盆地常见的和重要的一类圈闭。

总体而言，前陆盆地油气田分布主要是受含油气圈闭展布特点的控制（图 6.1）。在靠近冲断带一侧或冲断带内，主要是背斜和断层圈闭类型油气藏。在平面上，前陆盆地油气围绕生油气中心呈条带状分布于平行造山带的构造带上。

由于造山带活动以及冲断带不断挤压，前陆盆地油气藏会受构造运动而不断调整、改造和再分布，因此，前陆盆地也是油气藏遭破坏比较严重的一类盆地，典型实例如西加拿大盆地、东委内瑞拉盆地，这些盆地重质油和沥青砂储量规模及产量在世界上是首屈一指的。

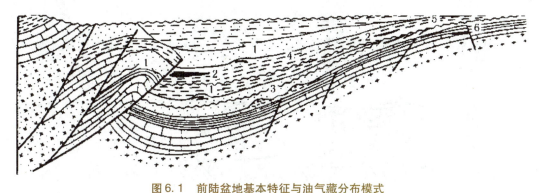

图 6.1　前陆盆地基本特征与油气藏分布模式
1—挤压背斜；2—岩性；3—生物礁；4—披覆背斜；5—地层；6—断块

第二节　裂谷盆地油气分布规律

一、区域构造地质特点概述

Griggs（1894）将具陡而长、两壁平行的沉降谷称为裂谷，是最常见的大型岩石圈拉张破裂而形成的纵长形断陷或坳陷。

裂谷盆地是极其重要的含油气盆地，世界上在该类沉积盆地的油气勘探中均取得了重大进展，探明了丰富的油气资源。经过半个多世纪的油气勘探，我国相继在松辽及渤海湾盆地发现了大庆、胜利、辽河等一系列大油气田，在我国近海海域渤海、东海及南海等盆地亦勘探发现了一批大中型油气田及天然气水合物矿藏。迄今为止，我国东部地区及近海盆地探明石油地质储量已达全国的 80%，勘探发现了一批储量大于 1 亿吨以上的大油气田，年产石油超过 1.5 亿吨以上，成为在陆相裂谷盆地找到石油最多的国家，而且积累了世界上最丰富的陆相石油地质资料，为系统总结中国东部油气聚集规律，尤其是陆相石油地质理论创造了有利条件。

二、盆地形成机制与构造演化特征

裂谷形成是拉张伸展作用的结果。张性构造可以是在重力滑动、拉张、挤压、扭动、上拱、差异负荷和压实等条件下形成。

裂谷系形态多种多样，有断槽状、锯齿状、雁列状、三叉式等。迪肯森（Dikinson）将裂谷类型划分为底克拉通盆地、边缘坳拉谷、原洋裂谷、冒地斜沉积棱柱体、陆堤、新生洋盆、弧间盆地和扭张性盆地。

根据裂谷盆地构造演化阶段，可分为裂谷前期、裂谷断陷期（同裂谷期）和裂谷坳陷期（后裂谷期）三个阶段，处于不同演化阶段的裂谷盆地其石油地质特征有较大的差异。

中国东部中、新生代裂谷伸展盆地形成演化大体可划分为以下几个主要发展阶段（图6.2）。

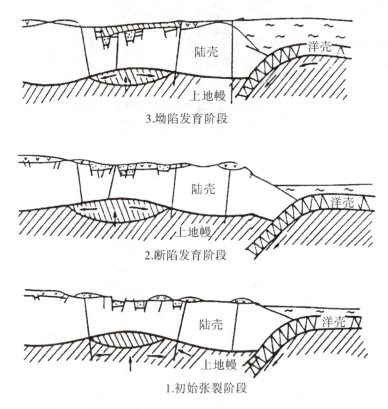

图6.2　中国东部中新生代裂谷伸展盆地基本特征及演化模式

1. 初始张裂阶段

由于太平洋板块俯冲，上地幔物质热膨胀作用造成局部异常，断裂活动导致盆地初始断裂，并伴有强烈岩浆活动。

2. 断陷发育阶段

太平洋板块俯冲强烈，上地幔物质热膨胀作用加剧，断块、断陷差异沉陷十分强烈。

3. 坳陷发育阶段

太平洋板块俯冲减弱，俯冲带向东迁移，上地幔物质由热膨胀转为冷却收缩，地壳整体下沉，由断陷转为坳陷发育阶段。

三、油气地质特征及分布特点

裂谷盆地含油气丰富，在世界油气勘探开发领域占有极其重要的地位，裂谷盆地的油气潜力取决于烃源岩的发育、储盖组合、足以使烃源岩成熟的上覆岩系、圈闭和油气藏保存等条件之间的有利配合。

1. 油气生成特点

在世界主要裂谷盆地中,从寒武系到下第三系都有烃源岩分布,岩性以泥岩、页岩和碳酸盐岩为主,含有大量的水生生物为主的有机物质,裂谷盆地烃源岩主要形成于裂谷盆地发育的主要时期。具有烃源岩厚度大、丰度高、分布广、类型多,由于具有较高的地热背景,有机质演化成烃条件优越,如渤海湾盆地烃源岩厚 500～3000 m,有机质类型好以 I、II 型为主,同一盆地不同深度段有机质丰度、类型都有明显的变化。

2. 储盖组合特征

不同裂谷盆地,甚至同一裂谷盆地在不同发育阶段,其沉积特征具较大区别,主要原因是由于沉积特征受控于盆地构造演化及发育程度。坳陷型裂谷在稳定沉积环境下储集层发育、规模大、横向稳定、成熟度高,沉积体系以河流-三角洲-湖泊系为主体,储层以河流相砂体和三角洲前缘砂为主。断陷盆地在块断运动作用下发育规模小、横向变化大、储层成因类型多。如渤海湾盆地凹陷分割性强,以凹陷为单元,发育多种类型的沉积体系,每个体系规模不大,仅为数十至几百平方千米,砂体小,往往具横向变化大、纵向上叠加连片的特点,盆地内主要沉积相类型为冲积扇、扇三角洲、三角洲、滩坝、湖底扇、浊流相等。

裂谷盆地盖层分为区域性盖层和直接盖层,区域性盖层宏观上控制了裂谷盆地内油气运聚与分布,直接盖层直接影响了油气藏内油气聚集。盖层岩石类型主要有泥岩、页岩、盐岩、石膏、裂缝不发育的致密碳酸盐岩。储盖组合在裂谷盆地发育的不同阶段差别较大,裂谷前期阶段发育的裂谷盆地以新生古储式组合为主,如华北古潜山油气田;裂谷期发育的裂谷盆地以自生自储式组合为主,而裂谷后期发育的裂谷盆地以古生新储组合为主。

3. 油气运移特点

裂谷盆地中油气运移既存在侧向运移又存在垂向运移,但以垂向运移为主,断裂带控制了裂谷盆地中油气田的地理分布,裂谷盆地断裂体系发育,油气纵向运移十分活跃,有多期运聚、重新分配、多期成藏的特点,油气往往沿断裂向上运移,在断裂两侧富集,纵向上含油气井段长,一般可达几十米到几百米,甚至超过 2000 m。

4. 油气分布特征

裂谷盆地油气藏类型多,主要有背斜油气藏、断块油气藏、岩性油气藏、地层不整合油气藏、地层超覆油气藏等。坳陷型裂谷盆地中部,一般发育与基底活动有关的背斜油气藏、断块油气藏。断陷盆地陡坡带则主要发育滚动背斜油气藏、断块油气藏、地层超覆油气藏,洼陷带岩性油气藏发育,缓坡带则以岩性上倾尖灭油气藏、断块型油气藏、地层不整合油气藏、地层超覆油气藏为主。

油气藏分布模式为:陡坡带是断陷的深陷带与凸起的突变带,其共同特点是,靠近物源区,水下扇和冲积扇发育,相带粗而狭,地层超覆现象普遍,断层发育,在其内侧同生断裂下降盘分布滚动背斜带,在其外侧断块圈闭和地层型圈闭发育,油源条件好,有利于多种类型圈闭油气藏形成。由图 6.3 所示可以看出,在其边缘地带分布地层超覆油气藏、古潜山油气藏、断块-岩性油气藏,在其内侧发育滚动背斜油气藏和岩性上倾尖灭油气藏。

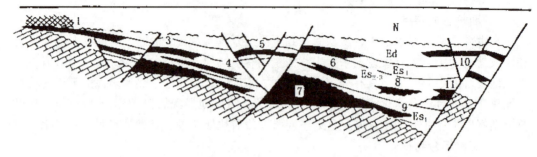

图6.3 中国东部陆相断陷（裂谷）盆地基本特征及油气藏分布模式

这种盆地的深陷带是断陷内部油源条件最有利地带，由于其地质结构变化大，有助于形成多种类型圈闭，如古潜山或披覆背斜、挤压背斜或塑性拱升背斜等，还发育大量砂岩透镜体岩性圈闭。这些圈闭与良好储集岩体相配合，形成油气富集程度高的油气藏。主要有5种类型油气藏：古潜山油气藏、披覆背斜油气藏、挤压背斜油气藏、底辟拱升背斜油气藏和透镜状岩性油气藏等。

缓坡带为断陷盆地中基底埋藏较浅，沉积盖层较薄部位。该带发育基底断裂和同沉积断裂等二组断裂带，深部分布古潜山圈闭和披覆背斜圈闭，同沉积断裂外侧分布地层不整合油气藏或沥青封闭不整合油气藏，在其内侧同生断裂下降盘往往发育滚动背斜油气藏，次为断层－岩性油气藏和地层超覆油气藏，在其中部分布披覆背斜油气藏、古潜山油气藏和粒屑灰岩岩性油气藏。

第三节 克拉通盆地油气分布规律

一、区域构造地质背景概述

克拉通盆地包括形成在克拉通周边环境的和克拉通内部的盆地。发育在克拉通边缘的盆地常被划分为前陆或前渊盆地。裂谷或坳拉槽可以发育在陆壳之上，属于克拉通内部盆地的一类。依据地壳性质、相对于板块活动的构造位置、盆地形态和发育历史，可将克拉通内盆地划分为简单克拉通内盆地（图6.4）和位于早期形成的裂谷或其他类型盆地之上的复杂克拉通盆地。以下主要分析讨论简单内克拉通盆地（或称内陆坳陷盆地）和位于早期裂谷之上的坳陷旋回。

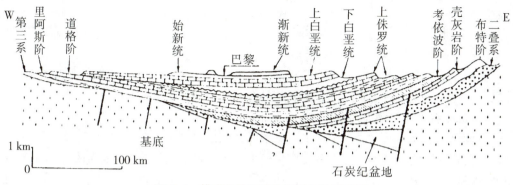

图 6.4 横穿巴黎盆地的东西向地质剖面

（据 Perrondon 和 Zabek，1991）

二、盆地形成机制与构造演化特征

克拉通盆地的形成演化是比较复杂的，目前有几种不同的假设。根据 Kingston 等，克拉通盆地是在板块离散的条件下完全形成于陆壳之上的盆地，板块离散是内坳陷旋回或盆地的根本原因。Haxby 等和 Sleep 等认为某些克拉通盆地是局部热源之上的热隆起、低密度地壳表层的剥蚀、变薄、冷却、收缩和最后沉降的结果。Haxby 认为地壳密度由低变高可使地壳产生下坳。Sloss 和 Speed 认为克拉通上升或隆起是由壳下软流圈中的热流上升、同时发生熔融和部分熔融引起的。

大多数克拉通盆地演化一般经历了早期扩张或离散到晚期的汇聚与碰撞阶段（图 6.5），但并非所有克拉通盆地都经历上述完整的 4 个阶段，在盆地发展过程中可缺少某个阶段。

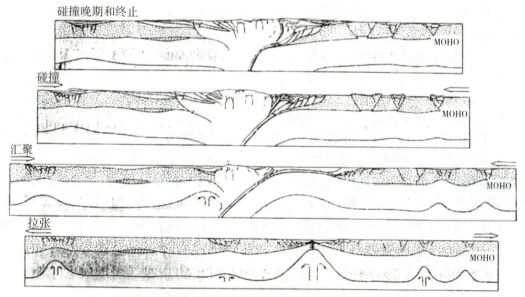

图 6.5 影响克拉通盆地演化的 4 个板块构造活动阶段

（据 Ziegler 等，1988，何登发等，1996，修改）

三、油气地质特征及分布特点

克拉通盆地在世界油气工业中具有重要的地位，其油气储量约占世界油气储量的四分之一。克拉通盆地的地质条件决定了其具有复杂的油气聚集历史。

1. 沉积特征及生储盖组合

在世界主要克拉通含油气盆地中，从寒武系到白垩系都有烃源岩分布，岩性主要为泥岩、页岩和碳酸盐岩等，源岩厚度变化较大，不同盆地有机质丰度差别很大。有机质类型较好，大多为Ⅰ、Ⅱ型。在同一盆地不同的演化阶段，有机质的分布特征可能存在差别。克拉通盆地中分布有丰富的储集层，在与裂谷形成有关的克拉通盆地与无裂谷的克拉通盆地之间，储层的分布特征有所差别。一般在下方无裂陷的克拉通盆地，沉降速率较慢，沉积与沉降保持同步，在盆地发育期间，较快的沉降速率形成饥饿型内克拉通盆地，其四周为碳酸盐滩和三角洲边缘，快速沉降导致储层沿盆地周缘分布，并在盆地边缘形成典型的三角洲和海岸砂岩以及与生物礁有关的碳酸盐滩和台地。在下伏有裂谷分布的克拉通盆地，裂谷作用形成地堑和倾斜的地块，它们均分布有储集层。克拉通盆地的快速沉降期常为封盖层岩石的沉积期，在纵向上储层与盖层有多种匹配形式，在侧向上，储层可相变为非渗透性岩层，形成侧向储盖组合。

2. 油气聚集和分布特征

在世界各大洲都分布有克拉通盆地，克拉通盆地内分布着十分丰富的油气资源，克拉通盆地的油气储量可占世界油气储量的25%。目前已在许多大型的克拉通盆地发现了大油气田。克拉通盆地大油田数和大油田油当量位居各类盆地的第二（图6.6），在所有大型油气田中，发育在克拉通盆地中的石油占总量的11%以上，所含的天然气占总量的48%以上。

克拉通盆地的油气藏以构造/地层圈闭类型为主，其油气分布特征具有以下特点：①与基底隆起有关的潜山圈闭油气藏，基底构造横向不均一性决定了克拉通盆地的隆坳构造格局，因此与基底地貌起伏、基底顶面风化有关的油气藏类型也广为发育，在塔里木、威利斯顿、西西伯利亚等盆地都有分布。②基底隆起之上的构造，此类构造常为同沉积背斜或与基底（断裂）有关的构造，在塔里木、鄂尔多斯、威利斯顿、西西伯利亚等盆地广泛发育这类圈闭。如威利斯顿盆地典型的构造或以构造为主的圈闭都是由老断层或褶皱断层复活形成的。③岩性圈闭，这是克拉通盆地内较为重要的圈闭类型之一，这类圈闭可分为沉积型和成岩型2种基本类型。在塔里木、四川、威利斯顿、西西伯利亚、巴黎、依利诺斯等盆地广泛发育，在一些盆地可能还是主要的产油气类型。④背斜圈闭，如波罗的海盆地、巴黎盆地、塔里木盆地等都分布着这种与基底关系不大的背斜圈闭。⑤地层-岩性复合圈闭，这是克拉通盆地内最主要的圈闭类型，如依利诺斯盆地主要油田的圈闭类型为复合型，西西伯利亚盆地中鄂毕、纳德姆-普尔南区和普尔-塔兹区的大量侏罗系油田圈闭为地层-构造型（图6.7）。

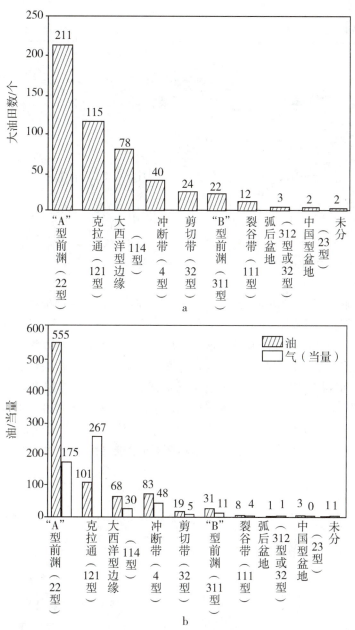

图 6.6 根据 Bally 和 Snelson 盆地分类的大油田数和大油田储量（油当量）特点
（据 Carmalt 和 St. John，1986）

克拉通盆地主要油气田大都分布在源岩发育区边缘或外侧，表明盆地中油气以侧向运移为主，但亦有一些克拉通盆地油气运移具有垂向运移特征。克拉通盆地具有长期构造发育史、长期分阶段的构造沉降史、多期海平面升降变化史及盆地充填史，形成了独特的构造特征和地层沉积特征，因而具有独特的油气分布特征，主要表现在以下两方面：①油气田发育具有分区性，主要表现为油气藏围绕生油凹陷呈环状分布，围绕优势运移方向展布，隆起带为主要油气田发育区，如西西伯利亚盆地油气主要分布在凯鲁索

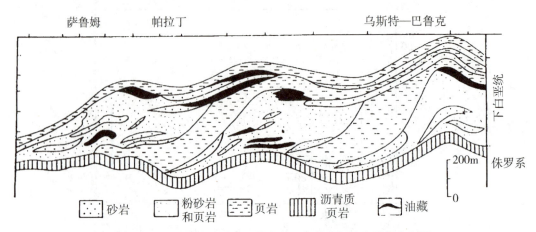

图 6.7　西西伯利亚盆地中鄂毕白垩系尼欧克姆统中东西向剖面

（据 Rudkevich，1988）

夫、瓦休干、帕杜金区，中鄂毕和纳德姆－普尔和普尔－塔兹南部区，近乌拉尔、弗拉罗夫区以及北部区，中间以油为主，北部以气为主。在盆地中部发育一系列巨型隆起，构造长期稳定发展，使得在隆起及斜坡带区域储盖组合发育，隆起带的背斜带、斜坡带的砂体上倾尖灭、地层超覆等油气藏发育。②油气田分布具有分层性，在克拉通盆地往往发育多套产油气层，如四川盆地自上而下发育 19 个产层，鄂尔多斯盆地发育 5 个产层，西西伯利亚盆地也发育多套产油气层，从下而上含四套区域性含油气组合：下－中侏罗统秋明组含油气组合、上侏罗统含油气组合、下白垩统含油气组合（西西伯利亚盆地中最重要的含油气组合）、上白垩统塞诺曼阶含油气组合。

第二编　全球海洋含油气盆地油气地质规律

21世纪是海洋的世纪，陆地油气资源随着人类需求和消耗将逐渐减少以及人们利用程度的提高而大量衰减，海洋即成为人类竞相争夺的第二生存空间。海洋石油天然气勘探开发与当今的非常规油气一样，则成为了世界油气工业新的经济增长点，特别是深水油气勘探开发以及天然气水合物资源的勘查开采等，已成为当今及未来相当长时间内海洋油气资源勘探开发可持续发展及油气"增储上产"的新的增长点和热点/亮点领域。因此，加快推进海洋油气资源勘探开发进程，尤其是推进海洋深水油气资源及天然气水合物绿色能源的勘探开发与综合利用，是当今世界经济社会可持续快速发展，以及满足人们日益增长的物质文化生活重大需求的迫切需要和必然的发展趋势。

第七章 全球海洋油气勘探概况

世界海洋面积 3.61 亿 km^2，约为陆地面积的 2.4 倍。其中大陆架及大陆坡约为 5500 万 km^2，相当于陆上沉积盆地面积的总和。海洋油气资源多富集在陆架—陆坡及洋陆过渡带等广大区域，超深水洋盆区油气资源一般较少或无（不排除存在天然气水合物）。全球海洋油气资源丰富，据不完全统计，地球上已探明石油资源的 25% 和最终石油可采储量的 45% 均赋存在海底以下沉积物中。在人类对石油天然气等不可再生资源（化石资源）的需求越来越大的情况下，海洋油气资源尤其是深水油气及天然气水合物资源，已成为满足和保障人类日益增长的物质文化生活重大需求之希望所在。根据美国地质调查局（USGS）的统计资料，世界（不含美国）海洋待发现石油资源量（含凝析油）为 548 亿吨，海洋待发现天然气资源量为 78.5 万亿 m^3，其分别占世界待发现油气资源量的 47% 和 46%，表明海洋油气资源占有较大的优势。大量的油气勘探实践及研究表明，海洋油气资源主要分布在大陆架及陆坡区，其约占全球海洋油气资源的 60%。在已探明的海洋油气储量中，目前浅海区获得的油气储量仍占主导地位，但随着海洋油气勘探开发技术方法的不断进步和科技创新，将进一步加快海洋油气勘探开发进程，大大提高油气勘探开发程度，海洋油气勘探开发亦将不断向深水/深海拓展以及向浅水区深层不断开拓。目前，海洋油气钻探最大水深已超过 4000 m，而海上油气田开发的作业水深亦达到 3000 m 以上，海底油气输送管道铺设的水深亦达到 2150 m，亦呈现出不断向深水/深海拓展油气勘探开发领域的新局面和新的发展趋势。因此，21 世纪海洋油气资源（包括天然气水合物）的大规模勘探开发及发展趋势，对于世界沿海国家及地区，乃至全球的化石能源生产及供给与经济社会的可持续快速发展等均有非常重要的意义。

第一节 全球海洋油气勘探简史

随着海上地球物理勘探、钻井、采油和海洋工程装备与技术的不断进步，半个多世纪以来全球海洋油气勘探开发取得了丰硕成果和辉煌业绩。目前海上油气产量已占全球油气总产量的 8%，且呈现出不断增长之势。诚然，全球海洋油气勘探开发的历程比较曲折且时间较短，主要经历了从浅水到深水及深层和由简单到复杂的油气勘探开发过程及历史。与陆地油气勘探开发活动相比较，海上油气勘探开发难度要大得多，往往具有"高风险、高成本及高技术和高收益"等突出的"四高"特点，且常常会遭遇台风所形成的巨浪狂风环境的影响，故恶劣的海洋环境不但严重威胁人们的生命和财产安全，而且严重阻碍了海洋油气勘探开发活动的正常实施与顺利推进，极大地影响了海洋油气勘探开发进程。尚须强调指出，一般陆上的油气勘探开发技术方法在海洋油气勘探开发中大多数也是适用的，但由于受恶劣的海洋自然地理环境和海水物理化学性质等多因素的影响，加之海洋钻井及试采平台场地空间非常有限，故很多陆上油气勘探开发技术方法在海洋油气勘探开发中均受到了很大限制。另外，海上钻井工程及试采油设备的结构系统也比陆上复杂得多，其钻井平台及采油平台等作业场地，均需要装配有钻机、动力设备、通讯、导航等方面的多种技术设备，以及安全救生和人员生活设施等安全及生活后勤保障系统的各种装备系统，在这些方面陆上亦是无法与之比拟的。

世界海洋油气勘探开发历程，从 1887 年美国打出第一口海上油井开始，海上油气勘探开发活动得到了蓬勃发展。1920 年美国在加利福尼亚海岸发现的亨廷滩油田，属于世界上油气勘探发现的首个海上油田。1936 年美国在墨西哥湾建成的世界上最早的工业性海上油田亦于 1947 年实现商业开采。1950 年则出现了移动海洋钻井装置，大大提高了海洋油气钻采效率。20 世纪 60 年代以后，海洋油气勘探开发进入了快速发展阶段，特别是 20 世纪八九十年代以来，海洋油气资源勘探开发利用等均得到了进一步的快速发展（靳文国，2014；王炳诚，2014；佚名，2014）。与此同时，深水油气勘探开发也逐渐成为海洋油气勘探开发中的热点和重要新领域，而且，据预测未来世界油气产量 40% 将来自海洋深水盆地油气勘探领域（王炳诚，2014；佚名，2014）。

必须强调指出，油气地质理论与油气勘探开发技术方法及海洋油气工程装备技术的不断进步和快速发展，极大地促进和推动了海洋油气勘探开发活动，使得海域油气勘探从浅水逐渐迈向深水及超深水的油气勘探新领域。如巴西石油公司（Petrobras）在桑托斯盆地超深水区发现了预计可采储量达 6.8 亿～11.0 亿吨的 Tupi 油田，其主要油层（勘探生产目的层）——盐下碳酸盐岩储层距海水面接近 7000 m。目前，海洋油气勘探开发的作业水深，也已从原来陆架浅水区 200 m 深度范围扩展到目前的陆坡深水区外缘超过 2000 m 水深的深海区域。其油气勘探开发作业区域亦从最初的北海、墨西哥湾扩展到了西非、南美及澳大利亚西北陆架区和中国南海等海域。其次，海洋油气勘探开发的主要目的层也不断地从浅层拓展到深层及超深层。目前世界陆上和海上油气勘探钻井深度已超过 8000 m，形成了向深水及深层（浅水区深层和陆域深层）不断拓展的油气勘探开发新趋势、新领域。综上所述，对于全球深水油气勘探历程及进展，根据张功成等（2017）的系统分析总结与调研，大体上可以将其归纳总结为三个主要发展阶段。

（1）起步阶段（1975—1984 年）。1975—1984 年全球海洋深水地区探井数每年保持在 10 口左右，全球海洋深水地区的油气勘探活动较少。1975 年，在密西西比峡谷水深约 313 m 处发现了世界上第一个深水油田——Cognac 油田，实现了全球深水油气勘探的首个突破。该阶段，全球深水油气勘探发现主要位于墨西哥湾深水区。随后，澳大利亚西北陆架的油气勘探也开始向深水区进军，并发现了数个海洋深水大气田。

（2）早期阶段（1985—1995 年）。从 1985 年开始，全球海洋深水地区的油气勘探成功率大幅度提高，全球海洋深水地区油气勘探活动不断增加。1985—1995 年全球深水地区探井数增长较快，每年探井数基本在 30～78 口之间波动，平均约 60 口。该阶段墨西哥湾深水区油气勘探较活跃，不断有深水油气田的大发现；巴西油气勘探从此亦进入深水区，并在坎波斯盆地盐上层深水浊积砂岩发现了多个深水大油气田；俄罗斯则在北极巴伦支海深水区也勘探发现了数个巨型天然气田。

（3）快速发展阶段（1996年至今）。从1996年开始，全球进入深水油气勘探的活跃期。1996—2000年全球深水地区探井数急剧增长，在2000年探井数为250口；2001—2004年深水地区探井数则每年保持在260口左右；2004—2008年深水地区探井数相比前一阶段有所下降，每年约为220口。在该时期全球超过1500 m水深的海域均陆续有大的油气发现。特别是进入21世纪以来，海上油气的重大发现有一半均位于深水区，尤其近几年，深水区更是位于全球油气勘探大发现榜首，如2012年全球十大油气发现均位于深水区；2013年全球十大油气发现就有7个发现在深水区；2014年全球十大油气发现亦有7个位于深水区（张功成等，2017）。

总之，全球海洋深水盆地主要分布在环大西洋区域、东非陆缘海域、西太平洋区域，以及环北极区域和新特提斯区域等五大主要区域。前三者呈近南北向分布，后者呈近东西向展布，总体上构成了"三竖两横"的分布格局（张功成等，2017），而深水油气资源则主要富集在这些盆地群之中。目前，全球深水油气勘探开发活动及其重大油气发现（张功成等，2019；屈红军等，2015），均主要集中在这些海洋深水区域，即：①大西洋深水盆地群的南段巴西、西非和墨西哥湾以及北部挪威西海岸；②东非陆缘深水盆地群鲁武马盆地、坦桑尼亚盆地等区域；③西太平洋深水盆地群中国南海和东南亚海域；④新特提斯深水盆地群澳大利亚西北陆架和东地中海；⑤环北极深水盆地群的巴伦支海地区。总之，以上这些深水海域是目前及将来世界油气勘探开发之油气储量及油气产量可持续快速增长，全球油气资源战略接替及油气勘探开发可持续发展的主战场和最重要、最具潜力的油气勘探新领域。

第二节　全球海洋油气分布规律

目前的油气勘探表明，海洋油气资源主要分布在大陆架区域，约占全部海洋油气资源的60%，大陆坡深水及洋陆过渡带超深水海域油气资源约占40%（随着油气勘探向深水区推进尤其是深水油气勘探投入加大和油气勘探程度的提高，深水油气资源占比将不断增加），但不同区域不同盆地均有所差异。全球陆地和浅海区通过长期的油气勘探开发活动，重大油气发现的规模及数量已越来越少，油气资源潜力亦越来越小。在全球海洋油气勘探所获油气探明储量中，虽然目前陆架浅海区仍占主导地位，但随着科技进步与油气勘探技术方法的快速发展，油气地质理论及认识的不断创新，人们已逐渐将目光转向以前涉足较少的广阔的深海区，海洋油气勘探开发活动亦不断向深海及浅水区深层新领域拓展，而且浅水/浅海与深水/深海区油气勘探开发的概念亦不断更新和突破（原300 m以上确定为深水的界限，现今已扩大为500 m），海洋深水油气勘探开发则不断取得新发现和重大突破。据不完全统计，2000—2005年，全球新增油气探明储量达164亿吨油当量，其中，深海深水油气占41%，浅海油气占31%，陆上油气占28%。目前海洋深水油气勘探开发获得的油气储量已超过了浅水区。从表7.1可以看出，世界海洋深水油气储量增长快速且发展趋势迅猛，应是未来海洋油气（含天然气水合物）勘探开发可持续发展的重要战略选区及勘探开发的主战场。

表7.1　全球海洋主要深水区油气勘探获得的油气储量初步统计

国家/地区	海域	油气储量/亿吨油当量	石油/亿吨	天然气/亿 m^3
美国	墨西哥湾北部	21.00	12.00	6000
巴西	东南部海域	27.30	23.20	4100
西非	三角洲、下刚果	28.60	24.50	4100
澳大利亚	西北陆架	13.60	0.50	13100
东南亚	婆罗洲	5.30	2.00	3300
挪威	挪威海	5.10	1.10	4000
埃及	尼罗三角洲	4.80		4800
中国	南海北部	4.38	0.38	4000
印度	东部海域	1.60		1600

（据江怀友等，修改，2019）

近20年以来，全球常规油气探明储量主要来自近海海域及陆上盆地，其中海洋油气勘探发现的油气储量约占全球总盆地油气储量的2/5。全球含油气盆地533个，其中位于海滨陆缘及近海陆架陆坡盆地有318个。油气勘探实践及研究表明，全球海洋油气资源主要分布在12个近海盆地及其相关区域。

迄今为止，在墨西哥湾、委内瑞拉近海、巴西东南近海、西非几内亚近海、北海、埃及尼罗河三角洲海域、俄罗斯巴伦支海、滨里海、波斯湾、俄罗斯西西伯利亚咯拉海海域、东南亚海域和澳大利亚西北大陆架这12个近海盆地及区域，已勘探获得的油气探明储量约占全球海洋油气储量的90%以上。

目前世界海洋深水油气勘探主要集中在南美洲巴西、中美州墨西哥湾和西非三个地区，且构成了全球深水油气勘探所谓的"金三角"，特别是在巴西近海、美国墨西哥湾、安哥拉和尼日尼亚近海，这些地区几乎集中了世界全部深水油气勘探的探井以及新发现的油气地质储量。总之，全球海洋油气分布规律及其特点，根据不同区域及盆地油气勘探程度及成藏地质条件和油气资源分布的差异性，可总结归纳为两点：①世界海洋大油气田区域分布不均。目前油气资源潜力巨大的大中型油气田富集及油气勘探效益较好区域，均主要集中分布在大西洋两侧系列盆地群中，如墨西哥湾北部、巴西东南部和西非三大深水区的10个盆地中，且80%以上油气资源均分属于与其相关的美国、巴西、尼日利亚、安哥拉、澳大利亚及挪威等六个国家；②石油与天然气资源及油气储量分布差异性明显。迄今为止石油资源及探明石油储量均主要分布在墨西哥湾、巴西和西非深水海域，而天然气资源及天然气储量则集中分布在东南亚、地中海、东非、挪威海以及澳大利亚西北陆架盆地群等地区。综上所述，由于海洋不同区域油气地质条件及勘探研究程度的巨大差异，均往往导致对其油气分布富集规律的认知程度及油气勘探成效等明显不同。根据目前全球海洋油气勘探开发实践及研究成果与认知程度，对于全球海洋油气分布规律及基本特征，可以总结归纳为三湾、两海、两湖（内海）的油气分布格局及基本特点（张功成等，2019；屈红军等，2017）。其中"三湾"即波斯湾、墨西哥湾和几内亚湾；"两海"即北海和南海；"两湖（内海）"即里海和马拉开波湖。亦即全球海洋油气资源分布均主要集中在这些地区。如波斯湾的沙特、卡塔尔和阿联酋；墨西哥湾的美国、墨西哥；里海沿岸的哈萨克斯坦、阿塞拜疆和伊朗；北海沿岸的英国和挪威以及巴西、委内瑞拉、尼日利亚等，都是世界上重要的海洋油气勘探开发所在区域及国家。其中，巴西近海、美国墨西哥湾、安哥拉和尼日利亚近海盆地是世界四大深水油气富集区和深水油气勘探开发的热点地区，这些区域几乎集中了目前世界全部的深海探井以及新勘探发现的巨型、超大型及大中型油气田和深水油气资源及探明油气储量，深水油气产量亦主要集中在这些深水油气勘探的热点地区。

第三节　全球海洋油气勘探开发发展趋势

世界海洋油气勘探始于 20 世纪 40 年代，首先集中在墨西哥湾、马拉开波湖等地区；20 世纪五六十年代，波斯湾、里海等海域的海洋油气勘探生产已初具规模；20 世纪 70 年代则是海洋油气勘探开发最活跃的时期，该时期油气勘探成果最显著的就是勘探发现了北海含油气区。随后，海洋油气勘探开发引起了越来越多的国家及石油公司和油气地质专家学者们关注，全球海洋油气勘探开发也取得了长足进展。尤其是在美国墨西哥湾、巴西、西非三大传统海洋油气勘探区和巴西盐下、东地中海及东非等其他地区，海洋油气勘探开发均相继取得重大突破，并陆续勘探发现了一大批世界级的巨型及超大型海洋大油气田。

随着全球海洋油气勘探开发进程的不断推进和油气勘探开发程度逐渐提高，当今海洋油气勘探开发活动亦逐步从浅水区向深水领域迅速推进和不断拓展，总结起来具体表现在以下三方面，即：①油气勘探开发活动从浅海区逐渐走向更广阔的深水区和超深水领域；②海洋油气勘探开发的环境及条件，亦从一般海洋环境逐渐推进到恶劣海洋环境和极端海洋环境；③海洋油气开发开采生产活动及试采生产平台，从海上试采平台作业系统现场生产逐渐向陆上岸边生产处理终端系统生产转移和发展。

总之，近 20 年来全球海洋油气勘探开发向深水区不断拓展的趋势发展非常迅猛，但目前重点关注和开拓的深水油气勘探开发新领域，则主要聚焦和集中在以下 4 个方面（孙喜爱，2016），这些领域将是未来全球深水油气勘探开发活动的必然发展趋势和最佳选择。

（1）深水深层"盐下"油气勘探开发新领域。巴西东部深水区深层盐下油气勘探主要集中在 Santa Catarina 州和 Sa Paulo 州海域的桑托斯盆地，其盐下油气勘探活动始于 2004 年。虽然巴西东部深水油气盐下开发开采技术难度大，且单井开发成本高，但由于该区油气单井产量高，其桶油成本仍然是全球深水油气开发生产作业区中最低的，平均操作成本均在 10 美元/桶左右，盈亏平衡点在 40 美元/桶左右。因此，当前全球低油价水平态势对于巴西深水油气开发生产项目影响甚微，故桑托斯、坎普斯等深水盆地油气勘探开发活动仍然持续不断推进，且快速发展。

（2）"超深水区"油气勘探开发新领域。"超深水区"是目前海洋油气勘探开发活动的焦点和难点，主要集中分布于西非海域、墨西哥湾、巴西近海、澳大利亚西北陆架、挪威中部陆架、巴伦支海、孟加拉湾、缅甸湾、中国南海靠近中央洋盆的洋陆过渡带以及日本海等超深水区域。全球超深水区油气勘探始于20世纪80年代后期，其后的90年代以来油气勘探开发活动持续活跃。近年来，全球已钻探超深水油气勘探井已超过200口，绝大多数集中在巴西近海和非洲海域。目前全球已陆续获得了超深水区油气勘探的重大突破和新发现，其中以巴西2006年在桑托斯盆地勘探发现Tupi巨型油田和Iara巨型油田最为瞩目，且被人们关注。

（3）环北极深水盆地群油气勘探开发新领域。该区域由于自然条件及归属等原因，油气勘探及研究起步很晚且研究程度非常低，但油气成藏地质条件较好，其亦是未来深水油气勘探能够获得重大突破的新区及深水油气开发和增储上产的重要战略选区。目前环北极深水区已获重大油气突破和勘探新发现，且主要集中在波弗特海的北极斜坡盆地、巴伦支海盆地和喀拉海等区域，这些地区将是深水油气资源及油气储量快速增长的重要战略选区及主要接替区。

（4）滨西太平洋低勘探程度深水盆地群油气勘探开发新领域。该区主要包括日本海盆地、澳大利亚东南部的吉普斯兰盆地等，这些地区亦是深水油气勘探的重要战略选区及潜在的深水油气储量快速增长的有利区。

诚然，在全球海洋油气勘探开发实践中，尤其是从浅水油气勘探开发逐渐拓展到深水及超深水油气勘探开发的进程中，亦存在海洋油气勘探技术装备落后，油气勘探开发技术手段及方法，尚不能满足深水油气勘探开发之需求，因而导致其深水油气勘探开发效果及进展不甚理想的现象。同时，亦有许多发展中国家海域虽然蕴藏着丰富的油气资源，但由于受油气勘探开发技术装备落后及经济技术条件等多方面的限制，其海洋油气勘探开发尤其是深水油气勘探开发进展缓慢，深水油气勘探开发活动亦难以顺利实施和快速推进。因此，亟需大力引进发达国家的先进技术设备，尽快改善深水油气勘探技术装备落后状况。同时亦应加速发展和引进深水油气勘探开发技术，尤其是要加大深水油气勘探开发技术研发的投入，积极引导科研机构与能源企业合作，依靠科技进步和创新，尽快突破制约深水油气勘探开发的核心技术和相关的海洋生态环境保护手段等科技瓶颈。有关国家及企业相关部门亦应全面研究制定海洋油气资源勘探开发的整体及长期的发展规划，并将其重点集中在绿色、安全高效及可持续勘探开发海洋油气资源之上。在此基础上加快推进海洋油气资源尤其是深水油气资源的勘探开发进程和步伐，促进石油公司上下游及国家各行各业的稳定快速及可持续协调发展，为国家开发利用海洋油气资源，满足经济社会发展及人民物质文化生活的重大需求作出更大贡献。

尚须强调指出，海洋油气资源勘探开发可持续发展战略规划的制定，不仅要立足于高效合理全面地勘探开发海洋油气资源，而且要非常重视海洋生态环境保护，尤其要倍加注重和保护海洋环境及碧海蓝天，杜绝和综合治理各种可能发生的海洋污染等问题，始终将海洋生态环境保护放在海洋油气资源勘探开发的首位，而海洋油气勘探开发及一切工业活动的开展，均不能以损害海洋生态环境为代价。同时，海洋油气资源勘探开发一定要制定长远的、全面系统的、可持续发展的战略规划，使之能够长期保持海洋油气资源勘探开发的可持续发展和油气储量及产量的长期稳产高产，最大限度地满足人们物质文化生活日益增长之重大需求，进而保障国家能源经济安全和促进社会长治久安。

第八章　欧洲海洋含油气盆地油气地质特征与分布规律

欧洲地区有 48 个含油气盆地，其中以海洋含油气盆地中的北北海盆地油气资源最丰富，其次是与北北海盆地相邻的西北德国盆地和英荷盆地，这些海洋含油气盆地油气可采储量达 208 亿 m^3，占欧洲油气总储量的 68.5%。本章主要以油气储量最丰富的北北海盆地及南北海盆地（英荷盆地和西北德国盆地）和莫尔盆地为重点，系统分析阐述欧洲海洋含油气盆地的基本油气地质特征。

第一节　欧洲海洋油气勘探概况

从 20 世纪 60 年代开始，以北海地区为重点的海上油气勘探活动揭开了欧洲海洋油气勘探的序幕。1965 年，英国首先在位于北海南部的英荷盆地开展油气勘探，并于 1966 年在 Sole Pet 反转构造带南端发现赤底统的 Leman 大气田，其可采天然气储量达 3403.68 亿 m^3。其后至 1969 年，在北海地区已经钻了 200 口探井之后，菲利普斯公司在中央地堑所在的挪威海域勘探发现了埃科菲斯克（Ekofisk）油田，该油田上白垩统丹宁组和古新统砂岩储层最厚达 315 m，通过测试获得单井产油量高达 1590 m^3/d，探明石油储量和天然气储量分别为 5.40 亿 m^3 和 1840.28 亿 m^3，其油当量高达 7.12 亿 m^3。

20 世纪 70 年代，是北海地区油气勘探开发大发展阶段，亦是北海油气储量快速增长的高峰时期。在此期间，1971 年英国发现了布伦特油田，其在下侏罗统和三叠系的不整合油气藏的石油储量高达 2.33 亿 m^3。同年还发现了 Frigg 气田，其古近系砂岩气藏天然气储量达 1914.22 亿 m^3。其后 1974 年还发现了 Statfjord 油田（石油储量达 6.61 亿 m^3）、Sleipner 油田、马里 - 福斯地堑的 Piper 油田和 Claymore 油田等。1985 年北海地区石油产量达 1.71 亿吨，占世界海洋石油产量的 22%，其后在 2000 年该区油气产量达到峰值，石油产量高达 3.2 亿吨。随后油气产量逐渐下降，北海地区油气勘探新发现亦减少。由于油气勘探开发难度增加，其油气产量呈下降趋势。因此北海地区油田则被认为是"成年"油田，不会有大的新油气田发现。20 世纪 90 年代末期，北海地区油气勘探开发生产又达到了高峰阶段，此阶段在北海油气区油气勘探新发现所获得的油气资源均主要分布于北北海盆地。其中，北北海盆地以产石油为主，而南北海盆地则以天然气产出为主。截至 2009 年，北海盆地共勘探发现海上油气田 1174 个，获得石油储量达 88.92 亿吨，天然气储量高达 110074 亿 m^3（杨金玉等，2011）。

第二节　欧洲海洋含油气盆地油气地质特征

一、北海盆地

北海海域位于大不列颠群岛、欧洲大陆和斯堪的纳维亚半岛之间，为大西洋东北部的边缘海。北海北邻挪威海，西北以设德兰群岛为界，南至多佛尔海峡，南北长约 1000 km，东西宽约 640 km，面积约 57.5 万 km^2，海域的 88% 位于西欧大陆架上，平均水深 96 m。周边国家包括英国、挪威、丹麦、荷兰、德国、法国和比利时等国。

1. 区域地质背景

北（北部）北海盆地是一个典型的中–新生代大陆裂谷盆地，大地构造位置属于西欧地台。盆地结晶基底年龄为 440～410 Ma，属于加里东褶皱带区域。北海盆地北部为被动大陆边缘的莫尔盆地，西部为苏格兰加里东褶皱带，南部与西北德国盆地、东北德国盆地（华力西前陆盆地）接壤；东部是芬兰斯堪的纳维亚地盾。北北海盆地经历了古生代加里东造山运动及华力西造山运动和中生代地幔柱隆升三次大的构造运动，形成了中–新生代裂谷（三叉式）型盆地，且主要由三个地堑单元组成，其分别为维京地堑、中央地堑和马里–福斯地堑。

北北海盆地为加里东变质岩基底上的裂谷盆地。该盆地南部前裂谷期发育有海西期泥盆纪、石炭纪和二叠纪沉积。此后，盆地进入中–新生代裂谷发育鼎盛时期，则主要经历三叠纪–早侏罗世的裂陷一期，中–晚侏罗世裂陷二期，白垩纪和新生代的裂后期（图 8.1）。北北海盆地在加里东晚期处于西欧地台的南缘，在泥盆纪和早石炭世以陆相沉积为主，主要沉积充填了一套湖相灰到红褐色层状粉砂岩、泥岩及页岩沉积。晚石炭纪则主要为河流相红层和广泛分布的煤层。早二叠世下赤底统（Rotliegend）受火山活动影响，发育一套酸性流纹岩和熔结凝灰岩及中性火山岩。晚二叠世上赤底统为河流–湖泊相沉积，从湖盆中央往外依次沉积相分布为湖相泥、萨渤哈盐滩相及河流相和风成红砂岩相。晚二叠世泽希斯坦统（Zechstein）地层主要由蒸发盐岩和碳酸盐岩组成，其蒸发盐岩层为赤底统和一些石炭系气田提供了有效的封盖层，碳酸盐岩亦可作为较好的储层。同时盐岩的大量存在易导致底辟构造的形成，也影响了第三纪地层分布和该区油气运聚成藏的圈闭类型及其分布特点。晚二叠世泽希斯坦统也是一个由湖相向半封闭海相转变的过渡相沉积，其沉积充填物比较特殊。

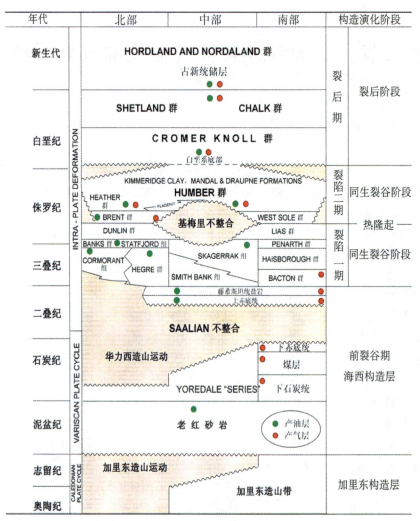

图 8.1　北部北海盆地古生代及中－新生代层序地层构成基本格架及特征
（据朱伟林等，2011）

中－新生代北北海盆地进入裂谷期，开始了多旋回的沉积充填发育阶段。由于北北海盆地受三叉裂谷的影响，三叠系早期裂谷充填阶段多属于以陆相为主的沉积物，主要为来自于冲积扇、河流相、风成相及潮上滩和浅湖相的红色沉积物，该套沉积物不整合覆盖在二叠系之上。三叠系上覆的侏罗系为北北海盆地主要的储层层位，其中，下侏罗统沉积相主要为冲积平原相、三角洲相和滨浅海相组成，岩性以砂岩、浅海泥岩和页岩为主；中侏罗世主要为三角洲和滨浅海沉积环境，沉积了一套砂泥岩沉积；晚侏罗世属于海平面上升期，水体较深覆盖范围大，其主要沉积充填了一套海相黑色－褐色富含有机质泥岩（基默里奇页岩），此即是盆地的区域性烃源岩。诚然，在局部地区尚存在边缘海相砂岩。上白垩统以广泛分布的浅海碳酸盐岩和白垩岩为其突出特征，自盆地南部向北碳酸盐岩发育层位逐渐变新。盆地第三系最大沉积厚度在中央地堑北部达 3500 m，此时由于盆地与北大西洋和挪威海相连，故盆地中部岩性推测其以泥岩为主，盆地边部发育三角洲或者滨岸砂沉积。

2. 油气地质特征

1）烃源岩特征及分布特点。北北海盆地最重要的烃源岩是上侏罗统上基末利阶 – 上里亚赞阶的 Kimmeridge（基末利粘土岩组），其横向同期层组包括挪威北海的 Draupne 组、Tau 组、Mandal 组以及丹麦北海的 Farsund 组。以下将其统称为基末利粘土岩组，该粘土岩组（泥岩及页岩）是北海地区的区域性分布的烃源岩，除了在构造高部位缺失外，在北北海盆地该烃源岩广泛分布。基末利粘土组泥页岩的 TOC 含量（总有机碳）一般为 6%，最高可达 10%，有机质非常丰富。上侏罗统 Heather 组（卡洛阶 – 牛津阶）也是该区重要的烃源岩，但分布不如基末利阶烃源岩广泛。其横向同期层组包括 Haugesund、Egersund 以及 Lola 组等，烃源岩有机质丰度亦较高，其 TOC 含量平均为 2%，具有一定的生烃潜力。其他潜在烃源岩还包括中侏罗统的布伦特群页岩/煤以及下侏罗统的 Dunlin 群、下白垩统的 Sola 组、二叠系的 Kupferschiefer、以及石炭系和泥盆系。从图 8.2 中可以看出，上侏罗统基末利粘土组泥页岩烃源岩 TOC 含量从各地堑边缘向地堑中心随着沉积厚度加大而增加。总之，北北海盆地形成的大规模优质烃源岩是北海地区油气运聚富集成藏的物质基础。

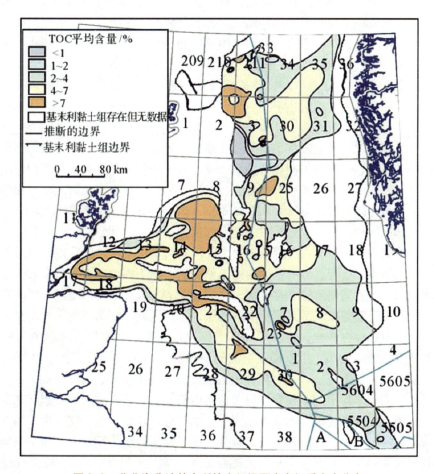

图 8.2　北北海盆地基末利粘土组泥页岩有机质丰度分布

（据杨金玉等，2011）

具体到北北海盆地各主要构造单元情况略有不同,维京地堑整个侏罗系的煤、页岩和碳质泥岩都具有生烃能力,尤其以上侏罗统泥岩、页岩为主要烃源岩。Heather 组页岩厚 350～1000 m,TOC 含量为 2%～2.5%,上部"热"页岩 TOC 含量增加,如基末利阶粘土组/Draupne 组,厚度为 50～250 m,TOC 含量为 2%～12%,以生油为主;Heather 组下部"冷"页岩具生气与凝析油潜力。中央地堑英国/挪威和丹麦部分的烃源岩是下白垩统基末利阶 - 早贝里亚斯阶富含有机质的深海相基末利粘土/Farsund-Mandal 组,TOC 含量为 0.5%～15%(平均 3.5%),生源母质类型为 Ⅱ 型干酪根。荷兰中央地堑发育的烃源岩可能是上三叠统 - 下侏罗统滨海相 - 海相页岩,其中土伦阶 - 巴柔阶 Werkendam 页岩组是偏油型烃源岩。上石炭统威斯特伐利亚阶 Limburg 群煤层是荷兰中央地堑内生气的主要烃源岩。默里 - 福斯盆地的主要烃源岩为深海盆地相基末利阶粘土组,TOC 含量为 2%～10%,而霍达台地由于构造位置较高,台地上烃源岩埋藏不够深,尚未达到成熟。

2)含油气储盖组合类型。

(1)中 - 下侏罗统储层及其盖层。北北海盆地自古生界到新生界发育有多套油气产层。中 - 下侏罗统、上白垩统、古新统和始新统均为良好的区域性储层,其中最重要的区域性储层为中 - 下侏罗统砂岩储层,分布面积约 14 万 km²。自 1971 年英国壳牌公司在北北海掀斜断块上发现了布伦特油田后,北北海的中 - 下侏罗统一直是油气田开发重要的含油气储层层系。北海第一大油气田挪威的 Statfjord 油田以及 Gullfaks、Oseberg、Kvitebjorn 等大型油气田的产层均是这套储层层系。根据 IHS2009 年发布的数据统计,北北海盆地中 44.3% 的石油和 53.2% 的天然气均储存在中 - 下侏罗统砂岩中,而其他储层层系的石油或天然气储量还不到中 - 下侏罗统的一半。侏罗纪地层之储集层绝大部分发育于断陷盆地中,这些断陷盆地和二叠纪开始活动的复杂地堑系统的演化有关。中 - 下侏罗统在北北海盆地发育主要受三叠系裂谷地形、中侏罗世隆起和剥蚀作用以及晚侏罗世的裂谷和剥蚀作用控制,特别是侏罗纪断裂控制着差异沉降与沉积作用,对地层厚度和沉积岩相区带有明显影响,故造成了这套储集岩层系在北海北部分布厚度不均(图 8.3),各油气区油气资源量大小直接受控于储层展布规模(面积及厚度)。中 - 下侏罗统在北部地区较厚,其在地堑中的埋藏深度大于 3 km,储层厚度超过 1 km,而在南部则很薄或缺失。另外,在大部分地区中侏罗统与下侏罗统之间存在一区域性不整合面,称为中基梅里不整合,或阿伦阶内部不整合面。在不同地区该不整合的强度有所不同,由西向东、由北向南不整合强度加大,故在盆地东部和南部造成下侏罗统缺失,中侏罗统直接不整合覆盖在三叠系或更老的地层之上。因此,北部的维京地堑和霍达台地由于中 - 下侏罗统保存较全,成为了北北海盆地最主要的油气区,虽然中北部(维京地堑南部及中央地堑北部)由于侵蚀造成地层缺失,但仍为第二主要油气区;中央地堑中这套层系保存最不完整,且发育有大量火成岩,因此油气聚集较少;中 - 下侏罗统在西部保存不完整,局限分布在默里福斯盆地内部,有一些小油气田分布;东部分布面积广泛,但中 - 下侏罗统保存不全,厚度小,油气分布较为分散,仅有少量油气和油田发现。按不同层位储层统计的油气资源量分布也反映了该规律及特点,如中央地堑中部 69.7% 的油气储存在中 - 下侏罗统砂岩储层之中,霍达台地 89.5% 的油气资源量亦储存在这一层系中;而中央地堑其他区域和默里福斯盆地中相应层系则仅有 3.5% 和

0.4%的油气储量分布。中－下侏罗统砂岩储层除分布广、厚度大外，其储层储集物性也很好。其中，中侏罗统布伦特群是由浪控/河控共同作用形成的布伦特三角洲发生海进和海退环境下沉积的一套由砂岩、粉砂岩和页岩组成的储盖组合类型，该群95%的油气均保存在塔伯特组和内斯组上部。布伦特群砂岩储集物性好，储层孔隙度为13%～22%，平均孔隙度为18%，渗透率为0.06～10000 mD，其中北布伦特地区平均值为800 mD，东布伦特和西北布伦特地区为500 mD；下侏罗统Statfjord组（斯坦特福约尔得组）为互层状砂岩与页岩构成的储盖组合类型，其沉积环境为河流－辫状河三角洲，砂岩平均厚度为265 m，粒度整体向上变粗。斯坦特福约尔得组砂岩成分成熟度高，岩石学构成较复杂。矿物成分中含50%石英和大量长石（主要为钾长石）和石英砂砾，还有少量粘土、云母和角闪石。该砂岩储集物性较好，储层孔隙度为11%～16%，平均孔隙度为13.5%。渗透率为0.2～3000 mD，平均渗透率为330 mD。尚须强调指出，在北北海盆地的许多油田中，基末利阶页岩不仅生成了油气，同时亦为侏罗及白垩系砂岩中石油聚集起着盖层和封闭作用。如具有中侏罗统砂岩储层的大部分油田顶部盖层即是Heather组或基末利阶粘土/Draupne组页岩。另外，Alwyn North、Strathspey、Brent、Statfjord、Vigdis和Gullfaks等油田构造顶部都经历了严重的风化侵蚀，因此中侏罗统及更早储层之上覆封盖层（Cromerknoll和Shetland群泥岩）则显得尤其重要。除中－下侏罗统砂岩储集层外，北北海盆地其他重要储层还包括上侏罗统、第三系和上白垩统－下古新统白垩群的白垩或灰岩储集层（早赛诺曼阶－早丹尼阶），但其分布比较局限，不属于该区主要储层及其储盖组合类型。

（2）其他重要储层及盖层。上白垩统－下古新统储层主要是Ekofisk（埃克菲斯克组）、Tor（托尔组）白垩储层，多分布在中央地堑地区，厚度约1～2 km，中央地堑50.4%的油气产自该层系。白垩系向北延伸可到维京地堑南部以及东设得兰台地，但夹杂了硅质沉积。据岩心及测井资料，托尔和埃克菲斯克组主要是受生物广泛搅动的再沉积白垩，其储集物性差异很大，孔隙度一般为5%～45%，渗透率较差或中等，但如果有裂缝存在，则亦能成为较好的储层。这套储层储集物性最好的是分布于盆地边缘或盆地内较高部位形成的重力流沉积。这套含油气储层发现了许多大油气田，如Ekofisk、Valhall、Dan、Tyra等多个储量大于5亿桶的大型油气田。其中，孔隙发育的Tor组白垩储层被上覆Ekofisk组底部钙质泥岩所隔开，而Ekofisk组白垩储层则被上覆古新统泥岩所覆盖，即被古新统Rogaland群深海环境下沉积的超压泥岩所封盖，进而形成了该区非常好的区域盖层。同时，古新统与始新统浊积扇砂岩，亦被其层内深海相泥岩与页岩夹层所封盖。

北北海盆地有15.4%的油气资源储存在上侏罗统中，上侏罗统砂岩储层是该区最重要的剩余勘探目标层之一，将来可能会在隐蔽性岩性及构造油气藏以及组合油气藏圈闭等方面有重要发现。2001年默里福斯盆地外侧发现的Buzzard上侏罗统深水油气田就属于此种类型。上侏罗统地层主要保存在裂谷系统的地堑区，顶部埋藏深度为海底面以下2000～5000 m，厚度可达3000 m。上侏罗统砂岩储层为浅海相Fulmar组和Piper组，深海相的Magnus砂岩段和Brae组及海岸三角洲相的Sognefjord和Fensfjord组。上侏罗统油气藏性质主要被晚侏罗世到早白垩世裂谷的进一步演化和衰退所控制。深海相盆底扇和浅海相陆坡裙砂岩是质量最好的储层，在维京地堑、中央地堑和默里福斯地堑

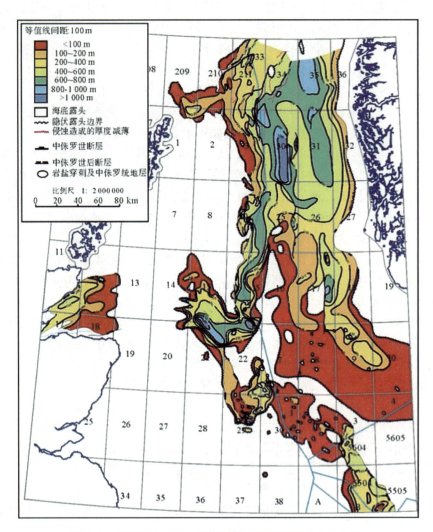

图 8.3　北北海盆地中－下侏罗统砂岩储层厚度分布特征

（据杨金玉等，2011）

系统均有分布，体现了沉积环境和构造演化之间密切的关系。这 3 个地堑中均有一定数量的油气储集在上侏罗统中，默里福斯盆地 57.1% 的油气储集在该层系内。

另外，目前已经证实第三系储层为北北海盆地具有重要价值的油气储集层之一，并发现了一批第三系砂岩储层的油气田，如安德鲁、莫林、罗蒙德、科德、奥丁、海姆达尔和巴特尔等油田和气田。所有这些油田的砂岩储集层均是古新统和始新统一系列的水下扇复合体。由于新生代是相对快速的沉积阶段，沉积砂岩和页岩厚达 3500 m，主要为分布在盆地边缘不连续的碎屑楔和古新统浊积扇储集层，且其分布模式复杂，导致其中油气分布变化亦很大，这种复杂性亦是水下扇储集层变化的基本特征。古新统和早始新统泥岩和粉砂岩则区域盖层，能够为该区第三系油气藏形成提供较好封盖条件。

二、莫尔盆地

莫尔盆地位于北海海域北部、挪威西部,盆地面积约 7.2 万 km²,该盆地已完成地震剖面采集约 9 万 km,钻探井 37 口。迄今已勘探发现了 5 个油气田,探明原油储量为 0.25 亿 m³,探明天然气储量约 3900 亿 m³,探明总油气当量约为 3.8 亿 m³。1997 年在莫尔盆地勘探发现了最大的 Ormen Lange 气田,其天然气储量高达 3450 亿 m³。莫尔盆地主要由东部的莫尔阶地和西部巨厚的白垩-第三系深盆坳陷构成的两个次级构造单元所组成,其油气勘探目前主要集中于莫尔阶地区域(图 8.4 及图 8.5)。由于该盆地掌握的油气地质资料较少,仅对其烃源岩及烃源供给条件进行简单表述。

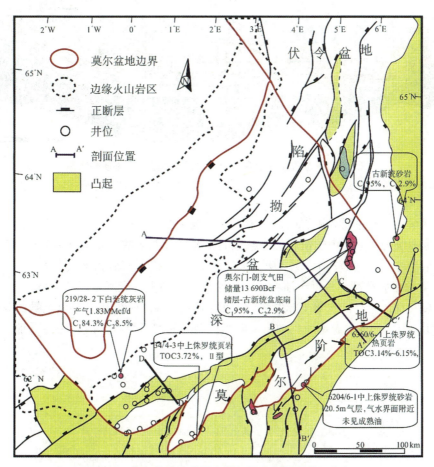

图 8.4 莫尔盆地构造展布特征及主要构造单元分布

(据朱伟林等,2011)

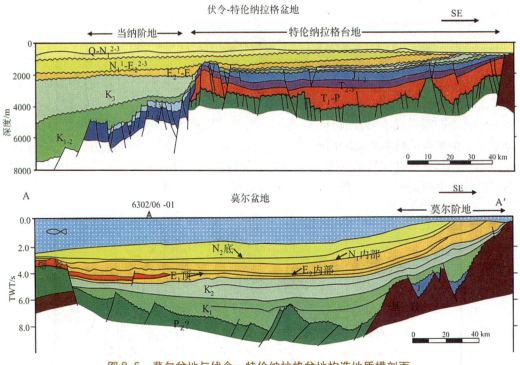

图 8.5　莫尔盆地与伏令–特伦纳拉格盆地构造地质横剖面
（据朱伟林等，2011）

侏罗系为盆地主要烃源岩层系，中下侏罗统主要为开阔海沉积，具有一定的生气潜力；上侏罗统为局限海泥质沉积，是盆地的主要烃源岩区域。如33/6-1井中侏罗统布伦特页岩有机质丰度较高，其TOC达2.86%～3.57%，氢指数为282～303mgHI/gTOC，生源母质类型为Ⅲ型干酪根，是该盆地气藏的主要烃源岩；6306/6-1井默里奇油页岩较发育，其有机质丰度非常高，TOC高达3.14%～6.15%，氢指数高达455～563 mgHI/gTOC，且生源母质类型属于偏腐泥型的Ⅱ型干酪根，故其为该盆地大多数油田的主要烃源岩。

第三节　欧洲海洋含油气盆地油气分布规律

基于欧洲海洋含油气盆地油气地质资料掌握情况及认识程度，本节主要以北海盆地为例进行重点分析阐述。

一、裂谷期烃源岩控制油气成藏

北海北部区域在中生代主要经历了前裂谷期、裂谷期/同裂谷期和后裂谷坳陷期等成盆演化过程，主要烃源岩形成时期为晚侏罗世到白垩纪初期的裂谷期/同裂谷期阶段。晚白垩世及以后的漫长地质演化过程中，北海北部区域无大的构造活动，仅局部区域有少数断层活动，整个区域总体上转变为以地堑为中心的区域性下沉为主的较平静的广海沉积。很显然后裂谷期的稳定沉积环境及快速的沉降作用，使得晚侏罗世沉积的主要烃源岩在白垩纪晚期即达到成熟排烃阶段，现今其部分区域烃源岩热成熟度已达成熟–高熟及过熟演化阶段，加之烃源岩多属偏腐殖型和混合型生源母质类型，故受控于"源热因素"作用，形成了大量高熟油气，尤其是大量高熟–过熟天然气。该区很多大油气田形成与分布，均很大程度上受到烃源岩热成熟度及生源母质类型的控制和影响，亦与裂谷盆地断层系统发育所形成的纵向优势运聚通道密切相关。该区油气运聚成藏模式多以近源垂向运移为主，形成了近源纵向多期油气充注、复式运聚成藏的成因模式（龚建明等，2012）。

二、维京地堑控制西北部油气分布

维京地堑主力烃源岩为上侏罗统基末利阶泥岩，其分布范围广，包括整个维京地堑及其两侧的盆地，这些烃源岩均以偏腐泥的Ⅱ型干酪根为主，生烃潜力大，具有较好的烃源条件，而维京地堑许多大油气田均主要集中分布于西北部区域。这主要是由于维京地堑西北部沉积充填了分布稳定厚度较大且储集物性较好的三角洲相砂岩储层之故。亦即在具有较好烃源供给条件下（有效烃源灶供给范围内），还必须具备储集物性非常好的储层及储集场所的相互配置方可形成油气藏，而且储集层分布及储集物性优劣则控制影响了油气分布富集规律。由丁中侏罗世维京地堑处在与默里湾、中央地堑三者的接触带，即北海中部区域大范围上隆区，有大量来自维京地堑南部与设得兰台地的砂岩注入到维京地堑西北区域，因此在维京地堑西北部地区沉积充填了较厚且储集物性较好、分布广泛的三角洲相砂岩储层，油气分布富集则与该砂岩储层储集物性及其展布特征密切相关。以北阿尔文油田为例，其储层为中侏罗统布伦特群浪控三角洲砂岩，其次是上三叠统–下侏罗统的斯坦特福约尔得组辫状三角洲砂岩。布伦特群油藏主要储集层即是由连通性好–中等的塔伯特组滨前相砂岩和内斯组三角洲分流河道–河口坝砂岩所组成。

该储层储集物性非常好，平均渗透率为 500～800 mD，其中河道砂岩渗透率可达 10000 mD。北阿尔文油田的盖层为下白垩统克罗默克内尔群页岩和上白垩统设德兰页岩，该油田圈闭类型为断块型。总之，维京地堑油气运聚成藏特点及油气藏类型，主要属于三叠系－中侏罗统三角洲砂岩油气藏，具有新生古储的特征。同时，晚三叠世瑞替期（Rhaetian）到早侏罗世赫塘期（Hettantgian），来源于芬诺－斯堪迪亚地盾、苏格兰高地和设得兰台地的陆相含煤砂岩（Statfjord 砂岩），分布于霍达台地上及下沉的维京地堑内亦可作为油气储集层。综上所述，该区优质储集体的存在与展布，加之后期烃源岩之上的区域性泥灰岩盖层的有效封盖，均促使烃源岩生成的液态烃通过不整合面及断层不断地运移至这些储集体中聚集，形成了大型油气藏及大油田群富集带，而维京地堑西北部储集层区域展布特点则控制了油气田及油气分布富集规律。

三、中央地堑盐隆带油气分布规律

北海盆地中央地堑中部挪威区域富集了许多大油气田，如 Albuskjell、West Ekofisk、Edda、Ekofisk、Eldfisk 及 Valhall 等。这些大油气田集中分布与富集，除与烃源岩及白垩储层发育展布密切相关外，还与中央地堑内广泛分布沉积稳定的岩盐展布特征密不可分。岩盐沉积在北海南部形成了主要的油气封盖层，有效地封闭和控制了南部大气田分布；但在中央地堑内，岩盐作用及活动有所不同，后期构造作用使得中央地堑内蔡希斯坦统岩盐发生塑性流动，产生许多盐枕、盐墙进而形成盐隆构造带，则为油气运聚富集成藏提供了非常好的聚集场所。在中央地堑内由于岩盐活动伴随产生的许多不同类型盐构造圈闭即为其典型实例。如 Ekofisk 构造，由于始新世到中新世的多次挤压，导致先前存在的盐核再次活动，从而形成新的盐核背斜。岩盐上隆的结果，不仅形成了很多伴生岩盐圈闭，同时也导致中央地堑内白垩系不同类型储层产生了许多断层裂隙，故极大地提高了白垩型储层的渗透率，进而为该区油气向构造高地运聚富集成藏提供了有利通道（刘政，2015），最终促使油气在盐隆带（构造高地）上的不同类型盐伴生构造圈闭群中运聚而富集成藏。

总之，北海地区油气田及油气分布聚集规律具有以下几方面的特点。

（1）北海地区北部油气丰富，以油为主，南部则以气为主。北海盆地一半以上的油气资源均集中在储量大于 5 亿桶的大油气田中。

（2）晚基末利阶－晚里亚赞阶基末利粘土组泥页岩是北北海盆地最重要的烃源岩，其是北北海盆地多套含油气系统之主要烃源岩。北北海盆地最重要的储层是下侏罗统斯塔福约德砂岩以及中侏罗统布伦特高渗透性砂岩，主要分布在北部的维京地堑和霍达台地。北海北部一半以上的油气资源均赋存于该层系之中。

（3）北北海盆地中部（中央地堑）的油气主要分布在上白垩统到古近系灰岩及砂岩储层中。基末利粘土组泥岩烃源岩分布以及储层展布规模是决定油气分布的最主要控制因素。

（4）北海地区油气分布及油气田群均主要富集在中央地堑和维京地堑的轴线附近，其原因主要是由于两个地堑均具有较好烃源条件和发育大面积层状砂岩储集层，且含油气圈闭及储盖组合类型好，具备了近源运聚富集和保存条件优越等有利油气成藏的地质条件。

（5）盐岩在北海盆地具有封盖层和形成构造圈闭源动力之双重作用：广泛稳定分布的盐岩在南部区域为非常的区域性封盖层，对天然气运聚成藏形成了有效封盖；在中部区域（中央地堑区）则为促使背斜构造圈闭形成的重要控制因素，其盐岩底辟形成演化之动力，有效地改善了上部白垩型储层的储集物性，使得这些区域油气大量富集，形成了许多大中型油气田。同样，由于维京地堑与中央地堑盐岩发育程度的差异，亦使得中央地堑与维京地堑不同区域形成的含油气圈闭样式均存在明显差异。

（6）晚侏罗世－早白垩世的裂谷伸展运动，不仅控制了北海盆地主要的构造圈闭类型，而且亦控制了主要烃源岩形成与分布及其成熟演化特征与生烃潜力。

第九章 美洲海洋含油气盆地油气地质特征与分布规律

美洲是世界上主要的海洋油气勘探开发生产区，蕴藏着丰富的海洋油气资源，尤其是墨西哥湾和巴西海洋油气勘探开发引领着全球深水油气勘探开发的最新发展趋势和新潮流。

第一节 美洲海洋油气勘探概况

南美洲早在1924年就开始了水域的油气勘探，当时委内瑞拉开始在马拉开波湖内钻探石油，并取得重大油气发现，20世纪70年代石油年产量最高达1.9亿吨，现今石油年产量维持在1亿吨左右。南美洲另一在世界海洋油气勘探中有巨大影响力的是，巴西近年来在深水油气勘探取得的重大进展与成果。目前巴西深水海域已成为全球最热点的油气勘探区之一，而且，深水油气勘探成果卓著，勘探效果甚佳。尚须强调指出，2006年发现的Tupi（后更名为Lula）盐下油气田，是近十多年来南美洲最重大的油气勘探发现之一，之后又陆续发现了数个盐下巨型或大型油气田。截至2009年底，南美洲的剩余石油探明储量约为375.94亿 m^3，占全球剩余石油探明储量的14.9%，剩余天然气探明储量为8.06万亿 m^3，亦占全球剩余天然气探明储量的4.3%。2009年南美洲的石油产量为3.92亿 m^3，占全球油气产量的8.9%，且目前仍然保持在这个水平之上。这些石油主要产自委内瑞拉、巴西、阿根廷、哥伦比亚和厄瓜多尔等国家。南美洲的石油产量能够完全自给，其是原油和油产品的净出口地区。2009年南美洲的天然气产量为1516亿 m^3，占全球产量的5.1%，现今仍然保持在这个生产水平之上。该区天然气的主要产气国为阿根廷、特立尼达和多巴哥、委内瑞拉、玻利维亚以及巴西。南美洲的天然气产量亦能完全自给，而且亦是天然气的净出口地区。

在南美洲大陆79个沉积盆地中，目前已发现油气田的盆地达43个。截至2010年，南美洲共发现油气田3434个，其中2991个（87.1%）分布于陆上的含油气盆地，443个（12.9%）分布于海上的含油气盆地。累计发现石油（包括凝析油和非常规石油）探明和控制储量为563.9亿 m^3，其中466.95亿 m^3（82.8%）分布于陆上油田。96.95亿 m^3（17.2%）分布于海上油田。累计发现天然气探明和控制储量为169485亿 m^3，其中123808亿 m^3（73.0%）分布于陆上的油气田，45676亿 m^3（27.0%）分布于海上油气田（表9.1）。

表9.1 南美洲地区油气探明储量和控制储量的地域分布特点

分布比例		油气田个数	石油2P储量/亿 m³	天然气2P储量/亿 m³	油气总储量/亿 m³
陆地	绝对值	2991	466.95	123808	582.82
	百分比/%	87.1	82.8	73.0	80.7
海域	绝对值	443	96.95	45676	139.69
	百分比/%	12.9	17.2	27.0	19.3
合计		3434	563.9	169485	722.51

(据白国平等, 2010)

第二节 美洲海洋含油气盆地油气地质特征

基于美洲主要海洋含油气盆地油气地质特征及资料掌握情况与认知程度，本节主要以坎波斯盆地为代表进行重点分析与阐述。

一、油气勘探概况及构造演化特点

坎波斯盆地位于巴西被动大陆边缘东南部，是沿大西洋西缘展布的十几个被动大陆边缘盆地之一。走向垂直于大陆边缘的基底隆起构成了其南北边界，北部的维多利亚隆起将其与埃斯皮里图桑托盆地分开，南部的卡布弗里乌隆起将其与桑托斯盆地分开（图9.1）。盆地大致从内陆15 km处延伸到3.4 km的海洋等深线所在大陆架区域，总面积约15.6万 km²，其中海域面积约14.9万 km²。

坎波斯盆地1974年首次在海域勘探发现了油气，20世纪70年代末期开始扩展至深水区，之后相继发现了Roncador、Jubarte、Marlim Sul等一系列大型油气田。盆地盐上层系是主力产油层，迄今为止盆地共采集地震测线70.82万 km，钻探油气探井495口，其他钻井596口，勘探发现了164个油气田，探明和控制石油地质储量达44.9亿吨，其在南美洲18个被动陆缘盆地中排列第1位，目前盆地仍处于油气勘探初期阶段，油气资源潜力巨大。

坎波斯盆地形成和演化与冈瓦纳大陆的解体有关，该盆地为大西洋拉开和发育时，在原先克拉通周缘上发育起来的被动大陆边缘沉积盆地，盆地经历了四期构造演化阶段：即裂前、裂谷、过渡和被动陆缘演化阶段。坎波斯盆地构造样式具有离散型被动大陆边缘盆地的两种主要构造样式特点：即裂谷期基底张性构造和裂后坳陷期伸展构造颇具特色，前者以切割了大陆壳、玄武岩和盐下沉积物的高角度正断层为代表，后者则以影响到盐上沉积物的犁状正断层为其重要特征（图9.2）。

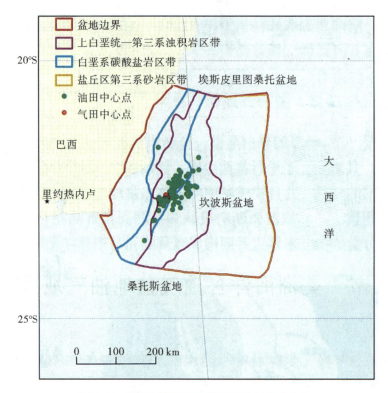

图 9.1 坎波斯盆地位置及相邻盆地分布特征
（据朱伟林等，2016）

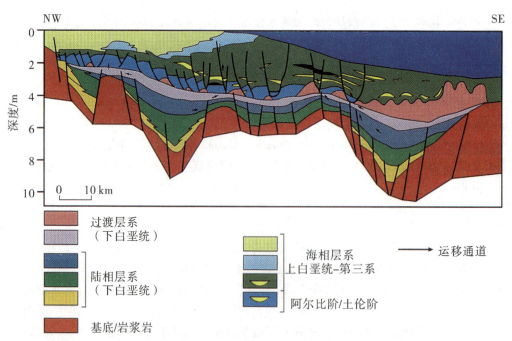

图 9.2 坎波斯盆地地层层序构成与构造样式综合地质剖面
（据朱伟林等，2016）

坎波斯盆地构造沉积演化特征及分布，与巴西大陆边缘其他盆地基本相似（Asmus 和 ponte，1973；Schaller，1973；Ponte 和 Asmus，1976；Ojeda，1982；Figueiredo 等，1985）。坎波斯盆地构造沉积充填地层，主要由三套地层巨层序构成，自下而上依次为下白垩统同裂谷期陆相巨层序、下白垩统过渡巨层序和上白垩统-第三系海相巨层序，这三套地层巨层序分别对应于盆地的同裂谷、过渡和裂后坳陷（漂移）构造演化阶段，且形成于特定的构造沉积充填环境。根据该区地层岩性、构造演化阶段和古环境特征等，亦可将每个巨层序进一步细分若干层序及亚层序，进而进一步明确其不同地层层序特征及地层岩性与沉积特点。

二、油气地质特征

1. 烃源岩特征

油气勘探实践及研究表明，坎波斯盆地发育一套主力烃源岩和两套潜在烃源岩，前者为巴列姆阶-阿普第阶 Lagoa Feia 组湖相黑色钙质页岩，这套页岩生油岩在始新世进入生油窗，现今仍处于生油窗阶段；后者包括阿尔比阶-赛诺曼阶 Macae 组和土伦阶-第三系，属于潜在烃源岩。

（1）巴列姆阶-阿普第阶 Lagoa Feia 组主力烃源岩。巴列姆阶-阿普第阶 Lagoa Feia 组主要由湖相页岩组成且夹有碳酸盐岩，分布厚度一般为 100～300 m。该湖相页岩有机质丰度高，其 TOC 平均为 2%～6%，最高达到 9%，生烃氢指数（HI）高达 900 mgHC/g_{TOC}。且生源母质类型好，属于偏腐泥的 I 型干酪根。其腐泥型有机质之无定形有机物含量高达 90%（Mello 和 trindade，1994）。湖相页岩生烃潜力亦大，$S_1 + S_2$ 超过 10 mg HC/grock。以上这些生烃参数均充分表明 Lagoa Feia 组湖相页岩具有极大的生油潜力，属于非常好的优质烃源岩。同时，烃源岩有机质镜质体反射率和热变指数亦表明，除了盆地西部的圣若昂达巴拉凹陷（Sao Joao DaBarra Low）外（此处生油岩尚未成熟），湖相页岩均处于生油窗内，而且在盆地不同区域，这套烃源岩层大都处在成熟-高熟阶段，但尚未达到过成熟，故生烃潜力大。前人对从 Lagoa Feia 组富含有机质层段抽提获得的石油和有机质做了较详细的地球化学分析，其气相色谱（GC）和色谱质谱（$GCMs$）分析结果均表明，该烃源岩沉积环境属于半咸湖或中-浅湖相，低碳数正烷烃具有轻微的奇数碳优势，姥鲛烷多于植烷。高碳数的三环萜烷、β 胡萝卜烷、28,30 双降藿烷以及 4-甲硅酮甾烷非常富集，且低藿烷/甾烷指数和 T_s/T_m 均小于 1（Mello，1988；Mello 和 Trindade，1994），以上生物标志物的分子参数特点均表明这套烃源岩成熟度并不高，且具有较强生烃潜力。

（2）阿尔比阶-赛诺曼阶 Macae 组潜在烃源岩。阿尔比阶-赛诺曼阶 Macae 组浅海陆架相泥灰岩生源母质类型一般为 III 型干酪根，有机质丰度较低，TOC 含量小于 1%。但在有些局部地区，形成于深水条件下的泥灰岩则含有 II 型干酪根生源母质且有机质丰度高，其 TOC 含量高达 3% 以上，因此亦具有较大生烃潜力（Mohriak 等，1990），只是这套烃源岩有机质成熟度偏低，大部地区尚未成熟或处在低熟阶段，其生烃潜力受到了一定程度的限制。

（3）上白垩统土伦阶-第三系潜在烃源岩。上白垩统-第三系页岩及钙质泥岩有机质丰度较低（有机碳含量偏低），氢指数低而氧指数偏高，生烃潜力亦偏低。以上生烃参数表明这种烃源岩生源母质类型较差，且主要形成于氧化环境。尽管三冬阶-康尼亚克阶含有一些具有中等 TOC 含量的页岩，但其生烃潜力有限，因此这套海相泥页岩沉积可作为潜在烃源岩。前人的分析研究亦表明，坎波斯盆地目前勘探发现的所有油气均全部源自 Lagoa Feia 组湖相页岩烃源岩，而其他类型的潜在烃源岩生烃潜力有限，对其油气成藏之贡献较小，但在局部地区，Macae 组页岩尚可作为次要的烃源岩。

2. 储集层特征

具有储集物性好的储集层是油气富集成藏的基础和基本的前提条件。坎波斯盆地储集物性好的优质含油气储层分布非常广泛。剖面上，该区油气主要储集在下白垩统-中新统的多套储集层之中，上白垩统浊积岩、古新统-始新统浊积岩和渐新统-中新统浊积岩是盆地主要储集层。其中，上白垩统段浊积砂岩最厚可达 100～250 m（其他段的砂岩厚度也很大），且储集物性较好。其中孔隙度为 20%～30%，渗透率均大于 $10 \times 10^{-3} \mu m^2$，最高可达 $54 \times 10^{-3} \mu m^2$；盐上阿尔布阶 Macae 组灰岩及砂岩、盐下下白垩统巴列姆-阿普第阶 Coquinas 组灰岩为该区次要储集层（熊利平等，2013）。其中，盐上 Macae 组以灰岩为主，储集物性一般较差；Quissam 段、Namorado 段砂岩储层物性亦较好。尚须强调指出，该区盐下 Coquinas 组灰岩储层，其储集物性受成岩作用控制，横向变化大，虽然孔隙度一般较低，多数介于 4%～6% 之间，但渗透率较高，在多个油田均为重要的产油层。总之，该区目前勘探发现的 71.9% 油气储量均主要富集在第三系和白垩系浊积砂岩储集层之中。

3. 盖层及保存条件

盐岩盖层是坎波斯盆地盐下含油气储层的优质区域性盖层，在盐岩连续分布的区域，盐下油气藏保存条件好，原油均未遭受氧化破坏，其原油 API 为 27°～30°，且未勘探发现盐上油气存在（特殊地质条件除外），亦即油气主要富集在优质盐下封盖层之下的储集层之中。在盐窗发育区，由于突破了盐岩封盖层，油气在盐上沉积体系的储集层中亦可聚集成藏，故勘探中亦可发现一些油气藏，但这些油气藏的原油多遭受了不同程度的氧化破坏及生物降解，其原油 API 为 13°～22°。盐上油气藏储层的盖层则多为大规模发育的海相页岩。如 Lagoa Feia 组的湖相页岩和阿普第阶蒸发岩构成了盐下含油气储集层的有效盖层，而盐上含油气储集层之油气藏的主要盖层则为 Ubatuba 段的海相页岩。此外多套储集层内的薄层页岩也可作为局部盖层。因此，赛诺曼阶-土伦阶 Namorado 砂岩储层的盖层可为同时代的泥灰岩和页岩，其对油气藏亦构成了有效的封堵封盖。另外，上白垩统浊积岩成岩作用也可形成局部盖层。由于自生方解石胶结物往往导致浊积岩孔隙全部被充填，故这种浊积岩亦可成为有效的局部性油气封盖层。

4. 含油气圈闭特征

坎波斯盆地油气藏具有构造圈闭、构造-地层复合圈闭和地层圈闭三种主要类型。根据该区油气勘探实践及研究表明，构造-地层复合圈闭是该盆地中最重要的含油气圈闭类型，这种类型含油气圈闭获得的油气储量占盆地油气总储量的 66.8%，其次是地层圈闭类型，这类圈闭油气藏之油气储量占总油气储量的 29.1%。其与很多盆地有所不同的是，坎波斯盆地单纯的构造圈闭类型油气藏的油气储量甚低，其仅占盆地中总油气储量的 4.1%，这种现象可能与其油气运聚成藏条件的相互配置关系不协调有关。该区构造圈闭类型主要包括同裂谷期形成的背斜构造、断块构造和裂后被动陆缘期形成的盐构造圈闭，这些构造圈闭的储集层一般不太发育，故导致其油气储量偏低。而构造-地层复合圈闭和地层圈闭类型，由于其储集层多为浊积砂岩，其储集物性较好，故其储盖组合类型甚佳，尤其是主要的油气运聚时期与圈闭形成时期配置较好，因此，能够形成较大规模的油气藏且油气储量大。

第三节　美洲海洋含油气盆地油气分布规律

根据美洲海洋含油气盆地油气地质资料搜集掌握情况及认知程度，本节仍以油气地质资料最丰富且勘探及研究程度较高的坎波斯盆地为重点进行分析阐述。

一、油气分布特征

坎波斯盆地油气勘探实践及研究表明，其油气区域分布具有以下规律，即：已勘探发现的油气及油气田均主要分布于蒸发岩不连续分布的盐窗发育区；而在蒸发岩连续分布的区域内，基本上没有油气聚集或油气藏分布，故勘探发现的油气田极少。很显然，这些蒸发岩发育区的盐窗和盐焊接，是在盐岩活动过程中盐岩厚度减薄和撤退形成的，其结果往往造成盐上层系与盐下层系能够有效沟通和连接。当盐上与盐下两套层系中同时发育渗透性地层，油气即可穿过盐窗运移至盐上层系中。除此之外，这些油气田及油气聚集过程还可能受到基底断裂的控制。一部分油气田常常分布于基底断层附近，这些基底断裂在被动陆缘演化阶段经历了多期的构造活化，它们的再次活化亦为盐下层系深部油气垂向运移至盐上浅层圈闭系统形成油气藏提供了有利的运聚通道，促进了深部油气大规模向浅层圈闭运聚而富集成藏。总之，坎波斯盆地油气区域分布规律主要受控于盐窗发育展布，只有在那些蒸发岩不连续分布的盐窗发育区，方可形成聚集及油气藏，进而控制影响了整个区域的油气分布。

剖面上坎波斯盆地油气分布主要集中在盐上浊积砂岩储层之中，即主要富集于上白垩统浊积砂岩、古新统-始新统浊积砂岩和渐新统-中新统浊积砂岩等主力储集层段。这三套浊积砂岩中的油气地质储量分别占盆地油气总储量的 25.6%、13.2% 和 33.0%，总计高达 71.8%。此外，下白垩统巴列姆阶-阿普特阶 Lagoa Feia 群介壳石灰岩和阿尔比阶 Macae 组碳酸盐岩亦是该区两套重要的储集层，其油气储量则分别占盆地油气总储量的 16.1% 和 11.8%，其在该区油气剖面分布上亦非常重要。

从油气藏类型及分布特征看（图 9.3），坎波斯盆地油气藏主要为构造-岩性油气藏和地层岩性油气藏，而单纯的构造圈闭油气藏较少。由于浊积砂岩是坎波斯盆地最重要的油气储集层类型，因此，构造-地层和岩性圈闭中浊积砂岩储层储集了大量油气，亦即盆地油气储量均主要集中富集在这些以浊积砂岩储层为主的圈闭之中。如 Albacora 构造-地层复合圈闭油田的阿尔比阶、始新统、渐新统和中新统浊积砂岩储层油藏即为

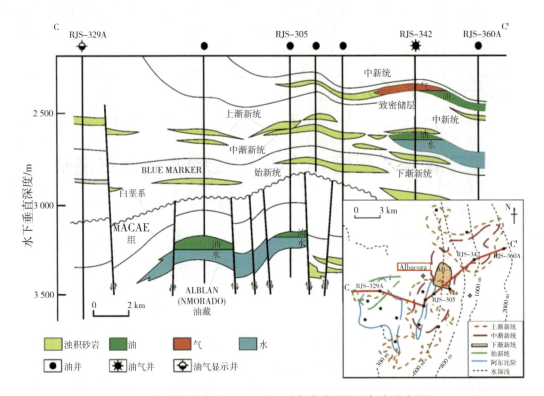

图9.3 坎波斯盆地 Albacora 油田油气藏类型及油气水分布特征

其典型实例,这些不同层位层段浊积砂岩油藏,均分布在一个大型盐枕构造之上平缓的北东-南西走向背斜群区域,始新统和渐新统浊积砂岩储层呈透镜体,且被泥岩包裹而形成了构造-岩性油气藏和地层岩性油气藏,而其下的阿尔比阶油藏则属上盘地层倾斜与断层形成的构造圈闭类型油藏。

二、油气运聚成藏模式

坎波斯盆地油气运聚成藏模式主要存在两种类型,其一为盐上层系油气运聚成藏模式;其二为盐下层系油气运聚成藏模式。

坎波斯盆地盐上层系油气运聚成藏模式,主要受裂后期盐构造作用控制(图9.4)。盐上层系油气田,在平面上主要分布于蒸发岩发育区之外或蒸发岩较薄的地区。由于盐上层系的烃源供给来自深部盐下层系烃源岩,故油气主要以垂向运移为主,其盐窗及盐焊接的发育以及基底断裂活动,为深部油气垂向向浅层盐上层系圈闭中运移提供了有利条件(陶崇智等,2013),进而导致大部分油气从深部盐下层系烃源岩,运移至浅层盐上层系的下白垩统 Macabu 组碳酸盐岩和上白垩统-中新统 Carapebus 组浊积砂岩储层之中聚集,形成了上白垩统碎屑岩和碳酸盐岩油气成藏组合类型与上白垩统-中新统碎屑岩油气成藏组合类型(张金虎,2016)。

坎波斯盆地盐下层系油气成藏组合类型及油气运聚成藏模式(图9.5),则主要受烃源岩及断裂系统控制。其主要烃源岩为盐下裂谷期湖相烃源岩，其储层为盐下裂谷期-过渡期碳酸盐岩，上覆盐岩即可作为封盖层。盐下构造群一般呈地垒、地堑相间的构造展布格局，其凹陷区是盐下烃源岩较发育的生烃中心，基底隆起区则是优质碳酸盐岩储层的发育区，也是构造圈闭的发育区。因此，盆地地堑洼陷区生成的油气，一般多沿着断层及优质储层运移到地垒区圈闭中聚集成藏（熊利平等，2012）。

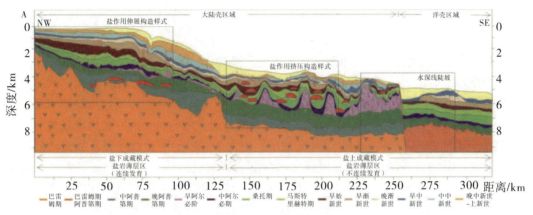

图9.4 坎波斯盆地盐上含油气系统油气成藏组合类型及运聚成藏模式

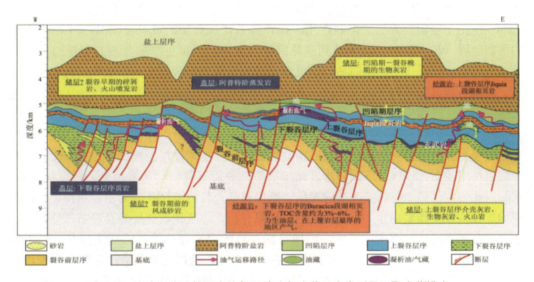

图9.5 坎波斯盆地盐下含油气系统油气成藏组合类型及运聚成藏模式

综上所述，可以看出，坎波斯盆地盐上含油气系统的油气成藏组合之主力烃源岩，即是盐下裂谷期湖相页岩，而储层则为盐上海相碳酸盐岩及浊积砂岩，其上覆广泛发育的海相页岩为封盖层，其盐下强充注的烃源供给系统为盐上油气藏形成提供了充足的烃源供给；而盐下油气成藏组合类型及其油气藏，则亦是依靠早期裂谷期断陷湖盆湖相页岩提供烃源供给，但由于受控于上覆巨厚岩盐封盖层的强封盖作用，在缺少断层裂隙活动下，油气难以突破巨厚的岩盐封盖层，而只能在盐下层系中形成自生自储的原生油气藏。另外，尚须强调指出，膏盐层为该区的区域盖层，断裂裂隙为该区主要纵向油气输导层,而裂谷期高垒带控制了油气分布,有利沉积相带的优质储层发育及展布,则控制了油气富集的主要层位层段。总之,该区盐下裂谷期烃源岩生成的大量油气,不仅可以在盐下层系中形成近源原生油气藏,亦可通过不同类型纵向运聚系统(盐窗、纵向断层裂隙系统),运聚在浅层不同类型与盐相关的圈闭以及岩性圈闭和复合圈闭中形成油气聚集而最终富集成藏。

三、油气富集主控因素

1. 优质烃源岩是形成大中型油气田的物质基础

根据烃源岩主要生烃指标综合评价,结合油气勘探实践,可以充分证实,坎波斯盆地裂谷期湖相泥页岩,属于全球最好的烃源岩之一。同时该区裂谷期盆地烃源岩展布规模亦是决定其生烃潜力大小及生烃量多少的关键。超宽的 Santos 裂谷盆地其烃源岩分布面积大于北部 Campos 和 Espirito Santo 盆地,也大于一般的南大西洋裂谷和被动陆缘的叠合盆地,其中裂谷湖盆展布规模颇大的深湖环境之优质陆相 Guaratiba 烃源岩,有机质丰度高且产烃率高、生烃强度大,故其决定了该区油气富集程度及资源潜力大小。另外,该区厚层盐岩封盖层,亦是油气富集的重要控制影响因素之一。其不仅为盐下油气藏提供了优质的封盖层,而且对烃源岩成熟生烃演化亦具有一定的抑制作用,使之能保持高的产烃率及生烃潜力。典型实例是,坎波斯盆地中生界 – 第三系烃源岩埋深已达 7 km,但由于盐岩封盖层的抑制作用,探井揭示该区烃源岩成熟度仍处于干酪根生油的早期阶段($Ro<1\%$),尚未达到过熟裂解气窗阶段,可见厚层盐岩封盖层对其下的烃源岩热演化抑制作用非常明显,这也意味着该区深层烃源岩有机质成熟演化程度并不高,尚未达到过成熟裂解成气阶段,其有机质成熟生烃尚处在液态窗阶段,仍然具有较大生油潜力,进而极大地扩大了该区油气勘探的下限门槛。

2. 优质储层分布是控制油气富集的关键

油气勘探实践及研究表明,坎波斯盆地盐下碳酸盐岩储层发育展布,主要受沉积相和成岩作用控制。该区盐下碳酸盐岩储层一般以叠层石及颗粒灰岩为主,多以粒间孔、粒间溶孔为主;另一类热液改造的储层,则以粒间及粒内溶蚀孔隙为主。两种类型储集层均具有较好的储集物性。根据油气勘探效果分析,该区优质储层发育展布严格控制了油气分布富集层位,亦决定了主要勘探目标及目的层的评价优选。如该区 Sag 段下部（5.9～6.1 km）为硅化碳酸盐岩,强烈的火山活动,造成热液改造作用强烈,形成了储集物性较好的硅化碳酸盐岩储层,其发育展布特征则控制了油气分布富集特点。而 BM-S-8 区块 Bem-Te-Vi 井和 Bigua 井,由于叠层石及颗粒(球粒)灰岩储层厚度小、空间展布规模亦小,其有效储集层分布非常局限,进而控制影响了其油气成藏规模,导致油气富集程度较差。

3. 巨厚膏盐层为盐下油气藏提供了区域封盖条件

由于坎波斯盆地陆架和陆坡宽度小,坡度较大,加上盐上地层系统前积作用强,形成了滑塌型浊积砂岩,从而造成了盐岩活动更加强烈,在坎波斯盆地形成了巨厚的膏盐层(陶崇智等,2013)。研究表明,Santos 盆地超宽的裂谷宽度使得向海方向坡度小,外部高地带膏盐层厚度大且分布连续。在 Campos 盆地,则裂谷宽度变小,坡度增大,膏盐岩连续性较差，主要为盐柱、盐筏。根据地震地质解释及油气勘探实践表明，Santos 盆地外部高地带为主要油田分布区，其盐岩封盖层连续且厚度大，对油气运聚成藏及分布能够起到非常好的区域封盖作用；而外侧深水区盐层厚度增大，但随基底抬升，盐层逐渐减薄，盐岩封盖层较局限，油气分布富集受到一定的影响；内侧盐层连续性亦变差，且易形成盐窗，则往往导致油气渗漏散失，其是油气勘探主要风险之一。Campos 盆地基底坡度较缓的中部低凸带为盐下主要油田分布区，该区外侧超深水区盐岩厚度最大且连续，是非常好的盐岩封盖层。向深海逐渐下倾，过渡为洋壳，形成盐岩逆冲带，与典型被动陆缘基底相似，内侧为盐上油气区，该区盐岩连续性差且盐窗发育，进而导致大量油气通过盐窗突破盐岩封盖层而在盐上层系的浅层构造圈闭中富集成藏。总之，该区盐岩空间发育展布与地质地貌及构造单元的相互配置关系，决定了其油气封盖层分布特点及其封盖条件的优劣，进而控制影响了区域上油气分布及其富集程度。

4. 盐构造活动及断裂活动控制盐上油气分布

油气勘探实践及研究表明，坎波斯盆地盐窗和盐焊接较发育区域，其油气主要富集于浅层盐上层系中。盐上含油气系统中油气田及油气平面分布，主要富集于蒸发岩封盖层发育区之外或蒸发岩封盖层较薄的地区。这些区域盐岩封盖层薄或缺少盐岩封盖层或盐岩封盖层被盐窗活动所突破或被断层活动切割刺穿，故其盐下层以下的中深湖相烃源岩之深部油气源，能够源源不断地向浅层运聚并在盐上层系的圈闭中富集成藏。由于聚集于盐上层系圈闭的油气，均来自深部且主要以垂向运移为主，故盐窗及盐焊接的发育和基底断裂及断层裂隙活动等，则是盐下油气向上运移的最佳优势运聚通道，并由此控制了浅层盐上层系中不同类型圈闭的油气运聚富集成藏。因此，蒸发岩后期活动形成的盐窗及盐焊接和基底断裂及断层裂隙活动等因素，均是控制该区浅层盐上层系中油气分布的主要控制影响因素。一般在蒸发岩连续分布地区，由于盐岩封盖层区域封盖作用强，往往难以形成浅层盐上油气藏或基本无盐上油气藏分布，反之亦然。

第十章　非洲海洋含油气盆地油气地质特征与分布规律

非洲大陆及大陆边缘发育有 80 多个沉积盆地，其中含油气盆地有 54 个。虽然非洲油气资源丰富，但是由于非洲石油工业发展较晚，目前大部分地区油气勘探程度仍然较低。非洲海洋含油气盆地位于非洲大陆边缘，主要集中于非洲东部大陆边缘如马里盆地、坦桑尼亚盆地、鲁伍马盆地及莫桑比克盆地等和非洲西部大西洋沿岸地区，如西部海岸的宽扎盆地、尼日利亚滨岸盆地、加篷盆地及下刚果盆地等。

第一节　非洲海洋油气勘探概况

非洲海洋含油气盆地包括西非和东非两大含油气盆地群。其中，尼日利亚、安哥拉、加蓬和刚果是西非含油气盆地群中油气资源最丰富的四个国家。西非含油气盆地群主要富集石油资源，目前已探明油气储量高达 166.5 亿吨油当量，其中石油储量即高达 114.2 亿吨，天然气储量为 3.47 万亿 m^3（折合油当量为 28.3 亿吨）；东非陆缘含油气盆地群主要包括索马里盆地、坦桑尼亚盆地、鲁伍马盆地及莫桑比克盆地等，这些盆地群则主要富集天然气资源。东非陆缘含油气盆地群整体上油气勘探程度较低，目前天然气勘探发现主要集中在索马里盆地、莫桑比克盆地、坦桑尼亚盆地和鲁伍马盆地，已获得天然气探明储量为 2.38 亿吨油当量，占总油气当量的 97%。尤其是在索马里盆地、莫桑比克盆地及坦桑尼亚盆地中天然气资源非常丰富，其天然气资源所占比例超过了 98% 以上。尚须强调指出，东非陆缘含油气盆地群在 1958—2010 年期间的早期油气勘探中，并未取得重大突破和进展，当时仅在陆上及浅水区发现了 7 个中小型商业性气田，直到 2010 年 8 月，该区油气勘探逐渐转向海洋深水区和超深水区（至 2014 年底）之后，其天然气勘探方获得了里程碑式的重大突破，尤其是在鲁武马盆地和坦桑尼亚盆地，其天然气勘探成果及效益显著，先后陆续勘探发现了 36 个大中型气田，其中大气田 9 个，天然气探井勘探成功率超过 80%。因此，东非含油气盆地群亦从此成为了全球瞩目的深水天然气勘探的热点及亮点区域。

第二节 非洲海洋含油气盆地油气地质特征

根据非洲海洋含油气盆地油气地质特征及资料掌握与认知程度,本节主要以非洲东海岸重点含油气盆地的油气地质特征为代表进行简要分析阐述。

非洲东海岸一般指从亚丁湾以南的索马里起,沿东非海岸向南至莫桑比克的广大区域。该区涉及的主要国家有埃塞俄比亚、索马里、肯尼亚、坦桑尼亚、莫桑比克和马达加斯加。主要沉积盆地(或三角洲/海槽)共 13 个,即:索科特拉盆地(Socotra Basin)、萨加莱盆地(Sagaleh Basin)、古班盆地(Guban Basin)、索马里盆地(Somali Basin)、拉穆盆地(Lamu Basin)、坦桑尼亚盆地(Tanzania Basin)、鲁伍马盆地(Rovuma Basin)、赞比西三角洲(Zambezi Delta)、莫桑比克盆地(Mozambique Basin)、纳塔尔海槽(Natal Trough)、安比卢贝盆地(Ambilobe Basin)、穆龙达瓦盆地(Morondava Basin)和马任加盆地(Majunga Basin)。

据 IHS 数据库统计分析表明,非洲东海岸含油气盆地油气勘探程度非常低,尚处在较低的油气勘探阶段且研究程度亦低。迄今为止该区的 13 个沉积盆地中目前仅有 6 个盆地获得了油气勘探发现,分别是索马里、拉穆、坦桑尼亚滨海、鲁伍马、莫桑比克和穆龙达瓦盆地。

一、区域地质背景及构造沉积特征

古生代时期非洲属冈瓦纳大陆一部分,其北部即北非为古特提斯海的南岸,中生代侏罗纪晚期非洲板块与北美板块开始分裂,白垩纪末期欧洲板块向南与非洲板块北部相碰撞。由于这种区域板块构造活动,导致非洲板块不同区域及部位,其区域构造地质背景差异明显,形成了不同成因、不同类型的沉积盆地。总结归纳起来主要有以下四种类型:第一类是克拉通边缘古生代及中生代弯曲盆地,主要分布在北非地区;第二类是大陆边缘中、新生代断陷盆地,主要分布在非洲近岸;第三类为大陆边缘中、新生代进积型三角洲盆地,主要分布在中非和北非海域;第四类为克拉通内的裂陷盆地,主要分布在非洲内陆。由于不同类型沉积盆地处于不同构造及古地理背景,其沉积充填物质及油气地质条件均差异明显,故形成了不同含油气成藏系统。如非洲北部古生代及中生代弯曲盆地,一般多由志留纪地台型海相笔石页岩和泥盆纪海相泥页岩作为主要烃源岩(总有机碳含量高达17%),同期高孔隙度海相砂岩及台地碳酸盐岩为储层,海西运动形成的一系列大型褶皱背斜为局部圈闭,早侏罗纪沉积的厚膏盐岩层为区域性封盖层等所组成的生、储、圈、盖、保之油气成藏组合类型,构成了该类盆地主要的含油气成藏系统。此外,还有由于中生代板块分裂形成的大陆边缘中、新生代断陷盆地形成的含油气成藏系统,以及中、新生代进积三角洲盆地等形成的含油气成藏系统。全球普遍分布的下志留统(S_1)、中泥盆统(D_2)、中石炭统 – 下二叠统(C_2-P_1)、上侏罗统(J_3)、上白垩统（K_2）和渐新统（E_3）等六大主要烃源岩中，非洲地区即有 S_1、D_2、J_3、K_2 和 E_3 等五套重要的烃源岩分布。总之，非洲海洋含油气盆地油气地质条件较好，含油气系统较复杂，其详细的油气地质特征详见表 10.1 所示。

表 10.1 非洲海洋含油气盆地基本油气地质特征

油气分布特征	分布区带	盆地类型	圈闭类型	储层类型	盆地	国家	地质风险系数
富含油气系统分布区	浅水	大陆边缘中、新生代裂陷盆地	构造/地层	砂岩 碳酸盐岩	Suez, Pelagian, Ivory Coast, Douala B., Gabon B., Congo B., Cuanza B.	Egypt, Tunisia, Coate d'Ivoiye, Cameroon, Gabon, Congo, Angola	0.25
		新生界大陆边缘进积三角洲盆地	构造/地层	砂岩 碳酸盐岩	Nigeria Delta, Nile Delta	Nigeria, Egypt	0.20
	深水	大陆边缘中、新生代裂陷盆地	构造-地层复合	浊积水道和浊积扇砂岩	Ivory Coast, Douala B., Gabon B., Congo B., Cuanza B.	Coate d'Ivoiye, Cameroon, Gabon, Congo, Angola	0.35
		新生界大陆边缘进积三角洲盆地	构造地层复合	砂岩	Nigeria Delta, Nile Delta	Nigeria, Egypt	0.30
与富含油气系统类似且钻井发现油气的地区	浅水	大陆边缘中、新生代裂陷盆地	构造	砂岩	Hafun, Tanzania B., Orange R., Morondava, Red Sea	Somali, Tanzania, Mozamvique, Madagascar, Namibia, Egypt, Sudan	0.35
充填结构与富含油气系统类似的地区	深水	大陆边缘中、新生代裂陷盆地	构造	砂岩	Essaouira, Orange R., Ma junga	Morocco, Naamibia, Madahascar	0.60

（据江文荣等，2005，修改）

非洲东海岸沉积盆地属被动大陆边缘盆地,这种类型的盆地主要分布在大西洋及印度洋两岸,其构造演化机制基本相同,其在古生代均属于冈瓦纳古陆,后期冈瓦纳大陆解体后演化形成为被动大陆边缘盆地。根据前人对非洲东海岸(大陆边缘)自晚石炭世以来主要构造地质事件与构造形成演化过程的分析,以及 IHS 数据库对非洲东海岸不同盆地构造演化特征的深入研究,普遍认为非洲东海岸大陆边缘构造演化过程可划分为晚石炭世 – 早侏罗世($C_3 - J_1$)陆内强裂谷、中晚侏罗世 – 早白垩世($J_{2+3} - K_1$)陆内弱裂谷(或裂谷晚期)和晚白垩世 – 新近纪($K_2 - N$)被动大陆边缘三个主要形成演化发展阶段(图10.1),这些盆地相应地沉积充填了陆内裂谷期沉积、晚裂谷期沉积和被动大陆边缘漂移期海相沉积三套主要沉积层序(张功成等,2015,2019;屈红军等,2017)。

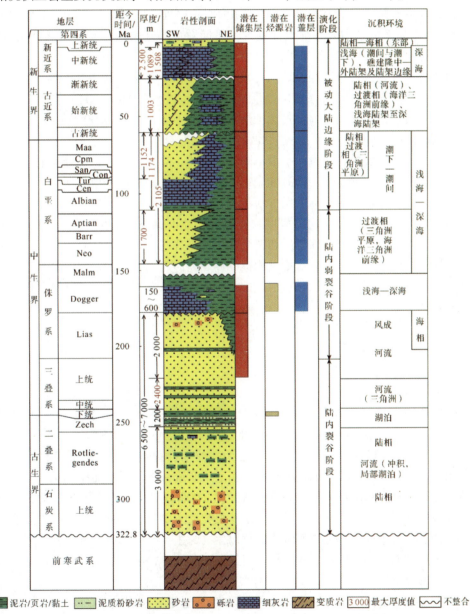

图 10.1　拉穆盆地构造演化阶段划分及地层系统与沉积充填特征

(据周总瑛等,2013)

陆内裂谷期间，由于受冈瓦纳大陆南部"Karoo 地幔热柱"影响，非洲东海岸地区受到强烈区域性伸展张裂作用，陆内裂谷广泛发育，在大陆边缘的不同构造部位，普遍沉积充填了受基底同沉积断裂控制的"地堑式"和"半地堑式"断陷沉积，此时断裂对沉积充填及沉积相展布的控制作用非常强烈。上石炭统－下侏罗统 Karoo 群岩性以陆相砂砾岩、页岩、煤系及层状火山岩为主，该阶段构造活动强度由南向北逐渐变弱，地层南部相对厚、北部相对薄。其中，南部莫桑比克盆地 Karoo 群平均厚度为 5800 m，并含大量玄武岩和流纹岩；穆龙达瓦盆地 Karoo 群主要分布于 Sakamena 断陷，其地层厚度大，最厚达 7250 m，其中发育一套 Karoo 群 Sakamena 组优质烃源层；其他盆地 Karoo 群地层厚度均较薄。

陆内弱裂谷阶段（裂谷晚期），非洲东海岸地区处在同裂谷晚期的弱伸展构造作用下，Karoo 期发育的陆内裂谷继承性发育，早期发育的基底同沉积断裂活动相对较弱，故对沉积控制作用明显减弱。沉积环境由河流、湖泊相等向海相过渡。该阶段 Karoo 裂谷系继承性发育，其分布范围及地层厚度明显比 Karoo 群大，是主力烃源岩发育层系。其中，莫桑比克盆地过渡层序地层厚度巨大，最厚达 9100 m，发育一套下白垩统 Maputo 组优质烃源层；索马里盆地过渡地层层序也较厚，最厚达 4200 m，且发育了 Transition Zone 组和 Uarandab 组页岩优质烃源层。

被动大陆边缘阶段，随着海平面不断升降变化，非洲东海岸大部分盆地广泛发育滨海泻湖相、潮间带、潮上带、浅海陆棚相、浅海陆架碳酸盐岩台地、深海相沉积和近海浊流沉积。大部分盆地西部陆上发育河流相，少数盆地大陆边缘发育三角洲平原及三角洲前缘相。尚须强调指出，晚白垩世东非边缘盆地广泛发育陆架背景下的缺氧沉积地层，其中，坎潘阶黑色页岩在海岸和整个陆架范围普遍发育，是一套非常好的优质烃源岩。该阶段非洲东海岸大部分盆地沉积范围亦逐渐向海方向扩展，地层分布广，且厚度分布总体比较稳定，其中鲁伍马盆地，由于三角洲体系发育，接受了巨厚沉积，其地层厚度平均达 6500 m。

二、油气地质基本特征

1. 烃源岩特征

非洲东海岸地区主要发育上石炭统－下侏罗统（C_3-J_1）、中上侏罗统－白垩系（$J_{2+3}-K$）和第三系（E-N）3 套主要烃源岩（张功成等，2015）。

（1）C_3-J_1 烃源岩。古生代末期，泛大陆的聚合和裂解在非洲东南部发生局部裂陷作用形成一系列长条状盆地，沉积充填了上石炭统－下侏罗统陆相烃源岩，其岩性以陆相砂泥岩、页岩和煤系为主，厚度最大可达 3000 m。上石炭统－下侏罗统具有快速沉积、快速埋藏保存的特点，其烃源岩干酪根类型主要为 Ⅱ－Ⅲ 型，有机质热演化程度高，总体上已处于成熟－过成熟阶段，故以生气为主。但该烃源岩分布较局限，主要分布于索马里盆地东部、拉穆盆地中部、坦桑尼亚盆地、鲁伍马盆地和穆龙达瓦盆地东部等区域。

上石炭统－下侏罗统烃源岩是索马里和穆龙达瓦盆地油气藏的重要的烃源岩（图 10.1），其中索马里盆地 Calub 气田的烃源岩为二叠系湖泊相 Bokh 页岩，有机质丰富，其总有机碳含量（TOC）为 0.50% ~ 1.60%，烃源岩最大厚度达 450 m，干酪根类型为 Ⅱ 型及少量 Ⅲ 型，烃源岩有机质热演化程度已达成熟 – 过成熟阶段。穆龙达瓦盆地东部 Tsimiroro 稠油和 Bemolanga 沥青砂的烃源岩，主要为 Sakamena 组中段页岩（TOC 值最高可达 6.0%，干酪根为 Ⅱ 型）及 Isalo Ⅱa 组底部页岩（干酪根为 Ⅲ 型）。

下侏罗统 Nondwa 蒸发岩和 Mbuo 页岩是坦桑尼亚盆地优质主力烃源岩。在 Mandawa 7 井，厚度超过 1000 m 的 Mbuo 组中发育优质黑色页岩，其净厚度达 400 m，烃源岩有机质丰富，TOC 值为 0.30% ~ 10.0%，HI（氢指数）值为 40 ~ 526 mg/g，生烃潜力大；在 Mbuo 1 井，Nondwa 蒸发岩有机质亦非常丰富，其 TOC 值最高可达 8.70%。下侏罗统烃源岩干酪根类型为 Ⅰ 型及 Ⅱ 型与 Ⅲ 型的混合类型（表 10.2）。

目前虽然没有鲁伍马盆地侏罗系烃源岩的地球化学资料，但根据鲁伍马盆地和邻近坦桑尼亚盆地 Mandawa 次盆之间的地震剖面对比，尤其是主要地震反射界面追踪对比以及地质露头对比，可以推断鲁伍马盆地下侏罗统具有与 Mandawa 次盆相似的沉积环境，并且存在倾油型烃源岩。根据地震资料分析表明，下侏罗统 Nondawa 组在 Lukuledi 地堑和帕尔马海湾侏罗系生油岩厚度巨大，推测是 Lukuledi 地堑及其周边地区的好的生油岩，且在 Lukuledi 地堑处埋深为 1000 ~ 4000 m，在帕尔马海湾处埋深超过 5000 m，即均已达到生烃门槛，因此可以综合判识确定为一套优质烃源岩。

表 10.2 非洲东海岸主要盆地上石炭统 – 下侏罗统烃源岩地球化学特征对比表

盆地	烃源岩	岩性	沉积环境	TOC/%	干酪根类型	演化阶段	备注
索马里	Bokh（P）	页岩	河流 – 湖泊	0.50 ~ 1.60	Ⅱ，少量 Ⅲ	成熟 – 过成熟	主要烃源岩（最厚达 450 m）
拉穆	Majiya Chumvi（T₁）	页岩	河流 – 湖泊 – 潟湖	0.20 ~ 1.18	Ⅱ/Ⅲ	成熟 – 过成熟	可能烃源岩
坦桑尼亚	Mbuo（J₁）	页岩	局限海、河流 – 湖泊	0.30 ~ 10.00（Mandawa 7 井）	Ⅰ、Ⅱ、Ⅲ 混合型	变化范围大，未熟 – 过成熟	主要烃源岩
	Nondwa（J₁）	蒸发岩		8.70（Mbuo1 井）			主要烃源岩
	T	页岩、煤层	河流 – 湖泊	页岩 27，煤层 60	Ⅲ	过成熟	推测烃源岩
		页岩		2.20 ~ 9.00	Ⅲ		
				0.30 ~ 1.20	Ⅱ/Ⅲ		
	P₂	页岩		达 2.40	Ⅱ/Ⅲ		
鲁伍马	Nondwa（J₁）	蒸发岩、页岩	局限海		Ⅱ/Ⅲ		
	P₂ – T	页岩、煤层	河流 – 湖泊	高达 7.00			推测烃源岩

续表10.2

盆地	烃源岩	岩性	沉积环境	TOC/%	干酪根类型	演化阶段	备注
莫桑比克	P_2-T	页岩、煤层	河流－湖泊				可能烃源岩
穆龙达瓦	Isalo IIa（T_2-J_1）	页岩	陆相		Ⅲ		主要烃源岩
	Sakamena 中段（P_2-T_1）	页岩	局限海	1.00～6.00	Ⅱ	成熟	主要烃源岩（Tsimiroro稠油和Bemolanga沥青砂岩的烃源岩）
	Sakoa（P_1）	煤系	陆相和滨海沼泽	页岩1～17，煤层27～70	Ⅲ		潜在烃源岩

（据周总瑛等，2013）

（2）$J_{2+3}-K$烃源岩。非洲东海岸沉积盆地发育多套侏罗系和白垩系烃源岩，且广泛分布，烃源岩品质好。其中，坦桑尼亚、鲁伍马和索马里三个盆地烃源条件最为优越（表10.3）。

由表10.3可以看出，坦桑尼亚盆地中上侏罗统巴柔阶页岩干酪根类型为Ⅱ/Ⅲ型，沉积于局限海环境（对应于大陆分离后的第1期海侵），有机质较丰富，其TOC含量为1.0%～6.0%。Tanga附近的Makarawe 1井钻遇巴柔阶海相缺氧黑色页岩，其TOC值为1.98%～2.36%。上白垩统坎潘阶黑色页岩则是坦桑尼亚盆地另一套优质主力烃源岩，在Kimbiji East 1井和Kimbiji Main 1井钻遇了该烃源岩。Kimbiji East 1井钻遇页岩有机质非常丰富，其TOC为1.78%～12.2%，Ro值为1.2%，有机质演化已达成熟－高熟阶段。在Kimbiji Main 1井对厚90 m的坎潘阶泥页岩进行了测井解释分析，结果表明其有机质丰度较高，TOC值为1.48%～1.83%，生源母质类型为Ⅱ/Ⅲ型干酪根。有机质成熟度根据Ro分析测定结果为1.4%，表明已达到了高熟生烃演化阶段。在鲁伍马盆地北部Kimbiji地区亦发现了坎潘阶黑色页岩，且主要分布于海岸及陆棚区，其可能是在晚白垩世缺氧条件下形成的，在整个陆棚区分布普遍。另外，在Lindi 2井（坦桑尼亚盆地），其坎潘阶页岩有机质非常丰富，TOC值高达12.0%，且倾向于生油，属于非常好的烃源岩。再如索马里盆地中下侏罗统Transition Zone组烃源岩，属于潮坪与潟湖相环境中形成的富有机质页岩，厚50～120 m，干酪根类型为Ⅱ型和Ⅲ型，有机质热演化程度处于高熟－过成熟阶段，生烃潜力较大。中、上侏罗统Uarandab组页岩和泥灰岩则是Ogaden次盆最优质的烃源岩，其有机质非常丰富，TOC值平均为3.0%左右（Magan 1井、Magan 2井和Gherbi 1井），最高可达7.1%。烃源岩干酪根类型以Ⅱ型为主。在Bodle深盆、Calub鞍部西侧（埋深最大处）及东南台地区烃源岩成熟度较高（中、上侏罗统烃源岩Ro值为0.60%～1.00%），表明该烃源岩已达成熟生油阶段。该盆地下白垩统 Gorrahei 组为一套泻湖相及浅海沉积的页岩及灰岩，有机质丰度亦较高，其 TOC 值为 1.00%（MAG 1 井、CLB 1 井），具有偏腐殖型生源母质，其生气潜力大，故以成气为主。

表 10.3 非洲东海岸主要盆地中上侏罗统－白垩系烃源岩地球化学特征对比表

盆地	烃源层	岩性	沉积环境	TOC/%	干酪根类型	演化阶段	样品点
坦桑尼亚	K₂	坎潘阶	页岩	海相	0.50～0.13	II/III	过成熟	Pemba 5 井
					1.78～12.20		成熟	Kimbiji East 1 井
					1.48～1.83	II/III	高成熟	Kimbiji Main 1 井
					0.31～1.43		低成熟	Songo Songo
	J₂	巴柔阶	页岩	局限海	1.98～2.36	II/III	成熟	Makarawe 1 井
鲁伍马	K₂	坎潘阶	页岩	海相	12.00	II/III		Lindi 2 井
索马里	K₁	Gorrahei	页岩、灰岩	潟湖、浅海	1.00	III		MAG 1 井，CLB 1 井
	J₂₊₃	Uarandab	页岩、泥灰岩	广海	3.00（平均）	II	低成熟	Magan 1 井，Magan 2 井，Gherbi 1 井
	J₁₊₂	Transition Zone	页岩	潮坪和潟湖		II、III	过成熟	

（据周总瑛等，2013）

（3）E-N 烃源岩。第三系烃源岩在东非大陆边缘分布广泛，但其有机质热演化程度普遍较低，除了索马里盆地相对较高外，其他盆地均偏低，其总体上均处在未成熟－低成熟阶段，且生源母质类型属偏腐殖型，加之有机质丰度相对其他层位烃源岩偏低（表 10.4），故是该区的一套差烃源岩或潜在烃源岩。

表 10.4 非洲东海岸部分盆地古近系－新近系烃源岩地球化学特征对比表

盆地	烃源岩	岩性	沉积环境	TOC/%	干酪根类型	演化阶段	样品点
索马里	E₁Sagaleh	页岩	陆架－陆坡	0.80～1.40	III/II	成熟	Uarasciek 1 井，Afgoi 2 井，Dobei 1 井

续表 10.4

盆地	烃源岩	岩性	沉积环境	TOC/%	干酪根类型	演化阶段	样品点
拉穆	E_2–E_3 Kipini	页岩	河流–三角洲–浅海	0.11~1.36（煤质页岩）	Ⅲ/Ⅱ	（未熟–低熟）	Dodori 1 井，Kipini 1 井，Kofia 1 井，Pate 1 井，Simba 1 井
	E_2–E_3 Pate	灰岩		0.65~2.00	Ⅱ	低熟	Pate 1 井
坦桑尼亚	E_2	页岩	三角洲、陆架	1.00~7.40	Ⅱ/Ⅲ	未熟–低熟	Pemba 5 井
	E_1	页岩		平均 1.00	Ⅲ 为主		Zanzibar 1 井，Ras Machuis 1 井
				0.70~1.00			Mafua 1 井
				0.31~2.41			Kimbiji East 1 井
鲁伍马	E_1–E_2	页岩	三角洲				
莫桑比克	E_1–E_2 上 Grudja	页岩	浅海–陆架	0.57	Ⅲ	未熟–低熟	Balane 1 井

（据周总瑛等，2013）

尚须强调指出，据相关研究报道，该区索马里盆地古新统 Sagaleh 组烃源岩形成于陆架–陆坡环境，其生源母质类型属于陆源偏腐殖型，且有机质演化程度已达成熟阶段，故具有一定的生烃潜力。该区 Uarsciek 1 井、Afgoi 2 井及 Dobei1 井钻探结果，即已充分证实该区古新统页岩有机质丰度较高（TOC 为 0.80%~1.40%），其生源母质属于陆源偏腐殖型，且处在成熟生油窗阶段，故具有一定的生烃潜力。

2. 含油气储集层

非洲东海岸沉积盆地含油气储集层比较发育，尤其是二叠系–新近系存在多套储集层，且储集物性较好（表 10.5）。储集层类型除了 Karoo 群为陆相碎屑岩（砂岩）储集层以外，其他层位储层主要为中上侏罗统、白垩系–新近系海相碎屑岩和碳酸盐岩。其中，碎屑岩储集层主要是三角洲和近海浊流砂岩，碳酸盐岩储集层主要是生物礁或碎屑灰岩、浅滩相灰岩、礁后鲕粒灰岩及陆架碳酸盐岩等。目前，该区各盆地已揭示和证实的主要储集层类型及储集物性与分布特征是：索马里盆地含油气储集层主要以二叠系碎屑岩储层为主，二叠系 Calub 组砂岩是 Calub 气田的主力储集层，其最大有效厚度为 40 m，孔隙度为 7.0%~19.4%，但渗透率较低，小于 $10×10^{-3}$ μm^2。坦桑尼亚盆地主要含油气储集层为下白垩统 Kipatimu 组碎屑岩储层。Songo Songo 气田主力储集层为 Kipatimu 组三角洲相砂岩，主要分布于 Albian 侵蚀不整合之下的一个狭长、低幅、断层密集的背斜中，该砂岩储集层储集物性较好，其孔隙度为 10%~30%，平均为 23%，平均渗透率为 $40×10^{-3}$ μm^2。鲁伍马盆地被证实的主要储集层为 Mnazi Bay 气田和

Msimbati 气田的上新统－中新统砂岩储层，多位于盆地中部和北部，该套砂岩储集层是鲁伍马河谷三角洲复合体的一部分，其在坦桑尼亚和莫桑比克盆地亦较发育。如 Mocimboa 1 井（莫桑比克）及 Mnazi Bay 气田、坦桑尼亚的钻井均钻遇了该套砂岩。Mnazi Bay 1 井中该套储集层全部为纯砂岩，储集物性非常好，其孔隙度为 15%～30%，渗透性好，砂岩分布厚度为 5～10 m；再如 Msimbati 1 井钻遇砂岩储集物性非常好，储集层渗透率为（182～1325）×10^{-3} μm^2，平均孔隙度为 19%。莫桑比克盆地 Temane 气田和 Pande 气田产层为上白垩统 Grudja 组下段砂岩储层，该储集层由易碎的中－粗海绿石石英砂岩组成，其孔隙度在 29%～33% 之间，储层渗透率为（185～1900）×10^{-3} μm^2，其中 Pande 11 井钻遇砂岩的最大渗透率超过 $4000×10^{-3}$ μm^2。另外，穆龙达瓦盆地上三叠统 Amboloando 组砂岩为沥青矿和稠油油藏的砂岩储集层，其中，上三叠统 Amboloando 砂岩组（Isalo Ⅱa 段）是 Tsimiroro 稠油的主要储集层。其砂岩粒度为细－中粒，磨圆度为次棱角－次圆状，储集物性较好，储层孔隙度为 10%～30%，平均 23%，储层渗透率为（100～5000）×10^{-3} μm^2。其稠油形成可能是由于水洗氧化作用或断层氧化破坏作用所致。

表 10.5　非洲东海岸地区主要盆地储层岩性及储集物性特征统计表

盆地	储集层		岩性	净厚度/m	孔隙度/%	渗透率/10^{-3} μm^2	样品点
索马里	J_3-J_2	上 Hamanlei	灰岩、白云岩	40～135	10～23	10～1000	Calub Saddle
		下 Hamanlei			11～26	5～60	Calub Area
	T_3-J_1	Adigrat	砂岩	最厚 135	10～16	>100	Ogaden 次盆
	P	Calub	砂岩	最厚 40	7.0～19.4	<10	Calub 气田
坦桑尼亚	K_2	Ruaruke	砂岩		平均 20		Mkurangal 井
	K_1	Kipatimu	三角洲砂岩		10～30，平均 23	平均 40	Song Song 气田
鲁伍马	N_1		砂岩		19	182～1325	Msimbati 1 井
	N_2		三角洲砂岩		15～30	5～10	Mnazi Bay 1 井
莫桑比克	K_2	Grudja 下段	砂岩		25～33	80～100	Buzi 气田
				6～15（平均 8.9）		>4000	Pande 11 井
					29～33	185～1900	Pande 1 井、Pande 4 井
		Domo	砂岩		28		Sunray7-1 井
穆龙达瓦	T_3-J_1	Isalo Ⅱa	砂岩	40～116	10～30，平均（23）	100～5000	Tsimiroro

（据周总瑛等，2013）

3. 油气封盖层

非洲东海岸沉积盆地油气封盖层发育（表10.6），其岩性主要是形成于中晚侏罗世－早白垩世弱裂谷期沉积层序和晚白垩世－新近纪被动大陆边缘时期飘移地层层序之页岩、泥岩和泥质灰岩等。此外，索马里盆地、坦桑尼亚盆地 Mandawa 次盆和鲁伍马盆地形成的厚层蒸发岩，也是盆地中非常重要的封盖层。索马里盆地油气封盖层主要有页岩和蒸发岩。其中 Calub 气田的封盖层是 Bokh 页岩，Adigrat 砂岩气层的盖层则是致密的 Hamanlei 组碳酸盐岩；Mogadishu 次级盆地含油气储集层的盖层是其层间页岩。尚须强调指出，Uarandab 页岩是索马里盆地最好的区域性油气封盖层，而在台地至盆地过渡区形成的蒸发岩和层间页岩则是该区的局部性的重要油气封盖层。

表10.6　非洲东海岸地区部分盆地油气封盖层岩性及分布特征统计表

盆地	地层		岩性	备注
坦桑尼亚	$E_1 - N_1$		页岩	层间盖层
	K_2	Ruaruke	页岩	下白垩统储层的区域盖层，如 Songo Songo 气田
		Cenomanian	页岩	超压，局部盖层
	J_1		页岩	局部盖层
	J_2		页岩	局部盖层
	J_1	Mbuo	页岩	Mandawa 次盆的区域盖层
		Nondwa	蒸发岩	Mandawa 次盆的区域盖层
索马里	$K_2 - E_2$	Sagaleh, Obbia, Marai Ascia, Coriole, Yesomma	页岩	层间页岩
	K_1	Main Gypsum/Gorrahei	蒸发岩	区域盖层
	J_{2+3}	Uarandab	页岩	盆内最好的区域盖层
	J_{1+2}	Hamanlei	蒸发岩	Adigrat 储集层的区域盖层，厚度 30～450 m
	Karoo	Bokh	页岩	Calub 储集层的区域盖层，厚度 30～450 m

（据周总瑛等，2013）

4. 含油气圈闭条件

非洲东海岸地区盆地不仅岩性圈闭较发育，而且与断层相关的构造圈闭亦较多。拉穆盆地晚渐新世不整合上超以及在 Garissa 隆起上形成的河道砂、点坝及决口砂微相的 Barren Beds 砂岩层尖灭；坦桑尼亚盆地上始新统的砂岩尖灭（图10.2 中Ⅱ）和鲁伍马盆地中上侏罗统碳酸盐岩上超和碳酸盐岩建造及上白垩统底部宝塔礁等形成的岩性圈闭类型（图10.3 中②、③及⑤），一般均受沉积微相分布和储层储集物性特征所控制。

在非洲东海岸地区盆地晚石炭世－早侏罗世陆内裂谷发育阶段，形成了很多大型高角度正断层，同时亦广泛发育了与地垒、地堑、掀斜断块及滚动背斜相关的一系列断层构造圈闭（图10.4 中Ⅰ、Ⅱ），这些断层构造圈闭亦是油气富集成藏的重要场所。

中晚侏罗世-早白垩世陆内弱伸展裂谷发育阶段，非洲东海岸地区盆地也形成了一些与断块相关的披覆背斜圈闭及掀斜断块圈闭油气藏、逆牵引断层圈闭以及与下侏罗统盐岩底辟作用相关的盐刺穿圈闭及其油气藏（图 10.4 中Ⅲ、Ⅳ），表明该区含油气圈闭类型多，具有较好的油气聚集场所。

晚白垩世-现今被动大陆边缘发育阶段，由于非洲大陆边缘陆内抬升作用，该区还形成了与生长断层、滚动背斜、具反转褶皱的铲状断层、花状构造及断块之上的挤压披覆构造相关的不同类型断层圈闭和背斜圈闭（图 10.2 中Ⅱ、Ⅲ、Ⅳ、Ⅴ、Ⅶ），其亦为油气聚集提供了非常好的圈闭聚集场所。

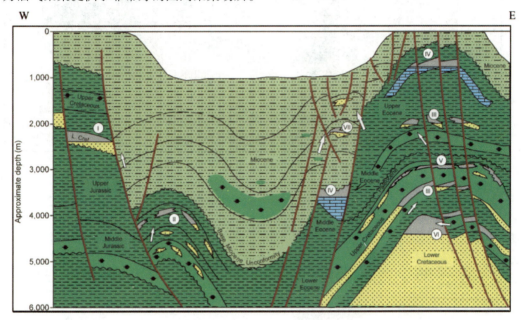

图 10.2　坦桑尼亚盆地奔巴-桑给巴尔地区圈闭类型及油气成藏模式

（据 IHS 数据库）

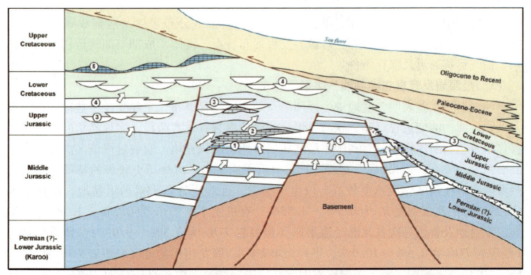

图 10.3　鲁伍马盆地 IBO 隆起和 Palma 湾地区圈闭类型及油气成藏模式

（据 IHS 数据库）

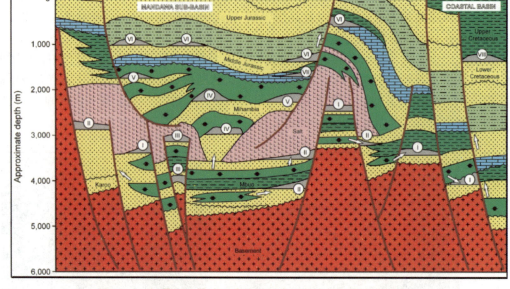

图 10.4　坦桑尼亚曼达瓦次盆圈闭类型及油气运聚成藏模式
（据 IHS 数据库）

第三节　非洲海洋含油气盆地油气分布规律

本节主要以非洲东海岸含油气盆地群为例，重点对其油气分布及聚集规律进行简要分析阐述。

油气勘探实践及研究表明，非洲东海岸盆地群油气分布规律及运聚成藏的主控因素，主要取决于四个方面，即：烃源岩发育展布特点、圈闭形成期与油气运移期匹配关系、油气运移通道及保存条件。

1. 烃源岩发育展布控制油气类型及分布

油气勘探实践表明，盆地中生烃凹陷及烃源岩发育展布，主要受控于盆地构造格局及沉积旋回的演变过程。非洲东海岸地区盆地陆内裂谷发育阶段，多种高角度的沉降滑移作用及生长断层作用，有利于厚层陆相层序地层沉积充填。裂谷阶段该区沉积充填的二叠系－三叠系"Karoo 群"烃源岩即具有沉积速率高、沉降历史较长的特征。因此其烃源岩有机质热演化成熟度较高，以生气为主，且广泛分布于索马里盆地、拉穆盆地（烃源岩有机质成熟度 R_o 为 0.9%～1.55%，有机质丰度 TOC 为 0.2%～1.18%）、坦桑尼亚盆地及鲁伍马次盆北部泛滥平原（烃源岩 TOC 为 0.3%～9.0%）、鲁伍马盆地（烃源岩 TOC 为 0.6%～10.9%，平均为 4.7%）、穆龙达瓦盆地（烃源岩 TOC 为 1%～6%）等地区。这些区域烃源岩成熟度较高且属偏腐殖型生源母质类型，故该区油气产出均以富集天然气及伴生凝析油资源为主。而莫桑比克盆地由于二叠系煤带及煤系烃源岩较发育,则往往能够形成非常规天然气——煤层气富集且分布广泛。

陆内弱伸展裂谷发育阶段形成的中上侏罗统浅海相、潮坪和泻湖相多套海相页岩烃源岩,广泛分布在该区索马里盆地欧加登次盆、拉穆盆地、坦桑尼亚盆地、鲁伍马盆地及穆龙达瓦盆地,其烃源岩干酪根以偏腐殖型的Ⅱ-Ⅲ型干酪根为主,且其在白垩纪即进入生油窗,现今烃源岩成熟度处在成熟-高熟阶段,具有较大生烃潜力。另外,白垩系泥页岩烃源岩在上述盆地中亦有分布,且亦以Ⅱ-Ⅲ型干酪根为主,在古近纪已进入成熟生油窗,但成熟度较低,目前处在低熟-成熟阶段,生烃潜力较差。

被动大陆边缘发育阶段,东非海岸盆地古近系烃源岩纵向分布较少且较局限,烃源岩有机质成熟度相对较低,生烃潜力有限。但在索马里盆地,尤其是摩加迪沙次盆沿海地区,古新统形成的大陆架-斜坡相陆源粉砂质页岩烃源岩具有较大生烃潜力,其烃源岩有机质丰度较高,TOC含量一般为$0.8\%\sim1.4\%$,且已达到成熟生油门槛,但仅少部分烃源岩具"倾油性",大部分烃源岩受偏腐殖生源母质类型影响,多以生气及轻质油和凝析油气为主。另外,在拉穆盆地下始新统Pate灰岩段烃源岩,其干酪根类型为Ⅱ型,属于偏腐泥的生油型。在Pate1井灰岩烃源岩的R_o、TTI、PI及SCI和CPI等成熟度参数(R_o为0.62%;PI值为$0.03\sim0.43$;$Tmax$为$432\sim434$℃;SCI为5.5;CPI为1.04)均明显偏低,亦表明其为低成熟-成熟烃源岩,但有机质丰度较高,其TOC为$0.65\%\sim2.0\%$,$S2$为$2.01\sim6.81$(平均值为4.4),氢指数为$309\sim486$ mg HC/(g*TOC),具有一定的生烃潜力。总之,上述指标及参数均指示这种灰岩烃源岩有机质已达到了成熟生烃阶段,但成熟度偏低,生烃潜力有限。该盆地始新统-渐新统Kipini页岩层烃源岩,分布厚度$130\sim870$ m,其TOC变化较大,为$0.11\%\sim11.36\%$。烃源岩干酪根类型为Ⅱ/Ⅲ型,既可生油亦可生气,但成熟度亦偏低,处于未熟-低熟阶段(R_o为$0.24\%\sim0.7\%$),故生烃潜力亦有限。尚须强调指出,在坦桑尼亚盆地的马菲亚、桑给巴尔和奔巴海峡(Mafia, Zanzibar and Pembachannels)等地区,亦可见相对较厚的古近系-新近系沉积物,这些沉积物在埋藏较深处亦可具备生烃条件。其中,古新统页岩有机质组分以惰性木质组及镜质组为主,其TOC变化较大,TOC含量为$0.31\%\sim2.41\%$,处于低成熟阶段,亦具有一定的生烃潜力;另外,中始新统页岩烃源岩,其干酪根为Ⅱ/Ⅲ型,但腐泥型有机质含量较高,有机质丰度即TOC含量为$1\%\sim7.4\%$,HI为688 mg HC/(gTOC),虽然成熟度较低,但亦具有较大的生烃潜力。

除此之外,鲁伍马盆地渐新统建设性三角洲和前三角洲页岩层序沉积,可能亦具有一定的生烃潜力。曼纳兹湾勘探发现的天然气即蕴藏于渐新世三角洲砂岩中,该天然气藏主要由高含量甲烷组成,推测主要是由于生物降解作用形成的生物气。这主要是由于该区渐新统沉积有机质成熟度偏低,尚处在未熟-低熟的生物化学作用阶段,故以生物气产出为主。另外,莫桑比克盆地古新统-下始新统浅海相上Grudja段页岩烃源岩,亦与上述鲁伍马盆地渐新统页岩沉积类似,其烃源岩有机质丰度较低(TOC含量低于1%),有机质类型多属Ⅲ型干酪根,亦处于未成熟生物化学作用阶段,故亦以生物气产出为其重要特征。

2. 圈闭形成期与油气运聚时间匹配关系

非洲东海岸主要盆地含油气系统及油气分布规律的典型实例,充分表明了含油气圈闭形成时间早于或同步于油气初次及二次运移时间的时空耦合配置关系是油气藏形成的关键所在。亦即该区自晚古生代开始形成的不同类型含油气圈闭(背斜圈闭和断层圈闭),其形成时间大都与受构造沉积作用控制影响形成的烃源岩及有效生烃灶之生排烃运聚时间基本一致,或烃源岩生排烃运聚时间略早于其含油气圈闭形成时间,此时两者的时空耦合配置关系较好,其含油气圈闭聚集油气的概率高且能够有效地捕获油气。该区索马里盆地、坦桑尼亚盆地、鲁伍马盆地及莫桑比克盆地等区域勘探发现的深水油气田及油气藏即是其典型实例。因此,含油气圈闭形成时间与烃源岩生排烃运聚时间基本一致或同步的较好时空耦合配置关系,不仅决定影响了能否形成油气聚集及富集成藏,而且亦决定和控制影响了含油气圈闭的油气聚集程度与油气藏的区域分布规律。油气勘探实践表明,盆地中含油气圈闭及其油气藏分布,均主要处于烃源岩及生烃灶有效供烃范围之内的优势运聚通道所在区域,且其烃源岩生排烃及运聚时间与含油气圈闭形成时间基本一致匹配较好,只有在这种源-聚-汇油气运聚系统时空耦合配置较好的地质条件之下,方可形成大规模油气聚集和商业性油气藏,反之亦然。

3. 运移通道对油气运聚成藏的控制

断层裂隙及其他具有通道作用的地质体是烃源岩中生成的油气向储集层及含油气圈闭中运聚输送的桥梁,是促使油气运移的主要运聚输导系统。其中断层活动在断层面附近形成断裂破碎带,即是流体运聚疏导的主要运移通道,同时由于剖面上地层条件下深部与浅层存在压力差,那么断层裂隙即提供了地层孔隙流体压力释放的窗口,进而促使地层深部流体向浅层运移。非洲东海岸盆地中绝大多数局部构造圈闭均沿断裂带分布,其形成都与断裂活动密切相关,断层裂隙沟通了烃源岩与储层及其含油气圈闭,促使深部油气向浅层运移聚集而最终富集成藏(张功成等,2015)。该区陆内裂谷发育阶段往往形成纵向大型高角度正断层且断距较大,后期又叠加了许多伴生断层裂隙的频繁活动,故起到了断穿烃源岩层连通储层及其上覆含油气圈闭的桥梁作用,其是深部烃源岩生成的油气向浅层储层及其圈闭中运聚输导的重要的优势运聚通道。非洲东海岸盆地油气多以短距离(数千米)沿断层垂直运移为主,油气通过断层输导作用,均以"垂向式充注"方式在圈闭中富集成藏(图10.2、图10.4)。诚然亦有油气通过侧向断层的"侧注式(横向式充注)"运聚方式富集成藏的(图10.2中Ⅵ)。典型实例如穆龙达瓦盆地,其油气沿断层垂直运移是该区油气运移的主要方式,但沿侧向上倾方向的油气运移,则可能是Bemolanga重油聚集成藏的主要原因。

总之,某些局部地区亦存在油气藏直接接触底部烃源岩或距其很近,其油气则通过初次运移或短距离运移即可直接富集成藏。如坦桑尼亚盆地曼达瓦次盆下侏罗统Mbuo组烃源岩,其生烃后沿正断层或由于重力作用向上运移至Mbuo组砂岩储层,而Mbuo组砂岩上倾方向被Mbuo组页岩封盖,其侧向上则被断层一侧的基底封盖,形成构造-岩性复合含油气圈闭及油气聚集或油气藏(图10.4中Ⅱ)。

尚须强调指出,以不整合面及侧向分布稳定、延伸较长的砂岩输导体储层为主要运聚通道,其油气运聚充注方式以"侧注式"将油气输送至较远距离的含油气圈闭中成藏的实例亦存在。非洲东海岸盆地中不同构造演化阶段抬升剥蚀作用形成了不整合面,以及风化淋滤造成的裂缝、溶洞等构成的不整合面缝洞空间网络系统，即为该区油气长距离侧向运移提供了良好的运聚通道。不同时期生油岩生成的油气沿不整合面向隆起区或构造高部位运移，在具备较好圈闭条件的场所则形成油气聚集或油气藏。典型实例如鲁伍马盆地，其上白垩统或古近系底部均遭受长期风化剥蚀，白垩系页岩岩层变薄甚至缺失，使得油气能够较容易地通过不整合面缝洞运聚系统等优势通道，最终运移到古近系砂岩储层及圈闭中富集成藏。另外，坦桑尼亚盆地鲁菲吉坳陷边缘 Wingayongo 组存在一个活跃的含气油苗聚集体，其油气则主要是通过断层运移上来，其后再通过 Kipatimu 组多孔砂岩大规模侧向运聚而最终形成油气聚集或油气大量散失而产生油气苗。

4. 保存条件是保证油气成藏的重要因素

前已论及，非洲东海岸盆地经历了三期主要的伸展构造作用：晚石炭世－侏罗纪陆内裂谷伸展作用，中晚侏罗世－早白垩世弱伸展裂谷作用及渐新世－现今东非裂谷系伸展作用。进而造成非洲东海岸地区构造活动强烈，不同层系油气藏保存条件在不同盆地或同一盆地的不同构造部位等，均存在着比较大的差别。另外，某些局部地区如穆龙达瓦盆地存在较多通天断裂或构造抬升等造成的剥蚀作用，也在一定程度上破坏影响了油气藏的保存条件，亦控制了油气藏形成与分布。

根据非洲东海岸地区主要盆地断裂发育程度、盖层分布特征（厚度及层数）、构造抬升和剥蚀程度、后期构造运动次数、伸展期次和强度等 5 个指标参数，周总瑛等（2011）重点对该区油气藏保存条件进行综合分析评价与预测，结果表明，该区不同层系油气藏保存条件，在不同盆地或同一盆地不同构造部位均存在较大的差别。油气保存条件较好和好的地区，在 6 个重点盆地中均有分布，并且呈条带状沿海岸带滨海次盆中集中展布。其中，拉穆盆地－坦桑尼亚盆地中东部、莫桑比克盆地北部和中东部、拉穆盆地东侧等区域，其油气保存条件属于好－较好的地区，而索马里盆地和穆龙达瓦盆地油气保存条件相对较差。

第十一章 亚太地区海洋含油气盆地油气地质特征与分布规律

亚太地区范围大，海洋含油气盆地甚多，限于已掌握的油气地质资料情况及认知程度，本章主要以澳大利亚西北陆架盆地和南海大陆边缘典型盆地为主要代表，重点对其油气地质特征及油气分布规律，进行简要分析阐述。同时，对亚太西亚地区波斯湾盆地油气地质特征亦进行粗略地简介。

亚太地区（主要为南亚-东南亚）海域主要分布有 71 个含油气盆地，迄今油气勘探获得的油气可采储量为 258.67 亿 m^3（油当量），占世界探明油气总储量的 6.99%，其在世界大油气区探明油气储量中所占比重较小。尚须强调的是，该区油气分布主要集中在东南亚地区。东南亚地区 3 个地块的 42 个含油气盆地中，探明油气可采储量达 201.14 亿 m^3（油当量），占南亚-东南亚地区总油气可采储量的 77.76%；而南亚地区印度陆块分布的 13 个含油气盆地，其探明油气可采储量约为 57.53 亿 m^3（油当量），仅占南亚-东南亚地区总油气可采储量的 22.24%。表明该区油气分布及油气田均主要集中于东南亚地区。

亚太地区西亚的波斯湾盆地，属于世界油气极为丰富的区域。据不完全统计，目前已探明石油储量占全世界总石油储量的一半以上，其石油年产量则占全世界总产量的三分之一。该区油气勘探所发现的油田，其储量规模巨大，平均每个油田石油储量达 3.5 亿吨以上，为超级大油田。而且这些超大型油田多分布在海岸附近的海上和陆上，因此，油田开发生产过程中，石油输油管运输距离短，原油外运非常方便。加之，这些油田的油藏原始地层压力高，即油藏原始产能大，故油井多为具有原始驱动力的自喷井，其占油井总数的 80% 以上，故其生产成本极低而经济效益非常高。

第一节 亚太地区海洋油气勘探概况

亚太地区海洋含油气盆地众多，限于海洋油气地质资料及油气勘探成果掌握情况及认知程度，本节重点对亚太西亚地区波斯湾富油气盆地和亚太东南亚地区澳大利亚陆架含油气盆地及中国海域主要含油气盆地油气勘探开发概况及主要成果进行分析阐述。

众所周知，亚太西亚地区波斯湾盆地拥有目前世界上最大油田和气田，且占世界石油剩余探明储量的 56.6%。这些石油储量主要分布于沙特阿拉伯、伊朗、伊拉克、科威特、阿联酋等 5 个国家（亦称阿拉伯国家）。20 世纪末，阿联酋探明原油储量为 981 亿桶，约占全球总原油储量的 10%，其中阿布扎比原油储量约占阿联酋全国 94% 以上，而探明天然气储量为 6.1 万亿 m³，约占全球天然气总储量的 4%，其占阿联酋全国天然气储量的 90% 以上。经过多年的石油天然气勘探开发，据美国 2015 年《石油与天然气杂志》最新统计结果，截至 2014 年底，阿联酋石油剩余探明可采储量为 978 亿桶，约占世界石油总储量的 6%，居世界第 7 位，这其中 94% 石油储量均主要集中在阿布扎比酋长国，剩余 6% 石油储量来自其他 6 个酋长国，其中迪拜探明的石油可采储量为 40 亿桶。阿联酋每天石油产油量不等，但基本均维持在 300 万桶左右。2014 年阿联酋的石油日产量平均达到了 350 万桶，其中一部分供国内市场消费，另一部分出口国外，而且约 96% 石油出口亚洲地区。阿联酋天然气剩余探明可采储量为 6.089 万亿 m³，约占中东天然气总储量的 8%，居世界第 7 位。这其中 94% 的天然气也集中在阿布扎比酋长国，剩余 6% 天然气则主要分布在沙迦、迪拜及哈伊马角等地区。阿联酋的油气产业始于海洋。1958 年，阿布扎比海洋石油公司（ADMA），首次在波斯湾乌姆谢夫油田（Umm Shaif）勘探发现了大量可供开采的石油，之后相继在其他酋长国亦勘探发现了油气田。其中石油主要在阿布扎比、迪拜、沙迦及哈伊马角（按储量多少排列）等四个酋长国发现，其余的富查伊拉、阿治曼及乌姆盖万等地区并没有油气勘探的重大发现。根据阿联酋油气勘探发现的主要油田统计结果，其多以海上油田居多，海上油田数量占主要油田总数的 80%。尤其是在最近 20 多年，阿联酋石油勘探开发进展较快，石油开采率明显提高。这主要是由于油气勘探活动不断有新发现，特别是在海洋近海海域。阿联酋主要的海上油田为上扎库姆油田（Upper Zakum Oil Field）、乌姆谢夫油田（Umm Shaif）和下扎库姆油田（Lower Zakum）。其中上扎库姆油田，是阿联酋最大的海上油田、世界第二大海上油田及全球第四大油田。该油田于 1963 年被油气勘探所发现，1967 年投入开发生产，其位于海湾地区阿拉伯联合酋长国西北约 80 km 处。该油田含油面积高达 1200 km²，目前有约 450 口油井在开发生产。据福布斯 2013 年公布的统计数据表明，上扎库姆油田拥有的石油总储量估计达 500 亿桶，其中可采石油储量为 210 亿桶，目前，该油田每天可生产 50 万桶原油（阿联酋 2013 年鉴公布的数据为 52 万桶）。上扎库姆油田由阿布扎比国家石油公司（ADNOC）控股 60% 的扎库姆发展公司（ZADCO）负责开发，埃克森美孚公司（EM）和日本石油开发公司（JODC）分别持股 28% 和 12%。该区正在推行 UZ750 油田开发工程计划，亦已于 2017 年完成，其石油产量进一步提升至日产石油 75 万桶，且这一产能将会持续 25 年。另外两个海上油田即乌姆沙伊夫和下扎库姆油田，主要由阿布扎比海上石油公司（Adma-Opco）控制，目前正在推进一项十年石油开发计划，在 2019 年已将两个油田的石油日产量从 2009 年的 60 万桶提高到 100 万桶。该公司还打算开发三个规模较小的海上油田，预计亦会将该区的原油产量再增加 7.6 万桶日产量。另据海洋技术信息网显示，阿布扎比的 Satah al-Razboot（SARB）海上油田也在推进产量的增长，该油田位于阿布扎比西北 200 km 处，由阿布扎比国家石油公司（ADNOC）控股，且与阿布扎比海上石油公司（Adma-Opco）开展合作勘探开发，预计其石油产能将提升至 10 万桶/天（薛英杰，2015）。

亚太地区另一重要海洋含油气盆地即是澳大利亚陆架含油气盆地，该盆地主要分布在澳大利亚西北陆架和南部边缘区，且处在被动大陆边缘的区域构造位置。从中生代始由于受被动大陆边缘活动及发育演化过程的控制和影响，最终形成了一系列富油气盆地，而这些富气盆地聚集了整个澳大利亚含油气盆地 90% 的油气资源。其中，澳大利亚西北陆架盆地主要富气且伴生少量油，属于典型的富气盆地。该盆地油气垂向分布具有"上油下气"的分布特征；而南部边缘盆地则普遍以产油为主，但其油气资源及石油储量相对较少。澳大利亚西北陆架盆地群规模巨大，其总面积约 120 万 km^2（王力等，2011），是全球比较典型的以天然气为主伴有少量凝析油的天然气资源富集区，其中天然气资源量约占该区油气资源总量的 82%，而凝析油及原油总量则仅占比 18%（何登发等，2015）。总之，澳大利亚西北陆架盆地群天然气资源潜力巨大，其在澳大利亚海域油气勘探开发中占有重要地位。

澳大利亚西北大陆架区位于澳洲西北缘，主要由陆架以及边缘台地和高地组成，其向海域一直延伸至 2000 m 水深。澳大利亚西北大陆架区主要由四个盆地和帝汶 - 班达造山带共五个构造单元所组成（图 11.1），这四个中生代沉积盆地群共同构成了西澳地区巨型含油气盆地。这些盆地群展布从西南向东北依次为北卡纳尔文（North carnarvon）盆地、海域坎宁（Canning）盆地（又称柔布克盆地）、布劳斯（Browse）盆地和博纳帕特（Bonaparte）盆地，这些盆地均属于典型的被动大陆边缘盆地类型。四个盆地的有效油气勘探面积约 110 万 km^2。

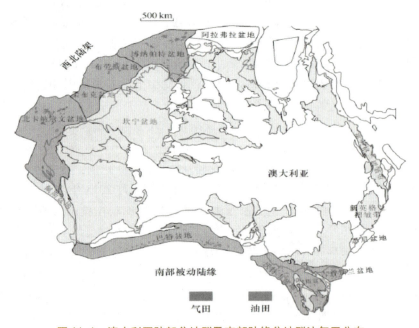

图 11.1　澳大利亚陆架盆地群及南部陆缘盆地群油气田分布

澳大利亚西北陆架盆地群自 1953 年开始油气勘探以来，已勘探发现含油气系统及其油气田 30 多个，其中先后勘探发现大气田 20 多个。截至 2009 年底，在西北陆架盆地群已探明和控制石油可采储量（原油和凝析油）9.72 亿吨，天然气可采储量 5.92 万亿 m^3，属于典型的富天然气而相对贫油的巨型油气区。尚须强调的是，澳大利亚西北陆架盆地群油气勘探程度远远低于当前国际油气勘探的平均水平，且已探明油气田的开采率也很低，目前除巴罗 - 丹皮尔次盆地及马里塔地堑等构造单元油气田开发生产程度较高外，其他地区油气勘探开发生产程度均较低或基本未开采。总之，澳大利亚西北陆架盆地群油气勘探开发程度尚低，其剩余油气资源潜力大，油气勘探开发前景极佳。

除了澳大利亚西北陆架盆地群之外，处在亚太东南亚地区中国海域的海洋油气勘探开发进展亦较快，迄今为止海洋油气勘探发现的油气田及其油气储量亦较多。自20世纪80年代以来，中国海洋油气勘探开发取得了一系列丰硕成果和重大突破，尤其是"十一五"以来，中国海油（中国海洋石油总公司）油气勘探开发进入了历史发展的新时期和快车道，其探明油气地质储量稳步快速增长，先后陆续发现了30多个大中型油气田，包括一批亿吨级大油田和千亿 m^3 级大气田，且在2010年其海洋油气总产量达到了5000万吨油当量，建成了"海上大庆"（大庆油田的油气产量达到5000万吨油当量），迄今中国海洋油气总产量可达6000万吨左右油当量。总之，近10多年来中国海洋油气勘探开发中，不仅油气储量及产量大幅度增长，而且由于油气勘探领域不断拓展创新，油气勘探不断获得新突破和重要进展，新领域、新层系均获得了重大油气发现。如在渤海盆地浅层石油勘探和中深层天然气勘探领域及活动断裂带等区域，其油气勘探均不断获得重大突破和新发现；在南海北部大陆边缘陆架浅水区油气田滚动勘探开发，以及中深层高温超压油气勘探均获得了重大突破和新的进展；在南海北部陆坡深水区，其深水油气勘探及天然气水合物勘探亦获得里程碑式的重大突破。近年来先后在南海北部陆坡深水区东部和西部，陆续勘探发现了荔湾3-1等大中型气田及油田和陵水17-2及陵水25-1等大中型气田。同时在南海北部陆坡东西部深水油气田所在区域的浅部超浅层系，即深水海底浅表层（水深800～1600 m）还先后勘探发现了不同类型高饱和度的天然气水合物矿藏，其中近年来勘探发现的三个天然气水合物矿藏的地质储量规模，至少相当于3个千亿立方千米规模以上的大气田。总之，中国海洋油气勘探开发成果颇丰，油气资源丰富，油气勘探前景广阔，其所在的渤海、东海，尤其是南海海域油气资源潜力巨大，其应是该区未来海洋油气勘探可持续发展及增储上产和海洋油气资源勘探战略接替的重要选区和资源潜力大的主要勘探靶区。

第二节　亚太地区海洋含油气盆地油气地质特征

根据亚太地区海洋含油气盆地油气地质资料搜集及掌握程度，本节主要以波斯湾盆地和澳大利亚西北陆架盆地群为例，对其油气地质特征做简要介绍。

一、波斯湾盆地油气地质特征

波斯湾盆地位于阿拉伯板块，介于北纬 $13°\sim 38°$、东经 $35°\sim 60°$ 之间，分布范围涵盖了也门、阿曼、沙特阿拉伯、阿联酋、卡塔尔、巴林、约旦、以色列、巴勒斯坦、黎巴嫩、叙利亚、伊拉克、科威特、土耳其东南部和伊朗西南部等广大地区，展布面积达305万 km^2。波斯湾盆地西部为阿拉伯地盾，其地势相对较高向东地势减缓，且逐渐过渡至地势较低的波斯湾和底格里斯－幼发拉底河谷；其东部为扎格罗斯褶皱冲断带，其构成波斯湾盆地东部边界。波斯湾盆地北部为底格里斯－幼发拉底河冲积平原，现今底格里斯－幼发拉底三角洲仍在前积，且逐渐充填波斯湾。

波斯湾盆地基底由前寒武纪结晶岩和早寒武纪变质岩及火山碎屑岩构成，其在阿拉伯地盾上均有广泛出露。另外，在阿曼山东部的一些露头和探井中也发现了由火山岩和变质岩构成的结晶基底，其放射性同位素年龄测定为 7.4～8.7 亿年。盆地基底之上充填的沉积盖层巨厚，地质时代从前寒武纪一直到新近纪。盆地沉积充填厚度自西向东增厚，从最薄沉积区小于 1525 m，到波斯湾附近最厚处则超过 9150 m，尤其是在扎格罗斯盆地地层最厚可达 13715 m 以上。前寒武系为一套含蒸发岩的地层，古生界则是一套以碎屑岩为主的层系，碳酸盐岩局限于中寒武统、泥盆系和上二叠统，中、新生界沉积则主要由碳酸盐岩组成。

1. 波斯湾盆地烃源岩及储盖层特征

波斯湾盆地烃源岩主要由页岩、泥岩、泥灰岩和泥质灰岩组成。盆地不同构造单元发育的主力烃源岩层有所差异（图 11.2）。扎格罗斯次盆地发育 7 套烃源岩层：前寒武系－下寒武统霍尔木兹（Hormuz）岩系、下志留统贾赫库姆（Gahkum）组、中侏罗统萨金鲁（Sargelu）组、下－中白垩统盖鲁（Garau）组、中白垩统卡兹杜米（Kazhdu-

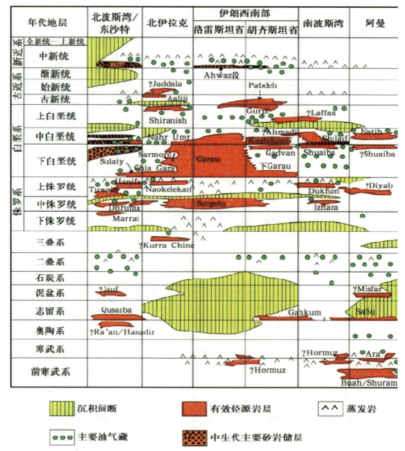

图 11.2　波斯湾盆地主要油气藏与烃源岩及储集层（产层）和油气封盖层剖面分布
（据贾小乐等，2011）

mi）组、上白垩统古尔帕（Gurpi）组和古新统帕卜德赫（Pabdeh）组。其中，以卡兹杜米组为主的4套中生界烃源岩层为该次盆地主要烃源岩层；阿曼次盆地发育3套烃源岩层，前寒武系-下寒武统侯格夫（Hugh）群（包括uah/Shuram组和Ara组烃源岩）、上侏罗统图韦克（Tuwaiq）组和中白垩统纳提赫（Natih）组；在阿拉伯次盆地，下志留统阔里巴赫（Qalibah）组的古赛巴（Qwsaiba）段是最重要的古生界烃源岩层。该盆地中生界主要烃源岩层则为上侏罗统图韦克组、哈尼费（Hanifa）组和下白垩统苏莱伊（Sulaiy）组。

波斯湾盆地含油气储层主要为上二叠统Khuff组产层、上侏罗统产层（Arab组）、中白垩统产层（Mauddud组和Bangestan群）和渐新统-下中新统Asmari组产层。这些产层（储集层）岩性主要为碎屑岩和碳酸盐岩类型。其油气封盖层主要为下三叠统Sudair组区域盖层（Khuff组的盖层），以及上侏罗统提塘阶Hith组硬石膏盖层（Arab组的盖层）和下-中新统下Fars组（Gachsaran组）蒸发岩系（Asmari组的盖层）等局部盖层。同时Arab组内的夹层硬石膏亦为局部盖层。

2. 波斯湾盆地含油气圈闭及油气藏类型

波斯湾盆地含油气圈闭类型主要为构造圈闭，具体可分为盐流动形成的构造圈闭以及基底活动形成的构造圈闭和侧向挤压形成的构造圈闭。目前勘探发现的油气藏以构造油气藏类型占绝对优势，其次为构造-地层油气藏，地层岩性油气藏较少。与其他含油气盆地相比，波斯湾盆地油气藏之构造圈闭类型比较简单，其形成主要受控于3种主要机制，即盐流动、基底活动和侧向挤压。由盐流动形成的构造圈闭类型，主要分布于南海湾盐盆和南阿曼-哈巴盐盆；侧向挤压形成的构造圈闭类型，则主要分布于扎格罗斯次盆地。该盆地由于晚白垩世以来新特提斯洋闭合，最终导致阿拉伯板块与中伊朗板块的碰撞拼合，产生以侧向构造挤压应力为主的动力，故往往形成挤压成因的构造圈闭类型；远离扎格罗斯山前褶皱带的阿拉伯次盆地，由于经受的构造运动和侧向挤压作用较弱，该区构造运动通常以基底垂向活动为主，故往往形成受控于基底垂向活动的构造圈闭类型。

3. 波斯湾盆地油气分布规律及主控因素

区域上波斯湾盆地油气田主要分布于前陆带和被动大陆边缘地区，即扎格罗斯前陆褶皱带、卡塔尔-南法尔斯隆起和中阿拉伯隆起带，且在不同地区天然气在剖面上富集的层系有所不同。如在扎格罗斯次盆地，二叠系-三叠系、白垩系和古近系-新近系是天然气最为富集的层系；而在中阿拉伯次盆地，二叠系-三叠系是天然气最富集的层系，其次是侏罗系和白垩系；在鲁卜-哈利次盆地，侏罗系是天然气最富集的层系，其次是二叠系和白垩系；在阿曼次盆地，则寒武系-奥陶系和白垩系是天然气最富集的层系。根据波斯湾盆地油气地质研究及勘探实践，该区油气及油气田形成分布的主要控制因素，可简要总结为以下几点：①烃源岩有机质类型与热演化程度。该区大气田气源供给主要来自志留系和白垩系两套不同成熟度的偏腐殖型生源母质类型烃源岩，亦即不同成熟度的偏腐殖型烃源岩展布与优势运聚通道系统及有利圈闭成藏系统的时空耦合配置，控制了油气及大气田的分布。②优质储层及有利储集条件。有利储集条件及优质储集层亦是控制油气富集，形成大油气田的主要因素之一。该区晚二叠世khuff组储层，晚侏罗世Arab组储层，中白垩世Mauddud组和Bangestan群，渐新世到早中新世Asmari

组储层储集物性较好，分布稳定，很显然，这种优质储集层的展布控制了油气富集程度及大油气田的形成。③区域及直接油气封盖层。区域封盖层及局部盖层是油气藏形成必不可少的基本条件，亦是构成富集成藏系统的主要因素和不可缺少的要件。该区广泛发育的下三叠统 Sudair 组致密灰岩区域盖层以及上侏罗统提塘阶 Hith 组硬石膏盖层和下－中新统下 Fars 组（Gachsaran 组）蒸发岩系等直接（局部）盖层，均构成了非常好的油气封盖条件，防止和杜绝了油气的散失损耗。④构造含油气圈闭形成之应力场。油气勘探实践表明，分布在前陆带和被动大陆边缘的大量构造圈闭类型油气藏，其含油气构造圈闭形成，均主要受控于不同构造活动方式及其构造应力场作用。如前陆带分布的构造圈闭类型油气藏，其成因多属于以侧向挤压和盐流动引起而形成的构造圈闭及其油气藏；而被动大陆边缘区分布的构造圈闭类型油气藏，则多为以基底活动和盐流动作用为主形成的相关构造圈闭及其油气藏。其中基底活动断裂为深部油气运移到上覆构造圈闭中富集成藏，提供了主要运聚通道及重要的运聚输导作用。

二、澳大利亚陆架盆地群油气地质特征

1. 区域地质背景

澳大利亚板块位于冈瓦纳大陆北缘，其西北陆架外缘分布有众多小型地块。陆架最外侧分布南中国、北中国、塔里木和印度中国等地块，最内侧为拉萨、西缅和印度地块，中间层为 Sibumasu 和羌塘地块。澳大利亚西北部各个次级板块依次与冈瓦纳大陆发生分离并最终向北漂移，期间伴随三期特提斯洋开启和关闭。其中，由于次级地块与澳大利亚板块相对位置的不同，以及依次裂离的时间顺序差异，进而导致其裂离对西北陆架构造沉积等造成了较大影响，因此板块运动控制着澳大利亚整个西北陆架盆地构造沉积演化及盆地展布特征（王剑等，2015）。

澳大利亚西北陆架盆地群主要经历了三大发展演化阶段：①寒武纪－三叠纪克拉通发育阶段（克拉通内坳陷期或前裂谷期）；②中生代三叠纪末期至早侏罗世早期－早白垩世裂谷阶段（同裂谷期与裂谷期）；③晚白垩世－现今的被动大陆边缘盆地形成阶段即被动大陆边缘期及新时代构造反转期（何登发等，2015；王力等，2011）。三叠纪末期至侏罗纪早期，澳大利亚西北陆架区域大陆裂解活动发生，伴随着一系列微板块从澳洲克拉通的分离，西北陆架区发育了呈北东－南西向展布的四个大型裂谷盆地，其中比较具代表性的是北卡那封盆地，该盆地成盆构造期次及演化特征如图 11.3 所示，由此可以看出，盆地形成演化主要经历了早期的裂谷沉积充填和晚期的被动陆缘发育演化阶段。同时，区域沉积作用和断裂活动差异形成了具多个沉积中心的众多次级盆地。北卡那封盆地自下而上依次沉积充填了古生界、中生界和新生界地层系统，并发育多期不整合面，其中，中生界地层非常厚（最厚可达 18～20 km），为西北陆架盆地群中最主要的沉积充填最厚的沉积物，进而为该区大油气田形成奠定了雄厚的物质基础和有利油气成藏的地质条件（何登发等，2015）。

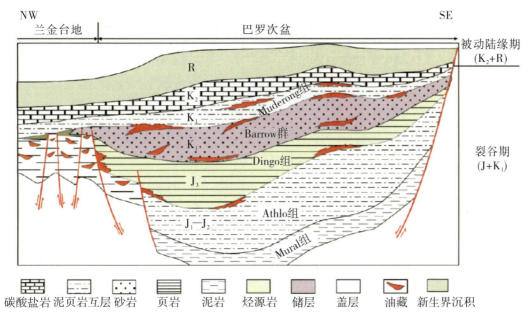

图 11.3　澳大利亚西北陆架北卡那封盆地巴罗次盆-兰金台地裂谷期生储盖组合及成藏模式
（据王力等，2011）

2. 生储盖层及储盖组合特征

（1）烃源岩特征。澳大利亚大陆边缘经历了比较完整的地质发育演化过程，其中，西北陆架盆地群自下而上，主要沉积充填了底部二叠纪-三叠纪前裂谷内克拉通沉积，下部侏罗纪-新生代裂谷期沉积以及上部被动陆缘层序之沉积三套沉积层。澳大利亚西北大陆架盆地群主力烃源岩，主要为中下部三叠系及侏罗系泥页岩沉积。另外，除博纳帕特盆地外，该区尚发育古生界烃源岩，主要分布在 Petrel 次盆。其中，三叠系烃源岩以产气为主，主要分布于北卡纳尔文盆地的 Exmouth 高地、Barrow 次盆和 Dampier 次盆；侏罗系烃源岩则分布比较广泛，主要分布在北卡纳封盆地的 Exmouth 高地、Exmouth 次盆、Caswell 次盆、Dampier 次盆、布劳斯盆地的 Browse 次盆以及博纳帕特盆地 Vulcan 次盆、Nancar 海槽、Malita 地堑、Calder 地堑和 Sahul 海槽，亦主要以生气为主。部分次盆侏罗系烃源岩亦具生油能力，如 Exmouth 次盆、Barrow 次盆、Dampier 次盆和 Vulcan 次盆。不同盆地主要烃源岩地球化学特征如表 11.1 所示，由此可以看出，该区烃源岩主要形成在早期的裂谷演化阶段，且以偏腐殖型的 Ⅱ/Ⅲ、Ⅲ 型干酪根为主，氢指数较低，加之烃源岩埋藏偏深，故大部分烃源岩目前都已达生气窗或过成熟状态。因此，由于澳大利亚西北大陆架盆地群这种偏腐殖型烃源岩及其所经历的高热演化过程两大因素，进而决定了该区主要以生气为主，其天然气资源非常丰富，成为了世界重要的富气盆地及天然气主要产区。

表 11.1 澳大利亚西北大陆架盆地群主要烃源岩地球化学特征

盆地名称	地质年代	烃源岩	岩性	干酪根类型	R_o/%	TOC/%	氢指数(HC/TOC)/(mg/g)	生烃类型	原型阶段
博纳帕特盆地	中生代	Vulcan 组	页岩	Ⅱ/Ⅲ	0.35~1.50	2.00	10~500	生油为主	裂谷期
	中生代	Plover 组	页岩	Ⅲ	0.44~0.70	2.20~13.90	150~400	生气为主	裂谷期
	古生代	Keyling 组	页岩	Ⅱ/Ⅲ	>0.80	2.80	平均 95	生气为主	坳陷期
	古生代	Milligans 组	页岩	Ⅲ	0.95	0.10~2.00	10~100	生气为主	坳陷期
布劳斯盆地	中生代 K_1	Echuca Shoal 组	泥岩	Ⅲ	0.50	1.90	平均 190	生气为主	裂谷期
	中生代 J	Vulcan 组	页岩	Ⅱ/Ⅲ	0.65~1.10	1.00~2.00	100~400	生气为主	裂谷期
北卡纳尔文盆地	中生代 K_1	Muderong 组	页岩	Ⅱ/Ⅲ	0.40~1.70	1.00~3.00	150~350	生气为主	裂谷期
	中生代 J_2	Dingo 组	泥岩	Ⅱ/Ⅲ	2.60~6.00	2.00~3.00	100~250	生气为主	裂谷期
	中生代 J_1	Athol 组	泥岩	Ⅱ	0.30~2.00	1.74	50~150	生气为主	裂谷期
	中生代 Tr	Mungaroo 组	页岩	Ⅱ/Ⅲ	0.40~2.40	2.19	100~300	生气为主	夭折裂谷
	中生代 Tr	Locker 组	页岩	Ⅱ/Ⅲ	0.45~0.60	1.00~5.00	150~300	生气为主	夭折裂谷

(据汪伟光等，2013)

(2) 储集层特点。油气勘探实践及研究表明，澳大利亚西北大陆架含油气盆地群主力储层主要有两套：一为裂谷期下－中侏罗统 Plover 组近海三角洲相砂岩，广布于西北大陆架地区，其为布劳斯盆地和波拿巴盆地的主要含油气储层；二为中－上三叠统 Mungaroo 组三角洲－边缘海相粗砂岩，其是遍及北卡那封盆地最重要的含油气储层，而且波拿巴盆地也有发育这套储集层（范玉海等，2011）。除博纳帕特盆地 Petrel 次盆和 Darwin 陆架区主要储层为古生界砂岩外，西北陆架大部分盆地不同构造单元均以中生界砂岩储层为主，且中－下三叠统及中－下侏罗统河流－三角洲相砂体是这些盆地的主要储集层。同时，上侏罗统－下白垩统三角洲及水下扇或浊积砂岩也是该区重要的储集层。总之，遍及整个北卡纳尔文盆地中－下三叠统 Mungaroo 组砂岩储层与布劳斯盆地和博纳帕特盆地中－下侏罗统 Plover 组砂岩储层，是澳大利亚西北大陆架盆地群主要的储集层，其赋存的油气资源量约占整个西北大陆架盆地群中油气资源量的 70% 以上（汪伟光等，2013）。

(3) 盖层特征。澳大利亚西北大陆架盆地群发育有多套区域性封盖层，且以海相泥页岩为主。其中，博纳帕特盆地二叠系 Treachery 组和 Mount Goodwin 组以及白垩系 Bathurst Island 群属于该区两套重要的区域性盖层；布劳斯盆地上侏罗统－下白垩统 Vulcan 组和 Heywood 组海相泥岩亦为该盆地区域盖层；北卡纳尔文盆地中侏罗统 Dingo 泥岩、中下侏罗统 Athol 泥岩及下白垩统 Muderong 页岩则属于该盆地主要的区域性盖层。尚须强调指出，澳大利亚西北陆架盆地群在被动大陆边缘阶段形成的白垩系厚页岩是覆盖全区的区域封盖层，这套白垩系盖层封盖了整个西北陆架盆地群 96.7% 的油气资源（汪伟光等，2013），很显然这种封盖层对于该区天然气资源的富集保存至关重要。

（4）生储盖组合特征。澳大利亚西北陆架盆地群海相含油气生储盖组合分布普遍，且是该区最重要的生烃成藏储盖组合类型，其主要分布在盆地早期裂谷沉积层序中，属于裂谷期盆地主要的生储盖组合类型（表11.2）。前已论及，澳大利亚西北陆架盆地群主要烃源岩大多集中在中生界，裂谷期生储盖组合中的主力烃源岩，为裂谷期中生界海陆过渡相碳质泥页岩、煤系以及海相泥岩。裂谷期储层主要为裂谷期沉积充填的河流-三角洲相砂岩，如布劳斯盆地和波拿巴盆地主力储层，即为裂谷期下-中侏罗统近海三角洲砂岩；裂谷期主要的区域性盖层则为下白垩统海相泥页岩，而侏罗系盖层发育则相对局限。其中，在北卡那封盆地，其盖层主要为下白垩统 Muderong 组页岩；在布劳斯盆地下白垩统上 Vulcan 组和 Jamieson 组泥页岩，则为主要封盖层；在波拿巴盆地白垩系发育的 Bathurst 群页岩（其中的 Bathurst 群页岩大部分属于被动陆缘期的产物）为主要封盖层。在北卡那封盆地，生油层主要为上侏罗统 Dingo 组泥岩，其储层为下白垩统 Barrow 群浊积砂岩，而下白垩统 Muderong 组页岩则为主要盖层，且均属裂谷期盆地沉积充填物（王力等，2011）。从澳大利亚西北大陆架盆地群已勘探发现的油气藏分布特征看，几乎所有大气田都具有较好的生、储、盖层条件，且储集层发育储集物性好，总体上均以中生代储盖组合类型为主。总之，良好的储盖组合类型是决定澳大利亚西北大陆架盆地群油气富集成藏的关键及主控因素之一（图11.4），尤其是对于该区这种富气盆地更是如此。

表11.2 澳大利亚西北陆架盆地裂谷期生储盖组合类型及特征

盆地	主力烃源岩	主力储层	主力盖层
北卡那封盆地	裂谷期晚侏罗世海陆过渡相页岩，Ⅱ-Ⅲ型，Ro 为 0.31%～2.17%	裂谷期侏罗系三角洲相砂岩；裂谷期下白垩统浊积砂岩	裂谷期下白垩统 Muderong 组页岩
布劳斯盆地	裂谷期早白垩世海陆过渡相-海相页岩，Ⅱ型，TOC 值 1%～5%	裂谷期侏罗系—下白垩统的河流-三角洲相砂岩	裂谷期下白垩统泥页岩
波拿巴盆地	裂谷期早-中侏罗世海陆过渡相页岩，Ⅰ-Ⅲ型，TOC 为 2.2%～13%	裂谷期早-中侏罗世三角洲相至边缘海相砂岩	裂谷期（含被动边缘期）Bathurst 群页岩

（据王力等，2011）

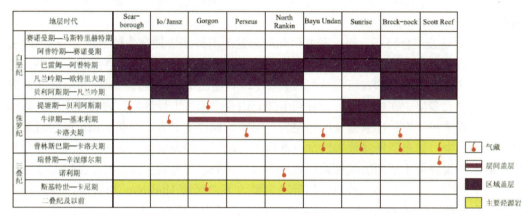

图11.4 澳大利亚西北大陆架盆地群主要大气田生、储、盖成藏组合特征

第三节 亚太地区海洋含油气盆地油气分布规律

根据亚太地区海洋含油气盆地油气地质资料掌握及认知程度，本节主要以澳大利亚西北陆架盆地群为代表，重点对其油气分布规律进行分析阐述。

澳大利亚西北陆架盆地群油气平面分布特征具有分区性：其中，博纳帕特盆地油气分布具有"西油东气"特点；布劳斯盆地主要以天然气为主伴生少量凝析油；北卡纳尔文盆地油气分布，则具有"内油外气"的特征。从油气分布与盆地构造单元展布特征看，石油主要富集在侏罗纪晚期形成的北东向狭长裂谷内，而天然气则主要分布在狭长裂谷之外的构造高地。但不同盆地油气地质条件均存在一定的差异，其油气分布聚集规律亦有所不同：①博纳帕特盆地已发现的油藏主要分布于 Vulcan 次盆和 Nancar 海槽，分别占到盆地石油总储量的 52.0% 和 39.5%；而天然气藏及凝析油（气）藏则主要分布在 Calder 地堑、Vulcan 次盆以及 Sahul 台地的大型背斜构造上，分别占到盆地天然气总储量的 48.1%、12.4% 和 30.5%，其凝析油总储量则分别为 20.4%、11.6% 和 58.0%。②布劳斯盆地由于油气来源于两种不同类型烃源岩，其生成的油气分布聚集于不同地区。大型天然气及凝析油气田分布于盆地西部深水区。如 Torato 气田和 Breck-knock 气田，烃源岩主要为侏罗系 Plover 组和 Vulcan 组海陆过渡相泥岩；而石油主要分布于盆地东部浅水区，如 Cornea 油田、Gwydion 油田、Montara 油田、Bilyara 油田和 Tahbik 油田等，其烃源岩为下白垩统 Echuca Shoals 组海相泥岩。③北卡那封盆地区域上油气分布具有"内侧油、外侧气"的展布特征。盆地绝大部分石油分布于巴罗次盆、丹皮尔次盆以及埃克斯茅斯次盆，占盆地石油总储量的 76.36%。天然气及凝析油则主要分布于滦金台地和埃克斯茅斯台地。滦金台地天然气及凝析油储量分别占盆地天然气和凝析油总地质储量的 51.50% 和 75.91%。埃克斯茅斯台地天然气和凝析油储量则分别占盆地天然气和凝析油总地质储量的40.73%和14.83%（汪伟光等，2013；冯杨伟等，2011）。

澳大利亚西北陆架盆地群油气剖面上分布，具有下部层位富气、上部层位富油的特点，即"上油下气"的剖面分布特征。天然气及凝析油均主要分布于深部三叠系和侏罗系储集层，分别占到天然气储量的51.5%和30.3%，凝析油总储量的51.2%和27.4%。而石油则主要分布于上覆白垩系及以上地层，其占到总石油储量的53.7%。以北卡纳尔文盆地为例，其天然气及凝析油主要分布于三叠系和侏罗系，分别占到天然气总储量的50.0%和34.0%，凝析油总储量的60.0%和31.0%；而石油则主要分布于上覆白垩系，占到石油总储量的67.0%（汪伟光等，2013）。

澳大利亚西北陆架盆地群大气田储层分布亦具规律性，该区除Scarborough气田、Callirhoe气田与Petrel气田储集层，主要为白垩系与二叠系砂岩储层之外，其余大气田储集层均为侏罗系与三叠系砂岩储层，尤其是以三叠系诺利阶以及中侏罗统砂岩储集层为产层之大气田居多。尚须强调指出，澳大利亚西北大陆架盆地群大气田储集层（主要产层）均被上覆白垩系区域封盖层（泥页岩）所覆盖，这对于该区大气田形成至关重要。另外，澳大利亚西北大陆架盆地群大气田分布亦与其油气地质及构造地质条件密切相关，原因有以下三个：①大气田大多分布在盆地断块构造或背斜发育区域，因此西北大陆架盆地大气田圈闭类型多属于构造（含断块）圈闭或者构造不整合圈闭类型（6个大气田为构造不整合圈闭，12个大气田为构造圈闭）。②大气田多分布在盆地沉积充填厚度大的区域，亦即盆地沉积中心区域，这些区域烃源岩及烃源供给条件优越。③大气田多分布在盆地不同坳陷/凹陷中烃源岩成熟度非常高的区域。这些区域烃源岩热演化成烃多以天然气为主，能够提供充足的气源供给，且亦易于形成深部气藏。因此，澳大利亚西北大陆架地区大气田埋藏深度偏大，除台地区域部分大气田分布深度较浅（小于3 km），其他区域大气田分布深度3~4 km，甚至可达4.6 km（何登发等，2015）。

总之，澳大利亚西北大陆架盆地群大气田分布，主要受烃源岩、区域构造地质背景、三角洲沉积体系砂岩储层展布和盖层分布及后期保存等因素所控制。其中盆地主要生烃灶分布范围亦即有效供烃区决定了油气分布范围，而构造地质背景则决定了含油气圈闭类型及有利油气运移方向。另外，大型三角洲沉积体系展布特征控制了储集层及储盖组合类型的分布，而区域性封盖层及后期较稳定的构造环境等保存条件，则是决定了天然气是否成藏并能保存到现今之关键所在。很显然，这些重要控制因素彼此较好的时空耦合配置与密切结合，则是控制澳大利亚西北大陆架盆地群油气运聚成藏及其分布特点的重要地质要素和有利条件。

诚然，澳大利亚西北大陆架盆地群经过漫长的构造沉积演化，沉积充填了巨厚中生界沉积，其中生界主力烃源岩埋藏偏深，最大可达10000 m，故中生界烃源岩有机质成熟度偏高，且与烃源岩相邻的主要储集层埋藏亦较深，因此澳大利亚西北大陆架盆地群大气田分布普遍偏深。只有分布在北卡纳封盆地埃克斯茅斯台地与兰金台地区域的10大气田分布深度较浅，其主要原因是由于北卡纳封盆地部分三叠系烃源岩，在侏罗纪晚期即已达生气窗生成大量天然气，而此时北卡纳封盆地正处于裂谷期，部分三叠系-下侏罗统储集层的封盖层系尚未形成，直至凡兰吟期盆地方沉积充填了区域性泥页岩盖层，且在埃克斯茅斯台地与兰金台地区域亦发育了中－下侏罗统有效的局部盖层，方可有效地封盖了这两个台地区相对偏浅的大气田主力储集层——Mungaroo 组砂岩，最终使得这两个地区的大多数气藏得以保存，故其形成的大气田分布深度较浅，而明显不同于其他区域分布偏深的大气田。

第三编　我国海洋油气勘探实践

由于受资料及篇幅所限，在本篇以下章节中拟重点聚焦南海大陆边缘主要含油气盆地油气勘探实践及所取得的成果，深入分析阐述其油气成藏地质条件与油气分布规律及资源潜力，而对于中国近海东北部盆地（渤海、东海及黄海），在以下相关章节中将仅对其油气勘探成果及勘探实践与油气成藏地质条件及资源潜力等进行简要概述与分析探讨。

第十二章 我国海洋油气勘探进展

第一节 我国海洋油气勘探概况

我国海洋沉积盆地 27 个（图 12.1），面积约 160 万 km^2，其中我国近海含油气盆地 11 个，面积约 90 万 km^2，可供油气勘探的盆地 8 个，面积约 74 万 km^2。目前油气勘探开发活动主要集中在渤海、东海、珠江口、琼东南、莺歌海、北部湾、南黄海 7 个含油气盆地中。在这些盆地中已证实了一批富生烃凹陷及油气富集区带，这是我国海洋油气勘探中油气储量及产量快速增长的有利勘探区带及重要勘探领域。目前，我国海洋石油储量及产量，均主要集中于近海的渤海盆地、南海北部的珠江口盆地北部及北部湾盆地，而天然气储量及产量则主要集中在南海北部的莺歌海盆地、琼东南盆地南部及珠江口盆地南部深水区和东海盆地等区域。总之，我国海洋油气勘探自 20 世纪 50 年代以来，已在我国近海盆地陆续勘探发现 197 个油气田（据不完全统计），其中油田 144 个，气田 53 个，含油气构造 145 个。探明石油地质储量 52.22 亿 m^3（可采储量 13.67 亿 m^3），探明天然气地质储量 12000 亿 m^3（可采储量 6437 亿 m^3）。目前在生产油气田 121 个，油气总产量在 2010 年已达 5000 万吨油当量/年，迄今为止，油气总产量达到了 5763 万吨油当量/年（石油产量 4562 万吨，天然气产量 120.1 亿 m^3），其中渤海盆地油气年产量达 3400 万吨油当量/年，南海北部油气年产量达 2363 万吨油当量/年。随着深水油气田投入开发，我国海洋常规油气年产量将远远超过 6000 万吨油当量/年。目前南海北部大陆边缘盆地油气勘探正在向广阔的深水海域和浅水陆架区中深层高温超压油气勘探领域拓展，渤海盆地油气勘探亦在向深层天然气勘探领域和中浅层石油勘探领域不断开拓，预计未来我国海洋油气勘探必然会在这些新领域和以前的"勘探禁区"中不断获得油气勘探的新发现和重大突破。

综上所述，我国近海油气勘探自北而南的 10 个含油气盆地（渤海、北黄海、南黄海、东海、台西、台西南、珠江口、琼东南、莺歌海、北部湾），经过 20 世纪六七十年代早期自营油气勘探的艰难探索，八九十年代初大规模对外合作勘探油气的实践，以及其后的自营合作并举的油气勘探开发活动，目前已在渤海、珠江口、北部湾、莺歌海、琼东南、东海 6 个主要含油气盆地中，勘探发现和陆续开发了一批大中型油气田。迄今我国海上油气年产量已从 20 世纪 80 年代初的 9 万吨跃升至 2010 年的 5000 万吨油当量，建成了"海上大庆"。通过引进、消化吸收和技术创新，我国已基本掌握了海洋油气勘探开发完整的技术系列，具备了独立从事近海油气勘探开发的能力。目前我国已在近海海域建成了渤海、南海西部、南海东部和东海 4 个主要产油气区，并构成了中国

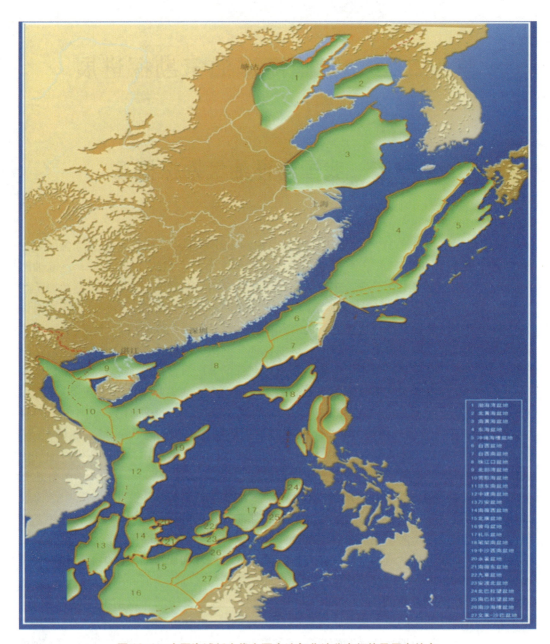

图 12.1　中国海域新生代主要含油气盆地分布规律及展布特点

近海盆地两个重要的油气富集区，即东北部（渤海）石油富集区和东南部（南海北部）石油及天然气富集区。尚须强调指出，我国海洋油气资源虽然丰富，但油气勘探及探明程度较低，且油气资源分布不均，油气勘探及研究程度和油气探明程度差异明显（表12.1）。根据迄今为止的油气勘探活动及研究结果表明，我国海洋（近海盆地）石油资源主要分布在渤海盆地、珠江口盆地北部浅水区及北部湾盆地，这三个盆地及区带石油资源量约占我国海洋总石油资源量的91%。目前我国海洋石油勘探开发均主要集中在这三个盆地，其石油探明程度分别达到30%、38%和22%。我国海洋天然气资源则主要集中在东海盆地、珠江口盆地南部深水区、琼东南盆地和莺歌海盆地,这些盆地天然气资源量占我国近海总天然气资源量的86%。天然气勘探开发亦主要集中在这4个盆地之中,其天然气探明程度多在5%~16%之间,最高为30%。同时尚须强调指出,我国海洋油气勘探多年来均主要集中在陆架浅水区,其油气勘探及研究程度相对较高,而广大的陆坡深水区(尤其是南海北部陆架以下深水区)虽然近几年油气勘探获得了重大突破,先后勘探发现了一批大中型油气田和天然气水合物矿藏,但深水区总体上油气勘探及研究程度仍然很低,对于其深水油气资源规模及其分布规律,尤其是油气运聚成藏机制及主控因素等均不甚清楚或研究程度甚低,但可以肯定的是,我国海洋深水区必然是将来海洋油气滚动勘探开发可持续发展,以及海洋油气增储上产扩大资源规模最现实、最具潜力及勘探前景的战略选区和有利勘探靶区。

表12.1 我国近海主要盆地预测石油天然气资源量与探明地质储量及油气探明程度

盆地名称	石油			天然气		
	地质资源量/亿吨	探时地质储量/亿吨	探明程度/%	地质资源量/万亿 m³	探明地质储量/万亿 m³	探明程度/%
渤海海域	110.3	33.3	30	1.30	0.20	16
东海陆架盆地	2.7	0.4	15	6.05	0.32	5
北黄海盆地	4.2					
南黄海盆地	3.0			0.18		
台西—台西南盆地	1.9			0.21		
珠江口盆地	23.2	8.8	38	1.90	0.16	8
北部湾盆地	14.9	3.3	22	0.13	0.04	30
琼东南盆地	2.7	0.1	5	1.81	0.25	14
莺歌海盆地				1.31	0.21	16
合计	162.9	46.0	28	12.9	1.2	9

(据谢玉洪,2018)

我国海洋油气勘探另一重要区域即南海中南部海域(我国唯一的远海区),亦是我国海洋油气勘探及研究最薄弱地区。南海中南部海域面积约205万 km²,争议区面积约144 km²,占我国传统海疆九段线内面积70%,其中沉积盆地面积达52万 km²,基本上涵盖了南海中南部所有的油气区。南海中南部沉积盆地根据其构造地质特征及沉积充填特点,可大体上划分为3大盆地群9大盆地(亦有专家学者将其划分为11个或14个盆地)。目前其油气勘探开发活动主要集中在万安、曾母、北康、文莱-沙巴、西北巴拉望、礼乐等6个含油气盆地。通过半个多世纪的油气勘探开发活动,迄今南海中南部已完成了大量的钻井及地球物理勘探工作,并开展了深入系统的海洋地质及油气地质综合分析研究,取得了一系列举世瞩目的重大油气勘探成果,先后勘探发现了一批大中型油气田。据不完全统计,迄今为止,南海中南部已勘探发现了356个商业性油气田

(其中油田 41 个；气田 157 个；油气田 158 个），探明油气地质总储量达 127.54 亿吨油当量（我国传统疆域内油气储量为 76.5 亿吨油当量）。其中，石油地质储量为 46.54 亿吨（我国传统疆域内石油储量为 17.85 亿吨）；天然气地质储量达 8.1 万亿 m^3（我国传统疆域内天然气储量为 5.86 万亿 km^3）。这些油气资源均主要集中分布于文莱－沙巴盆地、曾母盆地及万安盆地之中。这 3 个富油气盆地油气勘探所获石油地质储量约占南海中南部的 94% 以上，而勘探获得的天然气储量亦占南海中南部的 93% 以上。总之，南海中南部油气勘探开发成果及油气地质研究等，均充分证实和表明了该区沉积盆地中油气资源非常富集，且主要集中分布在某些油气地质条件非常优越的少数盆地之中。

尚须强调指出，南海中南部主要盆地油气产量目前已接近 8000 万吨油当量规模，其是南海北部油气产量（2300 万吨油当量）的三倍多，很显然其油气资源比南海北部丰富得多。南海中南部主要盆地油气产量增长过程，主要经历了三个发展阶段，早期以石油产出为主，中期油气产出相当，晚期天然气产出居明显优势。据不完全统计，截止于 2016 年，南海中南部已累计产出油气高达 19.4 亿吨油当量，其中石油产量为 9.63 亿吨，天然气产量达 1.22 万亿 m^3。这些油气均主要产自文莱－沙巴盆地、曾母盆地及万安盆地和北巴拉望盆地及相关国家和地区。尚须指出的是，南海中南部油气产量增长较快，自 1998 年油气产量达到 4099 万吨油当量以来，2014 年油气产量即达 5000 万吨油当量（相当于中国近海盆地 2010 年的油气产量），2015 年油气产量则达到了 7724.3 万吨油当量，其中，我国传统疆域内油气产量达 4847.4 万吨油当量（其中，石油 1584.5 万吨，天然气 409.49 亿 m^3），且主要产自文莱－沙巴、曾母及万安和北巴拉望这些富油气盆地之中。总之，从南海中南部油气储量分布及油气产出特点可以看出，南海中南部主要盆地油气资源丰富，油气资源潜力大，而油气储量及产量均主要集中产自这些富油气盆地，且天然气产出规模（储量及产量）大于石油产出规模（储量及产量），但不同盆地及区域油气资源潜力和油气储量规模及产出特点等均存在较大差异。

由于南海中南部油气资源自 20 世纪 70 年代以来均已被周边国家实际占有，这些国家每年在该区开发生产的石油天然气已大大超过 7000 万吨油当量，远比我国南海北部油气年产量高。而且，限于南海中南部复杂的地缘经济环境及政治纷争，迄今为止我国在该区尚未开展实质性的油气勘探开发活动，故所获该区油气勘探开发成果及油气地质资料甚少。鉴此，在以下章节中拟重点聚焦南海北部主要含油气盆地油气勘探实践及成果，分析阐述其油气分布规律及资源潜力与控制因素，而对于南海中南部盆地油气分布规律与成藏地质条件及控制因素等仅做简要的分析总结与阐述。

第二节　我国海洋油气分布富集规律及控制因素

我国海洋油气及大中型油气田分布，自北而南主要集中在渤海盆地、东海盆地及南海大陆边缘盆地（我国勘探发现的油气田主要集中在南海北部，中南部九段线我国疆域油气资源非常丰富，但已被南海周边国家实际占有，其油气勘探成果及油气地质资料我国获取很少）。其油气分布富集规律及资源展布特点，在我国东北部近海海域油气主要富集于渤海盆地，迄今为止该区油气勘探已陆续勘探发现一大批特大型和大中型油田，近年来在盆地中部渤中凹陷深层领域还勘探发现了大型凝析气田（渤中19-6凝析大气田）。目前中海油在渤海盆地已建成近4000万吨石油年产能，而我国东南部近海的东海盆地和南海大陆边缘盆地，则是重要的富油气盆地。近年来油气勘探在东海盆地发现了一些大中型气田；在南海北部大陆边缘盆地，迄今为止不仅勘探发现了一批大中型油气田（浅水和深水），而且在陆坡深水区还勘查发现了丰富的天然气水合物资源（目前已勘查圈定了两大水合物成矿带、三大富集区，发现了三个超千亿方级水合物矿藏）。总之，我国海域自北而南油气及大中型油气田分布规律一般具有以下特点：东北部近海海域特大及大中型油田主要集中分布于渤海盆地，且其深部尚有大型凝析气田产出，而大中型气田则主要富集于东南部近海海域的东海盆地中深层和南海诸盆地。其中，南海大陆边缘盆地油气及大中型油气田分布规律比较复杂，不同类型大陆边缘盆地油气分布规律及特点差异较大，但总体上具有"盆-源-热控制"、外油内气环带状分布特征。其大中型油田及油气田均主要分布富集在近陆缘的陆架浅水区盆地，如南海北部大陆边缘北部湾盆地及珠江口盆地北部；而大中型气田及油气田和天然气水合物矿藏，则主要集中富集于远陆缘的陆坡深水盆地，如琼东南盆地南部深水大中型气田及天然气水合物和珠江口盆地南部深水大中型气田及油气田与天然气水合物（何家雄等，2014；2015；2018）。根据我国近海盆地油气勘探及研究程度与资料现状，以下仅重点对南海北部大陆边缘盆地油气分布富集规律及其特点，进行深入阐述与分析探讨。

一、裂陷期烃源岩及富生烃凹陷控制油气生成

1. 裂陷期烃源岩是大中型油气田主要烃源岩

盆地岩石圈裂陷/断陷伸展及热沉降作用，控制着盆地沉降作用及沉积充填特征，亦控制了不同层位层段烃源岩时空展布特点。根据南海北部大陆边缘主要盆地烃源岩形成地质条件、地质地球化学特征及发育展布特点，即可将其划分为三种主要烃源岩类型，但以裂陷/断陷期形成的古近系中深湖相及煤系烃源岩有机质最丰富、生源母质类型最佳、生烃潜力最大，其是该区油气形成的物质基础，属于该区大中型油气田的主要烃源岩。南海北部大陆边缘盆地大中型油气田及油气田群的烃源供给均主要来自古近系中深湖相及煤系烃源岩。

南海北部主要盆地裂陷/断陷早期，始新世沉积充填的中深湖相富含有机质泥页岩，属于该区主要烃源岩，其有机质丰度高且生源母质类型好，处于成熟-高熟油窗成烃演化阶段，生烃潜力大，以生油为主伴有少量油型气。这种类型的湖相烃源岩生源母质类型主要来自中深湖相沉积的低等水生浮游生物和少量陆源有机质构成的偏腐泥混合型或腐泥型生源母质，含有大量代表低等水生生物藻类生源的 C_{30}-4-甲基甾烷生物标志物，而表征陆源高等植物生源的奥利烷含量较低，属于生烃潜力极佳的湖相烃源岩之生源母质类型。南海北部大陆边缘珠江口盆地始新统文昌组及北部湾盆地始新统流沙港组中深湖相烃源岩、渤海盆地始新统沙河街组三段湖相烃源岩等均属于此类型。这种古近纪裂陷/断陷形成的中深湖相烃源岩均以偏腐泥混合型及偏腐泥型干酪根为主，且处在

正常成熟演化的大量生油成烃阶段（Ro 为 $0.7\% \sim 1.2\%$），故主要以生成大量成熟石油为主，且伴有少量原油伴生气（油田气/油型气）。目前南海北部大陆边缘盆地和渤海盆地的主要大中型油田群，尤其是一些亿吨级大油田所产出的大量石油及少量油型伴生气，均来自这种生烃潜力极大、成熟－高熟的中深湖相偏腐泥混合型烃源岩。

南海北部主要盆地裂陷/断陷晚期渐新世形成的烃源岩，即裂陷晚期沉积充填的渐新统河湖沼泽相及滨海沼泽相和浅海相/浅湖相泥岩、碳质泥岩及煤线、煤层等构成的含煤岩系，则属于边缘海盆地裂陷晚期沉积充填的一套重要的煤系烃源岩，且生烃潜力大，以生气为主，为该区重要的气源岩类型，即该区大中型气田及气田群的主要烃源岩。这种类型煤系烃源岩有机质丰度高，生源母质类型以富含陆源高等植物的偏腐殖型母质为主，具有高 P_r/P_h 比、高奥利烷及双杜松烷等陆源高等植物标记物特征（何家雄等，2008）。高丰度奥利烷及异常丰富的不同类型双杜松烷系列，均表明烃源岩中陆源高等植物之树脂化合物的重要贡献，而高 P_r/P_h 比则说明成烃环境氧化性相对较强，处于弱氧化－弱还原环境，即海陆过渡相环境。总之，渐新世裂陷晚期形成的煤系烃源岩，主要由富含树脂体的陆源腐殖型有机物质所构成，均以腐殖型干酪根为主，且有机质处在成熟－高熟及过熟热演化气窗阶段，生气潜力大，其成烃演化模式最显著的特点是，以生成大量煤型气为主，伴生少量煤系轻质油及凝析油。因此，这种类型的煤系烃源岩是南海北部大陆边缘盆地第三系大中型气田群和东海盆地气田群的主要烃源岩，亦即这些大中型气田群产出的大量煤型天然气及少量煤系凝析油均来自该煤系烃源岩所供给。如珠江口盆地下渐新统恩平组煤系烃源岩及其文昌区气田群、番禺－流花区气田群和荔湾－流花深水区的大中型气田群；琼东南盆地下渐新统崖城组煤系烃源岩及其西北部浅水区 YC13－1 等大中型气田群和西南部乐东－陵水凹陷深水区 LS17－2 等大中型气田群；莺歌海盆地新近系海相陆源腐殖型烃源岩及其东方/乐东等浅层大中型气田群和中深层高温超压大气田群；东海盆地西湖－丽水凹陷古新统月桂峰组煤系烃源岩及其平湖、春晓气田群和中深层 NB17－1/2 及 NB22－1 大中型气田群等等，均为其典型实例。

南海北部大陆边缘盆地新近纪早期断坳转换阶段或新近纪晚期裂后海相坳陷期形成的烃源岩，属盆地断坳转换期或坳陷阶段形成的半深海相及浅海相和滨岸相泥页岩烃源岩，为该区第三种烃源岩类型。这种类型的烃源岩有机质丰度较低、生烃潜力差，多属海相环境形成的陆源偏腐殖型生源母质且以生气为主。根据所处沉积环境差异和生源物质供给来源不同，可分为两个亚类。其一为断坳转换阶段形成的海相、滨岸相泥岩和碳质泥页岩，如南海北部珠江口盆地上渐新统珠海组浅海相烃源岩和东海盆地丽水凹陷古新世灵峰组、西湖凹陷始新世平湖组烃源岩即为其典型实例。这些裂陷晚期或断坳转换阶段形成的海相烃源岩，虽然属于海相沉积环境，但其有机质构成主要以陆源母质输入为主，即具有海相沉积环境陆源母质的特点（何家雄等，1994；2008）。故其油气生成主要来自陆源高等植物有机质，生源母质类型为偏腐殖型干酪根。这种陆源母质构成中镜质体含量很高，多在 $65\% \sim 92\%$ 之间，平均为 79.3%，壳质组组分中富含树脂体、壳屑体及孢子体等富氢组分，三者之和占壳质体的 85%。可溶有机质饱和烃组成中，P_r/P_h 比高达 $7.60\% \sim 9.88\%$，表明其沉积环境氧化性强；可溶有机质饱和烃中倍半萜和三环双萜类较高，表明其以裸子植物松、杉等针叶林树脂为生源先质。因此，这种陆源偏腐殖型有机质均以大量生气为主，同时伴有少量煤系凝析油及轻质油，其与前述南海北部渐新世裂陷晚期煤系生烃岩成烃演化模式及其烃类产物构成基本相似。其二为裂后热沉降海相坳陷期形成的中新统偏腐殖型海相烃源岩，目前在南海西北部莺歌海盆地中新统及上新统底部钻遇，且在南海北部深水区琼东南盆地南部及珠江口盆地南部新近系亦证实存在这套潜在烃源岩。新近纪裂后坳陷期形成的中新统陆源海相烃源岩有机质丰度普遍偏低，其总有机碳（TOC）平均在 0.5% 左右，自上而下从盆地边缘斜坡向坳陷中心，有机质丰度有逐渐增加的趋势，但总体上这套海相腐殖型烃源岩有机质丰度及生烃潜力偏低且以生气为主。这种类型海相烃源岩（中新统梅山组及三亚组和珠江组）有机质丰度总体上较低，生源母质类型亦以偏腐殖型干酪根为主，但由于属海相环境，故有机质饱和烃分布中 P_r/P_h 比一般小于 2，大大低于渐新统崖城组及陵水组海陆过渡相的煤系烃源岩，表明中新统海相沉积环境与渐新统煤系烃源岩形成环境存在较大差异。必须强调指出的是，这种类型的海相烃源岩生源物质构成中，其陆源高等植物标记物奥利烷和双杜松烷，特别是 W.T 双杜松烷等树脂化合物异常丰富。表明其生源贡献主要来自偏腐殖型陆源高等植物先质的供给，故具有海相环境陆源母质的特点，且产气潜力较大。总之，南海北部大陆边缘盆地裂后坳陷期沉积的中新统陆源海相烃源岩与东海盆地丽水凹陷裂陷期古新世灵峰组、西湖凹陷始新世平湖组烃源岩有机质的生源构成基本类似，其生源母质类型均由海相环境中沉积充填的陆源偏腐殖煤系所构成，因此，其亦以大量生气为主伴生少量凝析油为特征。

综上所述，南海北部大陆边缘盆地新生代主要烃源岩多沉积充填于裂陷/断陷发育演化阶段，且生烃潜力大。而其后的裂后热沉降海相坳陷阶段，则多形成次要烃源岩或潜在烃源岩，其有机质丰度低，生烃潜力有限。这亦充分表明该区裂陷构造发育演化阶段与主要烃源岩形成具一定的成因耦合关系。由于该区盆地伸展作用的沉降与热脉动具有"幕式"演化特点，故促使盆地烃源岩亦呈阶段性演化。因此，南海北部大陆边缘盆地裂陷/断陷构造演化过程与沉积充填响应亦可分为三个主要阶段，即初期沉积充填阶段、早中期裂陷/断陷主沉积充填阶段和晚期裂陷萎缩沉积充填阶段。古新世－早始新世初期充填阶段属裂陷发育初期，裂陷展布规模有限，往往沉积充填了一套杂色及红色粗碎屑河流冲积相沉积；始新世早中期裂陷/断陷主充填沉积阶段，属裂陷/断陷发育的最鼎盛时期，断陷充填空间规模大（半地堑及地堑）、裂陷沉降幅度大，属于古湖泊发育发展的鼎盛时期，由于湖盆规模大湖水逐渐加深，湖盆规模逐渐扩大，形成了中深湖环境及大规模水进式沉积序列，且处于欠补偿和弱补偿状态，极有利于有机质保存，主要沉积充填了大套巨厚富含有机质的中深湖相泥页岩，且其生源物质构成不仅藻类等低等生物繁盛，而且陆源有机质亦较丰富，形成了一套有机质丰富的中深湖相主要烃源岩。如渤海盆地及其邻区的始新统沙三段湖相烃源岩，南海北部大陆边缘盆地始新统文昌组和流沙港组中深湖相烃源岩等即是其典型代表；晚期裂陷萎缩充填阶段即始新世晚期－渐新世时期，由于地壳抬升湖盆范围缩小湖水逐渐变浅，沉降沉积速度减慢，导致其沉积充填空间大大减小但物源供给仍较充分，故此时沉积物补偿过甚，早期一般发育三角洲和浅湖相沉积，而后期则多为河流－湖沼相粗碎屑沉积。因此，在裂陷晚期萎缩发育阶段，其早期主要形成浅湖相烃源岩，而后期则发育煤和碳质页岩及河流－湖沼相煤系烃源岩或浅海相烃源岩。如南海北部琼东南盆地及珠江口盆地下渐新统崖城组和恩平组，即为河流沼泽相及滨海沼泽相沉积和浅海相煤系烃源岩，且以生气为主，其是该区大中型气田群最重要的气源岩。再如渤海盆地及邻区断陷晚期形成的渐新统沙河街组一、二段和东营组三段，属浅湖相－三角洲平原相沉积，亦是渤海湾地区仅次于始新统沙河街组三段湖相主要烃源岩的次要烃源岩。

南海北部大陆边缘盆地裂后热沉降海相坳陷演化阶段，新近纪中新世沉积充填的海相泥岩属该区次要烃源岩或潜在烃源岩，主要展布于南海北部大陆边缘盆地部分地区。如莺歌海盆地和琼东南盆地南部及珠江口盆地南部深水区，尤其是莺歌海盆地中部莺歌海坳陷，在裂后海相坳陷阶段大幅度快速沉降沉积背景下，沉积充填了巨厚中新统海相烃源岩，在泥底辟热流体上侵活动作用下能够促进有机质快速成熟生烃，形成大量煤型天然气及轻质油和凝析油。

总之，通过上述对南海北部大陆边缘盆地形成演化过程与第三系烃源岩沉积充填特征及地质条件差异的分析，可以确定该区这种断陷裂谷盆地在裂陷/断陷期沉积充填的中深湖相烃源岩及煤系烃源岩有机质丰富，生源母质类型较好（偏腐泥混合型、偏腐殖混合型及偏腐殖型），生烃潜力大，其能够为大中型油气田提供充足的烃源供给。换言之，南海北部古近系裂陷/断陷期形成的始新统－渐新统中深湖相及煤系烃源岩是该区新生代盆地主要烃源岩，其是大中型油气田及天然气水合物形成的烃源物质基础。

2. 裂陷期烃源岩生烃潜力及控制因素

烃源岩生烃潜力大小主要取决于烃源岩展布规模、烃源岩质量（有机质丰度及生源母质类型）和热演化成熟度及生烃强度。前已论及，南海北部大陆边缘第三系断陷裂谷盆地主要烃源岩多沉积充填在始新世－渐新世裂陷/断陷期中深湖相及滨浅湖－河流沼泽相和滨海沼泽相等区带，因此裂陷发育阶段时期湖盆展布规模、伸展速率大小、裂陷期持续时间长短和充填物质的供给速度，均影响烃源岩体发育展布规模的大小。只有烃源岩体展布规模大，烃源岩有机质丰富，生源母质类型较好，且处在成熟－高熟的生烃高峰演化阶段，生烃潜力才大，反之亦然。典型实例如南海北部珠江口盆地始新统文昌组、北部湾盆地始新统流沙港组泥页岩，其均属主裂陷/断陷期形成的有机质丰富的中深湖相烃源岩，生源母质类型属偏腐泥混合型，且处在成熟－高熟成烃演化阶段，在半地堑洼陷及地堑中普遍存在且具有一定的展布规模，故生烃潜力大，其是南海北部大中型油田的主要油源岩。

根据油气有机成因的"源控论"理论，巨大规模的烃源岩体是生成大量油气的物质基础，其亦决定了生烃潜力大小及形成油气资源的规模，而烃源岩生源母质类型和有机质丰度则是烃源岩体质量好坏的直接反映，既决定生烃潜力大小亦影响其烃类产物类型。如前所述的几种不同地质背景及沉积环境下形成的不同生源母质类型的烃源岩，由于其生源母质类型及有机质丰度均存在一定的差异，其烃类产物类型及生烃潜力亦明显不同。南海北部大陆边缘盆地古近纪裂陷期烃源岩生源母质类型及有机质丰度，主要取决于始新世裂陷期沉降及沉积速率的补偿关系（处于欠补偿或弱补偿状态下有利于有机质保存），以及当时的古气候环境、古地理环境和古生态环境所决定的古生物群落的种类及繁茂程度。

前已论及，南海北部大陆边缘盆地古近纪裂陷/断陷期形成的中深湖相烃源岩及煤系烃源岩，由于其有机质丰度高、生源母质类型较好，处在成熟－高熟油气窗阶段，且分布较稳定具一定的规模，故其生烃潜力大。据最新生烃热演化模拟结果，珠江口盆地始新统文昌组中深湖相烃源岩生烃率平均均大于 300 kg/TOC，下渐新统恩平组煤系烃源岩生烃率平均为 200～300 kg/TOC，明显高于裂后坳陷期上渐新统珠海组浅海相烃源岩生烃率（平均为 200 kg/TOC）。生烃热模拟及油气地质条件分析均充分证实了古近纪断陷期形成的烃源岩生烃潜力大，其是南海北部新生代盆地主要烃源岩。

温度是决定有机质热演化程度及烃类产物类型的最主要的热动力学因素。盆地沉积充填的烃源岩在埋藏热演化过程中，其有机质在不同热演化阶段均可形成不同类型、不同性质的烃类产物，而这些不同性质及不同相态的烃类产物均主要受控于有机质热演化程度及生源母质类型之差异。南海北部大陆边缘盆地新生代处于不同板块背景的大地构造位置，故不同类型盆地其深部结构及基底地壳性质与上覆新生代沉积充填的地层厚度等均存在明显差异。正是由于新生界地层厚度及岩性特征的差异，导致了不同类型盆地形成演化过程中的热传导、热对流方式差异较大，进而造成不同盆地、不同凹陷的热流场和地温梯度变化大，最终导致不同类型盆地地热演化史、沉降及沉积充填史等差异明显，故必然会控制和影响烃源岩中有机质的热演化程度及烃类产物类型。因此，南海北部大陆边缘盆地大中型油气田和大中型天然气田形成及分布，除受烃源岩有机质丰度及母质类型等因素的控制和影响外，更重要、更关键的控制因素乃是热力作用对有机质成熟生烃的影响和制约，亦即受盆地热演化史及其热流场及地温梯度高低所控制。如南海北部大陆边缘珠江口盆地北部浅水区和北部湾盆地，这些地区大地热流场及地温梯度相对较低，地温梯度一般为 3.3～3.6 ℃/100 m，一般均在 4.0 ℃/100 m 以下。故古近系烃源岩主要以生成大量石油为主，伴生少量油型气。珠江口盆地西部珠三坳陷文昌 A 凹陷，由于裂陷期持续发育，不仅始新世裂陷期沉积充填厚，而且渐新世裂后期沉降幅度亦大，故该区总体上沉积厚，古近系烃源岩埋藏深，热流场及地温梯度相对较高（3.6～4.0 ℃/100 m），烃源岩有机质热演化达到了高熟－过成熟阶段，进入了高熟油气门槛及天然气气窗范围，因而这些地区不仅有石油产出亦伴有轻质油、凝析油及天然气。再如南海西北部边缘莺－琼盆地和珠江口盆地南部深水区及东海盆地西湖凹陷，这些地区由于第三纪及第四纪均接受了巨厚沉积，且地壳薄热流场及地温梯度较高（4.0～4.7 ℃/100 m），故导致古近纪裂陷期烃源岩甚至新近纪坳陷期海相烃源岩均达到高成熟生气阶段，加之其生源母质类型属偏腐殖型，因此，受"源热"共同控制影响，均主要以大量生气为主，伴生少量凝析油及轻质油，进而为南海北部大中型气田形成提供了充足的气源供给，这些地区目前已成为南海北部大陆边缘盆地的大气区，形成了众多大中型天然气气田。

3. 富生烃凹陷及半地堑洼陷控制油气生成及分布

南海北部大陆边缘盆地与中国东部陆相断陷盆地一样，在断陷/裂陷期普遍形成了规模不等、形态各异的凹陷及半地堑洼陷或地堑，其与上覆裂后期形成的范围较大坳陷相互叠置，剖面上构成了上覆"新近系海相坳陷大盆"，而下伏"古近系陆相断陷小洼/半地堑洼陷"的双层盆地结构特征。由于主要烃源岩一般均沉积充填在凹陷及半地堑洼陷内，故其与呈间互层分布的砂岩储集层能够构成自生自储的半地堑洼陷自源型油气运聚成藏体系。对于上覆坳陷型新近系及第四系地层系统，虽亦能形成良好的储盖组合类型，但由于其埋藏浅有机质热演化程度低常常缺乏成熟烃源岩提供的充足烃源供给，故只能依赖其下伏的深部半地堑/地堑洼陷古近系始新统及渐新统成熟烃源岩提供油气源供给，且必须具备纵向断裂与不整合面及砂体等不同类型运移载体构成的运聚通道系统为其沟通输送，方可将古近系深部油气源输送至浅层新近系地层系统之圈闭中，形成下生上储、古生新储及陆生海储的他源型油气藏。但无论是断陷/裂陷阶段形成自生自储的"自源型"近距离运聚成藏的原生油气藏，还是下生上储远距离运聚成藏的"他源型"油气藏，不论是浅水区还是深水区，其烃源供给及有效生烃灶均主要来自古近纪断陷/裂陷期形成的凹陷及半地堑洼陷的湖相及煤系烃源岩，仅个别盆地新近系沉积巨厚的特殊地区的烃源供给及生烃灶主要自新近纪海相坳陷期形成的中新统海相烃源岩（如莺歌海盆地中部莺歌海坳陷）。这已被多年来南海北部油气勘探实践所充分证实。南海北部大陆边缘北部湾、莺歌海、琼东南及珠江口4个主要盆地在古近纪断陷时期形成的36个生烃凹陷及半地堑洼陷作为其油气生成的基本地质单元，构成了该区油气藏形成的地质基础。而古近纪断陷时期形成的生烃凹陷及半地堑洼陷展布规模以及沉积充填的中深湖相和煤系烃源岩及其生烃灶特点，则控制了油气运聚成藏及其分布富集规律。迄今为止油气勘探发现的不同类型油气藏及大中型油气田均主要分布在这些富生烃凹陷及半地堑洼陷及其周缘区，目前探明的石油天然气地质储量亦主要来自这些富生烃凹陷。南海北部大陆边缘盆地涠西南、惠州及文昌3个富生油凹陷，迄今已勘探发现的大中型油田及获得的石油储量占南海北部的90%以上；而莺中、崖南、陵水－乐东及白云4个富生气凹陷，已勘探发现的大中型气田及天然气储量则占南海北部的95%以上。因此，古近纪断陷/裂陷阶段时期形成的富生烃凹陷及半地堑洼陷以及生烃中心展布特点，决定和控制影响了油气运聚成藏及其分布富集规律。而对于断陷裂谷盆地油气勘探，综合评价圈定富生烃凹陷及半地堑洼陷，搞清其源－汇－聚运聚成藏系统，应是确定有利油气富集区带提高油气勘探成功率之关键所在。

从中国东部第三系陆相断陷盆地油气勘探及研究程度颇高地区油气勘探实践亦表明，评价预测一个具有双层叠置结构的断陷盆地油气资源前景，其非常重要的油气地质条件及特点是，其油气运聚富集与分布并不是受上覆裂后坳陷形成的"大盆"所控制和制约，而更主要的是受控于断陷裂谷时期形成的富生烃凹陷及半地堑洼陷沉积充填规模及其展布特点。大量油气勘探实践及研究均表明，这种具有断坳双层叠置结构的盆地，其断陷/裂陷阶段形成的每一个凹陷及半地堑洼陷/地堑洼陷就是一个生烃中心，而当其与周围及上覆裂后坳陷期形成的储集层和构造及构造－岩性圈闭带时空耦合配置较好时，则可组成一个油气生成、运移、聚集和运聚动平衡成藏的基本油气聚集单元，而大多数油气田则多围绕富生烃凹陷及半地堑洼陷生烃中心分布，因此，确定了富生烃凹陷及半地堑洼陷生烃中心，综合分析其周围有利油气富集区带及目标和具有运聚通道沟通的上覆地层系统中有利勘探目标，即可发现油气田及油气富集区。

必须强调指出的是，不同类型的生烃凹陷及半地堑洼陷，由于所处构造位置与发育展布特征之差异，其沉积充填规模及埋藏热演化史均有所不同，往往导致其生烃潜力及油气富集程度差异较大。凹陷及半地堑洼陷生烃潜力及油气富集程度常常与凹陷及半地堑洼陷展布规模、半地堑洼陷类型及发育演化特征密切相关。根据半地堑发育演化特点及形成机制，一般可分为3种类型：一为继承型半地堑，即不同时期均为继承性的沉降沉积，其沉积充填规模大；二为间断型半地堑，即在烃源岩沉积期或主要排烃期为半地堑沉降期，而后期则经过一段时期的抬升侵蚀后又下沉接受沉积；三为衰退型半地堑，其特点是在烃源岩沉积期可能沉降较深、沉积较厚，但后期构造运动不断抬升，导致烃源岩遭受剥蚀或其上覆地层遭受剥蚀或后期接受沉积太薄而导致深部烃源岩未成熟。中国东部新生代陆相断陷盆地油气勘探实践及研究表明：继承型半地堑含油气丰富；间断型半地堑含油气性亦贫亦富，差别较大；而衰退型半地堑则含油气性最差，迄今尚未发现油气田或大中型油气田。上述这种间断型及衰退型半地堑洼陷在南海北部大陆边缘盆地某些局部区域亦有发现，由于其古近纪断陷期沉积充填的古近系地层剥蚀严重，古近系中深湖相及煤系烃源岩遭受破坏，或沉积充填非常薄，故其含油气性差，不能为含油气圈闭提供充足的烃源供给，难以形成商业性油气藏。

二、油气沿大陆边缘向中央洋盆呈环带状分布

南海北部油气勘探实践及研究表明，区域上，南海北部主要盆地油气及其大中型油气田分布普遍具有明显的"北油南气、北油西北气"和"近陆缘区富油，远陆缘区富气"的展布规律及特点（何家雄等，2008），且南海南部大陆边缘盆地亦具有这种类似的分布规律（即距陆缘区远近之相对位置而出现北气南油、西气东油的分布规律），并由此构成了围绕南海中央深水洋盆向周边大陆边缘陆缘区逐渐展开的"内气外油"的环带状分布特征（张功成等，2010），即邻近南海中央洋盆中心远离陆缘的南海大陆边缘陆架陆坡区不同类型盆地及构造区带（主要为深水区）主要富集天然气，其是大中型天然气田及气田群的主要富集区；而远离中央洋盆中心近陆缘区的不同类型盆地及构造区带（多属浅水陆架区）则主要富集石油，其是大中型油田及油田群的主要富集区。南海大陆边缘盆地油气及大中型油气田的这种围绕中央洋盆呈环带状展布的分布富集规律，主要取决于不同盆地所处构造位置地壳性质及盆地结构类型与沉积充填特征的差异、富生烃凹陷/半地堑洼陷展布规模、烃源岩质量和热演化的差异性以及有利烃源供给输导系统和不同类型圈闭聚集区带等多种因素的时空耦合配置。

三、盆地结构及"源热类型"控制成烃成藏及分布

前已论及，南海北部新生代盆地大多具有下断上坳及下陆上海的双层或三层盆地结构特征，但不同类型盆地断坳双层结构及其演化特点存在明显差异，进而控制了富烃凹陷类型及发育演化特点与油气运聚富集规律。北部湾盆地、琼东南盆地北部及珠江口盆地北部均属典型的断陷裂谷之双层结构类型盆地，具有典型的下陆上海、陆生海储及古生新储的成烃成藏地质特点。这些地区主要以古近系陆相断陷湖相及海陆过渡相沉积形成的湖相及煤系烃源岩为主，上覆裂后新近系及第四系海相坳陷沉积规模相对较小，因此其富生烃凹陷及半地堑洼陷均主要集中于古近系陆相断陷沉积地层系统之中，深部古近系陆相烃源岩提供烃源且与上覆新近系中新统海相碎屑岩及碳酸盐岩储集层构成了下生上储、陆生海储及古生新储的非常好的含油气生储盖组合类型及其油气藏。

北部湾盆地、琼东南盆地北部及珠江口盆地北部等陆架浅水区均沿华南大陆边缘分布属远离南海中央洋盆的近陆缘区，其地壳性质基本为陆壳或减薄型陆壳，地壳厚度较

大，其大地热流和地温场及地温梯度较低。古近纪盆地结构主要由断陷裂谷及其半地堑洼陷构成，且沉积充填了大套始新统中深湖相偏腐泥型烃源岩及渐新统海陆过渡相煤系烃源岩，构成了该区主要的生烃灶及其烃源供给系统（偏腐泥型烃源岩为主），且由于低地温场之热力作用，导致其有机质热演化主要处在成熟油窗阶段，故其烃类产物主要以石油为主伴生少量油型气；在古近系断陷之上叠置之裂后海相坳陷盆地结构，则主要为新近系及第四系海相坳陷沉积所组成，但其海相坳陷沉积相对较薄，远不及古近系陆相断陷沉积规模（厚度）。无论是北部湾盆地还是琼东南盆地北部及珠江口盆地北部浅水区，其新近系及第四系海相坳陷沉积厚度900～1500 m，局部区域最厚达3000 m，而其古近系陆相断陷沉积厚度2800～4500 m。亦即这些地区基本上属于以古近系陆相断陷为主的断坳双层盆地结构类型。因此，其成盆结构及其陆相沉积充填特征与地温场热力作用以及古近系断陷时期中深湖相烃源岩及海陆过渡相煤系成烃演化之时空耦合配置，决定了该区有机质热演化生烃主要以石油为主，进而控制了油气及大中型油气田的分布规律。目前南海北部大中型油田及油田群均主要分布于北部湾盆地涠西南凹陷、珠江口盆地北部珠一坳陷及东沙隆起、珠三坳陷及周缘区等陆架浅水区，且具有非常明显的下生上储、陆生海储及古生新储的油气成藏组合特点。

莺歌海盆地和琼东南盆地南部深水区及珠江口盆地南部深水区，基本上属于远离华南大陆边缘陆缘区而距南海中央洋盆较近区域，其地壳厚度较薄，地壳性质属减薄型陆壳或洋陆过渡型地壳，故普遍具有地温场及大地热流值偏高的特点。其中，莺歌海盆地虽然离陆缘区较近，但由于其属非常特殊的走滑伸展晚期快速沉降沉积型盆地，地壳薄（减薄型陆壳）、新近系及第四系海相坳陷沉积规模巨大，而早期的古近系陆相断陷沉积规模相对较小，属于以海相坳陷沉积为主的断坳双层盆地结构，且泥底辟及其热流体上侵活动强烈，进而导致深部中新统地层系统普遍具有高温超压特点，故油气生成及其运聚成藏均与新近系巨厚海相坳陷沉积形成的中新统偏腐殖型烃源岩和泥底辟发育演化之高温超压潜能的作用影响密切相关（何家雄等，1994，2005，2008，2010；解习农等，1999）。目前该区天然气勘探发现的浅层及中深层大中型天然气田均分布于中央泥底辟隆起构造带，且受控于泥底辟热流体上侵活动影响和控制。琼东南盆地南部陆坡及珠江口盆地南部陆坡深水区盆地结构与其北部陆架浅水区存在较大差异，由于靠近南海中央洋盆区而远离大陆边缘之陆缘区，故其地壳薄为减薄型陆壳和洋陆过渡型地壳，地温场及大地热流值高，且古近系陆相断陷沉积充填规模与裂后热沉降海相坳陷沉积规模均较大，据珠江口盆地深水区地震探测及地质综合分析，其古近系陆相断陷沉积与新近系及第四系海相坳陷沉积厚度超过12000 m，一些宽大凹陷展布规模达20000 km^2，且盆地结构与北部浅水区存在明显差异，故油气运聚成藏地质条件亦有所不同。根据南部北部深水区油气勘探及研究程度，对其油气生成及运聚成藏特征与浅水区的明显差异可以大体总结为：深水区烃源岩及生烃灶发育，不仅存在古近系中深湖相及海陆过渡相煤系烃源岩，而且还发育海相中新统潜在烃源岩，构成了较好的烃源供给系统。同时，断坳叠置形成的渐新统陵水组扇三角洲、珠海组陆架边缘三角洲和中新统珠江组深水扇及上中新统黄流组中央峡谷水道砂系统等多种储集体，与相邻泥页岩构成的储盖组合类型及多期构造活动形成的多种类型复式圈闭，则形成了该区有利油气富集场所和不同类型油气藏。迄今为止，琼东南盆地西南部深水区勘探发现的陵南斜坡中央峡谷水道砂储层高产大型天然气田及气田群与珠江口盆地南部深水区勘探发现的边缘三角洲和深水扇储层大中型天然气田等，均属于这种类型的深水高产天然气气藏。由于这些大中型天然气田的烃源供给均来自渐新统煤系及浅海相陆源偏腐殖型烃源岩，且受高地温场之高热流影响，故其天然气成因类型均属成熟－高熟甚至过成熟煤型气且伴生少量轻质油及凝析油。

四、富烃凹陷控制油气及大中型油气田形成与分布

大量油气勘探实践及研究表明，富烃凹陷及半地堑洼陷的存在决定了盆地的油气富集程度。中国近海沉积盆地中，其东北部渤海盆地渤中凹陷、辽中凹陷、辽西凹陷、南堡凹陷、歧口凹陷及黄河口凹陷和东南部即南海北部涠西南凹陷、文昌凹陷、西江凹陷及惠州凹陷等 10 个富烃（油）凹陷勘探发现的石油储量约占我国近海盆地总石油储量的 90% 以上，而东海盆地西湖凹陷和南海北部的莺歌海凹陷、崖南凹陷、乐东－陵水凹陷及白云凹陷等 5 个富气凹陷勘探获得的烃类天然气储量，亦占我国近海盆地烃类天然气储量的 95% 以上。由于始新世及渐新世主裂谷断陷期形成的凹陷，多处在欠补偿快速沉降沉积期，具有有利于浮游及底栖生物和藻类生长的湖相古环境，沉积充填了规模大富有机质的中深湖相烃源岩，进而形成了资源潜力巨大的富烃凹陷（龚再升等，1997，2004；何家雄等，2005，2013）。这些富烃凹陷的存在及其展布规模无疑控制了大中型油气田及其油气田群分布。如渤海盆地渤中凹陷、辽中凹陷；东海盆地西湖凹陷；珠江口盆地惠州凹陷、西江凹陷、文昌凹陷、白云凹陷、北部湾盆地涠西南凹陷、莺歌海盆地莺中（莺歌海）凹陷等，即为其典型实例。前已论及，南海北部主要盆地普遍存在断陷/裂陷期形成的规模不同的凹陷及半地堑洼陷，其与上覆裂后热沉降时期形成的大规模海相坳陷相互叠加，往往构成了剖面上部"大盆"，其下部"小洼"的双层盆地结构特征，这种盆地结构通过断裂及砂体的相互连通能够构成较好的流体运聚系统，非常有利于油气运聚成藏。由于该区古近系主要烃源岩一般均沉积充填在凹陷即半地堑洼陷内，故其不仅能够与呈间互层分布的砂岩储集层构成自生自储的半地堑式自源型原生油气运聚成藏体系，同时亦可通过沟源纵向断裂形成下生上储、古生新储及陆生海储的油气成藏组合类型，珠江口盆地北部珠一坳陷惠州凹陷下生上储、古生新储及陆生海储的油气运聚成藏系统及成藏模式即是其典型实例。必须强调指出，南海北部新生代盆地除莺歌海盆地外，其他盆地勘探发现的大部分油气藏及大中型油气田，其生烃灶及烃源供给均主要来自古近系生烃凹陷及半地堑洼陷及其湖相烃源岩和海陆过渡相煤系烃源岩。因此，古近系凹陷及半地堑洼陷烃源岩生烃灶及其生烃中心的分析判识与圈定，始终是南海北部大陆边缘盆地油气勘探评价中圈定和预测有利油气富集区的关键。中国东部陆上新生界陆相断陷盆地与中国近海盆地油气勘探实践及研究均表明，评价预测一个具"下断上坳"双层叠置结构的第三系断陷裂谷盆地油气资源潜力及勘探前景，其非常重要的油气地质条件即油气分布富集并不受控于上覆裂后坳陷形成的"大盆"，而更主要的是受控于断陷裂谷期形成的陆相生烃凹陷及半地堑洼陷的沉积充填规模及其展布特点。这主要是由于这种具断坳双层叠置结构的盆地，其断陷/裂陷时期的生烃凹陷及半地堑洼陷展布规模与烃源岩类型及质量，决定了其油气富集程度。断陷裂谷时期

每一个沉积充填了巨厚湖相及煤系烃源岩的凹陷及半地堑洼陷就是一个生烃中心，其有效烃源岩及生烃灶能够提供充足的烃源供给，当其与周围及上覆具备储盖组合及圈闭条件的有利油气富集带时空耦合配置较好时，则可构成一个从源（油气源）到汇聚（运聚输导系统及圈闭聚集场所）的基本油气聚集单元，即"含油气系统"，而大多数油气藏及大中型油气田群均围绕生烃凹陷及半地堑洼陷生烃中心及其附近分布。典型实例如渤海盆地渤中凹陷，不同层位及层段油气藏及大中型油气田均围绕渤中富生烃凹陷分布，主要烃源岩及生烃灶为始新统及下渐新统湖相烃源岩系，其通过断裂及砂体等油气运载体与不同层位油气藏圈闭沟通而提供烃源供给，形成自生自储及下生上储的油气藏类型。南海北部珠江口盆地及西北部莺歌海盆地油气及大中型油气田分布亦具有类似规律。珠江口盆地富烃凹陷均属古近系生烃凹陷及半地堑洼陷，由于古近系湖相砂岩储集层埋藏偏深储集物性欠佳，难以形成富集高产的商业性油气藏，故古近系烃源岩生成的油气大部分均通过沟源输导断裂及运载砂体和不整合面构成的油气运聚疏导体系运聚到上覆坳陷沉积的上渐新统珠海组浅海相砂岩储集层和中新统生物礁碳酸盐岩储层中富集成藏，形成下生上储、古生新储及陆生海储的成藏组合类型。总之，珠江口盆地区域上油气藏形成及大中型油气田分布，均主要受控于古近系富烃凹陷及半地堑洼陷的控制与制约。迄今为止，在该区无论浅水区还是深水区勘探发现的油气藏及大中型油气田均具有这种下生上储、陆生海储型成藏组合特点及油气运聚成藏特征，大部分大中型油气田分布均与这种油气运聚成藏的特定地质条件密切相关，且主要分布于裂后海相坳陷沉积形成的中新统储盖组合及其不同类型圈闭之中。

南海西北部莺歌海盆地属以裂后海相坳陷沉积为主的走滑伸展型盆地，新近系及第四系海相坳陷沉积超过万米，且泥底辟上侵活动异常活跃，控制影响了该区油气生－运－聚乃至成藏过程。由于新近系泥底辟泥源岩本身就是烃源岩（何家雄等，1990，1994），在欠压实高温超压地层系中孕育着巨大的高温超压潜能及其热动力，因此在泥底辟发育演化过程中，不仅能形成大量天然气构成充足的烃源供给系统和有效生烃灶，而且能够通过泥底辟通道及断层裂隙纵向运聚通道促使天然气从深部向浅层大规模运聚，在浅层及中深层具备储盖组合的不同类型圈闭中形成浅层常温常压气藏和中深层高温超压气藏，进而构成了以泥底辟上侵活动为中心的生烃、运聚成藏乃至分布富集的特殊含油气系统，其浅层及中深层天然气藏及其大中型气田分布则与该区泥底辟活动规律及展布特点和底辟波及影响范围等密切相关。亦即大中型天然气田分布主要受控于泥底辟上侵活动及其波及区的影响和制约，且导致了天然气分布的复杂性和大中型气田天然气成分构成的混源性特点。

五、新构造运动控制油气晚期动平衡运聚成藏及展布

中新世晚期至第四纪，是南海北部大陆边缘盆地新近纪裂后热沉降活动最活跃的时期，并伴随着裂后构造及断裂再活动和沉降沉积中心由陆缘区向海域中央洋盆深水区迁移与油气大量生成及大规模运聚成藏的过程。南海北部莺歌海、琼东南及珠江口等盆地，中新世晚期至第四纪裂后热沉降海相坳陷沉积虽然存在一定的差异性，但新构造运动普遍比较强烈，且其对不同类型盆地最终构造格局及油气运聚富集规律的控制影响作

用亦是非常明显的（龚再升等，2004，2005；何家雄等，2008）。总之，中新世晚期及第四纪新构造运动决定了盆地有利油气勘探区带的最终构造格局及其展布特征，尤其是其最晚期的构造断裂活动，则最终控制和影响了盆地中油气运聚特征与运聚动平衡成藏特点，亦调整和控制了各盆地最终油气分布富集格局即大中型油气田展布特点。以下仅根据几个典型盆地实例加以进一步分析阐述。

莺歌海盆地中央泥底辟隆起构造带浅层及中深层天然气藏，是中新世晚期及第四纪新构造运动导致泥底辟异常发育并控制影响成烃藏及其分布富集的例证。新近纪以来莺歌海盆地大规模走滑伸展产生了强烈热沉降坳陷，接受了 10000 m 以上的新近系沉积，上新世及第四纪沉降沉积速率高达 1400 m/Ma，很显然是一个受新构造运动控制成盆的非常年轻且以坳陷沉积为主的盆地。由于具有以新近系及第四系巨厚海相坳陷沉积为主的断坳双层结构和中新世晚期以来快速沉降沉积与充填作用，故导致新近系地层系统普遍具欠压实和异常高温超压特点，进而促进了泥底辟及气烟囱的大规模形成，且泥底辟热流体上侵活动异常强烈。然而，中新世晚期及第四纪泥底辟及热流体活动的最终结果，往往导致在不同层位及深度均形成了底辟伴生背斜圈闭和其他类型伴生构造圈闭等油气聚集的重要场所，同时亦产生了泥底辟纵向通道及其伴生的高角度断裂及垂向断层裂隙系统，构成了该区深部高温超压流体及天然气运移的纵向快速运聚通道，进而促使深部气源供给的天然气以幕式快速充注、多期运聚的形式（郝芳等，2001，2003；何家雄等，1994，2008），在中深层及浅层不同类型的伴生构造圈闭中富集成藏。很显然，该区天然气大量生排烃及运聚成藏，均主要受中新世晚期及上新世新构造运动伴生的强烈泥底辟热流体活动所控制和影响。中新世晚期及第四纪新构造运动（大规模走滑伸展活动）背景下所发生的泥底辟活动及其产生的高温超压潜能，不仅促使烃源岩快速成熟生烃拓宽了油气窗范围，而且亦提供了油气纵向运聚通道和油气运聚成藏的动力，进而最终在中深层高温超压系统和浅层常温常压系统具备聚集条件的不同类型圈闭中形成天然气聚集和大中型天然气气田，这已为该区天然气勘探实践所充分证实（何家雄等，2003；2005）。尚须强调指出，受新构造运动的影响，莺歌海盆地泥底辟热流体活动在不同构造及区块差异性明显，同时，泥底辟及其伴生断层裂隙活动亦对含油气圈闭保存条件具有一定程度的破坏作用。例如在泥底辟伴生油气藏圈闭附近及上部浅层常常伴有一些微渗漏现象，通常在地震剖面上可见一些气烟囱及微裂隙，海底亦见到很多油气渗漏的麻坑，表明该区浅层地层系统存在断层裂隙导致天然气渗漏的现象。但由于莺歌海盆地富生烃凹陷烃源供给非常充足生烃量大，其提供的气源供给量远远大于其渗漏散失量，加之深部气源供给不断加以补充，进而始终保持了天然气运聚动平衡成藏状态，故仍然形成了目前的浅层及中深层大中型天然气气田。

珠江口盆地中新世晚期及第四纪新构造运动，亦导致了盆地最终构造格局形成与油气大规模运聚成藏，且控制影响了油气分布特点。由于该时期不仅产生了一系列中新统新断裂及裂隙，而且亦促使了古近系早期老断裂的活化，进而大大促进了古近系断陷期半地堑洼陷中深湖相烃源岩及煤系烃源岩生成的大量油气向上覆浅层中新统海相砂岩及凸起上构造脊砂岩和生物礁储集层圈闭等聚集场所运聚而富集成藏。该区北部浅水区大中型油田，如惠州油田群、西江油田群及东沙隆起上流花生物礁油田群和南部深水区番禺-流花和荔湾-流花气田群即为其典型实例，这些浅水区大中型油田群和深水区大中型气田群之烃源供给均主要来自断陷/裂陷期形成的古近系陆相烃源岩系，而且均属于在晚期新构造运动背景下油气运聚动平衡成藏的结果。同时在油气运聚过程中也存在大量的油气散失，进而形成了一些浅层次生油气藏或大量天然气显示痕迹即地震剖面上的强振幅异常/浅层含气亮点。

六、浅层生物气/热解气与深部成熟油气叠置分布

南海北部主要盆地浅层生物气/热解气与深部成熟－高熟油气纵向上具有明显的复式叠置富集规律。生物气在南海北部主要盆地无论浅水区还是深水区均分布普遍，迄今为止在南海北部除北部湾盆地尚未发现生物气外，其他盆地从西北部莺歌海盆地、琼东南盆地到北部的珠江口盆地及东北部的台西南盆地，在油气勘探及海洋地质调查中均发现了大量生物气及亚生物气，其分布深度150～2300 m，地层层位多为上中新统－第四系，分布范围从南海北部大陆边缘西北部莺歌海盆地向东到琼东南盆地、珠江口盆地及东北部的台西南盆地均广泛存在。生物气在地质条件下的产出形式，主要以水溶气及少量游离气方式分布，在适宜的温压及圈闭等地质条件下这种生物成因类型的水溶气及游离气均能运聚富集成藏，形成富集高产的生物气成因气藏。南海西北部莺歌海盆地中央泥底辟带东南部 LD28－1 浅层背斜生物气藏即为其典型实例，该气藏属于这种浅层生物气近距离原地运聚富集成藏的范例，该生物气气藏主要产气层最高日产达 50 万 m^3 以上。诚然，莺歌海盆地其他区域以及相邻琼东南盆地水溶气型的生物气，在钻井地质录井中亦均见到非常强烈的气显示，且纵向在 2300 m 以上的上新统及第四系地层系统中分布普遍，但由于形成生物气藏的储盖组合及圈闭保存条件与运聚成藏过程的时空耦合配置关系欠佳，故尚未形成商业性的生物气聚集及富集高产的生物气藏。另外，生物气在南海北部珠江口盆地东部陆架浅水区及陆坡深水区和东北部台西南盆地深水区均广泛分布，且主要分布于 580～2300 m 的晚中新世－第四纪地层系统之中。这些生物气及亚生物气在钻井地质录井过程中均见到非常强烈的天然气显示。台西南盆地南部深水区海底及水体中亦见到非常强烈的生物甲烷喷逸/喷泉和渗漏现象。有机地球化学分析表明，上述这些天然气显示及其钻探获得的浅层天然气样品，其气源均主要为海底浅层沉积物中有机质通过各种生物化学作用形成的典型生物气及亚生物气。其最突出的地球化学特征是天然气组成中均以生物甲烷居绝对优势，干燥系数大于 0.98。甲烷碳同位素值明显偏负，均小于 －55‰，具有典型生物气的碳同位素分布特征，如莺－琼盆地 300～2300 m 获得的浅层天然气和珠江口盆地东部勘探发现的浅层天然气即为其典型实例，这些浅层天然气组成中均以甲烷居绝对优势，干燥系数在 0.99 左右，甲烷碳同位素 $δ^{13}C_1$ 一般均小于 －55‰，大部分都在 －76‰～－55‰之间。诚然，在该区部分局部区域浅层地震剖面上也发现了大量天然气显示之强振幅亮点，根据钻井所获天然气样品分析证实其属于深部通过断层裂隙等多种形式的疏导通道运聚到浅层的热成因成熟天然气，天然气甲烷碳同位素值 $δ^{13}C_1$ 为 －42‰～－37‰，属热解气的碳同位素特征。表明该区浅层不仅有丰富的生物气分布，在断层裂隙发育的局部地区亦有部分深部热解气的侵入/混入。而且在南海北部陆坡深水区海底浅层沉积物（80～300 m）中尚有天然气水合物分布（以下将详细分析阐述）。因此，在南海北部浅水区莺歌海盆地、琼东南

盆地北部及珠江口盆地北部等区域，其浅层地层系统与中深层地层系统纵向上构成了一个浅层生物气/热解气与深部成熟－高熟天然气相互叠置复式聚集的天然气运聚富集系统。典型实例如莺歌海盆地及琼东南盆地北部浅水区，其在第三系地层系统中分布的生物气/浅层热解气与深部成熟－高熟天然气，在剖面上构成了一个深层与浅层天然气叠置复式聚集的天然气运聚富集系统。

南海北部大陆边缘盆地成熟－高熟油气（热解气）主要分布于2300 m以下的渐新统及中新统地层，且不同区域成熟油气分布深度及地层层位以及与浅层生物气/浅层热解气的空间叠置及复式富集关系亦有所差异。西北部莺歌海盆地成熟－高熟油气分布，由于受泥底辟刺穿活动产生的纵向输导作用影响，导致成熟油气在中深层（小于2800 m）和浅层（大于2300 m）不同层位层段均有分布，而生物气则主要富集于浅层上新世－第四纪地层之中，这样在纵向上构成了一个浅层生物气及部分成熟热解天然气与中深层成熟－高熟热解天然气相互叠置复式聚集的运聚成藏系统；南海北部琼东南盆地和东北部珠江口盆地及台西南盆地成熟油气分布特征亦与莺歌海盆地类似，只是珠江口盆地南部白云凹陷属深水区，在白云凹陷深水海底的浅层沉积物中（小于300 m）还勘探发现了大量天然气水合物。故在该区地质剖面上，其深水海底（小于300 m）及浅层沉积物中（大于2300 m）主要富集天然气水合物和生物气、少量浅层气（成熟热解天然气），而深部则为成熟－高熟热解油气，进而在剖面上构成了一个上部深水海底浅表层富集天然气水合物、浅层生物气及浅层热解气与深部成熟－高熟热解油气相互叠置复式聚集的共生组合关系和多种资源复合共聚的油气运聚成藏系统。

七、深水油气与水合物及生物气/热解气叠置分布

南海北部主要盆地天然气水合物与深水油气分布，由于受地质条件所限均富集于陆坡深水及洋陆过渡带等超深水海域。其分布范围主要包括珠江口盆地南部珠二坳陷、珠四坳陷（亦称南部坳陷）及周缘区和琼东南盆地中央及南部坳陷带西南部乐东－陵水凹陷、华光凹陷及东部的松南－宝岛凹陷和长昌凹陷及周缘区等，目前深水油气勘探和天然气水合物勘查均获得重大突破的区域，主要集中在珠江口盆地珠二坳陷白云凹陷及相邻的东沙隆起东南部等深水海域，而自营深水油气勘探获得重大突破并发现大气田的，则是琼东南盆地西南部乐东－陵水凹陷及周缘区，且该区深水海底浅层天然气水合物勘查不仅见到较好显示（发现大面积冷泉碳酸盐岩），而且天然气水合物勘查亦获重大发现。以下重点对这两个地区深水油气与浅表层天然气水合物和浅层生物气/热解气复式聚集、叠置共生的分布规律进行初步分析阐述。

1. 天然气水合物分布特征及展布特点

天然气水合物是在高压低温地质环境下，由天然气和水所形成的具有笼状结构的固态化合物，其广泛分布于大陆边缘盆地陆坡深水及超深水区和大陆地区永久冻土带。由于天然气水合物能量密度很高，据理论计算 1 m^3 饱和天然气的水合物，在标准条件下可分解释放出 164 m^3 甲烷气，为常规天然气能量密度的 2～5 倍。因此，天然气水合物资源属于高效绿色环保型化石能源。虽然天然气水合物的巨大资源潜力给人类带来了新的能源资源前景，但同时天然气水合物对全球碳循环与大气环境变化、海底地质灾害

及生态环境平衡等方面亦存在重大影响，故天然气水合物资源的勘探评价与综合开发利用研究，迄今已成为当今世界的热点及重点聚焦的领域，备受世界各国政府和广大专家学者的重视和关注。

我国开展南海北部深水区天然气水合物资源的海洋地质调查始于 1999 年，中国科学院、自然资源部中国地质调查局属下的广州海洋地质调查局及原国家海洋局等单位，均先后在南海北部深水区开展了大量地质地球物理及地球化学调查工作，且取得了一些重要的研究成果及进展，先后在南海北部深水区发现和取得了大量天然气水合物存在的地质地球物理和地球化学异常标志及证据，并于 2007 年、2013 年、2015 年、2016 年、2017 年及 2018、2019 年，在南海北部陆坡深水区中部神狐调查区（白云凹陷）和东部东沙调查区（东沙隆起东南部）及西部琼东南调查区（陵水凹陷 - 松南低凸起）实施了多航次的钻探，均获得了天然气水合物实物样品，确证了南海北部深水区存在天然气水合物资源，并判识圈定了天然气水合物矿区规模，评价预测了其资源潜力及勘探前景。

众所周知，在南海北部大陆架区 200 m 水深以浅的海域，其海底温度为 14～18 ℃。在陆坡深水区，则随海水深度加深而温度变化较大。在 500 m 以深的陆坡深水区海底温度为 7～10 ℃；在 1000 m 水深区海底温度大约为 5 ℃；若水深大于 2800 m，则海底温度趋于稳定约 2.2 ℃。据 ODP184 航次探测资料表明，南海北部 2000 m 水深以下陆坡及洋盆区的海底温度一般为 3 ℃。因此，根据天然气水合物形成所需高压低温地质条件，可以判识确定南海北部陆坡区当其水深大于 500 m 的广大地区，基本可满足天然气水合物形成所需高压低温之要求。须强调指出的是，南海北部陆坡深水区及中央洋盆和某些局部地区热流值总体上较高可能对海底地温有影响（对水合物形成存在一定的负面影响），但不同海域存在较大差别，如中央海盆、西南海盆、西部陆架、琼东南盆地南部及西沙海槽、珠江口盆地南部以及南部陆架区等热流值比较高，可达 75～120 mW/m²；而笔架南盆地北部、台西南盆地、南沙海槽盆地等，热流值相对较低，一般小于 70 mW/m²。根据南海大陆边缘盆地区域上地温场的热流变化规律，该区往往多具有中央洋盆区及陆坡深水区和部分陆架浅水区热流值高，而大部分陆架浅水区热流值均较低的变化特点及趋势。很显然，这种地温场热流值的变化对不同地区油气成因类型及产出特点与分布富集规律等均有重大影响。但具体对于南海北部与南部深水区乃至中央洋盆的海底天然气水合物形成与分布富集的影响和控制，则并不存在明显的负面影响和消极作用。因为在这些地区虽然深部存在相对较高热流的地温场，但在这些地区由于上覆水体偏深，故对于浅层海底的影响不大。通过实际的探测表明，在深水海底浅层及中央洋盆的海底深水区，其地温均大大低于 10 ℃，因此，虽然热流值高低对该区地层深部沉积有机质热演化成熟生烃影响较大，但对于其浅层尤其是深水海底沉积物，由于其地温较低，对天然气水合物形成一般都不会受到影响。总之，南海北部陆坡深水及洋陆过渡带超深水区广阔，沉积充填物厚度大，其有机质较丰富生烃潜力大，且气源供给充分。这些区域不仅深部油气藏及浅层生物气/热解气分布广泛，且深水海底及浅表层尚具有适宜天然气水合物形成的构造地貌及特定温压环境，具有较好的天然气水合物成矿条件和天然气水合物资源勘探前景。

根据南海天然气水合物成矿成藏条件的初步评价预测结果（祝有海等，2005），南海北部和西部及南部深水区存在多个天然气水合物有利成矿成藏异常区，如西沙海槽、东沙西南陆坡、台西南盆地南部陆坡、南沙海槽等。通过高分辨率多道地震、海底热流、地形地貌、沉积物及生物标志物、烃类地球化学异常标志等的系统探测与综合分析研究，目前已在南海北部深水区划分和圈定了四个有利天然气水合物成矿成藏分布区，分别位于西沙海槽（长昌凹陷）、东沙隆起西南部及台西南盆地南部海域、珠二坳陷南部神狐（白云）海域和琼东南南部等深水海域；在南海西南部及南部深水海域则圈定了中建南南部和文莱-沙巴西南部两个有利天然气水合物成矿成藏分布区。其中，西沙海槽深水区天然气水合物主要分布在西沙海槽北部斜坡和中部一带，最有利分布区为海槽北坡和槽底平原区，该区内似海底反射层（BSR）分布广泛，其地球物理特征较清晰，地球化学异常明显，且海底影像显示尚可能存在碳酸盐结壳等天然气水合物存在的标志和证据；其次为海槽南坡及海槽南坡的海底平原区；东沙隆起深水区有利天然气水合物分布区，主要分布于东沙群岛南部深水海域，该区BSR反射层标志明显、甲烷高含量异常、氯离子和硫酸根浓度异常、碳酸盐结壳和生物甲烷礁（冷泉碳酸盐岩）等重要的地球物理与地球化学证据均非常明显。2004年完成的中德合作航次亦在该海域发现了大量碳酸盐结壳，并圈定出规模较大的九龙生物甲烷礁，亦充分证实该区存在巨大的天然气水合物资源潜力及勘探前景；神狐（白云）深水区有利天然气水合物分布区，位于南海北部陆坡中部神狐暗沙东南海域附近，该区BSR反射层、甲烷异常指标、氯离子和硫酸根浓度、碳酸盐结壳等重要的地球物理及地球化学证据亦非常明显。2007年、2013年、2015年、2016年、2018年在珠江口盆地珠二坳陷白云凹陷东南部和东沙调查区实施多次天然气水合物钻探作业，在水深860～1245 m的深水海底浅层未成岩沉积物150～280 m处，均钻获了呈分散浸染状分布于灰色未成岩粉砂质软泥中的天然气水合物实物样品和块状天然气水合物样品。通过古生物及生物地层学分析确定其地层层位属晚中新世/上新世-第四纪，表明天然气水合物主要赋存于时代新、埋藏浅（小于300 m）的深水海底未成岩细粒沉积物中，其气源供给通过地质地球化学分析证实，则主要来自浅层原地形成的以生物气为主的混合气，但局部断层裂隙发育区或泥底辟及气烟囱异常发育区则存在深部热解气气源的混入。总之，南海北部陆坡深水区天然气水合物的钻探成功，标志着我国天然气水合物勘查及地质研究工作，均取得了突破性的里程碑式的重大进展。

  天然气水合物资源评价与常规油气资源评价基本类似，目前仍然是采用常规油气资源的评价方法及研究思路。根据南海深水区天然气水合物资源评价计算的基本地质参数，应用蒙特卡罗法，初步评价预测南海深水区天然气水合物资源规模及资源量（按其50%概率的资源量）大约为643.5～772.2亿吨油当量（姚伯初，2001）和845亿吨油当量（张光学等，2002）。最近中国地质调查局公布的南海天然气水合物资源量最新评价预测结果为744亿吨油当量。总之，虽然不同专家学者在不同勘查研究阶段，对南海天然气水合物资源量的评价预测结果尚存在一定的差异，但可以肯定的是，南海深水区与世界其他深水海域一样，存在广泛分布的天然气水合物，且具有巨大资源规模和勘探前景。可以坚信天然气水合物这种巨大的高效绿色环保型能源，必然是未来化石能源开发的主旋律和改变及决定未来能源结构的主要资源。

2. 深水油气与水合物及浅层气叠置分布

南海北部深水海域广阔（>500 m 水深），约占南海北部海域面积 2/3 以上，区域构造地质位置属于南海北部准被动大陆边缘盆地，其油气勘探及研究程度目前仍然较低。南海北部主要盆地深水油气勘探及油气地质研究，通过近年来对外合作与自营并主油气勘探方略的实施，已取得长足进展和重大突破，迄今在珠江口盆地南部深水区白云凹陷先后钻探了 10 余个局部构造/岩性圈闭目标，分别在白云凹陷东南部勘探发现了 LW3-1、LW3-2 和 LH34-2 及 LH29-1 等大中型气田群，在白云凹陷东北部勘探发现了 LH16-2 及 LH20-2 等中型油田，同时，在邻近深水区的白云-番禺低隆起上亦勘探发现了 PY30-1 及 35-2 等多个中小型气田群，获得探明和控制及预测天然气地质储量超过 2000 多亿 m^3。在与珠江口盆地西南部相邻的琼东南盆地西南部深水区，近年来天然气勘探亦取得重大突破，首次发现了我国第一个自营勘探的 LS17-2 深水大气田及 LS25-1、LS18-1/2 等大中型气田群。迄今为止，在南海北部陆坡深水区已获得探明石油储量 5862 万 m^3，控制并预测石油储量 7690 万 m^3；探明天然气储量达 3154 亿 m^3，控制+预测天然气储量 5457 亿 m^3。同时，天然气水合物勘查亦获重大突破，在南海北部陆坡东部、中部及西部调查区水合物钻探均取得成功，并勘查圈定了 3 个超 1000 亿 m^3 天然气储量规模的水合物矿藏。上述这些油气勘探成果均充分表明南海北部深水区具有巨大的油气及水合物资源潜力与勘探前景，有望成为我国海域油气可持续发展及油气资源战略接替的新领域和新的油气储量增长点。

众所周知，南海北部准被动大陆边缘盆地深水区属于古特提斯与古太平洋两大构造域的混合叠置区，亦处在欧亚、印-澳和太平洋-菲律宾三大板块相互作用和影响之特殊大地构造位置，故其盆地形成演化不仅受到了中-新生代周边不同板块的相互作用和制约，而且亦受到了南海扩张裂解等地球动力学事件的深刻影响，故其地球动力学环境及背景非常复杂。因此，南海北部准被动陆缘深水盆地与世界上深水油气富集区的大西洋两侧典型被动陆缘深水盆地相比，尚存在较大的差异：①在构造属性上，南海北部准被动大陆边缘深水盆地与世界典型被动大陆边缘盆地存在明显差别。南海北部准大陆边缘经历了从晚中生代燕山期主动陆缘向新生代边缘海准被动陆缘的转变，其演化过程和成盆机制较复杂。②在盆地形成及演化史上，南海北部陆坡深水区以新生代盆地为主展布规模大，中生代仅局部残留规模较小的盆地，如珠江口盆地东部中生代残留盆地——潮汕坳陷。故南海北部准被动大陆边缘盆地深水区以新生代沉积盆地为主体，其成盆时代大大晚于大西洋两侧的典型被动陆缘盆地。③在油气生成及运聚成藏地质条件上，南海北部准被动陆缘深水盆地一些局部区带，由于欠压实及强烈的生烃作用具有高温超压特征，尤其是陆架坡折带处超压明显，且深水区凹陷展布及沉积充填规模大，存在始新统湖相、渐新统海陆过渡相烃源岩及中新统海相潜在烃源岩，其生烃成藏机制及油气空间分布均具有其特殊性，一般在深部原生油气藏之上的浅层及深水海底，往往存在浅层热解气/生物气及天然气水合物。如珠江口盆地白云凹陷深水区东南部荔湾-流花常规天然气富集区（即神狐天然气水合物调查区），在海底及浅层已钻获浅层热解天然气/生物气和天然气水合物，而在其深部油气勘探中则获得了重大天然气发现，存在大中型气田群。表明南海北部准被动陆缘深水区深部常规油气资源与浅层热解气/生物气及深水海底浅表层非常规油气资源——天然气水合物具有纵向叠置之复式富集特征，故其在空间分布上的共生组合关系及成因联系和复式聚集特点明显。④南海北部陆坡深水区沉积物源供给主要来自北部古珠江流域和西北部古红河流域及海南岛物源体系。由于深水区距离物源区较远，加之又缺乏世界级大河流三角洲物源供给体系的大规模供给注入，故沉积充填的沉积物具有明显的远源深水细粒沉积特征，因此，其储集层发育展布规模及储集物性条件是该区深水油气富集成藏的关键控制因素。⑤南海北部准被动陆缘盆地深水区地形地貌崎岖，海底坡度变化大，上新世晚期及第四纪海底火山活动频繁，具有非常复杂的崎岖海底地质地貌特征，因此，该区尚存在深水地震采集、处理及地质成像难度大等复杂的地球物理解释及地质成图等技术难题，亦增加深水油气及天然气水合物勘探的难度和复杂性。

综上所述，南海北部陆坡深水区不仅存在准被动大陆边缘盆地的成盆-成烃-运聚通道-储盖组合-富集成藏等一系列复杂的基本油气地质问题，而且尚面临深水区崎岖海底复杂地质地貌条件下的地震采集、处理和地质成像等严重影响勘探目标落实与油气地质评价等一系列地球物理技术难题。因此，南海北部准被动陆缘深水盆地油气勘探及天然气水合物勘查具有一定的特殊性及复杂性，且在一定程度上增加了深水油气和天然气水合物勘探的风险和难度，进而直接影响和制约着该区深水油气及水合物的勘探进程。鉴此，对于南海北部深水油气勘探及水合物勘查评价等，应在参考借鉴世界典型被动陆缘深水盆地油气勘探及水合物勘查的成功经验的基础上，全面分析类比其与世界典型深水油气及水合物富集区的成盆成烃及成藏条件与地质控制因素的差异和特殊性，深入研究其独特的油气地质特征及一系列影响和制约深水油气及水合物勘探的关键地质地球物理问题及瓶颈，以期减少勘探风险、提高深水油气勘探成功率，加快和推进深水油气勘探开发进程和天然气水合物勘查评价的步伐。诚然，近年来南海北部准被动陆缘珠江口盆地白云深水区和琼东南盆地西南部乐东-陵水凹陷及周缘深水区，通过对外合作勘探与自营勘探深水油气迄今已取得重大进展。在这些深水盆地迄今钻探的绝大部分探井中均获油气显示，且在白云凹陷东南部及东北部深水区 LW3-1、LH34-2 及 LH29-1 和 LH16-2 及 LH20-2 五个断块构造圈闭获得了重大油气发现和商业性突破；在琼东南盆地陵水-乐东凹陷亦勘探发现了 LS17-2、18-1/2 及 22-1 及 LS25-1 等大中型深水气田。同时，在该深水区钻井气测录井过程中自下而上由深至浅，均见到强烈的天然气显示。地球化学分析表明这些天然气气源构成及烃源供给，不仅有深部输送上来的大量成熟-高熟偏腐殖型热成因气，亦有浅层生物化学作用带形成的生物气或深部运移上来的热解气或由两者构成的混合气，且在该区（白云凹陷神狐调查区）深水海底浅表层地球物理调查及钻探均表明存在天然气水合物（160～300 m），其地化分析证实该天然气水合物气源虽然主要属生物气成因类型，但也存在部分深部少量热成因气混入和混合。这就充分表明珠江口盆地白云凹陷深水区深部常规成熟-高熟油气与浅层热解气（深部运移上来的成熟热解气）/浅层生物气及深水海底浅表层沉积物中非常规天然气资源——天然气水合物，在烃气源构成及烃源供给与空间分布上存在较密切的成因联系，即具有一定的规律性和共生同聚的时空耦合关系。亦即纵向上深水海底沉积物中的天然气水合物及浅层天然气（生物气/运移上来的热解气）与深部成熟-高熟天然气，在空间分布上多具有共生同聚及叠置富集的复式聚集关系，而在烃气源构成及供给输送系统方面则存在一定的成因联系。因此，珠江口盆地白云凹陷深水区深部成熟天然气与浅层气（热解气/生物气）及深水海底浅表层天然气水合物的空间分布，在剖面上构成了一个由深水海底非常规资源（水合物）及浅层常规天然气（生物气/热解气）与深部常规资源（成熟－高熟油气）所组成的纵向共生叠置展布序列和多种油气资源复式聚集的空间分布格局。即剖面上天然气水合物分布在陆坡深水区（500～3000 m 水深）深水海底以下浅表层 160～300 m 的晚中新世－上新世未成岩深灰色细粒沉积物中，其形成的天然气水合物高压低温稳定带可作为下伏浅层生物气/热解气与深部常规成熟－高熟油气藏的区域封盖层，由于天然气水合物稳定带在地质条件下为固体冰状物其渗透率为零，故能够有效阻止和遏止深部油气向浅层渗漏与散失损耗；在天然气水合物高压低温稳定带以下，一般均分布有浅层游离天然气和气藏（主要为 300～2300 m 生物气或深部运移上来的部分热解气）；在其更深部（3800 m 以下）则存在常规成熟－高熟油气藏或天然气藏，即深部富集常规深水油气资源。换言之，在广阔的深水（500 m 水深以下）海底天然气水合物高压低温稳定带之下，一般都存在生物气及浅层次生油气藏和深部原生油气藏。这种天然气水合物矿藏与常规油气资源纵向上相互叠置复式聚集的空间共生组合关系在世界范围亦较普遍，且具有一定的规律性。再如南海北部陆坡西区（与珠江口盆地西南部相邻的琼东南盆地西南部深水区），剖面上亦具有赋存于深水海底浅表层的天然气水合物和浅层生物气/热解气，而深部则富集常规油气等多种资源复合叠置的运聚富集规律及空间共生组合特点，进而构成一个深部深水油气与浅层生物气/热解气及深水海底浅表层天然气水合物等多种资源混合、复式聚集的含油气系统。因此，基于深水区深部常规油气藏与浅层生物气/热解气（次生气藏）和浅表层深水海底天然气水合物形成分布上一定的成因联系和空间上的共生组合关系，以及剖面上自下而上所构成的深部常规油气藏、浅层生物气/热解气（次生气藏），浅表层深水海底天然气水合物的共生组合关系及叠置分布特点，可以进一步预测和追踪其深部常规油气藏存在的可能性及其分布规律，亦可作为深部油气藏勘探的指引和重要示踪，进而指导深水油气勘探决策部署及勘探目标评价优选，同时，这种深部常规油气资源与浅层生物气/热解气及浅表层海底天然气水合物之非常规油气资源的空间共生组合及纵向叠置富集关系的存在，亦大大促进了不同类型多种油气资源联合勘探开发与综合利用，且极大地提高了勘探效率，降低了勘探开发成本，进而扩大了油气资源规模，增强了总的油气资源潜力。

  总之，南海北部准被动陆缘深水区深部油气运聚成藏及其空间分布与浅层气（生物气/热解气）及浅表层深水海底天然气水合物存在纵向上的共生组合关系及烃源供给上一定的成因联系。这种空间分布上的共生组合及复式聚集关系与烃源供给之成因联系，在深水区具体表现为在其深部往往富集常规高熟油气藏，中浅层则形成次生油气藏或浅层生物气，超浅层及深水海底沉积物中则富集天然气水合物，且自下而上构成了深部常规油气藏、浅层次生油气藏及游离气（生物气/热解气），超浅层及海底富集天然气水合物的共生组合及叠置富集规律，因此，这种深水油气常规油气资源与深水海底天然气水合物非常规油气资源空间分布上的共生叠置关系以及烃源供给上的成因联系，不仅能够指示深部油气藏的存在，而且亦可作为勘探寻找深部油气藏重要示踪及指示，故能为深水油气勘探部署及油气地质综合评价和钻探目标优选等提供决策依据和借鉴。然而，这种深部常规油气及浅层生物气/热解气与深水海底天然气水合物共生组合关系的重要油气地质意义具体体现在哪里呢？概括起来主要有以下三点：①深部常规油气藏与浅层生物气/热解气（浅层次生油气藏）及深水海底天然气水合物形成分布上的共生组合关系及成因联系，大大拓宽了油气资源勘探领域，扩大了油气资源规模，增强了油气资源潜力。②由于存在这种自下而上构成的深部常规油气藏与浅层次生油气藏及深水海底天然气水合物的空间共生组合及叠置富集关系，故深水海底天然气水合物分布及浅层次生油气藏的出现，均可指示和追踪深部常规油气藏存在的可能性及其分布规律，亦可作为深部油气藏勘探的重要示踪线索，进而指导深水油气勘探部署及有利勘探目标评价与优选。③深水海底浅层沉积物中天然气水合物高压低温稳定带，在地质条件下多为一种渗透率为零的冰状固体物质所组成的极佳油气等流体封隔层，其可作为一种能够有效封盖深部油气非常好的区域性封盖层，故对该区下伏的深部常规油气藏及浅层次生油气藏这些常规油气资源等流体矿产而言，具有极好的区域性封盖层的作用，能够有效阻止和遏止深部大量油气向浅层运聚过程中的强烈渗漏与大量散失损耗。总之，南海北部深水区深部油气、浅层天然气（生物气/热解气）与深水海底浅表层天然气水合物的叠置共生复式聚集模式，是沉积盆地中不同类型多种油气资源空间分布聚集的重要规律及特点，藉此可规避和减少深水油气及天然气水合物勘探风险，降低勘探成本，提高勘探成功率，指导和指引勘探发现更多不同类型的常规和非常规油气资源。

第三节　我国海洋油气勘探发展趋势

我国海洋油气勘探自 20 世纪 60 年代以来，历经半个多世纪的油气勘探开发活动，先后在渤海、东海及南海海域勘探发现了一批大中型油气田及超大型油田，并陆续开展了油气田开发开采及综合利用。同时，在南海北部大陆边缘盆地陆坡深水区，近年来通过地球物理勘查及地质评价与钻探，综合判识圈定了两大天然气水合物成矿带、三大富集区，陆续勘探发现了 3 个超千亿立方米储量规模的天然气水合物矿藏，2017 年和 2020 年两次探索性试采均获得了产气总量及日均产气量超世界的新记录。迄今为止，我国海洋油气储量及产量（不含天然气水合物）已具有相当的规模，油气年产量目前已超过 6000 万吨油当量。但随着海洋油气勘探开发活动的不断深入及可持续发展，油气勘探新区、新领域以及以往的"勘探禁区"和非常规油气勘探领域等，均是目前和将来海洋油气勘探可持续发展的重要战略接替区及选区，尤其是目前油气勘探程度相对较高盆地的中深层油气勘探领域、深水油气及非常规油气勘探领域等（简称深层、深水及非常规三大领域），必然是未来海洋油气滚动勘探可持续发展的战略选区和海洋油气勘探发展的必然趋势。这些重要的战略选区和将来必须要突破和开拓的主要油气勘探区域，具体包括南黄海盆地中生界及古生界/元古界油气勘探领域、东海盆地中深层常规油气及致密砂岩气勘探领域、渤海盆地中深层油气勘探领域尤其是盆地中部渤中凹陷深层天然气勘探新领域（深层天然气勘探领域目前已获重大突破，近期首次勘探发现了渤中 19-6 凝析大气田）、南海北部浅水区中深层油气勘探领域（目前莺歌海盆地中深层已勘探发现 DF13－1/2、LD10－1 等高温超压大气田；珠江口盆地北部中深层古近系原生油气藏亦有发现）、南海北部陆坡深水区及洋陆过渡带超深水区深水油气及天然气水合物勘探领域（近年来已陆续勘探发现了多个深水大中型油气田和多个天然气水合物矿藏）、南海中南部深水油气及天然气水合物勘探领域等。总之，以上这些油气勘探领域（深层、深水及非常规油气），虽然目前油气勘探程度及研究程度均甚低，但油气资源丰富，油气资源潜力大，尤其是剩余油气资源规模巨大，其应是我国海洋油气勘探开发近期和将来的重要战略选区和海洋油气资源储量和产量大幅度增长的主要战略接替区，亦是保障国家能源安全保持我国海洋油气长期稳产及增储上产、可持续发展的油气勘探新领域和重要的油气勘探靶区，同时亦是未来我国海洋油气滚动勘探开发与油气资源持续增长接替及可持续发展的必然趋势。

第十三章 渤海盆地油气勘探实践

第一节 渤海盆地油气勘探概况

渤海湾盆地位于我国东北部，跨越渤海及其沿岸地区。盆地总面积（陆海）19.5 万 km²，主要由七坳四隆等一级构造单元所组成（图 13.1）。行政区划包括北京、天津及河北、辽宁、河南和山东的部分地区。渤海湾盆地海域部分即俗称的渤海盆地（即图 13.1 中蓝色线范围之区域），则处于东经 117°35′～121°10′，北纬 37°07′～41°00′范围，面积 7.3 万 km²（可供油气勘探面积 5.1 万 km²），平均水深 18 m，平均

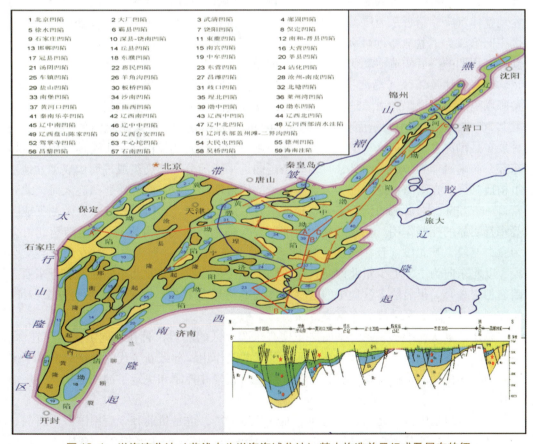

图 13.1　渤海湾盆地（蓝线内为渤海海域盆地）基本构造单元组成及展布特征

气温 10～12 ℃。台风较少，春夏风速 3～5 m/s，秋冬风速 6～7 m/s，浪高 2～5 m，冰期从 11 月中旬至翌年的 3 月中下旬，属海况条件较好的浅海地区。渤海盆地与陆上辽河油田、冀东油田、大港油田、华北油田、胜利油田和中原油田等油气区共同组成了渤海湾盆地大油气区。

渤海湾盆地是发育在华北克拉通盆地上的新生代裂谷盆地，其底板为正常的大陆地壳，厚 30～37 km，前新生代盆地基底经历了太古代至中生代十分复杂的构造演化过程。须强调指出的是，渤海盆地（渤海湾盆地海域部分）经新生代早期断陷和晚期裂后热沉降后又发生了新构造运动，最终形成了与中国东部陆相断陷盆地类似，整体具双层结构且以陆相断陷沉积为主的地质构造单元及构造地质特征。

渤海湾盆地前新生代构造演化，大致经历了太古代 - 早元古代变质结晶基底形成、中 - 新元古代拗拉槽发育、早古生代被动大陆边缘海盆、晚古生代汇聚型克拉通盆地、中生代陆内断陷盆地 5 个阶段。晚白垩世至古新世，渤海及其邻区区域隆升遭受剥蚀，开始了新生代的裂陷张裂伸展活动。

渤海湾新生代盆地的构造演化大体经历了 3 个发育阶段。具有早期断陷晚期坳陷的特点和多期活动、多幕裂陷伸展的特征。盆地构造演化始于喜山运动，此时期盆地进入伸展裂陷期。古新世孔店组至始新世沙河街组一段沉积时期为伸展裂陷阶段；渐新世中晚期东营组沉积时期进入断坳阶段；中新世馆陶组沉积时期进入裂后热沉降阶段。此时盆地整体沉降，新近系地层覆盖全盆地，且沉降沉积中心由陆地向海域逐渐迁移。其中渤中凹陷成为了盆地新近系沉积中心，最大沉积厚度超过 4000 m。其后，上新世至全新世沉积期的裂后构造活动仍在持续，此即新构造运动。

渤海盆地及邻区（渤海湾盆地海域及周缘）主要由渤中坳陷，以及下辽河坳陷、黄骅坳陷、济阳坳陷和由陆地伸入渤海的埕宁隆起所构成。渤海盆地正负次一级构造单元共 36 个，且以渤中凹陷面积最大达 8634 km²。尚须强调，断裂系统的形成演化及发育展布是渤海盆地构造运动的主旋律。其中郯庐大断裂向北经伊兰 - 伊通地堑到俄罗斯东部，向南延伸到华南东南部，且由多条走向近平行的分支断裂组成进而构成了盆地基本构造格局。在渤海盆地东部，以伸展走滑的构造活动为主，南从潍北凸起入海，北到营口一带登陆，对海域的构造演化与构造单元形成及分布，地层沉积充填以及油气成藏等都有明显的控制作用。在渤海盆地内部断裂（即郯庐断裂渤海段），则由南至北可分为三个亚段，其北段（辽东湾段）断裂系统以北东向平行排列为主；中段为断裂交会段，以北东向为主，见少量北西向；南段则为相交叠合段，即北北东向断裂与近东西向断裂相交叠合。很显然，盆地中的这些基本构造格局尤其是不同断裂体系的分布特征，均控制影响了第三系油气分布富集规律。

总之，渤海盆地断裂系统平面展布具有东西分区的趋势，且在纵向上明显存在深、浅两套断裂系统。由于这些断裂系统活动及其共同作用，导致新生代盆地最终形成了多凸多凹相间排列的构造格局，有利于油气生成与聚集并控制和决定了油气运聚富集规律及其特点。

渤海盆地是中国东北部近海盆地石油资源最丰富，也是目前和今后中国海洋石油总公司最主要的产油基地。该盆地自 1965 年开始油气勘探，经历了探索、合作及自营与合作并举 3 个主要油气勘探阶段，目前已发现了大批油气田，2005 年底油气产量达到

1400万吨当量，2010年油气产量已超过3000万吨油当量，属于中国近海盆地最大的产油基地。该盆地油气资源非常丰富，不仅石油资源潜力巨大，且深层天然气资源潜力亦大（近期深层天然气勘探已获重大突破），其是中国近海盆地目前及今后油气勘探最具资源潜力及前景的有利区域。

渤海盆地是我国近海盆地油气勘探程度相对较高的地区，据不完全统计，截至2009年，该区除已进行高精度的重力、海磁和航磁勘探外，已全部完成了1 km×1 km 数字地震勘探。迄今为止海域内共完成2D地震测线24.9万km，3D地震工作量近3万km^2；钻探探井及评价井（包括浅海地区）600余口，在水深大于5 m的海域范围内已发现了71个油气田，探明油气地质储量36.8亿吨油当量。其中，以绥中36-1、秦皇岛32-6、蓬莱19-3及锦州9-3等为代表的大中型油田达41个，以锦州20-2等气田为代表的中型气田4个。这些大中型油气田总储量规模占已探明油气资源的95%以上。同时，渤海盆地在水深小于5 m的浅滩地区，也进行了大量的油气勘探开发活动，已勘探发现和评价出具经济储量的油（气）田20个，其中辽河滩海地区已发现和评价出葵花岛、太阳岛、笔架岭、南海-月东4个油田；冀东地区滩海发现和评价出南堡大油田；大港滩海发现和评价出埕海油田（包括赵东、关家堡、张巨河、张东东4个油田）和北大港油田（包括马东、唐家河、联盟、六间房、港东、港中和港西7个油田），胜利滩海发现和评价出埕岛、新滩、新北、英雄滩等油田。尚须强调指出，渤海盆地绥中36-1、秦皇岛32-1、蓬莱19-3、曹妃甸11-1和渤中25-1（S）、埕岛和南堡油田，均是石油探明储量超过1亿吨以上的大油田。尤其是滩海区南堡大油田以其探明石油储量4.45亿吨，溶解气536亿m^3，控制并预测石油储量达6.39亿吨而备受关注。总之，渤海（包括浅滩地区）是我国近海盆地中油气勘探成效最高、资源潜力大、勘探前景最佳的海域。

第二节　渤海盆地油气地质特征

一、主要烃源岩特征

前已论及，渤海盆地主要包括渤中坳陷及下辽河坳陷、黄骅坳陷、济阳坳陷及埕宁隆起等5个一级构造单元的海域部分。其中除渤中坳陷面积最大且全部位于海域外，其他4个一级构造单元均不同程度跨越海陆地区。迄今为止的油气勘探已证实，渤海盆地石油主要来自古近系古新统、始新统及渐新统湖相烃源岩。

渤海盆地存在众多富生烃凹陷，发育有巨厚的古近系湖相烃源岩，包括古新统孔店组、始新统及渐新统沙河街组四段、沙河街组三段、沙河街组一段和东营组五套烃源岩。其中始新统沙河街组三段和下渐新统沙河街组一段为主力烃源岩，其次为上渐新统东营组烃源岩。古近系烃源岩厚度500～2000 m，有机碳含量为1%～2%，氯仿沥青"A"含量为0.1%～0.2%，总烃含量为500～2000 mg/kg。始新统及下渐新统沙河街组烃源岩有机质类型以 II_1 型干酪根为主，上渐新统东营组则以 II_2 及 III 型干酪根居多，均属中深湖至滨浅湖环境下形成陆相烃源岩。与渤海湾盆地陆上油田区（辽河、大港、胜利）古近系主要烃源岩对比，渤海海域盆地多了一套上渐新统东营组湖相烃源岩。此外，下古生界潮坪相碳酸盐岩，上古生界上石炭统和下二叠统潮坪相、泻湖相及沼泽相深灰色泥岩和煤层以及中生界白垩系湖相暗色泥岩，也具备一定生烃潜力。

二、主要含油气储集层

渤海盆地大中型油田储集层发育，从太古界至新近系明化镇组的多个地层层系中均存在具有储集油气能力的储集层。新近系上新统明化镇组和中新统馆陶组的砂岩及砂砾岩，为河流相高孔高渗储集层，其孔隙度可达 20% ~ 30%，渗透率可达 100 ~ 1000 mD。古近系上渐新统东营组则发育河流三角洲和滨浅湖扇三角洲储层；始新统沙三段砂岩和浊积砂岩、下渐新统沙二段砂岩、沙一段砂岩和粒屑灰岩，其储集物性良好均为有效储集层。此外，在盆地前古近系不同类型基岩地层中，尚发育有三套五类储层，包括：太古界混合花岗岩缝洞型储层；下古生界奥陶系受岩溶活动形成的缝洞型石灰岩储层；寒武系晶间孔及溶孔发育的白云岩储层；中生界侏罗系碎屑岩和火成岩两种类型的储层，其属孔隙、裂缝、溶洞共存的混合型储层。这些储层储集物性具有明显的非均质。在上述三套五类基岩油气储层中，均发现了高产油气藏，亦属于渤海盆地大中型油气田的重要油气储集层系。近期渤中凹陷深部勘探发现的渤中 19 – 6 凝析气大气田变质岩及花岗岩基岩储集层即是其典型实例。

三、主要油气封盖层系

渤海盆地古近系、新近系和前古近系都发育有质量较好的泥岩油气封盖层，其中新近系上新统明化镇组泥岩集中段分布普遍属于区域盖层，控制了上新统明化镇组和中新统馆陶组的油气成藏。如秦皇岛 32 – 6、蓬莱 19 – 3、渤中 25 – 1 南等新近系大型油田，均属于此类型。上渐新统东三段泥岩盖层，则属于局部性或部分区域性封盖层。其无论是分布厚度还是展布规模都比渤海湾陆上任何一个油田的盖层条件好。该封盖层既是古近系油气储层的区域盖层，亦是前古近系基岩体的良好封盖层。同时，基岩内部发育的泥质岩类，亦可作为局部性油气封盖层。总之，渤海盆地上述几套盖层系列，共同构成了该区油气运聚成藏的封闭盖层，为众多不同类型圈闭和多层系的油气富集成藏提供了良好的封闭条件。

四、含油气储盖组合类型

渤海盆地含油气储盖成藏组合类型总体上可分为三类。

（1）自生自储式成藏组合类型。主要发育在始新统 – 下渐新统沙河街组内部，次为上渐新统东营组。在下白垩统及上古生界、下古生界亦可能具有形成自生自储式成藏组合类型的条件，但分布非常局限。

(2) 上生下储式成藏组合类型。即以古近系为主力烃源岩和盖层，与下伏中生界、古生界、元古界及太古界不同类型储层配合而形成的生、储盖成藏组合类型。古近系烃源岩生成的油气沿断面或不整合面向相邻或下伏的潜山储集体内聚集即可形成不同类型的古潜山油气藏。

(3) 下生上储式成藏组合类型。即以下伏古近系为烃源岩，与上覆新近系碎屑岩储层和盖层所构成的储盖组合。其油气地质特点是以断裂为主，辅以不整合面作为油气纵向运移通道，共同完成油气运聚成藏过程，最终形成这种下生上储的油气成藏组合类型。渤海盆地在这套含油气储盖组合类型中，油气勘探获得了长足进展和巨大成功，先后发现多个新近系大型油田，成为中国海域油气储量及石油产量增长的重点区域。

诚然，在上元古界砂岩及石灰岩中亦见到的油气显示，可能是该区潜在含油气层系。

五、含油气圈闭及油气藏

渤海盆地中含油气圈闭具有多类型、多层系的特点。鉴此，以圈闭成因为主，结合圈闭形态及储集层类型等三项标准判识与划分，迄今为止，渤海盆地勘探发现的圈闭类型主要有14种，形成了众多不同类型油气藏。

渤海盆地不同类型圈闭形成，总体上与伸展断裂活动、断块翘倾、地层岩性变化及地层不整合等密切有关。其最突出特点是，盆地中不同圈闭单元几乎都受断裂控制或被其复杂化，且在平面上具有沿主要断裂两侧集中分布的大趋势。同时亦有受扭压应力而形成的反转构造圈闭类型，但褶皱构造圈闭类型不发育。

众所周知，油气藏形成一般多与生烃凹陷超压系统供烃及断裂体系密切相关。即在生烃凹陷超压驱动下，油气空间上主要沿断裂、不整合面及砂体由凹陷向凸起、构造带等正向构造单元（低势区）运移聚集，形成多层系、不同类型油气藏。由于不同时代、不同类型生烃凹陷在平面上均具一定的展布规律，而生烃凹陷展布特点又决定和控制影响了油气运聚富集规律。因此，一个生烃凹陷就是一个独立的沉积体系及生油区，而该区油气藏形成与分布，均以生烃凹陷为单元围绕生油中心区呈环状、半环状及带状分布。

受生烃凹陷及含油气圈闭类型和储盖组合等基本油气地质条件的控制，该区油气运聚成藏规律及特点是：在凸起及低凸起区，其油气分布及产出形式，多以新近系和古近系东营组断背斜型油气藏及前古近系潜山油气藏为主；而凹陷区分布的油气藏则以古近系断背、断鼻、断块油气藏及非背斜油气藏居多。尚须强调指出，渤海盆地已勘探发现的油气聚集区带多属复式油气聚集区带，且不同类型油气聚集带均具有其主要油气藏和主要含油层系。该区复式油气聚集带一般可分为两大类：其一为凸起及低凸起区发育的以新近系油气藏为主体，伴有渐新统东营组油气藏及古潜山油气藏构成的复式油气聚集带。如渤南低凸起、石臼坨凸起及辽西凸起等大型复式油气聚集带即为其实例。其二是凹陷区断裂构造带及断阶带复式油气聚集带。如歧口凹陷南缘歧南断阶带，黄河口凹陷中央断裂带等，都是以新生代为主体的复式油气聚集带。

第三节 油气资源潜力及分布规律

渤海盆地经过五十多年油气勘探开发活动，油气勘探开发取得了丰硕成果和长足发展，但目前仍处在油气储量及产量增长的高峰期。深入分析总结渤海盆地油气地质条件及油气勘探开发成果，尤其是根据现今的油气勘探开发与研究程度，可以预测和综合评价渤海盆地油气资源潜力仍然巨大，其油气勘探开发前景亦非常广阔。

一、油气资源规模及潜力大

自然资源部 2008 年油气资源动态评价表明，渤海盆地石油地质资源量为 82.66 亿吨，天然气地质资源量为 8141 亿 m^3。其后 2013 年自然资源部再次开展的油气资源动态评价之结果，则进一步证实该区油气资源潜力巨大。其中，其石油地质资源量达 110.3 亿吨，天然气地质资源量为 13000 亿 m^3。尤其值得提及的是，渤海盆地中部渤中凹陷近期在深层勘探发现了储量规模超千亿立方米的渤中 19-6 凝析大气田，不仅拓展了该区深层天然气勘探新领域，而且亦充分证实该区深层存在巨大天然气资源潜力，必将为中国东部京津冀地区提供天然气资源供给，满足经济社会发展及人们物质文化生活的重大需求。总之，渤海盆地油气资源丰富，且迄今为止的油气勘探程度尚低，目前石油探明程度为 30%，天然气探明程度仅为 16%，表明该区油气探明程度尚处在中低阶段，其油气资源潜力巨大，油气勘探前景非常好。

二、渤海盆地尚有大面积可供勘探的凸起围斜区带和凹陷区等有利油气勘探区带

渤海盆地油气勘探及地质综合研究表明，盆地的凸起围斜区带和凹陷区，迄今尚有多个尚未钻探的有利油气富集构造带及不同类型圈闭，其中尤其是深层领域和非构造领域的有利油气富集区带，目前尚处于初期探索阶段，其油气勘探程度及研究程度甚低，但具有较大油气资源潜力及油气勘探前景，其是该区有利油气勘探区带，有望获得新的突破和重大发现。

渤海盆地油气分布规律一般具有以下特点，即区域上石油资源主要集中分布于辽西、石臼坨、沙垒田、渤南和庙西五个凸起及低凸起区，而天然气资源则主要环辽中、渤中及黄河口三大富烃凹陷分布。其中，石油资源剖面分布，总体上不同层位及层系中广泛分布但所占比例明显不同，其中尤以新生界储层中石油资源最丰富，约占 88.6%。而其他层位及层系中石油资源较少，如下古生界储层中石油资源占 7.8%，中生界储层中石油资源占 2.6%，上古生界储层中石油资源仅占 0.98%。渤海盆地天然气资源剖面分布，亦以新生界储层中最富集，其天然气资源约占 74.91%，而中生界储层中天然气

资源仅占 0.73%，上古生界储层中天然气资源占 3.26%，下古生界储层中天然气资源相对较富集，约占 21.1%。总之，渤海盆地油气资源规模及其潜力，纵向上均主要集中分布富集在新生界砂岩储集层之中。

尚须强调指出，渤海盆地石油资源按深度分布，则主要分布于浅层和中深层。据统计该区 85% 以上的石油资源均主要富集于浅层及中深层，而天然气资源则主要分布在中深层和深层。浅层储层中天然气资源仅占 16.04%，绝大多数天然气资源均主要富集于中深层及以下地层的储集层之中。天然气资源的统计结果表明，中深层储层中天然气资源和深层储层中天然气资源分别高达 30.43% 和 33.13%，而超深层储层中天然气资源亦有 20.40%。由此可见，中深层及以下地层储集层中天然气资源量高达 83.96% 以上，亦即该区天然气资源均主要富集在中深层及以下地层储集层中。另外，从油气资源品位、质量及油气产出类型看，渤海盆地多以常规油气资源为主，其中，常规石油资源（密度为 0.8～1.0）占石油总资源量的 62.27%；其次为稠油石油资源（密度大于 1.0），约占 27.50%；而低渗油、特低渗油和高凝油等所占比例较小。天然气资源则以常规天然气及凝析气为主，其占天然气总资源量的 99.32%。

我国海洋油气勘探开发成果及勘探实践表明，渤海盆地油气累计探明储量、技术可采储量、剩余可采储量和产量等，均居我国海域油气勘探开发生产区之首。根据近 5 年来渤海盆地油气发现和储量增长趋势，预计在 2010—2021 年间，渤海海域（包括滩浅海）新增石油探明储量可达 20 亿～30 亿吨，总石油储量和产量亦增长迅速。目前渤海盆地石油储量及产量等指标，均居我国海域油气勘探开发生产区之首。其中 2010 年渤海盆地石油产量已突破 3000 万吨油当量，近年来油气产量已接近 5000 亿吨左右油当量，而且滩浅海地区油气产量近年来亦达到 2000 万吨油当量的年产能。总之，无论是油气资源潜力和油气资源规模，还是油气储量及产量等，渤海盆地都是我国海域油气资源潜力及油气勘探前景的最佳区域，亦是我国油气储量和产量接替贡献最大的海区。

第十四章 北黄海盆地油气勘探实践

第一节 北黄海盆地油气勘探概况

北黄海盆地位于我国山东半岛成山角与朝鲜白翎岛连线以北的黄海北部（图 14.1），面积 3.07 万 km^2，平均水深 38 m。北黄海盆地大地构造上属于中朝地台东部胶辽隆起区，其基底（前中生界）可能为太古界及元古界变质岩系，根据周边地质资料推测亦有下古生界沉积岩系。古生代中晚期至早中生代，该区长期隆起，至中生代晚期才形成断陷盆地，接受晚中生代及新生代古近纪沉积，其沉积岩厚度平均约 3000 m，最厚可达 7200 m，且以中生界为主。中生界和古近系为陆相沉积，凹陷中的中生界厚

图 14.1　黄海盆地及周缘主要构造单元组成及分布特征

1000～3000 m，古近系厚度100～1000 m。新近纪时期盆地进入坳陷发育阶段，沉积了分布广而薄的海陆交互相地层，沉积厚度300～600 m。目前圈定的北黄海盆地边界，实际上是晚中生代和新生代的沉积断陷。盆地构造区划具有"三坳两隆"的基本构造格局，即西部坳陷、中部坳陷、东部坳陷与西部隆起及东部隆起。其中中部坳陷大致由3个凹陷包围着一个较大的凸起所构成，但凹陷面积较小，为1150～1400 km^2。北黄海盆地油气勘探虽然陆陆续续钻探过一些探井，但迄今为止尚未发现商业性油气即未获得油气勘探的突破。

第二节　北黄海盆地油气地质特征

一、烃源条件

根据朝鲜在北黄海盆地东侧的钻井资料，北黄海盆地中生界地层是一套湖相沉积，含介形虫、轮藻等微体古生物化石，有利于油气生成。中生界侏罗系则为中深湖－三角洲－沼泽相沉积，其顶底部为灰黑色泥岩夹煤层，该套煤系地层及暗色泥岩有机质成熟门槛为2500 m（$Ro=0.7\%$），其中暗色泥岩厚度可达800 m，分布范围较广，有机碳含量2.13%～3.28%，泥岩生烃热解峰温T_{max}为435 ℃。暗色泥岩含陆源有机质较高，但姥植比（Pr/Pn）低，多以偏腐殖Ⅱ型干酪根为主，经钻探证实该暗色泥岩为北黄海盆地主要烃源岩。

二、储盖组合类型

北黄海盆地古生代以来存在三套含油气储盖组合类型：一为古近系储盖组合类型，该储盖组合中砂岩储集层发育，储集物性较好，在泥岩发育较厚区可以形成较好的储盖组合类型。二为中生界储盖组合类型，该储盖组合中泥岩发育封盖层条件较好，但砂岩储层储集物性较差且变化大。其中下侏罗统砂岩储集类型以裂隙－孔隙型储层为主。三为古生界储盖组合类型。该储盖组合中，由于碳酸盐岩地层受风化淋滤作用，故具备较好的储集空间，而上覆中生界泥岩封盖层则提供了良好封盖条件，形成了古潜山型碳酸盐岩储盖组合。

三、含油气圈闭条件

北黄海盆地晚古生代及中生代以来，经历了多期较频繁的构造运动。根据主要构造运动所形成的区域性不整合面，可划分为古近系上构造层和中生界下构造层两个主要构造及沉积层系。由于该区地震勘探及研究程度较低（主测线线距9～12 km，联络测线线距13～30 km），故目前尚未发现上构造层的古近系构造。在地震T_0时间反射层构造图上，目前已发现了被新生界覆盖的一批中生界潜山圈闭。由于中生界构造断裂较发育，故易于形成不同类型的构造-断裂圈闭，因此，这种中生界的构造断裂圈闭及古潜山圈闭是该区主要的油气勘探目标。

第三节　油气勘探进展及资源潜力

　　北黄海盆地油气勘探及研究程度甚低，地震勘探工作量及油气探井均较少。盆地主要的地球物理勘探工作量可大致总结为以下几个方面：1966 年原地质部第五物探大队完成了 110 km 的地震试验测线，获得了相当古近系底面的地震反射层。同年，原地质部航空物探 909 队完成盆地东区 1∶100 万航磁测量；1977 年原石油部和地质部第一海洋地质调查局，在东经 121°30′~124°00′，北纬 37°15′~39°20′范围内进行了海洋地质勘查，并完成了磁力测量 1289.4 km、重力测量 935 km，采集地震测线 5082.2 km，其中 3885 km 为 12 次覆盖数字地震记录，其余均为模拟磁带记录，基本上达到了概查的地震勘探程度；其后，2000 年中国海洋石油总公司自营勘探采集了二维地震测线 474 km。2008 年中国地质调查局在北黄海盆地钻探井两口，未获商业性油气发现。同时，朝鲜在北黄海 124°以东的海域亦开展了一些油气勘探活动，其中两口探井在白垩系获得油流，但未获商业性油气发现。

　　北黄海盆地属以中生界为主要勘探目的层的沉积盆地，目前的油气勘探及研究程度甚低，已有的地震资料品质很差，且地震测网密度亦非常稀且探井少，故严重影响和制约了该区石油地质综合评价与研究工作。根据北黄海盆地现有油气地质资料综合分析与评价预测，该区最有利油气勘探区域应为东部坳陷，该区面积为 3520 km^2，钻井已证实其具有一定的含油远景；其次为中部坳陷，该坳陷面积 1193 km^2，其是该区最深的沉积坳陷，且新生界和中生界坳陷叠合较好，中生界及新生界沉积充填厚度大，可能发育有多套较好烃源岩。

　　根据原国土资源部、国家发改委及财政部 2008 年 6 月公布的《新一轮全国油气资源评价成果通报》之评价预测结果，北黄海盆地石油远景资源量为 8.02 亿吨，地质资源量为 4.24 亿吨。表明该区石油资源亦较丰富，亦具有较大石油资源潜力。

第十五章　南黄海盆地油气勘探实践

第一节　南黄海盆地油气勘探概况

南黄海盆地位于黄海南部海域，我国山东半岛成山角与朝鲜白翎岛连线以南。平均水深 46 m，在济州岛北部水深最大可达 140 m，盆地面积位 15.1 万 km²。南黄海盆地可划分为北部坳陷、中部隆起、南部坳陷、勿南沙隆起四个一级构造单元（图 15.1）。北部坳陷和南部坳陷是盆地上白垩统 – 古近系沉积厚度最大的区域。其中盆地北部坳陷展布面积为 5.3 万 km²，呈北断南超的箕状结构。上白垩统 – 古近系最大厚度达 7000 m。该坳陷次一级构造单元包括 6 个凹陷和 6 个凸起，其中，以东经 123°以西为界，其油气勘探及研究程度较东部深入；南部坳陷（与我国陆上苏北盆地相连，亦称苏北 – 南黄海南部盆地）面积为 1.6 万 km²，呈南断北超的箕状结构，其上白垩统 – 古近系厚度达 6500 m。在主断层控制下，坳陷内在南北方向上被分割成两个凹陷带和一个凸起带，且由 6 个凹陷和 4 个凸起所组成。

南黄海盆地主体属晚白垩世开始发育起来的裂陷盆地，叠置于扬子准地台上。其基底由震旦系、古生界和中生界中下三叠统的海相碳酸盐岩和陆相碎屑岩及煤系组成。中生代印支 – 燕山运动改造了准地台沉积。白垩纪晚期，仪征运动使区内产生了以中部隆起相隔的两侧断陷，此时盆地发育开始进入伸展张裂阶段。从晚白垩世到古新世时期，是盆地伸展张裂阶段的高峰期，所形成的半地堑内发育了以湖泊相为主的碎屑沉积。古新世末吴堡运动使区内发生了一次抬升，形成了一期区域性不整合；始新世为伸展张裂的萎缩阶段，发育了湖泊 – 沼泽相及河流相碎屑沉积。始新世末三垛运动发生强烈区域抬升和剥蚀夷平，导致盆地内一般缺失上始新统和渐新统沉积，沉积间断时间达 13 ~ 15Ma。新近纪时期是盆地裂后坳陷发育阶段，其沉积充填基本覆盖全盆地，且主要以曲流河、泛滥平原及海陆交互相沉积充填为主。

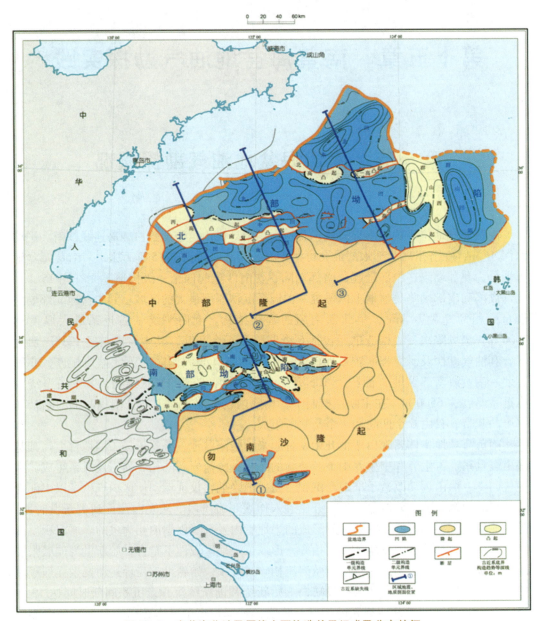

图 15.1 南黄海盆地及周缘主要构造单元组成及分布特征

第二节 南黄海盆地油气地质特征

一、主要烃源岩及生烃凹陷

南黄海盆地钻遇主要烃源岩为上白垩统泰州组和古新统阜宁组湖相暗色泥岩,潜在烃源岩为始新统戴南组和中生界–上古生界碳酸盐岩。

上白垩系泰州组和古新统阜宁组烃源岩有机质热演化程度,一般都达到了成熟油窗阶段,个别区域已达过成熟裂解气窗。

上白垩统泰州组二段是北部坳陷(南黄海盆地北部)的主力烃源岩,据钻井资料揭示为一套浅湖–中深湖相暗色泥岩,其有机碳含量为 0.59%~0.92%,总烃含量为 237~837 ppm,有机质类型为Ⅱ型干酪根,属一般–好生油层。在盆地南部坳陷(南黄海盆地南部)该层位已钻遇到边缘相的砾岩,预测在凹陷深部可能存在较好的湖相生油岩。

古新统阜宁组在北部坳陷和南部坳陷广泛分布,均为一套中深湖相沉积,其中暗色泥岩一般占地层厚度的 60%~70%,其有机碳含量为 0.57%~1.91%,总烃含量为 242~1038 ppm,有机质类型属Ⅱ–Ⅲ型干酪根,属较好烃源岩。

始新统戴南组为河流–沼泽相沉积,暗色泥岩比较发育。地化分析表明,部分暗色泥岩已达到生油岩标准,其有机碳含量为 0.7%~2.0%,总烃含量为 47~337 ppm,有机质类型为Ⅱ–Ⅲ型干酪根,属于一般烃源岩。戴南组烃源岩在南部和北部坳陷的部分凹陷中,已达到成熟生烃的油窗阶段。

盆地钻井揭露的上古生界石炭系–二叠系及中生界下三叠统,是一套以碳酸盐岩沉积为主地层。在邻区无论是露头还是钻探的浅井,该套沉积层系地层中已发现很多油气苗和原油,其油气源可能来自这套有机质丰度偏低而成熟度偏高的碳酸盐岩。

南黄海盆地烃源条件评价与预测结果表明,该区较好的生烃凹陷有 4 个,分别为南部坳陷的南四、南五、南七凹陷以及北部坳陷的北凹;一般的生烃凹陷为北部坳陷的西凹和中凹。

二、主要含油气储集层系

地质地球物理资料并结合探井钻探成果分析表明,南黄海盆地主要存在六套层系的储集层。

(1)上白垩统泰州组一段砂岩储层。为一套河流相砂岩与泥岩互层,砂岩储集物性一般。

(2)古新统阜宁组砂岩储层。阜宁组总体上为湖相沉积,但边缘相带水下扇和三角洲发育,其是盆地主要储层。如 CZ6-1-1A 井在古新统阜三段砂岩储层中获低产油流（2.45 t/d）。

（3）始新统戴南组砂岩储层。戴南组为滨浅湖和沼泽相沉积，砂岩比较发育，砂岩储集物性较好。如 CZ6-1-1A 井在戴南组底部见到含油砂岩。

（4）渐新统三垛组砂岩储层。三垛组主要为河流相，其下部砂岩发育，分布广泛。

（5）中新统盐城组砂岩储层。盐城组为网状-曲流河相沉积，砂岩及砂砾岩十分发育，岩性较疏松，砂岩储集物性好。

（6）古生界和中生界碳酸盐岩储层。该套碳酸盐岩储层缝洞发育，储集物性较好，亦是该区较好的储集层。另外，上二叠统龙潭组砂岩亦是较好的储层。

三、重要的储盖组合类型

根据勘探及地质地球物理资料分析解释，南黄海盆地可能发育五套储盖组合类型。

（1）古新统阜宁组储盖组合类型。主要为阜宁组下部阜一段及阜二段砂岩储层与上覆阜三段泥岩盖层组成的储盖组合类型，或阜三段、阜四段泥岩与其中夹的水下扇、浊积砂组成的储盖组合类型。

（2）始新统戴南组储盖组合类型。主要为戴南组下部河流相砂岩储层与上覆河沼相泥岩盖层所构成的储盖组合，由于紧邻古新统阜宁组生油岩，故其是最主要的油气勘探目的层。

（3）渐新统三垛组储盖组合类型。即渐新统砂岩储层与上覆泥岩构成的下储上盖组合。

（4）中新统盐城组储盖组合类型。即中新统砂岩储层与上覆泥岩构成的下储上盖组合。

（5）新生古（中）储组合类型。即中生界-上古生界之上被古近系泥岩覆盖形成的储盖组合。

四、可能含油气圈闭类型

根据油气勘探及地质地球物理资料解释，目前盆地中已发现各种可能的含油气圈闭成因类型主要有以下五类。

（1）与断层活动有关的滚动背斜、断鼻、断块及半背斜等构造圈闭。

（2）地层岩性圈闭，主要包括地层不整合圈闭、超覆尖灭圈闭和古潜山等。

（3）早期受区域挤压应力形成的背斜构造圈闭，主要发育在中生界和古生界构造层系。

（4）受局部挤压（主要受渐新世末三垛运动）形成的挤压背斜构造圈闭。

（5）由于沉积作用形成的泥拱、披覆、重力滑脱等背斜构造圈闭。

总之，南黄海盆地中含油气圈闭类型，以断层圈闭（含断块、断鼻）为主，其次为古潜山圈闭和背斜型圈闭。迄今为止，盆地中唯一获得油流（尚未达到商业性标准）的构造圈闭为中海油钻探的常州6-1构造，其位于南部坳陷南四凹陷，是一个受局部挤压形成的背斜圈闭，其构造形态较完整，顶部剥蚀少，距油源较近。这类圈闭具有较好油气勘探前景，也是该区油气勘探目标评价研究的重点之一。

第三节　油气勘探进展及资源潜力

南黄海盆地油气勘探及研究程度较低，油气勘探活动虽然一直在断续进行，但迄今为止尚未获得商业性油气发现和油气勘探的突破。根据油气勘探进程及研究程度，南黄海盆地油气勘探可划分为早期自营普查勘探阶段和晚期对外合作勘探阶段。早期自营普查油气勘探阶段始于1961年，中国科学院青岛海洋地质研究所在南黄海进行了海上地震反射法试验，开始了南黄海地球物理调查的探索。1968—1970年原地质部对南黄海进行了区域概查，1971年开始对南黄海盆地进行地球物理普查。1974年6月，在南黄海盆地钻探了第一口石油探井——黄海1井。据不完全统计，直到1979年，原地质部共完成重力测量 5725 km、航磁测量 31953 km、海磁测量 27433 km、地震测线 25952 km；钻探井7口，累计进尺15062 m，未见到任何油气显示。其后通过油气地质调查及钻探对其区域地质构造及地层分布有所了解，发现了古近系古新统阜宁组可能具备生烃条件。1979年之后，进入对外合作勘探油气阶段。1979—1980年，原石油工业部海洋石油勘探局与英国石油有限公司（BP）和法国埃尔夫-阿奎坦石油公司（ELF）签订了地球物理勘探协议，两家外国公司在1032万 km范围内采集地震测线19585 km，并钻了两口参数井（WX20-STl、WX5-STl）。其后经过中外双方平行研究，综合分析评价了盆地石油地质条件和勘探前景，做好了对外招标的准备。1983年，在第一轮油气勘探对外招标中，新成立的中国海洋石油总公司先后与英国BP、克拉夫和美国雪佛龙/德士古公司签订了3个石油合同。在1986年的第二轮招标中，又与克拉夫公司签订了1个石油合同。其后，1986—1996年通过双边谈判先后分别与三家公司签订了3个物探协议和联合研究协议。截至1998年，7个对外油气勘探合同和协议全部执行完毕，合同区总面积为59751 km^2，采集地震测线共8680 km，钻探井8口，其中仅有1口探井获低产油流，其总体的油气勘探效果欠佳。

通过南黄海盆地油气勘探实践活动，结合油气地质条件综合分析，大部分油气地质专家均认为，该区油气勘探未获重大突破的主要原因有三：①各凹陷虽有古新统阜宁组和上白垩统泰州组两套烃源岩，但有机质丰度中等到一般，生烃条件较差，而且，该区砂岩储集层储集物性较差，渗透率低，其疏导及储集条件不好。②古生界和中生界基岩地层虽有与下扬子地台相似的碳酸盐岩分布，但坳陷区埋藏太深，储集物性欠佳。在隆起区由于地震资料品质差、成像不好，导致难以识别和确定是否存在好的储集层。加之钻井太少，且大多探井尚未钻至中生界及古生界储层，故该目的层段迄今尚未获得商业性油气发现。③南黄海盆地半地堑断陷形成早（晚白垩世）、结束也早（古新世末），且始新世末到早中新世沉积间断长达 13~15Ma，故缺失了全部或大部渐新统地层，不利于油气藏形成。

总之，通过先后断续50多年的油气勘探工作，南黄海盆地油气勘探虽然迄今尚未获得突破性进展，但该区盆地面积较大、勘探及研究程度低，故其仍是中国东北部海域油气勘探远景区及重点勘探靶区。今后该区尚需进一步深化油气地质研究，加大油气勘探投入，增加地球物理勘探工作量，尤其要提高地球物理勘探中的采集技术和处理质量，开展全面系统的油气地质综合评价工作，尤其对以下四个有利油气勘探区域，应给予高度重视与关注。

（1）北部坳陷北凹可能是该区主要生油凹陷，泰州组和阜宁组两套生油层系的生油条件较好，可在具备这两套烃源岩供烃条件的有利圈闭带上进一步实施和部署油气勘探钻井；

（2）南部坳陷南五凹，该凹陷古近系厚度大，且存在古新统阜宁组和始新统戴南组两套生油层，尤其是其排烃期与构造形成期匹配较好，可选择多层复合圈闭实施钻探；

（3）南部坳陷南四凹，已钻遇最好的生油层，且在常州6-1构造已获低产油流，应积极寻找有利油气富集区带及目标实施钻探；

（4）中部隆起和勿南沙隆起，存在下扬子准地台中生界-古生界碳酸盐岩及碎屑岩地层，且其内幕存在良好的背斜构造，应是寻找古生古储油气藏有利地区。

总之，南黄海盆地油气勘探及研究程度低，但油气资源潜力较大，属于未来我国海洋油气勘探的战略接替区之一。南黄海盆地油气资源潜力及资源规模，根据原国土资源部、国家发改委、财政部2008年6月发布的《新一轮全国油气资源评价成果》，预测该区石油远景资源量为4.44亿吨，地质资源量为3.0亿吨；天然气远景资源量为4163亿m^3，地质资源量为1847亿m^3。以上预测评价结果虽然比较局限，且由于油气勘探及研究程度低，可信性较差，但可以肯定的是，南黄海盆地应该具有较丰富的油气资源，且油气地质条件比北黄海盆地好，因此，该区油气资源潜力及勘探前景看好，期望将来能够获得油气勘探的重大突破和进展。

第十六章 东海盆地油气勘探实践

第一节 东海盆地油气勘探概况

东海盆地位于北纬 25°22′～33°38′，东经 120°50′～129°00′之间，走向为北东向，长 1150 km，宽 90～300 km，展布面积 25 万 km^2，属于我国近海最大的中-新生代沉积盆地之一。盆地海水深 70～140 m，目前油气勘探主要集中在水深为 90～100 m 的西湖凹陷和丽水凹陷。东海盆地是一个中生代和新生代叠合的沉积盆地，其基底是中国东南部大陆向海域的自然延伸，沿杭州湾至冲绳岛一线以北，可能属于扬子地台型基底和基础层，其南则是华南褶皱系及早元古代变质岩基底（钻井资料证实其年代为 16.8～22 亿年），其上为中生界（三叠系、侏罗系及白垩系）及新生界所覆盖。盆地地壳厚度南北存在差异，其中东北部及中部西湖凹陷地壳厚 29～30 km，最薄处 27 km；而西南部丽水凹陷地壳厚度为 25 km。

东海盆地新生界总体为下部断陷、上部坳陷的双层结构，属于大陆边缘裂谷盆地性质。盆地中三种构造格局充分反映了其发育演化特征。

1. **西部断陷带**

西部断陷带为盆地西部古新世发育的伸展张裂形成的半地堑，由南至北有丽水/瓯江、椒江、钱塘及昆山凹陷。沉积充填物为河湖-滨浅海沉积，古新世末形成一期破裂不整合面。始新世为裂后坳陷期，沉积了滨海、浅海沉积物；始新世末期区域抬升剥蚀，沉积间断达 15～28 Ma，缺失渐新统及中新统下部地层；早中新世中期-全新世再次接受先陆后海的沉积，形成区域披覆层。

2. **中部隆起带**

中部隆起带包括虎皮礁、海礁隆起和福州凹陷等，实际上属在中生界残余盆地之上发育不完全的古新世半地堑。以福州凹陷为例，中生界残余厚度达 5000 m，新生界厚度仅 1000～2000 m。

3. **东部断坳带**

东部断坳带即由福江、西湖、钓北凹陷组成，断坳带沉积岩厚度达 15000 m。全新统-中新统厚度 5000 m。始新世形成地堑，沉积充填物为湖沼相及海陆交互相沉积，渐新世-中新世为坳陷期，以河流沼泽相沉积为主，上新世-全新世形成海相披覆层，全区广泛分布。

总之，从上述三种构造格局分布可以看出，东海盆地自陆向海从西向东具有由老至新发育演化的基本构造地质特点。盆地主要由 7 个一级地质构造单元组成，即浙东坳陷、长江坳陷、台北坳陷、澎佳屿蚴陷、虎皮礁隆起、海礁隆起、渔山东低隆起。其中，次一级构造单元共 13 个：即东部浙东坳陷中自北向南分布的福江凹陷、西湖凹陷、钓北凹陷；西部台北坳陷的雁荡凸起、钱塘凹陷、椒江凹陷、丽水/瓯江凹陷、福州凹陷；长江坳陷的常熟低凸起、昆山凹陷、金山北凹陷、金山南凹陷。东海盆地这种构造格局决定和控制影响了其主要的构造地质特点及油气分布特征。

东海盆地油气勘探工作始于 1974 年，其中针对新生界油气地质调查大致可分为概查、普查、详查以及勘探开发 4 个主要阶段。半个多世纪以来，国内外多家石油公司及科研机构均做了大量研究工作，积累了大量的地质基础数据，为今后的油气地质综合研究奠定了基础。据不完全统计，迄今为止，东海盆地已完成二维多道地震测线超过 320000 km、三维地震勘探面积达 3336 km^2，重力及磁力调查合计已超过 300000 km，钻区域油气评价探井 80 余口，且均主要分布在勘探程度较高的瓯江/丽水凹陷与西湖凹陷。同时，1979—2008 年韩国多家油气公司及韩国地球科学与矿产研究所，在盆地东北端的福江凹陷亦进行了油气勘探，相继完成二维多道地震勘探 7600 km。韩国、日本还相继与美国完成合作探井约 11 口，其中有 1 口探井见低产天然气，3 口探井见到天然气显示。

东海盆地瓯江/丽水凹陷和西湖凹陷油气勘探程度相对较高，其中瓯江凹陷地球物理测网密度达到 1 km×1 km，已完成相关探井为 9 口，其中 5 口见油气显示，值得关注的是 LS36-1-1 井于古新统下部获高产油气流，从而证实其具备良好的油气成藏条件。西湖凹陷目前完成二维和三维地震工作量已分别超过 10 万 km 和 2000 km^2，先后部署实施了 40 口评价井的钻探，先后勘探发现了 10 多个油气田及 4 个含油气构造，预测其石油地质资源量为 2.7 万吨，探明石油地质储量 0.4 万吨（石油探明程度为 15%）；近年来亦获得了天然气勘探的重大突破，先后勘探发现了 NB17-1/22-1 及 NB27-5 三个深层致密砂岩大气田，获得天然气地质储量超过 3000 亿 m^3。预测盆地天然气地质资源量 6.05 万亿 m^3，探明天然气地质储量 0.32 万亿 m^3（天然气探明程度为 5%）。该区油气探明储量及探明程度，均充分表明其油气资源较丰富，油气资源潜力大，勘探前景广阔。

东海盆地中生界油气勘探进展较缓慢。由于早期地震采集及处理技术限制以及勘探层位及目标，均主要瞄准和针对新生界，故获得深部地震数据（中生界）品质差，中生界地震勘探及油气地质研究往往未重视或被忽略，因此，在油气勘探部署中亦无主要钻探中生界油气勘探目标的探井。虽然部分钻探新生界的探井亦钻遇中生界地层，但无探井钻穿中生界地层系统，而且这些探井中仅 FZ10-1-1、FZ13-2-1 两口探井较完整的揭示了中生界侏罗系及白垩系地层，仍未钻穿中生界地层，故中生界油气地质条件及油气分布规律不清。2005 年以来，以东海盆地中生界为油气勘探目的层，原国土资源部青岛海洋地质研究所完成了 1000 km 的区域性二维地震测线采集，并通过精细处理及解释取得了较好的地质效果，初步揭示了东海盆地中生界构造结构样式，为后期中生界针对性综合地球物理与地球化学勘探提供了重要参考，亦为中生代残留地层分布及盆地格架研究等工作积累了重要的基础资料。此后，2013 年至今，以东海盆地中生界为主要油气勘探目的层，青岛海洋地质研究所陆续部署实施完成了 20000 km 的综合地球物理勘探，并获取了具有大容量、长排列、高覆盖等特点高质量地震数据。其中，

1100 km 二维地震采用了宽线采集，大大改善了深部地层地震反射信息的信噪比。同时，2004 年开始，以新层系、新区、新领域油气勘探为综合地球物理和地球化学调查与综合研究重点，原国土资源部组织实施了油气资源调查与选区评价工作，并通过二维地震调查、随船重磁测量及综合研究等工作对东海盆地南部中－新生界，尤其是针对中生界含油气地质条件及资源潜力等展开了系统地研究工作，获取了一批中生界高质量二维地震资料，在此基础上初步落实了中生界油气资源选区和有利油气勘探区带。

第二节　东海盆地油气地质特征

一、生烃层系及烃源岩特征

油气地质研究与油气勘探实践表明，东海盆地中－新生界烃源岩较发育，主要沉积了两套主要生烃层系和五套次要生烃层系。其中，两套主要生烃层系及烃源岩为下古新统月桂峰组和始新统平湖组；五套次要生烃层系及烃源岩为中生界福州组、上古新统明月峰组、上古新统灵峰组、渐新统花港组及中新统。对不同层位生烃层系及烃源岩特征简要分析阐述如下：

1. 两套主要生烃层系及烃源岩

（1）下古新统月桂峰组。下古新统月桂峰组为一套湖沼相泥岩及煤系泥岩生烃层系及烃源岩，其 TOC 含量 $1.16\% \sim 4.08\%$，氯仿沥青"A"含量 $0.071\% \sim 0.265\%$，生源母质属 II 型干酪根，有机质成熟门槛为 2500 m。其中，煤系烃源岩主要分布在丽水－椒江凹陷，为一套好烃源岩，推测沉积厚度 $300 \sim 400$ m，分布面积 2500 km^2，凹陷中埋深大于 3500 m 处可达到过成熟裂解气阶段，一般多以形成大量煤型气为主伴生少量凝析油及轻质油。

（2）始新统平湖组。始新统平湖组为湖相－滨岸浅海相暗色泥岩及煤系烃源岩，分布厚度 $200 \sim 1800$ m，有机质丰度中－好，TOC 含量平均为 1.67%，氯仿沥青"A"含量平均为 0.075%，生源母质类型属 II$_2$ 型及 III 型干酪根。具有早期生烃及多期生烃的特点，煤系烃源岩埋深适中，主要处于成熟－高成熟阶段，生烃成熟门槛为 $2400 \sim 2600$ m，高成熟成气门槛为 $3250 \sim 3400$ m，属于好烃源岩。煤系烃源岩主要分布在西湖凹陷，在凹陷中部已达到过成熟阶段，主要以成气为主，天然气属于煤型气成因类型，亦伴生少量煤系凝析油。

2. 五套次要生烃层系及烃源岩

（1）中生界福州组。中生界福州组在丽水凹陷厚度达 5000 m。侏罗系（三叠系?）福州组为湖相泥岩夹煤层烃源岩，分布厚度约 100 m，其 TOC 含量为 $1.2\% \sim 1.6\%$，氯仿沥青"A"含量 $0.06\% \sim 0.14\%$，生烃潜量 $S_1 + S_2$ 为 1.09 mg/g，以 III 型干酪根生源母质为主，具一定的生烃潜力。

（2）上古新统明月峰组。上古新统明月峰组滨海沼泽相含煤泥岩烃源岩，其 TOC

含量较高，平均2.67%，氯仿沥青"A"含量平均0.1707%，有机质类型多为Ⅲ型干酪根。该组分布厚度600～1400 m，在埋藏深部位均已成熟，主要分布于丽水凹陷，具有较大生烃潜力。

(3) 上古新统灵峰组。上古新统灵峰组为滨浅海相砂质泥岩烃源岩，其TOC含量0.67%～1.96%，氯仿沥青"A"含量0.028%～0.723%，以陆源高等植物有机质为主，Ⅲ型干酪根生源母质，有机质成熟门限2500～3000 m，以生气为主，属中等烃源岩。主要分布在丽水－椒江凹陷，具有一定的生烃潜力。

(4) 渐新统花港组。渐新统花港组下段以湖相暗色泥岩为主，厚度达300 m以上，亦可作为次要烃源岩。其TOC含量0.7%～0.88%，氯仿沥青"A"含量0.006%～0.09%，Ⅲ型干酪根生源母质，油源对比证实其是渐新统凝析油的烃源岩。

(5) 中新统。中新统是西湖凹陷潜在的烃源岩，其在凹陷北部厚度为4000 m，埋深3000～5000 m。根据8口探井1296块样品分析表明，凹陷北部中新统泥岩TOC含量1.67%，凹陷中部中新统泥岩TOC含量1.26%，南部凹陷中新统泥岩TOC含量0.48%；氯仿沥青"A"含量，凹陷北部中新统泥岩0.1179%～0.131%，凹陷中部中新统泥岩0.003%～0.05%。有机质热演化成熟特征分析表明，凹陷中部中新统2120 m处Ro达到0.5%，凹陷北部中新统1992 m处Ro可达0.65%，基本上已达到或进入成熟门槛。气源对比亦证实中新统天然气可能主要来自中新统这套泥岩烃源岩。

二、含油气储集层系特点

东海盆地不同层位层段不同类型含油气储集层系发育，但目前钻井揭示的新生界产油气层及见油气显示层均以砂质岩系储层为主，自下而上一般发育有五套。

(1) 下古新统月桂峰组。其储层类型为滨岸扇三角洲相砂岩，WZ26-1-1井钻遇的油层及气层即为该类型储集层，该储集层RFT取样见原油。

(2) 上古新统灵峰组上部及明月峰组。其储集层类型属于滨岸砂坝和三角洲砂体储层，该类型储层，在丽水36-1构造和WZ13-1-1井均见气层且测试获天然气气流。

(3) 始新统平湖组。其主要为滨岸体系的潮道砂、滨岸砂和三角洲体系的水下分流河道砂体储层。东海盆地油气勘探发现的平湖气田、春晓中小气田群和宝云亭气田及武云亭、武北、孔雀亭等含油气构造，其主要产气层（或油层）均为平湖组砂岩储集层。这种潮道砂、滨岸砂和三角洲体系水下分流河道砂体储层，其储集物性较好，孔隙度16.28%～25.70%，渗透率7.13～56.75 mD。西湖凹陷目前发现的大部分气田的产气层，均为始新统平湖组砂岩储集层。

(4) 渐新统花港组。其储集层类型属河流－湖泊体系中的滨湖砂体和湖泊三角洲砂体储层，储集物性较好，平均孔隙度20%左右，渗透率1～233 mD。如平湖油气田和春晓油气田及秋月1、东海1、龙井2、玉泉1等井钻遇的花港组砂岩储集层即为其典型实例。同时，渐新统花港组砂岩亦是西湖凹陷的主力产气层。

(5) 下中新统龙井组。其储层类型以河流－湖泊相沉积的细砂岩储层为主，埋深浅，成岩作用影响小，储集物性较好，平均孔隙度5%～29%，渗透率1～2524 mD。龙井1、玉泉1、孤山1、HY7-1-1等井在下中新统龙井组砂岩中见油气显示或获低产油气流。

另外，除了新生界储层外，丽水凹陷中央潜山构造带灵峰 1 井在前新生界结晶基底片麻岩中亦见油气显示，并获得 1.45 m³ 原油。福州凹陷南部 FZl3-2-1 井在白垩系粉砂岩中亦见到石油残留物。这些勘探成果均说明盆地前新生界储集层也是不容忽视的钻探目的层。

三、含油气储盖组合类型

东海盆地油气勘探实践及研究表明，新生界含油气储盖组合主要发育有以下 5 套。

（1）上古新统灵峰组沉积的一套局限性浅海相泥岩，基本覆盖盆地西部台北坳陷椒江及丽水凹陷，形成了盆地西部的区域性盖层，其与下伏的下古新统月桂峰组、上白垩统石门潭组储层构成了一套较好储盖组合类型。

（2）中始新统温州组下部及下始新统瓯江组上部广泛分布的浅海相泥岩，则是台北坳陷的第二套区域盖层，其下的上古新统明月峰组湖沼-三角洲相泥岩为局部盖层，这些区域性和局部性盖层均可与上古新统明月峰组内部、下渐新统瓯江组砂岩储层构成良好的储盖组合。

（3）上始新统平湖组储层为滨岸及三角洲砂体，其与本组具生烃条件的泥岩为盖层组成的储盖组合类型。这种自生自储自盖是西湖凹陷西斜坡的主要生储盖组合之一。

（4）渐新统花港组上部及中新统龙井组下部发育的偏泥地层为西湖凹陷最主要局部盖层，其泥岩封盖能力强，其可与花港组内部主力产气砂岩储层构成自储自盖或上盖下储的储盖组合类型。如 HY7-1-1 井渐新统 2704.3～2719 m 井段即为该储盖组合类型，该储盖组合中日产油 53.6 m³，天然气 345000 m³，其上覆泥岩盖层厚度仅 2 m，但其泥岩突破压力高达 10 MPa，因而对油气起到了有效封盖作用。

（5）西湖凹陷中新统砂泥岩储盖组合类型。孤山 1 井、龙井 1 井即在该类型储盖组合中获油气流，表明这套潜在储盖组合类型是存在的。

四、圈闭及油气藏特征

东海盆地的局部构造圈闭及非构造圈闭多形成于古新统、始新统、中新统及前新生界古潜山等层系，主要圈闭类型为背斜和断背斜，其次为断块、断鼻及地层圈闭等。不同地区由于区域地质构造背景不同、应力场特征有别，其圈闭特点亦存在较大差异。西湖凹陷由于受来自东部挤压应力，多形成挤压背斜、反转背斜和断背斜圈闭；钓北凹陷以张扭应力场为主，无明显褶皱构造，正断层发育，多以抬斜式断鼻、断块圈闭为主；中部的渔山东低凸起及福州凹陷-雁荡低凸起一带，以基底隆起披覆背斜圈闭为主；椒江-丽水凹陷因受张扭应力作用，凹中发育反转背斜圈闭，斜坡形成反向屋脊断块及地层圈闭等。

以上不同类型圈闭，为该区油气聚集成藏等提供了较好的富集场所。目前已经勘探发现的大多数油气田及含油气构造中，其油气藏类型主要有以下五种。

（1）背斜、滚动背斜、断背斜及断块圈闭油气藏。主要分布在西湖凹陷西斜坡，如平湖油气田、宝云亭、武云亭、武北及孔雀亭含油气构造等。

（2）挤压背斜圈闭油气藏。主要分布在西湖凹陷中部及南部，如春晓凝析气田和黄岩7-1、黄岩14-1、黄岩13-1及宁波27-1含油气构造等。

（3）反转背斜圈闭油气藏。分布于丽水凹陷中，如丽水36-1含CO_2气田。

（4）反向屋脊断块圈闭油气藏。分布在丽水凹陷西坡，如温州13-1含气构造。

（5）古潜山圈闭油气藏。分布于丽水凹陷南部，如丽水36-2古潜山构造。灵峰1井在下元古界古潜山花岗片麻岩储层中亦获低产油流。

第三节　油气分布规律及资源潜力

富生烃凹陷控制着油气富集区的分布。只有沉积充填了巨厚且具较大展布规模优质烃源岩之生烃凹陷，方具有形成油气的物质基础，亦能控制油气分布富集规律。东海盆地早期油气勘探在西湖凹陷北部没有找到理想的生储盖组合，尤其是没有找到稳定分布的大套优质烃源岩，故油气勘探未获得突破。后期油气勘探实践及研究证实，西湖凹陷始新统中深湖相是主要烃源岩，具有南厚北薄且主要展布在凹陷中心的特点，因此，围绕生烃凹陷南部有效烃源岩发育区，在西湖凹陷中南部及西斜坡先后部署实施油气勘探，进而获得了一批油气勘探新发现和重大突破，亦充分表明该区油气富集带及大多数油气藏，均主要围绕富生烃凹陷的生烃中心附近烃源岩发育区而分布富集。限于篇幅及重点，本章节对其油气分布规律及勘探前景仅做简要阐述与分析。

东海盆地油气勘探程度尚低，全盆地钻探井仅80多口，且分布亦不均衡，盆地地质结构复杂且特殊，东西南北均差别甚大，但其油气勘探领域广阔。故积极探索和开拓油气勘探新区、新领域应是该区油气勘探可持续发展的主要方向及趋势。油气地质研究及勘探实践表明，东海盆地西湖凹陷-钓北凹陷是以天然气为主的油气富集区，油气资源潜力大。因此近期应以西湖凹陷中南部和西斜坡为重点，加大天然气勘探力度，扩大勘探成果。台北坳陷的丽水凹陷和椒江凹陷天然气成藏地质条件较好，且天然气勘探亦见较高产能的天然气，只是非烃气含量较高，应在深入研究CO_2分布规律的基础上，可重点勘探寻找优质富烃天然气藏。

东海盆地油气资源规模及资源潜力，根据2009年我国新一轮油气资源评价成果，其石油远景资源量为16.58亿吨，地质资源量为7.23亿吨；天然气远景资源量达51027.8亿m^3，地质资源量为36361.4亿m^3，以及2013年原国土资源部组织实施的我国油气资源动态评价与预测结果（东海盆地石油地质资源量为2.7亿吨，天然气地质资源量达60500亿m^3）。以上评价预测结果，均充分表明和证实了东海盆地油气资源规模及潜力较大，油气资源较丰富，油气勘探前景看好。尚须强调指出，虽然目前该区近年来的油气勘探，在盆地深部已发现一批大中型气田，但由于勘探研究程度较低，加之外界因素的影响，均严重阻碍了油气勘探开发进程，导致其油气勘探开发效果欠佳。

第四节　冲绳海槽盆地油气地质概况

冲绳海槽盆地有的学者将其划归为东海盆地，作为该盆地东部的一级构造单元，亦有研究者将其单独划分为一个盆地，考虑到其战略及政治经济意义，本教材亦将其单独作为一个盆地或一级构造单元进行简要的分析与阐述。冲绳海槽盆地油气地质调查及勘探程度均非常低。其油气勘探钻井仅有日本石油公司在陆架前缘南部施工的 KIKKAN8-1X 井和 JDZ-Ⅶ-3 井，以及宫古岛附近海域钻探的基准井。冲绳海槽盆地是一个以中新统中上部、上新统及第四系为主体的沉积盆地，其中，中新统中部为陆源粗碎屑岩建造，中新统上部属海陆交互相或滨海相含煤沉积；上新统及第四系主要为浅海相碎屑岩沉积。盆地最大沉积厚度分布在陆架前缘坳陷，其新近系最大沉积充填厚度亦可达万米以上。

依据横穿盆地北部的地震剖面分析与推测，冲绳海槽盆地新近系有机质热演化成熟生烃门槛深度大致在 4000 m，其成油主带底界约 5400 m，盆地中南部坳陷沉积主体区域，其上新统地层有机质已进入成熟门槛，部分局部区域有机质可能达到高成熟演化阶段；而在坳陷边部和隆起带地区，由于埋藏浅，上新统地层有机质则处在未成熟或低成熟热演化阶段，只有中新统地层有机质方可达到成熟生烃门槛。因此，冲绳海槽盆地新近系可能的生油层系，主要为上新统及上中新统地层。根据"宫古岛附近海域"基准井揭示，上新统及中新统地层暗色泥岩有机碳含量一般低于 0.5%，部分层段可达 0.8%，其生烃总潜量 (S_1+S_2) 一般为 0.2~0.4 mg/g，个别样品大于 1 mg/g，很显然其生烃潜力偏低；暗色泥岩热解氢指数低于 100，氧指数则普遍较高，表明其生源母质类型较差。结合与邻区东海盆地上新统海相泥岩地化指标对比，可综合判识冲绳海槽盆地上新统及中新统泥岩有机质丰度较低，属腐殖型母质类型，其生烃潜力偏低。总之，在冲绳海槽盆地中，陆架前缘坳陷沉积展布规模较大，尤其是沉积充填厚度大，虽然有机质丰度较低，生源母质类型较差，但尚具备一定的生烃能力，应具有一定的资源潜力和油气勘探前景。

冲绳海槽盆地油气远景资源量，根据目前获得的油气地质资料，初步评价预测为 7.57 亿吨油当量，其中，钓鱼岛隆褶带区为 1.8 亿吨油当量。总之，根据冲绳海槽盆地区域油气地质条件分析与综合评价预测，该区油气资源主要分布富集于陆架前缘坳陷区。其油气远景及资源潜力，根据生油岩、储集岩、圈闭与油气运聚等条件综合分析考量，该盆地总体上属于边缘海盆地中油气资源远景相对欠佳区域。尚须强调指出，冲绳海槽盆地中南部第三系沉积充填厚，中新统及上新统成熟烃源岩可能成熟生烃，同时生物气烃源岩亦广泛分布，故能够为油气藏形成及天然气水合物矿藏等提供烃源供给。目前冲绳海槽盆地中南部天然气水合物调查及勘查取样已获重要成果，亦表明和证实该区可能具备油气及天然气水合物形成的较好烃源供给条件，至少可以为天然气水合物矿藏形成提供充足的气源供给。

第十七章　南海北部盆地油气勘探实践

南海属西太平洋最大的边缘海之一,具有广泛分布的大陆架(或岛架)、大陆坡(或岛坡)及中央洋盆(深海平原)等典型的边缘海地质地貌特征,其中含油气沉积盆地主要分布在不同大陆边缘的陆架陆坡区。南海展布范围在北纬2°08′~24°10′,东经105°06′~121°20′之间,面积约308万 km²(图17.1)。其中主要沉积盆地有25~27个,蕴藏着极其丰富的油气资源。截至2016年,据不完全统计,周边国家已累计在南海发现商业性油气田356个,探明石油与天然气储量分别为46.54亿吨和8.1万亿 m³,

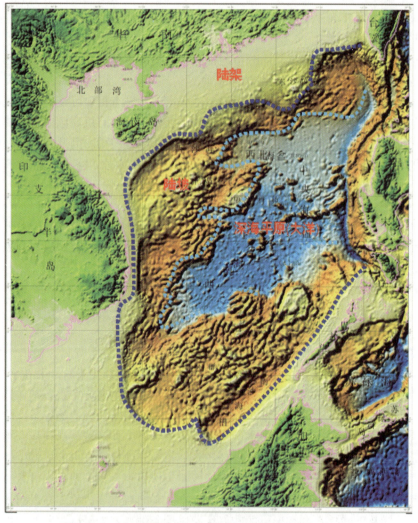

图 17.1　南海及邻区地形地貌基本特征及其展布范围

油当量达 127.54 亿吨。这些油气资源几乎全部位于陆架与上陆坡区的 10 个主要沉积盆地中,而下陆坡深水区盆地油气勘探及研究程度甚低,迄今为止勘探发现的油气田有限(48 个),探明油气储量规模为 15.05 亿吨油当量。

南海北部大陆边缘盆地处在南海北部陆架-陆坡区或部分洋陆过渡区,主要分布有北部湾、莺歌海、琼东南、珠江口、台西及台西南和双峰及笔架南等沉积盆地,其分布范围在北纬 16°00′~24°10′,东经 105°06′~121°20′之间,展布面积约 78 万 km² (图 17.2)。南海北部主要沉积盆地油气资源丰富,油气资源潜力大,且具有多种类型的油气矿产资源(石油、天然气及天然气水合物),故油气地质现象丰富多彩。

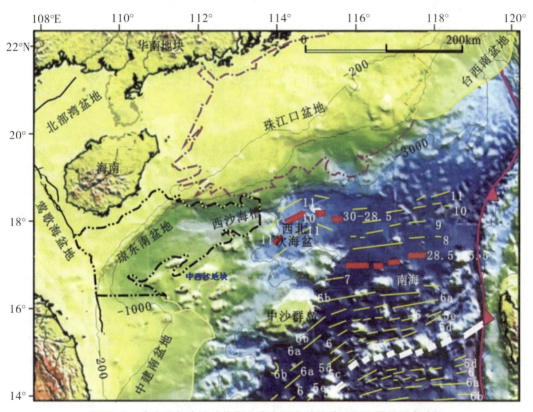

图 17.2　南海北部大陆边缘新生代主要盆地构造地理位置及展布特征

南海北部大陆边缘盆地油气勘探活动,多年来均主要集中在北部湾、莺歌海、琼东南、珠江口及台西南等 5 大盆地的陆架浅水区,迄今为止已勘探发现多个大中型油气田,基本构成了南海北部浅水陆架油气富集区的基本格局,而其广大的陆坡深水区油气勘探及地质研究工作则涉足较少,近年来虽然深水油气勘探获得了重大突破和长足进展,先后勘探发现了 6 个大中型油气田,探明油气储量规模达 3.8 亿吨油当量,但总体上其油气勘探及研究程度尚低,尚须加快勘探步伐、加大深水油气勘探开发及研究力度。总之,南海北部大陆边缘盆地陆架浅水区有利油气富集区带及最佳钻探目标迄今大部分均已钻探或探索,目前已开发生产的油气田产量及储量递减加快,油气替代储量严重不足;而广阔的陆坡深水区油气勘探及研究程度甚低,很多深水油气勘探开发工程技术与地球物理勘探方法及地质研究上的瓶颈尚未完全解决。因此，如何提高油气勘探成功率发现更多油气田，精雕细刻争取在陆架浅水区盆地深部（中深层）古近系勘探中发现近源运聚成藏的古近系颇具规模的原生油气藏；如何尽快开拓颇具油气资源潜力的陆坡深水区，寻找海洋油气资源战略接替的勘探新领域、新目标，勘探发现更多富集高产且规模大的深水油气田，以保持海洋油气资源滚动勘探的可持续发展，这是该区油气勘探开发及油气地质研究所面临的核心问题和关键所在。以下仅根据南海北部大陆边缘盆地油气勘探实践成果及油气地质研究程度和地质地球物理资料的实际情况，选择南海北部主要盆地（北部湾、莺歌海、琼东南、珠江口、台西及台西南），重点对其油气勘探成果及勘探实践与基本油气地质特征进行系统分析与全面总结。

第一节　北部湾盆地油气勘探实践

北部湾盆地位于南海北部大陆边缘西北部偏北的陆架浅水区，分布范围为东经107°31′～111°44′，北纬19°45′～21°03′之间。盆地包括北部湾海区的一部分、雷州半岛东部海区的一部分，以及雷州半岛南部和海南岛北部陆地部分地区（如福山凹陷陆上部分），面积 51517 km^2（图17.3）。北部湾盆地范围内海底地形地貌较平坦，海水深 0～55 m，北浅南深。该盆地是一个在古生代基底之上发展起来的典型新生代陆内裂谷盆地，与中国东部和近海的其他断陷裂谷盆地一样具有明显的断坳双层结构。古近纪裂谷阶段的半地堑始新统流沙港组中深湖相沉积为盆地主要烃源岩，断陷裂谷晚期渐新统涠洲组含煤岩系为次要烃源岩和气源岩。通过半个多世纪的油气勘探，该区已钻探百多口探井，且大部分井均集中在涠西南凹陷和乌石凹陷，少部分探井分布在盆地南部的迈陈凹陷和福山凹陷及一些凸起上（图17.3）。通过油气勘探先后发现了一系列中小型油气田和含油气构造，目前已有近20个油田投入开发生产，已成为南海西北部陆架浅水区重要的石油生产基地。

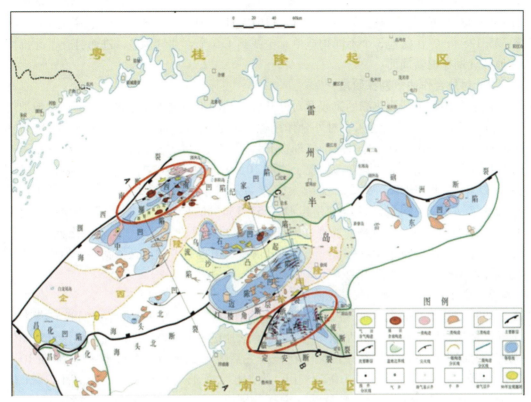

图17.3 南海北部成矿区西北部北部湾盆地及周缘主要构造单元组成及分布特征

一、油气勘探历程

1. 初始油气勘探阶段

20世纪60年代早期至70年代末,属于北部湾盆地油气勘探的初探阶段。1963年,原石油工业部茂名地质处在涠洲岛上的涠浅1井钻探中发现了古近系和石炭系地层,其后在福山凹陷及海南岛沿岸的5口浅井中发现新近纪海相地层和古近纪涠洲组和白垩系地层。20世纪70年代则开始了较大规模的自营油气勘探活动。原地质部第二海洋地质调查指挥部在70年代初开展了北部湾盆地的航空磁测及海上地震试验工作。1974年,原石油工业部的"南海501"地震船(48道数字地震船)开始了海上地震勘探调查及普查,寻找油气勘探的钻探目标。1974年5月,原石油工业部茂名地质处则在海南岛北部的福山凹陷(北部湾盆地陆上部分)钻探福1井,发现了始新统流沙港组一段良好生油岩。1976年5月,原石油工业部成立南海石油勘探指挥部。1977年8月,在北部湾海域钻探了第一口探井湾1井(位于涠西南凹陷涠洲11-1构造上),并在始新统流沙港组发现13.98 m油层,试油日产原油28.8 m³和天然气9490 m³,突破了勘探新区的出油关。其后在涠西南凸起涠洲11-4构造上钻探湾5井,亦在新近系角尾组获得日产原油97.8 m³,这是该区新构造单元新层系的重大突破。1979年,在乌石凹陷乌

16-1 构造上钻探湾 11 井，在流沙港组流一段亦获得高产油流，这是北部湾盆地东部凹陷获得的重大突破。总之，1977—1979 年，共钻井 8 口，完成地震测线 24325.125 km，在盆地 3 个不同构造单元中找到了 3 个含油气构造，进而打开了北部湾盆地油气勘探的新局面。

2. 对外合作油气勘探阶段

随着我国改革开放热潮的掀起及对外开放活动的不断推进和深入，北部湾盆地油气勘探在 1980 – 1988 年则进入了对外合作勘探开发油气的新阶段。在此期间，我国与法国道达尔石油公司签订合作开展油气勘探开发的合同，部署实施地震勘探及钻探工作。在此期间首先在涠西南凹陷勘探发现了涠洲 10 – 3 油田和涠洲 12 – 3 含油构造。其后，在 1989 年 2 月—1990 年 2 月，美国太阳石油公司亦钻探 WZl2 – 1 – 1 井，完钻井深 3080 m，钻探结果揭示渐新统涠州组厚 1553.5 m，估算该局部圈闭最大可采储量为 1900 万桶石油，认为不具备商业性，未试油而弃井并退还该区块。同时，出光、宾斯、太阳等外国石油公司亦先后在北部湾盆地开展了地震勘查及油气勘探钻井，但也未找到商业性油田而最终陆续推出勘探区块。

3. 合作与自营并举油气勘探阶段

1987 年后北部湾盆地油气勘探活动转入合作勘探和自营勘探相结合且以自营为主的油气勘探阶段。基于对涠西南凹陷是北部湾盆地最主要的富烃凹陷的认识，自营油气勘探一直将勘探重点聚焦在该凹陷，在该区先后发现或评价了涠洲 6 – 1、涠洲 10 – 3N、涠洲 11 – 4N、涠洲 12 – 1 等油气田，大大扩大了油气勘探成果。以涠洲 12 – 1 油田为例，1994 年和 1995 年，自营油气勘探分别成功钻探 WZl2 – 1 – 2、WZl2 – 1 – 3D 两口评价井，探明涠洲 12 – 1 油田石油地质储量 4541 万 m³。WZl2 – 1 – 3D 井在渐新统涠洲组 3060～3300 m 井段 DST 测试 5 层次，获日产油 5424 m³、气 613349 m³ 的高产，刷新了当年中国近海单井日产油气的最高纪录。同时，先后开发评价了涠洲 11 – 4D、涠洲 11 – 4、涠洲 10 – 3N、涠洲 12 – 1 等油田。1999 年原油产量达 180 万吨，为在北部湾盆地建成 200 万吨生产能力创造了条件。

近年来，油气勘探坚持区域展开，优选生油凹陷和有利勘探区带，亦取得了良好的效果，先后在乌石凹陷及周缘和福山凹陷陆上部分，均获得了油气勘探新发现。同时在涠西南凹陷则开展了滚动油气勘探，进一步扩大战果，在 1 号断裂带、2 号断裂带、涠西南凸起倾没端和南部斜坡等四个区带先后获得了油气勘探的重大突破。尤其是在 2004—2008 年期间，其钻探的 34 口井中，即有 28 口井获得油气流或油气层，探井勘探成功率高达 80%。同时，针对北部湾盆地油气地质特点及基本的油气地质规律，总结建立了一套有效的油气勘探思路和技术方法。

二、区域构造地质及地层系统构成

北部湾盆地位于扬子板块南端粤桂古生代褶皱带和海南褶皱带之间的红河走滑断裂带系统之东北侧，是南海北部大陆边缘西北部一个以新生代沉积为主的断陷裂谷盆地。盆地前古近系基底为下古生界变质岩和碳酸盐岩，中 – 晚古生代及后期发生过强烈隆升和剥蚀作用，在碳酸盐岩发育区往往形成一定规模的古潜山断块。古近纪早期，随着南海海盆海底张裂和红河走滑断裂的活动，盆地形成即开始发育演化。在古近纪裂谷阶段形成了由一系列北东和北东东向控制的裂谷湖泊，主要由涠西南、海中、迈陈、乌石、福山和海头北等裂谷湖泊所构成，形成了相应的生烃凹陷。此时盆地构造格局具有两坳夹一隆的特点，且主要由15个凹陷、5个凸起所组成（图17.3）。具有明显的多凹多凸相间排列的特征。

北部湾盆地形成演化具有先断后坳的特点，古近纪陆相断陷时期，古新世及始新世和渐新世（长流组、流沙港组、涠洲组）均以河湖相箕状断陷（半地堑）沉积充填为主，主要沉积充填了浅湖相及中深湖和河流相沉积，形成了湖相及煤系烃源岩和陆相砂泥岩储盖层组合类型；新近纪中新世及上新世热沉降海相坳陷时期，盆地主要沉积充填了下中新统下洋组、中中新统角尾组、上中新统灯楼角组、上新统望楼港组等滨浅海相地层。新近纪与古近纪时期区域构造地质背景及地球动力学环境和构造断裂面貌差异显著，两者之间存在明显的破裂不整合面（即 T_{60} 不整合面）。以此为界即可将其划分为古近系陆相断陷构造层与新近系及第四系海相坳陷构造层。北部湾盆地新生代地层沉积及地层系统构成（图17.4），主要由前古近系花岗岩、变质岩及碳酸盐岩基底与古近系陆相断陷之古新统长流组河流冲积相杂色及紫红色粗碎屑沉积、始新统流沙港组浅湖相及中深湖相沉积、渐新统涠洲组河流及滨浅湖沉积和新近系热沉降海相坳陷之中新统下洋组、脚尾组、灯楼角组滨浅海相沉积和上新统望楼港组滨浅海相沉积所构成。亦即由前古近系花岗岩及碳酸盐岩基底之上的巨厚古近系陆相断陷沉积，通过断坳转换的破裂不整合面与其之上的新近系滨浅海相坳陷沉积构成了一个"下断上坳、下陆上海"的双层叠置的盆地结构类型及其新生代地层系统。

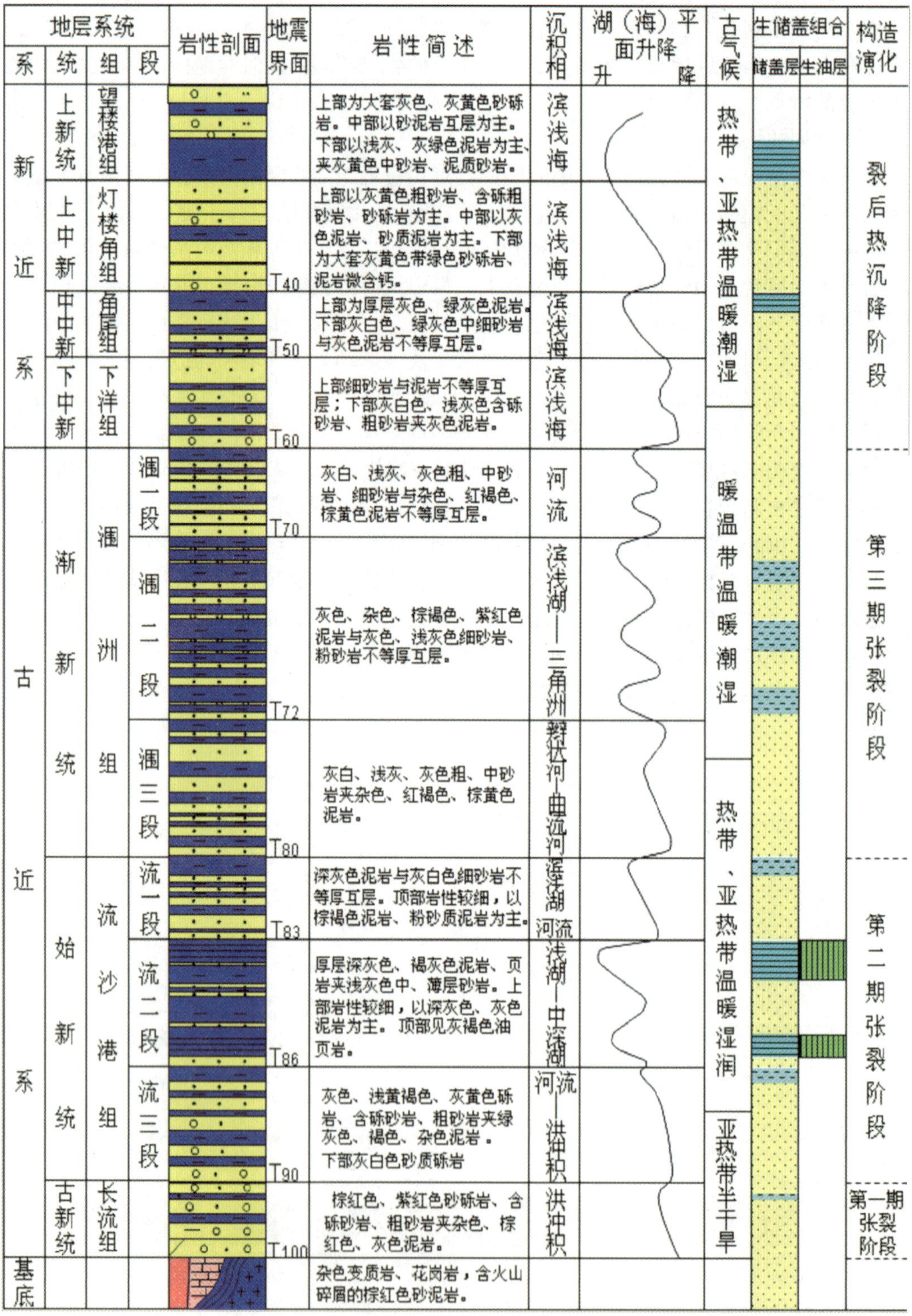

图 17.4　南海北部－西北部北部湾盆地新生代地层系统构成特征

三、油气地质特征

1. 烃源岩及烃源条件

北部湾盆地主要烃源岩为古近系始新统流沙港组中深湖相泥页岩，部分凹陷深部即埋藏较深的渐新统涠洲组煤系具有生烃潜力亦可作为煤型油气的烃源岩。湖相烃源岩质量主要取决于沉积时期湖泊展布规模大小、有机质丰度、湖泊的氧化还原条件，以及沉积物沉积充填后的保存条件。

始新统流沙港组中深湖相生油岩厚度大，有机质丰度高，生源母质类型好。其有机质丰度即 TOC 含量 1.36% ~ 1.86%，氯仿沥青"A"含量 0.139% ~ 0.217%，总烃 738 ~ 1483 ppm。烃源岩生源母质类型以偏腐泥型或偏腐泥混合型为主。始新统烃源岩区域分布上，以涠西南凹陷和乌石凹陷流沙港组烃源岩展布规模、生源母质类型及生烃潜力最佳，其生油气条件最好。流沙港组烃源岩厚度达数百米至千余米，是该区生烃潜力最大的主力烃源岩。北部湾盆地第三系地温梯度较高，古近系烃源岩生烃成熟门槛 2400 ~ 2700 m，烃源岩有机质成熟演化多处在成熟 – 准高熟油窗阶段，伴有少量溶解气产出。

2. 储集层类型及储盖组合

北部湾盆地油气藏的含油气储集层主要有碎屑岩和碳酸盐岩两种类型的储层。碎屑岩储集层可进一步分为新近系海相砂岩储层和古近系陆相砂岩储层，海相砂岩储层主要为中新统下洋组及角尾组海相砂岩，储集物性良好；陆相砂岩储层主要为始新统流沙港组湖相砂岩、渐新统涠洲组河湖相砂岩，储集物性较好。碳酸盐岩储集层主要为前古近系基底之石炭 – 二叠系石灰岩缝洞型碳酸盐岩，是该区古潜山油气藏的主要储集层，其缝洞较发育储集物性较好，往往能够获得高产油气流。总之，北部湾盆地第三系油气储集条件较好，在第三纪构造演化及沉积充填过程中形成了多套储盖组合类型，尤其是始新统流沙港组、渐新统涠洲组、中新统角尾组等不同层段的地层系统中，均有厚层砂岩储层与相邻泥页岩盖层构成了较好的成藏储盖组合类型，为该区第三系油气藏形成奠定了较好地质条件。同时，古新统长流组、始新统流沙港组陆相厚层泥岩亦构成了前古近系古潜山油气藏石炭系石灰岩储层之上覆盖层，进而为古潜山油气藏形成提供了非常好的封盖条件。

3. 含油气圈闭特征及油气藏类型

1）含油气圈闭特征。北部湾盆地在新生代拉张裂陷活动及局部水平挤压活动的影响下，形成了多种类型的圈闭，包括披覆背斜（涠洲 11 – 4、涠洲 12 – 8），挤压背斜（涠洲 14 – 2），断鼻、断块（涠洲 11 – 4D、涠洲 11 – 1、涠洲 12 – 1），地层岩性（涠洲 12 – 3）和古潜山（涠洲 6 – 1、涠洲 10 – 3N）等圈闭。大部分圈闭均沿大断裂展布，形成不同类型圈闭集中带，有利于油气聚集。

2）油气藏类型。受盆地中生油气凹陷控制，油气藏主要分布在生油气凹陷附近的断裂构造带或邻近的凸起上。油气运聚既有沿砂体和不整合面的横向运移，也有沿断裂的垂向运移。始新统流沙港组生成的油气，主要通过断裂运移到渐新统涠洲组、中中新统角尾组砂岩，形成下生上储型油气藏。受不同圈闭条件制约，形成了多种类型圈闭的油气藏。例如背斜构造油气藏、断鼻油气藏、断块油气藏、地层岩性油气藏和古潜山油气藏等。

从目前的油气勘探情况和现有资料分析，涠西南凹陷具有中国东部典型陆相断陷富油气盆地的基本特征，且总体上具有"断裂沟源、断脊运移、两面控藏、复式聚集、满凹含油"的油气分布格局及特点。

（1）断裂沟源。断裂作为油气的运移通道已经得到广泛的认同，对于涠西南凹陷这种典型的陆相断陷湖盆，第三纪断裂作用尤其重要。作为运移通道的断层大多能够沟通古近系烃源岩与储层乃至新近系储层之间的联系，在涠西南凹陷，一般将向下切入始新统流沙港组、向上切断渐新统涠洲组/中新统角尾组的断层确定为沟源断层，其能够将深部烃源岩及其供给系统与上覆相邻储层及浅层储层沟通，当这些烃源供给系统之断层周期性活动时，则随断层带压力的释放将源岩或运载层中的油气迅速输送到断层中并顺断层向上抽吸，因此，断穿层位基本与含油层位一致。涠西南凹陷沟源断层可分为三种类型，长期活动沟源型、两期活动沟源型及后期活动沟源型。正是这种断裂的沟源作用控制了油气的纵向分布，形成了油气运聚之复式聚集特点。

（2）断-脊运移。涠西南凹陷油气在经过沟源断层之后进入流三段、涠洲组及新近系角尾组下部区域疏导层中，沿构造脊线运移。盆地模拟分析表明，涠西南凹陷油气主要沿六大构造脊运移和聚集即：涠西南凸起倾没端、斜阳构造脊、涠洲12-8构造脊、2号断裂上升盘、涠洲11-4D构造脊、涠洲6-1构造脊。这些不同类型的正向构造单元即是该区油气勘探的重点目标。

（3）两面（湖/海泛面和不整合面）控藏。最大湖泛面作为水进体系域与高位体系域的分界面，其下部的"凝缩段"是良好的盖层，最大湖泛面上下又经常发育有多种类型的沉积砂体，易于行成不同类型储盖组合，这些储盖组合是形成油气藏的基本地质条件。如涠洲11-4、涠洲12-8中新统角尾组油藏等均是发育在最大海泛面下的油藏，涠洲11-4N始新统流一段则是发育于最大湖泛面上的油藏。不整合面附近发育地层超覆圈闭和不整合圈闭，由于其不整合面往往造成不同层系接触与连通，构成了油气侧向运移的主要输导通道，因而在其上下易于形成油气藏。如涠洲11-4、涠洲12-3、涠洲6-12、涠洲6-1等均是沿不整合面分布的油气藏。

（4）复式油气聚集。涠西南凹陷始新统流沙港组二段内部流体一般具有超压和幕式构造运动形成的构造泵及流体热对流等最主要的成藏动力源。加之断层构成的垂向油气运移通道与区域不整合面和砂岩输导层构成的油气侧向运移通道，形成了该区非常好的幕式垂向运移+短距离侧向运移之油气运聚网络系统。尤其是不同类型断层的交叉、切割，形成的油气垂向运移通道，导致其油气运移非常活跃。在该区2号断层东段，由于受渐新统涠二段大套泥岩封盖，其油气垂向仅运移至涠二段下部；在2号断层西段，由于涠二段泥岩大部分被剥蚀，油气垂向则可运移到新近系地层中，其断穿层位基本与含油层位一致。因此，该区近油源油气藏特征明显，油气运聚成藏具有近源富集的特点。

四、油气勘探成功经验

1. 油气滚动勘探思路

（1）以复式连片大油田为目标，综合分析成藏条件选定有利勘探区带。涠西南凹陷具有"断裂沟源、断脊运移、两面控藏、纵向叠置、横向连片、满凹含油"的复式油气聚集特征（邱中建和龚再升，1999），正向构造单元以构造油藏或构造背景下的岩性油藏为主，油气相对富集，负向构造单元以岩性油藏为主，油气丰度相对较低，目前勘探发现的油气主要富集在1号断裂带、2号断裂带、3号断裂带（涠西南凸起及其倾没端）及南部斜坡的斜阳构造脊与涠洲12-8构造脊等几个正向构造单元，层位上主要富集在始新统流沙港组流三段与流一段和渐新统涠洲组砂岩之中。

（2）同一构造带油气勘探目标实施集束评价。涠西南凹陷断裂发育、地质情况复杂，单个油藏规模小，仅着眼于单个油气藏目标进行勘探与开发存在规模小、成本高、风险大等因素，难以获得较好的经济效益。要提高油气勘探开发效益、获得更多的油气储量与产量，弥补单个油气田规模小，勘探开发经济效益差之不足，必需改变以往的单一目标勘探的井位研究方式及勘探部署思路，对于同一构造带的油气勘探目标开展集束钻探评价，快速勘探发现一批油气田。在此基础上，对全凹陷不同构造带油气勘探目标进行总体评价与优劣排队，最终综合评定和优选进一步勘探的有利油气富集区带和最佳钻探目标。

（3）针对不同地质特点采用不同滚动勘探方法。立足于涠西南富烃凹陷复式油气聚集和整带含油的地质认识，依托现有设施开发油气，采用沿带部署、立体勘探、整体评价、分步实施、及时调整、滚动发展、逐步联片的思路，针对凹陷内不同地质特点的油气聚集带采用不同的滚动勘探方法和油气勘探开发一体化。本区复杂断裂构造带具有断裂复杂、单个规模较小但可能连片分布、油气水分布复杂的特点。要完全搞清该区油气勘探潜力、探明油气地质储量需要大量的钻井工作量，在目前钻井工作量和勘探成本有效控制的条件下，采用"整体评价、分步实施、先探主块、随时调整、逐步连片"的滚动勘探战术，采用循序渐进的方法，先选择规模较大的区块进行集束钻探，证实其含油气性及大致储量规模，解决"立架子"即建立新的油气生产平台问题，再对全区可能有油气开发潜力的区块进行整体评价、探明油气储量进行开发，对于规模较小的区块，可留待油气开发设施上去之后再考虑挖潜与扩边。潜山+断鼻+地层岩性复合圈闭带具有含油气储层横向变化大、风险高但油气储量规模也较大的特点。采用"集中火力、上下兼顾、精细解剖、对比调整、逐一评价"的滚动勘探方法，优选规模较大、油气成藏条件较好、代表性较强的勘探目标进行精细解剖，其后再进行逐一对比钻探，最后以实施整体评价的方式进行滚动勘探。统筹考虑地质资料录取与成本控制。

根据不同地区的石油地质条件，科学实施油气钻井之集束勘探，坚持"三简化、三加强"，统筹考虑地质资料录取与钻井成本控制等。

2. 油气勘探技术研发与应用

为了解决滚动油气勘探目标研究评价工作量大、任务紧迫、评价精度要求高与盆地石油地质条件复杂的矛盾，根据不同领域与构造区带油气成藏的主控因素，发展、引进实用而有效的勘探方法与手段，基本形成了有针对性的油气勘探技术体系，包括复杂断裂地区构造精细解释及评价技术、有效储层评价技术、地球物理储层预测技术及全三维解释技术。

3. 油气滚动勘探获得的重要成果

2004年3月，中海石油（中国）有限公司部署了"围绕涠洲12-1油田、涠洲11-4油田进行滚动油气勘探"，当年作为试点的涠西南凹陷滚动油气勘探，选择涠洲12-1油田4井区钻探第一口滚动勘探井，并取得了良好钻探效果。自2005年开始，中国石油（中国）有限公司明确提出，将涠西南凹陷油气开发设施周围10 km范围内作为滚动油气勘探区，并部署实施滚动油气勘探。因此，整个涠西南凹陷自2004年以来，部署实施滚动勘探共钻井34口，其中28口探井获得油气流或油气层、3口井见油气显示，3口井未见油气显示，探井勘探成功率高达80%。另外，该区共钻探构造圈闭21个，证实9个商业油气田，7个潜在商业油气田，商业成功率43%，潜在商业成功率31%，获得三级地质储量24683.6万 m^3，其中探明9140.4万 m^3。最终在1号断裂带、2号断裂带、涠西南凸起倾没端即南斜坡等四个区带均获得了油气勘探的重大突破。

五、油气资源潜力及勘探前景

北部湾盆地位于南海北部西北部/北部陆架浅水区，分布于华南大陆南部陆缘与海南岛北部陆缘之间。盆地主体属北部湾海域，但还包括雷州半岛东部海区一部分，以及雷州半岛南部和海南岛北部部分陆地区域。北部湾海域海水深度0~55 m，北浅南深。北部湾盆地规模及展布面积51517 km^2。该盆地是在古生代基底之上形成的典型新生代断陷裂谷盆地，其与中国东部和近海其他断陷裂谷盆地一样剖面上均具有典型双层盆地结构特征。其中，断陷裂谷阶段半地堑洼陷沉积充填的始新统中深湖相泥页岩为盆地的主要烃源岩，断陷裂谷晚期形成的滨浅湖相及河湖相碎屑岩为主要储集层，中新世裂后海相坳陷期形成的浅海相碎屑岩为重要储集层，进而构成了自生自储、下生上储的油气成藏组合类型。北部湾盆地通过半个多世纪的油气勘探，目前已在北部坳陷带涠西南凹陷、海中凹陷及乌石凹陷钻探了百余口探井，但大部分探井均主要集中在涠西南凹陷，其他区域探井较少。迄今为止该区已勘探发现了一系列中小型油气田和含油气构造，且已陆续投入开发生产，其已成为了南海北部/西北部陆架浅水区一个重要的石油生产矿区。

北部湾盆地油气资源较丰富，由于迄今为止油气勘探开发均主要集中在涠西南凹陷，其他区域油气勘探及研究程度甚低，故目前勘探发现的油气田数量及规模有限，且大部分油气田均主要分布在涠西南凹陷和乌石凹陷部分区块。加之该区新生代盆地及生烃凹陷展布规模不大，故油气资源规模及油气资源潜力亦受到一定的限制。据2008年原国土资源部、国家发改委、财政部的《新一轮全国油气资源评价成果》，预测北部湾盆地石油远景资源量为9.70亿吨，地质资源量为7.34亿吨；天然气远景资源量为852.04亿 m^3，地质资源量为599.21亿 m^3，总油气资源规模达到10.6亿吨油当量。但据中海油近年来依据圈闭法及成因法进行油气资源评价所获预测结果，其总油气资源量达15.9亿~18.14亿吨油当量，而目前仅探明3.5亿吨石油，故油气探明程度为19.3%，表明该区不同凹陷及区带油气资源潜力尤其是剩余资源量仍然较大。总之，北部湾盆地属于油气资源较丰富的克拉通裂谷盆地，油气藏形成的生烃条件、储盖组合及圈闭条件较好。迄今为止油气勘探已在涠西南、海中、乌石、迈陈、福山5个凹陷钻遇到非常好的古近系始新统湖相烃源岩，且在涠西南、乌石、福山3个凹陷勘探发现了商业性中小型油气田，在迈陈凹陷亦见到了较好油气显示或发现了含油气构造，只是目前尚未获得商业性油气发现和重大突破。目前该盆地已建成了200万吨油当量的油气生产能力，表明其油气勘探开发前景尚好。尚须强调指出，目前北部湾盆地中仅涠西南凹陷油气勘探开发及研究程度较高，其他凹陷及构造单元等区域油气勘探及研究程度均甚低，且尚有一批有利油气勘探区带和圈闭有待进一步勘探和探索，因此北部湾盆地油气资源潜力及勘探前景仍然比较乐观。以下重点对该区有利油气富集的勘探区带进行分析与阐述。

前已论及，北部湾盆地主要由涠西南、乌石、迈陈、海中、雷东及福山和海头北等7个凹陷所组成。该区多年来的油气勘探及研究均主要集中在涠西南凹陷及乌石凹陷部分区块，而迈陈、海中凹陷和乌石凹陷大部分区带等地区油气勘探及地质研究程度甚低，仅有部分探井，亦未获商业性油气发现。尚须指出，福山凹陷（海南岛北缘陆上部分）近年来油气勘探及地质研究进展较快，虽然中石油南方油气勘探分公司目前已在该区勘探发现了中小型油气田，建成年产30万吨油当量的油气产能，但总体上其油气勘探及研究程度尚低。盆地最东部的雷东凹陷为中海油近年来油气勘探新发现和落实的生烃凹陷，近年来亦钻探了少量探井，但尚未获得油气勘探的突破。总之，北部湾盆地虽然在涠西南凹陷、乌石凹陷和福山凹陷已发现20多个中小型油田及多个含油气构造，且在油气勘探程度较低的迈陈凹陷及其他区域亦见到较好油气显示，但目前盆地总体油气勘探及地质研究程度尚低，除涠西南凹陷及乌石凹陷部分区块和福山凹陷油气勘探及研究程度相对较高外，其余凹陷及区域均属油气勘探与研究的空白区或薄弱区，目前仍处在油气勘探中的区域地质评价初期。因此，根据该区油气勘探与研究程度，结合地质地球物理资料及油气成藏地质条件，以下拟重点对其油气勘探前景及勘探方向进行综合剖析与评价预测。

（1）油气勘探及地震地质解释均证实，北部湾盆地7个凹陷中，除盆地西南部海头北凹陷外，其他凹陷均见到始新统湖相烃源岩之生烃岩系，且迄今为止勘探亦充分证实不同区域、不同层位、不同类型油气藏之烃源供给均主要来自始新统流沙港组二段中深湖相烃源岩的贡献，即具有"一源多流"的供烃及运聚成藏特点。因此，遵循含油气系统"从烃源供给到圈闭中运聚成藏"的源-汇-聚理论，根据烃源岩生排烃及运聚供烃系统，以始新统流沙港组二段中深湖相主要烃源岩为烃源供给中心，综合分析其油气运聚成藏过程中的源-汇-聚一体化系统，可以判识预测油气优势运聚方向及富集场所，这亦是圈定与确定盆地有利油气富集区带的基本方法。鉴此，依据"一源多流"的烃源供给系统，可以将该区含油气系统，纵向上划分为上、下两套油气成藏组合类型。其中，下油气成藏组合类型，由始新统流沙港组二段下部大套泥页岩烃源岩、流沙港组三段砂岩、古新统长流组砂岩及石炭系灰岩构成。形成自生自储、上生下储的成藏组合类型的油气藏；上油气成藏组合类型，则主要由始新统流沙港组二段上部泥页岩烃源岩、流沙港组一段浅湖相砂岩、渐新统涠洲组滨浅湖滨浅湖相及河沼相砂岩与下中新统角尾组海相砂岩及泥岩构成，主要以下生上储成藏组合类型的油气藏及部分次生油气藏为主。目前其下油气成藏组合类型的油气藏，在涠西南凹陷西部已勘探发现了很多这种类型油气藏的中小型油气田，如断块、超覆及古潜山等油气藏。前已论及，涠西南凹陷具有"断裂沟源、断脊运移、两面控藏、纵向叠置、横向连片即满凹含油"的复式油气聚集特征，正向构造单元以构造油藏或构造背景下的岩性油藏为主，油气相对富集，负向构造单元则以岩性油藏为主。但其油气成藏组合类型均以始新统流沙港组二段烃源岩为核心，形成下生上储、自生自储及上生下储的油气富集成藏模式。目前勘探发现的下油气成藏组合类型之油气藏主要富集在 1 号断裂带、2 号断裂带及 3 号断裂带（涠西南凸起及其倾没端）、南部斜坡斜阳构造脊与涠洲 12－8 构造脊等几个正向构造单元，且在这些区带附近尚有类似的有利油气富集区带存在，亦具有较大油气资源潜力及勘探前景。上油气成藏组合类型，近十多年来已在涠西南凹陷东部获得重大突破，先后勘探发现了涠洲 12－1、12－8 及 11－1N 等一系列中型高产油田及油气藏，且具有产油层较稳定，单层厚度大，物性良好，单井产量高。通过进一步地震地质解释与地质综合研究，目前在这些油田及油气藏周缘尚落实了一批局部构造及地层岩性圈闭钻探目标，其与上述的上油气成藏组合类型之油气藏具有类似的油气地质条件，故具有较大的油气资源潜力及勘探前景，虽然独立开发规模较小可能不具经济效益，但与其周围已有油气田联合实施滚动勘探开发，亦具较好经济效益和油气勘探前景。

（2）盆地中部企西隆起东部存在面积较大的重力高，面积约 1000 km^2，地球物理与地质综合解释为基底隆起，其上发育有规模较大的新近系披覆背斜，根据通过该局部构造的地震地质综合剖面的追踪分析，可以大致判识确定其相邻的乌石凹陷及其他邻近的凹陷均能为其提供烃源供给，故其可能是该区寻找大中型油田的有利油气勘探区带。典型实例如涠西南凹陷一些具备油源供给及运聚通道系统的凸起带上，均勘探发现了油气田（如涠 11－4 及 12－8 油田即是其典型实例）。因此，该区大型基底隆起上邻近生烃凹陷具备烃源供给条件的一些局部构造群构成的不同类型的圈闭，均具有油气资源潜力及勘探前景。

（3）以往研究表明，北部湾盆地存在三种主要油气运聚输导系统，即以断裂带为主的运聚输导系统、与古构造脊及孔隙性砂岩相关的运聚输导系统和与断裂及不整合面相关的运聚输导系统。油气勘探及研究表明，这些运聚疏导系统均是该区油气运聚最活跃区带，且在这些运聚输导系统有效供烃区范围的圈闭中，均已勘探发现了多种类型的油气藏。因此，处在上述三种类型油气运聚输导系统有效范围的优势油气富集区之主要构造区带及其不同类型圈闭群，应是油气运聚成藏的有利富集区带，应该具有较大的油气资源潜力及勘探前景。如涠西南凹陷一号断裂带和二号断裂带、涠西南凹陷南斜坡带、乌石凹陷乌石 16－1～17－1 构造带、迈陈凹陷乌石 32－1～29－1 断裂背斜带、海中凹陷涠洲 14－2 背斜带及企西隆起东部凸起带等，由于这些构造带及断裂带及其不同类型圈闭群均处在油气运聚输导系统的有效区内，应是该区油气运聚成藏的有利区带和富集场所，加强对这些有利勘探区带的油气地质综合评价与深入研究并尽快实施钻探，一定能够取得油气勘探的突破。

（4）针对不同类型油气藏特点采用不同的滚动勘探方法及技术，评价预测有利油气富集区带及其油气资源潜力与勘探前景。根据涠西南富烃凹陷复式油气聚集和整带含油的主要地质特点，依托已有油田设施联合勘探开发周缘附近的中小油气田群，增储上产扩大油气储量规模，提高其经济效益。北部湾盆地西北部及中部断裂构造油气聚集带具有断裂复杂、单个油气田油气储量规模较小、但可能连片分布和油气水分布复杂的特点，欲完全搞清其油气资源潜力和探明油气地质储量需要大量勘探工作量。因此在严格控制钻井工作量和勘探成本的原则下，应采用"整体评价、分步实施、先探主块、随时调整、逐步连片"的滚动油气勘探开发战术，采取循序渐进的勘探技术方法，先选择规模较大的含油气区块进行集束钻探，当证实其含油气性及大致储量规模后，再建立新的油气生产平台问题。对于规模较小的含油气区块，可在油气田开发设施建立之后再实施油气田挖潜与油气田扩边。盆地西北部及北部的潜山+断鼻+地层岩性复合圈闭油气聚集带，由于具有含油气储层横向变化大、风险高但油气储量规模较大的特点，应采取"集中火力、上下兼顾、精细解剖、对比调整、逐一评价"的技术方法及策略，优选规模较大、油气成藏条件较好、代表性较强的勘探目标进行精细解剖并实施钻探，争取获得油气勘探的新突破。

第二节　莺歌海盆地油气勘探实践

莺歌海盆地位于南海西北部，即我国海南省与越南中北部之间的莺歌海海域，整体呈 NNW 走向，面积约 9.87 万 km^2，分布范围在北纬 16°20′～21°40′，东经 105°33′～109°26′，是一个泥底辟及气烟囱异常发育、非常独特的高温超压新生代大型含油气盆地。盆地东北面通过 1 号断裂与北部湾盆地相接；东南方向通过 1 号断裂与琼东南盆地相连；正东西两侧处在海南岛与印支半岛之间（图 17.5）。在行政区划上，莺歌海盆地横跨中越两国。我国目前在该区的油气勘探活动大致在东经 107°以东，北纬 16°20′～21°40′。即临高凸起及其以南的莺歌海凹陷中轴线以东海域，实际勘探面积约 3.9 万 km^2，海域海水深度均小于 100 m，多在 50 m。

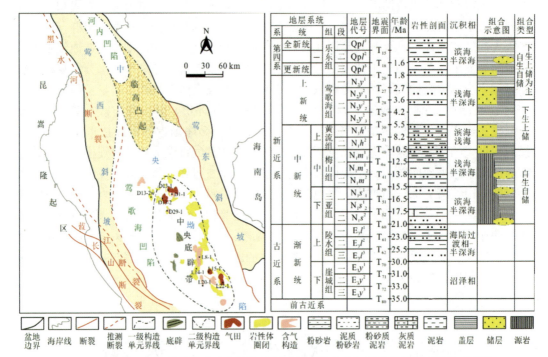

图17.5 南海西北部莺歌海盆地主要构造单元组成及分布与新生代地层系统构成特征

一、油气勘探历程

莺歌海盆地油气勘探自20世纪50年代末开始迄今已有60多年的勘探历史,其油气勘探历程及实践大致可划分为以下4个主要阶段。

1. 近岸石油地质调查阶段

20世纪50年代末至60年代初,先后在海南岛西南部陆缘沿岸浅水区即莺歌海盆地东北部莺东斜坡带近岸浅水区,开展了石油地质调查工作(何家雄等,2001,2005)。在海南岛西部及西南部陆缘浅水区发现油气苗39处,并进行了浅海区简易的地震勘探,完成地震测线76条,总长2301 km;在莺东斜坡带中南部油气苗异常发育区附近先后钻探浅井8口,其中莺冲1井、莺冲2井捞获原油150 kg,海2井捞获原油10 kg,海1井见到CO_2显示。石油地质普查结果初步证实了莺歌海盆地具有油气生成和运聚的有利条件,是否能够形成商业性油气藏及其大中型油气田尚须油气勘探实践所检验。

2. 自营油气勘探初期阶段

20世纪70年代中晚期(1975—1979年),先后在莺歌海盆地东南部及与琼东南盆地交界处开展了航磁调查和地震勘探,地震测网密度8 km×8 km 到 2 km×4 km,测线总长为21950.3 km,初步圈定和划分了莺歌海坳陷/凹陷和莺东斜坡带;该阶段先后钻探井3口,其中莺1井和莺6井见油气显示,莺2井钻遇异常高压层和可能的天然气层。

在此期间，越南在莺歌海盆地西北部最北端的河内坳陷/凹陷，也开展了大规模的地震勘探和钻探工作，并于1975年发现了铁海 C 凝析气田，天然气产层为上中新统砂岩，同时还发现中新统存在有较好的烃源岩。这些油气勘探成果及地质资料，均充分证实和预示莺歌海盆地是一个具有油气勘探前景的含油气盆地。

3. 对外合作油气勘探初期阶段

20世纪80年代（1980—1989年），陆续开展了对外合作油气勘探工作。对外合作油气勘探范围主要集中在东经108°00′以东海域，地震测网密度为 4 km×8 km，局部达到 1×2 km，测线总长 6844 km，该阶段先后钻区域探井 4 口。在阿科物探（地球物理勘探）协议区同时作了海洋重力、海洋磁力普查，且在莺歌海盆地完成了 1∶500000 航空磁测。通过上述地球物理探测工作，发现处在莺歌海凹陷与莺东斜坡带分界的 1 号断裂下降盘附近存在厚度超过 10000 m 以上的新生界地层，初步揭示了莺歌海盆地新近系地层系统的展布规模及其沉积面貌。同时，通过 LD30 -1 -1A 井钻探，不仅证实了该区新近系及第四系地层巨厚，而且还发现了上中新统黄流组下部的高压含水气层（水溶气）。在此期间，还在莺歌海盆地东南部与琼东南盆地交界处即 1 号断裂上升盘附近，通过对外合作油气勘探活动，发现了崖城 13 -1 大气田，预示了莺-琼大气区的存在。

4. 以自营为主的天然气勘探阶段

20世纪80年代末期开始至今（1989年至今），中海油（中国海洋石油总公司）开始实施对外合作与自营油气勘探并举，且以自营油气勘探为主的油气勘探新战略，首先在莺歌海盆地开展较大规模的自营油气勘探活动，投入了较大的地震和钻井工作量。据不完全统计，该阶段累计采集二维地震 7.3 万 km、三维地震 744 km^2。完成探井 61 口，取得了里程碑式突破和重大发现。先后在浅层（小于 2800 m）常温常压勘探领域发现了东方 1 -1 等 3 个大中型气田和 7 个含气构造。在中深层（大于 2800 m）高温超压勘探领域勘探发现了东方 13 -1、2 高温超压大气田和乐东 10 -1 中型气田，目前天然气勘探正向新领域、新层系及新区域拓展，莺歌海盆地天然气勘探的新局面和莺-琼大气区初步格局基本形成。

在该油气勘探阶段，由于外国石油公司对莺歌海盆地油气地质条件及资源潜力评价较低，投入的油气勘探工作量非常少。其中，钻井工作量剧减，仅在 1993 年和 1996 年各钻一口探井。地震勘探工作量亦不多，先后采集二维地震 9204 km、三维地震 805 km^2。此外，中越双方 2007 年亦在盆地开展了联合地震勘探工作，采集二维地震测线 1059 km^2。同时，中央泥底辟带浅层气田如东方 1 -1（DF1 -1）气田在 2003 年投产，2007 年年产气量为 22.13 亿 m^3，累计产气 70.63 亿 m^3。目前该区已有 3 个气田陆续投入开发，年产天然气达 60 亿 m^3 以上。

二、区域地质及地层系统构成

莺歌海盆地夹持在印支、华南两个微板块之间，属于特提斯构造域，但亦受到太平洋构造域的影响，为一陆缘伸展走滑盆地，根据重磁力勘探资料，莺歌海盆地莫霍面等深线呈 NW 向展布，埋深 20～24 km，属减薄型陆壳，盆地基底以下前古近系主要属印支褶皱带。

白垩纪末期至古新世时期，由于印支板块向北运动及太平洋板块向西运动速率的减慢，使东南亚地区处于伸展环境，软流圈上涌，地幔柱上拱，地壳开始裂开，形成了莺歌海盆地早期初始裂陷，沉积了一套磨拉石冲积和洪积砾岩、砂岩沉积岩系，沉积厚度约 3000 m。

根据莺歌海盆地西北部地震资料分析解释，始新世至渐新世早期为裂陷发育期，以强烈断陷为特征，沉积了冲积相、河流湖泊相和海陆交互相的砾岩、砂岩及泥岩和煤层等，沉积厚度约 4000 m。该时期红河断裂系统的左旋应力已经影响到莺歌海盆地，导致盆地发生大型左旋走滑运动。

渐新世中期到末期为裂陷萎缩期，主要沉积了滨浅海环境的砾岩、砂岩和泥岩等，沉积厚度约 2500 m。与裂陷发育期及萎缩期相对应的是南海第一期扩张。

从中新世开始，盆地进入裂后坳陷热沉降阶段，沉积充填了滨海或三角洲到陆缘浅海砂岩、泥岩和煤层等，盆地中央及南部变为完全的海相泥岩，沉积厚度约 6000 m，快速沉积充填的巨厚泥页岩为该区泥底辟形成奠定了雄厚的物质基础。由于印度-欧亚板块碰撞的加剧导致红河断裂系统由左旋走滑变成右旋走滑，进而莺歌海盆地的走滑应力场也随之改变，大型走滑伸展活动造成该区新近纪泥底辟活动非常强烈，泥底辟及气烟囱异常发育。

上新世之后，盆地南部进入一个新的快速沉降期，沉积了浅海-半深海碎屑岩沉积物，沉积充填厚度约 2000 m。伴随第四纪新构造运动，沿岸陆缘区往往伴生有大规模玄武岩喷发。

莺歌海盆地新生代沉积充填特点及地层系统构成（图 17.5 右），主要由前古近系变质岩及花岗岩基底（推测）、古近系始新统陆相断陷沉积（尚未钻遇或仅某井点钻遇揭示但存疑义）、渐新统海陆过渡相及浅海相沉积与新近系中新统三亚组、梅山组及黄流组浅海-半深海相沉积和上新统莺歌海组浅海相-半深海相及第四系浅海相沉积所构成。其在前古近系变质岩及花岗岩基底之上，主要沉积充填了始新统湖相沉积（探测）、渐新统崖城组及陵水组海陆过渡相煤系、下中新统三亚组和中中新统梅山组及上中新统黄流组滨浅海相碎屑岩沉积、上新统莺歌海组及第四系乐东组浅海相碎屑岩沉积，亦具有"下断上坳及下陆上海"且以巨厚新近系及第四系海相坳陷沉积为主的双层盆地结构特点。盆地主体东南部区域，由于新近系海相坳陷沉积厚逾万米，故其下伏古近系地层埋藏颇深，在目前地震探测深度 9000 m 以下尚未被揭示，因此，该区第三系主要烃源岩有机质热演化生烃与油气运聚成藏等均与新近系快速沉积充填的巨厚海相沉积体系密切相关。

莺歌海盆地平面展布呈菱形，其主要构造单元由中央坳陷与东西两侧的两个大斜坡带所组成（图 17.5 左）。其中，中央坳陷自南向北分别由莺歌海凹陷、临高凸起、河内凹陷所组成；盆地东部斜坡带主要由莺东斜坡和河内东斜坡构成；西部及西南部斜坡则构成了盆地西侧的莺西斜坡带。

临高凸起走向近南北，向西北与河内坳陷中央低凸起相连，往西南方向则延至两斜坡乃至消失，凸起两侧呈反翘型箕状断陷，两侧正断层控制沉积，断超尖灭带背向临高凸起。凸起南北长约 250 km，东西宽约 20 km，北部埋藏浅，约 4000 m，南部埋藏深，约 10000 m。

河内凹陷处于中央坳陷带西北部，埋深2000～6000 m，属于次一级构造单元，其东南部与临高凸起相接；中央坳陷带为莺歌海盆地的主体，且以东南部莺歌海凹陷为其最大的次一级构造单元，最大埋深超过17000 m，凹陷中发育众多泥底辟构造且构成了高达2万 km² 的泥底辟隆起构造带。

莺东、莺西两斜坡带展布规模相对中央坳陷带要小一些，在3万～4万 km²。且埋藏深度较浅，一般3000～4000 m。其中莺东斜坡为一坡度较平缓的单斜，南、北部宽缓，中部较窄，面积达2000 km² 左右。莺西斜坡位于越南境内，目前我国尚未掌握实际地质资料。

三、油气地质特征

1. 生储盖组合特点

莺歌海盆地新近系及第四系展布规模大，中央坳陷带莺歌海凹陷沉积岩厚度高达17 km，具有良好的生、储、盖成藏组合条件，由于盆地东南部莺歌海凹陷新近系及第四系沉积巨厚（其中第四系最厚，超过2300 m），在该区钻井及大部分地震剖面上均未揭示到古近系地层，故生储盖组合及其油气分布均主要集中在新近系及第四系地层中。由于盆地中部莺歌海凹陷泥底辟异常发育，热流体上侵活动普遍，故该区地温梯度偏高，一般为3.8～4.65 ℃/100 m，有机质成熟生烃多处在高熟-过熟气窗阶段，以生气为主。另外，盆地西北、东部、西南三面临近周缘物源区，不同类型储集岩体比较发育。盆地古近纪以来断裂活动不甚发育，但新近纪及第四纪快速沉积充填导致泥底辟活动强烈，在区域海平面升降变化的地质背景下，形成了较好的储盖组合。中新世晚期以来沉积的大套巨厚泥岩为其区域盖层，故其油气保存条件好。

1) 烃源岩及烃源条件。区域地质分析及地震地质解释，尤其是与周缘邻区的分析对比，推测和证实盆地可能存在三套烃源岩，即始新统陆相、渐新统煤系和中新统海相陆源烃源岩。

（1）始新统湖相烃源岩在越南境内 Song Ho 露头和莺歌海盆地西北部河内凹陷已钻遇，TOC 含量6.42%，S_2 含量30～49 mg/g，生烃潜力较好。在我国所辖的莺歌海盆地部分，由于上覆新近系及第四系地层沉积巨厚，探井深度及地震资料探测深度所限，尚未发现这套湖相烃源岩，故其在中央坳陷区东南部莺歌海凹陷的展布规模尚不清楚。由于始新统烃源岩在莺歌海盆地中央坳陷区埋藏太深，有机质热演化可能达到了过熟裂解阶段，故其生烃潜力不详。

（2）渐新统烃源岩主要为滨岸平原沼泽相煤系沉积，局部可能存在半封闭的滨浅海相沉积，有机质丰度较高，TOC 含量0.64%～3.46%，有机质类型属偏腐殖的Ⅱ型干酪根和Ⅲ型干酪根，生烃潜力大，为好烃源岩。盆地中钻探的YC19-2-1（中方）、YC107-PA-1X、YC112-BT 1X、YC118CVX-1X、YC118-BT-1X（越南）等井均揭示了这套烃源岩。但由于该烃源岩在中央坳陷埋深普遍超过万米，有机质热演化已进入过成熟裂解阶段，目前普遍认为这套烃源岩生烃潜力有限。在埋藏较浅的盆地周缘和发生构造反转的盆地北部（越南区域），这套烃源岩可能具有较大生烃潜力。

（3）中新统烃源岩主要为浅海及半深海沉积，其有机质丰度偏低，TOC 含量

0.42%～0.7%，有机质类型以Ⅲ型干酪根为主，个别为Ⅱ型干酪根，其生源物质主要来自盆地周缘区陆源高等植物，故具有海相环境陆源母质的特点，形成了该区典型的陆源海相烃源岩。目前盆地钻探揭示的这套中新统陆源海相烃源岩，虽然有机质丰度不高，但展布规模大、生烃潜力大，且这种偏腐殖型烃源岩有机质处于成熟－高成熟阶段，以生成大量天然气及伴生少量轻质油为主，故是盆地主要烃源岩。迄今为止莺歌海盆地中央泥底辟带勘探发现的浅层天然气气藏和中深层高温超压天然气气藏，其烃源供给均来自中新统这套海相陆源烃源岩。

2）储集层类型。莺歌海盆地新生界储层类型较多，展布特点各异，自下而上大致可分为7套。

（1）前新生界基岩潜山风化壳储层。HK30－1－1A井在基底石灰岩中漏失钻井液，可能与风化壳有关。邻区YING9井已经证实其孔隙度6%～15%。推测海口－昌江潜山带和岭头潜山带发育这套储层。

（2）上渐新统陵三段扇三角洲、滨海相砂岩储层。崖城13－1气田已证实这套储层，平均孔隙度14%，物性优良。莺歌海盆地在西北部临高凸起及东北部莺东斜坡带钻遇。LG20－1－1井、LG20－1－2井揭露该套储集层主要为细砂岩、泥质粉砂岩与粉砂质泥岩互层，砂质含量大于50%，但因泥质含量高、压实作用强而物性欠佳。莺东斜坡LT1－1－1井、LT15－1－1井和T34－1－1井陵水组均为大套粗碎屑岩。推测乐东11－1低凸起带应发育这套储层。

（3）下中新统三亚组滨海、三角洲砂岩储层。S_{60}是盆地东南部莺东斜坡区的破裂不整合面，也是一次大的海退面，准平原化。此后缓慢海侵，故储层分布广泛，多为厚度不大的砂泥岩互层。LG20－1－1、LT34－1－1井证实了这套储层，孔隙度为20%～25%。钻探证实了临高低凸起和莺东斜坡均存在这套储集层。

（4）中中新统梅山组滨海或三角洲相砂岩储层。在三亚组顶部存在地层缺失，而在梅山组下部又发育一套砂岩的地区多发育这一储层。DF1－1－11井、LG20－1－1井，LT35－1－1井、LT9－1－1井和LT15－1－1井均钻遇，LG20－1－1井梅二段下部揭露约300 m细砂岩。临高低凸起和莺东斜坡带应发育这套储层。

（5）下中新统三亚组、中中新统梅山组碳酸盐岩及生物礁储层。YING6井、T35－1－1井钻遇了这套储层，孔隙度约20%，1号断层上升盘发育这套储层。

（6）上中新统黄流组滨海、三角洲和浊积砂储层。这套储层是目前盆地比较重要的储集层。在盆地中部表现为受泥底辟隆起控制影响形成的低位三角洲、浊流及水下浅滩储层或为盆底扇储层，以DF1－1－11井为代表，上中新统黄一段砂岩储层测试日产气10万 m^3，此外，LD30－1－1A井和LS13－1－1井也钻遇该黄流组储层，但后者粒度偏细。盆地边缘表现为地层上倾尖灭，以LT1－1井优质烃类气藏为代表，上中新统黄一段砂岩储层测试日产优质烃类气23万 m^3，此外，LT33－1－1井、LT34－1－I井及HK30－3－1A井也钻遇该储集层。由于海退幅度大，黄流组的沉积范围较小，多限于盆地中部，对莺歌海盆地中深层天然气勘探更有意义。

（7）上新统莺歌海组及全新统乐东组的低位扇、侵蚀谷、水道浊积、浅滩、滨岸砂、海侵及高位风暴砂、浅海席状砂等储层。该类储层是DF1－1井、LD15－1井和LD22－1等上新统莺歌海组浅层气田的主力产层，在盆地中心及南部普遍发育。

2. 封盖层特点

莺歌海盆地浅层及中深层气藏的封盖层主要为浅海-半深海相泥岩，其在不同层位及组段均不同程度发育，且层系多、分布广、厚度大，封闭条件较好。新近纪沉积演化特征研究表明该区自下而上至少发育有两套分布较广的良好盖层。

下中新统三亚组中上部和中中新统梅山组封盖层。早中新世及中中新世沉积时期，在盆地中心相对水深仍较大，沉积有一定范围的三亚组及梅山组浅海相泥岩；而在盆地边缘由于粗碎屑沉积物供应较多，泥岩等细粒沉积物分布受到限制且厚度较薄，但可形成局部性封盖层。

上新统莺歌海组至第四系乐东组浅海相-半深海相泥岩厚度大，在盆地内横向分布稳定，特别是莺歌海组二段，钻井揭露这套地层的泥岩含量一般都在80%以上，且沉积巨厚，是该区质量很好的区域盖层。

（1）圈闭及天然气运聚成藏特征。迄今为止莺歌海盆地天然气勘探中，通过地震地质解释和勘探进一步落实，共发现不同类型圈闭58个，其中构造圈闭41个，岩性圈闭17个，迄今为止已钻圈闭25个，发现浅层大中型气田3个，含气构造7个，中深层高温超压大气田2个。3个浅层大中型气田的圈闭类型均属泥底辟伴生构造圈闭类型，7个含气构造中也有5个是底辟伴生构造圈闭类型。中深层高温超压大气田之圈闭亦为在泥底辟构造背景下形成的构造-岩性圈闭类型。总之泥底辟伴生构造圈闭是该区天然气气藏的主要圈闭类型。以下简要分析阐述中央泥底辟带泥底辟伴生圈闭类型特点及天然气分布富集特征。

（2）泥底辟伴生圈闭形成机制与天然气运聚特点。莺歌海盆地中央泥底辟隆起带（亦称泥拱带）其泥底辟发育演化与天然气运聚成藏过程一般可以分为三个阶段。第一阶段，由于快速沉积充填巨厚的中新统泥页岩等细粒沉积物强烈的欠压实作用及有机质在盆地区域热流场影响下的热演化生烃作用，导致了富含流体的高温超压潜能及高压囊的形成。与此同时，在深部高能热流体和中新统巨厚塑性泥页岩强烈底辟上拱的作用下，形成不同类型的中深层底辟伴生构造，而当地层孔隙流体压力逐渐积聚到能够导致围岩及上覆地层破裂时，即开始产生大量高角度断层裂隙，进而发生能量强烈释放与流体排出。此时富含烃类气等流体在高温超压潜能作用下原地近距离（近源）运移至泥底辟伴生构造圈闭中形成中深层高温超压气藏，此即泥底辟伴生油气藏的初次运移或称之原地近源短距离运聚阶段；随后由于泥底辟上侵活动能量再次积聚，且达到一定程度后即进入第二阶段。此时深部高能热流体和中新统塑性泥页岩在高压作用下继续底辟上拱，形成浅层泥底辟伴生构造和高角度断层裂隙，其烃类气等流体则在高温超压潜能作用下沿着这些断层裂隙和底辟纵向通道进入浅层泥底辟伴生构造圈闭形成浅层气藏或称之为次生气藏，此即泥底辟伴生油气藏的二次运聚过程。根据莺歌海盆地泥底辟形成演化机理与伴生流体上侵活动过程及特点，该区尚存在第三次天然气运聚过程，即第三次天然气（CO_2为主的非烃气）运聚阶段亦即晚期非烃气运聚成藏阶段，系指该区在早期大量烃类气生成及运聚成藏过程完成后（中深层烃类气藏和浅层烃类气藏形成以后），晚期由于热动力作用及热流体上侵活动进一步加强，其与大套厚层海相富含钙质砂泥岩发生物理化学综合作用之结果所致。此时形成的大量富含CO_2的非烃气在高温超压潜能作用下，沿着泥底辟通道及其伴生断层裂隙向上运移聚集（据雪佛龙石油公司 1996 年研究，其运聚时间为 0.8Ma），且在晚期运移过程中 CO_2 会排驱断裂附近的烃类气，破坏和混入早期烃类气气藏。其结果是往往在泥底辟活动中心及其断裂附近形成高含 CO_2 的非烃气气藏，而在泥底辟伴生构造两翼离断裂较远的部位/区块及层段，则仍然富集烃类气或仅含少量 CO_2，形成烃类气气藏。这已被该区油气勘探实践所证实。

（3）泥底辟伴生气藏类型及划分。根据莺歌海盆地泥底辟发育演化特征与泥底辟伴生气藏分布深度及其成因机理，可将其划分为浅层开启式常温常压泥底辟及气烟囱伴生气藏和中深层封闭式高温超压泥底辟及气烟囱伴生气藏（何家雄等，1994，2006，2008）。浅层常温常压泥底辟及气烟囱伴生气藏是指深度为 500～2800 m 的上新统莺歌海组及第四系常温常压地层系统之泥底辟伴生气藏，其浅层气藏压力系数为 1～1.35，目前勘探发现的 3 个大中型气田和 5 个含气构造圈闭均处于浅层地层系统及其泥底辟伴生构造圈闭之中，其成藏机理及形成模式存在两种成因类型，即浅层开启式泥底辟及气烟囱气液混相涌流伴生气藏类型与浅层开启式泥底辟及气烟囱游离气相伴生气藏类型。根据亨特（1991）的封存箱油气成藏理论，浅层常温常压泥底辟及气烟囱伴生气藏，一般具有高压封存箱外（开启式）气液（烃类与热流体）混相涌流排烃模式与运聚成藏的特点和高压封存箱外下生上储游离气相（烃类气与非烃气）运聚成藏模式与分布规律；中深层高温超压泥底辟及气烟囱伴生气藏，是指深度在 2800～5000 m 之间的上中新统黄流组－中中新统梅山组之中深层高温超压泥底辟伴生气藏，其运聚成藏机理及形成模式亦存在两种类型，一般具有高压封存箱内对流出溶离析排烃方式及运聚成藏特点和高压封存箱内自生自储低势气相运聚成藏模式与分布规律。目前中深层高温超压泥底辟伴生气藏勘探领域，近年来已获得重大突破，勘探发现了东方 13－1、13－2 高温超压大气田，其圈闭类型属泥底辟构造背景下的构造－岩性圈闭，气藏压力系数1.5～2.2，气层温度在 140 ℃ 以上，属于典型的高温超压气藏。莺歌海盆地中央泥底辟带高温超压中深层天然气勘探领域，虽然已获里程碑式重大发现，但目前天然气勘探与研究程度较低，勘探深度及层位亦仅仅是揭示了中深层勘探领域的一点点皮毛（上中新统黄流组顶部），而深部很多大的含油气构造圈闭钻探目标，迄今尚未勘探。据不完全统计，根据中海油研究中心 20 世纪 90 年代的初步研究表明，莺歌海盆地中深层高温超压天然气勘探领域（中新统不同层位层段），自北而南存在 9 个大型泥底辟伴生构造圈闭，展布规模均在 100 km² 以上，由于种种原因迄今尚未开展勘探，但这些大型泥底辟伴生构造圈闭应该具有巨大的天然气资源潜力及勘探前景。

（4）泥底辟及其伴生构造圈闭展布特点。地震解释及钻探证实与落实的莺歌海盆地泥底辟构造及其伴生圈闭，大多分布于重磁力资料显示可能存在深大断裂带处及其附近，表明其泥底辟发育展布的深部可能存在与其形成演化具有成因联系的深大断裂之控制影响作用，换言之，莺歌海盆地展布规模达两万平方千米的中央泥底辟隆起构造带之深部可能存在与之展布方向一致的深大断裂。通过区域构造地质背景及地球动力学环境演变过程进一步分析，该区异常发育的泥底辟可能是在早期渐新世左旋应力场转变成晚期中新世末期的右旋应力场后，深部欠压实高温超压巨厚泥页岩及伴生热流体等塑性沉积物及流体沿深大断裂上涌而形成。因此，中央泥底辟隆起构造及其底辟伴生构造圈闭的分布特征，均沿盆地北西长轴方向自北西向南东呈现雁行式排列的五排泥底辟及其伴生构造圈闭之展布型式，自西北向东南方向依次分布有东方 1－1～东方 29－1、东方

30-1～昌南 12-1～昌南 18-1、乐东 8-1～乐东 14-1～乐东 13-1、乐东 15-1～乐东 20-1 和乐东 22-1～乐东 28-1 等泥底辟及其伴生构造圈闭。且均受晚期区域右旋走滑伸展作用的控制和影响，故这五排泥底辟及伴生构造圈闭的走向基本平行且呈非常明显的雁列式排列特征。

四、天然气资源潜力及勘探前景

莺歌海盆地位于我国海南省西南部与越南中北部沿海之间的莺歌海海域，整体呈 NNW 走向之菱形分布，展布面积近 10 万 m^2，属一个非常独特且年轻的高温超压新生代走滑伸展型含油气盆地。盆地东北部通过 1 号断裂带东北段与北部湾盆地相接；盆地东南部通过 1 号断裂东南段与琼东南盆地相连；盆地正东西两侧则介于海南岛西南部与印支半岛北部之间。莺歌海盆地跨越中越两国海域且大致以盆地中轴线为界分别由我国和越南管辖。我国所在油气勘探区域为靠近海南岛的盆地东南侧，其油气勘探活动在东经 107°以东和北纬 17°～20°之间的范围，构造上属于临高凸起及其以南的莺歌海坳陷中轴线以东区域，我国实际管辖控制的勘探面积仅 3.9 万 km^2，盆地海水深度均小于 100 m，一般为 30～80 m。莺歌海盆地总体上呈菱形沿北西向展布，主要由莺歌海（中央）坳陷及东西两个斜坡带构成。盆地中部的中央坳陷自南向北由莺歌海凹陷、临高凸起及河内凹陷所组成；盆地东北部斜坡带由莺东斜坡及河内东斜坡组成；盆地西南部斜坡带主要为莺西斜坡。盆地西北部临高凸起走向近南北，向西北与河内地区中央低凸起相连，向西南可能延至两斜坡消失，凸起两侧发育呈反翘型箕状断陷，两侧正断层控制沉积，断超尖灭带背向临高凸起。

莺歌海盆地油气勘探虽然始于 20 世纪 50 年代中晚期，迄今已走过了半个多世纪的油气勘探历程，但盆地总体的油气勘探程度并不高，且油气勘探主要集中在盆地东南部中央泥底辟隆起构造带浅层，盆地探井数不超过百口。该区中深层近年来虽然钻探了部分探井，但油气勘探及研究程度普遍偏低。迄今为止该区勘探开发的浅层天然气田和勘探发现的中深层天然气田，均分布于中央泥底辟带西北部东方区和东南部乐东区，而中央泥底辟带以外的其他区域油气勘探程度甚低。

莺歌海盆地油气资源丰富，根据新一轮全国油气资源评价成果，莺歌海盆地天然气远景资源量达 2.28 万亿 m^3，地质资源量 1.31 万亿 m^3，很显然该资源评价结果与以往资源评价结果明显偏低（中海油，1998；何家雄等，2008）。根据中海油近年来开展的油气资源评价工作及其预测结果，盆地总油气资源达 52.89 亿吨油当量，目前探明+控制级天然气储量为 5 亿吨油当量，其天然气探明程度为 9.45%。另外，根据成因法预测该区油气资源潜力，则其油气资源潜力更大，总油气资源量可达 72.7 亿吨油当量，其中天然气资源量可达 6.8 万亿 m^3。表明莺歌海盆地天然气资源潜力巨大。根据含油气系统的源-汇-聚理论，结合莺歌海盆地特殊的油气地质条件，以下重点对其油气资源潜力大的有利油气勘探区带，进行分析阐述和综合评价，进一步预测其油气勘探前景。

（1）中央泥底辟隆起构造带浅层有利天然气勘探区带。莺歌海盆地中部及东南部的中央泥底辟隆起构造带浅层天然气勘探领域，虽然其天然气勘探及研究程度相对较高，但由于具有"泥底辟型"天然气藏优越的运聚成藏条件，故其始终是该区天然气运聚的优势方向和最佳富集场所。因此，其天然气勘探成功率较高。迄今钻探的18个浅层泥底辟伴生构造圈闭（含两个亮点群）中，有9个构造圈闭钻遇气层，地质成功率为61.1%，发现4个大中型气田，商业成功率为22.2%。总之，天然气勘探实践证实中央泥底辟带浅层勘探领域具有优越的天然气运聚成藏条件及开发生产优势（天然气纵向运聚的优势区、生烃条件及成藏储盖组合好、气层具有明显易识别的地球物理信息、浅层勘探成本低、能与现有气田生产平台联合开发）。目前在东方区西南部、乐东区北部及东南部和东方浅层气田群周缘、乐东浅层气田群周缘的不同类型构造－岩性圈闭目标，均具有油气资源潜力及勘探前景，在精细落实好圈闭，搞清其储盖成藏组合的基础上部署实施钻探，一定能够获得重大突破和新发现。

（2）中央泥底辟隆起构造带中深层有利天然气勘探区带。莺歌海盆地中央泥底辟构造带中深层系指 2800 m 以下的中深部高温超压地层系统。由于其存在高温超压天然气勘探活动长期未涉及，而中深层高温超压地层系统优越的天然气成藏地质条件（超过 100 km^2 的 9 个大型泥底辟伴生构造圈闭、烃源供给条件好，天然气近距离原地运聚成藏），迫使人们不得不将油气勘探重点及勘探方向聚焦于中深层高温超压天然气勘探领域，且在近年来的探索性勘探中获得了中深层天然气勘探的重大突破，勘探发现了东方 13－1/2 高温超压大气田，取得了里程碑式的重要勘探成果。

前已论及，莺歌海盆地近 20 多年来的天然气勘探，均主要集中于盆地中部的中央泥底辟隆起构造带浅层和盆地东北部边缘斜坡区的莺东斜坡带中南段，而中央泥底辟带中深层勘探及研究程度甚低，探井非常少，属于天然气勘探及研究的薄弱带或空白区。然而，通过多年的油气地质综合研究及少量探井钻探揭示，专家们认为莺歌海盆地泥底辟带中深层油气地质条件明显优于浅层（何家雄等，1995，2004，2006；龚再升等 1997，2004），其与浅层天然气成藏地质条件相比，中深层高温超压天然气勘探领域，具有构造圈闭类型简单（多以背斜、断块及断背斜为主），圈闭面积大、幅度高，构造规模大（局部构造圈闭面积，均在 100 km^2 以上）等有利的构造圈闭条件，据大量地球物理探测资料及地质解释并落实，中央泥底辟隆起构造带中深层（T30 以下）存在 9 大泥底辟伴生背斜或断背斜构造，圈闭规模均大于 100 km^2（龚再升等，1997）。加之，中深层高温超压地层系统烃源供给及运聚成藏条件以及圈闭保存和封盖条件等，亦明显优于浅层（图 17.6），虽然中深层地层系统普遍存在高温超压对油气运聚（储集）成藏有不利的一面，但其对烃源岩有机质热演化及油气藏保存和油气纵向运聚等均具积极的作用，因此，该区中深层仍不失为极具资源潜力的天然气勘探新领域，近年来东方 13－1/2 和乐东 10－1 高温超压大气田的发现，即充分表明和证实了中深层天然气勘探领域具有巨大资源潜力及勘探前景。目前中深层高温超压天然气勘探领域的难点，仍然集中在如何优选和确定有利天然气富集区带的突破点上，以及如何选准同一局部构造圈闭上的有利富集区块及主要勘探目的层，尤其要以其最小的勘探投入寻找富集高产低 CO_2 的优质烃类气藏，以达到提高勘探成功率和经济效益之目的。鉴此，通过对"泥底辟型"伴生天然气藏特殊性的深入研究，结合天然气成藏地质条件的综合分析与评价优选，结果表明该区中央泥底辟带中深层勘探领域，仍然是近期天然气勘探能够获得重大突破比较现实的地区。其有利天然气勘探区带，应首选东方区和乐东区以及昌南区。

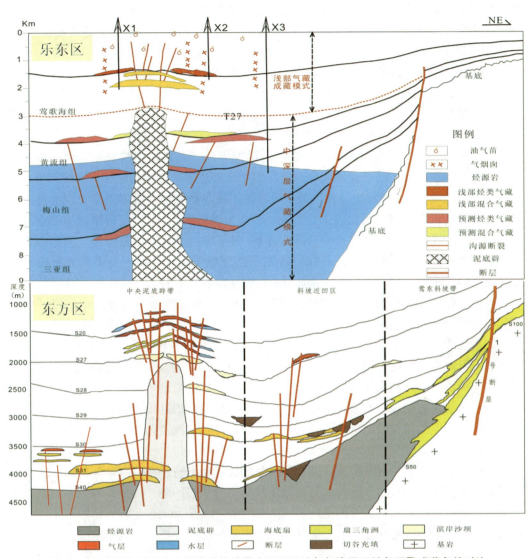

图 17.6 莺歌海盆地中央泥底辟构造带中深层天然气与浅层天然气运聚成藏条件对比

其中东方区的 DF1-1 构造中深层已获重大突破，勘探发现了东方 13-1/2 大气田，但其附近及周缘区尚可进一步拓展，扩大天然气勘探成果；东南部乐东区中深层天然气勘探目前虽然尚未获得重大突破和进展，但其具备与东方区中深层相同的成藏地质条件，只是储层埋藏较深储集物性稍差，通过精细层序地层学分析及沉积相研究，相信一定能够找到优质储层，因此该区亦是中深层天然气勘探的有利富集区带，其天然气勘探前景不亚于东方区。乐东区中深层天然气勘探领域首选钻探目标为 LD8-1、LD15-1 泥底辟伴生构造圈闭目标，这两个泥底辟伴生构造浅层均已勘探发现天然气聚集或天然气藏，且其烃源供给来自中深层深部烃源岩，这就充分证实深部烃源通过泥底辟及气烟囱和断层裂隙纵向运聚通道已经输送至浅层具备较好储盖组合的泥底辟伴生圈闭中富集形成天然气藏。而处在中新统深部生烃灶及烃源供给系统近水楼台位置的中深层泥底辟伴生构造圈闭，具有原地近距离烃源供给（中新统烃源岩近源供烃）和自生自储及下生上储的成藏组合类型，极易捕获天然气形成原地近距离运聚成藏的中深层天然气藏。总之，乐东区中深层天然气勘探领域资源潜力较大，勘探发现大中型气田是指日可待的。尚须强调指出，目前制约莺歌海盆地中深层天然气勘探领域的主要瓶颈和难点仍然是高CO_2等非烃气风险和优质储集层分布规律。只要搞清了泥底辟型伴生天然气藏形成条件及控制因素，通过地震地质精细解释与高分辨层序地层学研究，判识预测优质储集层分布特征，采用新技术新方法提高研究精度和技术水平，相信该区一定能够取得天然气勘探的重大突破，开创中深层天然气勘探的新局面。

(3) 东北部莺东斜坡带油气勘探领域及勘探方向。莺东斜坡带属莺歌海盆地东北边缘的次级构造单元，处于盆地东北部边缘斜坡区即环海南岛西南陆缘的海域部分，泛指1号断层以北，5号断层之北西以及1号断层下降盘至盆地中部坳陷中央泥底辟隆起构造带之间的广大区域，面积约1.5万km^2。莺东斜坡带自60年代初原石油工业部开展油气苗调查及陆缘浅海钻探至今，已走过60多年坎坷的油气勘探历程，但迄今为止该区的油气勘探程度仍然较低，勘探成效亦不甚理想，油气勘探上尚无重大突破（何家雄等2000，2001，2005）。截至目前为止，莺东斜坡带仅钻钻探20口左右探井（不包括60年代在莺歌海咀油气苗浅海区所钻浅井），且井多集中于斜坡带中南段（斜坡带北段仅钻4口探井），探井多分布在斜坡带边缘浅部1号断层上升盘，钻探所涉及的层位和勘探领域，均主要为中新统至上新统岩性圈闭和部分断块及古潜山等勘探目标，其他层位及勘探领域尚未揭示，因此，莺东斜坡带油气勘探及研究程度尚低，应该具有较大的油气资源潜力和良好勘探前景，尤其是斜坡带中南段油气苗异常发育区，属于该区油气优势运聚方向及油气富集与散失区，只要采取有效的勘探技术及方法，完全能够攻克隐蔽油气藏勘探与研究的各种技术难关，勘探寻找与圈定落实有利油气富集区，进而开创该区油气勘探新局面，勘探发现商业性大中型油气田！

前已论及，莺东斜坡带中南段油气苗及气烟囱异常发育，已有百余年的历史，而本身不具备烃源条件，其油气源均来自盆地中部莺歌海生烃凹陷。因此，莺东斜坡带是盆地东北部油气大规模侧向运聚的指向，而1号断裂带又是盆地东北部流体的泄压区，故莺东斜坡带区域上应是盆地东北部油气侧向运聚富集的主要地区。近年来在莺东斜坡带中南段油气勘探中发现了LT1-1岩性气藏，同时，在1号断裂带上、下盘还发现落实了一批构造-岩性圈闭，亦存在较好油气运聚成藏条件，预测该区应该具有较大的资源潜力。除此之外，根据地质地球物理资料推测，在莺东斜坡带深部可能尚存在一个以古近系生烃岩及储集层为主的含油气系统（其不同于莺歌海生烃凹陷中新统生烃灶及烃源岩），古近系烃源岩在莺歌海盆地西北部临高隆起区已有所揭示，且在LG20-1渐新统砂岩中见到气层及油气显示，加之在1号断裂带下降盘、莺歌海盆地与琼东南盆地交界处，已发现和落实了一批背斜、古潜山等圈闭为主呈北西向展布的构造带（龚再升等，1997），该带长130 km，宽10~30 km，局部圈闭面积较大，一般均在30 km^2以上。由于这些圈闭均位于盆地中央泥底辟带之超压带与盆地边缘斜坡1号断裂泄压带之间，属于油气运聚成藏非常活跃的有利区域，且处于高压~常压过渡带范围，故应是有利油气富集区，预测其具有较大资源潜力及油气勘探前景。

须强调指出的是，莺东斜坡带油气地质条件比较复杂，北、中、南三段地质构造格局分段式展布明显，其构造演化与沉积充填特征均存在较大差异，石油及天然气地质条件亦明显不同,故导致其油气运聚成藏条件与隐蔽油气藏类型及成藏主控因素亦各具特色。其中,斜坡北段区成藏主控因素主要取决于烃源及油气运聚疏导系统;斜坡中段区成藏主控因素则受控于烃源与岩性圈闭的有效性;斜坡南段区成藏主控因素则主要取决于地层岩性复合圈闭的有效性。因此,根据不同类型隐蔽油气藏的成藏主控因素及分布规律,即可采取不同的研究方法及勘探技术对策,做到有的放矢。由于莺东斜坡带油气地质条件复杂,油气勘探程度低,对其油气地质规律认识及油气勘探策略和技术方法方面尚需强调以下几点:①莺东斜坡带新近系存在多套含油气储盖组合,纵向上一般封盖条件良好,但该区地层岩性圈闭其砂体侧向封堵条件普遍欠佳,欲形成这种非构造型的地层岩性油气藏,其砂体上倾方向必须具备非常严格的侧向封堵条件,方可构成有效圈闭而形成油气聚集或油气藏。因此,侧向遮挡封堵条件是该区能否形成地层岩性隐蔽油气藏的关键所在,故对于该区地层岩性圈闭勘探目标的评价与优选,必须重点分析研究其侧向封堵条件,精细落实和确定圈闭有效性。②莺东斜坡带油气苗及气烟囱异常发育及长期的渗漏显示,既表明其烃源充足源源不断地输入供给,油气长期处于生、运、聚、散的动平衡状态,且部分油气藏可能已遭受破坏,同时亦表征该区是盆地油气侧向运移的主要方向和运聚富集的重要场所。根据传统油气地质理论,其油气苗及气烟囱异常发育区附近及其深部区域,必然存在原生油气藏、过渡型油气藏、次生油气藏等一系列油气藏序列(何家雄等,2000,2005)。因此,沿油气苗及气烟囱发育区附近及其深部的纵横向油气运移通道上,追踪寻找其油气源与"中间客栈"即不同类型圈闭,有可能发现一系列原生油气藏和油气田。③莺东斜坡带北、中、南段不同区域可能存在不同类型的隐蔽油气藏,且其成藏条件与主控因素差异明显,根据该区不同类型隐蔽油气藏展布规律与控制因素,应重点研究和尽快攻克该区隐蔽油气藏勘探之难关,即:精细研究油气运聚疏导系统及流体运聚动力;全面系统研究油气与油气苗及气烟囱分布规律,追踪其烃源供给系统及来源;深入研究1号断裂不同时期不同区域发育演化特征及对油气运聚的控制作用;重点研究落实地层岩性圈闭顶封盖及侧向遮挡条件;深入研究油气储层临界物性,优选最佳成藏组合,确定不同区带主要勘探目的层。④盆地边缘莺东斜坡带中南段是莺歌海盆地深部油气大规模侧向运聚富集的有利区,异常发育的油气苗主要集中于该区,但迄今为止天然气勘探尚未获重大突破,究其根本原因就是其含油气圈闭的有效性问题。对于该区圈闭有效性,目前需要攻克的难点,就是如何充分利用先进勘探技术寻找和落实有效的非构造型地层岩性圈闭。如如何充分利用三维、多波、高分辨率地震勘探技术等,加强对地层岩性圈闭的精细刻画和落实,争取尽快获得天然气勘探的突破。须强调指出,2008 年在莺东斜坡带钻探的岩性圈闭之 HK29-1-1 井获得了天然气发现,在 3610.1~3632.5 m 井段的新近系下中新统三亚组测井解释气层 2 层 18.1 m,差气层 1.3 m,且天然气组成中以烃类气为主(C_1 为 88.16%、C_{2-5} 为 5.07%、CO_2 为 3.37%、N_2 为 2.94%),这是继 LT1-1 岩性气藏之后在莺东斜坡又一重大勘探发现,亦充分表明该区存在不同类型岩性圈闭的优质烃类天然气藏,油气勘探前景较好。

总之,莺歌海盆地天然气资源丰富,天然气运聚成藏条件较好,尤其是中深层勘探领域天然气勘探及研究程度低,而资源潜力大勘探前景好。目前浅层及中深层虽然已获得 3600 亿 m³ 烃类天然气探明地质储量和超过 1 万亿 m³ 的非烃气资源,但盆地天然气探明程度偏低，尤其是中深层勘探及研究程度与资源探明程度更低。目前获得中深层天然气勘探突破的探井，亦仅仅揭示了其中深层顶部的一点表层，其下部含油气的构造圈闭目标并未钻探。因此，中深层天然气勘探领域应该具有巨大资源潜力和非常好的勘探前景，只要坚持不懈地攻坚克难，科学部署勘探，相信该区一定能为建成南海北部大气区做出巨大贡献。

（4）西北部临高凸起有利油气勘探区带及勘探前景。莺歌海盆地西北部临高凸起区油气勘探程度甚低，迄今仅在 LG20-1 背斜构造上钻了两口探井，且均未获得测试资料，诸多油气地质问题尚不清楚。但从探井及地震所获有限的地质资料表明，该区具备油气成藏的基本地质条件，且钻探见到了良好的油气显示，电测解释亦存在气层，只是渐新统及中新统砂岩储层偏细储集物性较差，导致未获商业性油气发现，如果钻遇到好的砂岩相带，获得商业性油气藏发现是没有问题的。根据该区两口探井的钻探成果及地质地球物理综合分析研究，可以对该区有利油气勘探区带及油气勘探前景进行初步剖析与阐述。

临高凸起区处在盆地西北部莺歌海凹陷北端，其西北部与河内凹陷相接，而东南倾末端则直接插入莺歌海凹陷北部主体部分，既可接受裂后海相坳陷期中新统烃源岩提供的烃源供给，且由于该凸起本身亦处于盆地西北部古近纪断陷裂谷区，故亦可捕获古近纪陆相断陷湖相及煤系烃源岩提供的油气，因此，临高凸起区烃源供给条件优越，烃源供给充分。同时由于临高凸起区位于盆地西北部离红河古三角洲体系及断裂带物源区较近。红河物源体系提供的砂泥碎屑沉积物丰富，在古近系及中新统不同层位层段均能形成较好的砂岩储集层，目前少量探井钻遇的较细砂岩主要是由于尚未钻到有利富砂相带沉积物所致。因此，少量探井钻遇的储集物性偏差的碎屑岩储层可能不具代表性和普遍性，并不能完全客观地反映该区砂岩储集层储集物性的好坏。另外，临高隆凸起区局部构造发育，背斜、断背斜和断鼻及断块等圈闭类型均有，构成了一个有利油气运聚富集的低流体势的聚集区带，当其与烃源供给及运聚输导系统和封盖保存条件等时空耦合配置较好时即可形成油气藏。总之，临高凸起区尤其是靠近莺歌海凹陷的不同类型局部构造群构成的二级构造带（LG20-1、27-1 等局部构造圈闭所组成），由于其靠近或直接插入莺歌海生烃凹陷，烃源供给充分、油气运聚输导系统发育，储盖组合及圈闭条件较好，预测其具有较大油气资源潜力及勘探前景，只是由于目前油气勘探及地质研究程度低尚未获得突破。随着油气勘探进程的加快、勘探程度提高和勘探投入加大，相信该区一定能够获得油气勘探的重大突破。

第三节　琼东南盆地油气勘探实践

琼东南盆地位于南海北部大陆边缘西北部海南岛与西沙群岛之间的海域，跨越陆架陆坡区且接近洋陆过渡带（西北次海盆边缘）。盆地范围在东经 109°10′～113°38′，北纬 15°37′～19°00′之间，盆地呈北东走向且与海南岛南部及东南部和华南大陆陆缘区基本平行（图 17.7）。盆地西及西南部以 1 号断层与莺歌海盆地分开，其北东方向则与珠江口盆地神狐隆起及珠三和珠二坳陷相邻，盆地南部则与中建南盆地北部相接，盆地展布面积达 82993 km²。盆地西北部及北部海水深 0～200 m，盆地中南部中央坳陷带及西南部坳陷带海水深度 500～2000 m。在盆地东南部的西沙海槽一带即长昌凹陷区（西北次海盆），其海水深度超过 2000 m。琼东南盆地所在区自然地理环境属热带－亚热带海洋性气候，温暖潮湿，年平均气温 25.5 ℃，最高气温 35.7 ℃，每年 8 月、9 月及 10 月三个月均为台风多发季节。

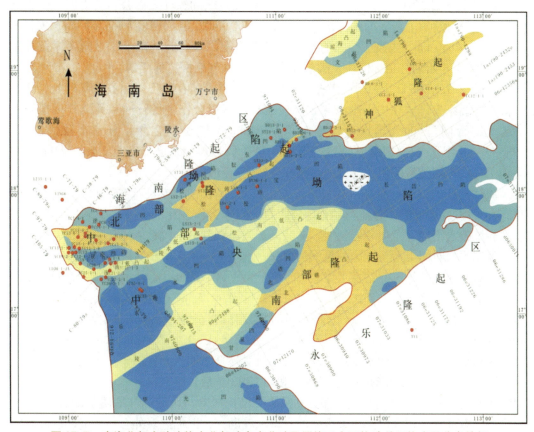

图 17.7　南海北部大陆边缘中北部琼东南盆地及周缘区主要构造单元构成及分布特征

一、油气勘探历程

琼东南盆地经历了早期自营勘探、对外合作勘探和自营与合作并举三个油气勘探阶段。

1. 早期自营油气勘探（1964—1979 年）

早期自营油气勘探阶段与莺歌海盆地基本上同期进行。1964 年 12 月至 1965 年 5 月，原地质部海上研究队在莺歌海至三亚一带浅水区（水深 30 m 范围内）开展了浅海地震普查，面积约 1800 km²，共完成地震测线 1059.75 km，勘探发现了一个背斜构造和 5 个鼻状构造。1974—1977 年，又继续开展了莺歌海 - 琼东南盆地大范围的地震普查工作，该阶段共完成地震测线 18000 km，同时还进行了航磁测量，发现了一批局部构造。1979 年 3 月，原石油工业部南海油气勘探指挥部利用南海 2 号钻井船钻探了莺 9 井，发现松涛 32 - 2 含油构造，见到油气显示获得低产原油，证实了琼东南盆地具有油气生成及运聚成藏的基本地质条件，这是南海北部自营油气勘探阶段获得的重要成果，进而推动和促进了后期大规模的对外合作油气勘探活动的掀起和展开。

2. 对外合作油气勘探阶段（1979—1991 年）

1979 年 3 月 12 日，原石油工业部中国石油天然气勘探开发总公司与美国阿科中国有限公司签订莺歌海海区的物探协议，面积 22300 km²，测网密度 4 km×4 km，采集测线 102 条 12850 km，发现了一批有利的油气勘探圈闭。在此基础上，中国海洋石油总公司 1982 年开始划分招标区块，大规模实施对外油气勘探招标活动。

1982 年 9 月 19 日，中国海洋石油总公司与阿科中国有限公司和圣太菲矿业亚洲有限公司在北京签订"在中国南海莺歌海盆地部分海域合作进行石油和天然气勘探开发和生产的合同"。油气勘探合作区面积 9000 km²，勘探期 7 年，分三个阶段进行。1983—1988 年是合作油气勘探的高潮阶段。该阶段地震测线已加密至 1 km×1 km，并发现了一批不同类型圈闭，为进一步钻探创造了有利条件。

1983 年 1 月 9 日，合作勘探公司首先在崖北凹陷钻探 YC8 - 2 - 1 井，钻遇了厚达 1726 m 的古近系地层，并证实具有生烃能力。同年 4 月 5 日，钻探 YCl3 - 1 - 1 井发现了渐新统陵水组扇三角洲砂岩气层，并获高产气流。其后陆续钻 4 口评价井，一举成功勘探发现了当时海上乃至全国的最大气田——崖城 13 - 1 大气田。

此后，先后陆续甩开钻探了崖城 19 - 1、崖城 14 - 1、崖城 8 - 1、岭头 35 - 1、乐东 30 - 1 等 5 个局部构造。其中，YCl9 - 1 - 1 井见到 11.5 m 气层，认为无商业价值未测试。YCl4 - 1 - 1 井见到 1.5 m 气层，且用地层测试器获得 17L 稠油，但判定无商业性。1988 - 1991 年又陆续钻探了 ST31 - 1 - 1 井、YC21 - 1 - 1 井、YC21 - 1 - 2 井等 5 口探井均未获油气流及商业性发现和突破，故导致对外合作油气勘探活动进入低谷。

3. 自营与合作油气勘探开发并举阶段（1992 年后）

1992 年开始，在总结油气勘探失利及主要勘探风险与区域油气地质条件的基础上，中国海洋石油总公司开始了较大规模的自营油气勘探，以促进对外合作油气勘探开发活动的不断深入。据不完全统计，该阶段先后自营采集二维地震 4.5 万 km、三维地震 3494 km²，与国外石油公司合作采集二维地震 1.06 万 km、三维地震 5509 km²。钻自营探井 20 口，完成合作探井 7 口。先后陆续钻探了 YC21 - 1 - 3 井、YC21 - 1 - 4 井和崖城 35 - 1、宝岛 19 - 2、崖城 13 - 4、宝岛 20 - 1、宝岛 13 - 3、松涛 24 - 1、松涛 32 - 3、松涛 29 - 2 等不同类型局部构造。在此期间除崖城 13 - 4，获得商业性天然气发现外，其他钻探的构造及探井均未获重大油气发现。

总之，琼东南盆地自 20 世纪 80 年代初发现崖城 13 - 1 大气田后，一直到 2000 年，均未获重大油气发现，未能找到新的具一定规模的油气田，油气勘探成效甚差，原因可能为：①对盆地油气运聚富集规律认识不清，特别是对富生油（气）凹陷/洼陷分析研究不深入，对其烃源运聚供给系统及油气优势运聚区缺少综合分析研究；②油气勘探工作量主要集中于盆地西南部偏北一带（崖城 13 - 1 气田周围），对其他区域尤其是盆地东部及南部深水区许多有利单元和区带迟迟未进行侦查钻探，影响了油气勘探突破；③对新层系、新勘探领域分析研究不够。勘探工作量及研究重点均主要集中在崖城 13-1 大气田渐新统陵水组的"黄金组合"目的层，而对新近系油气运聚成藏条件及其他勘探领域缺少研究；④对新的油藏类型研究不够，尤其是缺少对古潜山油气藏的形成地质条件的深入研究。

二、区域构造地质及地层系统构成

琼东南盆地是在古华南地台与古南海地台接合部发育的新生代断陷裂谷盆地，其形成与印度板块和欧亚大陆板块碰撞，以及南海强烈扩张密切相关（刘海龄等，2006；朱伟林，2007；李三忠等，2012）。由于该盆地与典型被动大陆边缘盆地相比，有更多的来自地幔的岩浆活动及热事件，故属于准被动大陆边缘的离散型盆地。近年来研究表明该盆地具有比一般被动边缘盆地更多的来自地幔的岩浆活动及热事件。特别是晚期发生在 5.5 Ma 和 3.0 Ma 的强烈构造运动产生了大量 NWW 向断层，更有别于典型的被动大陆边缘盆地。琼东南盆地结构具有典型的断坳双层结构和北断南超地质特点。剖面上盆地结构主要由深部古近系陆相断陷沉积与上覆新近系及第四系热沉降海相坳陷沉积所构成，而盆地区域展布特征上则具有北断南超地质特点。该盆地北部与海南隆起区以大断层相隔，其南部则以斜坡超覆带向西沙隆起区过渡；西部以中建低凸起东侧大断层与莺歌海盆地相接，东北部则以大断层与珠江口盆地相邻。总之，琼东南盆地构造单元组成及展布特征，一般具有以下特点。

（1）琼东南盆地主要由北部坳陷带、北部隆起带、中央坳陷带、南部隆起带、南部坳陷带 5 个一级单元构成。每个一级单元亦可分为若干次一级单元，如北部坳陷带有崖北凹陷、崖北凸起、松西凸起、松东凹陷等；北部/中部隆起带有崖城凸起、松涛凸起和崖城 21-1 低凸起等；在中央坳陷带中则有崖南凹陷、乐东凹陷、陵水凹陷、松南-宝岛凹陷及长昌凹陷等；在南部坳陷带有北礁凹陷和华光凹陷。

（2）中央坳陷带西北部崖南凹陷属于该带唯一的浅水区，亦可将其划归为北部/中部隆起带，但依据构造属性及油气地质特点，将其划为中央坳陷带更为合适。

（3）南部隆起带西南部附近北礁凹陷和华光凹陷划归为"南部坳陷带"，比原来将其划到南部断裂带中更为合适，且地质依据更充分。

综上所述，琼东南盆地构造单元组成可分为北部坳陷、北部/中部隆起、中央坳陷、南部隆起和南部坳陷 5 个一级构造单元。次一级构造单元主要由凹陷和凸起构成且相间排列，根据其地质特点可划分为 10 个凹陷、9 个凸起/低凸起。具体划分为崖北凹陷、松西凹陷、松东凹陷、崖南凹陷、乐东-陵水凹陷、松南-宝岛凹陷、北礁凹陷、长昌凹陷、永乐凹陷、华光凹陷，以及崖城凸起、陵水低凸起、松涛凸起、宝岛凸起、长昌凸起、崖南低凸起、陵南低凸起、松南低凸起和北礁凸起。

琼东南盆地构造沉积演化具有早期陆相断陷晚期海相坳陷的下断上坳、下陆上海的沉积充填特点，并由此构成了盆地新生代地层系统及其沉积特征。自下而上主要由前古近系变质岩及花岗岩基底、古近系始新统湖相及渐新统海陆过渡相含煤岩系与新近系中新统及上新统浅海相-深海相碎屑岩沉积体系所构成（图 17.8）。其在前古近系变质岩及花岗岩基底之上，主要沉积充填了古近系始新统湖相碎屑岩沉积、下渐新统崖城组海陆过渡相煤系及上渐新统陵水组三角洲及滨浅海相碎屑岩沉积、下中新统三亚组、中中新统梅山组及上中新统黄流组浅海相－深海相碎屑岩/碳酸盐岩台地沉积、上新统及第四系半深海相－深海相碎屑岩沉积。

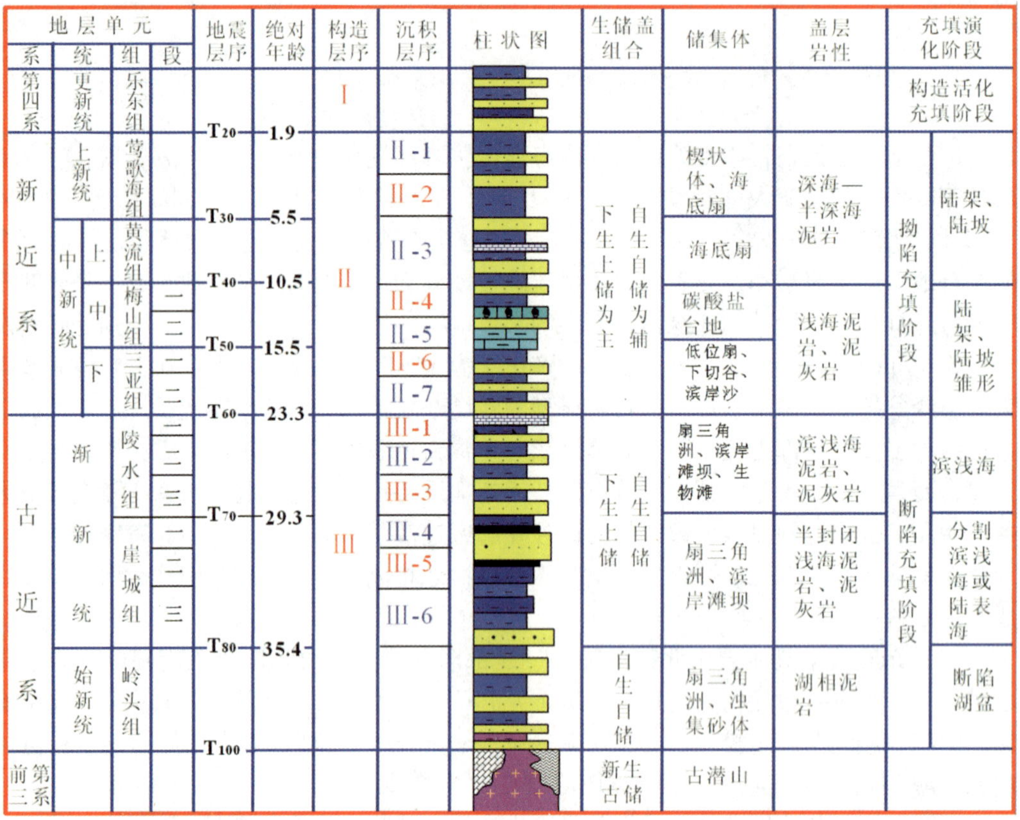

地层单元				地震层序	绝对年龄	构造层序	沉积层序	柱状图	生储盖组合	储集体	盖层岩性	充填演化阶段
系	统	组	段									
第四系	更新统	乐东组		T₂₀	1.9	Ⅰ						构造活化充填阶段
新近系	上新统	莺歌海组		T₃₀	5.5		Ⅱ-1		下生上储自生自储为主	楔状体、海底扇	深海—半深海泥岩	坳陷充填阶段	陆架、陆坡
							Ⅱ-2					
		黄流组					Ⅱ-3			海底扇		
	中新统	上		T₄₀	10.5	Ⅱ	Ⅱ-4			碳酸盐台地	浅海泥岩、泥灰岩		陆架、陆坡锥形
		梅山组	二				Ⅱ-5		自生自储为辅			
			三	T₅₀	15.5		Ⅱ-6		低位扇、下切谷、滨岸砂			
		中	一									
		下	二				Ⅱ-7					
		三亚组	三	T₆₀	23.3		Ⅲ-1			扇三角洲、滨岸滩坝、生物滩	滨浅海泥岩、泥灰岩	断陷充填阶段	滨浅海
古近系	渐新统	陵水组	一				Ⅲ-2					
			二				Ⅲ-3		下生上储自生自储			
			三	T₇₀	29.3	Ⅲ	Ⅲ-4			扇三角洲、滨岸滩坝	半封闭浅海泥岩、泥灰岩		分割滨浅海或陆表海
		崖城组	一				Ⅲ-5					
			二									
			三	T₈₀	35.4		Ⅲ-6					
	始新统	岭头组							自生自储	扇三角洲、浊积砂体	湖相泥岩		断陷湖盆
				T₁₀₀								
前第三系									新生古储	古潜山		

图 17.8 南海北部大陆边缘琼东南盆地新生代地层系统构成与构造沉积演化及充填特征

尚须强调指出，琼东南盆地早期古近纪陆相断陷存在多幕裂陷。第一幕，即晚白垩纪末—始新世初。该时期广泛形成了小型陆相地堑群，通常沿基底大断层展布，裂陷内沉积充填了晚白垩纪—古新世的红色地层。第二幕，即始新世—早渐新世时期（50～29 Ma），可分为两个阶段，其中中始新世—晚始新世快速沉降期，以湖相沉积为主；始新世末—早渐新世相对稳定沉降时期，则以浅水环境及海陆过渡相沉积的含煤系地层为其重要特征。第三幕，即晚渐新世沉积时期，此时珠江口盆地已进入坳陷期，但琼东南盆地仍属断陷阶段，故发生再次快速沉降（李思田，1997），沉积充填了半封闭浅海相泥页岩和煤系地层。同时各裂陷幕断裂的走向具有呈顺时针变化的趋势：第一幕为 NNE 向；第二幕早期为 NE 向后转为 NEE 向；第三幕近 EW 向。新近纪主要为快速热沉降坳陷时期。研究表明，古近纪始新世湖相沉积和渐新世崖城组及陵水组海陆过渡相煤系沉积和半封闭浅海相沉积，构成了盆地主要烃源岩及其储盖组合类型。新近纪中新世及上新世沉积的三亚组、梅山组、黄流组、莺歌海组为海相沉积且分布广泛，构成了盆地较好的油气区域封盖层与下生上储的储盖组合类型。即下伏古近系湖相及煤系烃源岩生供烃与上覆新近系中新统及上新统海相砂岩储层构成下生上储或局部的自生自储的成藏组合。尚须强调指出，盆地古近纪陆相断陷与新近纪海相坳陷之间存在一个明显的破裂不整合面（即T62地震反射层）。一般在古近纪陆相断陷发育时期，断裂活动强烈形成了一系列断裂构造带，且断层裂隙均较发育；而新近纪海相坳陷时期，断裂活动明显减弱，仅有少数断裂活动，故断层裂隙不甚发育，盆地中仅2号大断裂带附近中新世时期断层活动仍较明显，其他区域断裂活动非常弱且断层裂隙欠发育。

三、油气地质特征

1. 烃源岩及烃源条件

琼东南盆地第三系主要发育两套烃源岩，即始新统湖相烃源岩和渐新统煤系及浅海相烃源岩（何家雄等，2003，2006）。其中，古近系始新统湖相地层及其烃源岩，迄今在该区尚无探井钻遇，但通过北部隆起带莺9井钻获原油地球化学分析，确证其为富含$C_{30}4$-甲基甾烷生物标志物的石蜡基原油，且与北部湾盆地和珠江口盆地始新统湖相烃源岩（该区大中型油田的主要烃源岩）生成的石蜡基原油具非常好的可比性，故可判识确定琼东南盆地主要生烃凹陷深部存在始新统中深湖相烃源岩，这已为地震地质解释所进一步证实。第二套烃源岩即为渐新统崖城组及陵水组下部煤系及浅海相泥页岩，其生源母质类型主要为偏腐殖的煤系和海相陆源腐殖型。这种以偏腐殖Ⅲ母质为主的烃源岩，在琼东南盆地西北部崖南凹陷及周缘区油气勘探中已被多口井钻探所证实。这套烃源岩属于以下渐新统崖城组海岸平原相含煤地层为主，半封闭浅海暗色泥岩为辅的一套烃源岩系组合。其中，渐新统崖城组及陵水组滨海平原沼泽相煤层和炭质泥岩构成的煤系烃源岩，生烃母质均以陆地高等植物为主，有机碳含量泥岩为0.47%～1.6%，氯仿沥青"A"含量0.0327%～0.265%，总烃含量146～757 ppm；煤层及碳质泥岩有机质丰度高，有机碳高达5.6%～20%以上。生源母质及干酪根类型以腐殖型及偏腐殖Ⅱ$_2$型为主，有机质成熟度处于成熟至高熟阶段，是该区非常好的气源岩；渐新统崖城组浅海相烃源岩主要为半封闭浅海相沉积，生烃母质主要来自盆地周边陆缘区的高等植物的大量输入，故具海相环境陆源母质的特点，其有机质丰度比煤系烃源岩低，TOC一般为0.5%～1.3%，生源母质类型属偏腐殖型的陆源母质，有机质成熟度与煤系烃源岩一致，亦属于该区较好的气源岩。琼东南盆地新近纪中新统三亚组、梅山组和黄流组浅海及半深海相沉积，分布面积广，有机质丰度较低，有机碳含量为0.2%～1.06%，氯仿沥青"A"含量为0.0115%～0.0849%，总烃含量为67～759 ppm，且生烃潜力较差，加之其一般均埋藏较浅，大部分区域均处在未成熟至低成熟阶段，属于该区潜在烃源岩（何家雄等，2003），具有一定的生烃潜力。

2. 储集层类型及特点

琼东南盆地储层类型主要有砂岩与碳酸盐岩两大类。其中，扇三角洲砂岩及浅海相砂岩为琼东南盆地的主要储层类型。砂岩储层可分进一步为两类。一为杂砂岩，这类砂岩泥质含量高，分选差，在埋藏成岩过程中，因压实作用孔隙度快速减小，并且在后期深埋成岩过程中溶解作用较弱，故难以成为有效储层。二为净砂岩（或砂岩），其杂基含量小于15%，在埋藏成岩过程中，胶结作用是孔隙减小的主要因素，但其在后期深埋成岩过程中溶解作用普遍，往往能形成大量溶蚀次生孔隙，因而是该区储集物性较好的主要储集层。典型实例是崖城13-1大气田古近系上渐新统陵水组下部（陵三段）扇三角洲砂体储集层，虽然埋藏偏深，处在 3800～3980 m 之间，但砂岩次生溶蚀孔隙发育，储集物性较好，孔隙度为 14%～20%，渗透率达 810 mD，是琼东南盆地崖城13-1大气田的主要储集层。上渐新统陵水组一段及中新统三亚组、梅山组和黄流组，均发育有一定厚度的海相砂岩储层，亦是该区重要的砂岩储集层，储集物性较好。另一类储层为碳酸盐岩，如崖北凹陷 YC8-2-1 井前古近系基底白云岩储层和崖城21-1低凸起 YC21-1-1 井中新统三亚组红藻灰岩储层，均属碳酸盐岩储集层，储集空间以微裂缝和次生微溶孔为主。另外，崖城13-1大气田 YC13-1-4 井中新统三亚组气层亦为藻灰岩型碳酸盐岩储层，储集物性较好。

3. 油气封盖层特征

琼东南盆地古近纪晚期以来，随着全球海平面升降变化其沉积物旋回韵律性明显，构成了粗粒与细粒沉积物间互出现即砂泥岩间互分布的储盖组合特点。其中，上渐新统陵水组、中新统三亚组及梅山组泥岩含量 41.0%～50.9%，尚存在厚度较大的泥岩集中段，故形成了该区非常好的区域封盖层。必须强调指出，琼东南盆地新近系中新统泥岩封盖层封盖能力较强，且部分局部区域泥岩封盖层含钙较高，加之又保持有异常高压，构成了非常好的物性与高压共同封盖的复合型高质量盖层，典型实例如崖城13-1大气田盖层即为中新统梅山组高压钙质、粉砂质泥岩之封盖层，其封盖能力极强，可以将其下伏渐新统陵水组扇三角洲砂岩储层聚集的天然气完全封盖在其构造-岩性圈闭之中。

4. 含油气圈闭与油气藏特征

含油气圈闭是常规油气分布聚集的必备场所，是油气藏形成最基本的地质条件。琼东南盆地第三系已发现不同层系不同类型圈闭 90 多个，这些圈闭的形成主要与伸展断陷发育及其伴生的断裂活动、岩性变化、地层超覆等密切相关。通过地震地质解释与油气地质综合研究及勘探证实，该区目前勘探发现的含油气圈闭主要有以下几种类型。

（1）背斜圈闭类型。主要为分布在凸起（低凸起）上的披覆背斜和大断层下降盘的滚动背斜。在崖城、松涛、崖西、崖南等凸起（低凸起）上披覆背斜比较发育；而在 2 号和 5 号大断裂下降盘附近则滚动背斜比较普遍。

（2）断鼻和断块圈闭类型。沿凸起（低凸起）一侧或两侧大断裂附近，分布的大量断鼻圈闭和众多断块圈闭。

（3）地层岩性圈闭类型。主要为凸起（低凸起）上的礁块，凸起周围断超带（古近系沿凸起周围分布），还有凹陷深部中的浊积砂体、水下扇及凹陷斜坡带低位扇等岩性圈闭。

（4）古潜山圈闭类型。主要为前古近系不整合面以下的古生代变质岩及燕山期花岗岩等古老岩石，遭受长期风化剥蚀形成的不同形态古潜山（如垒块状或单面山状等），其周围及顶部被新生界地层及烃源岩覆盖和包围而构成的圈闭。琼东南盆地北部及中北部崖城、松涛、崖南及崖西等凸起（低凸起）和东南部深水区松南低凸起均存在大量的古潜山圈闭。

总之，琼东南盆地不同类型含油气圈闭分布规律性较强，一般均成带成群展布，不同层系层段基本叠置或略有错移，常常多沿断裂带分布或凹陷斜坡带展布，油气勘探中可在断裂带及斜坡带和局部构造带寻找落实含油气圈闭。在早期油气发现的基础上尤其要沿断裂带或其他二级构造带拓展不断扩大油气勘探成果。琼东南盆地目前油气勘探发现的天然气藏主要有以下几种类型。

1）崖城13-1型（低凸起带上构造+地层复合型）气藏及特点。

（1）烃源供给来自邻近盆地西部崖南凹陷下渐新统崖城组煤系烃源岩，主要由海岸平原沼泽相含煤层系与半封闭浅海相泥岩所组成。

（2）上渐新统陵三段扇三角洲中细砂岩和中新统三亚组及梅山组浅海相砂岩分别与其相邻的上渐新统陵二段浅海相厚层泥岩和中中新统梅山组及上中新统黄流组泥岩构成了良好的储盖组合类型。

（3）天然气运聚疏导系统发育，以同向断裂+砂体组成复合天然气运聚疏导系统，天然气运聚具有垂向和侧向两种运移方式。

（4）大规模运聚成藏期晚，从生烃动力学及天然气运聚成藏过程分析，下渐新统崖城组烃源岩成熟生烃时间非常晚，基本上在上新世以后方进入大量生烃、排烃阶段。很显然，晚期生排烃有利于减少天然气运聚过程中的散失和天然气藏的保存。

2）崖城13-4型（凸起带上披覆背斜型）气藏及特点。

（1）邻近生烃凹陷处在有效供烃范围之优势运聚的低凸起低势区。

（2）储盖组合条件较好，发育大型三角洲或滨海砂体储集层，且与上覆中中新统梅山组浅海相高钙粉砂质泥岩封盖层构成了非常好的储盖组合类型。

（3）运聚疏导系统发育，沟源深断裂及砂体组成的天然气运聚供给系统与超压生烃凹陷"互联互通"，形成了天然气运聚及泄压非常畅通的运聚通道系统，为天然气大规模运移提供了较好的运聚条件。

3）宝岛19-2型（凹陷边缘断阶带断块型）气藏及特点。

（1）紧邻凹陷边缘的断裂带下降盘，储层为大套近源扇三角洲砂体储集层。

（2）断裂带下降盘断块圈闭之烃源来自邻近凹陷之深部，天然气通过断裂及运载砂体构成的运聚疏导系统运移到断块圈闭中富集成藏。

（3）断裂带下降盘断块圈闭多处在压力过渡带，亦属油气运聚的低势区，易于形成油气聚集或油气藏。该区宝岛19-2上渐新统陵水组三段断块构造圈闭气藏即是其典型实例，气藏的压力系数为1.37，属于常压与高压之过渡带气藏。

（4）由于这种断块气藏处于凹陷边缘深大断裂带上，若深大断裂晚期复活，且能够沟通深部幔源岩浆活动，其岩浆脱气作用产出的CO_2可向上强烈充注，改造破坏原生烃类气藏，导致天然气藏流体成分复杂，或形成富CO_2的非烃气气藏。

4）宝岛13-3型（凹陷边缘断阶带之上"亮点"型）气藏及特点。

（1）远离生烃凹陷，具备有断裂及运载砂体等构成的复合运聚系统。

（2）储层为浅海背景下的远源河流三角洲砂体。

（3）由断裂和砂体构成的长距离复合油气运聚疏导网络系统，决定了油气以垂向运移和侧向运移两种形式相互配合衔接，进而为不同类型油气藏形成提供了较好运聚条件。

（4）晚期深部构造活动导致油气向上运聚与逸散，但最终能够在浅层富集成藏。

5) 松涛 29-2 型（断层下降盘滚动背斜型）油气藏及特点。

(1) 有效烃源岩及其生烃灶位于含油气圈闭下方，属"下生上储"型油气藏。

(2) 含油气圈闭处在控凹大断层的下降盘，油气通过控凹断裂运聚，垂向运聚至浅层富集成藏。

(3) 构造（圈闭）与沉积（储层）有机匹配。

(4) 封盖条件好，区域盖层为浅海相泥岩。

6) 松涛 32-2（莺9井）型（斜坡带上反向断层遮挡型）油气藏及特点。这类油气藏与崖城 13-4 型气藏类似，所不同的是凹陷生烃条件和圈闭类型。生烃凹陷主要发育一套油源岩或油型气源岩，而圈闭类型主要是后期断裂活动形成的背斜、断背斜。与这一类型相似的还有松东凹陷北斜坡上的松涛 24-1 中新统三亚组断背斜油气藏。

7) 陵水 17-2 型（乐东-陵水凹陷中央峡谷水道型）等气藏及特点。陵水 17-2 及 25-1 等中央峡谷水道砂岩型气藏是琼东南盆地西南部乐东-陵水凹陷深水区近期油气勘探发现的深水大中型气田的主要气藏类型。其油气运聚成藏地质条件及其特点可以总结为如下几点：

(1) 陵水 17-2 及 25-1 等中央峡谷水道型气藏属于一种水道型岩性圈闭气藏，储集层主要为深水环境下的峡谷水道砂岩，封盖层主要为上覆上新统莺歌海组深海相泥页岩，由此构成了较好的储盖组合类型及水道砂体岩性圈闭。

(2) 陵水 17-2 及 25-1 等气藏上中新统及上新统中央峡谷水道储层以粉细砂岩为主，岩石类型多属岩屑石英砂岩和长石岩屑砂岩。储层成分成熟度较高，其储集物性总体表现为中孔、中渗为主的特点，且储集物性有由西部乐东凹陷向东部相邻的陵水凹陷逐渐变好的趋势。由于中央峡谷水道砂岩储集层埋藏深度为 1800～3800 m，目前主要处于中成岩 A 期，主要经历了压实、胶结、溶解等成岩作用过程，且具有压实与胶结作用由西往东方向逐渐减弱的特点。中央峡谷水道砂岩储层孔隙演化具有压实与胶结作用减孔和溶蚀作用增孔的过程，其中，西区乐东凹陷储层表现为压实和胶结减孔而溶蚀适量增孔，而往东部的陵水凹陷方向则为压实和胶结降孔与溶蚀少量增孔，溶蚀作用增孔不甚明显。

(3) 乐东-陵水凹陷经历了古新世-始新世陆相断陷、渐新世及早中新世坳-断过渡转变和中中新世-更新世坳陷（深水盆地）及新构造运动 4 期主要构造演化阶段。其构造演化及其沉积充填特点控制了深水大气田的形成。①古新世-始新世断陷、渐新世坳-断作用控制了湖相和海陆过渡相及浅海相烃源岩形成与分布，而中中新世-第四纪热沉降坳陷作用则促进了古近系烃源岩成熟生烃；②渐新世坳-断作用控制陵水组扇三角洲储层形成，而中中新世～更新世坳陷作用则控制了深水限制型、非限制型重力流碎屑岩储层和碳酸盐岩生物礁储层的发育展布；③渐新世坳-断演化阶段伸展构造变形作用形成了不同形态的断鼻及断背斜圈闭。而中中新世～更新世坳陷作用则控制了深水限制型重力流水道砂岩性圈闭群、非限制型盆底扇岩性圈闭和生物礁地层圈闭的形成与展布；④渐新统及中中新统地层欠压实超压产生断裂裂隙或泥底辟及气烟囱，则构成了深部烃源岩及生烃灶之天然气向浅层运聚的有效通道，促进了天然气运聚与富集成藏。

(4) 陵水 17-2 及 25-1 等深水大气田的有效烃源岩及生烃灶，主要为深部的古近系始新统湖相及渐新统崖城组煤系和海相泥页岩，由于受"源热"作用控制影响，目前处于高成熟的这套烃源岩均以生成大量天然气为主,故构成了该区非常充足的深部气源,当其与纵向沟源断层裂隙或泥底辟及气烟囱等运聚通道等气源供给系统有效配置,即可将其输送至上覆浅层中央峡谷水道岩性圈闭中形成典型的下生上储型气藏和"渗漏型"天然气水合物资源(何家雄等,2015)。

四、油气勘探成效分析

琼东南盆地自在崖南凹陷发现崖城 13-1 大气田后,较长时间没有重大油气发现,未能找到新的大中型油气田,油气勘探成效较差。其主要原因为:①对盆地油气运移聚集规律,特别是对富生烃凹陷的分析研究深度不够,且油气勘探工作量仅集中于盆地西南部一带(崖城 13-1 气田周围),而对盆地东部许多有利构造单元和区带迟迟未进行钻探,极大地影响了勘探进程和盆地整体油气地质规律的认识。②对新含油气层系及新勘探领域研究不够。长期以崖城 13-1 气田渐新统陵水组"黄金组合"为目的层,而对新近系油气运聚成藏条件评价研究不深入。在钻探 YC13-1-A8 井时,发现新近系砂体,方开始加强对新近系的天然气勘探,并 2002 年钻探崖城 13-4 构造,在 2764.5~2792.5 m 井段下中新统三亚组地层中钻遇气层 2 层 28 m、在崖城 13-6 构 3020.5~3033.9 m 井段三亚组地层中钻遇气层 1 层 13.4 m,进而发现了中新统储盖组合,以后又陆续发现了崖城 26-3、崖城 23-1 等具有潜力的含气构造圈闭群。以上实例表明寻找新含油气组合类型是油气勘探突破的关键。③对新油气藏类型分析研究不深入、不系统、不全面,尤其是缺少对古潜山油气藏形成条件及分布规律与控制因素的深入分析与研究。

五、油气资源潜力及勘探前景

琼东南盆地位于海南岛东南部陆缘与西沙群岛之间的海域。盆地展布范围为东经 109°10′~113°38′,北纬 15°37′~19°00′,且沿海南岛陆缘分布呈北东走向。盆地西部以 1 号断层与莺歌海盆地东部为界,北东方向则以神狐隆起与珠江口盆地珠三、珠二坳陷相邻,盆地面积达 82993 km²。琼东南盆地跨越陆架、陆坡至西北次海盆(中央洋盆西北部),其北部及西北部海水深 0~200 m,属于陆架浅水区,而盆地南部及西南部属于陆坡深水区,海水深度均大于 300 m 以上。盆地南部自西向东的华光凹陷、乐东-陵水凹陷、松南-宝岛凹陷及长昌凹陷等均处在深水区。琼东南盆地属准被动大陆边缘盆地,盆地结构具北断南超特点,北部与海南隆起区以大断层相接,南部以斜坡超覆带向西沙隆起区过渡。目前,浅水区油气勘探主要集中在崖南凹陷及周缘区和中部隆起带东部两侧周缘区,南部深水区油气勘探则主要集中在乐东-陵水凹陷及陵南低凸起和松南低凸起及周缘等区域。

琼东南盆地历经 50 多年的油气勘探,尤其是对外合作油气勘探以来,主要在盆地西北部浅水区环崖南凹陷周缘,先后勘探发现了 YC13-1 大气田和 YC13-4 气田及 YC7-4、YC14-1 和 YC13-6 等含油气构造;在盆地东北部浅水区虽然亦勘探发现了 ST32-2、ST24-1 及 BD19-2、BD15-3 等含油气构造,但迄今为止尚未获得商业性油气田的重大发现；在盆地南部陆坡深水区中央坳陷带及南部坳陷带，近年来虽然实施了地球物理勘探及部分探井的钻探工作，亦先后勘探发现了 LS22-1、LS17-2 及 LS18-1 和 LS25-1 等中央峡谷水道类型岩性气藏（其中 LS17-2 为深水大气田），但目前深水区油气勘探及研究程度仍然很低。总之，琼东南盆地无论北部陆架浅水区，还是南部陆坡深水区油气勘探及研究程度均较低，商业性大中型天然气田勘探发现主要局限于北部、西北部浅水区崖南凹陷及周缘区和南部及西南部深水区乐东-陵水凹陷及周缘区和松南低凸起，而其他地区均未获商业性油气的发现，且油气勘探及研究程度甚低。

琼东南盆地油气资源丰富，油气资源潜力大，以往多轮油气资源评价及近期油气资源评价预测结果均表明，该区是油气资源（特别是天然气资源）十分丰富的盆地。其中，早期预测石油资源量为 21.5 亿吨，列我国近海盆地第 4 位，天然气资源量预测达 3.57 万亿 m^3，居中国近海盆地第 2 位。依据近年来新一轮全国油气资源评价预测成果，琼东南盆地石油远景资源量达 4.26 亿吨，地质资源量 2.70 亿吨，探明地质储量 0.1 亿吨，可采资源量 0.91 亿吨，表明具有一定的石油资源潜力；天然气远景资源量达 2.1 万亿 m^3，地质资源量为 1.8100 万亿 m^3，探明地质储量 2500 亿 m^3，可采资源量 7242.50 亿 m^3，表明其天然气资源潜力较大，勘探前景看好。另据中海油近年来的油气资源评价结果，其琼东南盆地总油气资源量可达 107.5 亿吨油当量，探明油气储量（探明+控制）为 4.0 亿吨当量，油气探明程度仅 3.73%，表明其油气资源，尤其是剩余油气资源十分丰富，油气资源潜力大。另外，根据成因法评价预测该区油气资源潜力则更大，其总油气资源量可达 157.9 亿吨油当量，其中天然气资源量可达 9.6 万亿 m^3。总之，上述油气资源评价结果虽然不同时期不同单位均存在较大差异，但可以肯定的是琼东南盆地油气资源潜力大，具有非常好的油气勘探前景。以下拟根据含油气系统的源-汇-聚理论，结合该区油气地质条件，重点对其油气资源潜力大的有利油气勘探区带，进行分析与综合评价预测，并深入探讨其油气勘探前景。

1. 盆地北部坳陷/裂陷带浅水区有利油气勘探区带及勘探方向

琼东南盆地北部坳陷带/裂陷带陆架浅水区包括崖北凹陷、松西及松东凹陷等区域，这些凹陷均以古近纪为主要断陷沉降期，沉积充填了以古近系陆相沉积为主的"厚陆薄海""陆生海储"的生储盖组合等成藏组合类型。一般多具有以下油气地质特点，即：古近系湖相及煤系等陆相沉积厚度大（大于 4000 m），而新近系及第四系海相沉积薄（一般为 2300 m，最厚不超过 3200 m），且均以始新世、渐新世裂陷期（主断陷沉降期）中深湖相泥岩及部分煤系和滨浅湖相泥岩为主要烃源岩，以生油为主；断陷/裂陷晚期形成的渐新统陵水组扇三角洲砂岩和裂后海相坳陷期沉积的中新统水进体系域海相砂岩、碳酸盐台地之礁滩灰岩为主要储集层，储集物性良好；渐新统顶部浅海相泥岩和中新统上部海相泥岩为区域性盖层。北部坳陷带浅水区油气勘探虽未获重大突破，但部分含油气构造及圈闭均已见到油气显示（如 ST24-1、BD19-2 及 BD15-3 等含油气构造）或获得低产油流（如莺 9 井），表明该区具备油气成藏的基本地质条件，应该具有一定的油气资源潜力及勘探前景。只是由于该区古近系及新近系总体沉积规模小，上覆新近系海相坳陷沉积薄，古近系中深湖相主力烃源岩埋藏浅，多处于成熟生烃的油窗范围，故该区应属于南海北部大陆边缘盆地北部裂陷带的石油分布聚集区。同时，由于该区属陆架浅水区，新生界沉积较薄且沉降沉积速率不快，压实与流体排出始终处于均衡状态，故第三系沉积均为正常的地层压力系统，不存在异常高压，因此，油气勘探开发成本低，油气资源前景良好。

前已论及，琼东南盆地虽然历经近40年的油气勘探，不论是对外合作油气勘探还是自营油气勘探，均主要集中在盆地西北部崖南凹陷周缘浅水区和西南部乐东-陵水凹陷及周缘深水区，且陆续在浅水区勘探发现了YC13-1大气田和YC13-4气田及YC7-4、YC14-1和YC13-6等含油气构造，在深水区西南部勘探发现了LS22-1、LS17-2及LS18-1和LS25-1等大中型气田，亦即盆地西部及西南部油气勘探及研究程度相对较高。但盆地东部无论是北部浅水区还是南部深水区，其油气勘探及研究程度均明显偏低。虽然近20年来在北部浅水区亦勘探发现了ST32-2、ST24-1及BD19-2、BD15-3等含油气构造，但迄今为止尚未获得油气勘探的实质性突破。盆地东部陆坡深水区，油气勘探与研究程度更低，属于油气勘探及研究的薄弱区，但其与西部深水区一样具有较好油气成藏地质条件，亦是重要的深水油气勘探区域和后备勘探潜力区（何家雄等，2006，2007）。须强调指出的是，虽然盆地东部区浅水区钻探的少量探井尚未获油气勘探的重大突破，但均见良好油气显示，且通过所获油气样品分析，其油气成因类型属正常成熟陆源石蜡型油及油型伴生气，表明该区具有完全不同于盆地西部崖南凹陷以YC13-1气藏为代表的煤型凝析油气成因类型及其产出特点，因此，琼东南盆地北部坳陷带浅水区东部应该具有较大的石油资源潜力及勘探前景。

2. 中央及南部坳陷/裂陷带深水区有利油气勘探区带及勘探方向

琼东南盆地中央坳陷/裂陷带及南部坳陷/裂陷带主要包括崖南、乐东、陵水、松南、宝岛、长昌、北礁及华光凹陷等。中央坳陷带除崖南凹陷外，其他凹陷均处于陆坡深水区，这些凹陷由于新近系海相沉积巨厚，一般大于3000 m，最厚超过6300 m（乐东凹陷），加之部分深大断陷如陵水、松南、宝岛、长昌及华光等凹陷古近系本身沉积充填巨厚，一般大于5800 m，最厚超过8000 m，故导致其下伏古近系陆相烃源岩埋藏偏深，有机质热演化程度较高，多已达高熟凝析油及湿气阶段，甚至高熟～过熟干气演化阶段。鉴于该区烃源岩成熟度偏高且生源母质多属腐殖型，因此，中央坳陷/裂陷带及南部坳陷/裂陷带深水区油气产出主要天然气为主，其是南海北部大陆边缘盆地重要的天然气富集区带。以下分别对中央坳陷带与南部坳陷带及周缘区有利油气勘探区带及勘探方向进行综合分析阐述与探讨。

（1）中央坳陷带有利油气勘探领域及油气勘探方向。以崖南、乐东、陵水、松南及宝岛凹陷所组成的中央坳陷/裂陷带，除崖南凹陷外，均处于陆坡深水区位置。这些凹陷均具有展布规模大，尤其是第三系沉积厚度大的特点，其中，新近系海相坳陷沉积厚度，据崖南凹陷钻井揭示最厚达3200 m，最薄为2200 m。根据地震资料推测中央坳陷带新近系海相坳陷沉积最大厚度达6300 m，古近纪陆相充填沉积厚度目前大部分钻井尚未钻穿，但结合地震资料解释推测最厚达8000 m，最薄亦达5800 m。除崖南凹陷外，其他凹陷由于均处于陆坡深水区，无论是新近系海相坳陷沉积还是古近系陆相断陷充填沉积，其展布规模均非常大，因此，该区第三系沉积厚展布规模大，为形成深水油气奠定了雄厚的物质基础。

由于该区存在新近系裂后海相坳陷沉积和古近纪陆相断陷充填沉积两套巨厚的第三

系地层系统，因此，其主要生烃层不仅有陆相断陷期沉积形成的中深湖相烃源和滨海沼泽相煤系烃源岩，而且由于陆坡深水区新近系地层大部分已处在热演化成熟生烃范围，故其亦发育有中新统海相坳陷沉积的浅海、半深海相烃源岩（乐东凹陷 YC35 – 1 – 1 井已钻遇来自中新统烃源岩的油气显示）。另外，据国家"九五"科技攻关南海北部天然气项目研究成果证实，琼东南盆地中央坳陷带主要凹陷（乐东、陵水、宝岛及松南等），始新统及渐新统崖城组和陵水组以及新近系烃源岩均具较强生烃潜力，其生烃强度最高达 114 亿 m^3/km^2，其中，始新统烃源岩生烃强度最大达 76 亿 m^3/km^2；渐新统崖城组及陵水组烃源岩生烃强度最大为 114 亿 m^3/km^2；新近系烃源岩生烃强度最高亦达 40 亿 m^3/km^2。总之，上述研究成果充分表明，该区存在陆相（湖相及煤系）和海相三套烃源岩，烃源物质基础雄厚，生烃强度较大，具备了良好的烃源条件。

中央坳陷带除具备良好的烃源条件外，中新统海相砂岩储层和渐新统扇三角洲储层亦非常发育。如上中新统黄流组中央峡谷水道砂、盆底水下扇、低水位扇以及下～中中新统三亚～梅山组碳酸盐岩生物礁滩储层等，均较发育且储集体规模较大（如中央峡谷水道砂体可延伸数百 km，陆缘盆底水下扇及低水位扇复合体的面积可达数千平方 km）。这些砂层储层储集物性较好，其孔隙度 16% ～ 19%，部分可达 22%，渗透率为 150 ～ 550 MD，且砂岩储层厚度大，如 YC35 – 1 – 1 井黄流组底砂岩厚 69.8 m。因此，中央坳陷带具备了良好的油气储集条件。另外，该区盖层条件亦好，上中新统及上新统浅海相及半深海相泥岩非常发育，其泥岩厚度一般均大于 1000 m，且占地层厚度 75% 以上，构成了该区非常好的浅海相及半深海相的区域盖层。

综上所述，中央坳陷带具备了油气运聚成藏的基本地质条件，具有较大的油气资源潜力及勘探前景。但必须强调指出的是，该区 3200 m 以下普遍存在异常高压，且随深度增加地层压力递增。一般在 3200 m 以上为常压带，3200 ～ 4000 m 之间为常压与超压的压力过渡带，压力系数为 1.2 ～ 1.6，4000 ～ 4600 m 以下则地层压力迅速增加，压力系数上升至 1.6 以上，最高达 2.2，形成一个异常高压快速递增带。这种异常高压带对该区油气运聚成藏可能存在较大的影响和制约作用。在异常高压带顶面之上的正常地层压力带和高压带与正常压力带之间的过渡带，应是油气运聚成藏的有利区域，而在异常高压带内部即"高压封存箱内"，其油气可能很难运聚成藏。虽然亨特（1991）的压力封存箱成藏理论肯定"高压封存箱内"能够形成油气藏，但根据该区崖南凹陷 YC21 – 1 构造、YC26 – 1 构造的钻探结果，均表明这种早期形成的异常高压封存箱内油气难以运聚富集，基本不能形成商业性油气藏，而只能形成少量不具商业性的高压水溶气。鉴于异常高压地层系统油气运聚成藏理论及勘探实践尚处在探索之中，因此，对该区中深层异常高压地层系统油气资源前景及勘探潜力的评价，应有所保留。不过可以基本确定的是，深部异常高压地层系统的油气资源潜力远不如其上的压力过渡带和正常压力带，亦即油气最富集及最具资源潜力的勘探领域应是正常地层压力系统和高压与常压的地层压力过渡带，这些区带油气资源大勘探前景最好。鉴此，对于中央坳陷带目前的油气勘探策略及部署则应重点主攻中上部正常压力带与压力过渡带的勘探目标，兼探深部异常高压地层中的勘探目标。

（2）南部坳陷带有利油气勘探领域及油气勘探方向。南部坳陷带主要由华光凹陷、北礁凹陷及长昌凹陷所构成，处于琼东南盆地南部斜坡深水区及附近。由于该区地壳厚度较薄（16 km 左右），且属于洋陆过渡型地壳，故其热流值及地温场较高，有利于烃源岩有机质热演化生烃转化为油气。该带新近系海相坳陷沉积和古近系陆相断陷沉积充填特征与中央坳陷带基本类似，只是海陆相两套地层的沉积充填规模均没有中央裂陷带大，且海相坳陷沉积厚度与陆相断陷沉积厚度基本相当或薄一些，其油气成藏地质条件与中央坳陷带相比亦存在一定的差异。

南部坳陷带古近纪断陷主要由地堑和部分半地堑洼陷所组成，新近纪则为向南缓慢抬起的斜坡，前古近纪基底埋深也自北向南变浅。该区基底断裂较发育，形成了由 NE 向断裂控制的凹陷/断陷或一系列断洼。据中石油近年来在华光凹陷进行地震勘探所获地震剖面分析，该区古近系陆相沉积规模较大，最厚达 6400 m，新近系海相沉积厚度亦超过 3000 m，故新近系中新统部分烃源岩成熟度已达成熟生烃阶段，古近系陆相烃源岩则已处在成熟-高熟油气窗范围，且古近系展布规模较大，因此，该区具备了雄厚的烃源物质基础和良好的烃源条件。

南部坳陷带储层推测主要为渐新统陵水组扇三角洲砂岩，亦有新近系陆坡深水扇系统之各种成因类型的砂岩。该区上覆封盖层为 2000～3000 m 厚的浅海及半深海相泥岩；油气纵向运聚通道主要为断层裂隙与渐新统陵水组砂岩及不整合面所构成或新近系各种类型的砂体与部分泥底辟及气烟囱构成。油气圈闭类型主要以披覆背斜、断背斜、断块及古潜山为主。

总之，南部坳陷带第三系沉积充填规模较大，生烃物质较丰富，烃源岩多处于成熟-高熟成烃演化阶段，生烃潜力大，油气资源前景看好。须强调指出的是，该区目前虽探井资料较少，但根据地震资料分析解释，第三系地层剖面自下而上尚未见异常高压，即地震速度未见低速异常，表明该区有可能不存在异常高压地层系统或其异常高压分布较局限，因此油气勘探成本相对较低，油气成藏条件及其控制因素有别于中央坳陷带。

综上所述，根据琼东南盆地油气地质特点及不同区带成藏地质条件的差异与控制因素，对于该区有利油气勘探领域与勘探方向，需强调以下几点。

1) 琼东南盆地各坳陷带/裂陷带主要凹陷沉积充填规模大，烃源物质基础雄厚，且生烃强度大，油气资源丰富，应该存在成群成带的油气田分布，目前油气勘探成果尚不能代表实际的油气分布富集规律与油气田展布规律。这主要是由于该区盆地深部结构及裂陷带与隆起带展布格局以及凹陷展布规模所决定的。

前已述及，琼东南盆地主要由北部裂陷带及北部隆起带、中央裂陷带和南部裂陷带及南部斜坡断阶带所构成。北部裂陷带的崖北、松西及松东凹陷沉积规模较小，但古近系烃源岩规模较大，且有机质生烃热演化条件适中，故能够成为良好的生油凹陷。中央裂陷带的崖南凹陷是已被勘探证实的富生烃凹陷，渐新统崖城组及陵水组煤系烃源岩生烃强度最高达 88 亿 m³/km² 以上；而宝岛及松南凹陷通过近年来 BD19-2、LS4-2 构造钻探结果表明，其生烃指标并不亚于崖南凹陷，其中，渐新统烃源岩生烃强度与崖南凹陷相当，达 80 亿 m³/km²，始新统烃源岩及新近系烃源岩生烃强度分别为 77 亿 m³/km² 和 17 亿 m³/km²，且比崖南凹陷多了一套始新统烃源层，很显然也属富生烃凹陷；西南部陵水及乐东凹陷沉积充填规模更大，其生烃潜力比上述诸凹陷大，亦属富生烃凹陷。由于中央裂陷带诸凹陷沉积规模巨大，第三系烃源岩埋藏普遍偏深，多处在有机质热演化生烃的成熟~高熟阶段，故该区以提供大量天然气气源为主。南部裂陷带沉积充填特征与中央裂陷带类似，其构造地质发育演化史相似，亦以提供丰富的天然气气源为主。总之，琼东南盆地烃源物质基础雄厚，油气源充足，具有较好的烃源供给条件。只要不断创新、大胆探索，通过精细的地震解释及层序地层学研究，圈定落实好有利油气运聚成藏的构造圈闭带或构造－地层岩性复合圈闭带，就一定能够发现和找到成群成带分布的大油气区和富集高产大油气田。

2) 从区域地质背景及油气成藏地质条件综合考量，琼东南盆地有利油气勘探区带评价优选与勘探部署应重点聚焦和关注以下勘探领域及方向。

（1）对于盆地北部裂陷带（崖北、松西及松东凹陷）和中央裂陷带崖南凹陷及周缘陆架浅水区的油气勘探，应重点勘探古近系陆相断陷沉积充填的下构造层储盖组合类型。琼东南地区是一个先裂陷充填古近系陆相断陷沉积后强烈热沉降坳陷沉积新近系海相地层的盆地，盆地北部裂后热沉降期是一个快速向南倾的大单斜，形成了窄陆架、宽而陡的陆坡区，且裂后热沉降期构造运动不太活跃（龚再升等，2004），故沟通深部古近系烃源岩的纵向断裂尚未向上延伸到上覆的中新统地层（或仅局部切割至中新统），因此其油气运聚通道及输导系统仅局限于古近系地层之中，基本上未沟通中新统上构造层地层系统。加之，该区新近系亦缺乏良好的局部构造等含油气圈闭，故该区油气勘探重点及目的层应以古近系陆相断陷沉积的储盖组合类型为主。即位于前古近系基底高之上的一系列古近系披覆构造，包括以往勘探未获成功的这类构造的重新认识和评价，如YC19、YC21、YC23、YC26等构造带周缘及其倾没处。再者位于崖城、松涛凸起倾没部位的披覆背斜及周缘的地层超覆尖灭圈闭，亦是今后应重视的重要油气勘探领域。

（2）对于盆地中部及南部的中央裂陷带及南部裂陷带陆坡深水区，近年来在其西南部乐东－陵水凹陷区油气勘探已获里程碑式的重大突破，但其油气勘探及研究程度尚低，仍然属琼东南盆地油气勘探及研究的新区和薄弱区，亦是最具油气勘探前景的有利油气勘探区域，其应是琼东南盆地深水油气勘探的重点区及勘探主攻方向。总之，中央裂陷带及南部裂陷带陆坡深水区诸凹陷沉积充填规模巨大，烃源物质基础雄厚，存在新近系裂后海相坳陷沉积和古近系陆相断陷充填沉积所形成的湖相及煤系和海相（潜在）等三套烃源岩，由此构成了古近系和新近系两个烃源供给与含油气系统，且生烃潜力大，总生烃强度最大超过 200 亿 m^3/km^2 以上，加之古近系各类背斜、断块等圈闭众多，新近系地层岩性圈闭及披覆构造等圈闭均较发育，且与其油气运聚输导系统（不整合面、断裂及砂体）配置良好，完全能够形成富集高产的油气藏。因此，中央裂陷带及南部裂陷带具备了形成大油气区的有利地质条件，且根据近年来油气资源评价预测结果表明，中央坳陷带及南部坳陷带乐东－陵水凹陷、松南－宝岛凹陷、长昌凹陷及华光凹陷油气资源潜力大，明显高于北部陆架浅水区即北部坳陷带及周缘区的崖北凹陷、松西凹陷及松东凹陷。其应是琼东南盆地将来勘探发现大油气田、增储上产开创深水油气勘探新局面的主战场。尚须强调的是，中央裂陷带北部边界断裂即二号断裂带，是琼东南盆地能够沟通古近系烃源并连通上覆中新统各类圈闭及储集层的油气纵向运聚的重要通道，能够形成古近系自生自储和新近系下生上储两套含油气成藏组合类型，因此该区及其周缘应是有利油气运聚成藏的富集区。应加倍重视二号断裂带附近中新统各类圈闭及砂岩体的油气勘探，坚信在该区域能够勘探寻找渐新统陵水组下含油气成藏组合与中新统三亚组上含油气成藏组合两种类型油气藏。琼东南盆地区域构造地质演化特征研究表明，新近纪构造断裂活动不活跃，大部分断裂活动多在中新世已停止活动，且大部分地区断裂纵向上尚未切穿中新统地层，故新近系构造及地层岩性圈闭缺乏有效的油气纵向运聚疏导系统，很难捕获深部古近系烃源而富集成藏。但二号断裂带是该区继承性发育的深大断裂，新近纪仍然持续活动，且大部分区域已切穿或切至中新统地层，能够作为沟通深部古近系烃源而连接上覆中新统构造及地层岩性圈闭的桥梁，将深部古近系烃源输送到浅层中新统不同类型储盖组合及圈闭中富集成藏。因此，二号断裂带附近与之相关的不同类型中新统构造和地层岩性圈闭，均是有利的油气勘探目标，对其开展油气地质评价并实施钻探，有望获得新的突破和发现。

另外，南部裂陷带北礁凸起成藏地质条件亦较优越，可能是寻找大气田群的有利区带。北礁凸起北部邻近中央裂陷带多个生烃凹陷，其南则紧靠南部裂陷带的华光生烃凹陷，烃源供给充分，油气运聚输导通道系统发育。由于受新近系区域性南倾大单斜地层的控制，该凸起属区域水动力的承压区或局部泄水区，即为区域上的流体运聚的低势区，故中央裂陷带生成的油气可能沿着不整合面和砂岩体向其运聚成藏，同时南部裂陷带华光凹陷生成的油气亦可通过断裂及砂体向其运聚富集，故其油气运聚成藏条件非常有利。同时，据中海油研究中心研究，北礁凸起上存在一批披覆型大型背斜圈闭，如 LS25-2、26-2、32-1、33-1、YD8-1、20-1 等，其构造圈闭面积 50~100 km²，水深 800~1500 m，亦为该区油气运聚成藏提供了良好的聚集场所。因此，北礁凸起油气运聚成藏条件较好，具有较大油气资源潜力及勘探前景。

(3) 琼东南盆地多年来的油气勘探表明，北部陆架浅水区古近系下构造层含油气储盖组合的上渐新统陵水组三段海相砂岩，是区域性分布的好储集层及主要勘探目的层，而上构造层中新统含油气储盖组合迄今尚未获得商业性油气流，仍需进一步探索；南部陆坡深水区亦存在上下两套主要的含油气储盖组合及勘探目的层。目前在上构造层含油气储盖组合的上中新统黄流组及上新统莺歌海组中央峡谷水道砂岩中油气勘探已获重大突破，勘探发现了 LS17-2、LS25-1 及 LS18-1/2 等深水大气田，但其古近系下构造层含油气储盖组合类型，即上渐新统陵水组海相砂岩勘探目的层尚未获得油气勘探的突破。因此，深水区古近系下构造层含油气储盖组合类型亦是该区重要的油气勘探新领域及有利油气勘探方向。

第四节　珠江口盆地油气勘探实践

珠江口盆地位于南海北部大陆边缘中东部，跨越陆架陆坡区及部分洋陆过渡带，主体处在华南大陆以南、南海中央洋盆以北，海南岛东部与台湾岛西南部之间的广阔陆架和陆坡区域，分布范围在东经 111°20′~118°17′、北纬 18°25′~23°00′之间。盆地呈北东向沿华南大陆边缘平行展布，长约 800 km，宽约 300 km，面积 260000 km²（图 17.9），是我国南海北部大陆边缘最大的含油气盆地。盆地海域水深 50~3000 m，

200 m 水深线大致贯穿盆地中北部，其中珠一坳陷和珠三坳陷及中央隆起带北部水深为 200 m 左右，基本上处在深水区，而珠二坳陷主体及部分潮汕坳陷和东沙隆起南部及东南部处于深水区，水深范围为 300～2000 m。

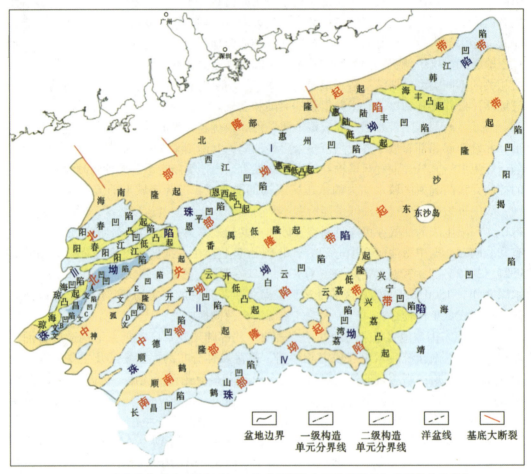

图 17.9　南海北部成矿区北部珠江口盆地及周缘主要构造单元组成及其分布特征
（据何敏等，2017）

一、油气勘探历程

1. 早期自营油气勘探阶段

20 世纪 70 年代初（1974 年），原石油工业部用 SN338B 数字地震仪，首先在琼东南盆地至珠江口一带采集了 2 条数字地震剖面，其后在 1976 年又继续部署采集了 2 条数字地震剖面。通过地震初步探测首次发现了珠江口盆地一带沉积岩发育，其厚度可达 5000 m。

与此同时，1975—1976 年，原地质部第二海洋地质调查大队（即现今广州海洋地质调查局），在南海北部大陆架开展了 1∶2000000 的海洋地质综合概查，用模拟磁带仪完成单次地震剖面 10256 km、磁测 14085 km、重力 28094 km 等概查工作量。1977—1979 年在南海北部进行地震普查工作,完成地震测线 14276 km,亦开展了相应的重力及磁力测量工作。1980 年又先后做了 24 次覆盖数字地震剖面 1800 km、模拟地震剖面 3999 km,以及重力、磁力测量等普查工作。通过上述地球物理勘探及普查工作,初步划分了珠江口盆地主要构造地质单元,并评价预测了含油气远景,为进一步油气勘探调查做了充分的准备。

在早期的珠江口盆地海洋地质调查中,1976 年和 1979—1980 年,中国科学院南海海洋研究所在南海北部大陆架亦做了 12 条磁力剖面(7711 km),初步分析了珠江口盆地的地质构造特点。

在上述海洋地质调查及油气地质普查的基础上,原地质部第二海洋地质调查大队(广州海洋地质调查局前身),于 1977 年通过从国外引进的自升式钻井平台"勘探 2 号",在同年的 11 月 29 日开始,钻探了珠江口盆地第一口区域油气勘探的探井——珠 1 井。其后又陆续钻探了 6 口井,其中最后的 1 口探井——珠 7 井于 1980 年 6 月 17 日完钻。在这 6 口探井的钻井施工过程中除 1 口井报废外,其他钻井均获成功,钻井总进尺达 16518.93 m。该阶段钻探的 6 口探井中珠 5 井获高产油流,日产原油 199.1t,且发现和圈定了西江 34 - 3 含油构造。

2. 对外合作油气勘探开发阶段

在我国对外改革开放的初期,根据国家对外改革开放的大政方针及实施方略,原石油工业部于 1979 年 4—7 月与 13 个国家 48 家石油公司签订了中国近海石油地球物理勘探协议,尤其是在珠江口盆地开展了针对油气地质条件分析的大规模地震勘探和重磁勘探工作。在此基础上,结合区域地质条件,开展了油气资源综合评价,并划分了油气勘探的招标区块。1983 年 5—12 月,我国第一轮对外海上油气勘探招标开始,先后在珠江口盆地签订 12 个石油勘探合同。与此同时,1983 年 1 月 6 日,在珠一坳陷恩平凹陷 EPl8 - 1 构造上钻探了第一口油气勘探的合作探井,其后又连续钻探 7 个大型构造圈闭(惠州 33 - 1、开平 1 - 1、番禺 27 - 1、番禺 16 - 1、番禺 3 - 1、惠州 33 - 1、陆丰 2 - 1),但均无商业性油气发现。在全面分析总结了上述油气勘探失利的原因后,当时的中国海洋石油总公司南海东部石油公司地质研究所根据"源控论"理论,重点开展了富生烃凹陷分析判识及烃源供给系统的综合研究,加强了烃源岩评价及烃源供给系统与含油气圈闭时空耦合配置条件的分析,终于取得了对外合作油气勘探的重大突破和进展。如由阿吉普、雪佛龙、德士古石油公司组成的 ACT 集团,即在 1985 年 4 月 26 日优选钻探了惠州 21 - 1 构造圈闭,完钻后在上渐新统珠海组及下中新统珠江组测试的 8 个主要勘探目的层砂岩中,7 个产层累计获得日产油 2311.5 m³ 和日产气 430985.9 m³ 的高产商业性油气流,进而勘探发现了惠州 21 - 1 优质高产油气田,揭开了珠江口盆地对外合作油气勘探高潮的序幕。其后,1987 年 2 月,阿莫科石油公司亦在东沙隆起上勘探发现了通过长距离通过构造脊砂岩运聚成藏的流花 11 - 1 生物礁大油田。尚须指出的是,1987 年,国外石油公司钻探的白云 7 - 1 "生物礁"勘探目标未获成功。虽然西方石油公司在生物礁油田勘探方面有许多成功经验,亦曾在利比亚锡尔特盆地发现了印蒂萨尔(Intisar)大型生物礁油田。此前,还在巴拉望发现较大生物礁油田。该公司首席地质专家认为白云 7 - 1 构造是典型的生物礁油田,并为中方举办为期三个月的礁油田学习班。然而其钻探完钻的 BY7-1-1 井所谓"礁块"厚 441 m，仅在顶部 7 m、底部 9.5 m 钻遇含凝灰质灰岩及生物灰岩，以及中部零星石灰岩夹层（总厚 24.5 m），其余均为大套凝灰岩和玄武岩，证实该钻探目标属于一个由火山喷发形成的丘状体。此后合作油气勘探中又有三口探井失利，故导致珠江口盆地东部大部分区块的对外合作油气勘探合同在该时期基本上全部终止。

1990 年 11 月，珠江口盆地对外合作勘探开发的第一个油田——惠州 21-1 油田投产，至 1996 年陆续又有 8 个对外合作油田投入开发，其原油年产量首次突破千万吨，达到 1359 万 m^3。至此以后，珠江口盆地东部原油年产量一直保持在千万吨以上。

3. 合作与自营并举油气勘探阶段

1995 年以后，在珠江口盆地东部继续开展对外合作油气勘探开发的同时，亦开展了在珠江口盆地西部（珠三坳陷）自营油气勘探，在珠三坳陷先后勘探发现了文昌 8-3、文昌 9-1、文昌 13-1、文昌 13-2、文昌 14-3 及文昌 15-1 等油田和含油气构造，并成功地重新钻探评价了文昌 19-1 含油气构造，自营油气勘探开创了珠江口盆地油气勘探新局面。与此同时，中国海洋石油总公司和台湾中油公司亦签订了油气勘探协议，确定了合作勘探潮汕坳陷和台西南盆地即"潮台合作勘探区"的油气资源。另外，圣太菲石油公司在恩平凹陷和东沙隆起发现了番禺 4-2、番禺 5-1 等高产油田，亦是 20 世纪 90 年代合作油气勘探的重要成果与进展。

进入 21 世纪以来，自营油气勘探不断取得新进展和重大突破。在珠江口盆地东部番禺低凸起-白云北坡自营油气勘探中，先后勘探发现了番禺气田群和番禺 35-2 大气田。2002 年 5 月，在番禺 30-1 构造上钻预探井 PY30-1-1，在新近系钻遇气层厚 128.7 m；2003 年又钻探了 3 口评价井，其中 PY30-1-1 井在下中新统珠江组经过测试，获得了 17.45 万 m^3/d 天然气和 75.1 m^3/d 凝析油的高产油气流，进而发现了番禺 30-1 气田。其后又陆续发现了番禺 34-1、番禺 35-1 等气田群。2007 年在番禺 35-2 构造上钻预探井 PY35-2-1，发现油气显示及气层。通过测井解释，确定气层 12 层共 56.7 m，试井无阻流量获得日产天然气 288 万 m^3 高产气流；2008 年钻评价井 PY35-2-5，从 3941 m 井段开始发现新气层 12 层共 93.5 m，至井底 4386 m 仍未见水，表明气层较厚尚未钻穿。总之通过该井钻探证实了番禺 35-2 属大中型气田，也确定了番禺 30-1、番禺 34-1、番禺 35-1、番禺 35-2 等气田群的规模。

与此同时，在南海北部珠江口盆地深水油气对外合作勘探中，自 2006 年以来亦获得了重大突破和长足进展。2006 年与加拿大哈斯基石油公司合作，在白云凹陷深水区荔湾 3-1 断块构造钻预探井 LW3-1-1（水深 1480 m），在下中新统珠江组底部和上渐新统珠海组钻遇 6 套较厚的海相砂岩储层，其中 3060.2～3607.2 m 井段测井解释气层 5 层，有效厚度 72.6 m，有效孔隙度 11.0%～25.5%，渗透率 18.9～66.6 mD，测试获得了高产天然气流，初步估算三级天然气地质储量超千亿立方米规模，最终通过评价井落实其天然气储量证实为大气田。

在深水油气勘探获得重大突破的同时，原国土资源部广州海洋地质调查局于 2007 年通过海洋地质调查与钻探首次勘查发现了神狐调查区的天然气水合物资源，其后，通过陆续钻探和勘查地质评价，最终确定了珠江口盆地南部深水区"神狐"与"东沙"区块两个超千亿立方米储量规模的天然气水合物矿藏。

4. 油气勘探启示及小结

珠江口盆地油气勘探已有近50年历史，陆续找到了一批陆生海储、古生新储及下生上储的油气藏及高产油气田，在短期内建成1000万吨以上原油年生产能力，已成为中国近海重要的石油生产基地。目前深水油气及天然气水合物勘探亦获重大突破及进展，且2017年和2020年两次天然气水合物试采均获得成功，相信该区将会成为南海北部多种资源共存富集的重要的能源生产基地。

总之，该区多年来的自营与合作油气勘探均取得了丰硕成果，亦走过了复杂的油气勘探历程。但概括归纳起来，最重要的油气勘探经验及启迪，就是要遵循和重视"源控论"及含油气系统理论，深入分析研究烃源岩及烃源供给系统及其与不同区带圈闭及储盖组合的时空耦合配置关系，搞清油气藏形成的源－汇－聚系统及其运聚成藏的动力学过程，综合分析确定有利油气勘探区带，评价优选有利油气勘探目标及靶区，不断开拓新层系、新领域、新区带，敢于向禁区开战。

二、区域构造地质及地层系统构成

珠江口盆地属于在华南褶皱带、东南沿海褶皱带及南海地台之上形成的中/新生代沉积盆地（中生界地层主要分布于盆地东南部潮汕坳陷及周缘区）。地壳厚度与地形及盖层沉积充填厚度具有明显的对应关系，浅水陆架区陆壳较厚，厚达26~30 km，盖层沉积充填物相对较薄；深水陆坡区及以下为减薄型陆壳及洋陆过渡型地壳，地壳较薄，厚度12~26 km，盖层沉积充填物较厚。总之，珠江口盆地地壳属于典型的陆缘地壳及洋陆过渡型地壳，陆架与陆坡地质地貌特征非常明显。

珠江口盆地区域上具有坳隆相间、成带展布特点及基本构造格局，自北而南可划分为6个北东向的构造单元，即北部隆起、北部坳陷（珠一坳陷和珠三坳陷）、中央隆起（神狐隆起、番禺低隆起、东沙隆起）、中部坳陷（珠二坳陷、潮汕坳陷）和南部隆起及南部坳陷。其中，珠一坳陷可进一步划分为7个次一级构造单元，即恩平凹陷、西江凹陷、惠州凹陷、陆丰凹陷、韩江凹陷和惠陆低凸起、海丰凸起；珠二坳陷亦可划分为4个次一级构造单元，即顺德凹陷、开平凹陷、白云凹陷、云开低凸起；珠三坳陷亦可划分为9个次一级构造单元，即阳春凹陷、阳江凹陷、文昌A凹陷、文昌B凹陷、文昌C凹陷、琼海凹陷和琼海凸起、阳春凸起、阳江低凸起。

珠江口盆地前古近系基底是华南陆缘区不同时期褶皱基底向海域的自然延伸，其不仅有古生界变质岩亦有中生界燕山期花岗岩等。尚须强调的是，该区中生界亦有沉积岩分布。在盆地北部珠一坳陷东北部韩江凹陷、东沙隆起和珠二坳陷开平凹陷，新生界沉积一般覆盖在中生界碎屑岩沉积体系之上；在盆地东南部潮汕坳陷，则在较薄的新生界（1000 m左右）之下，沉积充填有晚三叠世至早中侏罗－白垩世海相碎屑岩，且已为地震探测及钻探所证实；而在华南陆缘的粤东地区陆上海丰及陆丰一带亦存在类似中生界沉积充填物，很可能是古特提斯海的组成部分。珠江口盆地新生代构造沉积演化则具有非常明显的早期陆相断陷、晚期热沉降海相坳陷的特点，并由此构成了主要由前古近系花岗岩及变质岩/沉积岩基底、古近系始新统浅湖相－中深湖相及下渐新统海陆过渡相煤系和上渐新统珠海组浅海相碎屑岩与新近系中新统及上新统浅海相－深海相碎屑岩沉积体系所组成的新生代地层系统（图17.10），其在前古近系花岗岩及变质岩基底之上，主要沉积充填了古新统神狐组河湖山麓冲积相粗碎屑岩、始新统文昌组浅湖相及中深湖相泥页岩、下渐新统恩平组海陆过渡相煤系及上渐新统珠海组浅海相碎屑岩、中新统珠江组、韩江组及粤海组浅海相–半深海相碎屑岩、上新统万山组及第四系琼海组半深海

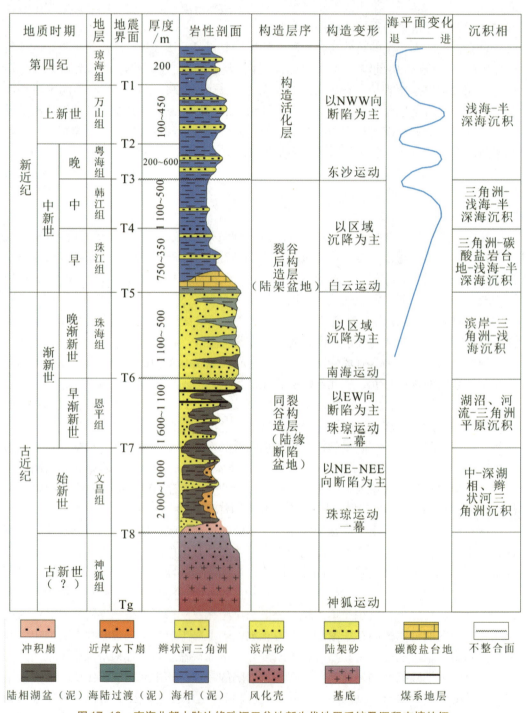

图17.10　南海北部大陆边缘珠江口盆地新生代地层系统及沉积充填特征

相碎屑岩沉积等。总之，珠江口盆地古近纪古新世-始新世及渐新世早期，多为箕状或地堑状断陷，主要沉积充填了古新统神狐组河流冲积相、始新统文昌组湖相及下渐新统恩平组海陆过渡相地层；渐新世晚期断拗过渡阶段，则沉积充填了上渐新统珠海组浅海相地层；新近纪开始进入强烈的海相坳陷沉积阶段，主要形成了中新统及上新统和第四系海相沉积，且覆盖全盆地；在古近系下渐新统与上渐新统及以上地层之间存在非常明显的破裂不整合面，故构成了下断上坳、下陆上海的沉积充填体系及双层盆底结构特征。

三、油气地质特征

1. 生储盖条件及特点

1）烃源岩及烃源条件。珠江口盆地第三系主要烃源岩为古近系始新统文昌组湖相泥页岩及下渐新统恩平组海陆过渡相煤系，次要烃源岩及潜在烃源岩为上近新统珠海组海相泥岩，具有较好生烃条件。此外，新近系下中新统珠江组下部海相泥岩在深水区埋藏较深的局部区域亦可具有生烃潜力。

（1）始新统文昌组湖相泥岩是珠江口盆地油田群主力烃源岩。始新统文昌组湖相烃源岩属中深湖相及浅湖相沉积，有机质丰度高，根据钻遇中深湖相大部分泥岩样品分析表明，其 TOC 含量平均为 2.34%，氯仿沥青"A"含量平均为 0.224%，总烃平均为 1361 ppm。浅湖相泥岩样品的有机质丰度亦较高，TOC 含量平均 1.19%，氯仿沥青"A"含量平均 0.2001%，总烃平均为 1056 ppm。文昌组烃源岩有机质类型主要为偏腐泥型或偏腐泥混合型，以低等生物构成的生源母质为主。烃源岩有机质成熟度主要处于成熟-高成熟阶段，局部埋藏较深处可达过成熟。勘探结果表明，钻探揭示文昌组生油岩最大厚度为 593 m，地震探测及地质解释其最大厚度超过 1000 m。目前地震解释及勘探证实的始新世时期最有利生烃凹陷主要有恩平、惠州、西江、陆丰、文昌 A、文昌 B、白云和荔湾等凹陷。

（2）下渐新统恩平组煤系是珠江口盆地气田群主力烃源岩。下渐新统恩平组浅湖-河湖沼泽相和三角洲平原沼泽相等海陆过渡相煤系烃源岩，有机质丰度高，其 TOC 含量均大于 3.8%，多在 6%～43% 之间，氯仿沥青"A"含量一般在 5%～23% 之间，总烃均在 600～968 ppm 之间；有机质类型主要为腐殖型及偏腐殖混合型；有机质热演化主要处在成熟-高熟阶段，局部达过成熟，基本上处于高熟气窗阶段。恩平组探井揭示生烃岩最大厚度 1143 m，地震探测及地震地质解释其厚度超过 1500 m。目前地震解释及勘探证实的早渐新世最有利生烃凹陷主要有文昌 A、惠州、西江、恩平、白云和荔湾等凹陷。

（3）上渐新统珠海组海相泥岩是白云深水凹陷次要烃源岩。珠江口盆地南部深水区白云凹陷 LW3-1-1 井揭示上渐新统珠海组厚 800 m，属海相三角洲前缘沉积，其泥岩占 80%，有机质丰度较高，TOC 含量为 1.2%～1.5%，生烃潜量 Sl+S2 为 3～4 mg/g，镜质体反射率 Ro 为 0.43%～0.53%，干酪根属偏腐殖混合型，具有一定的生烃潜力。通过对 LW3-1-1 井气层砂岩抽提物与珠海组泥岩抽提物分析对比，表明其天然气与珠海组泥岩有一定的亲缘关系。亦即珠海组海相泥岩是该区重要的烃源岩或次要烃源岩。

（4）下中新统珠江组海相泥岩属潜在烃源岩。珠江口盆地南部珠二坳陷白云凹陷等沉积充填较厚的区域，由于下中新统珠江组海相沉积较厚、埋藏深，加之处于洋陆过渡型地壳区，地壳薄、地温场高，进而促使部分下中新统珠江组烃源岩可以进入成熟门槛，故亦具有一定的生烃潜力，可作为该区潜在烃源岩。珠江组海相泥岩有机质丰度较低，TOC 为含量 0.67%，氯仿沥青"A"含量为 0.05%，总烃为 263 ppm，有机质类型亦属腐殖及偏腐殖混合型。有机质热演化多处于低成熟阶段，局部可达到成熟。珠江组泥岩探井实钻最大厚度为 568 m。珠江组潜在烃源岩分布的有利区主要为惠州凹陷沉积充填较厚的局部区域和白云凹陷。

2）储集层类型及特点。珠江口盆地储集层主要分布于新近系海相沉积中，古近系始新统及下渐新统陆相储层储集物性较差，分布较局限。该区主要储集层类型及其特点如下：

（1）下中新统珠江组海相砂岩和礁灰岩储集层。珠江组海相砂岩储层是珠江口盆地主要储集层。珠江组海相砂岩储层矿物组成，主要以石英为主（占 80% 以上），属于石英砂岩类型。其成分成熟度高，分选中等至好，单层厚度 4~6 m，最厚 15 m，且分布普遍。储层储集物性极好，孔隙度为 21.7%~29.5%，渗透率为 1102~1709 mD，俗称油气流动及运聚的"高速公路"，是珠江口盆地大中型油气田的主要产层。早中新世开始，珠江口盆地部分区域尚发育有生物礁滩灰岩储层。在盆地中部东沙隆起及神狐暗沙隆起等区域，中新世生物礁较发育，多以台缘礁、块礁、塔礁和补丁礁等礁体形态及类型出现，其中块礁、台缘礁灰岩储层储集条件好，储集物性最佳，由于礁灰岩经多次溶蚀溶解，其孔、洞、缝储集空间极其发育，平均孔隙度大于 20%。孔隙类型多以粒间、粒内溶孔为主。总之，中新统礁灰岩与中新统海相砂岩一样都是珠江口盆地主要的油气储集层。

（2）上渐新统珠海组海相砂岩储集层。上渐新统珠海组海相砂岩储集层与珠江组一样亦是珠江口盆地主要油气储集层。珠海组海相砂岩分布广泛，砂岩储层矿物成分以石英为主（占 85% 以上），亦属于石英砂岩类型。碎屑物颗粒分选中等至好，磨圆度中等，以泥质或白云质孔隙－基底式胶结为主，镜下面积孔率 15%~20%，单层厚度 3~7 m。尚须指出的是，盆地西北部珠三坳陷文昌 A 凹陷的珠海组二段、三段埋深普遍大于 3500 m，故珠海组海相砂岩压实胶结作用较强，其成岩阶段普遍达到了中成岩 A_2 期~B 期，故颗粒呈线状紧密接触，储层孔隙度为 10% 左右，渗透率多数小于 1 mD，属于典型的低孔渗储层，此类储层作为石油储集层其储集物性偏差，但可作为天然气气藏的有效储层。

（3）始新统文昌组及下渐新统恩平组陆相砂岩储层。文昌组及恩平组陆相砂岩储层，主要以水下扇、冲积扇及扇三角洲等砂体在凹陷边缘及斜坡或深大断裂一侧出现，在珠江口盆地分布较局限，且埋藏深，储集物性较差，但在某些区域由于深部次生成岩作用导致溶蚀作用强烈，亦可形成大量次生孔隙，进而使得储集物性变好，具备了较好的储集条件，可作为该区深部原生油气藏的主要储集层。

3）封盖层特征。

（1）下中新统珠江组上部至中中新统韩江组下部海相泥岩集中段，是珠江口盆地重要区域盖层，对油气藏保存至关重要。珠江口盆地中新统海相沉积自下而上存在三个明显的最大海泛面，即 FMSl8.5、FMSl7.0 和 FMSl6.0，其最大海平面升降幅度大于 150 m，这些最大海泛面附近均是泥岩集中发育层段。其中，FMSl8.5 为该区第一套区域泥岩封盖层，单层泥岩厚度在 16.5 ～ 120 m 之间，珠江口盆地东部大中型油气田主要油气层段，均在该区域封盖层覆盖之下。同时，该区域封盖层在珠江口盆地西部珠三坳陷、东沙隆起及神狐隆起等构造单元区域亦分布较稳定。FMSl7.0 和 FMSl6.0 附近泥岩封盖层分布亦较普遍，但不同区域分布稳定性及其地质特点均存在差异。

（2）上渐新统珠海组中下部、始新统文昌组及下渐新统恩平组中上部泥岩集中段，属区域/局部盖层，能够对古近系不同层位层段油气藏形成起到封盖层作用。珠江口盆地东北部珠一坳陷珠海组大部分油气藏及文昌组原生油气藏的封盖层，均分别为与珠海组海相砂岩储层相邻的珠海组中下部浅海相泥岩和与文昌组及恩平组陆相砂岩储层相邻的上覆恩平组中上部泥岩。盆地西北部珠三坳陷文昌 A 凹陷珠海组油气藏形成，亦与珠海组中下部泥岩集中段封盖层密切相关。目前文昌 A 凹陷发现的天然气主要聚集在上渐新统珠海组、下渐新统恩平组，其中珠海组二段、三段是天然气富集的主要层位。这种油气分布规律主要是由于文昌 A 凹陷运聚输导体系及其封盖层展布所造成的。从垂向运移通道条件分析，早中新世以后文昌 A 凹陷构造活动减弱，北西向 - 近东西向同生断层的数量及活动强度减小，而且在凹陷中，珠海组一段地层厚度超过 500 m，泥岩含量达 60% 以上，主要为一套稳定的区域盖层，珠海组一段断层由于泥岩涂抹主要是封闭的，因此，即使断层断到 T_{60} 层以上，部分构造（如文昌 9-2/10-3）珠海组一段仍然有天然气聚集即有气层存在，表明天然气很难通过富泥的珠海组一段封盖层向上继续大规运聚与散失。

2. 含油气圈闭及油气藏特征

1）圈闭与油气藏形成。珠江口盆地勘探发现的不同类型局部圈闭的形成，主要受基岩隆起、构造演化及断裂活动和岩性变化等的影响。新生代不同时期构造演化及断裂活动，形成了滚动背斜、断鼻、断块等一系列构造圈闭；而东沙隆起及神狐降起等碳酸盐岩台地的形成及其发育演化，则形成了一批礁块圈闭；凸起和隆起等地质体之基岩活动结果则形成了披覆背斜和古潜山构造圈闭。油气藏形成主要受生烃凹陷供烃、运聚疏导条件的配置、储盖组合及圈闭聚烃（油气）和油气保存条件所控制（何家雄等，2008，2011）。珠江口盆地北部陆架浅水区第三系油气藏目前主要存在两种类型：其一为生烃凹陷生成的油气，通过断裂纵向运移到浅部储集层形成下生上储型（或称陆生海储型）油气藏；其二则主要是油气通过构造脊砂体等侧向运载层、不整合面，经过较长距离运移，在凸起或隆起上远距离运聚而富集成藏。这两种类型油气藏之烃源供给均来自邻近的富生烃凹陷，而南部深水区油气藏尤其是大然气藏及天然气水合物矿藏，其烃源供给则主要通过断层裂隙和疑似泥底辟及气烟囱等纵向运聚通道，将深部油气源源源不断地输送到中浅层和深水海底浅表层形成深水油气藏和天然气水合物富集矿体。

2）圈闭及油气藏类型特点。迄今为止的油气勘探表明，珠江口盆地含油气圈闭及油气藏类型主要有四种。

（1）背斜构造圈闭及油气藏。背斜构造圈闭主要包括披覆背斜、滚动背斜，翘倾半背斜等，如珠江口盆地东部珠一坳陷西江 24-3、西江 30-2、惠州 21-1、惠州 9-

2、惠州 26-1、陆丰 13-1 等油气藏和珠江口盆地西部珠三坳陷文昌 13-1、文昌 13-2 等油气藏。

（2）断鼻、断块圈闭及油气藏。断层遮挡圈闭控制油气聚集形成的油气藏，如珠江口盆地西部珠三坳陷文昌 9-1、文昌 9-2、文昌 19-1 油气藏和珠二坳陷番禺低隆起-白云北坡番禺 30-1 气田群等。

（3）礁块礁体圈闭及油气藏。油气运聚分布主要受礁块礁体灰岩圈闭分布规模及形态所控制，如东沙隆起上著名的流花 4-1、流花 11-1 碳酸盐岩礁体大油田、低凸起周缘区惠州 33-1 和陆丰 15-1 等油气藏等均属于这种类型。

（4）地层岩性和古潜山圈闭及油气藏。主要由地层岩性圈闭及古潜山圈闭所控制的油气藏。如珠一坳陷惠州 21-1 潜山油气藏、白云北坡-番禺低隆起番禺 35-2 岩性（砂体）气田群等，均属于这种类型的油气藏。

四、油气运聚分布规律

珠江口盆地第三系主要圈闭及油气藏分布多受断裂构造带控制，一般沿主要断裂系统形成不同类型油气聚集带。众所周知，珠江口盆地第三纪断裂较发育，在已发现的 1818 条断层中，长期活动（$Tg-T_1$）断层有 494 条；早期活动断层（中新世以前形成、其后不活动）有 339 条；晚期活动断层（中新世以后形成的）有 985 条。从断裂形成演化及储盖层条件的配置特点，不难看出其对下中新统珠江组油气成藏的控制作用是非常明显的，如惠州凹陷、文昌 A 凹陷、文昌 B 凹陷和琼海凹陷等地区及周缘中新统油气藏形成及其展布特点，均为其典型实例。另外，文昌 A 凹陷的 6 号断裂带及其油气藏、文昌 9-2/9-3 气田及珠三南深大断裂东段文昌 11-2 气藏的形成，均受控于北西向或东西向同生大断层活动及其影响，下渐新统恩平组煤系烃源岩生成的天然气，均沿这些同生大断层向上运移至上渐新统珠海组砂岩储层之不同类型圈闭中聚集成藏。

尚须强调指出，凹陷之间的凸起或隆起均受基岩隆起带控制，如琼海凸起、神狐隆起及惠陆低凸起和东沙隆起等均是在早期基岩隆起构造地质背景基础上形成的。而在这些凸起及大型隆起上形成的构造脊砂体及其圈闭，则是油气运聚与富集成藏的远距离高效运聚通道与聚集场所，油气往往沿构造脊砂体及其圈闭运移聚集，形成一系列油气藏且成群成带分布。典型实例如神狐隆起上文昌 15-1、文昌 21-1 等油气藏，就是文昌 A 凹陷始新统文昌组湖相烃源岩生成的油气沿油源断层运移到下中新统珠江组一段砂岩运载层后，再沿着神弧隆起伸向文昌 A 凹陷的构造脊砂体运移到其上的披覆背斜带不同圈闭中聚集成藏的。琼海凸起上文昌 13-1/2 油田的运聚成藏过程亦与其基本类似。另外，珠江口盆地南部深水区番禺气田群断鼻构造圈闭、荔湾 3-1 大气田断块构造砂体复合圈闭、番禺 35-2 气田岩性圈闭等，如果没有断裂活动与运载层砂体配合而形成的纵向运聚输导系统，其深部气源供给即深部热解成熟气则无法向上运聚输送而最终形成大气田。

五、油气资源潜力及勘探前景

珠江口盆地处于南海北部大陆边缘北部及东北部，华南大陆以南、海南岛和台湾岛之间的广阔陆架陆坡区。区域构造上属于分布在华南褶皱带、东南沿海褶皱带及南海地台之上的中/新生代盆地（中生代残留盆地局限于盆地东部）。前已论及盆地北部陆架浅水区基本为陆壳，厚 26～30 km；而南部陆坡深水区则为陆壳向洋壳过渡带，属洋陆过渡型的薄地壳，厚 12～26 km。因此，珠江口盆地地壳，北部具有减薄型陆壳性质而南部则具有洋陆过渡型地壳的特点，且盆地基底性质及特点基本上继承了华南大陆东南部陆缘特征，实际上是华南陆缘区各时期褶皱基底向海域的自然延伸，故与华南陆缘基本一致，主要为古生代变质岩、中生代燕山期花岗岩等。珠江口盆地沉积充填具有早期古近纪陆相断陷与晚期新近纪及第四纪海相坳陷沉积构成的双层盆地结构特征，且以渐新世晚期南海运动形成的破裂不整合为界，形成了"先陆后海"的两套沉积体系及地层系统。早期陆相断陷的始新统文昌组中深湖相及下渐新统恩平组煤系是盆地主要烃源岩，上渐新统珠海组及下中新统珠江组海相砂岩是主要储集层。珠海组上部及珠江组中上部海侵泥岩是该区主要的油气封盖层。以上这些基本的油气地质条件决定了该区油气资源潜力及勘探前景。

珠江口盆地油气勘探自 20 世纪 70 年代中期始迄今已走过近 50 年的勘探历程，勘探发现了一批大中型油气田，已建成 1450 万吨油当量的产能。但油气勘探及研究程度较高的地区，仍然主要集中在盆地北部的陆架浅水区，盆地南部陆坡及以下深水区油气勘探及研究程度迄今为止尚低。油气及油气田分布亦主要集中在陆架浅水区，深水区油气田分布有限，目前仅在深水区白云凹陷及周缘勘探发现了番禺－流花和荔湾－流花两个油气田群。珠江口盆地具有丰富的油气资源。据早期全国油气资源评价成果，珠江口盆地石油资源量为 28.9 亿吨，地质资源量为 22.0 亿吨；天然气资源量为 1.0981 万亿 m^3，地质资源量为 7426.9 亿 m^3，很显然，油气资源规模明显偏低。根据深水油气勘探成果及近年来获得的新认识，2009 年原国土资源部组织实施了盆地油气资源动态评价及预测，结果表明，珠江口盆地石油远景资源量达 66.1 亿吨，地质资源量为 23.2 亿吨，比早期评价预测的石油资源量要大；天然气远景资源量达 3.67 万亿 m^3，地质资源量为 1.90 万亿 m^3，其是早期所预测天然气资源量的两倍多。根据近年来中海油资源评价结果，其油气资源潜力更大，其总油气资源量达 123.9 亿吨油当量，探明油气储量为 17.8 亿吨油当量，油气探明程度为 11.9%。又据近期中海油深圳分公司对珠江口盆地东部（珠一坳陷和珠二坳陷）油气资源评价结果（何敏等，2017），总油气资源量达 91 亿吨油当量，其中石油资源量为 64 亿吨油当量，天然气资源量为 27 亿吨油当量，石油与天然气探明程度分别为 12.9% 和 7.1%。从珠江口盆地东部油气资源分布特点表明，其石油资源潜力最大的区域仍以北部陆架浅水区居绝对优势，且以惠州凹陷、陆丰凹陷及西江凹陷石油资源最富集（惠州凹陷石油资源量高达 17.75 亿吨）；而天然气资源潜力最大的区域则主要集中在盆地南部陆坡深水区，其中尤以白云凹陷（白云北和白云南）天然气资源最富集，其天然气资源量高达 17.3 亿吨油当量。总之，上述油气资源评价结果及其分布特征，均表明该区油气资源丰富，油气资源潜力大，具有非常好的油气勘探前景。

根据珠江口盆地油气地质特点与勘探及研究程度和油气分布规律，以下将分浅水陆架区北部坳陷/裂陷带及中央隆起带与深水陆坡区中部及南部坳陷/裂陷带和南部隆起带两大区域，重点对其油气资源潜力及勘探前景与勘探方向等进行综合剖析与阐述。须强调指出的是，浅水陆架区北部裂陷带及中央隆起带油气勘探与研究程度较高，目前已勘探发现了一批大中型油气田，已有 20 多个油田陆续投入开发生产，油气年产量高达 1450 万吨油当量，占中海油在南海北部油气产量的 66% 以上；中部及南部裂陷带和南部隆起带，属陆坡－洋盆北部边缘过渡带深水区（水深 300～3000 m），其油气勘探及研究程度甚低，迄今仅在白云凹陷西北部（白云北坡－番禺低凸起）及中东部（荔湾－流花断块构造带）地区开展了系统的地球物理探测和油气勘探活动，钻探了部分探井，获得了大量二维地震资料及部分三维地震资料，勘探发现了荔湾 3－1 等深水油气田，而其他区域油气勘探及研究程度均较低。

1. 北部裂陷带及中央隆起带有利油气勘探领域

浅水陆架区北部裂陷带及中央隆起带主要包括珠三坳陷及神狐隆起、珠一坳陷及东沙隆起和番禺低隆起等区域。这些地区目前的油气勘探及研究程度相对较高，在北部裂陷带及中央隆起带东部（珠江口盆地东部珠一坳陷及东沙隆起）迄今已勘探发现了惠州、西江、陆丰及流花等大中型油田群，而在北部裂陷带及中央隆起带西部（珠江口盆地西部珠三坳陷及神狐隆起）则已勘探发现了文昌中型油气田群。上述这些油气田群的烃源供给主要来自古近系始新统文昌组中深湖相烃源岩及下渐新统恩平组河湖沼泽相煤系；含油气储盖组合类型则主要为上覆海相沉积的上渐新统珠海组浅海三角洲砂岩、下中新统珠江组各类扇体砂岩及生物礁滩碳酸盐岩与其间互沉积的泥岩所构成，形成了"自生自储""下生上储""陆生海储"及古生新储的生储盖成藏组合类型；主要油气运聚通道则是由下切深部古近系烃源岩向上沟通上覆中新统地层的深大断裂和不整合面及构造脊砂体所构成的运聚输导系统。因此，该区油气资源前景及油气勘探潜力，均主要取决于上述这些具体的油气成藏地质条件。以下拟根据该区油气运聚成藏规律及基本油气地质条件对其油气勘探前景开展分区带剖析与阐述。

1）珠一坳陷－东沙隆起有利油气富集区。珠一坳陷－东沙隆起有利油气富集区包括恩平、惠州、陆丰、西江凹陷及周缘和东沙隆起等区域。这些地区是珠江口盆地大中型油田群的主要分布区，目前珠江口盆地东部 1200 万吨原油年产能均来自该区域。油气勘探实践及研究均表明，珠一坳陷－东沙隆起油气富集区形成的主要地质条件是，该区恩平、惠州、陆丰及西江等凹陷或洼陷沉积充填了巨厚优质的始新统文昌组中深湖相烃源岩及渐新统恩平组煤系烃源岩，生烃潜力大，生烃强度最大高达 1000 万吨/km^2 以上，一般均在 137.9 万吨/km^2 以上，进而为恩平、惠州、陆丰、西江及流花等大中型油田群提供了充足的烃源供给；而广泛发育的上渐新统珠海组和下中新统珠江组海相砂岩储层以及珠江组礁滩灰岩储层，储集物性好、厚度大分布稳定且与上覆海侵泥岩及相互间的海相泥岩构成了较好的含油气储盖组合；沟通深部烃源岩的深大断裂与不整合及古构造脊砂体构成的油气运聚输导系统，则为油气成藏提供了非常好的运聚条件。基于上述油气运聚富集成藏条件，可以判识确定以下地区不同勘探领域均具有油气资源潜力及较好油气勘探前景。

(1) 恩平、惠州、陆丰及西江油田群周缘滚动勘探及中深层古近系自生自储原生油气藏勘探领域。恩平、惠州、陆丰及西江油田群周缘，通过连片三维地震勘探及精细系统的层序地层学研究，很可能发现很多非构造地层岩性圈闭甚至一些构造圈闭等。这些圈闭虽然规模不大，但具备了较好的油气运聚成藏条件，而且邻近已有油田群生产区，开发生产便利，有利于油气田的联合开发与滚动勘探开发，即使其油气田储量规模小也具有经济效益。对于该区中深层古近系自生自储原生油气藏勘探领域，虽属探索性领域，但研究表明其已具备油气成藏的基本地质条件，能够形成油气聚集及油气藏。在惠州 21 - 1 - 1、23 - 2 - 1 井古近系文昌组、恩平组及前第三系均钻遇良好油气显示，以及惠州 9 - 2 深层油藏的发现，均充分证实了这一点。该领域最关键的问题是始新统文昌组、下渐新统恩平组中砂岩储层的储集物性好坏，即始新统及渐新统是否存在有效储层？由于始新统储层埋藏较深储集物性可能会变差，但作为天然气储集层其下限门槛可以放宽，且部分地区某些层段由于局部特殊地质条件所致其次生孔隙发育，亦可能形成非常好的储层。

(2) 中新世及上新世主要油气运聚期发育的古构造脊是该区油气运聚成藏的优势聚集区，亦是该区有利油气勘探领域及重要的油气勘探方向。油气勘探实践及研究表明，凡是古构造脊发育展布与生烃凹陷或洼陷及其断裂运聚通道系统时空配置较好的区域，均具有油气勘探前景与巨大资源潜力。如在已开发的 HZ26 - 1 油田附近沿古构造脊砂岩运聚通道发现了 HZ32 - 3、HZ32 - 2 油田和流花 11 - 1 油田等，即充分说明了在油气大规模运聚期发育的古构造脊运聚通道控制了油气富集成藏，而在这种油气侧向长距离运移的构造脊砂体通道附近的圈闭则具有较大油气勘探潜力。相信通过三维地震及层序地层学精细解释与地质综合分析研究，在珠一坳陷南部斜坡 - 东沙隆起区可进一步落实与确定这些古构造脊附近的圈闭，进而实施钻探，一定能够拓展该油气勘探领域，勘探发现更多油气藏。

(3) 东沙隆起南侧上渐新统珠海组砂岩超覆尖灭线附近，有可能形成超覆油气聚集带，亦是重要的油气勘探领域及油气勘探方向。通过精细层序地层学解释与油气地质综合研究，可望在该区带发现和找到始新统文昌组、下渐新统恩平组的原生油气藏及古潜山油气藏。

2) 恩平西南部断裂带有利油气勘探区。恩平有利油气勘探区带分布于珠一坳陷西南部，番禺低隆起之西北的恩平凹陷南部及周缘，主要位于凹陷西南部断裂构造带。恩平凹陷在 20 世纪 80 年代初钻探的 EP17 - 3 - 1、18 - 1 - 1 井已见到油流及良好油气显示。据地震地质解释及层序地层学分析，该区始新统文昌组及下渐新统恩平组烃源岩厚度较大，可达 1000 m 以上，部分区域具有超压的特点（压力系数 1.3 ~ 1.5）。始新统文昌组中深湖相烃源岩有机质丰度高、生源母质类型好，据同济大学（吴国瑄，1998）分析，EP17 - 3 - 1 井文昌组生源母质中，无定形有机质占 77% ~ 78%，壳质组占 7% ~ 11%，孢粉中藻类含量大于 90%，且以生油能力强的葡萄藻为主，具有极大的生烃潜力。而且，该区中深层（古近系及基岩）还存在面积大、幅度较高的披覆及潜山圈闭，虽然其浅层盖层条件不够理想，而中深层则具备了较好的成藏圈闭条件，应是具有油气前景及勘探潜力的新领域，值得进一步探索与勘探。尚须强调指出的是，近年来通过坚持勘探与不懈地研究，终于在恩平凹陷西南部断裂构造带勘探发现了大中型油气田，探明油气储量超过 5000 万吨油当量，实现该区商业性油气的零突破。根据该区油气勘探成果及油气地质综合评价，西南断裂构造带有利油气勘探区尚可进一步拓展和扩大，可望形成一个大中型油气田群展布的富集区带。

3）珠三坳陷文昌凹陷及神狐隆起有利油气聚集区。文昌凹陷及神狐隆起油气聚集区分布于珠江口盆地西部，主要包括珠三坳陷文昌 A、B、C 凹陷及周缘和神狐隆起区。文昌 A 凹陷以产凝析气及轻质油为主，文昌 B 凹陷及琼海凸起则以产油为主。目前油气勘探已发现 WC10-3、9-2、9-1、8-2、8-3 和 WC19-1、15-1、WC14-3 及 WC13-1/2 等油气田及含油气构造。油气勘探与研究表明，该区始新统文昌组中深湖相烃源岩及渐新统恩平组河湖沼泽相煤系均具较强的生烃潜力，上覆上渐新统珠海组及下中新统珠江组海相砂岩储层与海侵泥岩盖层发育，形成了良好的生、储、盖成藏组合。加之背斜、断背斜及断块等构造圈闭与之较好的时空耦合配置，构成了该区"下生上储、陆生海储"的第三系含油气系统及油气聚集区。该区油气成藏存在的主要问题是，油气运聚输导系统不甚发育、不太畅通；油气聚集场所之局部构造及地层岩性圈闭不多且圈闭规模不大，由此制约了该区油气勘探进程与油气富集程度。但该区亦有以下区域及领域具有较好油气前景及勘探潜力。

(1) 文昌 A 凹陷低压构造脊带。以 WC9-2～WC9-1 构造带为代表，该带呈北东向展布，包括 WC9-1、9-2、9-3 及其周缘等局部构造。该低压构造脊带的 WC9-2-1 井日产天然气 72 万 m^3、凝析油 345.3 m^3；WC9-1-1 井日产天然气 46 万 m^3，故证实其为一富油气构造带。其中，高产气藏分布于超压面之上的过渡带位置，在平面上展布受上渐新统珠海组下段及下渐新统恩平组低压构造脊的控制，是勘探寻找天然气富集区的有利区带。

(2) 文昌凹陷南部断裂构造带。珠三坳陷一号断裂是文昌"A"、"B"两凹陷南侧的边界断层，以此为主所构成断裂带亦即"文昌凹陷南部断裂构造带"，其北侧邻近生烃凹陷，该断裂的长期活动沟通了古近系烃源，为油气运移提供了良好的运聚通道，而与该断裂带相关的一系列不同类型的圈闭，则为其油气成藏提供了良好的聚集场所，构成了有效的生、运、聚成藏系统，进而促使油气在浅层及邻近区域富集成藏。目前在该断裂带的 WC19-1 构造圈闭，已勘探发现 WC19-1 油气藏，其周缘及类似断裂构造带亦具有良好的油气勘探前景。

(3) 文昌 A 凹陷古构造脊相关的构造带。文昌 A 凹陷下中新统珠江组油藏一般见于常压带中，油气运聚成藏受中新世末期构造运动的控制。根据该区油气勘探与初步的研究，在文昌 A 凹陷与文昌 B 凹陷之间存在一条呈北西向展布的古构造脊，由 WC8-3 及 WC14-1 往南一直延至神狐隆起上 WC15-1 构造附近区域，该古构造脊实际上是一连通文昌凹陷烃源与神狐隆起之间的油气长距离侧向运聚通道，其能将文昌凹陷生成的大量油气输送到神狐隆起上与该古构造脊相关的局部圈闭中富集成藏。因此，该古构造脊展布区域及其附近不同类型的局部圈闭，均是勘探寻找油气田的有利目标。目前该区已勘探发现 WC8-3 油藏及 WC14-1 含油气构造和 WC15-1 油气藏，有望成为一个油气富集区带。

(4) 神狐隆起区有利油气勘探区带。神狐隆起带位于珠三坳陷南部，展布面积为 11200 km^2，该带东北侧及西南侧直接插入长昌凹陷和文昌凹陷，东南侧则与开平及白云凹陷相接，亦即其周围均被生烃凹陷所包围。不同方向的生烃凹陷均有可能为其提供油气源供给，因此该区应是具有油气前景及勘探潜力的有利勘探区域，但目前油气勘探进展不大。根据油气勘探实践及油气地质综合研究，对其油气成藏的有利地质条件具体可总结为以下几方面。①神狐隆起带周缘均邻近生烃凹陷，北部文昌 A、B 凹陷，已证实具有良好生烃条件，东南侧及西南侧的开平和长昌凹陷，亦具生烃潜力。长昌凹陷面积为 10130 km^2，基底埋深 9800 km^2，古近系厚度达 5000 m，预测具有较大烃源岩规模及生烃潜力，而东侧的白云凹陷规模更大，已证实为富烃凹陷，亦可提供油气源。②具备良好的储盖组合，神狐隆起区砂岩发育，下中新统珠江组下段砂岩累计厚 160 m，单层最大厚度可达 90 m，孔隙度 20% ～ 32%。另外局部区域还发育有礁灰岩储层，而中中新统韩江组及下中新统珠江组上段泥岩发育，占地层总厚 80% 以上，可作为该区良好的盖层。③神狐隆起带上不同类型局部圈闭多、面积大。根据近年来的研究（龚再升等，1997），据不完全统计，已发现圈闭面积大于 100 km^2 的背斜构造有 11 个，大于 50 km^2 的背斜构造 5 个，其中，CC7 - 1、CC7 - 9 构造圈闭总面积达 720 km^2。此外，还存在大量地层岩性圈闭。目前该区已钻 10 口井，除 WC15 - 1 构造获得成功，发现油气藏外，其他井均失利。表明该区油气运聚成藏条件较复杂，烃源供给区与隆起区不同类型局部构造圈闭之间的沟通桥梁——油气供给运聚输导系统，特别是主运移通道系统与油气运聚成藏的低势区（最佳圈闭之聚集场所）尚未完全查明，仍需要进一步深入研究和加大勘探力度。

2. 中部及南部坳陷带与隆起带有利油气勘探领域

中部及南部坳陷带/裂陷带与南部隆起带展布于珠江口盆地南部及东南部，其主体为珠二坳陷、潮汕坳陷/凹陷、南部坳陷区鹤山凹陷、荔湾凹陷及靖海凹陷以及南部隆起周缘等陆坡深水区及洋陆过渡带超深水区。主要凹陷包括顺德 - 开平凹陷、白云凹陷、潮汕坳陷/凹陷以及南部坳陷区荔湾凹陷、鹤山凹陷及靖海凹陷等。由于区域地质背景及盆地结构、类型及构造演化特征的差异，该区可划分为三个含油气系统及区域，即顺德 - 开平凹陷和白云凹陷新生代含油气系统及其油气富集区与潮汕坳陷中生代含油气系统及油气前景区。以下分区域开展分析与阐述。

1）白云凹陷有利油气富集区。白云凹陷新生代含油气系统及其油气富集区，主要展布于珠江口盆地中南部珠二坳陷陆坡深水区，水深 300 ～ 3000 m。前已论及，白云凹陷新生界沉积巨厚，总厚度超过 12000 m，其中古近系陆相断陷/裂陷沉积充填厚达 8800 m，上覆裂后新近系及第四系海相坳陷沉积超过 3200 m，成熟生烃岩面积约 18000 km^2，主要烃源岩始新统文昌组中深湖相泥岩及渐新统河湖/滨海沼泽相恩平组煤系泥岩厚度超过 6000 m，具备了规模巨大的雄厚烃源物质基础；白云凹陷储集层目前通过层序地层学精细解释及凹陷北坡 - 番禺低隆起部分探井揭示，主要为上渐新统珠海组浅海陆架三角洲砂岩和下中新统珠江组深水扇系统各种类型的低位体砂岩，其中，尤以中新统低位扇分布面积巨大，规模可达 10000 km^2，单个扇体规模亦达数百平方千米至上千平方千米，为该区油气聚集提供了巨大的储集空间和场所；同时其上覆的上渐新统珠海组前三角洲泥岩、下中新统珠江组及中中新统韩江组浅海、半深海相泥岩则构成了良好的区域或局部封盖层，其与扇体及其他不同类型局部构造时空耦合配置，则形成了油气赖以运聚成藏的含油气圈闭系统。白云凹陷油气勘探与油气地质研究程度较低，虽然近年来在北部斜坡-番禺低隆起上和荔湾-流花区断块构造带钻了部分探井，中海油通过国家自然基金重点项目《南海深水扇系统及油气资源》（庞雄等，2007），亦组织多专业、多学科有关科研人员，对该区进行了地质地球物理与油气地质及层序地层学的综合研究，但限于勘探程度及地质资料之局限，仍有很多油气勘探及深层次复杂的油气地质问题未能解决，或存在诸多似是而非的问题。因此，对于该区油气前景及勘探潜力分析与评价，仅根据其油气勘探及研究程度，结合现有资料进行剖析与阐述。

（1）近年来油气勘探虽无白云凹陷深部的探井（或少量探井亦仅揭示了始新统文昌组顶部地层），始新统文昌组湖相及下渐新统恩平组煤系地层尚未完全揭示，或仅钻遇了部分，但白云北坡-番禺低隆起上部分探井所获油气及烃源岩样品分析表明，其烃源均来自凹陷深部始新统文昌组湖相烃源岩和下渐新统恩平组滨海煤系及三角洲煤系烃源岩，且具有巨大生烃潜力。进而判识确证白云凹陷是一个生烃凹陷。通过地震解释及层序地层学研究与油气地质综合分析，则进一步确定了该区古近系烃源岩展布规模巨大，烃源岩有机质热演化处于成熟～高熟生烃阶段，具备了雄厚的烃源物质基础及巨大生烃潜力，地质地球化学分析表明，其生烃强度高达795.9万吨/km^2，属于南海北部陆坡深水区的主要富生烃凹陷，具有非常好的油气勘探前景。

（2）区域构造地质背景研究表明，白云凹陷处在洋陆过渡型地壳靠近洋壳一侧的特殊位置，地壳薄、莫霍面浅，盖层沉积充填物厚，地温场高（地温梯度达4.5℃/100 m左右），有利于有机质成熟演化生烃。在上述这种区域构造动力学背景下其岩石圈拉伸减薄导致了盆地深部裂陷机制的形成，进而沉积充填了巨厚的第三系沉积物，故该区古近系陆相烃源岩埋藏偏深，古地温场及热流值较高，达75～90 mW/m^2（施小斌等，2006），加之其陆相烃源岩生源母质类型多以偏腐殖/偏腐泥混合型或偏腐殖型为主，这就决定了该区烃源岩主要以生成天然气为主。但由于陆坡深水沉积深部可能存在异常高压，其对烃源岩有机质成熟生烃有一定的抑制作用，因此，推测该区尚存在石油资源的潜力。近年来在白云凹陷东北部勘探发现的LH16-2及LH20-2油气田即是其典型例证。

（3）由于白云凹陷始新统文昌组及渐新统恩平组埋藏深，该层位砂岩储层储集物性均在珠江口盆地油气储层的经济门槛以下，这决定了该区储集层及勘探目的层，应以上渐新统珠海组陆架边缘三角洲砂岩及下中新统珠江组各类深水扇砂岩储层为主。恩平组与珠海组之间以及珠海组与珠江组之间的不整合面及海相砂岩体可提供侧向运移通道，广泛存在的切割古近系烃源岩的深大断裂及部分泥底辟则构成了油气纵向运聚通道系统，从而形成了下生上储、古生新储及陆生海储的油气成藏组合类型。亦即白云凹陷深水区与盆地北部陆架浅水区一样，其油气生储盖组类型相同，油气运聚成藏机制类似，但由于第三系沉积充填厚埋藏深且热流场高有机质热演化程度高，因此，白云凹陷主要以生气为主，天然气资源潜力巨大，初步预测其天然气资源量可达1.73万亿 m^3，而目前探明天然气储量0.12万亿 m^3左右，探明程度非常低，故白云凹陷中东部天然气资源潜力大，应是该区天然气勘探的最重要的勘探领域，具有非常好的天然气勘探前景。

2）顺德-开平油气勘探潜力区。顺德-开平油气勘探潜力区主要位于顺德-开平凹陷及其周缘。该区成熟生烃岩面积为6000 km^2，第三系沉积最厚达8000 m，古近系厚度2600～5500 m，新近系及第四系厚度较薄，为1400～2500 m，主要生烃层始新统文昌组最厚可达3800 m。由于其埋深较浅，烃源岩有机质热演化多处在液态石油窗范围内，故以生油为主。开平凹陷少量探井钻探成果表明，该区存在厚度大、储集物性好的下中新统珠江组和上渐新统珠海组砂岩储层，亦发育有较厚的中中新统韩江组及下中新统珠江组上段海侵泥岩盖层。同时，在开平凹陷南、北侧则发育了一系列披覆背斜、滚动背斜及古潜山圈闭等局部构造，可为油气聚集提供富集场所，故具备了油气成藏的基本地质条件。该区KP6-1-1井见到油气显示，亦充分表明该区存在油气生、排、运、聚成藏条件，应该具有较好的油气前景及勘探潜力。尚须强调指出，由于顺德-开平凹陷展布规模较小，有效烃源岩分布有限，加之有机质热演化程度较低，生烃潜力受到限制。据中海油近期油气资源评价结果，其石油资源量为3.27亿吨，天然气资源量为1.2万吨油当量。

3）潮汕坳陷/凹陷中生界油气勘探远景区。潮汕坳陷/凹陷位于东沙隆起东南部，北东方向与台西南盆地西南部相连，南部则与南部坳陷带兴宁凹陷、靖海凹陷及揭阳凹陷相邻，凹陷展布面积达12702 km^2。该区新生界地层沉积薄，最厚2000 m，最薄仅980 m，且大部分地层均遭受剥蚀而缺失。该区中生界地层较发育，虽然亦有剥蚀而缺失部分地层，但仍以中生代残留盆地发育期的沉积充填地层系统为主体。因此，该区中生界地层沉积较厚，最厚推测可达6000 m（郝沪军等，2002）。根据少量探井（陆丰35-1-1）及地震资料分析，该区中生界侏罗-白垩系地层具有生烃潜力，且能构成良好的"自生自储"和"下生上储"的储盖组合类型，加之其反转构造、挤压背斜及断块等局部构造圈闭亦较发育，且与油气运聚成藏期及运聚通道系统时空配置较好，故基本具备油气成藏条件，能够形成油气聚集及油气藏，应该具有较好的油气勘探前景。潮汕坳陷东北部邻区台西南盆地勘探已发现中生界油气藏即是其典型实例。须强调指出的是，潮汕坳陷北西斜坡上少量探井揭示中生界储层较差，虽然侏罗系烃源岩有机质丰度较高，但有机质热演化成熟度偏高已处在过熟裂解阶段，成气潜力差，故其储盖组合及生烃条件不是很好。诚然该井只是一孔之见，尚不能完全代表该区均是如此。总之，根据中生界存在生烃条件和邻区台西南盆地中生界已获商业性天然气的事实，预测潮汕坳陷中生界应该具有较好油气前景及勘探潜力。根据中海油近期油气资源评价结果，其石油资源量为1.53亿吨，天然气资源量为0.46亿吨油当量。

（4）南部坳陷带超深水区荔湾-兴宁-靖海凹陷油气潜力区。珠江口盆地南部坳陷带超深水区荔湾凹陷，是近年来通过部署长电缆地震大剖面所发现和圈定的一个新凹陷。荔湾凹陷及周缘区面积5000 km^2，第三系最厚达7000 m，新近系及第四系厚度估计3000 m，古近系最厚达4000 m，由于该凹陷沉积充填规模不大，上覆新近系及第四系厚度较薄，故烃源岩主要处于正常成熟生烃的液态窗范围，烃类产物应该以石油为主。目前该区通过地震解释已发现和落实了LWX和LWY两个规模较大的背斜构造，圈闭面积均在100 km^{2}以上，预测其油气资源量超过千亿立方米以上，极具油气勘探潜力及前景。由于该区勘探及地质研究程度甚低，故对其油气前景及资源潜力目前尚不能完全定论，但从油气成藏地质条件初步分析，应该具有较好的石油勘探前景及石油资源潜力。根据中海油近期油气资源评价结果，其石油资源量为1.79亿吨油当量，天然气资源量为0.19万亿 m^3。兴宁凹陷及靖海凹陷地震及勘探资料甚少，油气勘探及研究基本上属空白区或薄弱区，初步预测其石油资源量分别为 0.6 亿吨油当量和 2.25 亿吨油当量，天然气资源量分别为 0.19 万亿 m^3 和 0.58 万亿 m^3。

综上所述，根据珠江口盆地陆架浅水区与陆坡深水区油气运聚成藏的地质规律及勘探实践，结合近年来浅水与深水探井所获油气勘探成果，对该区有利油气勘探方向与重要的油气勘探领域尚可进行以下更深入地剖析与高度概括梳理。

1. 珠一坳陷及周缘油气勘探方向及领域

珠江口盆地东部珠一坳陷及周缘陆架浅水区，迄今已勘探发现了一批大中型油气田，原油年产能达 1200 万 m^3 以上。多年来的油气勘探实践与地质研究，均已充分表明，珠一坳陷及周缘是珠江口盆地东部重要的石油富集区和石油生产基地。

根据上述"珠一－东沙油气富集区"分析，珠一坳陷恩平、惠州、西江及陆丰油田群及周缘浅中层和中深层勘探领域，具备了优越的油气成藏地质条件，值得进一步深化勘探和滚动勘探开发。根据该区油气勘探及研究程度，目前其主要油气勘探方向及重点领域，应为惠州、西江及陆丰油田群周缘中浅层油气滚动勘探开发和中深层古近系自生自储原生油气藏的大胆探索与精准勘探。

惠州、西江及陆丰油田群周缘中浅层，通过三维地震的精细层序地层学解释与研究，肯定能够发现很多规模不等的地层岩性圈闭和部分构造圈闭目标，这些圈闭目标均具备油气运聚成藏条件，且邻近已有油田群，有利于油气田联合开发和滚动勘探开发，即使油气田储量规模达不到经济门槛，但与其他油田联合开发则具有经济效益。

中深层古近系自生自储原生油气藏勘探领域，在该区尚未获得重大突破，但研究表明其具备较好油气成藏条件，预测其能够形成油气聚集或油气藏。须强调的是，始新统文昌组及下渐新统恩平组砂岩储层储集物性可能较差，在油气勘探部署时应尽量优选砂岩储集物性较好的相带实施钻探。

2. 珠三坳陷文昌 A 凹陷及周缘油气勘探方向及领域

根据珠江口盆地西部"凹陷富气凸起上及凹陷边缘深大断裂附近和隆起上富油"的运聚成藏规律（季洪泉和王新海，2004），目前应集中力量勘探解剖文昌 A 凹陷中央凸起带和珠三南断裂下降盘东段，突破北部斜坡带商业性油气流关。具体勘探方向及主要油气勘探领域为：①文昌 A 凹陷中央凸起带是该区最重要的现实油气勘探区带之一。中央凸起带处在生烃凹陷之中，且油源断层发育、油气运聚疏导系统配置良好。该带油源断层与主要勘探目的层段圈闭存在密切的成因联系，能够将其深部古近系烃源岩之烃源输送到上覆的中新统储层及其圈闭中。该带迄今已有两口探井钻获高产商业油气流，很显然，在其发现含油气构造周边的半背斜或断鼻构造圈闭，应是最具资源潜力值得进一步勘探的首选钻探目标。②珠三南断裂下降盘东段，亦是文昌 A 凹陷重要的现实勘探区域。珠三南断裂下降盘西段已发现一个油田，而东段至今尚无一口探井，但该段圈闭众多，圈闭类型好，从中央凸起带有多条构造脊等运聚疏导系统延伸至该区，故具备了良好的油气运聚成藏条件，因此，珠三南断裂下降盘东段应是极有希望获得重大突破的勘探新领域，值得尽快部署勘探。③北部斜坡带是文昌 A 凹陷比较现实的油气勘探后备区。文昌 A 凹陷烃源岩生烃灶之油气运聚方向主要指向北部斜坡带，该区东西两侧探井均见到数百米的油气显示，表明其油气运移相当活跃，在具备良好圈闭聚集条件的场所肯定能形成油气藏。因此，该区应该加强古近系隐蔽性圈闭的落实和成藏地质条件研究，优选最佳勘探目标钻探尽快获得突破。④该区凹陷边缘深大断裂附近和隆起区不同类型的圈闭，亦是有利油气勘探目标和重要勘探领域，如与文昌 A 凹陷 WC9-1/2 气藏及 WC10-3 气藏邻近，且处在深大断裂附近及隆起区之上的 WC15-2、WC16-1 及 WC5-2 等构造圈闭目标，具备油气成藏地质条件，应进行油气地质综合分析评价，争取尽快实施钻探，以期获得新突破和重大发现。

3. 珠二坳陷及珠四坳陷/南部坳陷深水油气勘探方向及领域

珠江口盆地东部珠二坳陷白云凹陷深水区和珠四坳陷/南部坳陷深水区，属油气勘探及研究的新区或薄弱区，油气勘探及研究程度甚低。虽然在凹陷北坡浅水-深水过渡区天然气勘探已获重大突破，发现了 2 个中小型气田及 5 个含气构造；在深水区白云凹陷中东部钻了 10 多口合作及自营探井，且获得了重大油气发现（LW3-1 等气田群天然气地质储量超过 1000 亿 m^3；LH16-2 及 20-2 油田规模达 1.35 亿吨），同时，在该区还获得了天然气水合物勘探的重大突破，勘查发现了两个 1000 亿 m^3 天然气储量规模的水合物矿藏。但该区迄今为止，深水油气（水合物）勘探及研究程度仍然很低，且深水油气及天然气水合物资源潜力大，其油气勘探前景颇佳。因此，该区深水油气及水合物勘探应是最具潜力、最现实的增储上产的新领域，应加快勘探力度及步伐，集中优势力量尽快突破及拓展白云凹陷东南部及周缘深水油气和水合物勘探领域。盆地南部坳陷带深水区，近年来通过地震资料解释与落实，发现了荔湾凹陷、兴宁凹陷、靖海凹陷及部分颇具规模的构造圈闭目标，且具备油气成藏基本地质条件，故该区亦是深水区油气及水合物勘探的重要新领域，值得进一步深入研究和实施勘探与探索，以便扩大珠江口盆地东部的油气储量规模，早日建成珠江口盆地深水区油气及水合物富集区，以满足珠三角经济社会快速发展之重大需求。

第五节 台西及台西南盆地油气勘探实践

台西盆地和台西南盆地处在南海大陆边缘东北部，位于福建省和台湾省之间台湾海峡及台湾岛西部和西南部陆地一带（图 17.11），分布范围在东经 118°10′~122°00′，北纬 21°10′~25°50′之间。台西盆地面积 9.97 万 km^2，台西南盆地面积 4.43 万 km^2。盆地海水总体北浅南深，台西南盆地南部跨越陆架陆坡至洋陆过渡带附近深海区，南端最大水深可达 3000 m，盆地东北部延伸至台湾西南部陆上。台西盆地南部与澎湖列岛相邻，其东南部可延伸至陆上即台湾中北部陆上地区。

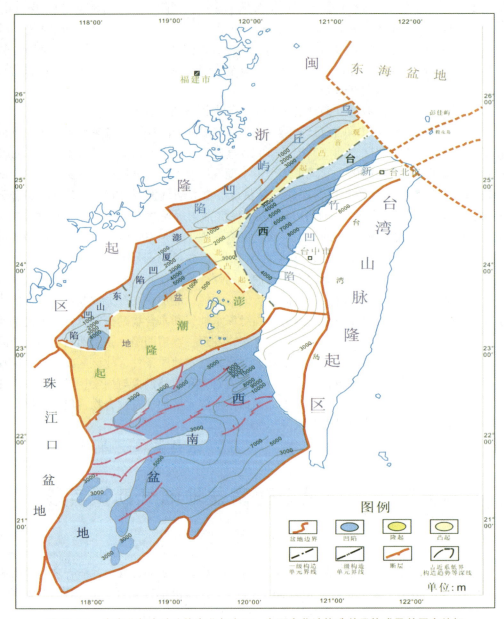

图 17.11　南海北部大陆边缘东北部台西、台西南盆地构造单元构成及其展布特征

一、油气勘探开发实践

1878 年清政府在台湾苗栗地区用顿钻完成第一口井深 120 m 的油井,此为中国近代石油天然气工业开始的标志。1894 年甲午战争后,日本帝国主义在台湾西部陆地勘探开发了出磺坑油田、竹头崎油田和六重溪、牛山、竹东及锦水等气田。

1946 年 6 月,台湾中油公司成立,主要从事台湾陆地及海域油气勘探开发活动。

1952年，在竹头崎钻探8口井，获得低产油气流。1958年12月，加深锦水38井至4063 m，获高产气流（产量约10万 m³/d），之后在宝山、出磺坑等地在4000 m以下钻井亦获得可观油气产量。1959年后，迎来了台湾油气勘探工作的转折点。在1962—1971年期间，勘探发现并开发了铁砧山、崎顶、宝山、白沙屯、永和山等新的小油气田，同时亦继续开展了锦水、出磺坑等老油气田之深部油气勘探开发与挖潜工作，并应用定向侧钻技术由陆地侧钻勘探海域油气田，在新竹县香山乡海滨带部署的崎顶3号和4号井向台湾海峡海区勘探油气。该阶段共钻井200多口，井深4000～5500 m，开创了台湾地区油气勘探的黄金时代，使得台湾地区油气田产量自1960年中期开始增加，至1970年达到油气产量高峰。

1964年，台湾中油公司开始对台湾海峡进行石油勘探，在观音、竹南及大甲海域开展海洋地质/油气地质调查，探索海域地质构造与陆地油气田所处构造的关系及成因联系，并发现了竹南背斜向海域延伸之特点。其后从1966年开始，对台湾海域进行油气勘探开发区块的划分和立法工作。1966年7月，在台湾西部海域划定6个矿区。1968—1970年，又增划新区块，总面积达2.4万 km²。1970年8月，台湾制定了"海域石油探采条例"，并于1974年7月公布了"海洋石油探采条例施行细则"，进而完善了对外合作勘探开发海域石油资源的基本法规。此后，1970—1972年，台湾中油公司与7家外国石油公司签定合作勘探油气条约，其中，美国大陆、阿莫科及经纬石油公司的合同区位于台湾海峡及台湾西南海域，其他石油公司的合同区位于东海盆地。1974年7月，阿莫科石油公司在台西南盆地高雄西部海域钻探了CFC-1井，并在渐新统获天然气及凝析油流，发现了高雄西气田；钻探的CFC-2A井在白垩系亦见油气显示。美国大陆和经纬石油公司在台湾海峡亦进行了石油勘探及钻探工作，但未获商业性油气发现。

台湾中油公司自1969年8月开始自营勘探海上油气，早期曾在苗栗、新竹附近外海进行钻探，未获商业性油气发现。1975年8月开展对外合作勘探油气以来，钻探CEJ-1井，在浅层获天然气发现，但无经济价值；1976年11月，在鹿港外海钻探CDA-1井，完钻井深3951 m，获得天然气及凝析油流，发现了CDA（振安）含油气构造。1977年后，中油公司开始在台湾周围海域进行地球物理勘探和钻探工作。其中，在1982—1983年期间，累计完成重力测量5355 km、磁力测量4391 km，累计采集地震测线6237 km，其中在新竹外海采集三维地震2113 km²。在台湾周围海域的石油钻井主要集中在台湾西南和澎湖周围及新竹到鹿港以西地区。其中，1979—1981年，在新竹近海发现了CBK（长康）油气田及CBS（长胜）含油气构造。通过三维地震探测及钻探评价，落实了长康油气田天然气地质储量（45.9亿 m³）和凝析油地质储量（79.49万 m³），并于1986年进行开发投产，但由于气田规模小，开发效果及经济效益欠佳。

二、区域构造地质及地层系统构成

台西盆地东西向跨越海陆，东北以闽江东大断裂与东海盆地相邻，西南与珠江口盆地东北部相连，东部以逆冲大断层与台湾山脉隆起带相接，西北部及北部为粤闽隆起陆缘区。中-新生代盆地基底为古生代变质岩（台湾岛为大南澳变质岩），中生代/新生代断陷盆地具北坳南隆的构造格局。北部的闽东坳陷由乌丘屿凹陷、厦澎凹陷、新竹凹陷夹持澎湖-观音凸起组成。近大陆一侧的乌丘屿凹陷及厦澎凹陷具东断西超特点，充填地层主要为古新统及始新统和中新统。台湾岛一侧的新竹凹陷充填地层主要为渐新统及中新统和上新统。南部的澎湖-北港隆起大部分地区缺失古近系，但有中生界白垩系分布。台西南盆地位于台湾岛西南部，澎湖-北港隆起南侧，跨越陆架陆坡及深海洋盆北侧附近区域，其东北部可延伸至台湾西南部陆上，即与台湾岛西南部陆地相接。新生代沉积充填地层主要为渐新统（缺失古新统及上新统地层）及中新统和上新统及第四系，且渐新统之下常常有较厚的中生界白垩系分布。盆地中生代-新生代地层系统，主要由前中生界变质岩及花岗岩基底、中生界白垩系浅海相致密碎屑岩与古近系渐新统浅海相碎屑岩及新近系中新统和上新统-第四系的浅海相-深海相碎屑岩体系所构成（图17.12），缺失古新统及始新统地层。纵观两个盆地东西南北地质特点，其不同区域的构造地质演化特征差异较大。台西盆地近闽粤大陆一侧的乌丘屿、厦澎凹陷，古近纪为箕状断陷，沉积充填了厚度很大的古新世及始新世河湖相沉积，渐新世时期抬升，地层遭受剥蚀，新近纪上新世中晚期盆地整体为披盖式沉积；台湾岛一侧的新竹凹陷和台西南盆地，由于目前地质资料有限，其古近纪断陷期面目不清。新近纪时期该区强烈坳陷，沉积了巨厚的滨浅海相和半深海相地层，泥页岩、煤层及砂岩十分发育，尤其是中新统及上新统巨厚的海相泥页岩，非常发育且分布普遍，具有一定的生烃潜力，其与相邻海相碎屑岩构成了良好的生储盖组合，亦为该区泥底辟及泥火山形成发育奠定了雄厚的物质基础。台西南盆地南部及其东北部陆上部分（台湾西南部陆上）异常发育的泥火山，即与其巨厚的新近系泥页岩异常发育密切相关。台西南盆地新生代沉积岩厚度平均5000 m，最厚超过10000 m。其与该盆地西南部邻区珠江口盆地潮汕坳陷中/新生代地层系统及沉积充填特征差异较大。

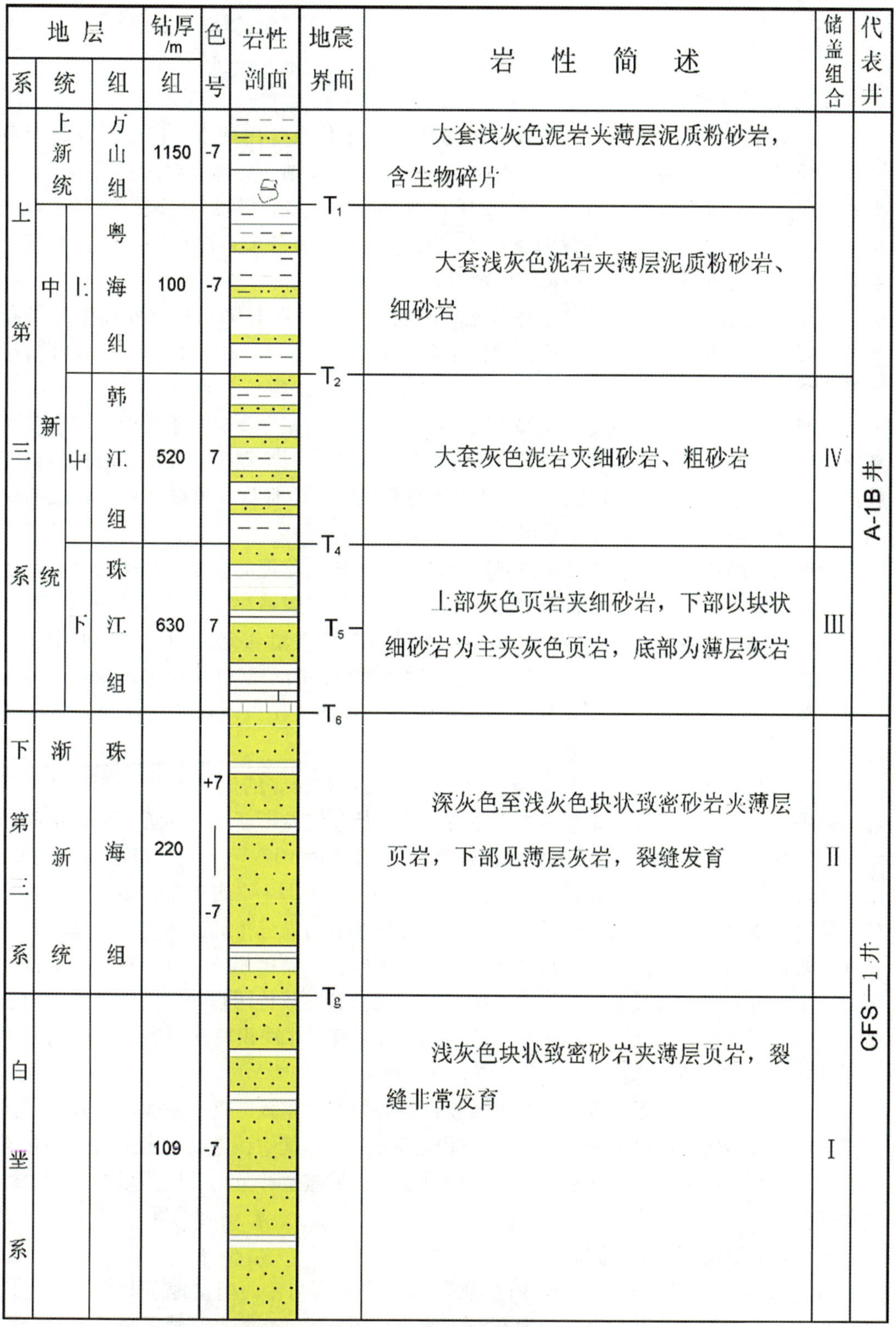

地层			钻厚/m	色号	岩性剖面	地震界面	岩 性 简 述	储盖组合	代表井
系	统	组							
上第三系	上新统	万山组	1150	-7		T₁	大套浅灰色泥岩夹薄层泥质粉砂岩，含生物碎片		A-1B井
	中新统	上 粤海组	100	-7		T₂	大套浅灰色泥岩夹薄层泥质粉砂岩、细砂岩		
		中 韩江组	520	7		T₄	大套灰色泥岩夹细砂岩、粗砂岩	IV	
		下 珠江组	630	7		T₅	上部灰色页岩夹细砂岩，下部以块状细砂岩为主夹灰色页岩，底部为薄层灰岩	III	
下第三系	渐新统	珠海组	220	+7 | -7		T₆ Tg	深灰色至浅灰色块状致密砂岩夹薄层页岩，下部见薄层灰岩，裂缝发育	II	CFS-1井
白垩系			109	-7			浅灰色块状致密砂岩夹薄层页岩，裂缝非常发育	I	

图 17.12 南海东北部台西南盆地中生代–新生代地层系统及沉积充填特征

三、油气地质特征

1. 生储盖组合特征

（1）烃源条件。台西盆地、台西南盆地中-新生代发育白垩系、古近系及新近系三套生烃层系。白垩系湖相泥页岩夹煤层在新竹凹陷和澎湖-北港隆起倾没端具有生烃潜力，在澎湖-观音凸起上的CCT井2231 m处白垩系泥岩有机质丰度较高，TOC含量达1.56%，且处在成熟-高熟热演化阶段。在台西南盆地白垩系泥页岩属一套海相或和海陆过渡相沉积物，亦具有一定的生烃潜力。

古近系古新统生烃岩主要分布在乌丘屿凹陷，TOC含量1.0%~1.6%，生源母质类型为偏腐殖的Ⅲ型干酪根。始新统湖相泥岩是厦澎凹陷及乌丘屿凹陷的主要烃源岩，始新统湖相泥页岩有机质丰度较高，TOC含量1.03%~2.64%，且以腐泥-腐殖混合型的Ⅱ型干酪根为主，其与南海北部大陆边缘其他盆地湖相烃源岩基本类似。古近系渐新统生烃岩主要分布在新竹凹陷和台西南盆地，其岩性主要为泥岩夹煤层，有机质丰度较低，TOC含量0.5%~1.0%，生源母质类型属偏腐殖的Ⅲ型干酪根，且处在成熟-高熟热演化阶段，具有一定的生烃潜力。

新近系中新统海相泥页岩及煤系是新竹凹陷和台西南盆地的主要生烃层，台西盆地以煤系地层为主，有机质丰富，下中新统木山组及石底组煤系泥岩的TOC含量0.5%~2.0%，中中新统打鹿组海相页岩有机质丰度较高，TOC含量0.5%~1.0%，上中新统碧灵页岩TOC含量0.5%~1.0%，其生源母质类型均以腐殖型母质为主。总之，中新统海相泥页岩已被油气勘探所证实，其为台湾岛上各油气田以及台西南盆地的主要烃源岩。

（2）储层和盖层特点。台西盆地、台西南盆地具有较好的储盖组合条件，有利于油气聚集与保存。中生界白垩系、古近系古新统、始新统及渐新统和新近系中新统砂岩储层较发育。台西南盆地已钻遇白垩统砂岩储层，孔隙度10%~20%，且横向变化大，部分砂岩储集层成岩作用强较致密，其储集空间多以裂缝为主。古近系古新统及始新统砂岩储层主要分布在闽东坳陷一带，地震资料分析主要为扇三角洲砂体类型，储集物性较好。渐新统储层主要分布在新竹等凹陷，为海进砂岩，储集物性较好，在台西南盆地部分区域亦有分布。新近系中新统砂岩储层，主要分布在新竹凹陷和台西南盆地，如长康油气田发育的4套海退三角洲相砂岩储层，以及长隆1井冲积扇砂岩等储层，均为中新统砂岩储层，且储集物性较好。

此外，白垩系和古近系湖相泥页岩及新近系海相泥页是该区良好封盖层，其与下伏相应层位层段砂岩储层可形成多套含油气储盖组合类型。其中，上新统锦水组和中新统打鹿组海相页岩厚度大且分布稳定，是该区重要的区域盖层，且封盖层质量好有利于油气藏保存。

2. 含油气圈闭及油气藏特征

（1）圈闭类型及分布特征。台西盆地东部新竹凹陷和台西南盆地东北部，新生代以来区域上受太平洋及菲律宾板块自东向西的水平挤压活动强烈，形成了成排成带分布的一系列背斜构造圈闭和与逆冲断裂相关的断鼻及断块圈闭。在台湾岛上已发现新竹凹陷东部和台西南盆地东北部陆上部分存存大批背斜构造圈闭。

台西盆地西部的乌丘屿、夏澎凹陷，伸展断裂活动形成的逆牵引背斜及断鼻、断块圈闭，则多沿大断裂展布，具有一定的规律性。其中，澎湖－观音凸起以新近系披覆构造圈闭为主，而古近系地层岩性圈闭及断鼻、断块圈闭则沿断裂带展布。

（2）油气藏特征及开发生产特点。台西盆地新竹凹陷及澎湖－北港隆起和台西南盆地，迄今已勘探发现了一批中小型油气田和含油气构造。在新竹凹陷陆上（岛上）部分已勘探发现了山子脚、宝山、出磺坑等小油田和青草湖、崎顶、永和山、锦水、白沙屯及铁砧山等小气田；在新竹凹陷海域部分目前已勘探发现长康（CBK）油气田和长胜（CBS）、振安（CDA）等含油气构造；在澎湖－北港隆起东部，已勘探发现台西（THS）、八掌溪含油气构造。在台西南盆地陆上部分，已勘探发现竹头崎小油田和冻子脚、六重溪及牛山等小气田；在台西南盆地海域部分，已勘探发现高雄西气田等中小型气田。

根据台西盆地和台西南盆地油气藏类型，其油气产出及开发具有以下特点：①以小型背斜油气藏为主，其次为断块油气藏和岩性油气藏。②含油气层系多，储层储集物性变化大。目前已在中生界白垩系、古近系渐新统、新近系中新统及上新统10余个不同层位层段中获得油气流，如锦水气田上渐新统至上中新统气层有34层，青草湖气田中新统和上新统有6个含油气组段。含油气储集层类型不仅有河湖相砂岩，也有浅海及滨海相砂岩。油气层厚度由几米至几十米不等，含油气层埋藏深度300～5000 m（多为2000～3000 m）。含油气储层储集物性差异较大，一般中新统和上新统海相砂岩储集物性较好，而渐新统和白垩系砂岩储层致密，储层储集物性较差。③以凝析气藏为主，油气藏开发潜能以其弹性驱动居多、水驱较少。青草湖气田、竹东气田、铁砧山气田及长康气田均属凝析气藏，且崎顶气田及锦水气田的部分气藏亦为凝析气藏。这些凝析气田开发生产多以自身的弹性驱动为主。④台西盆地不同油气田油气性质变化较大差异明显。大部分油气田的原油均以低密度、低含硫为主，原油密度$0.80～0.85$ g/cm^3，含硫量$0.015\%～0.94\%$，属于轻质油。仅山子脚油田渐新统五指山组产层原油密度较高，达0.94 g/cm^3，属重质油。该区凝析油密度及含硫量更低，凝析油密度$0.71～0.80$ g/cm^3，其含硫量$0.005\%～0.05\%$。⑤天然气气藏根据天然气组成特点主要有三种类型。一为以甲烷为主的天然气。如铁砧山气田、锦水气田及竹东气田，其天然气中甲烷含量$83\%～96\%$，其他成分较少。二为富含二氧化碳的天然气。如出磺坑气田的天然气中二氧化碳含量$27\%～44\%$，而甲烷含量相对较低。再如崎顶气田的天然气中二氧化碳含量高达63.7%，居绝对优势。三为富含硫化氢的天然气。如长胜含油气构造（CBS）的天然气中硫化氢含量高达44%，属于高含硫化氢的气藏。

四、油气资源潜力及勘探前景

前已论及，台西及台西南盆地位于福建省和台湾省之间台湾海峡及台湾岛西南部陆地一侧，其西部与珠江口盆地东部相接，东北部与东海盆地西南部相连。其中，台西盆地平行闽浙隆起陆缘区呈北北东向展布，其东北以闽江东大断裂与东海盆地相接，西南与珠江口盆地东北部相连，东部以逆冲大断层与台湾山脉隆起带相接，西北部为粤闽隆起区，中生代及新生代断陷盆地均具北坳南隆的构造格局；台西南盆地位于台湾岛西南部，澎湖－北港隆起南侧，盆地跨越陆架陆坡至洋盆北部边缘深海区。盆地主要由北部坳陷、中部隆起及南部坳陷三个主要构造单元构成，沉积充填的地层主要为渐新统、中新统和上新统及第四系，大部分地区缺失古新统和始新统，但有较厚的中生界白垩系分布。台西南盆地油气地质特点及油气运聚成藏规律，与中国东部陆相断陷盆地及其他近海陆架断陷盆地基本类似，亦具有凹凸相间、断洼相隔、块断差异活动及自成含油气体系的断块油气运聚系统及特点。同时，由于该区中新世的断裂活动非常活跃，且纵向上切割层位多一般可延伸至浅层，加之盆地南部坳陷区泥底辟/泥火山及气烟囱异常发育，故该区油气运聚系统非常活跃，油气可通过断裂及泥火山通道运聚到成烃门限以上的构造及非构造圈闭之中。总之，台西南盆地虽然油气地质条件较好，且油气运聚系统发育，但油气勘探及研究程度尚低。长期以来台西南盆地油气勘探，均主要集中在中央/中部隆起带，迄今已钻30口多探井，先后勘探发现了CFC、CFS及CGF等含油气构造及中小型油气田，但由于其油气储量小多处于海上油气田开发的经济门槛附近，单独开发不具经济效益故迟迟未投入开发生产。由于台西南盆地中央隆起带属区域上油气运聚的有利低势区（夹持在南、北生烃凹陷之间），故具有较好油气运聚成藏条件，迄今为止勘探发现的油气藏均分布在该区带。因此，处于中央隆起带上且在油气优势运聚系统有效范围内之不同层位、不同类型圈闭，均极易捕获油气而最终富集成藏（何家雄等，2005，2006）。然而，由于该区以往的30多口探井均主要集中在中央隆起带中段的局部区域，而该隆起带东西两端至今尚未开展油气勘探，故该带整体油气勘探程度非常低，但其油气运聚成藏条件与中央隆起带中部完全相似，因此，这些区域应该具有较大油气资源潜力及勘探前景。另外，在盆地中央隆起带南侧和南部坳陷深水区，亦具备较好的油气成藏地质条件，据初步的海洋地质及油气地质调查表明，该区具有深水油气及天然气水合物的资源潜力及勘探前景，亦属于未来油气勘探的新区、新领域，有望将来能够获得油气及水合物勘探的新突破。

　　台西盆地和台西南盆地油气资源潜力评价与预测，根据中国科学院南海海洋研究所和福建海洋研究所1989年联合完成的《台湾海峡西部石油地质地球物理调查研究报告》对其油气资源评价预测结果表明，台西盆地石油地质总资源量为（19.7～46.6）亿吨，其中，新竹凹陷为（15.5～36.7）亿吨；厦澎凹陷为（2.5～6.2）亿吨；乌丘屿凹陷为（1.7～3.7）亿吨。其后1993年中国海洋石油总公司第二轮油气资源评价结果，则预测台西盆地石油地质资源量为7.29亿吨，台西南盆地石油地质资源量为3.27亿吨。另外，据2009年6月原国土资源部、国家发改委及财政部发布的《新一轮全国油气资源评价成果》，预测台西盆地和台西南盆地总石油远景资源量为3.96亿吨，地质资源量为1.85亿吨；两盆地天然气远景资源量为3638亿m^3，地质资源量为2052亿m^3，油气总资源量为4.32亿吨油当量。另外近期中海油对这两个盆地的油气资源评价结果亦偏低，预测其油气远景资源量为7.6亿吨油当量，油气探明程度仅3.69%。总之，由于受到油气地质资料及研究程度的制约与限制，虽然不同时期不同单位评价预测所获两盆地油气资源规模及潜力差异较大，但可以肯定该区具有一定的油气资源潜力和较好油气勘探前景。

　　综上所述，台西盆地及台西南盆地具有油气资源潜力及较好勘探前景，其有利油气成藏的地质条件具体可总结为以下 4 个方面。①具有海相和陆相两种类型烃源岩，生烃层系多（从白垩系至上新统）、厚度较大、盆地地温场及地温梯度较高，有利于烃源岩有机质成熟生烃，海相泥页岩和煤系既可生油亦可成气，其较好的生烃条件已被油气勘探所证实。②海相和陆相两种类型储层分布广泛，上新统、中新统和渐新统储层均已获得商业性油气流，尤其是台西盆地不同层位层段砂岩储层的储集物性较好，如果含油气圈闭规模较大且保存条件好，则可形成富集高产的油气藏。③新生代伸展断陷和水平挤压活动伴生，其相互叠置耦合则形成了多种类型的含油气圈闭，新竹凹陷和台西南盆地存在大量的局部背斜构造，厦澎凹陷及乌丘屿凹陷则发育有一定数量的断鼻、断块、地层及岩性等不同类型圈闭，具备了较好圈闭条件，有利于油气富集成藏。该区油气勘探初步证实，沿逆冲断裂和伸展断裂形成的构造圈闭带是有利油气富集区带。④台西盆地新竹凹陷和台西南盆地已发现一批中小型油气田。目前勘探发现的油气藏主要富集于中新统及渐新统砂岩储集层，且在古新统、始新统砂岩储层和白垩系砂岩裂缝储集层中亦有油气聚集，能够形成一些中小型油气田，具有一定的油气资源潜力。虽然目前这些海上油气田单独开发成本高、经济效益较低，但将中小型油气田联合开发或采取滚动勘探开发则具有较好经济效益。另外，台西盆地厦澎凹陷、乌丘屿凹陷及台湾岛上深层和泥火山发育区（包括海上）等油气勘探前沿领域，迄今尚未开展勘探与油气地质综合研究，只要坚持深入研究和不懈探索创新，大幅度增加油气勘探投入与研究的力度，将来有望在该区取得油气勘探的重大突破和新发现。

第十八章 南海中南部盆地油气勘探实践

南海中南部盆地系指北纬 16°00′以南的主要盆地。该区近陆缘区海水较浅，由中南部两侧及西南部陆架浅水区向中心及北部的中央海盆水体逐渐加深，其平均水深 1212 m，其中，中央洋盆最大水深达 4659 m，洋盆东缘的马尼拉海沟最大水深高达 5248 m。从南部大陆边缘盆地至中北部中央洋盆，其总体地貌格局为陆架－陆坡－深海洋盆所组成的三级阶梯地形。在陆坡区南沙台阶上，还发育了碳酸盐岩礁滩，且礁峰林立，形成了起伏多变的海底地形地貌。总之，该区海底槽谷纵横交错，隆洼相间分布，且海山林立、岛屿与珊瑚滩广布，形成了一个颇为壮观的"礁灰岩林"。同时，在南海中南部海域还分布有 500 多个岛屿、沙洲、滩和暗沙，其中露出海面的岛、环洲及礁共 36 个，最大的太平岛面积约 0.43 km²，最高的鸿麻岛海拔 6.2 m。南海中南部海域岛礁区植物属极端盐生类型的肉质耐旱植物群落，如紫草科的银色滨紫，以及栽培的椰子和番木瓜等。该区除栖息有大量的海鸟外，各种鱼类、海龟、贝类及虾蟹类，海参类与各类海藻等均大量繁殖，构成了珊瑚岛特殊的生物生态系统。尚须强调指出，南海中南部南沙海区地质地理位置特殊，既是太平洋与印度洋海运的要冲，又是优良的渔场，同时亦蕴藏着多种丰富的不同类型资源，其在我国交通、国防和资源综合勘探开发与利用上，均具有非常重要的战略地位及意义。

第一节 油气资源潜力与勘探及研究进展

南海中南部盆地自北而南主要包括中建南盆地、万安盆地、南微盆地、礼乐盆地、巴拉望盆地、北康盆地及南沙海槽盆地、曾母盆地及文莱－沙巴盆地。其周缘分别与越南、印度尼西亚、马来西亚、文莱、菲律宾相毗邻。南海中南部主要沉积盆地展布及其成因类型，根据中海油最新研究成果（赵志刚等，2018），通过该区重磁震数据联合处理解释与反演得到新生界厚度和断裂平面分布，以 2 km（深水区 1 km）的新生界厚度等值线为分界，亦考虑厚度的变化趋势、基底及断裂展布特征以及重磁异常特点等，可将其大体分为三大盆地群（图 18.1），即中部盆地群（南薇盆地、北康盆地、礼乐盆地、巴拉望盆地和南沙海槽盆地）、西部盆地群（中建南盆地和万安盆地）和南部盆地群（曾母盆地和文莱－沙巴盆地）共 9 大盆地，盆地总面积 70 万 km²，其中在我国传统疆域内面积 45.11 万 km²。诚然，对于南海中南部盆地类型及其划分方案较多，金庆焕和李唐根（2000）从地理、地质、构造、成因及油气分布等方面对南海形成演化和油气资源潜力进行了系统分析阐述，并将南海划分为 14 个盆地（含北部 6 个盆地）；

夏戡原和黄慈流（2000）根据南海新生代板块运动的动力学背景和盆地所处的构造位置，将新生代沉积盆地划分为 26 个（含北部 8 个盆地），且进一步细分为离散边缘盆地、转换带盆地、聚敛边缘盆地和复合型盆地 4 种成因类型；姚伯初等（2004）依据南海构造演化和断裂分布特点，将南海划分为 10 个盆地（含北部 4 个盆地）；李文勇（2004）依据重磁场特征、盆地基底、断裂性质及构造特征等，亦将南海划分为 14 个盆地（含北部 6 个盆地）。本专著为了研究方便和简明实用拟采用中海油"三大盆地群九大盆地"的划分方案，即将南海中南部盆地划分为中部盆地群、西部盆地群和南部盆地群之三大盆地群九大盆地。同时，根据南海中南部盆地基底性质及区域断裂分布特征，结合前人的研究成果，将南海中南部盆地成因类型划分为中部伸展－漂移裂离型、西部伸展－走滑型和南部伸展－挤压与走滑－伸展复合型 3 种不同构造属性的盆地群类型。其中，中部盆地群主要包括南薇盆地、北康盆地、礼乐盆地、巴拉望盆地和南沙海槽盆地（图 18.1）。该盆地群主要分布在南沙地块之上，其是随着南海扩张漂移作用即由于古南海消亡新南海形成而从南海北部陆缘区裂离漂移到现今所在位置；西部盆地群主要由中建南盆地和万安盆地构成，展布于南海中央洋盆西部及西南部和印支地块东部，主要受区域大型走滑拉分活动及作用所形成；南部盆地群则由曾母盆地及文莱－沙巴盆地所组成，其是受古南海洋壳向南俯冲消亡于婆罗洲地块之下所形成的挤压－碰撞之前陆盆地，且兼有伸展－挤压和走滑－伸展的复合性质。很显然，这三种不同成因类型盆地群的形成展布，均主要是受控于南海中南部构造演化过程中所经受不同的构造应力背景及其地球动力学环境之差异所致。

南海中南部油气资源极其丰富，油气资源潜力巨大。根据中海油张厚和等（2018）针对南海中南部所开展的油气地质资料与勘探开发成果的系统搜集整理和综合调研，并结合多家国外石油公司及研究机构的油气资源评价预测结果，可以确定南海中南部主要盆地石油天然气总资源量可达 637.42 亿吨油当量，其中石油地质资源量为 245.52 亿吨，天然气地质资源量高达 39.19 万亿 m^3，很显然该区以天然气资源为主。尚须强调指出的是，南海中南部在我国传统疆域内石油天然气资源极为丰富，其石油天然气总资源量可高达 435.42 亿吨油当量（其中石油资源量为 150.02 亿吨，天然气资源量达 28.54 万亿 m^3），约占南海中南部全区油气资源的 68.31% 以上。以上油气资源评价预测结果，均充分表明和证实了南海中南部油气资源潜力大，且远比南海北部油气资源丰富。

总之，南海中南部主要盆地自 20 世纪 70 年代初开展大规模油气勘探以来，迄今已勘探发现数百个油气田，是世界上为数不多的常规油气储量超过 100 亿吨油当量的巨型油气富集区。该区油气资源潜力巨大，其总油气资源规模相当于中国近海盆地总油气资源量的一半，大约为南海北部大陆边缘盆地总油气资源量的两倍以上。尚须强调指出的是，南海中南部主要盆地油气资源分布并不均衡，不同类型盆地及区带油气资源潜力及油气资源规模差异较大。其中，尤以南部盆地群曾母盆地及文莱－沙巴盆地和西部盆地群万安盆地油气资源最丰富，迄今勘探发现的油气田及油气储量最多，且其油气勘探程度及研究程度亦最高。除此之外该区油气资源较丰富的盆地尚有中建南盆地、南北巴拉望盆地、南沙海槽盆地、礼乐盆地和北康盆地等，这些盆地多位于或大部分处在南海中南部深水区，亦具有较大油气资源潜力和较好的油气勘探前景，但由于受政治经济及自

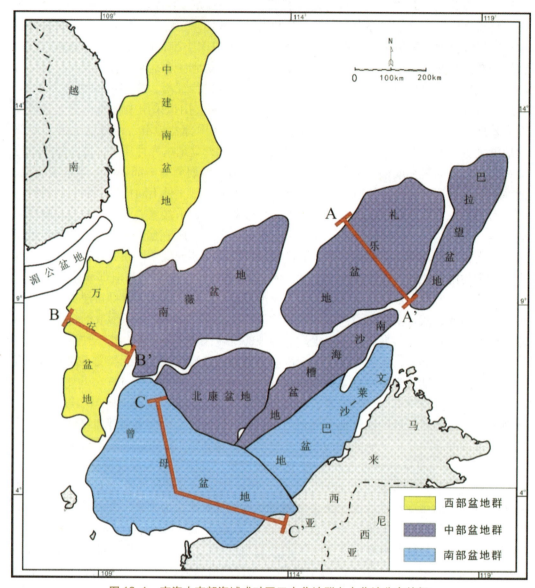

图 18.1 南海中南部海域成矿区三大盆地群九大盆地分布特征
(据赵志刚,2018)

然等多种因素的影响,导致其油气勘探及研究程度甚低,油气勘探进展缓慢。此外,该区其他沉积充填及展布规模较小的盆地,则其油气资源潜力较小且油气勘探前景欠佳。

我国在南海中南部海域即传统的九段线以内亦做过大量基础油气地质及海洋地质调查,先后开展了油气地质普查及某些局部区域的详查工作(金庆焕等,1989,1997,2000;邱燕等,2005;姚伯初等,1993,1999,2004;姚永坚等,2002,2005;刘振湖等,1996,2005)。先后在该区实施和完成了 50000 km 二维地震探测和某些区域骨干剖面的重磁探测工作。同时,亦开展了大量的海洋地质及油气地质综合研究,调研搜集了一些钻井资料和油气地质地球化学资料等,分析解释和判识确定了南海中南部新生代盆地 6 个主要的地震地层反射界面，建立了新生代盆地基本的层序地层格架，划分确定了不同类型盆地的主要构造单元，建立和构建了南海中南部盆地的基本构造格局；在大量地质地球物理资料综合分析研究的基础上，根据地球动力学环境及构造地质基本特点，结合古地磁及火山岩分布和古地理研究成果，应用层序地层学理论深入分析了盆地深部结构与构造沉积演化特征及其热体制特点；通过油气地质条件综合分析研究，基本搞清了第三系烃源岩分布特征及主要储盖组合与含油气圈闭类型，以及油气分布特点与油气运聚富集的基本成藏模式等，进而为该区进一步油气勘探与油气地质评价及资源潜力分析等奠定了扎实的基础。

综上所述，根据南海中南部油气勘探实践与油气地质综合分析研究（金庆焕等，1989，2000；姚伯初等，1996，1998，2004，2008；刘振湖等，1997，2005；姚永坚等，2002，2008；张功成等，2013；张厚和等，2017，2018），可以得到以下几点重要成果与认识：①南海中南部盆地新生代主要经历了三大构造演化阶段、四次构造运动及两大成盆期，发育了四组断裂系统且控盆断裂分带性明显，故形成了三种成因类型的盆地群，进而为该区油气藏形成及其分布富集奠定了地质基础。②南海周边三大古水系发育展布，控制了南海中南部新生代盆地主要沉积体系展布规模及分布特点，且不同地史时期水系对沉积体系发育展布的影响程度不同。新生代主要沉积充填了海相、湖泊相、三角洲相、扇三角洲相、沼泽相和碳酸盐台地及生物礁相等沉积物，其伴随古南海消亡和新南海形成及其扩张裂解漂移，大部分盆地均经历了陆相/海相－海陆过渡相－海相的沉积演化过程，且形成了不同类型的烃源岩及储集层。③南海中南部盆地主要发育三套烃源层系和三套储集层及其相应的储盖组合类型，烃源岩以湖相/海相泥岩、海陆过渡相泥岩、炭质泥岩和煤层为主。储集层则主要以中新统海相砂岩和礁灰岩为主，亦有始新统及渐新统陆相砂岩。其主要储盖组合类型亦存在三套，即中新统滨浅海碳酸盐岩储盖组合、渐新统及中新统海陆过渡相碎屑岩储盖组合、中新统海相碎屑岩储盖组合。④南海中南部盆地大中型油气田分布与南部北部类似，亦具有外带近陆缘区以碎屑岩储层为主，主要富集石油，而远离陆缘区内带邻近中央洋盆，多为碳酸盐岩及生物礁储层及少量碎屑岩储层，且以富天然气为主。同时，油气纵向分布上亦具有分层分段性，平面上具有分区分块性。

第二节　油气地质基本特征

一、三套主要烃源/生烃层系

南海中南部主要盆地在新生代"下陆上海"的沉积充填演化过程中，形成了三套主要烃源/生烃层系：①古－始新统，以湖相/海相泥岩、碳质泥岩为主，构成的湖相烃源岩系（礼乐盆地始新统为海相烃源岩）；②渐新统，以湖相/海相泥岩、海陆过渡相泥岩及碳质泥岩和煤层为主构成的煤系烃源岩；③中新统海相及海陆过渡相烃源岩，以海陆过渡相和海相泥岩及碳质泥岩为主，构成了中新统陆源海相烃源岩和海陆过渡相烃源岩系。不同区域不同盆地群主要烃源岩分布层位/层段及其沉积充填特征与沉积相类型等均有所差异，西部盆地群万安盆地、南部盆地群曾母盆地烃源岩及生烃层系为渐新统湖相及海陆过渡相煤系、下中新统海相泥页岩，生源母质类型主要为II_2-III干酪根，以产出大量天然气为主伴生少量凝析油及轻质油或者产出大量轻质油及天然气；南部及东南部盆地群文莱-沙巴盆地烃源岩及生烃层系，主要为中-上中新统海相烃源岩和富氢煤系烃源岩，生源母质类型为II_1-III干酪根，主要产出大量煤型轻质油及天然气；中部盆地群礼乐和北巴拉望盆地烃源岩及生烃层系主要为始新统及渐新统海相和海陆过渡相烃源岩，生源母质类型亦属II-III干酪根，即为海相环境陆源母质类型，故亦主要以产出天然气为主，伴生少量凝析油及轻质油。总之，依据主要烃源岩及生烃层系沉积相类型及分布特点，结合其地质地球化学特征，可以综合判识确定南海中南部主要烃源岩为海陆过渡相煤系和滨浅海相及半深海相泥页岩。该区烃源岩有机质丰度介于0.5%~5.0%之间，平均为1%左右，属于中等有机质丰度。尽管有机质丰度不高，但烃源岩分布面积广、沉积厚度大、成熟度相对较高，故南海中南部地区具有较大的生烃潜力。依据烃源岩及生烃层系有机质丰度（TOC）与生烃潜量（S_1+S_2）之关系图版，可以看出，南海中南部主要盆地渐新统与中新统烃源岩及生烃层系的生烃潜力均可达到中等-好的烃源岩生烃标准。另外，在该区渐新统及中新统陆源海相烃源岩和海陆过渡相烃源岩中均检测到双杜松烷及奥利烷等陆生高等植物生物标志物，且不溶有机质干酪根检测亦属于偏腐殖型生源母质类型，表明该区不论是海相/湖相烃源岩还是海陆过渡相烃源岩，其有机质均主要来源于陆生高等植物，亦即这种偏腐殖型煤系烃源岩和陆源海相烃源岩类型，其生源母质先质均属不同沉积环境（海相/陆相）所形成的偏腐殖型陆源母质类型。

二、三套主要含油气储层类型

南海中南部盆地群油气田/油气藏的主要含油气储层类型主要有三套，即渐新统-中新统海相/陆相砂岩、中中新统-上中新统碳酸盐岩/礁灰岩、前古近系盆地基岩（火成岩/变质岩或碳酸盐岩），主力储集层是中新统海相砂岩和礁灰岩。此外，始新统和上新统也有砂岩储层分布。尚须强调指出，南海中南部主要油气田/油气藏之砂岩储层，是该区主要的储集层类型，主要形成于河流相、三角洲相、浊积相及滨浅海相等沉积环境，其砂岩孔隙度10%~29%，渗透率100~2000 mD，属于高孔高渗非常好的含油气储层类型。南海中南部主要盆地不同类型储集层空间分布具有一定的分区分带性。其中，渐新统-中新统和中中新统-上新统砂岩储集层平面展布，主要集中分布于万安盆地西南部、曾母盆地南部及文莱-沙巴盆地等区域；而渐新统-下中新统和中中新统-上中新统及上新统碳酸盐岩台地及生物礁储集层，则主要分布于巴拉望盆地北部、曾母盆地北部及万安盆地东部等区域。另外，不同地质时期，主要储集层类型及其分布特点亦有较大变化（张厚和等，2018）。古-始新世，除礼乐盆地西北部发育三角洲平原和前缘相砂体储层外，其他地区地层往往剥蚀而缺失。渐新世时期，由万安盆地西北部隆起提供物源，形成了近源搬运的河流-三角洲相碎屑岩储层，但储集物性欠佳。同时在曾母盆地南部亦发育扇三角洲和三角洲相碎屑岩储层。早中新世，万安盆地西部发育三角洲，形成前缘席状砂等类型的储集层，其是该区油田的主要产层；曾母盆地南部在该时期则形成了三角洲和滨岸相砂岩储集层。中中新世以后，随着古湄公河水系物源供给加大和海平面上升海侵扩大，万安盆地西部和曾母盆地南部均形成了三角洲前缘席状砂和河口坝等砂体储集层；同时在万安盆地中部和东南部、曾母盆地中部及北部和北康盆地西南部，则形成了展布规模较大的碳酸盐岩台地/生物礁储层，其是该区重要的产气层。与此同时文莱-沙巴盆地中中新统-上中新统，亦形成了大套海相砂岩储集层而成为该区的主要产油层。

三、主要生储盖成藏组合类型

南海中南部盆地群新生界主要存在三套生储盖成藏组合类型。①中新统滨浅海碳酸盐岩生储盖成藏组合类型，即滨浅海相泥页岩（生）-台地相碳酸盐岩/生物礁相（储）-海相泥岩及泥灰岩（盖）构成的成藏组合类型。②渐新统及中新统海陆过渡相碎屑岩生储盖成藏组合类型，即湖泊相及海岸湖沼相泥页岩和煤系（生）-三角洲相砂岩（储）-前三角洲相、滨浅海相泥岩（盖）构成的成藏组合类型。③中新统及上新统海相碎屑岩生储盖成藏组合类型，即滨浅海泥岩及三角洲煤系泥岩（生）-滨浅海相砂岩（储）-浅海半深海相泥岩（盖）构成的成藏组合类型。剖面上一般均可构成下生上储、自生自储和上生下储/新生古储的成藏组合类型，如即近岸湖沼、海湾相泥岩（生）-前古近系不同类型基岩潜山（储）-前三角洲相泥岩和湖沼及海湾相泥岩（该盖）构成的上生下储新生古储的成藏组合类型。

四、多种含油气圈闭类型

南海中南部盆地群含油气圈闭类型较多，既有由于构造断裂活动形成的不同类型构造圈闭（背斜、断块及断鼻和泥底辟伴生构造等），亦有以地层因素为主形成的地层-岩性圈闭，还有由构造与地层因素共同作用所形成的不同类型的复合圈闭（杨明慧等，2015，2017）。其中，构造圈闭类型主要为滚动背斜、披覆背斜、断块、断鼻和泥底辟伴生构造等；地层-岩性圈闭类型主要有生物礁隆、碳酸盐岩隆、古潜山、地层超覆尖灭、三角洲砂体及浊积砂体和不整合圈闭等；构造-地层岩性复合圈闭，则主要为断块-礁隆、断块-碳酸盐岩隆、古潜山-披覆背斜带等。目前已勘探发现的油气田和含油气构造圈闭类型，主要有滚动背斜、披覆背斜、断背斜及断块和礁隆、碳酸盐岩隆和浊积砂体等。其中，礁隆、碳酸盐岩降等地层型圈闭主要展布于曾母盆地南康台地和万安盆地；背斜、断背斜等构造型圈闭，则主要分布于万安盆地、文莱-沙巴盆地陆棚和曾母盆地巴林坚地区；构造-地层和地层-构造等复合型圈闭，则主要分布在曾母盆地中部和文莱-沙巴盆地内带（包括深水扇地层-构造圈闭）以及礼乐盆地和北巴拉望盆地。总之，该区不同类型含油气圈闭展布特征，大体上具有远离陆缘区的内带（邻近中央洋盆较深水区）主要以碳酸盐岩隆及生物礁地层圈闭类型为主，而近陆缘区的外带（近陆缘远离中央洋盆浅水区），则主要以构造圈闭及构造-地层复合圈闭类型为主，油气及油气田分布则具有内气外油的特点。

五、大中型油气田分布规律及特点

据中海油张厚和等（2016，2017）分析统计与研究结果，截至2014年6月，南海中南部主要盆地已勘探发现油田41个、油气田158个、气田157个，合计共356个。如果按地质储量大于1000万吨油当量统计，其中大中型油田18个、气田56个、油气田79个，合计153个。如果分盆地统计，则油田、油气田、气田及其油气储量均主要集中于曾母盆地和文莱-沙巴盆地，其次为万安盆地和北巴拉望盆地。

南海中南部主要盆地大中型油气田分布一般具有"外带（近陆缘区）砂岩油气藏富集、内带（邻近中央洋盆远离陆缘区）碳酸盐岩气藏富集"，或"外带以砂岩油气藏为主、内带以碳酸盐岩气藏为主"的展布规律（张功成等，2013；张厚和等，2018），而且由于受盆地所在区域热流场高低和烃源岩成熟演化程度的控制影响，该区油气藏及大中型油气田在平面上展布多具有"陆架浅水区富油，陆坡深水区富气"且沿南海中央洋盆西南部呈半环带状分布的特点。其中，近陆缘区外环渐新统及中新统海相砂岩油气藏及油气富集带，主要包括万安盆地西北断阶带、西部坳陷和西南斜坡和曾母盆地东巴林坚坳陷以及文莱-沙巴盆地陆架区和巴拉望盆地浅水区外侧等区域，以砂岩油藏、油气藏及大中型油田和油气田为主，构成了近陆缘区的石油富集区。邻近中央洋盆内环中新统碳酸盐岩气藏及富气带则主要包括万安盆地中部坳陷，曾母盆地南康台地及西部斜坡和文莱-沙巴盆地北侧及巴拉望盆地深水内侧等区域，其均以大量气藏及大中型气田为主，构成了环中央洋盆西南部（远离陆缘区）的天然气富集区带。总之，南海中南部油气分布不仅纵向上具有明显的分层性，油气及大中型油气田均主要集中于渐新统及中新统碎屑岩储层和中新统及上新统生物礁和碳酸盐岩储层之中，而且平面上油气及大中型油气田分布亦具有分区分带的特点，即中新统碎屑岩及生物礁大中型气田及油气田，均主要集中分布于远离陆缘区的内带，而渐新统及中新统乃至上新统碎屑岩大中型油田及油气田则主要集中展布在近陆缘区的外带。总体上，南海中南部主要盆地油气及大中型油气田分布尤其是油气地质储量，均主要集中于南部及东南部的曾母盆地及文莱-沙巴盆地和西部的万安盆地及东北部巴拉望盆地，其他区域如中部的礼乐盆地、南微西盆地和北康盆地及巴拉望盆地等油气田分布及油气地质储量均甚少。

六、油气运聚成藏模式及控制因素

南海中南部不同盆地群构造演化及沉积充填特征各异，故导致其油气成藏要素组合及运聚成藏模式等均存在一定的差异性（表18.1）。其中，南海中部盆地群由于远离周边大陆边缘邻近中央洋盆，缺乏大量陆源碎屑物质输入与供给，故形成了以碳酸盐岩为主的储集层类型，构成了下生上储的碳酸盐岩油气藏及其成藏组合类型；南海西部盆地群和南部盆地群邻近大陆边缘近岸区，其近岸持续发育大型三角洲物源供给体系之陆源物质输入供给充分，且该区缺少流体大规模输导的深大断裂，故主要形成了自生自储式碎屑岩油气藏之成藏组合类型；西部及南部盆地群远离陆缘的远岸区即靠近中央洋盆的区域，纵向断裂发育且与其他运载体构成了较好的流体运聚输导系统，深部油气源通过该运聚通道系统向浅层圈闭的滨浅海相碳酸盐岩储层运聚供给而形成油气藏，进而形成了下生上储式碳酸盐岩油气藏及其成藏组合类型。以下主要根据该区油气成藏组合特征及其运聚成藏特点，参考中海油赵志刚（2018）研究成果，重点对不同盆地群油气运聚成藏模式及主控因素进行分析阐述。

表 18.1　南海中南部不同盆地群油气运聚成藏要素组合及相关参数特征

成藏要素	中部盆地群 （礼乐、北康等盆地）	西部盆地群 （万安、中建南等盆地）	南部盆地群	
			曾母盆地	文莱-沙巴盆地
主力烃源岩	古新统-始新统	渐新统-下中新统	下-中中新统	上中新统
主要储层时代	渐新世/早中新世	渐新世/中新世	中中新世/晚中新世	
主要储层类型	碳酸盐岩/碎屑岩	碎屑岩/碳酸盐岩	碳酸盐岩（北）/碎屑岩（南）	碎屑岩
主要运移方式	近源垂向	近源垂向+侧向	近源垂向	近源垂向+侧向
主要成藏组合	自生自储/下生上储	自生自储/下生上储	下生上储/自生自储	自生自储/下生上储

（据赵志刚，2018，修改）

1. 中部盆地群油气运聚成藏模式及控制因素

中部盆地群主要包括礼乐盆地及巴拉望盆地、南微盆地、北康盆地及南沙海槽盆地等。油气勘探中发现的油气藏既有砂岩油气藏亦有碳酸盐岩油气藏，其中，砂岩油气藏分布于北康盆地和礼乐盆地及巴拉望盆地，多为始新统及渐新统和下中新统三角洲砂岩油气藏类型，具有自生自储、下生上储的成藏组合特征，见图 18.2（a）。由于中部盆地群在裂解漂移演化阶段缺乏陆源碎屑物质供给，这种砂岩储层油气藏规模小，发现的油气藏及油气亦少，故其为该盆地群次要的油气成藏类型。自晚渐新世以来，由于新南海的裂解扩张，中部盆地群从南海北部大陆边缘裂离漂移到现今的南海中南部位置，其周边大陆边缘陆源物质输入与供给甚少，导致中中新世以来形成了大套滨浅海相碳酸盐岩台地及生物礁储层，进而为碳酸盐岩油气藏形成奠定了物质基础。与此同时，始新世-渐新世形成的大套海相陆源烃源岩及海陆过渡相煤系烃源岩生成的油气，则通过垂向断裂及不同类型运载体等构成的运聚输导系统运移至上覆地层之侧向砂体与不整合构成的运聚通道，然后再侧向运移至碳酸盐岩储层及圈闭中富集成藏。尚须强调指出，上新世以来，中部盆地群沉积的大套海相泥岩为该区油气藏的区域封盖层，该区大部分油气藏均具有典型下生上储顶盖的成藏组合特征，目前勘探发现的 90% 以上油气田均分布在该成藏组合之中。烃源岩及烃源供给输导系统与储盖组合类型及圈闭是该盆地群油气运聚成藏的主控因素。

2. 西部盆地群油气运聚成藏模式及控制因素

西部盆地群主要包括万安盆地和中建南盆地，由于中建南盆地油气勘探及研究程度甚低，油气地质资料甚少，故该盆地群仅以万安盆地为代表，进行分析阐述。由图

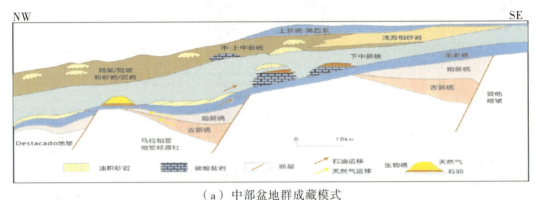

（a）中部盆地群成藏模式

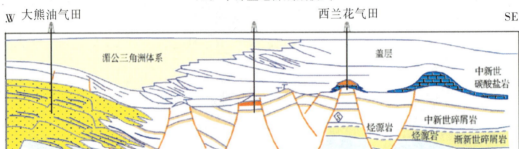

（b）西部盆地群成藏模式

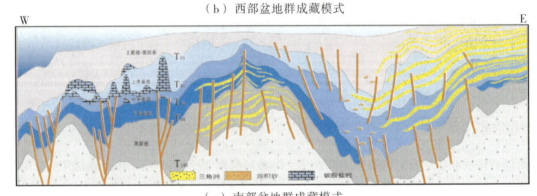

（c）南部盆地群成藏模式

图 18.2　南海中南部成矿区三大盆地群油气运聚成藏模式

（据赵志刚，2018）

18.2（b）所示可以看出，邻近大陆边缘区的万安盆地西侧油气藏主要为砂岩油气藏，具有自生自储的成藏组合特点。由于万安盆地西侧构造活动弱，活动断层少且纵向上尚未切穿沟通浅部砂岩储层及圈闭，渐新统烃源岩生成的油气只能通过断裂及砂岩运载体侧向运移聚集于近岸三角洲砂岩储层之中，如大熊三角洲砂岩油气田即是其典型实例。这种自生自储的砂岩油气田之圈闭类型主要为断块、断背斜和披覆背斜等构造类型，与其砂岩储层间互分布的薄层泥岩可作为良好的局部盖层，其附近侧向延伸的深部厚层泥页岩为烃源岩，构成了自生自储的成藏组合类型及其运聚成藏系统。万安盆地东部即远离陆缘区则陆源物质输入与供给较少，且构造活动相对强烈，深大断裂沟通了深部渐新统烃源岩与浅层的碳酸盐岩台地及生物礁储层，深部烃源岩生成的大量油气沿纵向断裂运移至中新统碳酸盐岩储层及生物礁圈闭之中聚集成藏。生物礁圈闭上覆的上新世-第四纪海相泥岩为其油气封盖层或区域盖层，因此，万安盆地东部碳酸盐岩油气藏具有下生上储的成藏组合特征，其成藏主控因素主要取决于深部烃源供给及运聚系统与浅层生物礁储层及圈闭的时空耦合配置。

3. 南部盆地群油气运聚成藏模式及控制因素

南部盆地群主要包括曾母盆地及文莱-沙巴盆地。该区主要存在有砂岩油气藏和碳酸盐岩油气藏及其两种成藏组合类型，见图18.2（c）。其中，砂岩油气藏及其自生自储成藏组合类型主要分布于曾母盆地南部及文莱-沙巴盆地大部分地区。曾母盆地南部邻近南海南部大陆边缘，自渐新世-上新世以来持续发育大规模三角洲，且陆源物质输入与供给充足。由于该区构造活动相对较弱，大型垂向断裂不发育，故渐新统及中新统烃源岩缺乏垂向运移通道，其油气等流体难以向浅层运聚成藏。因此，深部前三角洲泥岩烃源岩生成的油气均只能侧向运移聚集在与层间泥岩夹层构成的渐新统及中新统砂岩储盖组合及圈闭之中。文莱-沙巴盆地中-晚中新世形成的大型三角洲砂岩油气藏亦与上述砂岩油气藏类似，其砂岩储层垂向厚度大，横向连片性好。由于该区晚期构造活动弱，断裂多终止于中-上中新统，深部烃源岩生成的油气通过断裂及运载层砂岩侧向运移并在三角洲砂岩储层中富集成藏，其多套层间泥岩夹层作为三角洲砂岩油气藏的局部盖层，具有非常好的储盖配置关系及自生自储成藏组合特点。碳酸盐岩下生上储成藏组合类型，主要分布于远离陆缘区靠近中央洋盆附近的曾母盆地北部。由于中-晚中新世受越东断裂和廷贾断裂走滑作用的影响，曾母盆地北部早期古近系地层挤压反转形成局部隆起，并在其滨浅海沉积环境中沉积充填了大套碳酸盐岩储层及生物礁，而挤压及走滑伸展作用形成纵向断裂及砂岩运载体构成的运聚输导系统，则沟通了深部渐新统及中下中新统海相陆源烃源岩及海陆过渡相煤系烃源岩，导致其生成的大量油气沿断层垂向运移并在中中新统及上中新统碳酸盐岩储层及生物礁圈闭中聚集成藏，形成下生上储的碳酸盐岩油气藏及其成藏组合类型。总之，西部盆地群主要存在自生自储的砂岩油气藏与下生上储的碳酸盐岩油气藏两种类型油气运聚成藏模式，其成藏主控因素均主要取决于烃源岩及其运聚输导系统与储层及储盖组合和含油气圈闭的时空耦合配置，两者的密切配合决定了油气藏形成及其分布富集规律。

第三节　构造沉积演化与油气成藏特点

南海属于西太平洋边缘海最大海盆之一，面积约308万 km^2。其大地构造位置处在欧亚板块、太平洋板块和印度-澳大利亚板块相互交汇处，也是特提斯构造域与太平洋构造域的复合过渡区。南海构造演化史具有独特的形成演化模式及特点。其既不像菲律宾海、日本海那种弧后盆地，亦不像白令海那样的被岛弧圈围限捕的边缘海，且与典型大西洋型被动大陆边缘海盆亦明显不同。南海新生代构造演化过程经历了早期的古南海与晚期的新南海两大边缘海构造旋回（张功成等，2015），受边缘海构造旋回不同阶段地球动力学背景差异之控制作用，最终形成了不同类型的构造断裂格架及大陆边缘类型，自北而南构成了由南海北缘块体、中西沙块体、南海南缘块体、南海中部块体和礼乐－巴拉望块体等组成的基本构造展布格局，进而控制和制约了不同大陆边缘盆地性质及其展布特点。

环绕南海中央洋盆的不同类型大陆边缘及其盆地群展布特征，一般具有"北张南压东挤西滑"的特点（张功成等，2013，2014），即北部大陆边缘盆地具有伸展张裂特征，南部大陆边缘盆地具有挤压－走滑－伸展的复合特点，西部大陆边缘盆地具有走滑－伸展特征，而东部大陆边缘盆地则具有挤压碰撞特点。这主要是由于南海处在滨（环）太平洋与特提斯－喜马拉雅两大构造域的发生、发展、交切与复合之混合区域，亦属于南海海底裂解扩张及三大板块相互作用的影响区之特殊大地构造位置所决定的。因此，不同类型大陆边缘盆地形成演化过程及其构造格局与沉积充填特点等，均控制影响了油气成藏与油气分布富集规律。

前已论及，南海中南部主要盆地系指北纬16°00′以南的广大区域。根据深部地质地球物理特点、地壳类型、基底结构、构造断裂格架、钻井和区域地质构造特征，即可将南海中南部区域构造单元划分为：西沙－中沙块体、南沙块体、印支块体、锡布增生系褶皱带四部分，其中南沙块体亦可进一步划分为礼乐－巴拉望地块、永暑－太平地块、曾母地块。这些不同类型块体形成及其展布控制影响了沉积盆地性质及构造沉积充填特点与分布特征。海中南部三大盆地群受控于北东、北西及近南北三组区域断裂体系的发育展布（赵志刚，2018）。其中，中部盆地群新生界主要发育伸展断裂，该区北部发育往往形成伸展正断裂，靠近南沙海槽东侧发育一系列逆断层，且长期受廷贾、中南－礼乐等走滑断裂影响，被走滑断层切割，具有北拉张南挤特点，形成了一系列伸展－漂移裂离型盆地；西部盆地群与越东－万安断裂密切相关。越东断裂带经历了印支期、燕山期及喜马拉雅期等多期构造火山活动，这条断裂带向北与红河断裂带及莺歌海盆地边界断裂带相连，向南经万安东断裂带与廷贾大断裂带相接连，是印支地块与华南地块之间的重要分隔带，亦是一条大型走滑转换断裂带，故在该区形成了万安和中建南等走滑伸展型盆地。该区大部分地震剖面上花状构造发育，显示具有走滑拉分活动特征；南部盆地群则主要受控于南部南沙海槽南缘挤压断裂系统，由于古南海向南俯冲及新南海扩张裂解作用的结果，导致南沙地块与加里曼丹地块碰撞形成前陆盆地，故其具有明显的南压北张的特点，且受控于碰撞增生带和廷贾走滑断裂带的综合作用，其断裂具有冲断－褶皱特征。

南海中南部主要盆地新生代以来历经四次重要的区域构造运动，不同时期主要的构造运动及其重大地质事件，在不同区域及盆地群均形成产生了非常明显的构造地质响应及其产物标志物，亦形成了不同类型盆地且控制了沉积充填特征乃至油气运聚成藏与分布富集规律。白垩纪末期，太平洋板块运动方向和运动速率发生了显著改变，造成了欧亚大陆东缘及东南缘区域构造应力场的转变，由前期的挤压作用为主转为晚白垩世之后伸展拉张作用，该时期相应的重大构造运动即称之为礼乐运动。礼乐滩区钻井资料（桑帕吉塔－1井），在4200 m深处钻遇前古近系陆架边缘海相基底岩层，即揭示了其晚白垩世－古新世的不整合接触关系；中晚始新世，全球板块格局发生了重要的变化，印度板块与欧亚大陆发生正面碰撞，造成青藏高原全面隆升，导致中南半岛向东南挤出（北部的滑移边界为红河断裂），该时期发生的重要区域构造运动即称为西卫运动；晚渐新世，南海东部次海盆开始扩张，其扩张方向不同于西南次海盆的北西－南东向，而是呈南北向扩展。东部次海盆扩张，推动了礼乐－北巴拉望地块向南漂移以及古南海洋壳向南俯冲消失于西南巴拉望陆架之下，该期构造运动即称为著名的南海运动；中新世中晚期，向北漂移的澳大利亚板块和菲律宾海板块开始遇到阻挡，此期构造运动即称为南沙运动。该时期虽然南海中南部不同区域持续发展时间和表现形式均有所差异，但在南海周缘主要沉积盆地中总体表现均为一次广泛的构造反转之地质事件，且在盆地深水区域或某些局部区域形成了大量碳酸盐岩建造及生物礁。总之，在以上四期区域构造运动及其重大地质事件的控制影响之大背景下，南海中南部盆地群主要沉积充填了始新世－第四纪地层系统及其大套碎屑岩沉积物及部分碳酸盐岩沉积物，其沉积环境主要以海陆过渡相－海相为主，局部区域为陆相－海陆过渡相及海相等沉积序列。

综上所述，南海中南部主要盆地群，主要处在走滑－伸展大陆边缘和挤压－走滑－伸展大陆边缘相互作用之大地构造位置，具有被动大陆边缘盆地的基本属性及其构造演化特征和沉积充填特点，但早期亦有某些主动大陆边缘盆地的特征。因此，不同类型盆地构造演化及沉积充填特征差异明显。其中，西部盆地群属走滑－伸展型盆地，构造演化相对简单，但沉降沉积速率快沉积充填巨厚，形成了规模巨大的新近系沉积体系及泥底辟发育系统，为天然气等矿产资源形成奠定了地质基础；南部盆地群属挤压－走滑－伸展叠加/复合类型盆地，构造演化过程复杂，盆地深部结构及断陷－坳陷演化阶段动力学特点及演变过程明显，最终导致其构造沉积演化及充填特征在近陆缘陆架浅水区与远陆缘的陆坡深水区差异颇大，形成了近陆缘区以石油矿产富集为主，而远陆缘深水区则以富集天然气等矿产资源为主；中部盆地群属于裂离漂移陆块型盆地，历经始新世－早中新世断拗期、中中新世漂移期和晚中新世－现今坳陷期演化阶段，主要以滨浅海－半深海沉积环境为主，陆源海相烃源岩发育，属于偏腐殖型生源母质类型，无论浅水区还是深水区均主要以富集天然气资源为其重要特点。以下将重点分析阐述南海中南部构造沉积演化特征及动力学背景，以及其重要的油气地质意义。

一、南海中南部主要盆地构造演化特征

南海中南部主要盆地形成及展布主要是受控于南海构造演化过程中不同时期不同区域的地球动力学背景，在古南海自西向东"剪刀式"关闭和新南海自东向西"渐进式"裂开扩张及漂移的过程中，礼乐盆地及北康盆地等中部盆地群在古南海基础上经新南海裂解扩张漂移至现今位置，万安盆地等西部盆地群则在古南海和新南海共同作用下早期经历伸展作用后期遭受走滑改造，构成形成了大型伸展－走滑构造带，而曾母盆地及文莱沙－巴盆地等南部盆地群则主要是受古南海俯冲碰撞消亡之演化过程控制，导致其南部持续遭受碰撞挤压作用，北部受到新南海伸展作用影响而形成。总之，南海中南部三大盆地群构造演化特征差异明显。

1. 南海中南部主要盆地构造演化阶段及构造层特点

南海中南部主要盆地新生代构造演化历经四次大的构造运动（即礼乐运动、西卫

运动、南海运动和南沙运动）和三个主要构造演化阶段（早期断陷/断坳阶段、中期走滑反转/裂解漂移及晚期坳陷），进而形成了三大构造层与相应地层系统及地层沉积充填序列（图18.3）。盆地三大构造层主要由下部古新统-始新统坳陷/断陷构造层（$T_g \sim T_{80}$）、中部渐新统-中中新统断陷及反转改造构造层（$T_{80} \sim T_{32}$）、上部上中新统-至今坳陷构造层（T_{32}至今）所构成。该区三个重要的构造演化阶段亦可进一步将其不同演化阶段划分为2～3个构造期次，不同区域盆地构造演化特征既有共性也有明显差异。根据张厚和等（2018）研究，古新世—始新世（$T_g \sim T_{80}$）为第一构造演化阶段，受南海陆块裂陷、古南海洋壳俯冲作用影响，早期（$T_g \sim T_{90}$）局部断陷-坳陷发育，晚期（$T_{90} \sim T_{80}$）"坳陷广盆"普遍，并具有"东海西陆"特征；渐新世—中中新世（$T_{80} \sim T_{32}$）为第二构造演化阶段，即渐新世—中中新世（$T_{80} \sim T_{32}$），受南海运动新南海洋盆扩张漂移的影响，裂离的南沙陆块向南部漂移。同时受古南海洋盆碰撞消亡的影响，早期（$T_{80} \sim T_{60}$）南沙陆块及其周边发育形成断陷-断坳盆地，中期（$T_{60} \sim T_{50}$或T_{40}）则主要发育断坳-坳陷盆地，晚期（T_{50}或$T_{40} \sim T_{32}$或T_{30}）坳陷构造层发育且伴生大量盖层断裂。此时西部红河断裂走滑活动及南部挤压增生等均对盆地断裂发育和构造变形影响有逐渐增强趋势。晚中新世—第四纪（T_{32}至今）为第三大构造演化阶段即上新世—第四纪（T_{32}至今），主要受新南海洋盆冷却以及红河断裂带走滑伸展等新构造活动影响，发育挠曲坳陷盆地，西部发生大型走滑断裂活动，南部发生产生强烈的挤压逆冲断裂变形，而洋盆中部则发生"火山活动"。总之，根据该区主要构造演化特点及不同时期构造层展布特征，T_{80}以下（古新统—始新统）坳陷构造层代表的是早期新南海快速扩张前所独立存在的一早期盆地，其原型为坳陷盆地；而T_{80}以上（渐新统—中新统）构造层，则反映和表征的是区域上总体发育叠置复合于古坳陷盆地之上的断陷盆地特点。

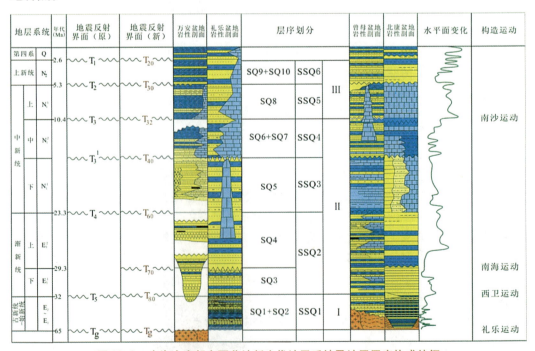

图18.3 南海中南部主要盆地新生代地层系统及地层层序构成特征
（据张厚和等，2017）

2. 南海中南部主要盆地构造演化基本特征

前已论及，新生代以来，南海中南部主要盆地形成演化主要经历了古新世—始新世古南海裂陷/裂解到逐渐萎缩消亡的构造旋回和晚渐新世—早中新世新南海裂解扩张到鼎盛发展与漂移以及逐渐萎缩停止的构造旋回。这两大构造旋回演化的最终结果是导致了古南海向南部俯冲消亡和新南海产生南北向扩张。中生代末，华南板块、印支板块和婆罗洲地块拼合形成了统一的古南海陆块，古新世—中始新世，古南海陆块解体。中—晚始新世，南海形成了北部为华南大陆及南侧的被动大陆边缘，中部为古南海，南部为婆罗洲地块及北侧的被动大陆边缘的"两陆一海"的古构造格局（张功成等，2015）。古南海北部包括现今的北部大陆边缘、西部大陆边缘、中部造山带和南沙地块。其中，北部大陆边缘发育分布有北部湾、珠江口、琼东南、台西南等盆地，受拉张作用发育一系列北东–北北东向小型裂谷；南沙地块发育分布有礼乐、北康、南薇西、巴拉望盆地，受拉张作用形成北东–北东东向海相裂谷带；西部大陆边缘发育分布有莺歌海、中建南、万安盆地；该时期仅中部造山带西段，可能处于剥蚀阶段。古南海南部的曾母和文莱–沙巴盆地，始新世时期为被动大陆边缘深水环境，可见复理石沉积。始新世以后，受地幔柱作用，新南海在早期中部造山带基础上裂陷与扩张漂移，古南海则向南俯冲碰撞消减，此时南海呈现"三陆夹两海"的古构造格局（张功成等，2013，2016）。新南海呈南北向裂解扩张漂移，走向东西向的若干磁条带揭示洋壳扩张自32Ma开始并持续到16.5 Ma，相当于渐新世—早中新世。由于新南海扩张漂移，古南海洋壳向南部婆罗洲地块之下俯冲碰撞，导致古南海洋盆逐渐消减直至消亡。受新南海扩张和古南海消亡的影响，渐新世早期南海北部大陆边缘盆地伸展作用进一步发展并得到了加强，盆地进一步裂离和持续断陷与扩展。新南海扩张早期，众多中–小型断陷进一步复合、联合成为大–中型断陷、断坳或者坳陷；新南海扩张晚期，中中新世发生了区域性热沉降，形成大型海相坳陷（赵志刚，2018）。渐新世晚期南沙地块与北部大陆边缘完全裂解分离并向南漂移，直至位于古南海的北侧即新南海南侧位置。由于漂移过程中物源补给缺乏，进入中中新世时期区域热沉降阶段，新南海扩张即处于停滞状态，南沙地块与婆罗洲地块碰撞停止了漂移。此时古南海洋壳自西向东向婆罗洲之下俯冲消亡。

中中新世以来，新南海南北向扩张处于停滞状态，古南海消亡，南海总体处在热收缩与稳定沉降阶段，呈现"两陆（北部华南大陆和南部婆罗洲）夹一海（新南海）"的构造新格局。新南海北部和西部盆地转换为大型坳陷展布格架，沉积充填总体上以披覆式沉积为特点，河流携带大量碎屑物质在入海处形成巨厚沉积。此时南海中南部南沙地块与婆罗洲地块碰撞停止漂移，并与古南海南部大陆边缘相邻，形成了南沙裂离漂移型盆地群（礼乐盆地及南薇西和北康盆地等）。南海南部大陆边缘则由于挤压冲断作用与三角洲沉积作用交织进行，相邻陆地上的河流，则自陆地向陆架和陆坡区携带输入大量碎屑物质，持续形成了大型三角洲，为南海南部曾母盆地及文莱–沙巴盆地有机质富集及油气形成奠定雄厚的了物质基础。

总之，新生代以来，在古南海消亡新南海形成与发展演化的两大边缘海构造旋回作用的控制影响下，南海中南部不同区域盆地群具有不同的构造沉积响应特征，主要表现为具有"中部（南沙）裂离漂移、西部走滑–伸展及南部挤压–走滑–伸展"的构造动力学特点及环境与沉积充填响应特征，故形成了不同类型及性质的沉积盆地，进而为烃源岩形成及有机质富集与油气形成等奠定了非常好的地质基础。以下根据南海中南部区域地质背景及地球动力学特点，重点对不同盆地群构造演化特征及盆地结构类型等进行分析阐述。

（1）南海中南部海域中部盆地群构造演化特征。南海中南部的中部盆地群（裂离－漂移型盆地群）位于南海中南部海域中部（南沙海域）之南沙地块。在古南海自西向东"剪刀式"关闭和新南海自东向西"渐进式"裂解扩张的演化过程中，中部盆地群在古南海基础上经新南海扩张漂移至现今的南沙海域位置，故主要受控于新南海裂解扩张，其构造演化阶段亦与新南海裂解漂移密切相关（赵志刚，2018）。根据其构造演化特点（以礼乐盆地为例），主要可分为三个阶段，即新生代盆地主要经历了断拗/断陷期（始新世—早渐新世）、漂移裂解期（晚渐新世—中中新世）和坳陷期（晚中新世—现今）三个主要重要的构造演化阶段。其中断拗/断陷期，盆地位于新南海北部，断裂对沉积控制不甚明显；漂移裂解期，由于新南海扩张，从南海北部大陆边缘裂解的盆地向南漂移，沉积地层相对较薄；坳陷期，新南海裂解扩展停止，断裂不发育，进入区域沉降坳陷阶段。

（2）南海中南部海域西部盆地群构造演化特征。南海中南部的西部盆地群（西部伸展－走滑盆地群）处于南海中南部海域西部之印支地块附近中－西沙块体。受新南海裂解扩张与万安－越东断裂共同控制而形成。在古南海俯冲消亡和新南海形成发展之共同作用下，该区早期盆地经历了伸展作用，后期遭受大规模走滑改造而形成伸展－走滑型盆地群。新生代主要构造演化过程（以万安盆地为代表）亦可分为三个主要演化阶段，即断陷/断拗期阶段（晚渐新世—早中新世）、走滑改造反转期阶段（中中新世）和坳陷沉降期阶段（晚中新世—现今）。其中，晚渐新世—中中新世断陷/断拗期，在南海持续向西南方向扩张漂移过程中，由于盆地处于北西向拉伸作用背景下，故发育了大量北东向断裂，断拗特征明显，但隆起上沉积地层较薄且断层发育少；中中新世末构造反转期，由于受万安断裂走滑改造作用控制和影响，盆地发生反转，形成花状构造及花状断层，盆地地层整体隆升；晚中新世至今之坳陷沉降期，由于新南海裂解及扩展漂移逐渐停止，走滑改造作用亦结束，盆地即进入了区域热沉降坳陷阶段。

（3）南海中南海域南部盆地群构造演化特征。南海中南部的南部盆地群（南部挤压－走滑－伸展盆地群）南部挤压－走滑－伸展盆地群处在南海最南部海域南海南缘块体西南部，。主要是受古南海俯冲消亡控制影响且持续遭受挤压作用而形成，属于挤压－伸展－走滑－伸展型复合型盆地群。南部盆地群主要受控于古南海俯冲消亡与新南海大规模裂解扩张，以曾母盆地为例，其构造演化特征亦可分为三个主要演化阶段，即晚渐新世—早中新世断陷/断拗期阶段、中中新世走滑反转改造期阶段和晚中新世—现今的大规模坳陷期阶段。其中，晚渐新世—早中新世断陷/断拗期，由于古南海逐渐俯冲消亡于南部大陆边缘加里曼丹之下，故该时期盆地南部由于俯冲碰撞作用发生逆冲推覆，主要以逆冲推覆断层为主；而盆地北部由于受新南海裂解扩张影响处于拉张应力场环境，因此盆地北部主要以正断层为主；中中新世走滑反转期，由于受廷贾断裂左行走滑改造作用，盆地发生反转，局部隆升明显，且发育了一些碳酸盐台地；晚中新世—现今的坳陷沉降期，由于南沙地块与婆罗洲碰撞，新南海裂解扩展活动停止，该时期区域构造环境稳定，最终南部盆地群整体进入区域热沉降大规模坳陷阶段。

二、南海中南部主要盆地沉积演化特征

南海中南部主要盆地群新生代不同时期沉积充填特征，区域上不同时期湖相、海陆过渡相和海相三大沉积体系发育展布特征差异明显。晚始新—渐新世时期，西部盆地群主要发育湖相沉积，其他盆地群则主要发育三角洲-滨浅海-半深海沉积；中中新世时期则远离陆缘区的深水区碳酸盐岩台地及生物礁大规模发育；上新世—第四纪则以滨浅海和半深海沉积为主碳酸盐岩台地及生物礁亦较发育，近陆缘浅水区不同类型三角洲砂岩亦发育。剖面上，新生代沉积演化特征，具有由早期古-始新世陆相湖泊相及三角洲相和滨岸平原，逐渐向中期渐新世海陆过渡相及海岸平原相转变再向晚期中中新世—上新世—至今的滨浅海相-半深海相之演变过程及特点。礼乐盆地由于处在古南海消亡的北侧与新南海裂解漂移南侧之特殊位置，其新生代沉积均以海相沉积为主。以下根据南海中南部新生代盆地沉积充填演化特征及规律性，分不同盆地群重点对其沉积充填演化特点及展布规律等进行分析总结阐述。

1. 南海中南部海域中部盆地群沉积演化特征

中部盆地群沉积演化总体具有"早砂晚礁"的特征。始新世沉积时期，中部盆地群靠近华南大陆而位于南海北部大陆边缘南侧，其中，礼乐盆地海洋地质调查与钻探发现该时期的古生物化石，主要为海相沟鞭藻、钙质超微和有孔虫，证实盆地在始新世时期为海相沉积。礼乐盆地和北康盆地该时期主要发育三角洲-滨浅海沉积体系，物源来自盆地外隆起区。早渐新世沉积时期，中部盆地群仍靠近华南大陆，主要发育三角洲-海岸平原-滨浅海沉积体系，邻近的古隆起和火山提供物源，三角洲规模较小。晚渐新世-中新世沉积时期，由于新南海裂解扩张，该带与北部大陆边缘分离，向南漂移过程中物源补给缺乏，主要以滨浅海沉积为主，故该时期礼乐盆地北部形成的大型碳酸盐岩台地持续发育；东部相邻的巴拉望盆地西侧，则在晚渐新世亦形成大规模发育的碳酸盐岩台地；早中新世该区仅北部发育碳酸盐台地；中中新世—晚中新世碳酸盐台地不甚发育。上新世以来，随着区域快速沉降及沉积充填，中部盆地群均以半深海沉积为主，该时期礼乐盆地东北部及巴拉望盆地水体相对较浅，亦发育了大型碳酸盐岩台地。

2. 南海中南部海域西部盆地群沉积演化特征

西部盆地群沉积演化特征整体呈现具有"早湖晚海"的特点。始新世—早渐新世沉积时期，西部盆地群以湖相沉积为主；晚渐新世沉积时期，海水从东北方向沿中沙海槽、从东南方向沿西南海盆侵入盆地群内，除中建南盆地西部仍发育湖相沉积外，西部盆地群大部分处于海相沉积环境，且受西部隆起物源供给，万安盆地西部发育大规模三角洲；中中新世沉积时期，西部盆地群完全处于海相沉积环境中，三角洲持续在万安盆地西部发育。同时，受越东断裂走滑活动影响，发生区域性构造抬升形成高地，伴随海侵碳酸盐岩台地开始大规模发育，持续至晚中新世末。晚中新世以后，区域热沉降作用加剧，而西部陆上充足的物源供给，导致陆架边缘三角洲-滨浅海-陆坡沉积体系较发育。

3. 南海中南部海域南部盆地群沉积演化特征

南部盆地群新生代沉积演化总体表现"早深晚浅"的特征（图7.21）。始新世沉

积时期，主体处于深水环境中，发育半深海－深海相沉积，局部残留早期湖泊相沉积；渐新世沉积时期，由于曾母地块与婆罗洲地块碰撞，三角洲开始大规模在曾母盆地西部和南部发育；文莱－沙巴盆地则继承了早期深水环境，但由于婆罗洲隆升，物源供给增多，盆内发育海底扇沉积；中新世沉积时期，除文莱－沙巴盆地局部发育深水沉积外，南南部盆地群总体处于滨浅海沉积环境中，该时期由于古南海持续俯冲，除曾母盆地外，文莱－沙巴盆地也开始发育大规模三角洲，且持续向海进积推进。上新世—第四纪沉积时期，随着沉降速率加快，南部盆地群发育三角洲－滨浅海－半深海沉积体系。

三、构造沉积充填特征及烃源岩分布

古新世—始新世，南海中南部盆地群主要受控于古南海裂解扩张及后期向南部俯冲碰撞的影响，主要沉积充填了陆相湖泊（局部海相）相及三角洲相和滨岸平原以及海陆过渡相沉积体系。渐新世—早中新世，南海中南部盆地群由于古南海俯冲消亡新南海裂解扩张与漂移（32～16Ma），导致其西部大陆边缘发生大规模走滑拉分，中部南沙块体产生裂解漂移，南部大陆边缘则产生俯冲碰撞挤压与走滑伸展（张功成等，2013）。在大规模走滑拉分作用环境下，早渐新世南海中南部盆地群形成了大量地堑或半地堑。该时期由于南海中南部盆地群北部、西部和西南部持续发育三角洲－滨浅湖－深湖沉积体系，故盆地主体形成了滨浅湖－深湖亚相，三角洲由西向东持续向盆地输入携带了大量陆源有机质，形成了大套煤系及湖相泥页岩烃源岩；早中新世晚期南海中南部盆地群北部、西部和南部边界古隆起隆升为大陆，此时盆地群处于三面被隆起包围的半封闭海湾沉积环境，加之盆地群西缘大型三角洲继承性发育且三角洲规模不断增大并持续向东推进，故导致陆源有机质大量输入到海相沉积环境中形成中新统偏腐殖型海相陆源烃源岩。总之，受南海中南部始新世—中新世主要构造旋回作用（即早期古南海俯冲消亡和晚期新南海裂离漂移）及沉积充填演化作用的控制影响，南海中南部盆地群主要形成了始新统—渐新统湖相/局部海相、渐新统—中新统/上新统海陆过渡相和始新统及中新统海相陆源三种类型的烃源岩，且陆源有机质丰富，多属于偏腐殖生源母质类型。尚须强调指出，该区不同盆地群由于盆地类型及构造沉积演化特征差异明显，其油气地质特征与主要烃源岩类型及生烃潜力亦有所不同（张功成等，2015）。其中，以礼乐盆地为代表的中部盆地群，属于裂离漂移型盆地，由于其经历了地块裂解漂移这一特殊的构造演化及沉积充填过程。主要沉积充填了一套始新统—渐新统偏腐殖型的海相烃源岩，亦即属于一种形成于海相环境中的陆源偏腐殖型生源母质之特殊的海相烃源岩。该类型烃源岩有机质地球化学特征最突出特点是 $P_r/P_h < 3$ 和 $0.3 < T_s/T_m < 1$，奥利烷含量较低，低等生物之标志物4-甲基甾烷不明显。烃源岩生源母质类型以Ⅲ型干酪根为主，部分Ⅱ型，属于偏腐殖型。烃源岩有机质丰度中等，生烃潜力一般到中等；以万安盆地为代表的西部盆地群，均属于走滑伸展型盆地类型，其与大型走滑断裂体系活动及其发育展布密切相关。该盆地群主要发育始新统—渐新统湖相烃源岩和渐新统－中新统海陆过渡相烃源岩及中新统海相陆源烃源岩，但以海陆过渡相煤系烃源岩为主。其中，湖相－湖沼相烃源岩地化特征表现为 $1 < P_r/P_h < 3$ 和 $0.5 < T_s/T_m < 5$，含丰富的三环萜烷，以Ⅱ型干酪根为主，生烃潜力中等－好。海陆过渡相烃源岩以Ⅱ$_2$－Ⅲ型干酪

根为主,生烃潜力大,属于该区主要烃源岩;以曾母盆地和文莱-沙巴盆地为代表的南部盆地群,属于挤压-走滑-伸展复合型盆地类型/前陆盆地类型,主要发育渐新统及中新统海陆过渡相烃源岩和上新统海陆过渡相烃源岩。曾母盆地由于受俯冲碰撞的影响,盆地南部持续发育大型的增生楔,成为了三角洲体系的主要物源。来自于南部前陆造山带的大型三角洲物源供给系统持续向盆内输入陆源有机质,其物源主要来自婆罗洲内陆的拉让群,而拉让群是由薄层浊积岩变质而成的页岩组成,故导致三角洲泥质含量较高。渐新世三角洲物源供给系统携带了大量有机质入盆,同时盆地主体三角洲平原亚相和泥炭沼泽亦非常发育,且早中新世三角洲持续向北进积,为有机质输入富集奠定了地质基础。此时期婆罗洲陆上气候炎热湿润,红树林发育,烃源岩由煤和炭质泥岩组成,而盆地中北部区域水体相对平静非常有利于有机质保存,形成了盆地主要的海相陆源烃源岩。总之,南部盆地群发育大规模三角洲沉积体系,且以渐新世和中新世/上新世海陆过渡相煤系烃源岩为主。其地化特征最突出特点是,烃源岩有机质分布中 P_r/P_h >3 和 $0<T_s/T_m<1$,且富含奥利烷和双杜松烷等陆源树脂体之高等植物标志物(煤系轻质油的生源母质),干酪根类型为 II_1-III,且普遍富氢,虽然属于偏腐殖型生源母质类型,但其生烃潜力大且具有较强生油能力。

四、构造演化与油气运聚成藏特征

根据南海中南部主要盆地油气勘探成果及油气地质研究程度与油气地质资料掌握情况,以下拟选择油气勘探及研究程度较高,油气地质资料丰富的典型盆地作为代表,深入分析南海中南部不同盆地群不同时期构造演化特点与油气运聚成藏特征及其成因联系。

中中新世,南海中南部海域西部盆地群万安盆地进入走滑改造期,此时南海裂解扩张活动已经停止。万安盆地东南部发生碰撞挤压,而盆地东侧断裂(南海西缘断裂)则产生右旋走滑。由于北东向的拉分应力持续作用,导致盆地区域构造变形具有"东强西弱"的变化特征。由于盆地东部变形强烈,北西向挤压应力控制形成大量依附断裂及其反转背斜,同时构造反转使得早期隆起进一步强化隆升,进而造成了盆地东部形成浅海相沉积环境且水体相对平静,局部隆起之上形成了大规模发育的碳酸盐岩台地及生物礁;中中新世之后万安盆地主要烃源岩进入成熟期,挤压反转形成的断裂与局部隆起有效匹配,进而促使盆地中东部区域渐新统—下中新统烃源岩生成的油气,沿断裂垂向运移并在碳酸盐储层中聚集,形成典型的"下生上储"式碳酸盐岩油气藏。中中新世时期万安盆地西部构造变形较弱,大部分断裂均终止于下中新统,故油气向上运移的网络通道系统较少,同时由于渐新世—早中新世盆地西侧存在大规模三角洲物源供给系统,能够为该区形成优质砂岩储层提供物质供给。因此,万安盆地西侧则主要形成了渐新统—下中新统"自生自储"式砂岩油气藏。

渐新世—早中新世,南海中南部海域南部盆地群曾母盆地持续俯冲隆升,并在婆罗洲上形成增生楔,在该盆地南部则形成了大规模三角洲物源供给系统,并源源不断地输入大量陆源碎屑物质,形成了大套砂岩储集层。与此同时,由于中中新世南海扩张停止盆地进入坳陷期,盆地南部断裂则终止于下中新统地层,亦即中中新统泥质封盖层

（无断裂切割破坏）起到了非常好的封盖作用，因此能够形成自生自储的油气成藏组合类型。该区东巴林坚凹陷为代表的渐新统—下中新统"自生自储"式砂岩油气藏即是其典型实例。中中新世婆罗洲持续逆时针旋转，盆地东北部的西巴兰姆断裂发生右旋走滑，强烈的压扭作用导致盆地北部早期地层反转形成大量局部隆起和反转背斜，局部隆起之上发育了大规模的生物礁，此时纵向断裂作为主要的油气运移通道沟通了下中新统优质烃源岩与上覆中中新统及上新统生物礁之间的烃源供给系统，形成"下生上储"式油气藏。

中中新世，南海中南部盆地群东南部文莱-沙巴盆地进入快速沉降期，古南海与婆罗洲俯冲碰撞活动停止，早中新世形成的沙巴造山带为三角洲输入提供了充足的物源，婆罗洲陆上的煤屑等大量陆源有机质随三角洲输入而快速充填堆积，且沉积速率快地层沉积厚度大，形成了分布较稳定沉积厚度大、生烃潜力强的优质烃源岩；晚中新世盆地东北部受苏禄海扩张的影响发生局部抬升，导致其沉降沉积中心向西南方向迁移，但盆地中南部构造环境相对稳定。此时地层构造变形弱，大型垂向断裂不发育，但砂体与层间泥岩较发育且纵向上相互叠置，构成了较好的储盖成藏组合类型。因此，该区除少量油气可以通过局部层间断层向上运移在浅层运聚成藏外，大部分油气仍主要聚集于同时期形成的三角洲砂岩储层之中，构成了"自生自储"式三角洲砂岩油气成藏类型及运聚成藏模式。

第四节　南海中南部油气成藏条件及分布规律

前已论及，南海中南部海域西部、中部及南部三个盆地群自 20 世纪 70 年代初开展油气勘探开发活动以来，据不完全统计（张厚和等，2017），迄今已勘探发现油田 41 个、气田 157 个、油气田 158 个，共计 356 个大中型油气田。按油气地质储量大于 1000 万吨油当量统计，其中大中型油田 18 个、气田 56 个、油气田 79 个，合计 153 个。如果以盆地为单位统计，则油田、气田、油气田及其油气储量，均主要集中于曾母盆地、文莱-沙巴盆地，其次为万安盆地和巴拉望盆地。目前，南海中南部主要盆地已累计勘探发现石油地质储量约 17.2 亿吨，天然气地质储量为 4.9 万亿 m^3。而且绝大部分油气及油气田均主要富集在水深 300 m 以浅的海域，深水区较少。其中，天然气资源量及地质储量以曾母盆地最大，其占南海中南部主要盆地天然气可采储量的 66%，石油资源量及地质储量则以文莱-沙巴盆地最大，其占南海中南部主要盆地石油储量的 85% 以上。以上油气田及油气分布富集规律与油气勘探开发成果等，均充分表明和证实了南海中南部海域油气及油气田均主要富集于西部的万安盆地和南部及东南部的曾母盆地和文莱-沙巴盆地，且这三个盆地油气勘探及研究程度最高、油气地质资料最丰富，因此，以下拟重点对这些油气勘探相对成熟及研究程度高的含油气盆地，开展油气运聚成藏条件及分布富集规律的综合分析与阐述。

油气勘探开发实践及与油气地质研究表明，南海中南部盆地油气运聚成藏条件与油气及大中型油气田分布富集，具有一定的规律性。总体上，亦与南海北部大陆边缘盆地基本类似，仍然具有远离陆缘区围绕南海中央洋盆内带（洋盆西部及西南部和南部及东南部），均以富集天然气为主，天然气及大中型气田分布普遍；而远离中央洋盆邻近陆缘区外带（西部及西南部陆缘区和南部及东南部陆缘区），则以富集石油为特征，石油及大中型油田和油气田集中分布于该区。剖面上含油气成藏组合，则主要集中分布在渐新统及中新统海相砂岩和中新统及上新统生物礁及海相砂岩之中。总之，区域上，西部盆地群具有"西砂东礁"和"西油东气"的分布特点；南部盆地群则具有"南砂北礁"和"南油北气"的分布格局；而中部盆地群往往具有"砂礁兼有，以气为主"的分布特征。纵向上，中－上中新统生物礁灰岩及海相砂岩是该区主要产气层，而渐新统及中新统和上新统海相砂岩则是该区主要产油层及油气产层。因此，基于南海中南部主要盆地油气勘探开发成果与油气成藏条件及分布富集规律，具体可总结归纳为以下几点重要共识。

（1）南海中南部海域以西部万安盆地和南部及东南部曾母及文莱－沙巴盆地油气勘探开发及研究程度最高，油气地质资料最丰富，油气资源潜力及油气地质储量最大。这三个盆地油气成藏地质条件非常优越，主要烃源岩生烃潜力大且储盖组合类型好。其中，万安盆地和曾母盆地发育渐新统—下中新统煤系和陆源海相泥岩两类主力烃源岩，生源母质类型属于 II_2-III 型，生烃潜力大，属好烃源岩；文莱－沙巴盆地以煤系烃源岩为主，主要发育中中新统—上新统煤系烃源岩及海相泥页岩烃源岩，生源母质类型为 II_1-III 型富氢干酪根，属于中等－好烃源岩，生烃潜力大，且生油能力强，具有高含量双杜松烷和奥利烷等指示陆源高等植物煤系生源的特点，这些烃源岩均具有自西向东地质时代逐渐变新的发育展布趋势。

（2）南海中南部海域西部万安盆地油气主要富集于中新统储层，平面上围绕中央洋盆具有"西油东气"和"西砂东礁"的分布特征；南部曾母盆地油气主要富集于渐新统—中新统储层，平面上围绕中央洋盆具有"南油北气"及"南砂北礁"的分布格局，剖面上具有"下油上气"的分布特点；东南部文莱－沙巴盆地油气主要富集于中中新统—上新统海相砂岩储层，邻近陆缘近岸浅水区是油气主要富集区，上中新统是油气主要产层，海相砂岩储集层是该盆地最主要的储层类型。以上三个盆地由于受古南海俯冲消亡和新南海裂解漂移的控制影响，主力烃源岩形成时期构造沉积充填环境差异较大，故形成了生烃潜力差异较大的不同类型烃源岩，加之不同盆地烃源岩成熟热演化程度的差异，进而导致油气分布具有明显的分区分带性。

（3）第三系烃源供给系统之生烃模式，可分为近源三角洲煤系烃源岩控制生烃和远源海相陆源烃源岩控制生烃两种基本类型，其中煤系烃源岩有机质丰度高生烃潜力大。不同盆地主力烃源岩成熟度和生源母质类型的差异性，控制了油气平面上分区分带。其中，西部万安盆地中部坳陷渐新统—下中新统烃源岩达到了成熟－高成熟阶段，生源母质类型多属偏腐殖型，该区既生油亦生气且以生气为主；南部曾母盆地渐新统—下中新统烃源岩存在煤系和海相陆源烃源岩两种类型，烃源岩成熟度偏高，具有东巴林坚凹陷（东南部）产油为主，而围绕中北部康西凹陷靠近中央洋盆则以产气为主的特点；东南部文莱－沙巴盆地近岸浅水区中新统及上新统烃源岩时代新、埋藏浅、成熟度较低，生源母质类型亦属富氢的偏腐殖型海相及煤系烃源岩，故其主要富集低熟－成熟油气，且以产石油为主。

（4）南海中南部主要盆地油气成藏组合类型不同区域差异明显。其中西部大陆边缘万安盆地东部主要形成"下生上储"成藏组合类型的生物礁油气藏，而其西部则主要为"自生自储"式成藏组合类型的砂岩油气藏；南部大陆边缘曾母盆地南部多形成"自生自储"成藏组合的砂岩油藏，而中北部则以"下生上储"成藏组合的生物礁气藏及油气藏为主；东南部大陆边缘文莱-沙巴盆地在近岸陆架浅水区主要形成"自生自储"成藏组合的砂岩油藏或油气藏，而在其北部及东北部邻近中央洋盆区，则形成下生上储及自生自储的深水油气藏。

参考文献

1. 白志琳,王后金,高红芳,等. 南沙海域主要沉积盆地局部构造特征及组合样式研究. 石油物探 [J], 2004, 43 (1): 41-48.
2. 包茨. 天然气地质学 [M]. 北京:科学出版社, 1988.
3. 蔡乾忠. 中国海域油气地质学 [M]. 北京:海洋出版社, 2005,
4. 曾国寿,徐梦虹. 石油地球化学 [M]. 北京:石油工业出版社, 1990.
5. 陈荷立等译. 石油地质译文集-油气运移 (2) [M]. 北京:石油工业出版社, 1987.
6. 陈宏文,梁世容. 南沙海域曾母盆地的油气勘探开发现状 [J]. 南海地质研究, 2004, 92-98.
7. 陈建平,黄第藩,陈建军,等. 酒东盆地油气生成和运移 [M]. 北京:石油工业出版社, 1996.
8. 陈建平,赵长毅,何忠华. 煤系有机质生烃潜力评价标准探讨 [J]. 石油勘探与开发, 1997, 24 (1): 1-6.
9. 陈景山,陈昌明. 三角洲沉积与油气勘探 [M]. 北京:石油工业出版社, 1981.
10. 陈玲,彭学超. 南沙海域万安盆地地震地层初步分析 [J]. 石油物探, 1995, 34 (2): 57-70.
11. 陈玲. 南沙海域曾母盆地西部地质构造特征 [J]. 石油地球物理勘探, 2002, 37 (4): 354-362.
12. 陈平,陆永潮,许红,等. 南沙海域第三纪生物礁层序构成和演化 [J]. 地质科学, 2003, 38 (4): 514-518.
13. 陈荣书. 石油及天然气地质学 [M]. 武汉:中国地质大学出版社, 1994.
14. 陈荣书. 天然气地质学 [M]. 武汉:中国地质大学出版社, 1989.
15. 陈长民,施和生,许仕策,等. 珠江口盆地(东部)第三系油气藏形成条件 [M]. 北京:科学出版社, 2003.
16. 程克明,王铁冠,钟宁宁,等. 烃源岩地球化学 [M]. 北京:科学出版社, 1995.
17. 程克明. 吐哈盆地油气生成 [M]. 北京:石油工业出版社, 1995.
18. 戴金星,傅成德,关德范,等. 天然气地质研究新进展 [M]. 北京:石油工业出版社, 1997.
19. 戴金星,裴锡古,戚厚发. 中国天然气地质学 (卷一) [M]. 北京:石油工业出版社, 1992.
20. 戴金星,裴锡古,戚厚发. 中国天然气地质学 [M]. 北京:石油工业出版社, 1992.

21. 戴金星,戚厚发,郝石生,等. 天然气地质学概论 [M]. 北京：石油工业出版社,1989 (17),27-29.

22. 戴金星,宋岩,戴春森,等. 中国东部无机成因气及其气藏形成条件 [M]. 北京：科学出版社,1995 (17),1-212.

23. 戴金星,宋岩,张厚福,等. 中国天然气的聚集带 [M]. 北京：科学出版社,1997.

24. 戴金星,王庭斌,宋岩,等. 中国大中型天然气田形成条件与分布规律 [M]. 北京：地质出版社,1997.

25. 戴金星. 中国东部和大陆架气田（藏）及其气成因类型 [J]. 大自然探索,1996,15 (4)：18-20.

26. 戴金星,钟宁宁,刘德汉,等. 中国煤成大中型气田地质基础和主控因素 [M]. 北京：石油工业出版社,2000.

27. 戴金星. 中国天然气地质学（卷二）[M]. 北京：石油工业出版社,1996.

28. 邓运华. 试论中国近海两个坳陷带油气地质差异性 [J]. 石油学报,2009,30 (1)：1-8.

29. 丁巍伟,李家彪,黎明碧. 南海南部陆缘礼乐盆地新生代沉积特征及伸展机制：来自NH973-2多道地震测线的证据. 地球科学—中国地质大学学报,2011,36 (5)：895-904.

30. 丁巍伟,李家彪. 南海南部陆缘构造变形特征及伸展作用：来自两条973多道地震测线的证据 [J]. 地球物理学报,2011 (12)：3038-3056.

31. 杜乐天. 地球的五个气圈的氢烃资源 [J]. 铀矿地质,1993 (5)：18-30.

32. 樊开意,钱光华. 南沙海域新生代地层划分与对比 [J]. 中国海上油气（地质）,1998,12 (6)：371-376.

33. 方朝亮. 冷东-雷家地区重质稠油地球化学特征及成因分析 [J]. 石油实验地质,1994 (4)：157-186.

34. 冯晓杰,蔡东升,王春修,等. 东海陆架和台西南盆地中生界及其油气勘探潜力 [J]. 中国海上油气（地质）,2001,15 (5)：306-310.

35. 傅家谟,刘德汉. 天然气运移、储集及封盖条件 [M]. 北京：科学出版社,1992.

36. 傅家谟,秦匡宗. 干酪根地球化学 [M]. 广州：广东科技出版社,1995.

37. 傅家谟. 煤成烃地球化学 [M]. 北京：科学出版社,1990.

38. 甘克文,李国玉,张亮成,等. 世界含油气盆地图集 [M]. 北京：石油工业出版社,1982.

39. 高红芳,曾祥辉,刘振湖,等. 南海礼乐盆地沉降史模拟及构造演化特征分析 [J]. 大地构造与成矿学,2005 (3)：385-390.

40. 龚铭,李唐根,吴亚军. 南沙海域构造特征与盆地演化 [M]. 武汉：中国地质大学出版社,2001.

41. 龚铭,李唐根,伍泓. 南沙海域构造演化与油气资源前景 [J]. 天然气工业,2004,24 (3)：32-35.

42. 龚晓峰, 何家雄, 莫涛, 等. 珠江口盆地珠一坳陷惠陆油区含油气系统与油气运聚成藏模式 [J]. 天然气地球科学, 2015, 26 (12): 2292-2303.

43. 龚再升, 李思田. 南海北部大陆边缘盆地分析与油气聚集 [M]. 北京: 科学出版社, 1997.

44. 龚再升, 李思田. 南海北部大陆边缘盆地油气成藏动力学研究 [M]. 北京: 科学出版社, 2004.

45. 龚再升. 中国近海含油气盆地新构造运动和油气成藏 [J]. 石油与天然气地质, 2004, 25 (2): 133-138.

46. 龚再升. 中国近海新生代盆地至今仍然是油气成藏的活跃期 [J]. 石油学报, 2005, 26 (6): 1-6.

47. 龚再升. 中国近海大油气田 [M]. 北京: 石油工业出版社, 1997.

48. 关德师. 中国非常规油气地质 [M]. 北京: 石油工业出版社, 1994.

49. 郭秀蓉, 武强, 邱燕, 等. 南海曾母盆地南部陆架边缘三角洲沉积特征 [J]. 热带海洋学报, 2006, 26 (4): 1-6.

50. 郝芳, 李思田, 龚再升, 等. 莺歌海盆地底辟发育机制与流体幕式充注 [J]. 中国科学, 2001, 31 (6): 471-476.

51. 郝芳, 邹华耀, 黄保家, 等. 莺歌海盆地天然气生成模式及其成藏流体响应 [J]. 中国科学, 2002, 32 (11): 889-895.

52. 郝芳. 超压盆地生烃作用动力学与油气成藏机理 [M]. 北京: 科学出版社, 2005.

53. 郝沪军, 林鹤鸣, 杨梦雄, 等. 潮汕坳陷中生界——油气勘探的新领域 [J]. 中国海上油气 (地质), 2001, 15 (3): 157-163.

54. 郝石生, 陈章明, 吕延防, 等. 天然气藏的形成和保存 [M]. 北京: 石油工业出版社, 1995.

55. 郝石生, 张有成, 刚文哲, 等. 碳酸盐岩油气生成 [M]. 北京: 石油工业出版社, 1993.

56. 何登发, 董大忠, 吕修祥, 等. 克拉通盆地分析 [M]. 北京: 石油工业出版社, 1996.

57. 何登发. 前陆盆地分析 [M]. 北京: 石油工业出版社, 1995.

58. 何家雄, 陈胜红, 姚永坚. 南海北部边缘盆地油气主要成因类型及运聚分布特征 [J]. 天然气地球科学, 2008, 19 (1): 34-41.

59. 何家雄, 施小斌, 夏斌, 等. 南海北部边缘盆地油气勘探现状与深水油气资源前景 [J]. 地球科学进展, 2007, 22 (3): 261-270.

60. 何家雄, 陈胜红, 刘海龄, 等. 南海北部边缘盆地区域地质与油气运聚成藏规律及特点 [J]. 西南石油大学学报, 2008, 30 (5): 91-98.

61. 何家雄, 陈胜红, 刘士林, 等. 珠江口盆地白云凹陷北坡-番禺低隆起油气成因类型及烃源探讨 [J]. 石油学报, 2009, 30 (1): 16-21.

62. 何家雄, 陈伟煌, 李明兴, 等. 莺歌海盆地热流体上侵活动与天然气运聚富集关系探讨 [J]. 天然气地球科学, 2000, 11 (6): 29-43.

63. 何家雄, 黄火尧, 陈龙操, 等. 莺歌海盆地泥底辟发育演化与油气运聚成藏机制 [J]. 沉积学报, 1994, 12 (3): 120-129.

64. 何家雄, 李明兴, 陈胜红, 等. 莺歌海盆地泥底辟带中深层天然气勘探中的 CO_2 风险分析与预测 [J] 中国海上油气, 2000, 14 (5): 332-338.

65. 何家雄, 李明兴, 陈伟煌, 等. 莺-琼盆地天然气中 CO_2 成因类型及气源综合判识 [J]. 天然气工业, 2001, 21 (3): 15-21.

66. 何家雄, 李明兴, 黄保家, 等. 莺歌海盆地北部斜坡带油气苗分布与油气勘探前景剖析 [J]. 天然气地球科学, 2000, 11 (2): 1-9.

67. 何家雄, 李强, 陈伟煌, 等. 琼东南盆地油气成因类型及近期天然气勘探方向探讨 [J]. 海洋石油, 2002, 22 (1): 47-56.

68. 何家雄, 梁可明, 张振英, 等. 珠江口盆地西区油气成因类型及成烃演化模式 [J]. 石油勘探与开发, 1991, 18 (增刊): 50-60.

69. 何家雄, 刘海龄, 姚永坚, 等. 南海北部边缘盆地油气地质及资源前景 [M]. 北京: 石油工业出版社, 2008.

70. 何家雄, 卢振权, 苏丕波, 等. 南海北部天然气水合物气源系统与成藏模式 [J]. 西南石油大学学报, 2016, 38 (06): 8-24.

71. 何家雄, 卢振权, 张伟, 等. 南海北部珠江口盆地深水区天然气水合物成因类型及成矿成藏模式 [J]. 现代地质, 2015, 29 (5): 1024-1034.

72. 何家雄, 马文宏, 陈胜红, 等. 南海北部珠江口盆地浅水与深水区油气运聚成藏机制及特点 [J]. 海洋地质与第四纪地质, 2011, 31 (4): 39-48.

73. 何家雄, 苏丕波, 卢振权, 等. 南海北部琼东南盆地天然气水合物气源及运聚成藏模式预测 [J]. 天然气工业, 2015, 35 (08): 19-29.

74. 何家雄, 万志峰, 张伟, 等. 南海北部泥底辟/泥火山形成演化与油气及水合物成藏 [M]. 北京: 科学业出版社, 2019.

75. 何家雄, 王振峰. 琼东南盆地中新统油气成藏条件及成藏组合分析与探讨 [J]. 天然气地球科学, 2003, 14 (2): 107-115.

76. 何家雄, 夏斌, 陈恭洋, 等. 台西南盆地中新生界石油地质与勘探前景 [J]. 新疆石油地质, 2006, 27 (4): 398-402.

77. 何家雄, 夏斌, 刘宝明, 等. 中国东部及近海陆架盆地 CO_2 成因及运聚规律与控制因素研究 [J]. 石油勘探与开发, 2005, 32 (4): 42-49.

78. 何家雄, 夏斌, 王志欣, 等. 南海北部边缘盆地西区油气运聚成藏规律与勘探领域及方向 [J]. 石油学报, 2006, 27 (4): 12-18.

79. 何家雄, 夏斌, 张树林, 等. 南海北部生物气及亚生物气资源潜力与勘探前景分析 [J]. 天然气地球科学, 2005, 16 (2): 167-174.

80. 何家雄, 夏斌, 张树林, 等. 莺歌海盆地泥底辟成因、展布特征及其与天然气运聚成藏关系 [J]. 中国地质, 2006, 33 (6): 149-157.

81. 何家雄, 夏斌, 张树林, 等. 莺歌海盆地异常高温高压环境下天然气运聚成藏规律分析与探讨 [J]. 海洋地质与第四纪地质, 2006, 4 (26): 81-90.

82. 何家雄, 夏斌, 张树林, 等. 莺歌海盆地莺东斜坡带隐蔽油气藏类型及成藏主

控因素剖析 [J]. 海洋地质与第四纪地质, 2005, 25 (2): 101-107.

83. 何家雄, 徐瑞松, 刘全稳, 等. 莺歌海盆地泥底辟发育演化与天然气及 CO_2 运聚成藏规律研究 [J]. 第四纪地质与海洋地质, 2008, 28 (1): 91-98.

84. 何家雄, 颜文, 祝有海, 等. 南海北部边缘盆地生物气-亚生物气资源与天然气水合物成矿成藏 [J]. 天然气工业, 2013, 33 (6): 121-134.

85. 何家雄, 姚永坚, 刘海龄, 等. 南海北部边缘盆地天然气成因类型及气源构成特点 [J]. 中国地质, 2008, 35 (5): 997-1006.

86. 何家雄, 张伟, 卢振权, 等. 南海北部大陆边缘主要盆地含油气系统及油气有利勘探方向 [J]. 天然气地球科学, 2016, 27 (06): 943-959.

87. 何家雄, 张伟, 颜文, 等. 中国近海盆地幕式构造演化及成盆类型与油气富集规律 [J]. 海洋地质与第四纪地质, 2014, 34 (2): 121-130.

88. 何家雄, 祝有海, 翁荣南, 等. 南海北部边缘盆地泥底辟及泥火山特征及其与油气运聚关系 [J]. 地球科学-中国地质大学学报, 2010, 35 (1): 75-86.

89. 何敏, 黄玉平, 朱俊章, 等. 珠江口盆地东部油气资源动态评价 [J]. 中国海上油气, 2017, 29 (5): 1-11.

90. 贺清, 仝志刚, 胡根成. 万安盆地沉积物充填演化及其对油气藏形成的作用 [J]. 中国海上油气, 2005, 17 (2): 80-88.

91. 胡朝元. 生油区控制油气田分布——中国东部陆相盆地进行区域勘探的有效理论 [J]. 石油学报, 1982, 6 (2): 4-8.

92. 胡见义, 徐树宝, 程克明. 中国重质油藏的地质和地球化学成因 [J]. 石油学报, 1989, 10 (1): 15-20.

93. 胡见义, 徐树宝, 童晓光. 中国东部第三系含油气盆地地层岩性油藏形成的地质基础与分布规律 [J]. 石油学报, 1984, 5 (2): 20-25.

94. 胡见义, 徐树宝, 等. 非构造油气藏 [M]. 北京: 石油工业出版社, 1986.

95. 胡见义. 黄第藩, 徐树宝, 等. 中国陆相石油地质理论基础 [M]. 北京: 石油工业出版社, 1991.

96. 胡见义. 渤海湾盆地复式油气聚集（区）带的形成与分布 [J]. 石油勘探与开发, 1986 (1): 8-22.

97. 黄第藩, 秦匡宗, 王铁冠, 等. 煤成油的形成及成烃机理 [M]. 北京: 石油工业出版社, 1995.

98. 黄第藩. 石油地质译文集. 油气运移 [M]. 北京: 石油工业出版社, 1988.

99. 黄杏珍, 邵宏舜, 顾树松, 等. 柴达木盆地的油气形成与寻找油气田方向 [M]. 兰州: 甘肃科学技术出版社, 1993.

100. 季洪泉, 王新海. 珠江口盆地西部文昌A凹陷油气勘探潜力分析与预测 [J]. 天然气地球科学, 2004, 15 (3): 238-242.

101. 贾小乐, 何登发, 童晓光, 等. 波斯湾盆地大气田的形成条件与分布规律 [J]. 中国石油勘探, 2011, 16 (3): 8-22.

102. 蒋有录. 东辛地区油气成藏特征 [J]. 石油与天然气地质, 1998 (1): 8-10.

103. 蒋有录, 查明. 石油天然气地质与勘探 [M]. 北京: 石油工业出版社,2006.

104. 解习农,李思田,胡祥云,等. 莺歌海盆地底辟带热流体输导系统及其成因机制[J]. 中国科学,1999,29(3):247-256.

105. 解习农,李思田,刘晓峰,等. 异常压力盆地流体动力学[M]. 武汉:中国地质大学出版社,2000.

106. 解习农,张成,任建业. 南海南北大陆边缘盆地构造演化差异性对油气成藏条件控制[J]. 地球物理学报. 2011,54(12):3280-3291.

107. 金庆焕,李唐根. 南沙海域区域地质构造[J],海洋地质与第四纪地质,2000,20(1):1-8

108. 金庆焕,刘宝明. 南沙万安盆地油气分布特征[J]. 石油实验地质,1997,9(3):234-239.

109. 金庆焕,刘振湖,陈强. 万安盆地中部坳陷——一个巨大的富生烃坳陷[J]. 地球科学,2004,9(5):525-530.

110. 金庆焕. 南海地质与油气资源[M]. 北京:地质出版社,1989.

111. 雷志斌,杨明慧,张厚和,等. 南沙海域南部第三纪三角洲演化与油气聚集[J]. 海相油气地质,2016,21(4):21-33.

112. 李春峰,宋陶然. 南海新生代洋壳扩张与深部演化的磁异常记录[J]. 科学通报. 2012(57):1879-1895.

113. 李德生. 渤海湾含油气盆地断块活动与古潜山油气田形成[J]. 石油学报,1980,1(4):18-25.

114. 李德生. 李德生石油地质论文集[M]. 北京:石油工业出版社,1992.

115. 李家彪,丁巍伟,高金耀,等. 南海新生代海底扩张的构造演化模式:来自高分辨率地球物理数据的新认识[J]. 地球物理学报,2011,54(12):3004-3015.

116. 李家彪,高抒. 中国边缘海盆演化与资源效应[M]. 北京:海洋出版社,2004:1-295.

117. 李明诚. 石油与天然气运移[M]. 2版. 北京:石油工业出版社,1994.

118. 李鹏春,赵中贤,张翠梅,等. 南沙海域礼乐盆地沉积过程和演化[J]. 地球科学,2011,36(5):837-844.

119. 李文勇,李东旭. 中国南海不同板块边缘沉积盆地构造特征[J]. 现代地质,2006,20(1):19~29.

120. 李文勇. 南海主要沉积盆地构造特征的差异性[J]. 南海地质研究,2004,10(1):29-40

121. 李伍志,王璞珺,吴景富,等. 南海南、北陆缘中生代构造层序及其沉积环境[J]. 世界地质,2011,04:567-572.

122. 李晓唐,家雄,张伟,等. 莺歌海盆地古新近系烃源条件与有利油气勘探方向[J]. 海洋地质与第四纪地质,2016,36(2):129-142.

123. 李友川,邓运华,张功成. 中国近海海域烃源岩和油气的分带性[J]. 中国海上油气,2012,24(1):6-12.

124. 李友川,傅宁,张枝焕. 南海北部深水区盆地烃源条件和油气源[J]. 石油学报, 2013, 34 (2): 247-254.

125. 李友川, 米立军, 张功成, 等. 南海北部深水区烃源岩形成和分布研究 [J]. 沉积学报, 2011, 29 (5): 970-979.

126. 梁建设, 张功成, 王璞珺, 等. 南海陆缘盆地构造演化与烃源岩特征 [J]. 吉林大学学报 (地球科学版), 2013, 43 (5): 1309-1319.

127. 梁金强, 张光学, 陆敬安, 等. 南海东北部陆坡天然气水合物富集特征及成因模式 [J]. 天然气工业, 2015, 36 (10): 157-162.

128. 梁金强, 王宏斌, 苏新, 等. 南海北部陆坡天然气水合物成藏条件及其控制因素 [J]. 天然气工业, 2014, 34 (7): 128-135.

129. 梁金强, 杨木壮, 张光学. 2003. 南海万安盆地中部油气成藏特征 [J]. 南海地质研究, 27-34.

130. 林鹤鸣, 郝沪军. 珠江口盆地东部和台湾西部海域中生界地质构造特征 [J]. 中国海上油气 (地质), 2002, 16 (4): 231-237.

131. 林珍. 南沙海域中建南盆地的磁性基底及地壳结构 [J]. 海洋地质动态, 2004, 20 (3): 17-24.

132. 柳广弟. 石油地质学 [M]. 北京: 石油出版社, 1995.

133. 刘宝明, 金庆焕. 南沙西南海域万安盆地油气地质条件及其油气分布特征 [J]. 世界地质, 1996, 15 (4): 35-41.

134. 刘宝明, 夏斌, 刘振湖, 等. 南海西南部海区油气富集成藏类型分析 [J]. 石油实验地质, 2002, 24 (4): 322-333.

135. 刘伯土, 陈长胜. 南沙海域万安盆地新生界含油气系统分析 [J]. 石油实验地质, 2002, 24 (2): 100-114.

136. 刘海龄, 郭令智, 孙岩, 等. 南沙地块断裂构造系统与岩石圈动力学研究 [M]. 北京: 科学出版社, 2002.

137. 刘海龄, 阎贫, 刘迎春, 等. 论南海北缘琼南缝合带的存在和意义. 科学通报 (增刊Ⅱ), 2006, 51: 92-101.

138. 刘海龄. 南海西北部新生代沉积基底构造演化 [J]. 海洋学报, 2004, 26 (3): 54-67.

139. 刘和甫. 油气盆地的地球动力学环境分析——中国中、新生代盆地构造和演化 [M]. 北京: 科学出版社, 1983.

140. 刘世翔, 张功成, 赵志刚, 等. 南海构造旋回对曾母盆地油气成藏的控制作用 [J]. 中国石油勘探, 2016, 21 (2): 38-44.

141. 刘世翔, 赵志刚, 谢晓军, 等. 文莱-沙巴盆地油气地质特征及勘探前景 [J]. 科学技术与工程, 2018, 18 (4): 29-34.

142. 刘铁树, 何仕斌. 南海北部陆缘盆地深水区油气勘探前景 [J]. 中国海上油气 (地质), 2001, 15 (3): 164-170.

143. 刘昭蜀, 赵焕庭, 范时清, 等. 南海地质 [M]. 北京: 科学出版社, 2002.

144. 刘振湖, 刘宝明, 陈强. 南海万安盆地热演化史的初步研究 [J]. 中国海上油气 (地质), 1996, 10 (6): 364-370.

145. 刘振湖,吴进民. 南海万安盆地油气地质特征[J]. 中国海上油气(地质),1997,11(3):153–160.

146. 刘振湖. 南海万安盆地沉降作用与油气前景[J]. 中国海上油气(地质),1998,12(4):23–25.

147. 刘振湖. 南海南沙海域沉积盆地与油气分布[J]. 大地构造与成矿,2005,29(3):35–45.

148. 刘振湖. 南海万安盆地油气充载系统特征[J]. 中国海上油气(地质),2000,14(5):339–344.

149. 刘志杰,卢振权,张伟,等. 莺歌海盆地中央泥底辟带东方区与乐东区中深层成藏地质条件[J]. 海洋地质与第四纪地质,2015,35(4):49–61.

150. 吕彩丽,姚永坚,吴时国,等. 南沙海区万安盆地中新世碳酸盐台地地震响应与沉积特征[J]. 地球科学—中国地质大学学报. 2011,36(5):931–938.

151. 马良涛,王春修,牛嘉玉,等. 西北沙巴盆地油气地质特征及油气成藏控制因素[J]. 海洋地质前沿,2012,28(7):36–43.

152. 马文宏,何家雄,姚永坚,等. 南海北部边缘盆地第三系沉积及主要烃源岩发育特征[J]. 天然气地球科学,2008,19(1):41–48.

153. 毛云新,何家雄,张树林,等. 莺歌海盆地泥底辟带昌南区热流体活动的地球物理特征及成因[J]. 天然气地球科学,2005,16(1):108–113.

154. 米立军,柳保军,何敏,等. 南海北部陆缘白云深水区油气地质特征与勘探方向[J]. 中国海上油气,2016(20):10–22.

155. 米立军,袁玉松,张功成,等. 南海北部深水区地热特征及其成因[J]. 石油学报,2009,30(1):27–32.

156. 潘钟祥. 石油地质学[M]. 北京:地质出版社,1986.

157. 庞雄,陈长民,彭大钧,等. 南海珠江深水扇系统及油气[M]. 北京:科学出版社,2007.

158. 庞雄,陈长民,朱明,等. 南海北部陆坡白云深水区油气成藏条件探讨[J]. 中国海上油气,2006,18(3):145–149.

159. 庞雄,申俊,袁立忠,等. 南海珠江深水扇系统及其油气勘探前景[J]. 石油学报,2006,27(3):11–16.

160. 彭学超,陈玲. 南沙海域万安盆地地质构造特征[J]. 海洋地质与第四纪地质,1995,15(2):35–48.

161. 钱光华,樊开意. 万安盆地地质构造及演化特征[J]. 中国海上油气(地质),1997,11(2):73–78.

162. 丘学林,施小斌,阎贫,等. 南海北部地壳结构的深地震探测和研究进展[J]. 自然科学进展,2003,13(3):231–236.

163. 邱燕,陈泓君,欧阳付成. 南海新生代盆地第三纪生物礁层序地层分析[J]. 南海地质研究,1999,(11):53–66.

164. 邱燕,陈国能,解习农,等. 南海西南海域曾母盆地新生界沉积充填演化研究[J]. 热带海洋报,2005,24(5):43–51.

165. 邱中建. 塔里木——21世纪天然气的新热点 [J]. 天然气工业, 1999, 19 (2): 8-12.

166. 邱中建, 龚再升. 中国油气勘探第四卷近海油气区 [M]. 北京: 地质出版社、石油工业出版社, 1999.

167. 屈红军, 张功成. 全球深水富油气盆地分布格局及成藏主控因素 [J]. 2017, 28 (10): 1478-1487.

168. 任纪舜, 金小赤. 红河断裂的新观察 [J]. 地质论评, 1996, 42 (5): 439-442.

169. 任建业, 雷超. 莺歌海-琼东南盆地构造地层格架及南海动力变形分区 [J]. 地球物理学报, 2011, 54 (12): 3303-3314.

170. 苏乃容, 曾麟, 李平鲁. 珠江口盆地东部中生代凹陷地质特征 [J]. 中国海上油气 (地质), 1995, 9 (4): 228-236.

171. 苏丕波, 何家雄, 梁金强, 等. 南海北部陆坡深水区天然气水合物成藏系统及其控制因素 [J]. 海洋地质前沿, 2017. 33 (7): 1-10.

172. 孙家振, 李兰斌, 杨士恭, 等. 转换-伸展盆地——莺歌海盆地演化 [J]. 地球科学, 1995, 20 (3): 243-249.

173. 孙龙涛, 孙珍, 周蒂, 等. 南沙海区礼乐盆地沉积地层与构造特征分析 [J]. 大地构造与成矿学, 2008 (2): 151-158.

174. 孙龙涛, 田振兴, 詹文欢. 南沙海域礼乐地块构造地层及地壳结构特征 [J]. 地球科学—中国地质大学学报, 2011, 36 (5): 861~868.

175. 孙永传. 水下冲积扇——一个找油的新领域 [J]. 石油实验地质, 1980, 2 (3): 8-12.

176. 孙珍, 孙龙涛, 周蒂, 等. 南海岩石圈破裂方式与扩张过程的三维物理模拟 [J]. 地球科学, 2009, 34 (3): 435~447.

177. 孙珍, 赵中贤, 李家彪, 等. 南沙地块内破裂不整合与碰撞不整合的构造分析 [J]. 地球物理学报. 2011, 54 (12): 3196-3209.

178. 孙珍, 赵中贤, 周蒂, 等. 南沙海域盆地的地层系统与沉积结构 [J]. 地球科学 (中国地质大学学报), 2011, 36 (5): 798-806.

179. 孙珍, 钟志洪, 周蒂, 等. 南海的发育机制研究: 相似模拟证据 [J]. 中国科学 (D辑), 2006, 36 (9): 797-810.

180. 孙镇城, 杨藩, 张枝焕, 等. 中国新生代咸化湖泊沉积环境与油气生成 [M]. 北京: 石油工业出版社, 1997.

181. 田在艺, 刘国璧, 刘雯林. 油气圈闭类型及其分布规律: 中国油气藏研究 [M]. 北京: 石油工业出版社, 1990.

182. 田在艺, 张庆春. 沉积盆地控制油气赋存的因素 [J]. 石油学报, 1993, 14 (4): 8-12.

183. 田在艺, 张庆春. 中国含油气沉积盆地论 [M]. 北京: 石油工业出版社, 1996.

184. 田在艺, 张庆春. 中国含油气盆地岩相古地理 [M]. 北京: 地质出版社, 1997.

185. 田在艺. 田在艺石油地质论文选集 [M]. 北京：石油工业出版社，1997.

186. 仝志刚，胡根成，贺清. 南沙西部海区构造沉降与古热流 [J]. 大地构造与成矿学，2005，29 (3)：371-376.

187. 万玲，吴能友. 南沙海域新生代构造运动特征及成因探讨 [J]. 南海地质研究，2003 (8)：8-16.

188. 王登，徐耀辉，文志刚，等. 曾母盆地中部地区天然气与凝析油地球化学特征及成因 [J]. 天然气地球科学，2013，24 (6)：1205-1213.

189. 王家林，陈冰，吴健生，等. 潮汕坳陷沉积盆地基底结构和中生界综合地质地球物理研究 [M]. 北京：海洋出版社，2003.

190. 王家林，吴健生，陈冰，等. 珠江口盆地和东海陆架盆地基底结构的综合地质地球物理研究 [M]. 上海：同济大学出版社，1995.

191. 王嘹亮，吴能友，周祖翼，等. 南海西南部北康盆地新生代沉积演化史 [J]. 中国地质，2002，29 (1)：96-102.

192. 王平，夏戡原，张毅祥，等. 南海东北部深部构造与中新生代沉积盆地 [J]. 海洋地质与第四纪地质，2002，22 (4)：59-65.

193. 王启军，陈建渝. 油气地球化学 [M]. 武汉：中国地质大学出版社，1988.

194. 王尚文. 中国石油地质学 [M]. 北京：石油工业出版社，1983.

195. 王涛. 中国东部裂谷油气藏 [M]. 北京：石油工业出版社，1997.

196. 王涛. 中国天然气地质理论基础与实践 [M]. 北京：石油工业出版社，1997.

197. 王铁冠，钟宁宁，候读杰，等. 低熟油气形成机理与分布 [M]. 北京：石油工业出版社，1995.

198. 王铁冠. 两种褐煤潜在烃源岩的早期生烃研究成油地球化学新进展 [M]. 北京：石油工业出版社，1992.

199. 王先彬. 稀有气体同位素地球化学和宇宙化学 [M]. 北京：科学出版社，1989.

200. 王彦林，阎贫，郑红波，等. 南沙群岛海区北部中生界地震特征分析 [J]. 热带海洋学报，2012，31 (4)：83-89.

201. 王一博，张功成，赵志刚，等. 南海边缘海构造旋回对沉积充填的控制 [J]. 石油学报，2016，37 (4)：474-482.

202. 魏喜，邓晋福，谢文彦，等. 南海盆地演化对生物礁的控制及礁油气藏勘探潜力分析 [J]. 地学前缘，2005，12 (3)：245-252.

203. 魏喜. 南沙海域断裂系统对含油气盆地的控制 [J]. 海洋科学，2005，29 (6)：66-68.

204. 邬立言，顾信章，盛志伟，等. 生油岩热解快速定量评价 [M]. 北京：科学出版社，1986.

205. 吴崇筠，薛叔浩. 中国含油气盆地沉积学 [M]. 北京：石油工业出版社，1993.

206. 吴进民，杨木壮. 南海西南部地震层序的时代分析 [J]. 南海地质研究，1996，(6)：16-29.

207. 吴能友, 张海启, 杨胜雄, 等. 南海神狐海域天然气水合物成藏系统初探 [J]. 天然气工业, 2007, 27 (9): 1-6.

208. 吴士清. 浙北煤山龙潭系煤成油剖析 [J]. 石油与天然气地质, 1988, 4 (2): 8-10.

209. 吴世敏, 周蒂, 刘海龄. 南沙地块构造格局及其演化特征 [J]. 大地构造与成矿学, 2004, 28 (1): 23-28.

210. 武守诚. 石油资源地质评价方法导论 [M]. 北京: 石油工业出版社, 1994.

211. 西北大学石油地质教研室. 石油地质学 [M]. 北京: 地质出版社, 1979.

212. 夏戡原, 黄慈流, 黄志明, 等. 南海及邻区中生代（晚三叠世-白垩纪）地层分布特征及含油气性对比 [J]. 中国海上油气, 2004, 16 (2): 73-83.

213. 夏戡原, 黄慈流. 南海中生代特提斯期沉积盆地的发现与找寻中生代含油气盆地的前景 [J]. 地学前缘, 2000, 7 (3): 227-237.

214. 谢锦龙, 黄冲, 向峰云. 南海西部海域新生代构造古地理演化及其对油气勘探的意义 [J]. 地质科学. 2008, 43 (1): 133-153.

215. 谢锦龙, 余和中, 唐良民, 等. 南海新生代沉积基底性质和盆地类型 [J]. 海相油气地质, 2010, 15 (4): 35-47.

216. 谢晓军, 张功成, 刘世翔, 等. 礼乐盆地漂移前的位置探讨 [J]. 科学技术与工程, 2015 (2): 8-13.

217. 谢晓军, 张功成, 赵志刚, 等. 曾母盆地油气地质条件、分布特征及有利勘探方向 [J]. 中国海上油气, 2015, 27 (1): 19-26.

218. 熊莉娟, 李三忠, 索艳慧, 等. 南海南部新生代控盆地断裂特征及盆地群成因 [J]. 海洋地质与第四纪地质, 2012, 32 (6): 113-127.

219. 徐永昌, 沈平, 刘文汇, 等. 天然气成因理论及应用 [M]. 北京: 科学出版社, 1994.

220. 徐永昌. 一种新的天然气成因类型 [J]. 中国科学 (B 辑), 1990, (9): 975-980.

221. 阎贫, 刘海龄. 南海北部陆缘地壳结构探测结果分析 [J]. 热带海洋学报, 2002, 21 (2): 1-12.

221. 阎贫, 刘海龄. 南海及其周缘中新生代火山活动时空特征与南海形成演化模式 [J]. 热带海洋学报, 2005, 24 (2): 33-41.

223. 杨楚鹏, 姚永坚, 李学杰, 等. 万安盆地新生代层序地层格架与岩性地层圈闭 [J]. 地球科学-中国地质大学学报, 2011, 36 (5): 845-852.

224. 杨明慧, 张厚和, 廖宗宝, 等. 南海南沙海域沉积盆地构造演化与油气成藏规律 [J]. 大地构造与成矿学, 2017, 41 (4): 710-720.

225. 杨明慧, 张厚和, 廖宗宝, 等. 南海南沙海域主要盆地含油气系统特征 [J]. 地学前缘, 2015, 22 (3): 48-58.

226. 杨木壮, 陈强. 南沙海域石油地质概况 [J]. 海洋地质动态, 1995 (11): 5-7.

227. 杨木壮, 王明君, 梁金强, 等. 南海万安盆地构造沉降及其油气成藏控制作用［J］．海洋地质与第四纪地质，2003，23（2）：85-89．

228．杨少坤，林鹤鸣，郝沪军，等．珠江口盆地东部中生界海相油气勘探前景［J］．石油学报，2002，23（5）：28-33．

229．杨胜雄，梁金强，刘昌岭，等．海域天然气水合物资源勘查工程进展［J］．中国地质调查，2017，4（2）：1-8．

230．杨胜雄，梁金强，陆敬安，等．南海北部神狐海域天然气水合物成藏特征及主控因素新认识［J］．地学前缘，2017，24（4）：1-14．

231．杨树春，仝志刚，郝建荣，等．南海南部礼乐盆地构造热演化研究［J］．大地构造与成矿学，2009，33（3）：359-364．

232．杨涛涛，吕福亮，王彬，等．西沙海域生物礁地球物理特征及油气勘探前景［J］．地球物理学进展，2011，26（5）：1771-1778．

233．杨绪充．含油气区地下温压环境［M］．东营：石油大学出版社，1993．

234．姚伯初，万玲．中国南海海域岩石圈三维结构及演化［M］．北京：地质出版社，2006（5）：1-222．

235．姚伯初，等．南海天然气水合物的形成与分布［J］．海洋地质与第四纪地质，2005，25（2）：81-90．

236．姚伯初，刘振湖．南沙海域沉积盆地及油气资源分布［J］．中国海上油气，2006，18（3）：150-160．

237．姚伯初，邱燕，吴能友，等．南海西部海域地质构造特征和新生代沉积［M］．北京：地质出版社，1999．

238．姚伯初，万玲，刘振湖，等．南海海域新生代沉积盆地构造演化的动力学特征及其油气资源［J］．地球科学，2004，29（5）：543-549．

239．姚伯初，万玲，刘振湖，等．南海南部海域新生代万安运动的构造意义及其油气资源效应［J］．海洋地质与第四纪地质，2004，24（1）：69-77．

240．姚伯初，万玲，吴能有．大南海地区新生代板块构造运动［J］．中国地质，2004，31（2）：113-122．

241．姚伯初．南沙海槽的构造特征及其构造演化史［J］．南海地质研究，1996（8）：1-13．

242．姚永坚．南海南部海域主要沉积盆地构造演化特征［J］．南海地质研究，2005（6）：8-12．

243．姚永坚，吕彩丽，王利杰，等．南沙海域万安盆地构造演化与成因机制［J］．海洋学报，2018，40（5）：62-74．

244．姚永坚，吴能友，夏斌，等．南海南部海域南薇西盆地油气地质特征［J］．中国地质，2008，35（3）：503-513．

245．姚永坚，杨楚鹏．南海南部海域中中新世（T3界面）构造变革界面地震反射特征及构造含义［J］．地球物理学报，2013，56（4）：1274-1285．

246．袁政文．阿尔伯达盆地深盆气研究［M］．北京：石油工业出版社，1996．

247．云美厚．地震地层压力预测［J］．石油地球物理勘探，1996，31（4）：8-12．

248．翟光明．我国油气资源与油气发展前景［J］．勘探家，1996，1（2）：7-10．

249. 翟光明. 中国石油地质志（总论）[M]. 北京：石油工业出版社，1996.

250. 张功成，朱伟林，米立军，等. "源热共控论"：来自南海海域油气田"外油内气"环带状有序分布的新认识 [J]. 沉积学报，2010，28（5）：987–1005.

251. 张功成，李友川，谢晓军，等. 南海边缘海构造旋回控制深水区烃源岩有序分布 [J]. 中国海上油气，2016，28（2）：23–36.

252. 张功成，梁建设，徐建永，等. 中国近海潜在富烃凹陷评价方法与烃源岩识别 [J]. 中国海上油气，2013，25（1）：13–20.

253. 张功成，米立军，屈红军，等. 中国海域深水区油气地质 [J]. 石油学报，2013，34（S2）：1–4.

254. 张功成，屈红军，冯杨伟，等. 深水油气地质学概论 [M]. 北京：科学出版社，2015.

255. 张功成，屈红军，刘世翔，等. 边缘海构造旋回控制南海深水区油气成藏 [J]. 石油学报，2015（5）：533–545.

256. 张功成，王璞珺，吴景富，等. 边缘海构造旋回：南海演化的新模式 [J]. 地学前缘，2015，22（3）：27–37.

257. 张功成，谢晓军，王万银，等. 中国南海含油气盆地构造类型及勘探潜力 [J]. 石油学报，2013，34（4）：611–627.

258. 张光学，梁金强，陆敬安，等. 南海东北部陆坡天然气水合物藏特征 [J]. 天然气工业，2014，34（11）：1–10.

259. 张厚福，张万选. 石油地质学 [M]. 2版. 北京：石油工业出版社，1989.

260. 张厚福，方朝亮，高先志，等. 石油地质学 [M]. 北京：石油工业出版社，1999：1–345.

261. 张厚福. 含油气盆地 [M]. 北京：石油工业出版社，1979.

262. 张厚福. 石油地质学新进展 [M]. 北京：石油工业出版社，1998.

263. 张厚福. 中国含油气系统的应用与进展 [M]. 北京：石油工业出版社，1997.

264. 张厚福. 多旋回构造变动区的油气系统 [J]. 石油学报，1999，20（1）：8–12.

265. 张厚和，赫栓柱，刘鹏，等. 万安盆地油气地质特征及其资源潜力新认识 [J]. 石油实验地质，2017，39（5）：625–632.

266. 张厚和，刘鹏，廖宗宝，等. 南沙海域北康盆地油气勘探潜力 [J]. 中国石油勘探，2017，22（3）：40–48.

267. 张厚和，刘鹏，廖宗宝，等. 南沙海域大中型油气田分布与油气地质特征 [J]. 海洋石油，2017，37（4）：1–8.

268. 张厚和，刘鹏，廖宗宝，等. 南沙海域主要盆地地质特征与油气分布 [J]. 中国石油勘探，2018，23（1）：62–70.

269. 张健，汪集旸. 南海北部大陆边缘深部地热特征 [J]. 科学通报，2000，45（10）：1095–1100.

270. 张凯等. 油构造地质学 [M]. 北京：石油工业出版社，1989.

271. 张宽, 胡根成, 吴克强, 等. 中国近海主要含油气盆地新一轮油气资源评价 [J]. 中国海上油气, 2007, 19 (5): 289-294.

272. 张莉, 李文成, 李国英, 等. 南沙东北部海域礼乐盆地含油气组合静态地质要素分析 [J]. 中国地质, 2004, 31 (3): 320-324.

273. 张莉, 王嘹亮, 易海. 北康盆地的形成与演化 [J]. 中国海上油气 (地质), 2003, 17 (4): 245-248.

274. 张启明, 郝芳. 莺-琼盆地演化与含油气系统 [J]. 中国科学 (D 辑), 1997, 27 (2): 149-154.

275. 张启明. 莺歌海盆地石油地质论文集 [M]. 北京: 地震出版社, 1993.

276. 张万选, 张厚福. 陆相地震地层学 [M]. 东营: 石油大学出版社, 1993.

277. 张伟, 何家雄, 李晓唐, 等. 南海北部大陆边缘琼东南盆地含油气系统 [J]. 地球科学与环境学报, 2015, 37 (5): 80-92.

278. 张伟, 何家雄, 李晓唐, 等. 莺歌海盆地中央泥底辟带乐东区中深层成藏条件与勘探风险分析 [J]. 天然气地球科学, 2015, 26 (5): 880-892.

279. 张伟, 何家雄, 卢振权, 等. 琼东南盆地疑似泥底辟与天然气水合物成矿成藏关系探讨 [J]. 天然气地球科学, 2015, 26 (11): 2185-2197.

280. 张伟, 何家雄, 卢振权, 等. 琼东南盆地疑似泥底辟与天然气水合物成矿成藏关系探讨 [J]. 天然气地球科学, 2015, 26 (11): 2185-2197.

281. 张伟, 梁金强, 何家雄, 等. 南海北部陆坡泥底辟/气烟囱基本特征及其与油气及水合物成藏关系 [J]. 海洋地质前沿, 2017, 33 (7): 1-10.

282. 张义纲. 天然气的生成聚集和保存 [M]. 南京: 河海大学出版社, 1991.

283. 张智武, 吴世敏, 樊开意, 等. 南沙海区沉积盆地油气资源评价及重点勘探地区 [J]. 大地构造与成矿学, 2005, 29 (3): 418-424.

284. 赵晔, 张亚震, 鲁海鸥, 等. 万安-南微西盆地成藏条件对比与勘探潜力分析 [R]. 2016.

285. 赵志刚, 刘世翔, 谢晓军, 等. 万安盆地油气地质特征及成藏条件 [J]. 中国海上油气, 2016, 28 (4): 9-15.

286. 赵志刚. 南海中南部主要盆地油气地质特征 [J]. 中国海上油气, 2018, 30 (4): 45-55.

287. 郑之逊. 南海南部海域第三系沉积盆地石油地质概况 [J]. 国外海上油气, 1993 (3): 1-131.

288. 中国石油学会石油地质专业委员会. 基岩油气藏 [M]. 北京: 石油工业出版社, 1987.

289. 中国石油学会石油地质专业委员会. 天然气勘探 [M]. 北京: 石油工业出版社, 1986.

290. 中国石油学会石油地质专业委员会. 中国油气藏研究 [M]. 北京: 石油工业出版社, 1987.

291. 中国石油学会石油地质专业委员会. 中国含油气系统的应用与进展 [M]. 北京: 石油工业出版社, 1997.

292. 中国油气聚集与分布编委会. 中国油气聚集与分布 [M]. 北京：石油工业出版社, 1991.

293. 周蒂, 孙珍, 陈汉宗, 等. 南海及其围区中生代岩相古地理和构造演化 [J]. 地学前缘, 2005, 12 (3): 204-218.

294. 周蒂, 吴世敏, 陈汉宗. 南沙海区及邻区构造演化动力学的若干问题 [J]. 大地构造与成矿学, 2005, 29 (3): 339-345.

295. 周中毅. 沉积盆地古地温测定方法及其应用 [M]. 广州：广东科技出版社, 1992.

296. 朱伟林, 吴景富, 张功成, 等. 中国近海新生代盆地构造差异演化及油气勘探方向 [J]. 地学前缘, 2015, 22 (1): 88-101.

297. 朱伟林, 张功成, 高乐, 等. 南海北部大陆边缘盆地油气地质特征与勘探方向 [J]. 石油学报, 2008, 29 (1): 1-9.

298. 朱伟林, 张功成, 钟楷, 等. 中国南海油气资源前景 [J]. 中国工程科学, 2010, 12 (5): 46-50.

299. 朱伟林, 钟楷, 李友川, 等. 南海北部深水区油气成藏与勘探 [J]. 科学通报, 2012, 57 (20): 1833-1841.

300. 朱伟林, 吴景富, 张功成, 等. 中国近海新生代盆地构造差异性演化及油气勘探方向 [J]. 地学前缘, 2015, 22 (1): 88-101.

301. 朱伟林, 张功成, 钟锴, 等. 中国南海油气资源前景 [J]. 中国工程科学, 2010, 12 (5): 46-50.

302. 朱伟林, 钟锴, 李友川, 等. 南海北部深水区油气成藏与勘探 [J]. 科学通报, 2012, 57 (20): 1833-1841.

303. 朱夏. 中国中、新生代盆地构造和演化 [M]. 北京：科学出版社, 1983.

304. 〔美〕A.I.莱复生. 石油地质学 [M]. 华东石油学院勘探系, 译. 北京：地质出版社, 1975.

305. 〔美〕B.维索次基. 天然气地质学 [M]. 戴金星, 吴少华, 译. 北京：石油工业出版社, 1986.

306. ALLEN PA. Acids and nonhydroearon gases. Minerological Magazine, 1987, 51: 483-493.

307. AKIKO ONO et al. Carbon isotopes of methane and carbon dioxide in hydrothermal gases of Japan [J]. Geochemical Journal, 1993, 27: 287-295.

308. AKIO SASAKI. Geological studies on origin of carbon dioxide in Platong field, Gulf of Thailand [J]. Journal of the Japanese Association for Petroleum Technology, 1986, 51 (3) 22-31.

309. ALLEN P A, ALLEN J R. Basin analysis: Principles & applications [J]. Blackwell Scientific Publication, 1990, 5 (3): 8-20.

310. ALLEN C R, GILLESPIR A R, HAN Y, et al. Red River and associated faults, Yunna Province, China: Quaternary geology, slip rates, and seismic hazard, Geol [J]. Soc. Am. Bull., 1984, 95: 687-700.

311. ANDREW M J, et al. Well log and seismic character of Tertiary Terumbu carbonate, South China Sea, Indonesia [J]. AAPG Bulletin, 1985, 69 (9): 1339 – 1358.

312. AOYAGI K. Paleotemperature Analysis by Authigenic Minerals and its Application to Petroleum Exploration [J]. Bull AAPG, 1984, V.68, No.7.

313. AVBOVBO, A A. Geothermal Gradients in the Southern Nigeria Basin, Bull [J]. Can. Pet. Geol., 1978, 26 (2): 8 – 12.

314. BALLENTINE C J, M SCHOELL, D COLEMAN, B A CAIN. Magmatic CO_2 in natural gases in the Permian Basin, West Texas: identifying the regional source and filling history. Proceedings of Geofluids Ⅲ, [J]. Elsevier, 2000, 69 – 70: 59 – 63.

315. BALLENTINE C J, SCHOELL M, COLEMAN D, CAIN B A. 300-Myr-old magmatic CO_2 in natural gas reservoirs of the west Texas Permian basin [J]. Nature, 2001, 409: 327 – 331.

316. BARCKHAUSEN U, ROESER H A. Seafloor spreading anomalies in the South China Sea revisited [J]. Geophysical Monograph 2004.

317. BARKER C E. Fluid-inclusion technique for Determining Maximum Temperature in Calcite and its Composition to the Vitrinite Reflectance Geothermometer [J]. Geology, 1990 (18): 15 – 20.

318. BARKER C E. The correlation of vitrinite reflectance with maximum temperature in humic organic Matter [J]. Lecture Notes in Earth Science, 1986, (5): 156 – 187.

319. BARKER C, TAKACH N E. Prediction of natural gas composition in ultradeep sandstone reservoirs [J]. AAPG Bullentin, 1992, 76 (12): 1859 – 1873.

320. BARRETT R, CHEYNE G, MOLLOY S. Malampaya development project presented unique challenges [J]. Offshore, 2002 (46): 161.

321. BATTERSBY A. Shell wary as crude flows at Malampaya [J]. Energy, 2001 (6): 1141 – 1163.

322. BAZHENOVA O K, AREFIEV O A. Immature oil as the products of early catagenetic transformation of bacterialalga ——origin matter [J]. Geochem., 1990 (16): 307 – 331.

323. BERG R. Capillary pressure in stratigraphic traps [J]. Bull AAPG, 1975 (59): 939 – 956.

324. BERKHOUT A J, VERSCHUUR D J. Estimation of multiple scattering by iterative inversion, Part I: Theoretical considerations [J]. Geophysics, 1997, 62 (5): 1586 – 1595.

325. BISWAS B. Frontier seismic geologic techniques and the exploration of the Miocene reefs in offshore Palawan, Philippines [J]. Journal of Southeast Asian Earth Sciences, 1986 (1): 191 – 204.

326. BRANSON D M, NEWMAN P J, SCHERER M, STALDER P J, VILLAFUERTE R G. Hydrocarbon habitat of the NW Palawan Basin, Philippines [J]. Proceedings Petroleum Systems of SE Asia and Australasia Conference, 1997 (5): 815 – 828.

327. BRIAIS A, PATRIAT P, TAPPONNIER. Updated interpretation of magnetic

anomalie sand sea floor spread ingstagein the South China: implications for the Tertiary tectonics of South east Asia [J]. JGR, 1998 (4): 6299 – 6328.

328. BRIAIS A, PATRIAT P, TAPPONNIER P. Reconstructions of the South China Basin and implications for Tertiary tectonics in Southeast Asia [J]. Earth Planet. Sci. Lett., 1989 (95): 307 – 320.

329. CHIVAS A R, et al. Liquid carbon dioxide of magmatic origin and its role in volcanic eruptiors [J]. Nature, 1987 (236): 587 – 589.

330. CHUAH B S, HASUMI A R, SAMSUDIN N, MATZAIN A. Formation damage in gravel packed and non-gravel packed completions: a comprehensive case study [J]. Proceedings SPE International Symposium on Formation Damage Control, Lafayette, 1994, 27360: 211 – 220.

331. CHUNG SUN-LIN, LEE TUNG-YI, et al. Intraplate extension prior to continental extrusion along the Ailao Shan – Red River Shear zone [J]. Geology, 1997, 25 (4): 311 – 314.

332. CLARK P D, HYNE J B. Steam—oil chemical reactions: mechanisms for the aquathermolysis of heavy oils. AOSTRA J Res, 1984, (1): 15 – 20.

333. CLARKE J W. Peroleum geology of West Siberian Basin and Samotlor Oil Field [J]. Oil & Gas J., 1978, 76 (19): 15 – 20.

334. CLAYPOOL G E. Organic geochemistry, incipient metamorphism, and oil generation in black shale members of phosphoria formation [J]. Bull AAPG, 1978, 58 (12): 15 – 20.

335. CLENNELL B. Far-ield and gravity tectonics in Miocene basins of Sabah, Malaysia, in Hall R, Blundell D J, eds., Tectonic evolution of southeast Asia [J]. Geological Society, 1996, 106: 307 – 320.

336. CLIFT P D, LIN J. Patterns of extension and magmatism along the continent-ocean boundary, South China margin [J]. Geological Society, 2009, 187: 489 – 510.

337. CLIFT P, LIN J, BARCKHAUSEN U. Evidence of low flexural rigidity and low viscosity lower continental crust during continental break-up in the South China Sea [J]. Marine and Petroleum Geology, 2002 (19): 951 – 970.

338. CONNAN J. On time-temperature relation in oil genesis [J]. Bull AAPG, 1974, 58 (12): 10 – 20.

339. COOLES G P, MACKENZ A S. Nonhydrocarbons of significance in petroleum exploration: volatile fatly Funahara [J]. Lett., 1993, 117: 29 – 42.

340. COOPER J E, BRAY E E. A postulated role of fatty acids in petroleum formation, Geochim [J]. Cosmochim. acta, 1963, 27 (1): 15 – 20.

341. CULLEN A B, ZECHMEISTER M S, ELMORE R D, et al. Paleomagnetism of the Crocker Formation, northwest Borneo: Implications for late Cenozoic tectonics [J]. Geosphers, 2012, 8 (5): 1146 – 1169.

342. CULLEN A, REEMST P, HENSTRA G, GOZZARD S, RAY A. Rifting of the

South China Sea: new perspectives [J]. Petroleum Geoscience, 2010, 16 (3): 273 -282.

343. HOOPER B G D. Cenozoic plate tectonics and basin evolution in Indonesia [J]. Marine and Petroleum Geology, 1991, 8: 2 -21.

344. DAHLBERG E C. Applied hydrodynamic in petroleum exploration [M]. New York: Springer-Verlag, 1982.

345. DEMAISON G HUIZINGA B J. Genetic Classification of Petroleum Systems Using Three Factors: Charge, Migration and Entrapment [J]. AAPG Memoir 60, 1994.

346. Developments in Petroleum Geology-1 [M]. London: Appl. Scien. pub. Ltd. , 1977.

347. DICKEY P A. Oil and Gas in Reservoirs with Subnormal Pressures [J]. Bull AAPG, 1977, 61 (12): 3 -8.

348. DIETMAR S, MICHAEL, A A. Hydrocarbon migration and its near-surface expression [J]. AAPG Memoir, 1996, 66: 5 -8.

349. DURKEE E F. Oil geology and changing concepts in the southwest Philippines (Palawan and the Sulu Sea) [J]. Newsletter of the Geological Society of Malaysia, 1992, 18 (6): 278 -79.

350. DURKEE E F. With Malampaya producing, here are other Philippines exploration targets [J]. Oil & Gas Journal, 2001, 19: 46 -50.

351. EADINGTON P J. et al. Fluid history analysis-A new concept for prospect evaluation, The Engebretson D C, Cox A, Gordon R G. Relative motions between oceanic and continental plates in the Pacific basin [J]. Geological Society of America Special Papers, 1985, 206: 1 -60.

352. ENGLAND W A and FLEET A J. Petroleum migration [M]. Geological Society Special Publication, 1987.

353. ENGLAND W A, et al. The movement and entrapment of petroleum fluids in the surface [J]. Journal of the Geological Society, 1987, 144: 327 -347.

354. EVAMY B D. Hydrocarbon Habitat of tertiary Niger Delta [J]. Bull AAPG, 1978, 62 (1): 5 -8.

355. FAINSTEIN R, MEYER J. Structural interpretation of the Natuna Sea [C]. Indonesia. 67th Annual SEG International Meeting, Dallas, 1997, 1: 639 -642.

356. FARMER R E. Genesis of subsurface carbon dioxide [J]. AAPG Memoir, 1965 (4): 378 -385.

357. FERTL W H. Shale Density Studies and Their Application, Development in Petroleum [M]. London: Scien Pub, lt. , 1977.

358. FOMINA A S, POBUL L YA, et al. First Republican Meeting on oil shales (Geochemistry and Lithology) [M]. Tallin: USSR, Book of Synopses, 1975.

359. FOURNIER F, BORGOMANO J, MONTAGGIONI L F. Development patterns and controlling factors of Tertiary carbonate buildups: Insights from high-resolution 3D seismic and

well data in the Malampaya gas field [J]. Sedimentary Geology, 2005, 175: 189 – 215.

360. FOURNIER J, BORGOMANO L F. Montaggioni. Development patterns and controlling factors of Tertiary carbonatebuildups: Insights from high-resolution 3D seismic and well datain the Malampaya gas field (Offshore Palawan, Philippines) [J]. Sedimentary Geology, 2005, 175: 189 – 215.

361. FRANCOIS FOURNIER, JEAN BORGOMANO. Geological significance of seismic reflections and imaging of the reservoir architecture in the Malampaya gas field (Philippines) [J]. AAPG Memoir, 1984, 37: 63 – 79.

362. FULTHORPE C S, SCHLANGER S O. Paleo-oceanographic and tectonic settings of Early Miocene reefs and associated carbonates of offshore Southeast Asia [J]. AAPG Bulletin, 1989, 73 (6): 729 – 756.

363. GOLD T. The origin of methane in the crust of the earth. The future of energy gases [J]. US Geological Survey Professional Paper, 1993, 1570: 57 – 80.

364. GRÖTSCH J, MERCADIER C. Integrated 3 – D reservoir modeling based on 3 – D seismic: the Tertiary Malampaya and Camago build-ups, offshore Palawan, Philippines [J]. AAPG Bulletin, 1999, 83 (11): 1703 – 1728.

365. GUTZLER D S. Evaluating Global Warming: A Post – 1990s Perspective [J]. GSA Today, 2000, 10: 345 – 351.

366. HALL R, ANDERSON C D. Cenozoic motion of the Philippine SeaPlate: palaeomagnetic evidence from eastern Indonesia [J]. Tec-tonics, 1995, 14: 1117 – 1132.

367. HALL R. Australia-0SE Asia collision: plate tectonics and crustal flow [J]. Geological Society, 2011, 355 (1): 75 – 109.

368. HALL R. Cainozoic plate tectonic reconstruction of SE Asia [J]. Geological Society, 1997, 126: 11 – 23.

369. HARRISON T M, CHEN WENJI, P H LELOUP. An early Miocence transition in deformation regime within the Red River fault zone, Yunnan, and its significance for Indo-Asian tectonics [J]. Geophys. Res., 1992, 97: 7159 – 7182.

370. HARRY R Y. Cities develops offshore Philippines [J]. Oil & Gas Journal, 1979, 77 (18): 180 – 195.

371. HARWOOD R J. Oil an gas generation by laboratory pyrolysis of kerogen [J]. AAPG Bullentin, 1977, 61: 2081 – 2102.

372. HATLEY A G. The Philippine Nido reef complex oil field-a case history of exploration and development of a small oil field [C]. Proceedings Offshore Southeast Asia Conference, SEAPEX session, Singapore, 1980.

373. HAYES D E. The tectonic evolution of the South China Sea region [C]. Tectonics of Eastern Asia and Western Pacific Continental Margin, 1988.

374. HCRTCHISON C S. Geological evolution of Southeast Asia. Oxford Monographs on Geology and Geophysics [M]. Oxford: Clarendon Press, 1989.

375. HEDBERG H D. Methane generation and petroleum migration [J]. AAPG studies

in geology, 1980, 10: 3-8.

376. HENRI J, WENNEKERS N. CO_2, enhanced oil recovery in a new Montana oil province: Sweetgrass arch [J]. Oil&Gas journal, 1985, 15: 147-150.

377. HINZ K, SCHLUETER H U. Geology of the Dngerous Grounds, South China Sea, and the continental margin off southwest Palawan: Results of SONNE cruises SO-23 and SO-27 [J]. Energy, 10 (3/4): 297-315.

378. HOBOSON G D. Development Petroleum Geology-I [M]. Appl. Scien. Pub. Ltd., 1977.

379. HOLLOWAY J R. Graphite-CH4-H2O-CO2 equilibria at low-grade metamorphic condition [J]. Geology, 1984, 12: 455-458.

380. HOLLOWAY N H. North Palawan Block, Philippines-its relation to Asian mainland and role in the evolution of South China Sea [J]. AAPG Bulletin, 1982, 66: 1355-1383.

381. HUNT J. Generation and Migration of Petroleum from Abnormally Pressured Fluid Compartment [J]. Bull AAPG, 1990, 74 (1): 5-8.

382. HUNT J M. Generation and migration of petroleum from abnormally pressured fluid compartments [J]. AAPG Bulletin. 1990, 74: 1-2.

383. HUTCHEON I, ABERCROMBIC H. Carbon dioxide in Clastic rock and sibicate hydrolysis [J]. Geology, 1990, 18: 541-544.

384. HUTCHISON C S. The "Rajang accretionary prism" and "Lupar Line" problem of Borneo//Hall R, Blundell D J. Tectonic evolution of southeast Asia [M]. London: Special Publication, 1996.

385. HUTCHISON C S. Marginal basin evolution: the southern South China Sea [J]. Marine and Petroleum Geology, 2004, 21 (9): 1129-1148.

386. HUTCHISON C S. Geology of North-West Borneo: Sarawak, Brunei and Sabah [M]. Amesterdam: Elsevier, 2005.

387. JIAXIONG HE, WEI ZHANG, ZHENQUAN LU. Seepage system of oil-gas and its exploration in Yinggehai Basin located at northwest of South China Sea [J]. Journal of Natural Gas Geoscience, 2017 (2): 29-41.

388. JIAXIONG HE, SHUHONG WANG, WEI ZHANG. Characteristics of mud diapirs and mud volcanoes and their relationship to oil and gas migration and accumulation in a marginal basin of the northern South China Sea [J]. Environ Earth Sci, 2016 (75): 1110-1122.

389. KNEIB G, KERNER C. Accurate and efficient seismic modeling in random media [J]. Geophysics, 1993, 58 (4): 576~588.

390. KUDRASS H R, WIEDICKE M, CEPECK P, et al. Mesozoic and Cenozoic rocks dredged from the South China Sea (Reed Bank area) and Sulu Sea and their significance for plate-tectonic reconstructions [J]. Marine and Petroleum Geology, 1986, 3 (1): 19-30.

391. KUMAR M B. Geothermal and geopressure patterns of Bayou-Carlin lake sand area, South Louisana: implications [J]. Bull AAPG, 1977, 61 (1): 7-18.

392. LACASSIN R. REPLUMAZ A, LELOUP P H. Hairpin river loops and slip-sense

inversion on Southeast Asia strike-slip faults [J]. Geology, 1998, 26 (8): 703-706.

393. LANGFORD F F. Surficial origin of North American pitchblende and related uranium de-Posits [J]. Bull AAPG, 1977, 61 (1): 7-15.

394. LELOUP P H, KIENAST J R. High remperature metanorphism in a major atrike-slip shear zone: the Ailao Shan-Red River (P. R. C.) [J]. Earth Planet, Sci. Lett., 1993, 118: 213-234.

395. LELOUP P H. The Ailao Shan-Red River shear zone (Yun-nan, China), Tertiary transform boundary of Indochina [J]. Tectonophysics, 1995, 251: 3-84.

396. LEYTHAEUSER D, SCHAEFER R G, et al. Role of diffusion in primary migration of hydro-Carbons [J]. Bull AAPG, 1982, 66 (2): 3-37.

397. LI C F, ZHOU Z Y, HAO H J, et al. Late Mesozoic tectonic structure and evolution along the present-day northeastern South China Sea continental margin [J]. Journal of Asian Earth Sciences, 2008, 31 (4-6): 546-561.

398. LOLLAR B S, BALLENTINE C J, O'Nions R K. The fate of mantle derived carbon in a continental sedimentary basin: Integration of C/He relationship and stable signatures [J]. Appl Geochem, 1997, 61 (1): 2295-2307.

399. LONGLEY I M. The tectono-stratigraphic evolution of SE Asia [J]. Geological Society, 1997, 126: 311-340.

400. LOVATT SMITH P F, STOKES R B. Geology and petroleum potential of the Khorat Plateau Basin in the Vietnam area of Lao [J]. J. Petro. Geo., 1997 (20): 27-50.

401. LUNDEGARD P D, LAND L S. Carbon dioxide and organic acids: Their role in porosity dnhamcement and diagenesis [J]. Society of Economic Paleontologists, 1986, 38: 129-146.

402. MACGREGOR D C. Forland Basin and Fold Belts [J]. AAPG Memoir, 1992, 60: 7-15.

403. MAGARA K. Geological model predicting optimum sandstone percent for oil accumulation [J]. Bull Can. Pet. Geol., 1978, 26 (3): 17-25.

404. MAGOON L B, DOW W G. The Petroleum System —— from Source to Trap [J]. AAPG Memoir 1994, 60: 30-50.

405. MAMYRIN et al. Determination of the isotopic composition of atmosphere heolium [J]. Geochemistry International, 1970, 7: 498-505.

406. MARTY B, NICOLINI E, MEYNIER V, et al. Geochemistry of gas emanatins: A case study of the Reuninon hot spot (Indian Ocean) [J]. Appl Geochem, 1993, 8: 141-152.

407. MARTY B, JAMBON A. C/3He in volatile flues from the solid earth: Implications for carbon geodynamics [J]. Earth Planet Sci Lett, 1987 (83): 16-24.

408. MASASHI F W, AKIO S. An isotopic study on the Origin of carbon dioxide and nitrogen in natrual gases of the Erawan gas field, the Gulf of Thailand [J]. Journal of the Japanese Association for Petroleum Technology, 1988, 53 (2): 1-12.

409. MCAULIFFE C. D. Oil and gas migration: Chemical and physical constrains [J]. Bull AAPG, 1979, 63 (5): 8 – 15.

410. MCKIRDY D M, CHIVAS A R. Nonbiodegraded aromatic condensate associated with volcanic supercritical carbon dioxide, Otway Basin: implications for primary migration from terrestrial organic matter [J]. Organic Geochemistry, 1992, 18 (5): 611 – 627.

411. METCALFE I. Pre-Cretaceous evolution of SE Asian terrenes [J]. Geological Society Special Publication, 1996, 106: 97 – 122.

412. MORLEY C K. A tectonic model for the Tertiary evolution of strike-slip faults and rift basins in SE Asia [J]. Tectonophysics, 2002. 347 (4): 195 – 210.

413. MORLEY C K. Late Cretaceous: early Palaeogene tectonic decelopment of SE Asia [J]. Earth Science Reviews, 2012, 115: 37 – 75.

414. NEGLIA S. Migration of Fluids in Sedimentary Basins [J]. Bull AAPG, 1979, 63 (4): 7 – 15.

415. NORTHRUP C J, ROYDEN L H, BUREHFIEL B C. Motion of the Pacific Plate relative to Eurasia and its potential relation to Cenozoic extension along the eastern margin of Eurasia [J]. Geology, 1995, 23 (8): 719 – 722.

416. NYEIN R K. Occurrence Prediction and Control of Geopressures on the Northwest Shelf of Australia [J]. 1977, 17 (1): 8 – 15.

417. PACKHAM G. Cenozoic SE Asia: reconstructing its aggregation and reorganization [J]. Geological Society, 1996 (106): 123 – 152.

418. PANKINA R G et al. Origin of CO_2 in petroleum gases (from the isotopic composition of carbon) [J]. International Geology Review, 1987, 21 (5): 535 – 539.

419. PARnELL J. Geofluid Origin, Migration and Evaluation of Fluid in Sedimentary Basins [M]. Geological Society, 1994.

420. PETERS K E. Guideline for evaluating petroleum source rock using programmed pyroly-sis [J]. Bull AAPG, 1986, 70: 318 – 329.

421. PETERS K E, MOLDOWAN J M. The Biomarker Guide: Interpreting Molecular Fos-sils in petroleum and Ancient sediments [M]. Prentice Hall Inc., 1993.

422. PRASOLOV EM, TOLSTIKHIN T N. Juvenile He, CO_2, and CH_4: their proportions and contributions to crustal fluids [J]. Geochem. Int, 1988, 25 (5): 43 – 49.

423. PRICE L C. Aqueous solubility of petroleum as applied to its origin and primary migra-tion [J]. Bull AAPG, 1976, 60 (2): 7 – 15.

424. RANGIN C, HUCHON P, PICHON X LE et al. Cenozoic deformation of central and South Vietnam [T]. Tectonophyics, 1995, 251: 179 – 196.

425. RANGIN D, ROQUES X, LE PICHON, LEVAN TRONG. The Red River Fault System in the Tonhin Gulf, Vietnam. Tectonophysics, 1995, 243 (3): 209 – 222.

426. RICE D D, CLAYPOOL G E. Generation, accumulation and resource potential of bio-genic gas [J]. Bull AAPG, 1981, 65 (9): 7 – 15.

427. ROBERT K M. Source and migration process and evaluation techniques [J].

AAPG, Tulsa, 1991, 64 (3): 2-18.

428. ROTH M, KORN M. Single scattering theory versus numerical modeling in 2-D random media [J]. Geophys. 1993, 112: 124～140.

429. SCHLUTER H U, HINZ K, BLOCK M. Tectono-stratigraphic terranes and detachment faulting of the South China Sea and Sulu Sea [J]. Marine Geology, 1996, 130: 39-78.

430. SCHOELL M. Genetic characterization of natural gases [J]. Bull AAPG, 1983, 67 (12): 8-15.

431. SCHOWATER T T. Mechanics of secondary hydrocarbon migration and entrapment [J]. Bull AAPG, 1979, 63 (5): 7-15.

432. SCOTESE C R. Paleogeographic reconstructions interactive three dimensional computer Graphics [J]. AAPG Annual convention, 1989, 4: 23-26.

433. SENGOR A M C. Mid-Mesozoic closure of Permo-Triassic Tethys and its implication [J]. Nature, 1979, 279: 590-593.

434. SINNIGHE DEMASTE J S. EGLINTON T I, et al. Organic sulfur in Macromolecular mat-ter: Structure and origin of sulfur containing moietus in kerogen, asphalthane and coal as revealed by flash pyrolysis [J]. Cosmoshim, Acta, 1989, 53: 873-889.

435. SMITH J T, EHRENBERG S N. Correlation of carbor dioxide abundance with temperature in clastic hydrocarbon reservoirs: Relationship to inorganic chemical equilibrium [J]. Marine and Petroleum Geology, 1989, 6: 129-185.

436. SNOWDON L R and POWELL T G. Immature oil and condensate-modification of hy-drocarbon generation model for terrestrial organic matter [J]. Bull AAPG, 1982, 66 (6): 775-788.

437. SONDER L J, ENGLAND B P, WERNICKE R L. Christiansen, A physical modern for Cenozoic extension of western North America [J]. Geological Socciety, 1978, 28: 187-201.

438. STEPHAN Steuer, et al. OligoceneeMiocene carbonates and their role for constraining the rifting and collision history of the Dangerous Grounds, South China Sea [J]. Marine and Petroleum Geology, 2013, 58: 644.

439. STEPHAN STEUER, et al. Time constraints on the evolution of southern Palawan Island, Philippines from onshore and offshore correlation of Miocene limestones [J]. Journal of Asian Earth Sciences, 2013, 76: 412.

440. STOCKES, R B, LOVATT SMITH P F, SOUMPHONPHAKDY K. Timing of the Shan-Thai-Indochina collision: New evidence from the Pak Lay Fofdbelt [J]. Geol. Soc. 1993, 106: 225-233.

441. SUN L T, SUN Z, ZHOU D, et al. Stratigraphic and structural characteristics of Lile basin in Nansha area [J]. Geotectonica et Metallogenia, 2008, 32 (2): 151-158.

442. TAPPONNIER P, LACASSIN R, LELOUP P H. et al. Active thrusting and folding in the Qilian Shan, and mantle in northeastern Tibet [J]. Earth Planet Sci. Lett., 1990,

97: 382-403.

443. TAPPONNIER P, LACASSIN R, LELOUP P H, et al. The Ailao Shan-Red River metamorphic belt: Tertiary left lateral shear between Indochina and South China [J]. Nature, 1990, 243: 431-437.

444. TAPPONNIER P, PELTZER G, ARMIJO R. On the mechanism of collison Tectonics. Geological Society [M]. London: Special Publication, 1986.

445. TAYLOR B, HAYES D E. The tectonic evolution of the South China Sea [J]. Geophysical monograph series, 1980, 23: 89-104.

446. TAYLOR B, HAYES D E. Origin and history of the South China Sea Basin [J]. Geophysical Monograph, 1983, 27: 23-56.

447. TAYLOR B, HAYES D E. The tectonic evolution of the South China Sea [J]. Geophys. Monogr., 1980, 23: 89-104.

448. TEICHMULLER M. Origin of the petrographic constituents of coal [M]. New York: Springer, 1984.

449. TOBIAS M M, SERGE A S. Green's function construction for 2D and 3D elastic random media [J]. SEG Technical Program Expanded Abstracts, 1999, 18: 1797-1800.

450. VERSCHUUR D J, BERKHOUT A J. Adaptive surface-related multiple elimination [J]. GEOPHYSICS, 1992, 57 (9): 1166-1177.

451. WANG Z J, NUR A M. Velocities in rocks with hydrocarbons [J]. SPE Reservoir Engineering, 1989, 6: 429-436.

452. WAPLES D W. Geochemisty in Petroleum Exploration [M]. Boston: IHRDC, 1985.

453. WAPLES D W. Time and temperature in petroleum formation: Application of Lopation's method to petroleum exploration [J]. Bull AAPG, 1980, 64 (6): 7-15.

454. WITHJACK E M. Analysis of naturally fractured reservoirs with bottomwater drive-Nido A and B fields, offshore Northwest Palawan, Philippines [J]. Journal of Petroleum Technology, 1985, 37: 1481-1490.

455. YAN P, LIU H L. Tectonic-stratigraphic division and blind fold structures in Nansha Waters, South China Sea [J]. Journal of Asian Earth Sciences, 2004, 24 (3): 337-348.

456. YAN Z, BESSE J. Paleomagnetic study of Permian and Mesozoic sedimentary rocks from northern Thailand supports the extrusion model for Indochina [J]. Earth Planet, 1993, 117: 525-552.

457. YANG Z, BESSE J, SUTHEETON V, et al. Jurassic and Cretaceous paleomagnetic data for Indochina: paleogeographic evolution and deformation history of SE Asia [J]. Earth Planet, 1995, 119: 525-552.

458. ZHANG L, LI W C, ZENG X H. Stratigraphic sequence and hydrocarbon potential in Lile basin [J]. Petroleum Geology and Experiment, 2003, 25 (5): 469-573.

459. ZHOU D, RU K, CHEN H Z. Kinematics of Cenozoic extension on the South Chi-

na Sea continent al margin and its implications for the tectonic evolution of the region [J]. Tectonophysics, 1995, 251 (1-4): 161-177.

460. ZHOU D, YAO B. Tectonics and Sedimentary Basins of the South China Sea: Challenges and Progresses [J]. Journal of Earth Science, 2009, 20 (1): 1-12.

后记及简要说明

　　本教材在传统石油地质学与天然气地质学教材的基础上，全面总结和系统分析阐述了油气生成基本原理与分布富集规律、油气成因及烃源供给系统、油气运聚通道类型及输导体系构成、含油气圈闭及储盖成藏组合类型与油气保存条件、油气运聚成藏模式（机理）与主控因素，以及油气资源潜力分析与油气资源量及储量计算和地质评价预测方法等。尚须强调指出，本教材有所不同而颇具特色的是：①油气地质学的研究范围及重点研究对象，主要集中和聚焦海洋含油气盆地及其区带；②在系统阐述与全面总结油气地质学基本理论与油气勘探技术方法的基础上，根据油气勘探开发与油气地质综合研究的实践和实际需要，增加了学习借鉴编——世界海洋含油气盆地油气分布特征及勘探开发成果，以及应用实践编——我国海洋含油气盆地油气勘探开发实践与主要油气勘探及研究成果等相关内容。故其与传统油气地质学内容及涉及领域和范围等均有所差异。总之，本教材重点关注和集中聚焦海洋沉积盆地油气（含天然气水合物）勘探实践（成果）与海洋油气成藏地质规律及控制因素、海洋油气资源潜力及勘探前景和海洋油气滚动勘探开发的可持续发展趋势。